Linux
运维之道 第3版

丁明一 ◎ 编著

电子工业出版社
Publishing House of Electronics Industry
北京·BEIJING

内 容 简 介

随着开源技术的不断进步与创新，在整个 IT 行业中，越来越多的企业愿意采用开源产品，而基于 Linux 的操作系统为这些开源产品提供了一个极佳的操作平台。本书将基于 Linux 操作系统这样一个基础平台，讲解如何实现各种开源产品的应用案例。全书主要从运维工作中的应用服务入手，全面讲解 Linux 操作系统及各种软件服务的运维方案。

现在的商业环境是一个充满竞争的环境，很多企业的业务量在不断地增长，对服务质量的要求也越来越高。特别是互联网企业，为了满足客户更高的要求，提升客户使用体验，IT 部门维护的设备往往数以万计，如此庞大的设备维护量，通常会让 IT 管理人员头疼不已。本书介绍的自动化运维内容可以让我们快速掌握简单的大规模批量运维方法。仅仅依靠自动化运维还不足以发挥出这些设备的能效，因此，我们还需要将各个服务器设备有机地结合在一起，为客户提供更加安全、快捷、高效的服务，于是集群技术应运而生。本书最后将围绕集群技术介绍目前比较流行的开源产品部署案例。

本书从基础讲到服务器的高级应用，适合 Linux 运维人员、Linux 爱好者阅读，可作为 Linux 运维人员的案头书。

未经许可，不得以任何方式复制或抄袭本书之部分或全部内容。
版权所有，侵权必究。

图书在版编目（CIP）数据

Linux 运维之道 / 丁明一编著. —3 版. —北京：电子工业出版社，2023.9
ISBN 978-7-121-46181-1

Ⅰ．①L… Ⅱ．①丁… Ⅲ．①Linux 操作系统 Ⅳ．①TP316.85

中国国家版本馆 CIP 数据核字（2023）第 157297 号

责任编辑：董　英
印　　刷：三河市君旺印务有限公司
装　　订：三河市君旺印务有限公司
出版发行：电子工业出版社
　　　　　北京市海淀区万寿路 173 信箱　邮编 100036
开　　本：787×980　　1/16　　印张：34　　字数：761.6 千字
版　　次：2014 年 1 月第 1 版
　　　　　2023 年 9 月第 3 版
印　　次：2023 年 9 月第 1 次印刷
定　　价：108.00 元

凡所购买电子工业出版社图书有缺损问题，请向购买书店调换。若书店售缺，请与本社发行部联系，联系及邮购电话：(010) 88254888，88258888。
质量投诉请发邮件至 zlts@phei.com.cn，盗版侵权举报请发邮件至 dbqq@phei.com.cn。
本书咨询联系方式：faq@phei.com.cn。

序 1

我们正处在互联网时代，社会经济生活的各个方面都与互联网有着或多或少的、千丝万缕的联系，互联网应用更是成了我们生活中不可缺少的一部分，例如电子商务、社交网络、即时通信等。

然而，在互联网的发展历程中，有一件事是至关重要的，那就是开源软件的出现。开源软件在互联网的发展过程中起到了举足轻重的作用，它为互联网加速发展提供了基础；反过来，互联网也为开源软件提供了前所未有的发展时机。两者相互促进，还将在未来一直持续下去。

在互联网的浪潮中诞生了许多伟大的公司和应用，它们都使用了各种不同的开源技术，同时也为开源做出了巨大的贡献。例如，Google 作为全球最大的互联网公司之一，使用了 Python、MySQL、OpenSSL 等开源软件或源代码；Facebook（Meta）是全球知名社交网站，拥有约 9 亿名用户，同时也是世界排名第一的照片分享站点，每天上传 850 万张照片，使用的开源软件有 PHP、MySQL、Memcached 等，同时还支持开源项目 Cassandra 等；Dropbox 是一个支持同步本地文件的网络存储在线应用，支持在多台电脑、多种操作系统中自动同步，并可当作大容量的网络硬盘使用，使用的开源软件有 Python、MySQL、Memcached、Nginx 等。类似的公司和应用还有很多，在此不再一一列举。这些公司和应用还有一个共同的地方，就是都使用了 Linux 内核的操作系统。

开源软件为互联网的发展提供了强劲的动力，同时也为个人的发展带来了前所未有的机会。使用开源技术已成为 IT 行业的普遍现象。掌握和精通一门或多门开源技术是打开职业生涯之门的金钥匙，更是实现自我价值的便捷路径。

书籍是我们通往知识殿堂的阶梯。市面上讲解和剖析开源技术的图书琳琅满目，本书无疑是其中璀璨夺目的一本。本书全面勾勒出互联网运维行业所使用的技术，从基础开始丰富每个技术细节，犹如一幅风景画，有着清晰、突出的轮廓，又有色彩斑斓的层次。

作者用简单明了的语言让读者更容易理解和吸收，从理论到实践都做了详尽的阐述，不偏不倚，既避免了光有理论的枯燥，又避免了只有实践的茫然。其中有很多是作者的经验之谈，既可以直接用在工作中，又可以让读者举一反三，加深印象。

  本书从基本的操作系统知识与实践到互联网应用，由浅入深，由表及里，层层推进；对开源技术中既基础又非常重要的 Linux 操作系统的各类操作和技巧做了详细的阐述，进而对各类常用服务（如 Apache、Nginx、MySQL 等）进行了深度的剖析，同时又考虑到系统及服务的安全。可见作者心思缜密，为本书费尽心血。

  拜读本书之后，受益匪浅，其中的许多小技巧对工作非常有帮助。相信读者在阅读本书之后也能大受裨益。

黄军宝

红帽大中华区考官

序 2

我和作者认识是很久以前的事情了,作为一名长期工作在项目工程一线和教学一线的讲师,自认为对关于计算机系统技术方面的各类图书比较熟悉,对圈子里的一些牛人也比较熟悉。但是,突然有一天,丁明一给了我一份他的电子稿,然后告诉我说,这是他一点一滴积累起来的关于 Linux 方面的技术资料,并且打算正式出版成书,好让更多的爱好者能更好地学习 Linux 技术。这确实吓了我一跳。在好奇心的驱使下,我认真阅读了他的作品,结果发现这本书确实与众不同。

与一些纯粹的学院派的图书相比,这本书更贴近生产环境,书中提到的各种技术大都是生产环境中比较常用的,并且以实际的工程经验和方法来解决各种问题,将各种枯燥的技术原理讲解得十分透彻。不仅如此,书中的大量实例能让我了解更多的技术细节,看到真正的大师们是如何操作的。

读了整本书之后,让我对他更加好奇,开始回想我们从认识起的一点一滴,慢慢地,我从记忆中找到了答案,他是一个完全由兴趣驱动且对技术极端痴迷的人,也是一个善于思考、富有想象力的人,这种纯粹的不含任何功利因素的兴趣与痴迷才是科学技术发展的真正原动力。

在我通过 RedHat 官方培训认识的老师中,老丁算是让我非常认可的一位。他对技术的痴迷和对知识的质疑精神,成就了 Linux 系统领域的一本好书。我在培训过程中通常会向新生或者入门者推荐这本书。一方面,这本书确实是从入门到提高的良好桥梁;另一方面,我想让他们知道,要从事 Linux 领域的工作,强烈的兴趣比什么都重要。

这本书将会对 Linux 技术在我国的普及起到良好的推进作用。书中增加的现阶段流行的虚拟化技术,为云计算打下了良好的基础,有关群集的内容能让大家学会在企业中生存的本领。

我相信,本书的内容将会给读者带来惊喜。

许成林

红帽中国原高级认证考官

序3

作为服务器领域的佼佼者，Linux 在过去很长一段时间已经成为企业服务部署的不二选择，并且，随着 Android 操作系统的快速发展，目前越来越多的设备使用基于 Linux 的操作系统。然而在 Linux 迅猛发展的同时，我也看到了优秀的 Linux 人才严重稀缺的情况。导致这类人才稀缺的一个很大原因是 Linux 的学习难度较大，对大多数人而言，刚接触 Linux 时学习的复杂度比较高，市面上能够由浅入深地介绍 Linux 技术与规划的图书也非常难找。

作者以其多年的工作经验，总结归纳了一本适合各层次的人阅读的 Linux 图书。本书内容讲解深入浅出，配合大量的经典案例，通俗易懂，实用性非常强。尤其是书中提供的常见问题分析，根据各种常见问题提供了不同的解决方案，可以帮助读者排除很多已知的常见故障。对于难以理解的抽象概念，书中总是能给出一个具体的操作案例，充分考虑到了读者的阅读体验。实践是检验真理的唯一标准，Linux 本身也是一门实践性很强的学科，本书作者为读者准备了大量的实验内容，相信在完成这些案例后，读者能真正理解这些技术，并应用到实际生产环境中。作者以案例方式讲述技术知识，让读者学以致用，在课程中穿插大量的实验，以提高读者的操作能力。无论对于初级运维工作者还是高级运维工作者，本书都具有相当高的实践指导意义。

在我的工作中，很多学生会问我："有没有一本可以指导我们发展方向的书？"我想，本书给出了答案，作者从入门基础到大规模部署集群环境，都给予了指导性的说明，并给出了具体的应用案例，学习完书中的内容后，你的技术水平会有一个质的飞跃。相信对于准备进入 Linux 运维岗位的工作者而言，本书是非常有帮助的，书中内容紧贴工作实际，可以作为我们未来走向更高技术岗位的基石。

邹圣林

武汉誉天高级讲师

前言

撰写本书的起因

目前,越来越多的企业需要依赖 IT 技术发布产品与服务,尤其是电子商务、直播企业最为明显,这凸显了 IT 技术在现代企业中的重要性。当企业需要部署 IT 业务时,机房与服务器是整个 IT 技术生态链中非常重要的环节。对于服务器操作系统的选择,Linux 以其开源、稳定、安全的特性,目前在服务器领域已经成为无可争议的霸主,而且有众多的服务可以应用于 Linux 平台,以满足企业的各种业务需求。本书的重点在于讲解如何部署服务器操作系统,以及如何在 Linux 操作系统上部署常见的 IT 服务。

从 1991 年至今,Linux 已经快速成长为企业服务器产品的首选操作系统,越来越多的 IT 企业采用 Linux 作为服务器端平台操作系统,为客户提供高性能、高可用的业务服务。随着红帽公司宣布其年营业额超 10 亿美元,开源 Linux 操作系统的"光辉时代"来临。红帽的成功预示着采用开源模式的 Linux 操作系统可以为企业提供安全、可靠和高性能的平台系统。

在服务器领域中,Linux 操作系统的份额越来越大,而目前技术人才相对匮乏,导致出现大量的就业人才缺口。本书着眼于 Linux 技术中方方面面的主流技术,为读者顺利进入 Linux 行业开启了一扇大门。本书主要分为三部分,从基础的系统管理到 Shell 自动化运维的实现,再到网络服务器的部署实施,最后通过案例介绍高负载网络架构的企业环境。本书在选择操作系统发行版本时,综合了各个发行版本的特点,最终选择了 Rocky Linux 作为基础系统平台。Rocky Linux 是众多 Linux 发行版本之一,其源于 RedHat 框架,完全开源,包括开放的软件 YUM 源,可以为用户带来更加方便的升级方法。另外,目前国内的很多云厂商也都支持 Rocky Linux,这也增加了本书的实用性。

本书结构

本书第 1 篇为基础知识，主要讲述 Linux 操作系统的安装部署及基本命令行工具的使用，帮助读者快速掌握 Linux 基本知识要点，夯实基本功。基于 Shell 脚本和 Ansible 实现运维工作自动化，能帮助运维人员摆脱周而复始的无效工作，加快企业进入自动化、智能化的运维环境。具体包括：

- ◎ 部署操作系统
- ◎ 命令工具
- ◎ 自动化运维

第 2 篇为网络服务，主要讨论网络架构的规划与部署，通过网站综合案例提升读者的应用能力，并针对常见问题提供故障排错。通过部署监控与安全软件确保网络服务的正常及安全运行。具体包括：

- ◎ 搭建网络服务
- ◎ 系统监控
- ◎ 网络安全

第 3 篇为高级应用，主要描述当前主流的虚拟化及服务器高可用技术，满足大型企业的生产需求。还会介绍集群及高可用软件，这些软件充分体现了在巨大数据压力下产品业务的安全及性能优势。

- ◎ 虚拟化与容器技术
- ◎ 集群及高可用

排版说明

关于本书中的排版，如果书中的命令是需要读者输入的，我们将使用等比例黑体加粗显示；对于计算机输出的命令返回结果，书中将使用等比例斜体字显示。由于采用开源模式，所以 Linux 操作系统中拥有大量明文文本形式的配置文件，对于打开及修改文本文件中的内容，书中将把文件中的内容放置于方框中；对于需要读者注意的地方，书中会给出明确的注意提示。

本书读者

本书可以作为学习 Linux 应用技术的一本指南,主要针对希望进入 Linux 运维行业的新手,不过对于有经验的专家而言,其中的部分章节同样适用。另外,本书也可以作为计算机培训参考教材。

关于配置文件及代码

本书中部分主要的配置文件及代码可以在 GitHub 上下载,下载地址为 https://github.com/jacobproject/operation。

联系作者

作者在编写本书的过程中已经花了大量的时间对内容进行审核与校验,但因为作者精力有限,书中难免出现一些错漏,敬请广大专家和读者批评、指正。

关于本书,您有任何意见或建议可以发送邮件至 ydh0011@163.com,或使用博客平台 http://manual.blog.51cto.com 与作者交流。

致谢

由于采用业余时间编写本书,占用了大量本应该和家人在一起的欢乐时光,在此感谢家人对我的支持与勉励,感谢我的儿子(子墨)和女儿(紫悦)给家庭带来的无限欢乐。感谢我所有的同事对此项任务的全力配合与支持。感谢我的学生对本书的期待,是你们的无形支持促成了我编写本书。感谢生活中所有给予我帮助的朋友,是你们的支持让我不断地进步与创新,不管是在工作中还是在生活中,好朋友都是我走向成功的坚实后盾。感谢电子工业出版社的董英老师为本书的出版提供了大力的支持。

丁明一 · 北京

目录

第 1 篇 基础知识

第 1 章 部署操作系统 2
1.1 通过光盘安装 Linux 操作系统 2
1.1.1 操作系统版本的选择 2
1.1.2 光盘安装实例 3
1.2 无人值守自动安装 Linux 操作系统 11
1.2.1 大规模部署案例 11
1.2.2 PXE 简介 12
1.2.3 Kickstart 技术 13
1.2.4 配置安装服务器 13
1.2.5 自动化安装案例 15
1.3 常见问题分析 20

第 2 章 命令工具 24
2.1 基本命令 25
2.1.1 目录及文件的基本操作 25
2.1.2 查看文件内容 29
2.1.3 链接文件 32
2.1.4 压缩及解压 33
2.1.5 命令使用技巧 34

目录

  2.1.6 帮助 35

2.2 Vim 文档编辑 37

  2.2.1 Vim 工作模式 37

  2.2.2 Vim 光标操作 38

  2.2.3 Vim 编辑文档 39

  2.2.4 Vim 查找与替换 39

  2.2.5 Vim 保存与退出 40

  2.2.6 Vim 小技巧 40

2.3 账户与安全 41

  2.3.1 账户及组的概念 41

  2.3.2 创建账户及组 42

  2.3.3 修改账户及组 43

  2.3.4 删除账户及组 44

  2.3.5 账户与组文件解析 45

  2.3.6 文件及目录权限 46

  2.3.7 账户管理案例 48

  2.3.8 ACL 访问控制权限 50

2.4 存储管理 51

  2.4.1 硬盘分区 52

  2.4.2 格式化与挂载文件系统 56

  2.4.3 LVM 逻辑卷概述 58

  2.4.4 创建 LVM 分区实例 60

  2.4.5 修改 LVM 分区容量 63

  2.4.6 删除 LVM 分区 64

  2.4.7 RAID 硬盘阵列概述 65

  2.4.8 RAID 级别 65

  2.4.9 创建与管理软件 RAID 实例 69

  2.4.10 RAID 性能测试 72

  2.4.11 RAID 故障模拟 73

2.5 软件管理 73

• XI •

- 2.5.1 Linux 常用软件包类型 73
- 2.5.2 RPM 软件包管理 74
- 2.5.3 使用 DNF 安装软件 76
- 2.5.4 DNF 使用技巧 80
- 2.5.5 源码编译安装软件 81
- 2.5.6 常见问题分析 82
- 2.5.7 systemd 服务管理 83
- 2.6 计划任务 88
  - 2.6.1 at 一次性计划任务 88
  - 2.6.2 cron 周期性计划任务 89
  - 2.6.3 计划任务权限 90
  - 2.6.4 通过 systemd 定制计划任务 90
- 2.7 性能监控 92
  - 2.7.1 监控 CPU 使用情况——uptime 命令 92
  - 2.7.2 监控内存及交换分区使用情况——free 命令 92
  - 2.7.3 监控硬盘使用情况——df 命令 93
  - 2.7.4 监控网络使用情况——ip 和 ss 命令 94
  - 2.7.5 监控进程使用情况——ps 和 top 命令 96
- 2.8 网络配置 97
  - 2.8.1 命令行配置网络参数 97
  - 2.8.2 修改系统配置文件配置网络参数 101
  - 2.8.3 网络故障排错 103
- 2.9 内核模块 105
  - 2.9.1 内核模块存放位置 105
  - 2.9.2 查看已加载内核模块 106
  - 2.9.3 加载与卸载内核模块 106
  - 2.9.4 修改内核参数 107

第 3 章 自动化运维 109
- 3.1 Shell 简介 109

3.2　Bash 功能介绍 110
3.2.1　历史命令 110
3.2.2　命令别名 110
3.2.3　管道与重定向 111
3.2.4　快捷键 112
3.3　Bash 使用技巧 112
3.3.1　重定向技巧 112
3.3.2　命令序列使用技巧 113
3.3.3　作业控制技巧 114
3.3.4　花括号{}的使用技巧 114
3.4　变量 115
3.4.1　自定义变量 115
3.4.2　变量的使用范围 116
3.4.3　环境变量 116
3.4.4　位置变量 117
3.4.5　变量的展开替换 118
3.4.6　数组 119
3.4.7　算术运算与测试 120
3.5　Shell 引号 122
3.5.1　反斜线 122
3.5.2　单引号 123
3.5.3　双引号 123
3.5.4　反引号 123
3.6　正则表达式 123
3.6.1　基本正则表达式 124
3.6.2　扩展正则表达式 127
3.6.3　POSIX 规范 128
3.6.4　Perl 正则表达式 129
3.7　Sed 130

3.7.1 Sed 简介 130
3.7.2 Sed 基本语法格式 130
3.7.3 Sed 入门范例 131
3.7.4 Sed 指令与脚本 133
3.7.5 Sed 高级应用 139

3.8 Awk 142
3.8.1 Awk 简介 142
3.8.2 Awk 工作流程 142
3.8.3 Awk 基本语法格式 143
3.8.4 Awk 操作指令 144
3.8.5 Awk 高级应用 148

3.9 Shell 脚本 151
3.9.1 脚本格式 151
3.9.2 运行脚本的方式 152
3.9.3 Shell 脚本简单案例 153
3.9.4 判断语句的应用 156
3.9.5 循环语句的应用 159
3.9.6 控制语句的应用 163
3.9.7 Shell 函数的应用 164
3.9.8 综合案例 166
3.9.9 图形脚本 169

3.10 Ansible 171
3.10.1 准备环境 172
3.10.2 Ansible ad-hoc 命令 176
3.10.3 Ansible 模块 177
3.10.4 Ansible Playbook 185

第 2 篇　网络服务

第 4 章　搭建网络服务 192

4.1 NFS 文件共享 192

4.1.1	NFS 服务器配置	193
4.1.2	客户端访问 NFS 共享	195
4.1.3	NFS 高级设置	196
4.1.4	常见问题分析	199

4.2 Samba 文件共享 200
    4.2.1 快速配置 Samba 服务器 201
    4.2.2 访问 Samba 共享 202
    4.2.3 配置文件详解 204
    4.2.4 Samba 应用案例 205
    4.2.5 常见问题分析 208

4.3 vsftpd 文件共享 209
    4.3.1 FTP 的工作模式 210
    4.3.2 安装与管理 vsftpd 211
    4.3.3 配置文件解析 211
    4.3.4 账号权限 213
    4.3.5 vsftpd 应用案例 213
    4.3.6 常见问题分析 217

4.4 ProFTPD 文件共享 218
    4.4.1 安装 ProFTPD 软件 218
    4.4.2 配置文件解析 219
    4.4.3 ProFTPD 权限设置 220
    4.4.4 虚拟用户应用案例 220
    4.4.5 常见问题分析 224

4.5 SVN 版本控制 224
    4.5.1 SVN 简介 224
    4.5.2 四种服务器对比 226
    4.5.3 安装 SVN 软件 227
    4.5.4 svnserve 服务器搭建 227
    4.5.5 svnserve+SSH 服务器搭建 233
    4.5.6 Apache+SVN 服务器搭建 234

- 4.5.7 多人协同编辑案例 ... 236
- 4.5.8 常见问题 ... 240
- 4.6 Git 版本控制 ... 241
  - 4.6.1 部署 Git 远程版本服务器 ... 242
  - 4.6.2 客户端操作版本仓库 ... 243
  - 4.6.3 HEAD 指针 ... 246
  - 4.6.4 Git 分支 ... 247
  - 4.6.5 Git 标签 ... 253
  - 4.6.6 免密登录 Git 远程版本服务器 ... 254
  - 4.6.7 常见问题分析 ... 255
- 4.7 网络存储服务器 ... 255
  - 4.7.1 iSCSI 网络存储 ... 256
  - 4.7.2 Rsync 文件同步 ... 259
  - 4.7.3 Rsync+Inotify 实现文件自动同步 ... 265
- 4.8 DHCP 服务器 ... 271
  - 4.8.1 安装软件 ... 272
  - 4.8.2 配置文件解析 ... 272
  - 4.8.3 DHCP 应用案例 ... 273
  - 4.8.4 常见问题分析 ... 275
- 4.9 DNS 域名服务器 ... 276
  - 4.9.1 DNS 简介 ... 276
  - 4.9.2 安装 DNS 软件 ... 278
  - 4.9.3 BIND 配置文件解析 ... 278
  - 4.9.4 部署主域名服务器 ... 282
  - 4.9.5 部署从域名服务器 ... 285
  - 4.9.6 DNS 视图应用案例 ... 287
  - 4.9.7 常见问题分析 ... 289
- 4.10 Apache 网站服务器 ... 290
  - 4.10.1 Apache 简介 ... 290
  - 4.10.2 安装 Apache 软件 ... 291

目录

- 4.10.3 配置文件解析 ... 292
- 4.10.4 虚拟主机应用案例 ... 297
- 4.10.5 网站安全应用案例 ... 298
- 4.10.6 常见问题分析 ... 301
- 4.11 Nginx 网站服务器 ... 302
  - 4.11.1 Nginx 简介 ... 302
  - 4.11.2 安装 Nginx 软件 ... 302
  - 4.11.3 配置文件解析 ... 305
  - 4.11.4 虚拟主机应用案例 ... 307
  - 4.11.5 SSL 网站应用案例 ... 310
  - 4.11.6 HTTP 响应状态码 ... 311
- 4.12 数据库基础 ... 312
  - 4.12.1 MySQL 数据库简介 ... 312
  - 4.12.2 安装 MySQL ... 313
  - 4.12.3 MySQL 管理工具 ... 314
  - 4.12.4 数据库定义语言 ... 319
  - 4.12.5 数据库操作语言 ... 323
  - 4.12.6 数据库查询语言 ... 325
  - 4.12.7 MySQL 与安全 ... 327
  - 4.12.8 MySQL 数据库备份与还原 ... 330
- 4.13 动态网站架构案例 ... 332
  - 4.13.1 论坛系统应用案例 ... 332
  - 4.13.2 博客系统应用案例 ... 338

第 5 章 系统监控 ... 344

- 5.1 Zabbix 监控系统 ... 344
  - 5.1.1 简介 ... 344
  - 5.1.2 Zabbix 基础监控案例 ... 345
  - 5.1.3 Zabbix 监控案例进阶 ... 366
- 5.2 Prometheus 监控系统 ... 388

XVII

5.2.1　Prometheus 简介 388
　　5.2.2　Prometheus 监控应用案例 389

第 6 章　网络安全 400

6.1　防火墙 400
　　6.1.1　firewalld 简介 401
　　6.1.2　firewall-cmd 命令 402

6.2　SELinux 简介 406
　　6.2.1　SELinux 配置文件 406
　　6.2.2　SELinux 软件包 408
　　6.2.3　SELinux 安全上下文 408
　　6.2.4　SELinux 排错 409
　　6.2.5　修改安全上下文 411
　　6.2.6　查看与修改布尔值 413
　　6.2.7　SELinux 应用案例 414
　　6.2.8　httpd 相关的 SELinux 安全策略 414
　　6.2.9　FTP 相关的 SELinux 安全策略 415
　　6.2.10　MySQL 相关的 SELinux 安全策略 416
　　6.2.11　NFS 相关的 SELinux 安全策略 417
　　6.2.12　Samba 相关的 SELinux 安全策略 418

6.3　OpenVPN 419
　　6.3.1　OpenVPN 简介 419
　　6.3.2　安装 OpenVPN 服务 419
　　6.3.3　OpenVPN 客户端 423

6.4　WireGuard 428
　　6.4.1　WireGuard 简介 428
　　6.4.2　安装 WireGuard 429
　　6.4.3　配置 WireGuard 431

第 3 篇　高级应用

第 7 章　虚拟化与容器技术 436
7.1　虚拟化产品对比 436
7.1.1　VMware 虚拟化技术 437
7.1.2　Xen 虚拟化技术 437
7.1.3　KVM 虚拟化技术 438
7.2　KVM 虚拟化应用案例 438
7.2.1　安装 KVM 组件 438
7.2.2　创建虚拟机、安装操作系统 439
7.2.3　监控虚拟机操作系统 444
7.2.4　命令工具使用技巧 446
7.2.5　虚拟存储与虚拟网络 451
7.3　容器技术 458
7.3.1　安装容器管理软件 461
7.3.2　镜像与容器管理 461
7.3.3　自定义镜像 465
7.3.4　发布服务 467
7.3.5　存储卷 468

第 8 章　集群及高可用 470
8.1　集群 470
8.1.1　LVS 负载均衡简介 470
8.1.2　基于 NAT 的 LVS 负载均衡 471
8.1.3　基于 TUN 的 LVS 负载均衡 472
8.1.4　基于 DR 的 LVS 负载均衡 473
8.1.5　LVS 负载均衡调度算法 474
8.1.6　部署 LVS 475
8.1.7　LVS 负载均衡应用案例 478
8.1.8　常见问题分析 484
8.2　Keepalived 双机热备 484

- 8.2.1 Keepalived 简介 484
- 8.2.2 VRRP 简介 485
- 8.2.3 安装 Keepalived 服务 485
- 8.2.4 配置文件解析 486
- 8.2.5 Keepalived+LVS 应用案例 487
- 8.2.6 常见问题分析 494
- 8.3 Squid 代理服务器 495
  - 8.3.1 Squid 简介 495
  - 8.3.2 安装 Squid 服务 495
  - 8.3.3 常见的代理服务器类型 496
  - 8.3.4 配置文件解析 497
  - 8.3.5 Squid 应用案例 498
- 8.4 HAProxy 负载均衡 502
  - 8.4.1 HAProxy 简介 502
  - 8.4.2 配置文件解析 503
  - 8.4.3 HAProxy 应用案例 505
- 8.5 Nginx 高级应用 509
  - 8.5.1 Nginx 负载均衡简介 509
  - 8.5.2 Nginx 负载均衡案例 511
  - 8.5.3 Nginx rewrite 规则 515
- 8.6 MySQL 高可用 518
  - 8.6.1 MySQL 复制简介 518
  - 8.6.2 一步一步实现 MySQL 复制 519

第1篇
基础知识

第 1 章
部署操作系统

1.1 通过光盘安装 Linux 操作系统

1.1.1 操作系统版本的选择

首先我们需要弄清楚两个基本概念：Linux 与 Linux 系统。Linux 仅代表系统的内核，同时 Linux 商标的所有者是 Linus Torvalds。而 Linux 系统指的是基于 Linux 内核的操作系统。一个完整的 Linux 系统一般由内核与程序组成，这样的系统正式对外发行即成了现在市面上常见的 Linux 发行版本，这种发行版本又分为商业版本与社区版本。

当前比较流行的发行版本有 RedHat Enterprise Linux、Fedora、CentOS、Rocky Linux、SuSE、Debian、Ubuntu 等，目前国产的 Linux 发行版本也很多，比如麒麟、统信、欧拉、深度等。这些版本有些由商业公司维护，有些则由社区维护，大家可以根据自己的实际需求选择适合自己的发行版本。由于在 CentOS 8 版本以后，CentOS 变成了 CentOS Stream，其定位是做 RHEL 的上游发行版本，并且之前的版本也将停止维护，因此前 CentOS 创始人 Gregory Kurtzer 重新创建了 Rocky Linux 项目，旨在提供 100%与 RHEL 兼容的稳定系统版本。本书案例均以 Rocky Linux 9.1 系统为操作平台，Rocky Linux 9.1 光盘镜像全称为 Rocky-9.1-x86_64-dvd.iso，我们可以在官网 rockylinux.org 下载需要的系统光盘。

1.1.2 光盘安装实例

安装 Linux 操作系统最简单的方式是通过光盘安装，我们可以在 Rocky Linux 官方网站上下载 ISO 镜像[1]，然后刻录成光盘。下面以 Rocky Linux 9.1 为例讲解安装步骤。

在 BIOS 中设置光盘启动，计算机启动后进入如图 1-1 所示的欢迎界面，安装菜单的功能如表 1-1 所示，这里我们选择 Install Rocky Linux 9.1 安装菜单，并按回车键确定。

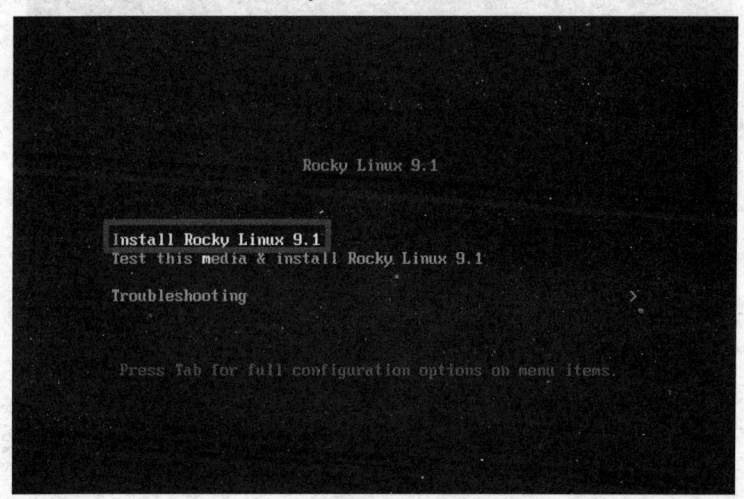

图 1-1

表 1-1

安装菜单	功能描述
Install Rocky Linux 9.1	安装操作系统
Test this media & install Rocky Linux 9.1	先检查光盘数据是否完整，然后安装操作系统
Troubleshooting	进入排错模式
Install Rocky Linux 9.1 using text mode	使用字符界面安装操作系统
Rescue a Rocky Linux system	进入救援模式
Run a memory test	测试内存
Boot from local drive	从硬盘启动
Return to main menu	返回主菜单

如果选择了 Troubleshooting，安装程序将进入排错模式，显示子菜单如图 1-2 所示。

---

1 本书中涉及的链接可以通过"读者服务"获取。此处请参考链接 1-1。

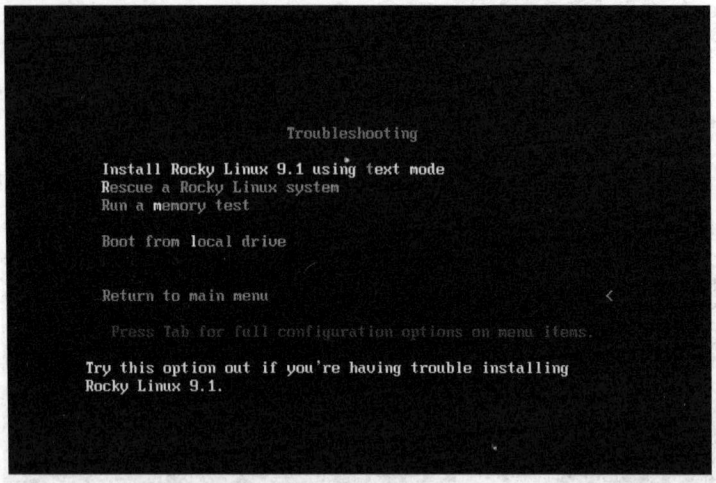

图 1-2

安装菜单的具体含义可参考表 1-1，选中任意一个安装菜单后，均可使用 Tab 键来自定义具体的参数设置，适用于对 Linux 非常熟悉的人。

选择安装操作系统（Install Rocky Linux 9.1）后，进入语言选择界面，如图 1-3 所示。这里的语言选择仅在安装过程中有效，如选择简体中文，即可设置在后续的安装步骤中均显示简体中文界面。

图 1-3

第 1 章 部署操作系统

　　选择语言后，单击"继续"按钮进入安装信息摘要界面，如图 1-4 所示。"安装目的地"是选择将 Linux 系统安装到哪里，单击后出现"安装目标位置"界面，选择 50GiB 的 sda 磁盘，如果是 NVME 固态硬盘，则标识为 nvme0n1，磁盘存储配置默认为"自动"分区，此时单击"完成"按钮即可，如图 1-5 所示。

图 1-4

图 1-5

> **提示** Rocky Linux 默认的磁盘存储配置为自动分区，即使我们希望使用默认的自动分区方式，系统还是要我们在安装目标位置界面进行选择，并单击"完成"按钮做一次确认动作。

安装源默认使用的是本地介质（光盘），这里不需要调整。默认安装带 GUI 的服务器，如果我们想安装其他环境的 Linux，可以进入"软件选择"界面，根据自己的需要选择是"最小安装"还是安装"带 GUI 的服务器"。这里我们选择"带 GUI 的服务器"，如图 1-6 所示。

Rocky Linux 将基本环境大致分为带 GUI 的服务器、服务器、最小安装、工作站、定制操作系统、虚拟化主机等，选择不同的应用基本环境，最终安装的软件包也将有所不同，用户也可以根据需要自定义软件包的安装。

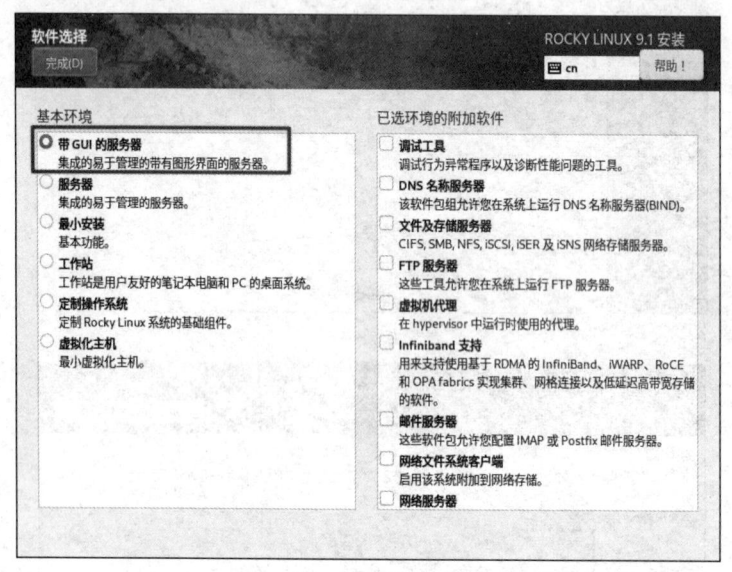

图 1-6

前面选择语言为简体中文后，"日期和时间"界面中默认城市为上海，如图 1-7 所示。可以在该界面修改地区、城市、日期、时间等，修改完成后单击"完成"按钮即可返回安装信息摘要界面。

图 1-7

在"网络和主机名"界面，主要完成以太网接口的配置，可以看到网卡的基本信息，对于网卡名称，每台计算机可能会有所不同，这里是 ens160，网卡默认被设置为 DHCP 动态获取 IP 地址，如果需要手动配置网络参数，也可以单击"配置"按钮，如图 1-8 所示。

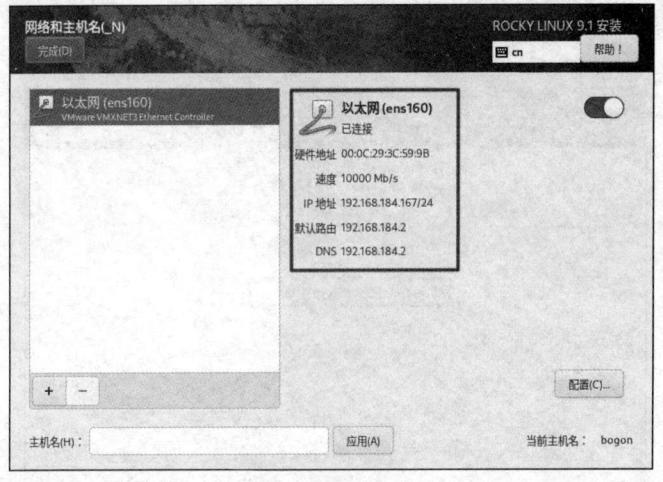

图 1-8

如图 1-9 所示，在"安装信息摘要"界面包含一个 KDUMP 菜单，KDUMP 是一种内核崩溃转储机制，当系统出现致命的问题时，利用 KDUMP 可以快速启动另一个内核并将崩溃信息保存。要想开启 KDUMP，计算机要有足够大的内存，否则 KDUMP 将无法被激活，如果没有足够大的内存，也可以禁用该功能。

图 1-9

默认 Linux 系统的超级管理员用户是 root，我们可以在"ROOT 密码"界面设置管理员密码，为了后期使用 SSH 远程登录该设备，这里可以勾选"允许 root 用户使用密码进行 SSH 登录"，如果密码使用的是简单的弱密码，则需要单击两次"完成"按钮进行确认，如图 1-10 所示。

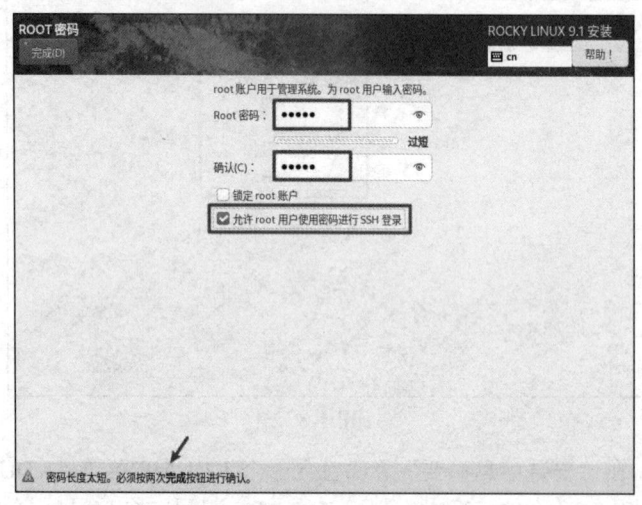

图 1-10

在安装信息摘要过程中，还可以为系统添加额外的普通用户，进入"创建用户"界面，输入用户名和密码，如果使用的是弱密码，则需要单击两次"完成"按钮，如图 1-11 所示。

图 1-11

回到"安装信息摘要"界面,单击"开始安装"按钮,安装 Rocky Linux 操作系统,如图 1-12 所示。

图 1-12

系统开始安装软件包,等待所有软件包安装完成后,提示重启系统,如图 1-13 所示。重启 Rocky Linux,Linux 操作系统就安装完成了。

图 1-13

重启后,在登录界面选择"未列出",如图 1-14 所示。然后输入用户名和密码,如图 1-15、图 1-16 所示。

图 1-14

图 1-15

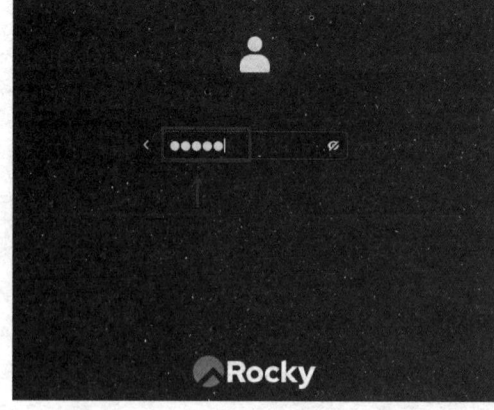

图 1-16

成功登录后，效果如图 1-17 所示。至此，安装和初始化工作就全部完成了，随后系统会弹出一切都已就绪的窗口，单击"开始使用"就可以开始我们的 CentOS 7 之旅了，背上行装，马上出发！

图 1-17

1.2 无人值守自动安装 Linux 操作系统

1.2.1 大规模部署案例

前面详细介绍了如何通过光盘手动安装部署 Rocky Linux 9.1 操作系统，但这种安装方式并不适用于所有应用环境。以作者的 Lab 实验室机房为例，总计 10 个机房，每个机房平均有 30 台主机，而这些主机都需要统一安装部署 Linux 操作系统。再如，像新浪、网易、淘宝这样的大型网络平台，有上千台服务器需要部署 Linux 操作系统。如果此时依然使用光盘逐一为每台主机安装操作系统，效率是极其低下的，这时就需要通过一种更加高效快捷的方式来为这些主机统一部署操作系统。

目前行业中普遍采用成熟稳定的 PXE 解决方案，通过网络安装并结合自动应答文件，实现无人值守自动安装部署操作系统。这种安装方式需要配置至少一台安装服务器，所有需要安装系统的客户端，通过网络连接服务器端，下载并执行服务器上的引导文件和安装程序，再根据服务器中存放的自动应答文件实现大规模自动安装部署。整体环境的拓扑结构如图 1-18 所示。

由于这种无人值守的解决方案需要提前部署一台包含 DHCP、TFTP[1]、FTP 等服务的安装服务器，因此，如果你对这些服务还比较陌生，可以选择跳过本节，阅读完后面关于服务的相关章节后再来看这部分内容会容易得多。

---

1 TFTP 即简单文件共享服务，本环境中的 TFTP 存放了可供客户端计算机启动的启动文件。

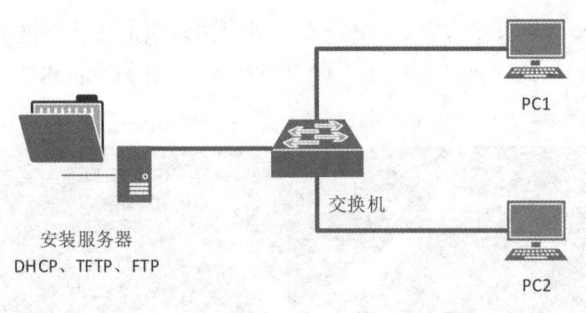

图 1-18

安装部署流程为：客户端首先需要在 BIOS 中设置网络启动，客户端启动后会通过发送广播包的方式寻找 DHCP 服务器，如果找到 DHCP 服务器，即可向该服务器申请包括 IP 地址在内的各种网络参数，并通过 DHCP 获得 TFTP 服务器的位置，当客户端获得 TFTP 服务器的地址后，即可从 TFTP 服务器上将启动文件下载至本机内存并运行，最终实现无盘启动。我们可以对安装系统的配置文件进行自定义设置，设置 Kickstart 文件的共享位置，这样客户端启动后即可自动寻找 Kickstart 文件，实现无人值守安装操作系统。注意，Kickstart 文件需要事先通过网络共享[1]。Kickstart 文件中描述了如何安装和设置操作系统、如何运行部署脚本等。

1.2.2　PXE 简介

前面介绍了计算机读取光盘中的引导文件实现操作系统的安装，本节需要实现的是无光盘情况下网络启动的无人值守安装，这里就需要用到 PXE 技术。

PXE 是由 Intel 公司开发的基于客户端/服务器端的一种技术，其核心功能是让客户端通过网络从远端服务器下载启动镜像，从而启动网络。在整个过程中，客户端要求服务器端分配 IP 地址，再用 TFTP 协议下载位于服务器端的启动镜像到本机内存中并执行，由这个启动文件完成客户端基本软件的设置。

本书介绍的案例也需要实现安装系统的功能，但 PXE 技术只能实现从网络启动，当读取安装程序进入安装界面后，剩余的安装步骤，如语言设置、系统管理员密码设置、网络参数设置等还需要我们手动完成。也就是说，我们仅可实现无光盘网络启动，仍需手动安装操作系统，若要真正实现无人值守自动安装，还需要用到 Kickstart 技术。

1　本节案例使用 NFS 共享 Kickstart 文件。

1.2.3 Kickstart 技术

Kickstart 安装是目前主要的无人值守自动安装部署操作系统的方式，使用 Kickstart 技术，我们可以很轻松地实现自动安装及配置。这种技术的核心是自动应答文件（Kickstart 文件），即将本来在安装过程中需要我们手动设置的语言、密码、网络等参数存入文件，通过读取自动应答文件实现自动设置。也就是说，我们需要事先将安装系统过程中问题的答案写入自动应答文件，开始安装时，指定安装程序读取自动应答文件实现自动安装及部署。

Kickstart 文件可以通过如下三种方式生成。

◎ 手动编写（仅需要一个文本编辑工具）。
◎ 通过在线工具生成，红帽网站提供了该工具[1]，要想使用该工具需要有红帽账户并订阅。
◎ 通过安装程序 Anaconda 自动生成，手动安装 Linux 系统后，/root 目录中会自动生成一个 anaconda-ks.cfg 文件。

这里主要以手动安装 Linux 系统时自动生成的 anaconda-ks.cfg 文件为参考，手动编写一份自动应答文件。在 1.2.5 节中，我们将给出通过 Kickstart 技术自动部署 Linux 操作系统的完整案例。

1.2.4 配置安装服务器

从图 1-18 中可以看出，如果要实现无人值守自动安装部署操作系统，需要提前定制安装服务器，该服务器需要运行 DHCP、TFTP、FTP 三种服务。

1. DHCP 服务器

DHCP 服务器的主要功能是在企业内部网络中为客户端分配 IP 地址等网络参数。在无人值守环境中，当客户端选择从网络启动后，就会通过发送广播数据包来寻找 DHCP 服务器，从 DHCP 获得 IP 地址等参数后才可以通过 TFTP 共享服务器下载启动文件。以下是在 Rocky Linux 9.1 平台安装部署 DHCP 服务器的步骤。

首先，使用如下命令安装 DHCP 服务：

```
[root@rocky9 ~]# dnf -y install dhcp-server
```

安装完成后，DHCP 服务的主配置文件为/etc/dhcp/dhcpd.conf。我们可以修改该配置文件，实现为客户端分配网络参数的功能，以下为修改后的配置文件样本：

---

[1] 请参考链接 1-2。

```
[root@rocky9 ~]# cat /etc/dhcp/dhcpd.conf
… …
subnet 172.16.0.0 netmask 255.255.0.0 {
  range 172.16.0.1 172.16.0.250;
  option domain-name-servers 8.8.8.8;
  option routers 172.16.0.254;
  default-lease-time 600;
  max-lease-time 7200;
  next-server 172.16.0.254;
  filename "pxelinux.0";
}
```

```
[root@rocky9 ~]# systemctl start dhcpd        #启动 DHCP 服务
```

在上述样本中，subnet 指定为哪个网段分配网络参数，这里设置为 172.16.0.0。使用 range 指令，设置准备为客户端分配的 IP 地址池（一个地址区间），这里设置可以为客户端分配的 IP 地址从 172.16.0.1 到 172.16.0.250。学习完本书后面的章节后，我们还可以根据客户端 MAC 地址分配固定 IP 地址。使用 domain-name-servers 指令，可以设置分配给客户端的 DNS 服务器地址，使用 routers 指令则可设置分配给客户端的网关地址。对网络启动至关重要的参数是 next-server 与 filename，从安装部署流程可以看出，客户端启动计算机，并通过 DHCP 服务器获得 IP 地址后，还需要从 TFTP 下载启动文件，而 next-server 设置的就是 TFTP 服务器服务器的地址，filename 设置的是在该 TFTP 服务器上共享的启动文件名称，客户端通过这两个参数连接 TFTP 服务器，并从中下载特定的启动文件，完成计算机的网络启动流程。

dhcp-server 软件包还为我们准备好了一份配置文件的参考示例文件，路径为/usr/share/doc/dhcp-server/dhcpd.conf.example。

2. TFTP 服务器

TFTP 服务器为客户端提供了一种简单的文件共享功能，它不具备 FTP 服务器那样丰富的功能。不过由于设计简单，TFTP 非常适用于传输小且简单的 PXE 启动文件。使用如下命令安装该服务器：

```
[root@rocky9 ~]# dnf -y install tftp-server      #安装 tftp-server 软件包
[root@rocky9 ~]# systemctl start tftp.service    #启动 TFTP 服务
```

安装 TFTP 服务器后，启动 tftp.service 即可，默认的 TFTP 服务器定义的共享文件目录为 /var/lib/tftpboot，也就是共享文件要放置的路径。

3. FTP 服务器

FTP 是 File Transfer Protocol 的简写，即文件传输协议。目前市面上有很多可以实现 FTP 的软件，vsftpd 就是一种利用 FTP 进行数据共享的软件，从名字上就可以看出其主要特色是提供一种安全的数据共享服务。我们可以使用它作为 Linux 系统文件的共享服务平台，当客户端从网络启动正式进入安装界面后，还需要读取 Rocky Linux 光盘中的系统安装程序，以完成最后的安装。这些文件就通过 vsftpd 共享给网络用户。如果你的系统中还没有安装该软件，则可以使用 dnf 安装，安装完成后启动服务，默认禁止匿名共享，通过修改配置文件可以开启匿名共享功能，共享文件存储目录默认为/var/ftp。具体操作流程如下：

```
[root@rocky9 ~]# dnf -y install vsftpd           #安装 vsftpd
[root@rocky9 ~]# vim /etc/vsftpd/vsftpd.conf     #修改 vsftpd 的配置文件
anonymous_enable=YES                              #开启匿名共享功能
[root@rocky9 ~]# systemctl start vsftpd          #启动 vsftpd 服务
```

vsftpd.conf 配置文件中默认 anonymous_enable=NO，代表禁止匿名共享 FTP，将 NO 修改为 YES 可以开启匿名共享功能。

1.2.5　自动化安装案例

本节介绍一个自动化安装部署操作系统的完整案例，其拓扑结构如图 1-19 所示。可以看出，为了减轻安装服务器的负载，我们将 FTP 单独放置在一台服务器中，以提高其读写性能。两台服务器的 IP 地址分别为 172.16.0.253 和 172.16.0.254，对应的主机名分别为 boot.example.com 和 ftp.example.com。

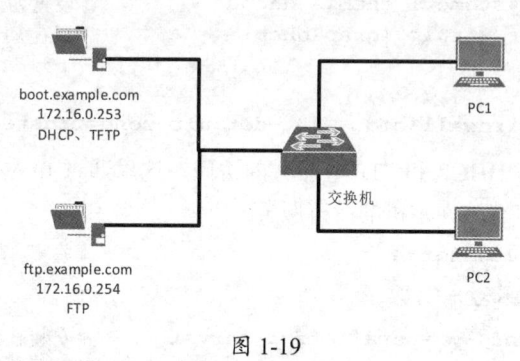

图 1-19

具体实现步骤如下。

（1）通过以下命令安装部署 DHCP 服务器，该操作在 boot.example.com 主机中进行：

```
[root@boot ~]# dnf -y install dhcp-server
```

安装 dhcp-server 软件包后，默认会提供一份配置文件的参考模板/usr/share/doc/dhcp-server/dhcpd.conf.example，可以将该文件复制到/etc/dhcp 目录中（覆盖原有的配置文件），并适当修改配置文件的内容，具体如下：

```
[root@boot ~]# vim /etc/dhcp/dhcpd.conf
```

```
# dhcpd.conf
# Sample configuration file for ISC dhcpd
log-facility local7;
# A slightly different configuration for an internal subnet.
subnet 172.16.0.0 netmask 255.255.0.0 {
  range 172.16.0.100 172.16.0.200;
  option domain-name-servers 202.106.0.20;
  option routers 172.16.0.1;
  default-lease-time 600;
  max-lease-time 7200;
  next-server 172.16.0.253;
  filename "pxelinux.0";
}
... ...
```

配置说明：本案例中为 172.16.0.0/16 网络分配动态 IP 地址，动态 IP 地址池从 172.16.0.100 至 172.16.0.200，客户端获取的网关地址为 172.16.0.1，TFTP 服务器地址为 172.16.0.253，启动文件的名称为 pxelinux.0。

启动 DHCP 服务并设置为开机自启动：

```
[root@boot ~]# systemctl start dhcpd              #启动 DHCP 服务
[root@boot ~]# systemctl enable dhcpd             #设置为开机自启动
[root@boot ~]# ss -ntulp |grep dhcp               #查看 DHCP 的端口状态
udp    UNCONN 0      0           0.0.0.0:67         0.0.0.0:*
users:(("dhcpd",pid=39491,fd=7))
[root@boot ~]# firewall-cmd --set-default-zone=trusted
```

默认防火墙会拦截对 DHCP 和 FTP 等服务的访问，这里通过 firewall-cmd 命令设置防火墙信任所有服务，允许客户端访问本机的所有服务：

```
[root@boot ~]# setenforce 0                       #关闭 SELinux 防护功能
```

（2）安装部署 TFTP 共享服务器：

```
[root@boot ~]# dnf -y install tftp-server         #安装软件包
[root@boot ~]# systemctl cat tftp.service         #查看配置文件
# /usr/lib/systemd/system/tftp.service
[Unit]
Description=Tftp Server
```

```
Requires=tftp.socket
Documentation=man:in.tftpd

[Service]
ExecStart=/usr/sbin/in.tftpd -s /var/lib/tftpboot
StandardInput=socket

[Install]
Also=tftp.socket
```

配置文件中的 ExecStart 说明，在启动 tftpd 程序时通过 -s 选项指定了默认的共享路径为 /var/lib/tftpboot，我们需要将计算机的启动文件放到该目录中通过网络共享给客户端。

（3）将客户端所需的启动引导文件复制到 TFTP 服务器：

```
[root@boot ~]# dnf -y install syslinux        #通过安装该软件包获得启动引导文件
[root@boot ~]# cp /usr/share/syslinux/pxelinux.0 /var/lib/tftpboot/
```

将 Rocky Linux 光盘放入光驱并运行如下命令，从光盘中复制启动镜像文件和启动配置文件至 TFTP 共享目录中：

```
[root@boot ~]# umount /dev/cdrom
[root@boot ~]# mount /dev/cdrom /media
[root@boot ~]# cp /media/isolinux/* /var/lib/tftpboot/
[root@boot ~]# mkdir /var/lib/tftpboot/pxelinux.cfg
[root@boot ~]# cp /media/isolinux/isolinux.cfg \
/var/lib/tftpboot/pxelinux.cfg/default
#在 Linux 系统中执行的命令如果特别长，可以使用\实现跨行输入
[root@boot ~]# chmod 644 /var/lib/tftpboot/pxelinux.cfg/default
```

修改 PXE，启动配置文件如下：

```
[root@boot ~]# vim /var/lib/tftpboot/pxelinux.cfg/default
```

```
default vesamenu.c32
timeout 600
display boot.msg
... ...（省略部分内容）
label linux
  menu label ^Install Rocky Linux 9.1
  menu default
  kernel vmlinuz
  append initrd=initrd.img inst.ks=ftp://172.16.0.254/ks.cfg ip=dhcp quiet
label check
  menu label Test this ^media & install Rocky Linux 9.1
  kernel vmlinuz
  append initrd=initrd.img inst.stage2=hd:LABEL=Rocky-9-1-x86_64-dvd rd.live.check quiet
... ...（省略部分内容）
```

配置说明：每一个 label 定义了一个启动菜单项目，menu default 定义了默认的引导方式，从文件中可以看出，有一个启动项是直接安装 Rocky Linux，另一个是使用安装光盘进行测试后再安装。timeout 定义了启动界面的超时时间（时间单位为 1/10 秒），默认 timeout 600 代表，如果用户 60 秒不做任何操作，系统将直接使用 menu default 定义的默认引导方式安装系统。在本案例中，我们将超时时间修改为 6 秒（timeout 60）。此外，kernel 指定的是系统内核文件（vmlinuz），在上面的步骤中，我们已经从光盘中将系统内核文件复制到 TFTP 共享目录中，这样客户端就可以通过网络 TFTP 共享读取该文件。如果没有后面的 inst.ks 参数，我们可以实现无光盘场景的网络启动，后面的安装步骤需要手动完成，而设置 inst.ks 参数可以指定自动应答文件的位置，从而实现无人值守自动安装部署操作系统。本例将访问 172.16.0.254 的 FTP 共享，读取 Kickstart 文件。

重启 TFTP 服务并设置为开机自启动：

```
[root@boot ~]# systemctl start tftp.service      #启动 TFTP 服务
[root@boot ~]# systemctl enable tftp.service     #设置为开机自启动
[root@boot ~]# ss -ntulp |grep dhcp              #查看 DHCP 的端口状态
 udp    UNCONN 0        0          0.0.0.0:67       0.0.0.0:*
users:(("dhcpd",pid=39491,fd=7))
```

（4）部署 FTP 服务器，用来共享 Kickstart 应答文件和系统光盘中的软件包。

在 172.16.0.254 主机上使用，安装 vsftpd 软件包：

```
[root@ftp ~]# dnf -y install vsftpd              #安装软件包
```

启动 vsftpd 服务并设置为开机自启动：

```
[root@ftp ~]# systemctl start vsftpd             #启动服务
[root@ftp ~]# systemctl enable vsftpd            #设置为开机自启动
[root@ftp ~]# firewall-cmd --set-default-zone=trusted
```

默认防火墙会拦截对 FTP 等服务的访问，这里通过 firewall-cmd 命令令防火墙信任所有访问者，允许客户端访问本机的所有服务：

```
[root@ftp ~]# setenforce 0                       #关闭 SELinux 防护功能
```

（5）将系统光盘或 ISO 文件通过 FTP 共享。

部署完 FTP 服务后，需要将光盘中的文件复制到/var/ftp/pub 目录中，如果有光盘与光驱，也可以通过 mount 命令将光盘直接挂载至/var/ftp/pub 目录中，方法如下。

首先，将光盘从默认的挂载点卸载：

```
[root@ftp ~]# umount /dev/cdrom
```

然后，将光盘重新挂载至/var/ftp/pub 目录中：

```
[root@ftp ~]# mount /dev/cdrom /var/ftp/pub
```
如果没有光盘，仅有 ISO 镜像文件，也可以将 ISO 镜像文件挂载至/var/ftp/pub 目录中：
```
[root@ftp ~]# mount -o loop -t iso9660 镜像文件 /var/ftp/pub
[root@ftp ~]# setenforce 0              #临时关闭 SELinux（否则无法共享光盘）
```

> **注意** 通过 mount 命令将设备挂载到某个目录中是临时的，如果要永久挂载，需要修改/etc/fstab 文件。setenforce 0 将 SELinux 临时关闭，重启后无效，设置永久规则需要修改 SELinux 配置文件。

（6）创建 Kickstart 自动应答文件。

在 172.16.0.254 主机上手动安装操作系统会自动生成 anaconda-ks.cfg 文件，我们对这个文件进行适当的修改，制作新的自动应答文件。

```
[root@ftp ~]# cp /root/anaconda-ks.cfg /var/ftp/ks.cfg #复制应答文件模板
[root@ftp ~]# chmod 644 /var/ftp/ks.cfg          #修改权限，所有用户均可读该文件
[root@ftp ~]# vim /var/ftp/ks.cfg                #手动编辑该文件(#代表注释)
```

```
graphical
#graphical 用于指定使用图形方式安装操作系统，如果改为 text 则表示使用字符界面安装系统
reboot
#reboot 命令会在完成系统安装后自动重启计算机
keyboard --xlayouts='cn'
#键盘布局
lang zh_CN.UTF-8
#将系统语言环境设置为中文
network --bootproto=dhcp --activate
#确认给客户端安装系统的时候是否激活网卡，如果激活网卡，指明如何配置网络参数
#--activate 代表激活网卡，--bootproto=dhcp 代表自动获取 IP 地址
#也可以通过--bootproto=static 设置静态配置网络参数，通过--ip=设置具体的 IP 地址
#--netmask=设置具体的子网掩码，--gateway=设置默认网关，--nameserver=设置 DNS
url --url=ftp://172.16.0.254/pub
#设置安装操作系统的方式，客户端通过 PXE 启动后，指明通过什么方式安装系统
#可以设置为 cdrom、harddrive、hmc、nfs、liveimg，或者 url
#没有任何选项的 cdrom 代表通过光盘安装系统
#url 可以指定从远程服务器获取安装目录，比如 FTP、HTTP 或者 HTTPS
#--url=ftp://username:password@server/path 可以指定需要用户名和密码的 FTP
%packages
@base
@core
%end
#%packages 和%end 是用于定义安装操作系统时安装哪些软件包的配置段
#一行写一个软件包或软件组包名称
#可以写单独的软件包名称，也可以写以@开头的软件组包名称，上面的示例是 base 和 core 组包
```

```
#如果要安装图形环境，可以写@^graphical-server-environment
firstboot --disable
#指明第一次启动系统是否进行初始化操作，--disable 代表不需要进行初始化操作
ignoredisk --only-use=sda
#安装系统的时候仅操作 sda 硬盘，其他所有硬盘都忽略
#如果使用 nvme 固态硬盘，这里的设备名称应该是类似 nvme0n1 这样的名称
clearpart --drives=sda --all --initlabel
#clearpart 指令可以在安装系统前将硬盘清空并初始化，--initlabel 表示初始化硬盘分区表
#--drives 指定清空 sda 硬盘的分区，--all 代表删除所有分区
#如果使用 nvme 固态硬盘，这里的设备名称应该是类似 nvme0n1 这样的名称
autopart
#对前面定义的 sda 硬盘进行自动化分区，如果需要手动分区也可以通过 part 指令自定义
#part / --fstype=xfs --size=5000 --onpart=sda1 创建 5GB 容量的 sda1 作为根分区
timezone Asia/Shanghai --utc
#设置时区，时区为亚洲/上海
rootpw --iscrypted --allow-ssh $6$pFsJRXpcimDFu.GW$GzZG<...部分密码省略...>
#rootpw 用来设置 root 用户的密码，
#--iscrypted 使用加密密码，--plaintext 使用明文密码，使用--lock 可以锁定用户
#--allow-ssh 代表允许 root 用户使用 SSH 远程连接该服务器
# python -c 'import crypt,getpass;
# pw=getpass.getpass();print(crypt.crypt(pw))
# if (pw==getpass.getpass("Confirm: ")) else exit())'
# 上面 python -c 引用的代码可以输入明文密码，输出对应的 SHA512 密文密码
```

（7）启动客户端，安装部署系统。

在所有客户端主机的 BIOS 中，将第一启动方式设置为 PXE 网络启动，或通过类似于开机按 F12 键这样的快捷方式启动。注意，对于不同型号的主机，设置网络启动的方式不同，用户需要根据计算机的说明书进行设置。设置完成后，重启所有客户端计算机即可大规模集中安装部署操作系统。

1.3 常见问题分析

1. 无法从 RAID 卡启动

如果执行了安装程序但无法正常启动操作系统，则可能需要重新创建分区。

因为有些 BIOS 启动模式并不支持从 RAID 卡启动，在安装结束后，会有一个字符界面的引导提示符（如 GRUB:），并伴随闪烁的光标，这时就需要重新为系统分区。

无论是手动安装还是自动安装，/boot 分区都不要使用 RAID 阵列来创建，可以使用单独的

磁盘或分区。

2. 系统提示 Signal 11 错误

Signal 11 错误一般被认为是段错误，表示程序访问了未分配给它的内存空间，这个错误可能是软件 Bug 或硬件错误。

3. 图形安装错误

有些显示卡无法通过启动图形界面来安装程序，如果安装程序无法运行默认设置，则将自动以低分辨率模式进行安装，如果这样依然安装失败，安装程序将试图通过字符界面安装系统。

可以在启动菜单中选择 Troubleshooting，然后选择 Install Rocky Linux 9.1 using text mode，使用字符界面安装系统，或者修改安装系统的内核参数，append initrd=initrd.img inst.stage2=hd:LABEL=Rocky-9-1-x86_64-dvd inst.xdriver=vesa nomodeset，inst.xdriver=vesa nomodeset 代表使用基本的图形界面安装系统。另外，也可以通过 inst.resolution=选项强制修改分辨率。

4. 安装过程中提示找不到磁盘

如果出现"No devices found to install Rocky Linux"这样的提示信息，则表示安装过程中找不到磁盘，可能是由于 SCSI 控制器未被识别，此时需检查硬件是否在 Rocky Linux 所支持的硬件列表中。

5. 分区表错误

如果在磁盘分区设置完成后提示"The partition table on device hda was unreadable. To create new partitions it must be initialized, causing the loss of ALL DATA on this drive."，则说明磁盘没有分区表或分区表无法识别，出现这种情况时，首先要备份数据，然后尝试修复分区表。

6. 其他分区问题

手动分区后如果无法进行下一步操作，可能是由于没有创建系统所需要的所有分区。通常情况下，系统需要三个分区：/（根分区）、swap（交换分区）、/boot（启动分区）。

7. 图形界面问题

如果安装了 X Window 系统，但无法进入图形界面，则可以尝试在命令行输入 startx 命令来进入图形界面。运行 startx 后，图形界面开启。注意，这仅是临时的修复方式，如果要永久生效，需要调整 systemd 的默认启动 target：

`[root@localhost ~]# `**`systemctl set-default graphical.target`**

如果希望改回通过字符界面启动，则需要修改启动 target 为 multi-user.target：

`[root@localhost ~]# `**`systemctl set-default multi-user.target`**

8. 无法开启图形界面

在上一操作过程中，若运行 startx 未能将图形界面开启，则可能是因为未安装 X Window 系统。可以通过 dnf 命令安装图形界面相关的软件包，相关软件包比较多，可以通过组包的形式安装。

`[root@localhost ~]# `**`dnf -y groupinstall "Server with GUI"`**

9. 图形界面登录问题

如果已经开启了图形界面，但所有用户都无法登录系统，则可能是因为磁盘已满。此时在字符界面执行 df -h 命令可以查看磁盘使用情况。注意，/home 和 /tmp 可能会被用户很快用完。

10. 忘记密码

如果忘记了 root 用户的密码，则需要进入救援模式。

启动计算机后，在出现 GRUB 引导程序时按 e 键可以编辑 GRUB 引导参数，找到以 linux 开头的行，在该行的末尾加入 rd.break console=tty0，效果如图 1-20 所示。输入完成，按 Ctrl+X 组合键进入救援模式。

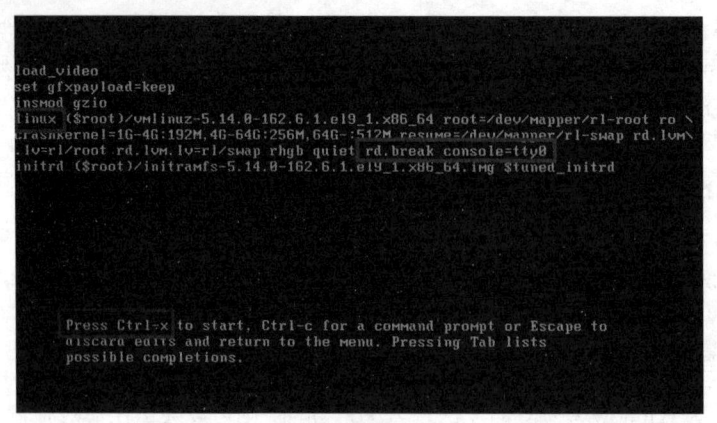

图 1-20

在救援模式下，可以通过输入如下命令修改 root 密码：

```
switch_root:/# mount -o remount,rw /sysroot    #重新以可读取的方式挂载sysroot分区
switch_root:/# chroot /sysroot                 #将 sysroot 映射为系统的根目录
sh-5.1# passwd root                            #根据提示输入新的 root 密码
sh-5.1# /.autorelabel                          #重新给文件打上 SELinux 标签
sh-5.1# exit
switch_root:/# reboot                          #重启计算机
```

> **注意** 为了保障安全，在 Linux 系统下执行 passwd 命令设置用户密码时，输入的密码不会显示在屏幕上。

第 2 章
命令工具

　　Linux 操作系统拥有字符与图形两种工作界面，在企业生产环境中，Linux 主要承担服务器的角色，而图形界面会占用大量的系统资源。因此，从运行效率及资源占用率的角度考虑，通常使用命令行完成日常工作。

　　使用命令行的方法如下。

◎ 开机直接进入字符界面，如图 2-1 所示。

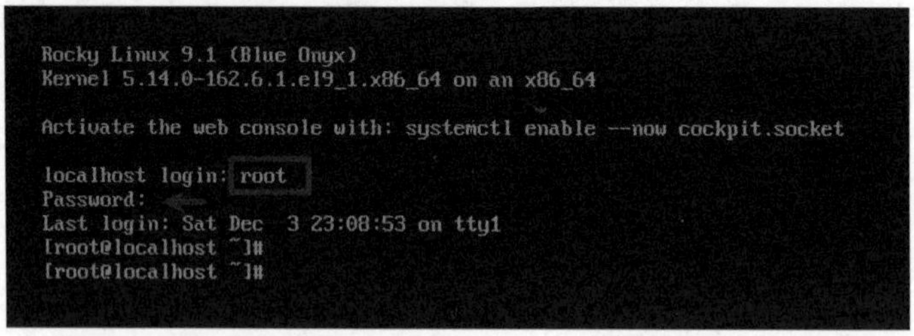

图 2-1

◎ 在图形界面中开启超级终端，单击左上角的活动菜单（Activities），再单击界面下方的终端按钮（Terminal），如图 2-2 所示。

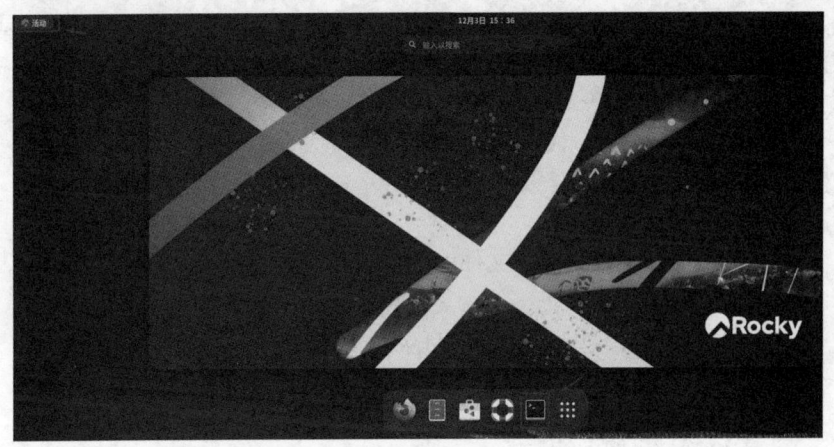

图 2-2

2.1 基本命令

2.1.1 目录及文件的基本操作

1. pwd

描述：pwd 命令的作用是显示当前工作目录的名称。
用法：pwd [选项]…
选项：-p　　显示链接的真实路径。

```
[root@rocky9 Desktop]# pwd          #返回当前工作目录/root/Desktop
/root/Desktop
[root@rocky9 test]# pwd             #返回当前工作目录/tmp/test
/tmp/test
[root@rocky9 test]# pwd -p          #返回链接的真实路径/tmp/pass[1]
/tmp/pass
```

2. cd

描述：cd 命令的作用是切换当前工作目录。

```
[root@rocky9 ~]# cd /usr/src/       #切换工作目录至/usr/src
```

---

[1] 这里假设/tmp/test 是/tmp/pass 的链接文件。

```
[root@rocky9 src]# cd ..              #切换工作目录至当前目录的上一级目录(/usr/)
[root@rocky9 usr]# cd -               #返回前一个目录,回到/usr/src 目录
[root@rocky9 src]# cd                 #切换工作目录至当前用户的家目录
```

注意:在 Linux 系统中,.和./代表当前目录,..和../代表上一级目录。

3. ls

描述:ls 命令的作用是显示目录与文件信息。

用法:ls [选项]… [文件/目录]…

选项: -a 　显示所有信息,包括隐藏目录与文件。
　　　 -d 　显示目录本身的信息,而非目录中的文件信息。
　　　 -h 　人性化显示容量信息。
　　　 -l 　长格式显示文件的详细信息。
　　　 -u 　显示目录或文件最后被访问的时间。
　　　 -t 　按修改时间排序,ls 命令默认是按文件名称排序的。
　　　 -S 　按文件容量大小排序。

```
[root@rocky9 ~]# ls                   #显示当前目录中的子目录与文件名称
[root@rocky9 ~]# ls /etc              #显示/etc 目录中的子目录与文件名称
[root@rocky9 ~]# ls -a                #查看以.开头的隐藏文件与目录信息
[root@rocky9 ~]# ls -l                #查看文件与目录的详细信息[1]
[root@rocky9 ~]# ls -ld /root         #查看当前 root 目录的详细信息
[root@rocky9 ~]# ls -lh               #人性化地显示容量信息
[root@rocky9 ~]# ls -lu /etc/passwd   #查看/etc/passwd 的最后访问时间
[root@rocky9 ~]# ls -lt               #查看文件信息并根据修改时间排序
[root@rocky9 ~]# ls -lhS /bin/        #查看/bin 目录中的详细信息,按容量排序
```

4. touch

描述:touch 命令的作用是创建或修改文件时间。

```
[root@rocky9 ~]# touch hello.txt
```

如果 hello.txt 不存在,则创建,如果已存在,则将文件所有时间更新为当前系统时间。

```
[root@rocky9 ~]# touch {file1,file2}.txt    #创建 file1.txt 和 file2.txt
```

5. mkdir

描述:mkdir 命令的作用是创建目录。

---

[1] 默认显示的时间为文件被修改的时间,容量单位为字节。

用法：mkdir [选项]... [目录]...
选项：-p　　一次性创建多级目录。

```
[root@rocky9 ~]# mkdir leo
[root@rocky9 ~]# mkdir -p /tmp/test/jerry/book/computer
[root@rocky9 ~]# mkdir /tmp/{adir,bdir}     #在/tmp下创建adir和bdir目录
```

6. cp

描述：cp命令的作用是复制文件与目录。
用法：cp [选项] 源 目标
选项：-r　　递归，复制子文件与子目录，一般在复制目录时使用。
　　　-a　　复制时保留源文件的所有属性（包括权限、时间等）。

```
[root@rocky9 ~]# cp /etc/hosts /tmp/          #复制文件/etc/hosts至/tmp目录中
[root@rocky9 ~]# cp /etc/hosts /tmp/host      #复制文件/etc/hosts至/目录中
                                              #并改名为host
[root@rocky9 ~]# cp -r /var/log/ /tmp/        #复制目录/var/log至/tmp/目录中
[root@rocky9 ~]# cp -a /etc/passwd /var/tmp   #复制文件/etc/passwd至
                                              #var/tmp/目录中
```

7. rm

描述：rm命令的作用是删除文件或目录。
用法：rm [选项]... 文件或目录...
选项：-f　　不提示，强行删除。
　　　-i　　删除前提示，确认是否删除。
　　　-r　　递归删除，删除目录及目录中的所有文件。

```
[root@rocky9 ~]# rm /tmp/hosts          #删除文件/tmp/hosts
[root@rocky9 ~]# rm -rf /tmp/log        #删除目录且不提示
```

8. mv

描述：mv命令的作用是移动（重命名）文件或目录。

```
[root@rocky9 ~]# mv hello.txt hello.doc    #将hello.txt改名为hello.doc
[root@rocky9 ~]# mv hello.doc /opt/        #将hello.doc移至/opt目录中
```

9. find

描述：find命令的作用是搜索文件或目录。

用法：find [命令选项] [路径] [表达式选项]
选项：-empty   查找空白文件或目录。
　　　-group   按组查找。
　　　-name   按名称查找。
　　　-iname   按名称查找，且不区分大小写。
　　　-mtime   按修改时间查找。
　　　-size   按容量大小查找。
　　　-type   按类型查找，文件（f）、目录（d）、设备（b，c）、链接（l）等。
　　　-user   按用户名查找。
　　　-exec   对找到的文件执行特定的命令。
　　　-a   并且（and）。
　　　-o   或者（or）。

```
[root@rocky9 ~]# cd /opt                              #切换工作目录到/opt
[root@rocky9 opt]# find -name hello.doc               #查找当前目录中名为
                                                      #hello.doc 的文档[1]
[root@rocky9 ~]# cd ~                                 #返回 root 用户家目录
[root@rocky9 ~]# find /var -name "*.log"              #查找/var 目录中所有名称以
                                                      #.log 结尾的文档
[root@rocky9 ~]# find /etc/ -iname "rpm*"             #在/etc 目录中不区分大小写
                                                      #查找名称以 rpm 开头的文档
[root@rocky9 ~]# find / -empty                        #查找计算机中所有空文档
[root@rocky9 ~]# find / -group tom                    #查找计算机中所属组为 tom 的文档
[root@rocky9 ~]# find / -mtime -3                     #查找计算机中所有 3 天内被修改
                                                      #过的文档
[root@rocky9 ~]# find / -mtime +4                     #查找计算机中所有 4 天以前被修
                                                      #改过的文档
[root@rocky9 ~]# find / -mtime 2                      #查找计算机中 2 天前当日被修改
                                                      #过的文档
[root@rocky9 ~]# find ./ -size +10M                   #查找当前目录中大于 10MB 的文档
[root@rocky9 ~]# find ./ -type f                      #查找当前目录中的所有普通文件
[root@rocky9 ~]# find / -user tom                     #查找 tom 组中的所有文档
[root@rocky9 ~]# find /etc -size +1M -exec ls -l {} \;  #查找大于 1MB 的文档并列出
                                                        #详细信息
[root@rocky9 ~]# find / -size +1M -a -type f          #查找所有大于 1MB 的文件
```

---

[1] 这里的文档指的是文件或目录。

10. du

描述：du 命令的作用是计算文件或目录的容量。

用法：du [选项]... [文件或目录]...

选项：-h　　人性化显示容量信息。

　　　-a　　查看所有目录及文件的容量信息。

　　　-s　　仅显示总容量。

```
[root@rocky9 ~]# du /root            #查看/root 目录及子目录的容量信息
[root@rocky9 ~]# du -a /root         #查看目录和文件的容量
[root@rocky9 ~]# du -sh /root        #查看/root 目录的总容量
```

2.1.2　查看文件内容

1. cat

描述：查看文件内容。

用法：cat [选项]... [文件]...

选项：-b　　显示行号，不包括空白行。

　　　-n　　显示行号，包括空白行。

　　　-A　　显示所有内容，包括不可打印的控制字符（如 Tab 字符、回车字符等）。

```
[root@rocky9 ~]# cat /etc/redhat-release
[root@rocky9 ~]# cat -n /etc/passwd
[root@rocky9 ~]# cat -b /etc/passwd
[root@rocky9 ~]# cat -A /etc/fstab
```

2. more

描述：分页查看文件内容，按空格键查看下一页，按 q 键则退出查看。

```
[root@rocky9 ~]# more /etc/bashrc
```

3. less

描述：分页查看文件内容，按空格键查看下一页，按方向键上下回翻，按 q 键退出查看。

```
[root@rocky9 ~]# less /etc/bashrc
```

4. head

描述：查看文件头部内容，默认显示前 10 行。

用法：head [选项]... [文件]...

选项：-c nK　　显示文件前 nKB 容量的内容。

　　　-n　　　显示文件前 n 行的内容。

```
[root@rocky9 ~]# head -c 2K /etc/profile       #查看文件前 2KB 的内容
[root@rocky9 ~]# head -20 /etc/profile         #查看文件前 20 行的内容
[root@rocky9 ~]# head -3 /etc/sysctl.conf      #查看文件前 3 行的内容
```

5. tail

描述：查看文件尾部的内容，默认显示末尾 10 行。

用法：tail [选项]... [文件]...

选项：-c nK　　显示文件末尾 nKB 容量的内容。

　　　-n　　　显示文件末尾 n 行的内容。

　　　-f　　　动态显示文件内容，常用于查看日志，按 Ctrl+C 组合键退出。

```
[root@rocky9 ~]# tail -c 2K /etc/bashrc          #查看文件末尾 2KB 的内容
[root@rocky9 ~]# tail -3 /etc/sysctl.conf        #查看文件末尾 3 行的内容
[root@rocky9 ~]# tail -f /var/log/messages       #动态查看文件末尾 10 行内容
[root@rocky9 ~]# tail -n 3 /etc/sysctl.conf      #查看文件末尾 3 行的内容
[root@rocky9 ~]# tail -n +2 /etc/sysctl.conf     #查看文件第 2 行往后的内容
```

6. wc

描述：显示文件的行数、单词数、字节数等统计信息。

用法：wc [选项]... [文件]...

选项：-c　　显示文件字节数统计信息。

　　　-l　　显示文件行数统计信息。

　　　-w　　显示文件单词数统计信息。

```
[root@rocky9 ~]# wc /etc/bashrc         #依次显示文件行数、单词数、字节数
[root@rocky9 ~]# wc -c /etc/bashrc      #显示文件的字节数
[root@rocky9 ~]# wc -l /etc/bashrc      #显示文件行数
[root@rocky9 ~]# wc -w /etc/bashrc      #显示文件中的单词数
```

7. grep

描述：查找关键词并打印匹配的行。
用法：grep [选项] 匹配模式 [文件]...
选项：-i   忽略大小写。
　　　-v   取反匹配。
　　　-w   匹配单词。
　　　--color   显示颜色。

```
[root@rocky9 ~]# cd /etc/                           #切换工作目录
[root@rocky9 etc]# grep root passwd                 #在 passwd 中过滤包含 root 的行
[root@rocky9 etc]# grep --color adm passwd          #显示匹配关键词的颜色
[root@rocky9 etc]# grep -i path profile             #过滤包含 path 的行（不区分大小写）
[root@rocky9 etc]# grep -w in profile               #过滤单词 in（不含 bin 或 doding）
[root@rocky9 etc]# grep -v nologin passwd           #过滤不包含 nologin 关键词的行
```

8. echo

描述：显示一行中指定的字符串。
用法：echo [选项]... [字符串]...
选项：-n   输出后不换行，echo 在默认情况下输出内容后会换行。
　　　-e   支持以反斜线开头的转义字符，屏蔽反斜线后面字符的原本含义。
　　　　　　　　 如果使用-e 选项，则可以识别如下字符序列的特殊含义。
　　　　　　\\   反斜线。
　　　　　　\a   报警器。
　　　　　　\b   退格键。
　　　　　　\c   不产生额外输出，echo 默认会自动添加换行。
　　　　　　\f   输入表单格式，换行后保留光标位置。
　　　　　　\n   换行。
　　　　　　\t   生成水平 Tab 键。
　　　　　　\v   生成垂直 Tab 键。
　　　　　　\033[字体颜色 m 字符串\033[0m   显示有颜色的字符串，输出字符串后，0m 关闭颜色，后续的其他字符串默认为黑色。颜色代码如表 2-1 所示。

表 2-1

代码	30	31	32	33	34	35	36	37
颜色	黑色	红色	绿色	黄色	蓝色	紫色	深绿色	白色

```
[root@rocky9 ~]# echo "Hello The World"           #直接输出指定的字符串
Hello The World
[root@rocky9 ~]# echo -e "\\"                     #默认 echo 无法输出\符号
\
[root@rocky9 ~]# echo -e "\a"                     #计算机蜂鸣器会响一声

[root@rocky9 ~]# echo -e "11\b22"                 #向前回删一个字符 1
122
[root@rocky9 ~]# echo -e "hello\c"                #不换行，等同于-n 选项
hello[root@rocky9 ~]#
[root@rocky9 ~]# echo -e "hello\fthe world"       #输入的是表单格式
hello
    the world
[root@rocky9 ~]# echo -e "hello\tthe\tworld"      #生成水平 Tab 键
hello    the    world
[root@rocky9 ~]# echo -e "hello\vthe\vworld"      #生成垂直 Tab 键
hello
    the
        world
[root@rocky9 ~]# echo -e "\033[32mOK\033[0m"      #显示有颜色的 OK，32 为绿色
```

2.1.3 链接文件

Linux 中的链接文件不同于 Windows 的快捷方式，Linux 的链接文件分为软链接与硬链接。软链接可以跨分区，但源文件不可删除。硬链接不可以跨分区，但将源文件删除后，链接文件依然可以正常使用。

用法：ln [选项]... 源文件 链接文件

1. 软链接

```
[root@rocky9 ~]# ln -s /etc/hosts /tmp/myhost     #创建文件软链接
[root@rocky9 ~]# ln -s /etc/ /tmp/myetc           #创建目录软链接
```

上面案例中第一条命令里的/etc/hosts 是源文件，通过 ln 命令给这个源文件创建一个新的链接文件，新的文件将被放到/tmp 目录中，文件名为 myhost。第二条命令中的/etc 是源目录，给这个目录创建一个链接，新的链接同样放到/tmp 目录中，名为 myetc。

注意：创建软链接后，源文件是不可删除的，如果删除源文件，链接文件将无法正常使用。

2. 硬链接

```
[root@rocky9 ~]# echo "hello world" > /root/hello      #生成一个新的素材文件
[root@rocky9 ~]# ln /root/hello /root/newhello         #创建硬链接文件
[root@rocky9 ~]# rm -rf /root/hello                    #删除源文件后，链接文件仍可正常使用
[root@rocky9 ~]# cat /root/newhello                    #文件内容依然可以正常查看
```

2.1.4 压缩及解压

1. gzip

描述：压缩与解压缩。

用法：gzip [选项]... [文件名称]...

选项：-d　　解压缩。

```
[root@rocky9 ~]# gzip hello                #文件压缩后名为 hello.gz
[root@rocky9 ~]# gzip -d hello.gz          #解压缩
```

2. bzip2

描述：压缩与解压缩。

```
[root@rocky9 ~]# bzip2 hello               #文件压缩后名为 hello.bz2
[root@rocky9 ~]# bzip2 -d hello.bz2        #解压缩
```

3. xz

描述：压缩与解压缩。

```
[root@rocky9 ~]# xz hello                  #文件压缩后名为 hello.xz
[root@rocky9 ~]# xz -d hello.xz            #解压缩
```

提示

gzip、bzip2 和 xz 工具不可以直接对目录做打包压缩操作。

4. tar

描述：打包与解包。

用法：tar 模式 [选项] [路径]...

模式：-c　　创建打包文件。

　　　　　　--delete 从打包文件中删除文件。
　　　　　　-r　　　追加文件至打包文件。
　　　　　　-t　　　列出打包文件的内容。
　　　　　　-x　　　释放打包文件。
　　选项：-C　　　指定解包路径。
　　　　　　-f　　　指定打包后的文件名称。
　　　　　　-j　　　打包后通过 bzip2 压缩文件。
　　　　　　-J　　　打包后通过 xz 压缩文件。
　　　　　　--remove-files　打包后删除源文件。
　　　　　　-z　　　打包后通过 gzip 压缩文件。

```
[root@rocky9 ~]# tar -cf etc.tar /etc/   #将/etc/目录打包并保存为etc.tar
[root@rocky9 ~]# tar -czf boot.tar.gz /boot/
                                         #将/boot目录打包并压缩为boot.tar.gz
[root@rocky9 ~]# tar -cjf tmp.tar.bz2 /tmp/
                                         #将/tmp/目录打包并压缩为tmp.tar.bz2
[root@rocky9 ~]# tar -cJf usr.tar.xz /usr/
                                         #将/usr/目录打包并压缩为usr.tar.xz
[root@rocky9 ~]# tar --delete etc/hosts -f etc.tar
                                         #从打包文件中删除etc/hosts文件
[root@rocky9 ~]# tar -f etc.tar -r /etc/hosts
                                         #追加文件至打包文件etc.tar中
[root@rocky9 ~]# tar -tf boot.tar.gz     #查看打包文件中的档案信息
[root@rocky9 ~]# tar -tvf etc.tar        #查看打包文件中档案的详细信息
[root@rocky9 ~]# tar -xzf boot.tar.gz    #解压缩gz格式文件至当前目录
[root@rocky9 ~]# tar -xjf tmp.tar.bz2    #解压缩bz2格式文件至当前目录
[root@rocky9 ~]# tar -xzf boot.tar.gz -C /tmp
                                         #解压缩gz格式文件到指定路径/tmp下
[root@rocky9 ~]# tar -czf mess.tar.gz /var/log/messages --remove-files
                                         #打包压缩后删除源文件
```

2.1.5　命令使用技巧

1. 善于利用 Tab 键

　　在 Linux 中，利用 Tab 键可以自动补齐命令或路径，从而提高工作效率。通过键盘输入 bzi 后按下 Tab 键，即可补齐以 bzi 开头的命令。当命令不唯一时，如通过键盘输入 c 后按下 Tab 键，则不会进行命令补齐，因为以 c 开头的命令不止一个，此时连续按下两次 Tab 键，即可显示所有以 c 开头的命令。

2. 使用历史命令

在 Linux 中输入过的命令会被记录，对于已经输入过的命令，没有必要重复输入，这时可以直接调用历史命令记录。使用历史命令最简单的方法是通过上、下方向键翻阅历史命令，Rocky Linux 默认会记录 1000 条历史命令。输入 history 命令可以显示所有命令记录，每条记录都有相应的编号，如果想执行编号为 500 的历史命令，可以通过"!500"来调用。

3. 适时清屏

当命令输入特别多或屏幕显示特别乱时，可以通过 Ctrl+l 组合键或输入命令 clear 来清屏。

4. 查找常用命令存储位置

通过 which 命令可以找到常用命令的存储位置，如输入 which find，系统将返回 find 命令的实际存储位置/bin/find。

2.1.6 帮助

1. man

通过 man(manual)手册文档可以快速掌握命令的用法，man 手册一般保存在/usr/share/man 目录中，要想查看某命令的 man 手册可以直接输入 man 命令来读取。例如，如果想获取 ls 命令的 man 手册，输入 man ls 命令即可，显示结果大致如下：

```
LS(1)                         User Commands                           LS(1)
NAME
       ls - list directory contents
SYNOPSIS
       ls [OPTION]... [FILE]...
DESCRIPTION
       List information about the FILEs (the current directory by default).
       Sort entries alphabetically if none of -cftuvSUX nor --sort.
       Mandatory arguments to long options are mandatory for short  options
       too.
       -a, --all
              do not ignore entries starting with .
       -A, --almost-all
              do not list implied . and ..
......此处省略......
```

其中，NAME 为命令的名称与简单描述，SYNOPSIS 为命令的语法格式，DESCRIPTION

为命令的详细描述，后面一般为命令的具体选项及功能描述。

通过"man 命令名"这种方法可以找到绝大多数命令的用法与描述，按空格键表示向下翻页，按 q 键表示退出 man 手册。另外，在查看命令手册的过程中，随时可以通过"/关键词"来搜索需要的内容（不包含尖括号），如/file 可查看包含 file 的行，按 n 键可查看下一个匹配的行。

> **提示**　如果查找显示 Pattern not found (press RETURN)，则表示未找到与关键词匹配的行。

2. info

info 信息与 man 手册的内容类似，但 info 信息是模块化的，它通过链接显示不同的信息块，查看起来有点类似于网页。

通过 info ls 可以查看 ls 命令的 info 信息，内容大致如下：

```
File: coreutils.info,  Node: ls invocation,  Next: dir invocation,  Up: Directory l\
isting

10.1 `ls': List directory contents
==================================

The `ls' program lists information about files (of any type, including
directories).  Options and file arguments can be intermixed
arbitrarily, as usual.
```

其中，File 说明当前的 info 文件名称为 coreutils.info，当前查看的信息块为 ls invocation，按 N 键可进入下一信息块（dir invocation），按 P 键则进入上一信息块，按 U 键返回上一层（一般用来查看 info 信息块目录），按空格键翻页，按 q 键退出。

3. help

man 手册与 info 信息的内容往往比较多，如果没有精力细看这些资料，仅仅需要的是简短的帮助信息，则可以通过--help 或者-h 命令来获得。

例如，执行 ls --help 显示信息如下：

```
Usage: ls [OPTION]... [FILE]...
List information about the FILEs (the current directory by default).
Sort entries alphabetically if none of -cftuvSUX nor --sort.

Mandatory arguments to long options are mandatory for short options too.
  -a, --all                  do not ignore entries starting with .
```

```
-A, --almost-all          do not list implied . and ..
    --author              with -l, print the author of each file
-b, --escape              print octal escapes for nongraphic characters
```

其中，Usage 为命令的语法格式，后面依次为命令的功能说明，以及对每个命令选项的简短说明。

2.2 Vim 文档编辑

Vim 是由 vi 发展演变过来的文本编辑器，因具有语法高亮显示、多视窗编辑、代码折叠、支持插件等功能，现已成为众多 Linux 发行版本的标配。对于初学者来说，Vim 往往是生涩、难以学习的文本编辑器，但当完全掌握以后，我们会发现使用 Vim 的工作效率会比没有使用 Vim 时提升了很多。

2.2.1 Vim 工作模式

Vim 具有多种工作模式，常用的工作模式有普通模式、插入模式、命令模式。其中，普通模式可以实现基本的光标移动与大量的快捷键操作，插入模式可实现文本的基本编辑功能，命令模式则可以通过输入特定的指令实现特定的功能，如保存与退出等。

直接输入 vim 命令即可开启 Vim 文本编辑器，默认将创建一个新的文件（因为没有指定文件名，所以保存时需要提供文件名）。另外，如果 vim 命令后跟了文件名参数，则需要判断该文件是否存在，如果存在，Vim 编辑器将打开该文件，如果不存在，则将创建该文件。

> **提示** 使用 Vim 打开文件时，如果提示类似于 Found a swap file by the name 这样的信息，则代表有其他进程正在同时编辑该文件，或者由于上次 Vim 非正常关闭，导致隐藏文件没有被清除，此时可以将以点号（.）开始的隐藏文件删除，以解决类似的问题。该隐藏文件与原始文件处于相同目录中，文件名后缀一般为 swp，如.httpd.conf.swp。

Vim 编辑器默认会进入普通模式，进入插入模式并实现不同功能需要按不同的功能键，参见表 2-2。

表 2-2

按　　键	功能描述
a	进入插入模式，后续输入的内容将插入至当前光标的后面

续表

按 键	功能描述
A	进入插入模式，后续输入的内容将插入至当前段落的段尾
i	进入插入模式，后续输入的内容将插入至当前光标的前面
I	进入插入模式，后续输入的内容将插入至当前段落的段首
o	进入插入模式并在当前行的后面创建新的空白行
O	进入插入模式并在当前行的前面创建新的空白行

当需要退回普通模式或不知道自己当前处于什么模式时，可以按下 Esc 键返回普通模式。在普通模式下输入":"即可进入命令模式，在":"后输入指令，即可实现特定的功能，如":q!"可以不保存，强制退出编辑器。

2.2.2　Vim 光标操作

Vim 中最简单的移动光标的方式是使用方向键（上、下、左、右），但这种方式效率低下，更高效的方式是使用快捷键，常用的快捷键参考表 2-3，所有快捷键均在普通模式下直接使用。

表 2-3

快 捷 键	功能描述
h	光标向左移动一位
j	光标向下移动一行（以回车键为换行符）
k	光标向上移动一行
l	光标向右移动一位
gg	光标移至文件首行
G	光标移至文件末尾
nG	光标移至第 n 行（n 为数字，如 n 为 10 时表示第 10 行）
^	光标移至当前行的首字符处
$	光标移至当前行的尾字符处
fx	光标移至当前行的下一个 x 字符处（x 为任意字符）
Fx	光标移至当前行的上一个 x 字符处（x 为任意字符）
W	光标向右移动一个单词
nw	光标向右移动 n 个单词（n 为数字）
b	光标向左移动一个单词
nb	光标向左移动 n 个单词（n 为数字）

2.2.3　Vim 编辑文档

在 Vim 编辑器中编辑文档主要有两种常见方式：进入插入模式操作、通过快捷键操作。进入插入模式的方法已经在表 2-2 中进行了详细的描述，进入插入模式后可以通过移动光标对特定的行进行增加、删除、修改，这也是最简单的方式。另外，通过快捷键操作的方式是指在普通模式下按下相应的快捷键实现对应的功能，参见表 2-4。

表 2-4

快捷键	功能描述
x	删除当前光标处的字符
dd	删除一行
$n$dd	删除 n 行（n 为数字）
d$	删除自光标处至行尾的内容
J	删除换行符，可以将两行合并为一行
u	撤销上一步操作，可以多次使用，如输入两个 u 表示撤销两步操作
rx	将光标处字符替换为 x（x 为任意字符）
yy	复制当前行
p	将复制内容粘贴至当前行之后
P	将复制内容粘贴至当前行之前

2.2.4　Vim 查找与替换

当文件很长时，可以通过查找功能快速定位内容，在 Vim 的普通模式下输入"/关键词"可实现自上向下查找的功能，如，/host 表示在当前文件的光标处向下查找 host 并显示，如果一个文件中有多个 host，可以通过快捷键 n 跳转至下一个匹配的关键词处，按快捷键 N 则将跳转至上一个匹配的关键词处。另外，通过在普通模式下输入"?关键词"可以实现自下向上查找的功能，如?host 表示从当前文件的光标处向上查找 host 并显示，此时按快捷键 n 可以查看上一匹配关键词，按快捷键 N 则可查看下一匹配关键词。

Vim 提供了非常好用的替换功能，可以快速完成大量的替换工作。

```
[root@rocky9 ~]# cp /etc/passwd /root/
[root@rocky9 ~]# vim /root/passwd
```

通过上面两条命令可复制一份临时测试文件并编辑，要想对该文件实现多种替换功能，指令如表 2-5 所示（在普通模式下输入":"进入命令模式，完成替换功能）。

表 2-5

指令	功能描述
:s/root/admin/	将光标当前行中第一个出现的 root 替换为 admin，没有则不替换
:s/root/admin/g	将光标当前行中所有 root 替换为 admin
:3,5 s/sbin/bin/g	将第三行至第五行之间所有的 sbin 替换为 bin
:% s/nologin/fault/g	将所有行中的 nologin 替换为 fault

2.2.5 Vim 保存与退出

一般情况下，我们会在命令模式下输入特定的指令实现保存与退出功能，常用指令详见表 2-6。

表 2-6

指令	功能描述
:q!	不保存，直接退出
:wq	保存并退出
:x	保存并退出，和:wq 具有相同的功能（如果不小心输入了:X 代表对文件进行加密）
:w	保存
:w b.txt	另存为 b.txt

> **提示** 当 Vim 提示错误信息 E32: No file name 时，说明没有为文件设置文件名，需要在 w 后输入文件名。

另一种保存方式为通过快捷键进行保存，在普通模式下输入 ZZ 即可保存文档并退出。

2.2.6 Vim 小技巧

1. 显示行号

要想显示当前行是第几行，可以为文件添加行号，添加行号的方法是在命令模式下输入:set number，或简写为:set nu。

2. 忽略大小写

在 Vim 中查找内容时，可能不清楚所要找的关键词的大小写，而 Vim 默认是区分大小写的，这时可以在命令模式下输入:set ignorecase，忽略大小写。

3. 多窗口编辑

当需要同时编辑多个文件时，分割窗口尤为重要，最简单的方式是在命令模式下输入:split，如此可以实现编辑同一个文件的不同行，至于窗口的切换则可以使用如下快捷方式。

- ◎ Ctrl+w+h 组合键表示跳转至左边的窗口。
- ◎ Ctrl+w+l 组合键表示跳转至右边的窗口。
- ◎ Ctrl+w+j 组合键表示跳转至上面的窗口。
- ◎ Ctrl+w+k 组合键表示跳转至下面的窗口。

在命令模式下输入:close 可以关闭当前窗口。在命令模式下输入:split second.txt 会分割窗口并打开新的文件，如此可实现多窗口多文件的编辑。默认的:split 将水平分割窗口，垂直分割可以使用:vsplit 指令。

4. 执行 Shell 命令

在使用 Vim 编辑文件的过程中，如需要执行一条 Shell 命令而不想退出 Vim 编辑器，可以通过":!{命令}"方式实现。例如，需要查看当前目录中文件的名称，则可在命令模式下输入:!ls，执行完成后按回车键返回 Vim 编辑器。

5. 自动补齐

如果需要输入的内容在前面已经出现过，那么 Vim 可以根据上文内容自动补齐输入。例如，在文件第三行定义了一个变量 FIRST_TIME=09，后面如果需要再次输入 FIRST_TIME，可以仅输入 FI，然后使用快捷键 Ctrl+N，实现自动补齐功能。

2.3 账户与安全

2.3.1 账户及组的概念

Linux 系统对账户与组的管理是通过 ID 号来实现的，我们在登录系统时输入账户名与对应的密码，操作系统会将账户名转化为 ID 号，再判断该账户是否存在，并对比密码是否匹配。在 Linux 中，账户的 ID 号被称为 UID，组的 ID 号被称为 GID。其中，UID 为 0 代表超级管理员，也就是通常所说的 root 账户，1~999 之间的 ID 号会被系统预留下来。这样我们创建的普通账户 ID 号是从 1000 开始的。

Linux 操作系统中的组分为基本组与附加组，一个账户同一时刻仅可以加入一个基本组，但可以同时加入多个附加组。在创建账户时，系统会自动创建同名的组，并默认账户加入该基本组。

2.3.2 创建账户及组

使用系统命令 useradd 可以创建需要的账户，groupadd 命令用来创建组。需要注意的是，创建账户及组时需要设置管理员权限。

1. useradd

描述：创建新账号。

用法：useradd [选项] 账号名称

选项：-c　　设置账号描述信息，一般为账号全称。

　　　-d　　设置账号家目录，默认为/home/账号名。

　　　-e　　设置账号的失效日期，格式为 YYYY-MM-DD。

　　　-g　　设置账号的基本组。

　　　-G　　设置账号的附加组，多个附加组中间用逗号隔开。

　　　-M　　不创建账号家目录，一般与-s 结合使用。

　　　-s　　账号登录 Shell，默认为 bash，为 nologin 时代表无法登录系统。

　　　-u　　指定账号 UID。

```
[root@rocky9 ~]# useradd jacob            #创建普通账号 jacob，以及对应的组
[root@rocky9 ~]# id jacob                 #查看账号基本信息，验证前面命令的执行结果
[root@rocky9 ~]# useradd -c administrator -d /home/admin -e 2028-12-24 \
-g root -G bin,adm,mail admin
#在 Linux 系统中执行的命令如果特别长，可以使用\实现跨行输入
```

以上命令的意义为，创建普通账号，名称为 admin，全名为 administrator，账号家目录为 /home/admin，账号失效日期为 2028 年 12 月 24 日，账号基本组为 root，附加组为 bin、adm、mail。

```
[root@rocky9 ~]# useradd -s /sbin/nologin -M user2
```

#创建无法登录系统且没有家目录的账号 user2

> **提示** \的作用是换行输入，命令比较长时经常会用到\符号。

2. groupadd

描述：创建组。

用法：groupadd [选项] 组名称

选项：-g　　　设置组 GID。

[root@rocky9 ~]# **groupadd tom**　　　　　　　#创建 tom 组
[root@rocky9 ~]# **groupadd -g 1010 jerry**　　#创建 GID 为 1010 的组 jerry

3. id

描述：显示账号及组信息。

[root@rocky9 ~]# **id root**　　　　　　　　　#查看 root 账号及相关组的信息

2.3.3　修改账户及组

1. passwd

描述：更新账号认证信息，比如设置密码。

用法：passwd [选项] [账号名称]

选项：-l　　　锁定账号，仅 root 可使用此选项。
　　　--stdin　从文件或管道中读取密码。
　　　-u　　　解锁账号。
　　　-d　　　快速清空账号密码（用户可以无密码登录系统），仅 root 可使用此选项。

[root@rocky9 ~]# **passwd**　　　　　　　　#不写账号名代表为当前账号设置新密码

　　修改密码时，若提示(current) UNIX password 信息，则需要先输入原始密码；提示 New password 信息即可输入新密码；提示 Retype new password 信息时需再次确认输入的密码，注意密码的复杂度问题；提示 passwd: all authentication tokens updated successfully 信息则说明修改成功。

[root@rocky9 ~]# **passwd jacob**　　　　　　　#指定修改账号 jacob 的密码
[root@rocky9 ~]# **echo "qwer0987" | passwd --stdin jacob**
　　　　　　　　　　　　　　　　　　　　　　　#密码修改为 qwer0987
[root@rocky9 ~]# **passwd -l jacob**　　　　　　#锁定账号 jacob

```
[root@rocky9 ~]# passwd -u jacob          #解锁账号jacob
[root@rocky9 ~]# passwd -d jacob          #清空账号jacob的密码(无密码可登录系统)
```

2. usermod

描述：修改账号信息。

用法：usermod [选项] 账号名称

选项：-d　　修改账号家目录。

　　　-e　　修改账号失效日期。

　　　-g　　修改账号所属基本组。

　　　-G　　修改账号所属附加组。

　　　-s　　修改账号登录 Shell。

　　　-u　　修改账号 UID。

```
[root@rocky9 ~]# mkdir /home/tomcat                #创建目录
[root@rocky9 ~]# usermod -d /home/tomcat jacob
                                #修改账号jacob的家目录，/home/tomcat目录必须存在
[root@rocky9 ~]# usermod -e 2028-10-01 jacob       #修改账号jacob的失效日期
[root@rocky9 ~]# usermod -g mail jacob
                                #修改账号jacob的基本组为mail
[root@rocky9 ~]# usermod -s /bin/bash user2
                                #修改账号user2的登录Shell为bash
[root@rocky9 ~]# usermod -u 1024 jacob
                                #修改账号jacob的UID为1024
```

2.3.4　删除账户及组

1. userdel

描述：删除账号及相关文件。

用法：userdel [选项] 账号名称

选项：-r　　删除账号及相关文件（包括账号的家目录和邮件资料等）。

```
[root@rocky9 ~]# userdel jacob            #删除账号jacob，但不删除该账号的文件
[root@rocky9 ~]# userdel -r jacob         #删除账号jacob，并删除相应的家目录
```

2. groupdel

描述：删除组。

```
[root@rocky9 ~]# groupdel jerry           #删除组jerry
```

2.3.5 账户与组文件解析

1. 账号信息文件

账号信息被保存在/etc/passwd 文件中，通过命令 cat /etc/passwd 可查看文件内容：

```
root:x:0:0:root:/root:/bin/bash
bin:x:1:1:bin:/bin:/sbin/nologin
daemon:x:2:2:daemon:/sbin:/sbin/nologin
adm:x:3:4:adm:/var/adm:/sbin/nologin
lp:x:4:7:lp:/var/spool/lpd:/sbin/nologin
sync:x:5:0:sync:/sbin:/bin/sync
shutdown:x:6:0:shutdown:/sbin:/sbin/shutdown
……中间部分省略……
admin:x:1001:0:administrator:/home/admin:/bin/bash
```

文件以冒号为分隔符：第一列为账号名称；第二列为密码占位符（x 表示该账号需要密码才可以登录，为空时可以无密码登录）；第三列为账号 UID；第四列为组 GID；第五列为账号附加基本信息，一般存储账号名全称、联系方式等；第六列为账号家目录位置；第七列为账号的登录 Shell，/bin/bash 表示可登录系统，/sbin/nologin 表示无法登录系统。

2. 账号密码文件

账号密码被保存在/etc/shadow 文件中，通过命令 cat /etc/shadow 可查看文件内容：

```
root:$6$8nVyGqXERxMrIm5/$kZTa8mZdGlPs0zPs0TqgD9faUxVwbyswCJVtITJTzs4
hm5BdMQfbqnBIsw6cyi0I/CikByS2wfAZlvwfAP2kk..:15678:0:99999:7:::
bin:*:15513:0:99999:7:::
……中间部分省略……
admin:$6$R73em9Ix$8kXDlkzFVRyMBkXwjmWCMv28V0bT58tIg1vFTlT9Kh//gPH4t
77OLkVK9U3HdsFzFxWSW9XQhLVjN25QGsDj0..:15690:0:99999:7::16063:
```

文件以冒号为分隔符：第一列为账号名称；第二列为密码（账号未设置密码时为!!，设置密码后密码加密显示，使用 passwd -d 清除密码后，该列内容为空，也代表该账号不需要密码即可登录系统，Rocky Linux 默认采用 SHA-512 算法）；第三列为上次修改密码的时间距离 1970 年 01 月 01 日有多少天（依此推算最后一次修改密码的日期）；第四列为密码最短有效天数（密码需至少使用多少天，0 代表无限制）；第五列为密码最长有效天数（默认为 99999 天，可以理解为永不过期）；第六列为过期前的警告天数（默认过期前 7 天警告，但进入警告日期后仍可以使用旧密码登录系统）；第七列为密码过期后的宽限天数（密码过期后，预留几天修改账号密码，宽限期后将无法再使用旧密码登录系统）；第八列为账号失效日期（从 1970 年 01 月 01 日起，多少天后账号失效）；第九列暂时保留，未使用。

3. 组信息文件

组信息被保存在/etc/group 文件中，通过命令 cat /etc/group 可查看文件内容：

```
……此处省略……
wheel:x:10:
mail:x:12:mail,postfix,admin
uucp:x:14:
……此处省略……
```

文件以冒号为分隔符；第一列为组名称；第二列为密码占位符；第三列为组 GID；第四列为组成员信息（注意，这里仅显示附加成员，基本成员不显示）。

4. 组密码文件

组密码信息被保存在/etc/gshadow 文件中，通过命令 cat /etc/gshadow 可查看文件内容：

```
root:::
bin:::bin,daemon,admin
daemon:::bin,daemon
……中间部分省略……
jacob:!::
```

文件以冒号为分隔符；第一列为组名称；第二列为组密码（一般为组管理员密码）；第三列为组管理员；第四列为组成员（与/etc/group 的第四列相同）。

通过"gpasswd 组名称"方式可以为组设置密码，通过"gpasswd -A 账号名称 组名称"方式则可以为组添加管理员。

```
[root@rocky9 ~]# useradd user1              #创建普通账号 user1
[root@rocky9 ~]# groupadd mygroup           #创建组 mygroup
[root@rocky9 ~]# gpasswd mygroup            #设置组密码
[root@rocky9 ~]# gpasswd -A user1 mygroup   #将 user1 设置为组管理员
```

2.3.6 文件及目录权限

1. 概念

Linux 权限主要分为读取、写入、执行三种，使用 ls -l 命令查看文件或目录信息时，系统会显示 r（读取权限）、w（写入权限）、x（执行权限），以下为执行 ls -l 后显示的信息：

```
[root@rocky9 ~]# ls -l
total 56
-rw-------. 1 root root 1094 Dec  4  09:30 anaconda-ks.cfg
drwxr-xr-x. 2 root root 4096 Dec  7  10:14 Desktop
drwxr-xr-x. 3 root root 4096 Dec  7  10:14 Documents
drwxr-xr-x. 2 root root 4096 Dec  4  11:40 Downloads
```

第一列的第一个字符代表文件类型：-代表普通文件，d 代表目录，l 代表链接文件，b 或 c 代表设备。第二至第九个字符代表权限，三位一组分别为所有者（user）的权限、所属组（group）的权限、其他账号（other）的权限，例如，rwxrwxrwx 表示文件的所有者、组、其他账号权限均为可读取、可写入、可执行，rwxr--r--则表示文件所有者权限为可读取、可写入、可执行，而所属组权限为只读，其他账号权限也为只读。

第二列为硬链接数量或子目录个数（文件和目录这个数字的含义有所不同），第三列为文件的所有者，第四列为文件的所属组，第五列为容量，第六列为文件最近被修改的月份，第七列为文件最近被修改的日期，第八列为文件最近被修改的时间，第九列为文件或目录名称。

对于权限的表示，除了可以使用比较直观的 rwx，还可以使用数字，表 2-7 给出了这两者间的对应关系，以及这些权限对文件与目录的操作含义，例如 x 或数字 1，对于文件来说代表可执行，对于目录来说代表用户有权限进入该目录。

表 2-7

数字	字符	文件	目录
4	r	可读取，查看文件内容	查看目录中的文件与目录名称
2	w	可写入，修改文件内容	在目录中增、删、改文件与目录名称
1	x	可执行，一般为程序或脚本	可以通过 cd 命令进入该目录

2. 修改文件属性

（1）chmod

描述：改变文件或目录权限。

用法：chmod [选项] 权限 文件或目录

选项：--reference=RFILE　　　　根据参考文件设置权限。
　　　-R　　　　　　　　　　递归将权限应用于所有子目录与子文件。

在 chmod 命令参数中，u 代表所有者，g 代表所属组，o 代表其他账号，a 代表所有人。

下面的例子先查看名称为 anaconda-ks.cfg 的文件信息，原本的权限为文件所有者可读取、可写入，所属组只读，其他账号只读。通过 chmod 修改文件所有者权限、所属组权限、其他账号权限均为可读取、可写入、可执行，完成修改后，使用 ls -l 命令查看修改结果。

```
[root@rocky9 ~]# ls -l anaconda-ks.cfg
-rw-r--r---. 1 root root 1079 12月  2 12:50 anaconda-ks.cfg
[root@rocky9 ~]# chmod u=rwx,g=rwx,o=rwx anaconda-ks.cfg
[root@rocky9 ~]# ls -l anaconda-ks.cfg
-rwxrwxrwx. 1 root root 1079 12月  2 12:50 anaconda-ks.cfg
[root@rocky9 ~]# chmod a=rw anaconda-ks.cfg     #设置所有人权限为可读取可写入
[root@rocky9 ~]# ls -l anaconda-ks.cfg
-rw-rw-rw-. 1 root root 1079 12月  2 12:50 anaconda-ks.cfg
```

使用字符形式修改权限的另一种方法是在原有权限的基础上进行修改，方法是使用+/-符号。在 chmod 命令中可以使用+符号来增加权限，也可以使用-符号来去掉权限。下面的例子通过 chmod 命令将 anaconda-ks.cfg 文件所属组权限在原有权限基础上减去可执行权限，其他账号的权限也在原有权限的基础上减去可写入与可执行权限。

```
[root@rocky9 ~]# chmod g-x,o-wx anaconda-ks.cfg
[root@rocky9 ~]# ls -l anaconda-ks.cfg
-rw-rw-r--. 1 root root 1079 12月  2 12:50 anaconda-ks.cfg
```

除了使用字符的方式修改权限，chmod 还支持使用数字方式修改权限，数字与权限的对应关系参见表 2-7，使用方法如下。

```
[root@rocky9 ~]# chmod 700 anaconda-ks.cfg      #修改文件权限为rwx------
[root@rocky9 ~]# chmod 644 anaconda-ks.cfg      #修改文件权限为rw-r--r--
[root@rocky9 ~]# chmod 755 /home                #修改目录权限为rwxr-xr-x
```

还可以以其他文件的权限作为参考依据修改权限。

```
[root@rocky9 ~]# chown --reference=/etc/shadow anaconda-ks.cfg
                           #以/etc/shadow 为标准修改 anaconda-ks.cfg 的权限
```

（2）chown

描述：修改文件或目录的所有者与所属组。

用法：chown [选项] [所有者] [:[所属组]] 文件或目录

选项：-R   递归将权限应用于所有子目录与子文件。

```
[root@rocky9 ~]# chown user1:mail anaconda-ks.cfg
                                    #修改文件的所有者为user1,所属组为mail
[root@rocky9 ~]# chown :root anaconda-ks.cfg    #仅修改文件所属组为root
[root@rocky9 ~]# chown root anaconda-ks.cfg     #仅修改文件所有者为root
```

2.3.7 账户管理案例

本节将模拟公司的组织结构介绍账号管理相关内容。

EXAMPLE 公司是一个从事教育培训的机构，公司组织结构主要分为教研室（teach）、校长办公室（office）、财务部（finance）、行政部（admin）、市场部（market）。为了后期部署文件共享服务器，我们需要为每个部门创建独立的共享目录，根据要求为所有普通员工创建独立的账号，这些账号仅需要读取权限，还并为每个部门的负责人创建一个管理账号（管理员名称为 Op_部门名称），这个账号可以进行读取和写入操作。为了后期管理的方便，需要为每个部门创建与部门名称同名的组。

```
#创建共享目录
[root@rocky9 ~]# mkdir -p /var/{teach,office,finance,admin,market}
#创建组
[root@rocky9 ~]# groupadd teach
[root@rocky9 ~]# groupadd finance
[root@rocky9 ~]# groupadd office
[root@rocky9 ~]# groupadd admin
[root@rocky9 ~]# groupadd market
#创建组管理员账号
[root@rocky9 ~]# useradd -g teach Op_teach
[root@rocky9 ~]# useradd -g office Op_office
[root@rocky9 ~]# useradd -g finance Op_finance
[root@rocky9 ~]# useradd -g admin Op_admin
[root@rocky9 ~]# useradd -g market Op_market
#创建普通员工账号
[root@rocky9 ~]# useradd -g teach endy
[root@rocky9 ~]# useradd -g office lucy
[root@rocky9 ~]# useradd -g finance jacob
[root@rocky9 ~]# useradd -g admin jerry
[root@rocky9 ~]# useradd -g market marry
[root@rocky9 ~]# id jacob
#添加组管理员
[root@rocky9 ~]# gpasswd -A Op_teach teach
[root@rocky9 ~]# gpasswd -A Op_office office
[root@rocky9 ~]# gpasswd -A Op_finance finance
[root@rocky9 ~]# gpasswd -A Op_admin admin
[root@rocky9 ~]# gpasswd -A Op_market market
[root@rocky9 ~]# chown Op_teach.teach /var/teach
[root@rocky9 ~]# chown Op_office.office /var/office
[root@rocky9 ~]# chown Op_teach.finance /var/finance
[root@rocky9 ~]# chown Op_teach.admin /var/admin
[root@rocky9 ~]# chown Op_teach.market /var/market
[root@rocky9 ~]# chmod 755 /var/{teach,office,finance,admin,market}
```

2.3.8 ACL 访问控制权限

由于系统的基本权限是针对文件的所有者、所属组或其他账号的，无法针对某个单独的账号进行控制，所以就有了 ACL（Access Control List，访问控制列表）的概念，使用 ACL，我们可以针对单一账号设置文件的访问权限。

Linux 系统使用 getfacl 命令查看文件的 ACL 权限，使用 setfacl 命令来设置文件的 ACL 权限。

执行 getfacl 命令，输出内容的格式大致如下：

```
1:   # file: somedir/
2:   # owner: lisa
3:   # group: staff
4:   # flags: -s-
5:   user::rwx
6:   user:joe:rwx               #effective:r-x
7:   group::rwx                 #effective:r-x
8:   group:cool:r-x
9:   mask::r-x
10:  other::r-x
```

在以上输出信息中，第 1 行是文件或目录名称，第 2 行是文件所有者，第 3 行是文件所属组，第 4 行是 suid、sgid、sticky 权限的标记位，第 5 行是文件所有者权限，第 7 行是文件所属组权限，第 10 行为其他账号权限，第 5、7、10 行是系统的基本权限，第 6 行是通过 ACL 指令添加的对账号的访问控制权限，第 8 行是通过 ACL 指令添加的对组的访问控制权限，第 9 行是权限掩码。

```
[root@rocky9 ~]# getfacl anaconda-ks.cfg
# file: anaconda-ks.cfg
# owner: root
# group: root
user::rw-
group::r--
other::r--
```

从以上输出信息中可以看出，该文件未设置附加的 ACL 访问控制条目，仅有基本的文件所有者、所属组、其他账号的访问控制。

setfacl 命令的作用和用法如下。

描述：设置文件访问控制列表。
用法：setfacl [选项] [{-m|-x} acl 条目] 文件或目录
选项：-b   删除所有 ACL 条目。

-m	添加 ACL 条目。
-x	删除指定的 ACL 条目。
-R	递归处理所有子文件与子目录。

```
[root@rocky9 ~]# setfacl -m u:user1:rw anaconda-ks.cfg
#添加 ACL 条目，使账号 user1 能够对 anaconda-ks.cfg 文件可读取、可写入
[root@rocky9 ~]# setfacl -m g:user1:r anaconda-ks.cfg
#添加 ACL 条目，使 user1 组能够对 anaconda-ks.cfg 文件可读取
[root@rocky9 ~]# setfacl -x g:user1 anaconda-ks.cfg
#删除 user1 组的 ACL 条目
[root@rocky9 ~]# setfacl -x u:user1 anaconda-ks.cfg
#删除账号 user1 的 ACL 条目
[root@rocky9 ~]# setfacl -b anaconda-ks.cfg
#删除所有附加的 ACL 条目
```

2.4 存储管理

使用硬盘设备前需要对其进行分区、格式化，分区可以使公司业务数据得到更有效的管理。正如我们在生活中将一个大衣柜分割为多个大小不一的功能区一样，这样就可以根据自己的需要将衣物分类存放。计算机中的数据要比生活中的衣物更多、更复杂，如果大量的数据堆积在一起，管理起来会很困难，并且随着时间的推移，管理员会越来越痛苦。这时我们就需要提前规划好硬盘的存储空间，至于一块硬盘到底要分多少个区，每个分区预留多大空间，这需要根据文件数量、大小、类型等进行对应的设计。

有关硬盘的识别，Linux 会根据设备类型完成识别。如 IDE 存储设备在计算机中将被识别为 hd，第一个 IDE 设备会被识别为 hda，第二个 IDE 设备会被识别为 hdb，以此类推。如果是 SATA、USB 或 SCSI 设备，则会被识别为 sd，同样地，第一个设备被识别为 sda，第二个设备被识别为 sdb，以此类推。如果是 KVM 虚拟机的 vitio 硬盘设备，则系统会将其识别为 vd，第一个设备为 vda，第二个设备为 vdb，以此类推。如果是 NVME 硬盘设备，系统会将其识别为 nvme0，第一个设备为 nvme0n1，第二个设备为 nvme0n2，以此类推。

对于分区，Linux 使用数字来表示。如果是 SATA 硬盘，第一块硬盘的第一个分区为 sda1，第二块硬盘的第二个分区为 sdb2。如果是 NVME 硬盘，第一块硬盘的第一个分区为 nvme0n1p1，第一块硬盘的第二个分区为 nvme0n1p2。

2.4.1 硬盘分区

通常硬盘的分区方式有两种：MBR 方式和 GPT 方式。MBR 方式最多可以分 4 个主分区，单个分区的容量也有限，GPT 方式可以划分更多的分区，单个分区的容量也更大。

对于传统的 MBR（msdos）分区方式，一块硬盘最多可以有四个主分区，如图 2-3 所示，确定四个主分区后，即使硬盘还有剩余空间，也无法再继续分区。

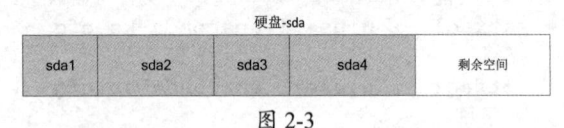

硬盘-sda				
sda1	sda2	sda3	sda4	剩余空间

图 2-3

在传统分区方式中，如果需要更多的分区，可以在扩展分区中创建逻辑分区，如图 2-4 所示。先创建一个扩展分区，扩展分区不能直接使用，它是逻辑分区的容器，需将扩展分区划分为多个逻辑分区，所有逻辑分区的容量总和等于扩展分区的容量。逻辑分区一定是以编号 5 开始的，比如，SATA 硬盘的第一个逻辑分区一定为 sda5。

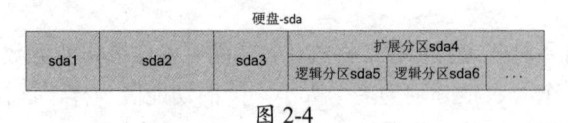

硬盘-sda				
sda1	sda2	sda3	扩展分区sda4	
			逻辑分区sda5	逻辑分区sda6	...

图 2-4

以下是硬盘分区的具体操作步骤。

```
[root@rocky9 ~]# fdisk -l                        #查看硬盘分区表

Disk /dev/sda: 23.6 GB, 23596105728 bytes        #第一块硬盘的总容量约为23.6GB
…中间部分省略…
   Device Boot      Start         End      Blocks   Id  System
/dev/sda1    *       2048      1026047      512000   83  Linux
/dev/sda2         1026048     46086143    22530048   8e  Linux LVM
#第一块硬盘有两个分区：/dev/sda1 与/dev/sda2

Disk /dev/sdb: 20 GiB, 21474836480 bytes, 41943040 sectors
#第二块硬盘的总容量约为20GB
…中间部分省略…
   Device Boot      Start         End      Blocks   Id  System
#第二块硬盘的分区表为空，表示暂时没有分区

[root@rocky9 ~]# fdisk /dev/sdb                  #为第二块硬盘进行分区

Command (m for help): m                          #在此输入指令 m 获得帮助
Command action
```

```
   a   toggle a bootable flag                      #切换分区启动标记
   b   edit bsd disklabel                          #编辑硬盘标签
   c   toggle the dos compatibility flag           #切换dos兼容模式
   d   delete a partition                          #删除分区
   l   list known partition types                  #显示分区类型
   m   print this menu                             #显示帮助菜单
   n   add a new partition                         #新建分区
   o   create a new empty DOS partition table      #创建新的空分区表
   p   print the partition table                   #显示分区表信息
   q   quit without saving changes                 #不保存直接退出
   s   create a new empty Sun disklabel            #创建新的Sun硬盘标签
   t   change a partition's system id              #修改分区ID，可以通过l查看ID
   u   change display/entry units                  #修改容量单位，磁柱或扇区
   v   verify the partition table                  #检验分区表
   w   write table to disk and exit                #保存并退出
   x   extra functionality (experts only)          #扩展功能

Command (m for help): n
Command action
   p   primary (0 primary, 0 extended, 4 free)        #输入p，创建主分区
   e   extended (container for logical partitions)    #输入e，创建扩展分区
Select (default p): p                                 #默认值为p，也可以直接按回车键
Partition number (1-4, default 1): 1                  #输入分区编号，默认值为1
First sector (2048-16777215, default 2048): 回车
#按回车键，从默认的2048扇区开始分区
Last sector, +/-sectors or +/-size{K,M,G,T,P} (2048-41943039, default 41943039): +2G                             #创建容量为2GB的分区

Command (m for help): p                               #显示是否创建成功
…中间部分省略…
Device     Boot Start      End Sectors Size Id Type
/dev/sdb1       2048  4196351 4194304   2G 83 Linux
#可以看到/dev/sdb1分区已经被创建，容量为2GB

Command (m for help): n                               #创建新分区
Command action
   p   primary (1 primary, 0 extended, 3 free)
   e   extended (container for logical partitions)
Select (default p): e                                 #输入e，创建扩展分区
Partition number (2-4, default 2): 2                  #输入分区编号，默认值为2
First sector (4196352-41943039, default 4196352):
                               #按回车键，从默认的4196352扇区开始分区
Last sector, +/-sectors or +/-size{K,M,G,T,P} (4196352-41943039, default
```

```
41943039)：回车                          #按回车键，将剩余的所有空间划分为扩展分区

    Command (m for help): n                   #创建新分区
    All space for primary partitions is in use.#提示所有容量都已分区完毕
    Adding logical partition 5
    #所有容量都给了扩展分区，现在只能创建逻辑分区，系统自动创建编号为 5 的逻辑分区
    First sector (4198400-41943039, default 4198400):回车
                                         #按回车键，从默认的 4198400 扇区开始分区
    Last sector, +/-sectors or +/-size{K,M,G,T,P} (4198400-41943039, default
41943039):+2G                            #创建容量为 2GB 的逻辑分区
    Command (m for help): p                   #查看分区情况
    ...中间部分省略...
    Device     Boot     Start      End    Sectors   Size Id Type
    /dev/sdb1           2048    4196351   4194304    2G  83 Linux
    /dev/sdb2        4196352   41943039  37746688   18G   5 Extended
    /dev/sdb5        4198400    8392703   4194304    2G  83 Linux

    Command (m for help): d                   #删除分区
    Partition number (1,2,5, default 5): 5    #输入需要删除的分区编号
    Partition 5 has been deleted.             #提示分区已经被删除

    Command (m for help): p                   #查看分区情况
    ...中间部分省略...
    Device     Boot     Start      End    Sectors   Size Id Type
    /dev/sdb1           2048    4196351   4194304    2G  83 Linux
    /dev/sdb2        4196352   41943039  37746688   18G   5 Extended

    Command (m for help):w                    #保存并退出
```

我们可以使用 partprobe 命令让内核立即读取新的分区表，这样无须重启系统即可识别新创建的分区。

[root@rocky9 Desktop]# **partprobe /dev/sdb**

上面所述的传统 MBR（msdos）分区方式有多种限制，如最多创建四个主分区、无法创建容量大于 2TB 的分区等，而现在有一种新的 GPT 分区方式则不受这样的限制，还能提供分区表的冗余信息以实现分区表的备份与安全。使用 Linux 的另一个分区工具 parted 可以非常方便地创建 GPT 分区。

命令格式为：parted [选项] [硬盘 [命令]]

注意，改变分区方式后，原有硬盘中的数据将会全部丢失，因此要对数据进行备份。这里假设选择第三块硬盘来进行 GPT 分区演示，具体操作方法如下。

1. 修改分区表类型

```
[root@rocky9 ~]# parted /dev/sdc mklabel gpt
```
#修改分区表类型，设置分区方式为 GPT
Information: You may need to update /etc/fstab.

修改完成后，可以通过 print 命令查看修改效果：

```
[root@rocky9 ~]# parted /dev/sdc print        #查看系统分区表信息
Model: Virtio Block Device (virtblk)
Disk /dev/sdc: 21.5GB                         #硬盘容量大小约 21.5GB
Sector size (logical/physical): 512B/512B
Partition Table: gpt                          #分区表类型
Disk Flags:
```

2. 创建与删除分区

创建新的分区需要使用 parted 命令的 mkpart 子命令，语法格式如下：

parted [硬盘] mkpart 分区类型 文件系统类型 开始 结束

其中，mkpart 命令用于创建新的分区，分区类型有 primary、logical、extended 三种，文件系统类型有 fat32、ext3、ext4、xfs、linux-swap 等，开始与结束标记用于标记分区的起始与结束位置（默认单位为 MB）。

```
[root@rocky9 ~]# parted /dev/sdc mkpart primary ext4 1 2G
```

上面的命令将创建一个类型为 ext4 的主分区，从硬盘的第 1MB 开始分区，到 2GB 的位置结束（主分区容量大小为 2GB）。

```
[root@rocky9 ~]# parted /dev/sdc mkpart primary xfs 2G 4G
```

上面的命令将创建一个 xfs 类型，容量为 2GB 的分区（从硬盘的 2GB 位置开始，到 4GB 位置结束）。

```
[root@rocky9 ~]# parted /dev/sdc mkpart primary 4G 6G
```

上面的命令将创建一个容量为 2GB 的分区，文件系统类型可以不写，表示没有输入文件系统类型。

```
[root@rocky9 ~]# parted /dev/sdc mkpart primary 6G 8G
```

上面的命令同样将创建一个容量为 2GB 的分区，文件系统类型可以不写，表示没有输入文件系统类型。

```
[root@rocky9 ~]# parted /dev/sdc print        #查看分区表信息
Model: Virtio Block Device (virtblk)
Disk /dev/sdc: 21.5GB
Sector size (logical/physical): 512B/512B
```

```
Partition Table: gpt
Disk Flags:

Number  Start   End     Size    File system  Name     Flags
 1      1049kB  2000MB  1999MB               primary
 2      2000MB  4000MB  2001MB               primary
 3      4000MB  6000MB  2000MB               primary
 4      6000MB  8000MB  2000MB               primary
[root@rocky9 ~]# parted /dev/sdc rm 4         #使用 rm 指令可以删除编号为 4 的分区
```

除了基本的分区创建与删除，利用 parted 命令还可以检查分区、调整分区大小、还原误删除的分区等，关于 parted 命令的更多使用方法，可以查阅 man 手册。

2.4.2 格式化与挂载文件系统

对硬盘进行分区后，接下来需要格式化与挂载文件系统。在某些操作系统中，格式化完成后，系统会自动挂载至一个盘符，然后就可以直接访问并使用盘符，但在 Linux 中，我们需要手动完成挂载操作。

使用 mkfs 命令可以完成格式化操作，Rocky Linux 系统默认的文件系统类型为 xfs。

```
[root@rocky9 ~]# mkfs.ext4 /dev/sdc1          #将/dev/sdc1 格式化为 ext4 类型
Creating filesystem with 487936 4k blocks and 122160 inodes
Filesystem UUID: bf2186aa-7f4d-4c80-acb3-81244aef5be2
Superblock backups stored on blocks:
        32768, 98304, 163840, 229376, 294912

Allocating group tables: done
Writing inode tables: done
Creating journal (8192 blocks): done
Writing superblocks and filesystem accounting information: done
```

另外，对于交换分区，我们需要使用单独的 mkswap 命令实现格式化。

```
[root@rocky9 ~]# mkfs.xfs /dev/sdc2           #将/dev/sdc2 格式化为 xfs 类型
meta-data=/dev/sdc2          isize=512      agcount=4, agsize=122112 blks
         =                   sectsz=512     attr=2, projid32bit=1
         =                   crc=1          finobt=1, sparse=1, rmapbt=0
         =                   reflink=1      bigtime=1 inobtcount=1
data     =                   bsize=4096     blocks=488448, imaxpct=25
         =                   sunit=0        swidth=0 blks
naming   =version 2          bsize=4096     ascii-ci=0, ftype=1
```

```
log       =internal log    bsize=4096      blocks=2560, version=2
          =                sectsz=512      sunit=0 blks, lazy-count=1
realtime  =none             extsz=4096     blocks=0, rtextents=0
```

[root@rocky9 ~]# **mkswap /dev/sdc3**   #将/dev/sdc3 格式化为 swap 类型
Setting up swapspace version 1, size = 1.9 GiB (1999630336 bytes)
no label, UUID=77812f89-9d2c-410a-813a-a21fcaf95643

格式化完成后，需要手动挂载文件系统，挂载可以通过命令实现，或者修改系统配置文件，使用命令挂载文件系统可以立即生效，但计算机重启后无效。通过修改系统配置文件这种方式挂载的文件系统在计算机重启后仍然有效。下面分别介绍这两种方式。

第一种方式：使用 mount 命令实现文件系统的挂载。

描述：挂载文件系统。

用法：mount [选项] [-o [选项]] 设备 挂载目录

选项：-a　　　　读取/etc/fstab 文件，并立刻挂载所有无 noauto 标记的设备。

　　　-t　　　　指定文件系统类型（包括 autofs、cifs、ext、ext2、ext3、ext4、hfs、iso9660、jfs、minix、msdos、nfs、nfs4、ntfs、proc、ramfs、reiserfs、romfs、squashfs、smbfs、sysv、tmpfs、ubifs、udf、ufs、usbfs、vfat、xenix、xfs 等）。

　　　-o　　　　指定挂载属性，具体属性可参考 man 手册。

[root@rocky9 ~]# **mkdir /data1**   #创建挂载目录
[root@rocky9 ~]# **mount /dev/sdc1 /data1/**   #将 sdc1 挂载至/data1 目录
[root@rocky9 ~]# **mount**   #查看挂载状态
… …此处省略… …
/dev/sdc1 on /data1 type ext4 (rw,relatime,seclabel)
[root@rocky9 ~]# **touch /data1/test.txt**   #创建测试文件
[root@rocky9 ~]# **mount /dev/cdrom /media/**   #挂载光盘至/media 目录
mount: block device /dev/sr0 is write-protected, mounting read-only
[root@rocky9 ~]# **umount /dev/cdrom**   #卸载光盘设备
[root@rocky9 ~]# **umount /dev/sdc1**   #卸载 sdc1 文件系统

第二种方式：修改系统配置文件/etc/fstab。

该文件中内容共计六列，第一列为设备名称或设备标签，第二列为挂载目录的名称，第三列为文件系统类型，第四列为挂载属性，第五列指定该文件系统是否使用 dump 进行备份（0 表示不备份，1 表示每天备份），第六列指定该文件系统在开机后使用 fsck 程序进行硬盘检测的顺序（一般情况下根文件系统被设置为 1，表示最先检测，其他文件系统被设置为 2，表示第二个进行检测，如果设置为 0 则表示不需要进行硬盘检测）。

[root@rocky9 ~]# **mkdir /data2**   #创建挂载点目录

```
[root@rocky9 ~]# vim /etc/fstab        #修改文件,在文件末尾插入如下内容
…文件部分内容省略…
/dev/sdc1  /data1  ext4  defaults  0  0
/dev/sdc2  /data2  xfs   defaults  0  0

[root@rocky9 ~]# mount -a              #挂载 fstab 文件中尚未挂载的文件系统
[root@rocky9 ~]# mount                 #检查文件系统的挂载情况
```

2.4.3 LVM 逻辑卷概述

试想,随着业务的增加,有一天我们的文件系统负载会越来越大,可能面临空间不足的情况,此时如果还使用传统的分区方式进行硬盘管理,就不得不将现有的所有分区全部删除,并重新规划存储解决方案。其实从一开始就需要确定一种管理机制,帮助我们动态地管理存储,而 LVM 就提供了这种功能。

LVM (Logical Volume Manager) 是基于内核的一种逻辑卷管理器,LVM 适合于管理大存储设备,并允许用户动态调整文件系统的大小。此外,LVM 的快照功能可以帮助我们快速备份数据。LVM 为我们提供了逻辑概念上的硬盘,使得文件系统无须关心底层物理硬盘的概念。

使用 LVM 创建逻辑卷需要我们提前了解以下几个概念。

◎ 物理卷 (Physical Volume,PV): LVM 的底层概念,是 LVM 的逻辑存储块,与硬盘分区是逻辑对应关系。原始森林中的大树是不能直接用于制作家具的,我们可以把大树先加工成一个个的小木块,木块有很强的组合能力。我们可以假设普通的分区是一颗大树,分区不能合并,而 LVM 中的物理卷是木块,多个 LVM 物理卷可以合并或拆分,从而实现硬盘容量的扩展和压缩。LVM 提供了命令工具可以将分区或硬盘转换为物理卷,然后通过组合物理卷生成卷组。

◎ 卷组 (Volume Group,VG): 一个或多个物理卷的组合,类似于木块的集合。卷组的大小取决于物理卷的容量及个数。Rocky Linux 系统对容量与个数没有限制。

◎ 物理扩展单元大小 (Physical Extent,PE): 将物理卷组合为卷组后所划分的最小存储单位,即逻辑意义上硬盘的最小存储单元。LVM 默认 PE 为 4MB。

◎ 逻辑卷 (Logical Volume,LV): LVM 逻辑意义上的分区,我们可以指定从卷组中提取多少容量来创建逻辑卷,类似于使用木块自由组合成不同形状的积木。使用多少块木块,组合成什么形状的积木,这些都可以自主决定。最后对逻辑卷格式化并挂载即可使用。

图 2-5 和图 2-6 给出了 LVM 的整体概念示意图。图 2-6 中可以看出,我们将物理硬盘分区

转换为 LVM 的物理卷（PV），多个物理卷组合为卷组（VG），逻辑卷（LV）是从卷组中提取出来的存储空间，最后我们可以将逻辑卷挂载到某个挂载点目录上。

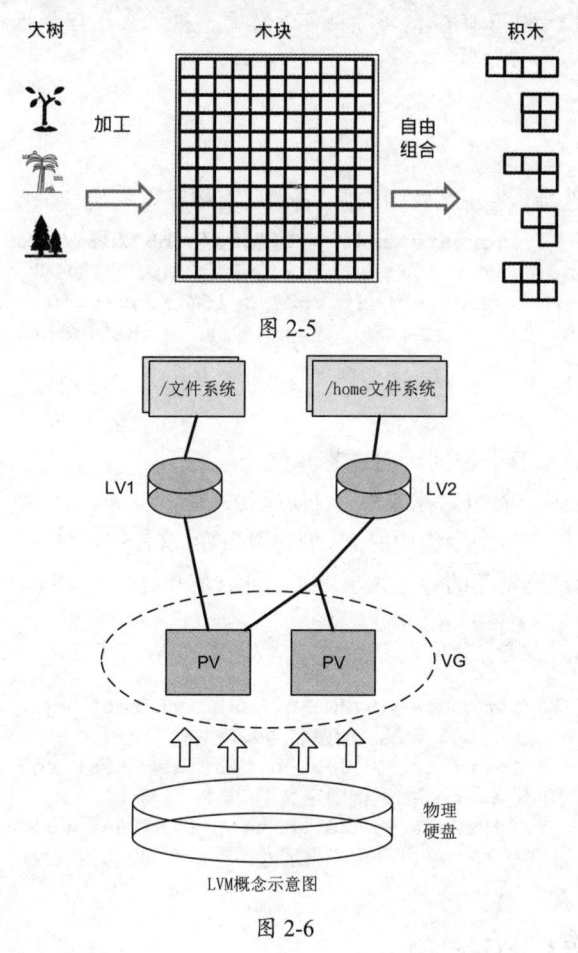

图 2-5

图 2-6

了解了以上概念，接下来我们说明具体使用到的命令。将普通分区转换为物理卷的命令是 pvcreate，将物理卷组合为卷组的命令是 vgcreate，从卷组中提取容量创建逻辑卷的命令是 lvcreate。创建完成后可以分别使用 pvdisplay、vgdisplay、lvdisplay 命令查看效果。

1. pvcreate

描述：将硬盘或分区初始化为物理卷。
用法：pvcreate [选项] 物理卷 [物理卷…]

```
[root@rocky9 ~]# pvcreate /dev/sdc4 /dev/sde      #将 sdc4 和 sde 转换为物理卷
[root@rocky9 ~]# pvcreate /dev/sdb{1,2,3}   #将 sdb1、sdb2、sdb3 转换为物理卷
```

> **提示** 这里的命令主要用于展示语法，实际设备名称需要根据自己计算机的实际情况而定。

2. vgcreate

描述：创建卷组。

用法：vgcreate [选项] 卷组名称 物理设备路径 [物理设备路径…]

```
[root@rocky9 ~]# vgcreate test_vg1 /dev/sdb5 /dev/sdb6
#使用 sdb5 和 sdb6 创建一个名为 test_vg1 的卷组，默认 PE 为 4MB
[root@rocky9 ~]# vgcreate test_vg2 -s 16M /dev/sdc5 /dev/sdc6
#使用 sdc5 和 sdc6 创建一个名为 test_vg2 的卷组，-s 选项用来指定 PE 为 16MB
```

3. lvcreate

描述：从卷组中提取存储空间，创建逻辑卷。

用法：lvcreate [选项] 卷组名称或路径 [物理卷路径]

选项：-l 指定使用多少个卷组中的 PE 创建逻辑卷，PE 的容量在创建卷组时已经指定。

　　　-L 直接指定逻辑卷的容量大小，单位可以是 b（B）、s（S）、k（K）、m（M）、g（G）、t（T）、p（P）或 e（E）。

　　　-n 指定逻辑卷名称。

```
[root@rocky9 ~]# lvcreate -L 2G -n test_lv1 test_vg1
#从 test_vg1 卷组中提取 2GB 容量，创建名为 test_lv1 的逻辑卷
[root@rocky9 ~]# lvcreate -l 200 -n test_lv2 test_vg2
#使用 200 个 PE 创建逻辑卷，前面案例中定义了 PE 为 16MB
[root@rocky9 ~]# lvcreate -L 2G -n test_lv1 test_vg1 /dev/sdb6
#使用 test_vg1 卷组中/dev/sdb6 这个物理卷的存储空间，创建名为 test_lv1 的逻辑卷
```

2.4.4　创建 LVM 分区实例

这里假设有一块容量为 500GB 的硬盘 sdb，创建四个 100GB 的分区，并使用这四个分区创建一个名称为 test_vg 的卷组，最后从该卷组中提取两个大小为 120GB 的逻辑卷，分别命名为 test_web、test_data。

1. 使用 parted 创建分区

```
[root@rocky9 ~]# parted /dev/sdb mklabel gpt
#首先给/dev/sdb 初始化分区表，这里使用 GPT 方式创建分区
```

```
[root@rocky9 ~]# parted /dev/sdb mkpart primary 1 100G
[root@rocky9 ~]# parted /dev/sdb mkpart primary 100G 200G
[root@rocky9 ~]# parted /dev/sdb mkpart primary 200G 300G
[root@rocky9 ~]# parted /dev/sdb mkpart primary 300G 400G
#创建四个分区，每个分区的容量为100GB
[root@rocky9 ~]# partprobe /dev/sdb              #识别新创建的分区
[root@rocky9 ~]# parted /dev/sdb print           #查看分区结果
Model: Virtio Block Device (virtblk)
Disk /dev/sdb: 537GB
Sector size (logical/physical): 512B/512B
Partition Table: gpt
Disk Flags:
Number  Start   End     Size    File system  Name     Flags
 1      1049kB  100GB   100GB                primary
 2      100GB   200GB   100GB                primary
 3      200GB   300GB   100GB                primary
 4      300GB   400GB   100GB                primary
```

2. 使用 pvcreate 创建物理卷并使用 pvdisplay 查看结果

```
[root@rocky9 ~]# pvcreate /dev/sdb{1,2,3,4}
  Physical volume "/dev/sdb1" successfully created.
  Physical volume "/dev/sdb2" successfully created.
  Physical volume "/dev/sdb3" successfully created.
  Physical volume "/dev/sdb4" successfully created.
[root@rocky9 ~]# pvdisplay
  "/dev/sdb1" is a new physical volume of "93.13 GiB"
  --- NEW Physical volume ---
  PV Name               /dev/sdb1           #物理卷名称
  VG Name
  PV Size               93.13 GiB           #物理卷大小
  Allocatable           NO
  PE Size               0
  Total PE              0
  Free PE               0
  Allocated PE          0
  PV UUID               MEO4oH-He1C-QGeX-JR3W-PnO0-iaKo-inQmwG
…其他物理卷信息省略…
[root@rocky9 ~]# pvs                       #也可以使用pvs查看物理卷简要信息
  PV          VG       Fmt   Attr PSize   PFree
… …
  /dev/sdb1   test_vg  lvm2  a--  <93.13g <93.13g
  /dev/sdb2   test_vg  lvm2  a--  <93.13g <93.13g
  /dev/sdb3   test_vg  lvm2  a--  <93.13g <93.13g
  /dev/sdb4   test_vg  lvm2  a--  <93.13g <93.13g
```

3. 使用 vgcreate 创建卷组并使用 vgdisplay 查看结果

```
[root@rocky9 ~]# vgcreate test_vg /dev/sdb{1,2,3,4}
  Volume group "test_vg" successfully created
[root@rocky9 ~]# vgdisplay
  --- Volume group ---
  VG Name               test_vg                    #卷组名称
  System ID
  Format                lvm2
  Metadata Areas        4
  Metadata Sequence No  1
  VG Access             read/write
  VG Status             resizable
  MAX LV                0
  Cur LV                0
  Open LV               0
  Max PV                0
  Cur PV                4
  Act PV                4
  VG Size               <372.52 GiB                #卷组的总容量约为 400GB
  PE Size               4.00 MiB                   #默认 PE 为 4MB
  Total PE              95364                      #总共有 95364 个 PE
  Alloc PE / Size       0 / 0                      #已经分配了 0 个 PE
  Free  PE / Size       95364 / <372.52 GiB        #剩余可分配的 PE 个数和容量
  VG UUID               j3z8UO-2yFY-ofLq-39mv-t3VY-YuGS-1im0aR
[root@rocky9 ~]# vgs                               #也可以使用 vgs 查看卷组简要信息
[root@rocky9 ~]# vgs
  VG      #PV #LV #SN Attr   VSize    VFree
  test_vg   4   0   0 wz--n- <372.52g <372.52g
```

4. 使用 lvcreate 创建逻辑卷并使用 lvdisplay 查看结果

```
[root@rocky9 ~]# lvcreate -n test_web -L 120G test_vg
#直接指定容量创建逻辑卷，从 test_vg 卷组中提取 120GB 空间，创建名为 test_web 的逻辑卷
  Logical volume "test_web" created.
[root@rocky9 ~]# lvcreate -n test_data -l 30720 test_vg
#这里的 l 是字母 L 的小写，用于指定使用多少个 PE 创建逻辑卷，
#提取 30720 个 PE，创建名为 test_data 的逻辑卷
  Logical volume "test_data" created.
[root@rocky9 ~]# lvdisplay
  --- Logical volume ---
  LV Path                /dev/test_vg/test_web     #逻辑卷路径
  LV Name                test_web                  #逻辑卷名称
  VG Name                test_vg                   #卷组名称
```

```
LV UUID                DGR3d9-K9WS-iDRg-Z90X-CsWV-Acx7-lzQ6Ek
LV Write Access        read/write
LV Creation host, time rocky9.example.com, 2023-02-11 13:27:54 +0800
LV Status              available
# open                 0
LV Size                120.00 GiB              #逻辑卷大小
Current LE             30720
Segments               2
Allocation             inherit
Read ahead sectors     auto
- currently set to     8192
Block device           253:2
……(部分内容省略)……
[root@rocky9 ~]# lvs                           #也可以使用lvs查看逻辑卷简要信息
  LV       VG      Attr       LSize   Pool Origin Data% Meta% Move Log Cpy%Sync Convert
  test_data test_vg -wi-a----- 120.00g
  test_web  test_vg -wi-a----- 120.00g
```

5. 格式化并挂载

```
[root@rocky9 ~]# mkfs.xfs /dev/test_vg/test_web
[root@rocky9 ~]# mkfs.xfs /dev/test_vg/test_data
[root@rocky9 ~]# mkdir -p /test/{web,data}
[root@rocky9 ~]# cat >> /etc/fstab <<EOF
/dev/test_vg/test_data  /test/data  xfs  defaults  0 0
/dev/test_vg/test_web   /test/web   xfs  defaults  0 0
EOF
[root@rocky9 ~]# mount -a
[root@rocky9 ~]# df -h                         #查看文件系统挂载状态
…部分内容省略…
/dev/mapper/test_vg-test_data  120G  889M  120G  1%  /test/data
/dev/mapper/test_vg-test_web   120G  889M  120G  1%  /test/web
```

2.4.5 修改LVM分区容量

随着时间的推移，逻辑卷test_data现有的存储空间已经不能满足企业大业务量的需要，若我们需要将存储容量增大至240GB，LVM随时可以帮助我们动态调整文件系统的大小。本节继续2.4.4节的案例，由于test_vg这个卷组还有足够的剩余空间可以划分给逻辑卷，所以我们可以直接使用lvextend命令调整逻辑卷大小。但lvextend仅能调整逻辑卷大小，使用该命令调整完逻辑卷大小后，还需要使用 xfs_growfs 命令更新文件系统的大小，具体方法如下：

```
[root@rocky9 ~]# lvextend -L +120G /dev/test_vg/test_data    #扩容逻辑卷
[root@rocky9 ~]# lvs                                         #查看逻辑卷，已经扩容完成
  test_data test_vg -wi-ao---- 240.00g                       #120GB+120GB=240GB
[root@rocky9 ~]# df -h                                       #注意，文件系统没有变化
/dev/mapper/test_vg-test_data  120G  889M  120G   1% /test/data
[root@rocky9 ~]# xfs_growfs /dev/test_vg/test_data   #调整文件系统大小
[root@rocky9 ~]# df -h                               #调整后查看文件系统大小，有变化
/dev/mapper/test_vg-test_data  240G  1.8G  239G   1% /test/data
```

此外，当卷组没有足够的空间划分给逻辑卷时，LVM 的卷组容量大小也是可以动态调整的，这时需要使用 parted 或 fdisk 命令创建一个新的分区，并使用 pvcreate 命令将新分区或整个新硬盘设备转换为物理卷，通过 vgextend 命令将新的物理卷追加至现有的卷组空间中，最后使用 lvextend 命令调整逻辑卷的容量。下面再次扩展逻辑卷 test_data 的存储空间至 360GB。

```
[root@rocky9 ~]# parted /dev/sdb mkpart primary 400G 100%
#使用 sdb 硬盘，从 400GB 位置开始创建分区，分区结束位置是硬盘 100%容量的位置
#也就是说从 400GB 到整个硬盘容量结束的位置，将其创建为一个新的分区
[root@rocky9 ~]# pvcreate /dev/sdb5
[root@rocky9 ~]# vgextend test_vg /dev/sdb5
[root@rocky9 ~]# vgdisplay test_vg
  --- Volume group ---
  VG Name               test_vg
  VG Size               499.98 GiB              #总容量为 499.98GB
  Alloc PE / Size       92160 / 360.00 GiB      #已经使用 360GB
  Free  PE / Size       35835 / 139.98 GiB      #剩余 139.98GB
(…以上输出信息部分内容省略…)
[root@rocky9 ~]# lvextend -L 360G /dev/test_vg/test_data
#将逻辑卷扩展至 360GB，扩容时可以直接写想要达到的最终容量，在现有容量基础上增加容量
[root@rocky9 ~]# xfs_growfs /dev/test_vg/test_data
[root@rocky9 ~]# df -h
```

> **提示** 在企业生产环境中，为文件系统调整大小前建议先做好数据的备份工作。

2.4.6 删除 LVM 分区

当我们不再需要逻辑卷分区时，可以使用 LVM 命令轻松地删除之前创建的物理卷、卷组、逻辑卷。删除的顺序应该与创建时的顺序相反，即遵照卸载文件系统、删除逻辑卷、删除卷组、删除物理卷这样的顺序。卸载文件系统时需要注意，如果有必要，应该更新/etc/fstab 文件。

```
[root@rocky9 ~]# umount /dev/test_vg/test_data
```

```
[root@rocky9 ~]# umount /dev/test_vg/test_web
[root@rocky9 ~]# vim /etc/fstab                          #编辑文件，删除对应的挂载信息
[root@rocky9 ~]# lvremove /dev/test_vg/test_data         #删除逻辑卷
Do you really want to remove active logical volume test_data? [y/n]: y
  Logical volume "test_data" successfully removed.
Logical volume "test_data" successfully removed
[root@rocky9 ~]# lvremove /dev/test_vg/test_web          #删除逻辑卷
Do you really want to remove active logical volume test_web? [y/n]: y
Logical volume "test_web" successfully removed
[root@rocky9 ~]# vgremove test_vg                        #删除卷组
Volume group "test_vg" successfully removed
[root@rocky9 ~]# pvremove /dev/sdb{1,2,3,4,5}            #删除物理卷
  Labels on physical volume "/dev/sdb1" successfully wiped
  Labels on physical volume "/dev/sdb2" successfully wiped
  Labels on physical volume "/dev/sdb3" successfully wiped
  Labels on physical volume "/dev/sdb4" successfully wiped
  Labels on physical volume "/dev/sdb5" successfully wiped
```

2.4.7 RAID 硬盘阵列概述

早在 1978 年，美国加州大学伯克利分校就提出了 RAID（Redundant Array of Independent Disk）存储系统。RAID 即独立冗余硬盘阵列，其思想是将多块独立的硬盘按不同的方式组合为一个逻辑硬盘，从而提高存储容量，提升存储性能或提供数据备份功能。RAID 存储系统的组合方式根据 RAID 级别来定义。

RAID 分为软件 RAID 和硬件 RAID 两类。现有的操作系统，如 Windows、Linux、UNIX 等已经集成了软件 RAID 的功能。软件 RAID 可以实现与硬件 RAID 相同的功能，但由于其没有独立的硬件控制设备，所以性能不如硬件 RAID。软件 RAID 实现简单，不需要额外的硬件设备，硬件 RAID 通常需要 RAID 卡，RAID 卡本身会有独立的控制部件和内存，所以不会占用系统资源，效率高、性能强。当然，目前市面上有很多主板已经集成了 RAID 卡，具体的使用方式可以参考硬件说明书。

目前，RAID 存储系统被广泛应用于生产环境作为存储解决方案。

2.4.8 RAID 级别

根据 RAID 的组合方式不同，可以解决的业务问题也不同，以下介绍几种常见的 RAID 方案（RAID 级别）。

1. RAID 0（不含校验与冗余的条带存储）

多块硬盘组合为 RAID 0 后，数据将被分割并分别存储在每块硬盘中，所以能最大限度提升存储性能与存储空间，但无法容错，RAID 0 至少需要两块硬盘。

如图 2-7 所示，如果有一个文件要写入 RAID 0，则该文件会被分割为多个部分（图 2-7 中的四个数据块），DATA1 与 DATA2 被分别同步存入硬盘 1 与硬盘 2，其他部分以此类推。读取该文件时，将同时从硬盘 1 与硬盘 2 中读取数据。如果两块硬盘的存储空间均为 120GB，则 RAID 0 的总存储空间为 240GB。

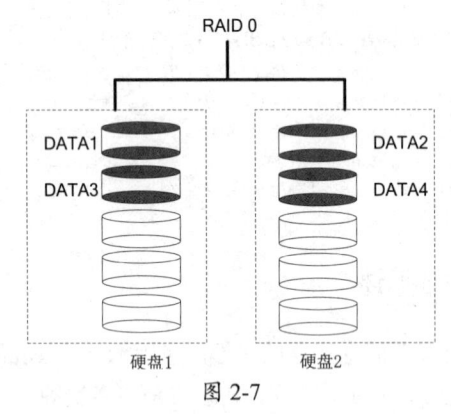

图 2-7

缺点：因为没有校验与备份，因此，若两块硬盘中有一块硬盘损坏，即硬盘中的任何一个数据块损坏，都将导致整个文件无法被读取。

2. RAID 1（不含校验的镜像存储）

多块硬盘组合为 RAID 1 后，数据将被同时复制到每块硬盘中，制作这种硬盘阵列至少需要两块硬盘，该级别的 RAID 只要有一块硬盘可用即可正常工作，安全性是最好的，硬盘利用率是最低的。

如图 2-8 所示，如果有一个文件要写入 RAID 1，则该文件会被写入硬盘 1，同时以复制备份的形式被写入硬盘 2，DATA1 与 DATA2 被同时存入硬盘 1 与硬盘 2，其他部分以此类推。RAID 1 写入数据的效率会降低，因为相同数据需要同时写入两块硬盘，但 RAID 1 读取数据的效率会提升，因为可以同时从两块硬盘读取数据。

缺点：RAID 1 的写入效率低下，且硬盘利用率极低，如果两块硬盘的存储空间均为 120GB，则 RAID 1 的总存储空间依然为 120GB。

图 2-8

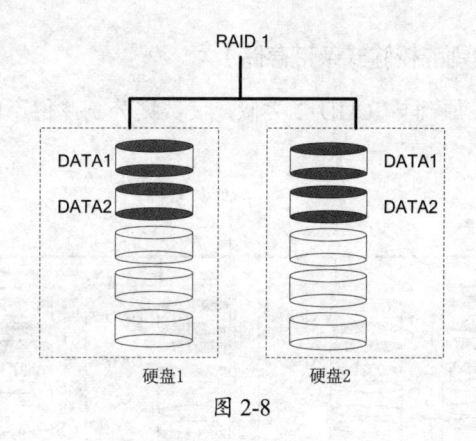

3. RAID 2（位级别的校验式条带存储）

多块硬盘组合为 RAID 2 后，数据将以位（bit）为单位被同步存储在不同的硬盘上，并通过海明码（一种具有纠错功能的校验码）被校验与恢复。

如图 2-9 所示，如果有一个文件要写入 RAID 2，则该文件会被分成数据位同步写入不同的硬盘，DATA1 与 DATA2 进行海明码运算后再被写入校验盘，Parity 代表校验数据，其他后续数据以此类推，写入多个硬盘。拥有校验位的 RAID 2 允许三块硬盘中的任意一块硬盘损坏，并能够对未损坏的两块硬盘进行运算，还原已损坏硬盘上的数据，从而实现数据恢复。RAID 2 的大数据量读写性能很高，但对少量数据的读写性能反而不好，该硬盘阵列至少需要三块硬盘。

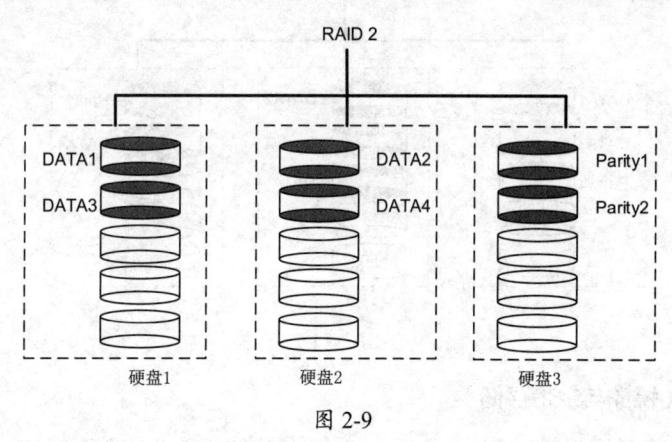

图 2-9

4. RAID 3（字节级别的校验式条带存储）

该级别硬盘阵列的存储原理可以参考 RAID 2，不同之处是，数据分割的单位为字节。

5. RAID 4（数据块级别的校验式条带存储）

该级别硬盘阵列的存储原理与 RAID 2 类似，仅数据分割单位不同，图 2-10 为 RAID 4 存储原理示意图。

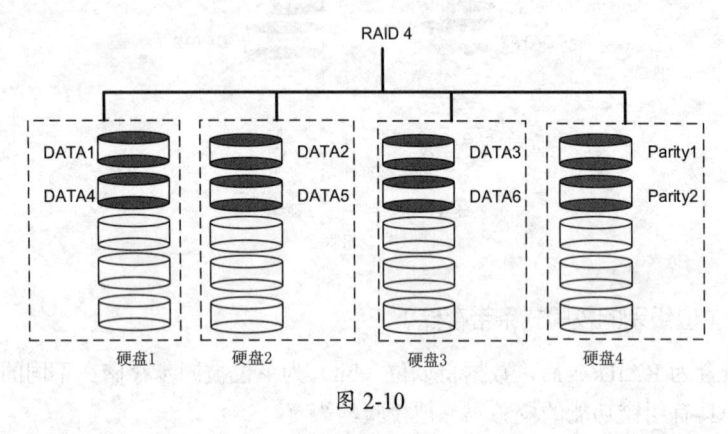

图 2-10

6. RAID 5（数据块级别的分布式校验条带存储）

多块硬盘组合为 RAID 5 后，数据将以块（block）为单位被同步存储到不同的硬盘上，并进行海明码运算。与其他级别不同，该级别的海明码会被写入不同的硬盘。图 2-11 为 RAID 5 存储原理示意图。

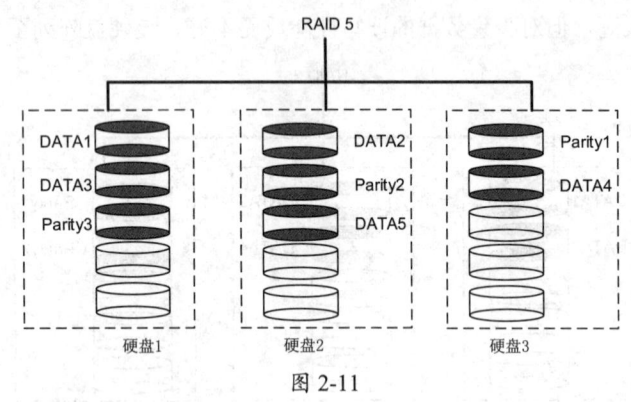

图 2-11

7. RAID 10（镜像与条带存储）

RAID 10 不是独创的 RAID 级别，而是由 RAID 1 与 RAID 0 结合而成的。RAID 10 继承了 RAID 0 的快速与高效，同时继承了 RAID 1 的数据安全性，RAID 10 至少需要四块硬盘。RAID 10 通常有两种结构，一种是 RAID 0+1 结构，一种是 RAID 1+0 结构。如果是 RAID 1+0 结构，则先使用四块硬盘组合成两个独立的 RAID 1，然后将两个 RAID 1 组合为一个 RAID 0。

如图 2-12 所示，当数据被写入时，首先会以条带方式同步被写入由两个 RAID 1 组合而成的 RAID 0 中，随后，当数据被写入由具体硬盘组成的 RAID 1 时，又可以实现双硬盘镜像功能。

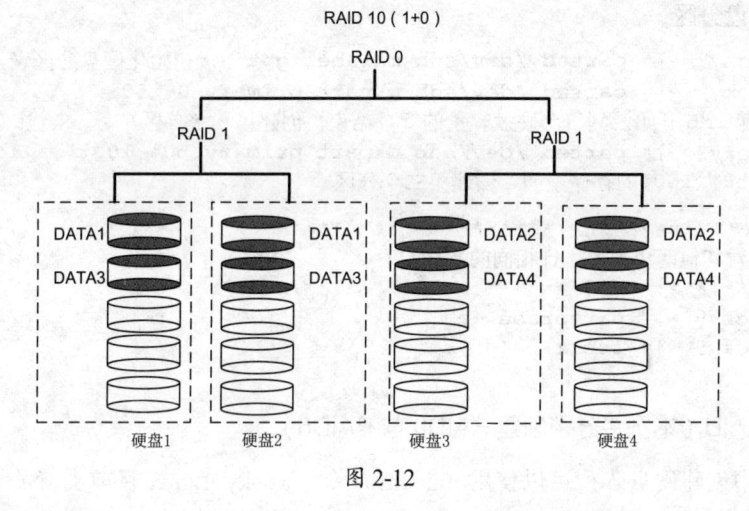

图 2-12

缺点：RAID 10 继承了 RAID 0 和 RAID 1 的优点，但同时也继承了两者的缺点，RAID 10 的硬盘利用率很低，只有 50%。

2.4.9 创建与管理软件 RAID 实例

本节通过一个示例介绍创建与管理软件 RAID（日常工作中常简称"软 RAID"）实例的方法。下面的示例假设我们的计算机有四块 20GB 的空闲硬盘，分别为 sdb、sdc、sdd、sde。

1. 查看硬盘信息

```
[root@rocky9 ~]# lsblk                                    #查看硬盘列表
NAME         MAJ:MIN RM  SIZE RO TYPE MOUNTPOINTS
…部分内容省略…
sdb          8:16    0   20G  0 disk
sdc          8:32    0   20G  0 disk
sdd          8:48    0   20G  0 disk
sde          8:64    0   20G  0 disk
…部分内容省略…
```

从以上输出信息可以看出，本机有 sdb、sdc、sdd、sde 四块硬盘未分区，如果需要在 Linux

中创建软件 RAID，可以在每块硬盘中创建 RAID，也可以在每块硬盘中分出多个区自由组合创建软件 RAID，这里我们将每块硬盘分两个区。

2. 创建硬盘分区

```
[root@rocky9 ~]# parted /dev/sdb mklabel gpt    #初始化硬盘分区表，格式为 GPT
[root@rocky9 ~]# parted /dev/sdb mkpart primary 0% 50%
#从硬盘的第 1MB 开始，到整个硬盘容量的 50%结束，创建第一个分区
[root@rocky9 ~]# parted /dev/sdb mkpart primary 50% 100%
#使用硬盘 50%~100%的存储空间，创建第二个分区

***************************************************
****       对其他两块硬盘执行相同的操作!!!         ****
***************************************************
[root@rocky9 ~]# partprobe -a
[root@rocky9 ~]# lsblk
```

3. 创建 RAID（本例将分别创建 RAID0 与 RAID5）

在 Linux 中创建硬盘阵列可以使用 mdadm 命令，Rocky Linux 目前支持的 RAID 级别有 RAID 0、RAID 1、RAID 4、RAID 5、RAID 6、RAID 10。下面介绍 mdadm 命令的使用方法。

描述：管理 Linux 软件 RAID 设备。

用法：mdadm [模式] 选项 <raid 设备>

选项：-C　　创建软件 RAID（create）。

　　　-l　　指定 RAID 级别（level）。

　　　-n　　指定硬盘数。

　　　-x　　指定备用设备数。

```
[root@rocky9 ~]# mdadm -C /dev/md0 -l 0 -n 3 /dev/sdb1 /dev/sdc1 /dev/sdd1
mdadm: array /dev/md0 started.
[root@rocky9 ~]# mdadm -C /dev/md1 -l 5 -n 3 -x 1 \
/dev/sdb2 /dev/sdc2 /dev/sdd2 /dev/sde1
#在 Linux 系统中执行的命令如果特别长，可以使用\实现跨行输入
mdadm: array /dev/md1 started.
```

以上两条命令分别创建了名为 md0 的 RAID 0 设备及名为 md1 的 RAID 5 设备，这里的名称可以根据自己的习惯自行指定。

刚刚创建的 RAID 0 及 RAID 5 设备的详细信息如下。

```
[root@localhost ~]# mdadm --detail /dev/md0     #查看 md0 的信息
/dev/md0:
```

```
        Version : 1.20
  Creation Time : Thu May 17 03:46:55 2022    #创建时间
     Raid Level : raid0                       #RAID 级别
     Array Size : 31426560 (29.97 GiB 32.18 GB) #RAID 硬盘空间
   Raid Devices : 3                           #硬盘数
  Total Devices : 3
Preferred Minor : 0
    Persistence : Superblock is persistent
    Update Time : Thu May 17 03:46:55 2022
          State : clean
 Active Devices : 3                           #活动硬盘数
Working Devices : 3                           #工作硬盘数
 Failed Devices : 0                           #错误硬盘数
  Spare Devices : 0                           #备用硬盘数
     Chunk Size : 512K
           UUID : 62e9bd3e:f4dcf02d:319e2a62:8099eb72  #设备 UUID
         Events : 0.1
    Number   Major   Minor   RaidDevice State
       0       8       17        0      active sync   /dev/sdb1
       1       8       33        1      active sync   /dev/sdc1
       2       8       49        2      active sync   /dev/sdd1
[root@localhost ~]# mdadm --detail /dev/md1   #查看 md1 的信息
/dev/md1:
(…中间部分省略…)
    Number   Major   Minor   RaidDevice State
       0       8       18        0      active sync   /dev/sdb2
       1       8       34        1      active sync   /dev/sdc2
       2       8       50        2      active sync   /dev/sdd2

       3       8       66        -      spare    /dev/sde1   #该硬盘为备用硬盘
```

4. 格式化与挂载

```
[root@localhost ~]# mkfs.xfs /dev/md0
[root@localhost ~]# mkdir /raid0
[root@localhost ~]# mount /dev/md0 /raid0
[root@localhost ~]# mkfs.xfs /dev/md1
[root@localhost ~]# mkdir /raid5
[root@localhost ~]# mount /dev/md1 /raid5
```

将硬盘阵列设备设置为开机自动挂载，Rocky Linux 系统开机会读取硬盘阵列的配置文件 /etc/mdadm.conf 以启动 RAID 设备。下面两条命令可以帮助我们快速创建这样的配置文件，DEVICE 行列出所有硬盘阵列的设备名称，ARRAY 行描述硬盘阵列的基本信息，包括名称、级别、UUID 等信息。

```
[root@localhost ~]# echo "DEVICE /dev/sdb1 /dev/sdb2 \
/dev/sdc1 /dev/sdc2 /dev/sdd1 /dev/sdd2 /dev/sde1" > /etc/mdadm.conf
#在 Linux 系统中执行的命令如果特别长，可以使用\实现跨行输入

[root@localhost ~]# mdadm -Evs                  #查看当前计算机的软件 RAID 配置
ARRAY /dev/md/0 level=raid0 metadata=1.2 num-devices=3 UUID=4282a2c2:
2591cc4d:a588f799:88123b79 name=rocky9.example.com:0
   devices=/dev/sdd1,/dev/sdc1,/dev/sdb1
ARRAY /dev/md/1 level=raid5 metadata=1.2 num-devices=3 UUID=d6cc7bdc:
6bc3a612:969239d8:7a78a301 name=rocky9.example.com:1
   spares=1    devices=/dev/sde2,/dev/sdd2,/dev/sdc2,/dev/sdb2
[root@localhost ~]# mdadm -Evs >> /etc/mdadm.conf    #将结果追加到配置文件
[root@localhost ~]# echo "/dev/md0 /raid0 xfs defaults 0  0" >> /etc/fstab
[root@localhost ~]# echo "/dev/md1 /raid5 xfs defaults 0  0" >> /etc/fstab
#修改/etc/fstab 配置文件，设置开机挂载软件 RAID 设备
```

2.4.10　RAID 性能测试

```
*************************
**  普通硬盘：写入模拟    **
*************************
[root@localhost ~]# time dd if=/dev/zero of=/txt bs=1M count=1000
1000+0 records in
1000+0 records out
1048576000 bytes (1.0 GB) copied, 21.7965 seconds, 48.1 MB/s
real    0m23.262s
user    0m0.001s
sys     0m2.209s
```

可以看出，对于普通硬盘，在根分区下写入 1GB 的数据所需总时间为 23.262s。

```
*************************
**  RAID 0：写入模拟     **
*************************
[root@localhost ~]# time dd if=/dev/zero of=/raid0/txt bs=1M count=1000
1000+0 records in
1000+0 records out
1048576000 bytes (1.0 GB) copied, 3.87193 seconds, 271 MB/s
real    0m4.308s
user    0m0.001s
sys     0m1.604s
```

可以看出，对 RAID 0 写入 1GB 数据所需总时间为 4.308s。

```
*************************
**  RAID 5：写入模拟     **
```

```
************************
[root@localhost ~]# time dd if=/dev/zero of=/raid5/txt bs=1M count=1000
1000+0 records in
1000+0 records out
1048576000 bytes (1.0 GB) copied, 12.5047 seconds, 83.9 MB/s
real    0m12.614s
user    0m0.004s
sys     0m3.705s
```

可以看出，由于 RAID 5 需要生成校验位数据，所以写入数据的速度比 RAID 0 慢，但比普通硬盘快，写入 1GB 数据所需总时间为 12.614s。

> **注意** 以上测试仅以软件 RAID 为例。

2.4.11 RAID 故障模拟

```
[root@localhost raid5]# mdadm /dev/md1 -f /dev/sdb2
mdadm: set /dev/sdb2 faulty in /dev/md1
```

注意：这里使用-f 选项（failed）模拟硬盘 sdb2 的损坏。

由于上面做性能测试时已经向 RAID 5 中写入了 1GB 的数据，所以使用命令模拟硬盘损坏后，快速查看 RAID 详细信息可以看出正在使用/dev/sde1 重建数据（还原数据），而原来的/dev/sdb2 成了损坏的空闲设备。

```
[root@localhost ~]# mdadm --detail /dev/md1
... ... ... ... ... ...
... ... ... ... ... ...
... ... ... ... ... ...
    Number   Major   Minor   RaidDevice State
       3       8       66        0      spare rebuilding   /dev/sde1    #正在重建
       1       8       34        1      active sync        /dev/sdc2
       2       8       50        2      active sync        /dev/sdd2
       4       8       18        -      faulty spare       /dev/sdb2
```

2.5 软件管理

2.5.1 Linux 常用软件包类型

Linux 中的软件包类型就像 Linux 发行版本一样丰富多样，但这种多样性也给用户带来了不少烦恼，用户需要考虑软件包的格式适用于哪个相应的 Linux 发行版本，因为很多软件包格式仅适用于特定的发行版本。目前比较流行的软件包格式有可直接执行的 RPM 与 DEB、源码程序通常使用的 gzip 与 bzip2 压缩包格式。

2.5.2 RPM 软件包管理

RPM 是 RedHat Package Manager 的简写，即红帽软件包工具。RPM 格式的软件包最早在 1997 年被用在红帽的操作系统上，其设计思路是提供一种可升级、具有强大查询功能、支持安全验证的通用型 Linux 软件包管理工具。现在 RPM 软件包已经被应用到了很多 GNU/Linux 发行版本中，包括 Red Hat Enterprise Linux、Fedora、Novell SUSE Linux Enterprise、openSUSE、CentOS、Mandriva Linux、Rocky Linux 等。Rocky Linux 光盘中的所有软件包均采用 RPM 格式。

1. 安装与卸载 RPM 包

对于 RPM 软件包的安装，我们可以使用<rpm -i 软件包名称>这样的方式实现，但该命令的默认选项为静默式安装，如果需要了解安装过程，可使用-v 来显示详细信息，-h 显示安装进度（安装进度以#符号标识）。

这里假设计算机中已有 Rocky Linux 系统光盘，我们可以将系统光盘临时挂载到/media 目录中，在光盘的 AppStream 和 BaseOS 目录中可以找到很多 RPM 格式的软件包，使用 rpm 命令即可安装对应的软件。

```
[root@rocky9 ~]# mount /dev/cdrom /media/              #临时挂载光盘
[root@rocky9 ~]# ls /media/                            #熟悉光盘中的目录结构
[root@rocky9 ~]# ls /media/AppStream/                  #熟悉光盘中的目录结构
[root@rocky9 ~]# ls /media/AppStream/Packages/         #熟悉光盘中的目录结构
[root@rocky9 ~]# ls /media/BaseOS/                     #熟悉光盘中的目录结构
[root@rocky9 ~]# ls /media/BaseOS/Packages/            #熟悉光盘中的目录结构
[root@rocky9 ~]# cd /media/AppStream/Packages/f        #切换工作目录
[root@rocky9 f]# ls -l ftp-0.17-89.el9.x86_64.rpm      #查看文件的详细信息
-rw-r--r--. 1 root root 62969 5月 16 2022 ftp-0.17-89.el9.x86_64.rpm
[root@rocky9 v]# rpm -ivh ftp-0.17-89.el9.x86_64.rpm   #安装软件包
```

```
warning: ftp-0.17-89.el9.x86_64.rpm: Header V4 RSA/SHA256 Signature, key ID
350d275d: NOKEY
Verifying...                    ################################# [100%]
Preparing...                    ################################# [100%]
Updating / installing...
   1:ftp-0.17-89.el9             ################################# [100%]
```

如果安装时提示 package ftp-0.17-89.el9.x86_64 is already installed，则表示该软件已经被安装。在安装某些软件时，可能会提示缺少依赖软件包，比如，安装时提示 gspell is needed by evolution-3.40.4-6.el9.x86_64，表示安装 evolution 软件需要依赖 gspell，只有先安装 gspell 相关软件才可以安装 evolution 软件。

对于 RPM 格式软件包的卸载，可以使用<rpm -e 软件包名称>命令完成。

```
[root@rocky9 f]# rpm -e ftp              #卸载 ftp 软件包，具体版本号可以不写
```

RPM 还提供了升级功能，使用<rpm -U 软件名称>方式会删除旧版本软件（仅保留配置文件），并安装新版本软件。

2. 软件包信息查询

RPM 命令工具提供了强大的软件包信息查询功能，使用<rpm -q >命令可以查询大量信息。查询时可以使用很多选项，具体描述如下。

- -q 查询指定软件包是否已经安装，如果已安装则显示详细名称，否则显示 package xxx[1] is not installed。
- -qa 查询系统中已经安装的所有软件包。
- -qi 查询指定软件包的详细信息。
- -ql 查询指定软件包的安装路径与文件列表。
- -qc 查询指定软件包的配置文件。
- -qf 查询指定文件是通过哪个软件包安装的。

```
[root@rocky9 ~]# cd /media/AppStream/Packages/f   #切换工作目录
[root@rocky9 f]# rpm -q ftp                        #查询是否安装了 ftp
[root@rocky9 f]# rpm -qa                           #查询当前安装的所有软件包
[root@rocky9 f]# rpm -qi bash                      #查询 bash 软件包的详细信息
[root@rocky9 f]# rpm -ql bash                      #查询 bash 软件包的文件列表
[root@rocky9 f]# rpm -qc bash                      #查询 bash 软件包的配置文件
[root@rocky9 f]# rpm -qf /etc/inittab              #查询此文件由哪个软件包生成
```

使用 rpm -q 进行查询仅针对已经安装的软件包，如果我们希望知道某个尚未安装的软件包

---

[1] xxx 为要查询的软件名称，根据查询内容而变。

的详细信息，可以使用 rpm -qp 进行查询，如 rpm -qpi vsftpd-3.0.3-49.el9.x86_64.rpm。

```
[root@rocky9 ~]# cd /media/AppStream/Packages/v         #切换工作目录
[root@rocky9 v]# rpm -qpi vsftpd-3.0.3-49.el9.x86_64.rpm
```

3. 安全验证

RPM 提供的验证功能可以随时追踪软件包的状态，当软件包状态被人篡改时，使用 rpm -V 命令就能查询具体哪些状态被篡改，对未被篡改的软件包执行该命令将无任何提示。

```
[root@rocky9 ~]# rpm -V bash
```

下面列出所有可能出现的提示字符及其含义，没有输出代表软件包没有被篡改，是安全的。

- ◎ 5 —— MD5 值已经改变。
- ◎ S —— 文件大小已经改变。
- ◎ L —— 链接文件的源文件已经改变。
- ◎ T —— 文件的最后修改时间已经改变。
- ◎ D —— 设备改变。
- ◎ U —— 用户改变。
- ◎ G —— 组改变。
- ◎ M —— 包括权限与类型在内的模式已经改变。
- ◎ ? —— 文件不可读。

2.5.3 使用 DNF 安装软件

大量的软件包依赖会让 RPM 成为"恶魔"。为了解决软件包之间错综复杂的依赖关系，红帽研发了 YUM，YUM 是 Yellow dog Update Modified 的简写。YUM 是改进版的 RPM 软件包管理器，可以很好地自动化解决 RPM 所面临的软件包依赖问题。YUM 可以从很多软件源中搜索软件及它们的依赖包，并自动安装软件及相应的依赖包。使用 YUM 安装软件时至少需要一个 YUM 源，YUM 源就是存放很多 RPM 软件包的文件夹，用户可以使用 HTTP、FTP 或本地文件夹访问 YUM 源。

从红帽的 RHEL 8 和 Rocky Linux 8 开始，YUM 工具升级到了 YUM v4，从这个版本开始，YUM 的名称也发生了改变，使用了全新架构模式的 DNF。DNF 在性能和资源占用上都比老版本的 YUM 有了很多优化，但是为了和老版本兼容，新版本操作系统依然可以使用 yum 命令，

yum 命令是 dnf 命令的软链接。

无论是 YUM 还是 DNF，都需要通过软件源（或者叫软件仓库）获取需要的软件。软件仓库可以是本地仓库也可以是网络仓库。本地仓库就是将所有需要的软件及相关数据信息放到本地某个目录或多个目录中形成的。网络仓库就是将所有需要的软件和对应的数据信息放到 http 或 ftp 的共享目录中形成的，这样做的好处是使网络中所有客户端主机都可以连接网络仓库，下载软件、安装软件。

1. 设置软件源（软件仓库）

Rocky Linux 默认的软件源的定义文件在/etc/yum.repos.d/目录中，默认情况下该目录中已经包含了很多系统自动创建的网络源，如果我们的计算机可以连接互联网，可以直接使用这些网络源下载软件、安装软件。这些软件源是由 Rocky 官方提供的，开源、免费。

```
[root@rocky9 ~]# ls /etc/yum.repos.d/
rocky-addons.repo  rocky-devel.repo  rocky-extras.repo  rocky.repo
[root@rocky9 ~]# cat /etc/yum.repos.d/rocky.repo
（…部分命令输出结果省略…）
[baseos]
name=Rocky Linux $releasever - BaseOS
mirrorlist=https://mirrors.rockylinux.org/mirrorlist?arch=$basearch&repo=BaseOS-$releasever$rltype
#baseurl=http://dl.rockylinux.org/$contentdir/$releasever/BaseOS/$basearch/os/
gpgcheck=1
enabled=1
countme=1
metadata_expire=6h
gpgkey=file:///etc/pki/rpm-gpg/RPM-GPG-KEY-Rocky-9
```

用户可以自行定义任意 YUM 软件源，但文件名的扩展名必须是 repo，文件格式描述详见表 2-8。

表 2-8

选 项	功能描述
[]	填写 YUM 软件源唯一的 ID 号，可以为任意字符串
name	指定 YUM 软件源名称，可以为任意字符串
baseurl	指定 YUM 软件源的 URL 地址（可以是网络源 HTTP://、FTP://或本地源 file://）
Mirrorlist	指定镜像站点的目录
enabled	确认是否激活该 YUM 软件源（0 代表禁用，1 代表激活，默认为激活）

gpgcheck	安装软件时是否检查签名（0代表禁用，1代表激活）
gpgkey	检查软件包的签名时，该语句用于定义检查签名的密钥文件

有时我们的计算机主机可能无法连接外网，这时需要定义自己的软件源，下面通过创建 media.repo 文件，使用 Rocky Linux 系统光盘作为软件源。这里有一个前提：计算机中有操作系统光盘或光盘的 ISO 镜像文件。

我们需要先将光盘挂载到/media 目录中，如果光驱中有 Rocky Linux 系统光盘，则可以通过如下命令完成光盘挂载。注意，下面的挂载命令是临时的，重启计算机后无效，如果需要永久挂载，则需要修改/etc/fstab 配置文件。

```
[root@rocky9 ~]# mount /dev/cdrom /media/
mount: /media: WARNING: source write-protected, mounted read-only.
```

如果光驱中没有 Rocky Linux 系统光盘，但是系统中有光盘的 ISO 镜像文件，也可以将 ISO 镜像文件挂载到/media 目录中，下面示例假设已经有/iso/Rocky-9.1-x86_64-dvd.iso 镜像文件。

```
[root@rocky9 ~]# mount /iso/Rocky-9.1-x86_64-dvd.iso /media/
mount: /media: WARNING: source write-protected, mounted read-only.
```

Rocky Linux 9 系统光盘中默认包含两个软件源：BaseOS 和 AppStream。

将系统光盘设置为 YUM 软件源之前，可以先将系统现有软件源进行备份，这样以后随时需要还可以还原。

```
[root@rocky9 ~]# mkdir /etc/yum.repos.d/bak        #创建备份目录
[root@rocky9 ~]# cd /etc/yum.repos.d/              #切换工作目录
[root@rocky9 yum.repos.d]# mv *.repo bak/          #将现有软件源备份到 bak 目录中
```

下面创建一个新的软件源配置文件，定义计算机去/media 下面的相关目录中查找软件。

```
[root@rocky9 yum.repos.d]# vim media.repo          #新建 YUM 软件源配置文件
```

```
[baseos]
#YUM 软件源 ID
name=core soft
#YUM 软件源名称
baseurl=file:///media/BaseOS
#YUM 软件源路径，file:///代表使用本地目录的软件源，/media/BaseOS 是具体路径
enabled=1
#是否激活该软件源
gpgcheck=0
#是否需要检查软件源中软件包的签名（官方出品的软件都会使用加密密钥检查软件包签名）
gpgkey=file:///media/RPM-GPG-KEY-Rocky-9
#如果要检查签名，使用什么密钥文件
[appstream]
```

```
name=additional soft
baseurl=file:///media/AppStream
enabled=1
gpgcheck=0
gpgkey=file:///media/RPM-GPG-KEY-Rocky-9
```

2. DNF 命令

描述：基于 RPM 的软件包管理命令。

用法：dnf [选项] [指令] [软件包...]

选项：-y 执行非交互式安装，设置安装过程中出现的所有 y/N 提示，回答都是 YES。

指令：
install package1 [package2] [...]	安装软件包。
update [package1] [package2] [...]	升级软件包。
check-update	检查所有可用的升级。
remove package1 [package2] [...]	卸载软件包。
list [...]	列出系统中已经安装的，以及软件源中所有可用的软件包。
info [...]	查看软件包信息。
clean all	清空所有缓存信息。
group install group1 [group2] [...]	安装组包。
group list	列出系统中已经安装的，以及软件源中所有可用的组包。
group info	查看组包中包含哪些软件包。
group remove group1 [group2] [...]	卸载组包。
search string1 [string2] [...]	根据关键词查找软件。
localinstall rpmfile1 [rpmfile2] [...]	通过本地 rpm 文件安装软件。
history	查看历史记录。
download	下载软件包到当前目录。
repolist	显示已配置的软件源。
repoinfo	显示已配置的软件源的详细信息。
provides	查找提供指定内容的软件包。

实例：

```
[root@rocky9 ~]# dnf repolist          #查看当前系统已经配置的软件源
[root@rocky9 ~]# dnf repolist -v       #查看软件源的详细信息
[root@rocky9 ~]# dnf repoinfo          #查看软件源的详细信息
```

```
[root@rocky9 ~]# dnf clean all                    #清空缓存
[root@rocky9 ~]# dnf install dialog               #交互式安装软件包（根据提示输入 y 确认）
Is this ok [y/N]: y
[root@rocky9 ~]# dnf -y install expect            #非交互式安装
[root@rocky9 ~]# dnf update                       #检查所有软件并更新
[root@rocky9 ~]# dnf remove dialog                #卸载软件包（根据提示输入 y 确认）
Is this ok [y/N]: y
[root@rocky9 ~]# dnf list                         #已经安装的软件包使用@标记
[root@rocky9 ~]# dnf group list                   #列出所有软件组包
[root@rocky9 ~]# dnf group install "Server with GUI"   #安装图形界面组包
Is this ok [y/N]: y
[root@rocky9 ~]# dnf group info "System tools"    #查看组包中包含哪些软件包
[root@rocky9 ~]# dnf install "@System Tools"      #@是安装组包的另一种方式
Is this ok [y/N]: y
[root@rocky9 ~]# dnf search web                   #根据关键词 web 搜索相关软件包
[root@rocky9 ~]# dnf history                     #查看 dnf 安装和卸载历史
[root@rocky9 ~]# dnf download vsftpd              #下载 vsftpd 软件包到当前目录
[root@rocky9 ~]# dnf provides /bin/ls             #查看哪个软件可以提供/bin/ls 程序文件
[root@rocky9 ~]# dnf provides ls                  #查看哪个软件可以提供 ls 相关文件
[root@rocky9 ~]# dnf provides *fstab              #查看哪个软件可以提供 fstab 相关文件
```

2.5.4 DNF 使用技巧

1. 自定义 YUM 软件源

当收集的软件越来越多时，就有必要将这些软件汇总并创建我们自己的 YUM 软件源，实现软件的高效、集中管理。具体步骤如下。

（1）首先需要安装 createrepo。

（2）然后将所有软件包保存在某个目录中，如/mysoft/。

（3）最后运行 createrepo /mysoft，这条命令可以自动给/mysoft 目录中的所有软件生成配套的数据库信息 repodata，有了这些数据库信息，DNF 就可以直接查询数据库获取软件源下所有软件的相关信息，比如软件名称、软件描述信息及相关依赖信息等。

2. DNF 变量

有时我们会在一个软件源配置文件中看到类似$basearch 这样的变量，这些都是系统提前定义好的变量，可以在配置文件中直接使用。下面是部分软件源配置文件内置的变量及说明。

- ◎ $releasever：系统发行版本号。
- ◎ $arch：CPU 架构。
- ◎ $basearch：系统架构。

2.5.5 源码编译安装软件

软件的源码是软件的原始数据，任何人都可以通过源码查看软件的架构设计与实现方法，但软件源码不可以在计算机中直接运行。我们需要配置软件功能，通过编译将软件源码转换为计算机可以识别的机器语言，然后才能执行安装。不同于 RPM 或其他二进制软件包安装方式，通过源码编译安装的软件，安装者可以根据自己的需要定制软件，这是实际工作中所需要的关键功能。

通过源码编译安装软件的具体步骤如下。

（1）软件源码一般都被打包并压缩，常见的格式有.tar.gz 或.tar.bz2，此时需要使用前面所学的 tar 命令将压缩包解压，具体参数及功能可以参考 2.1.4 节 "压缩及解压" 相关内容。

（2）运行 configure 脚本，通过特定的选项修改软件设置与功能，该脚本一般可以用来指定安装路径、开启关闭软件的特定功能等。脚本选项可通过阅读安装说明来获取，或通过./configure --help 查看。有些软件没有提供 configure 脚本，直接提供了 makefile 文件，此时可以直接执行 make 编译步骤。

（3）运行 make 编译将软件源码编译为计算机可以直接识别的机器语言。由于需要相应的编译软件才可以实现上述需求，因此在执行 configure 脚本时会检查对应的开发工具是否已安装，常用的开发工具有 gcc、python、perl、make、automake 等，如果没有安装，则会提示 error 错误。

（4）通过 make install 根据配置阶段指定的路径和功能将软件以特定的方式安装到指定位置。

下面从网络上下载 Nginx 软件作为演示案例。Nginx 是当今流行的 Web 服务器软件，由于安装 Nginx 需要相关的依赖软件，所以我们连同依赖包一起安装。

```
[root@rocky9 ~]# wget http://nginx.org/download/nginx-1.22.1.tar.gz
[root@rocky9 ~]# dnf -y install gcc pcre-devel openssl-devel zlib-devel
[root@rocky9 ~]# tar -xf nginx-1.22.1.tar.gz -C /usr/src/
[root@rocky9 ~]# cd /usr/src/nginx-1.22.1/
[root@rocky9 nginx-1.22.1]# ./configure              #使用默认配置
[root@rocky9 nginx-1.22.1]# make                     #编译源码
```

```
[root@rocky9 nginx-1.22.1]# make install                    #安装软件
[root@rocky9 nginx-1.22.1]# /usr/local/nginx/sbin/nginx     #开启 Web 服务
```

> **提示** configure 的具体选项可以通过./configure --help 查看，每个软件支持的选项不尽相同。

现在可以通过浏览器输入如下 IP 地址浏览默认测试页面，如果一切正常，我们会看到浏览器显示的页面信息，访问页面效果如图 2-13 所示。

```
[root@rocky9 ~]# firefox http://127.0.0.1
```

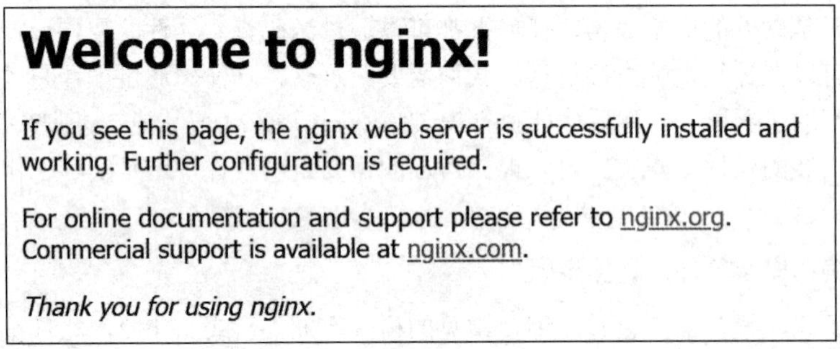

Welcome to nginx!

If you see this page, the nginx web server is successfully installed and working. Further configuration is required.

For online documentation and support please refer to nginx.org.
Commercial support is available at nginx.com.

Thank you for using nginx.

图 2-13

2.5.6 常见问题分析

1. 软件包依赖问题

使用 RPM 安装时，如果系统提示某个软件包依赖其他软件包，但系统中并没有这个依赖软件包，则可以使用--nodeps 选项来忽略依赖关系，但实际上并不提倡使用该选项来安装软件。此外，使用 RPM 卸载软件时，有时也会提示其他软件包依赖于正要卸载的软件包，比如提示 libpcre.so.0()(64bit) is needed by (installed) grep-3.6-5.el9.x86_64 这样的信息，此时同样可以使用--nodeps 选项忽略依赖关系。

2. RPM 数据库损坏

RPM 软件包的相关数据库存放在/var/lib/rpm/目录中，如果数据库出现损坏，可以用 rpm --rebuilddb 修复数据库资料。

3. 软件安装的时间问题

在安装软件时，系统有时会提示"warning:clock skew detected."错误，这说明系统时间严重出错，此时可以通过 date -s "2023-01-12 14:00"命令格式修改系统时间，并通过 hwclock -w 命令更新写入 CMOS 时间。

4. DNF 繁忙问题

当我们使用 dnf 命令进行安装、查询时，系统有时会提示如下信息。

```
Total size: 14 M
Installed size: 49 M
Downloading Packages:
Running transaction check
Waiting for process with pid 25249 to finish.
```

上述提示说明有另外一个程序在使用 DNF，导致 DNF 被锁，此时我们要等待该进程结束后才能使用 DNF。有时系统在后台进行自动升级时会提示该信息，正常等待就可以。如果确实想终止 DNF 进程，可以使用 kill 命令"杀死"提示信息中的 pid 号，上面的提示信息说明 pid 为 25249 的进程正在使用 DNF，执行 kill 25249 即可终止该进程。或者重启计算机也可以关闭正在调用 DNF 的进程。

5. GCC 编译器问题

使用源码编译安装软件时最常出现的就是相关依赖包没有安装的问题，一般会在运行 configure 脚本阶段提示错误，这类错误经常是由于没有安装 GCC 而造成的：./configure: error: C compiler cc is not found。解决方法是使用 DNF 安装 GCC，再次执行 configure 脚本。

2.5.7 systemd 服务管理

服务是被放置在后台运行的进程，有些是系统服务，有些则是独立的网络服务。对于这些服务，我们可以通过运行主程序来启动或关闭它们，也可以通过系统提供的 systemctl 命令来对其进行管理，下面介绍不同的服务管理方法。

1. 通过主程序管理服务

可以通过手动执行主程序来启动服务，例如，要想启动 Nginx，仅需要知道其对应主程序的存储路径即可，可以执行/usr/local/nginx/sbin/nginx 开启服务，并执行/usr/local/nginx/sbin/nginx -s stop 关闭服务。只要知道主程序的路径，就可以启动相应的进程服务。大多数通过源码安装的软件都需要手动指定路径启动，或者自己编写 systemd 的 service 文件调用这些程序来实现更简单的服务管理。

2. 通过 systemctl 管理服务

如果是通过 RPM 或 YUM 安装的应用程序，则应用程序一般会在/usr/lib/systemd/system/和/etc/systemd/system/目录中创建对应的配置文件，其中/usr/lib/systemd/system/是系统程序默认存放配置文件的位置，/etc/systemd/system/是用户自定义配置文件的位置。可以通过系统提供的 systemctl 命令来管理这些服务。下面通过 systemctl 来管理 SSH 远程连接服务。

```
[root@rocky9 ~]# systemctl start  sshd        #开启 sshd 服务
[root@rocky9 ~]# systemctl stop   sshd        #关闭 sshd 服务
[root@rocky9 ~]# systemctl status sshd        #查看服务当前状态
● sshd.service - OpenSSH server daemon
   Loaded: loaded (/usr/lib/systemd/system/sshd.service; enabled; vendor preset: enabled)
   Active: active (running) since Tue 2022-12-06 16:38:20 CST; 6h left
```

输出结果中的 enabled 代表 sshd 服务在计算机开机后默认自动启动，如果是 disabled 则代表该服务在计算机启动后不会自动启动。running 代表该服务当前是运行状态，dead 代表该服务当前是关闭状态。

有时我们修改了服务的配置但不想关闭服务，此时若想使新的配置生效，可以通过 reload 参数来重新加载某个配置文件，如果有很多配置文件都被修改过，则可以通过 daemon-realod 重新加载所有配置文件。修改完配置文件后不知道新的配置信息是否正确，或者想测试重启服务是否会导致服务出错，可以使用 condrestart 选项，此时系统会测试新的配置文件是否有问题，没问题才会重启，否则不会使用新的配置文件来重启服务。

```
[root@rocky9 ~]# systemctl reload sshd        #重新加载某个服务的配置文件
[root@rocky9 ~]# systemctl daemon-reload      #重新加载所有配置文件
[root@rocky9 ~]# systemctl condrestart sshd   #先检测配置文件再重启服务
```

除了 service 文件，systemd 中还有 target 的概念，我们可以把 target 当作一组 service 的集合。Linux 系统启动时会启动大量的进程和服务，我们可以设置开机启动的 target 来决定具体启动哪些进程和服务，不同的 target 包含不同的服务列表，比如 multi-user.target 包含了所有字符界面需要启动的进程和服务，如果系统安装了图形界面，则 graphical.target 包含了图形界面需要启动的进程和服务。target 的工作原理是通过设置依赖关系定义要启动某个 target 时需要依赖哪些资源，那么这些资源就会被 systemd 自动激活。

```
[root@rocky9 ~]# systemctl set-default multi-user.target
#设置开机后系统进入图形界面
[root@rocky9 ~]# systemctl set-default graphical.target
```

#设置开机后系统进入字符界面

3. 开机启动服务

由于 Linux 是服务器版的操作系统,所以需要将很多服务设置为开机自启动,比如,我们希望开机便可以启动相关软件,以提供 Web 网站服务、FTP 下载服务、NFS 共享服务等。

在 Rocky Linux 9 系统中可以通过 systemctl 命令来管理开机启动项,该命令简介如下。

描述:更新与查询系统服务的运行级别信息。
用法:systemctl [选项] 指令 [服务名称]
指令:start   启动服务。
   stop   关闭服务。
   restart   重启服务。
   enable   设置服务为开机自启动服务。
   disable   设置服务为开机禁用服务。

示例:

```
[root@rocky9 ~]# systemctl start sshd        #启动 sshd 服务
[root@rocky9 ~]# systemctl stop sshd         #关闭 sshd 服务
[root@rocky9 ~]# systemctl restart sshd      #重启 sshd 服务
[root@rocky9 ~]# systemctl enable sshd       #设置 sshd 为开机自启动服务
[root@rocky9 ~]# systemctl disable sshd      #设置 sshd 为开机禁用服务
[root@rocky9 ~]# systemctl enable sshd --now
#将 sshd 服务设置为开机自启动,立刻启动该服务,等同于执行了 enable 和 start 两条命令
```

4. 使用 systemd 管理自定义服务

通过 DNF 安装的软件通常会自动在/usr/lib/systemd/system/目录中创建对应的 Unit 文件,Unit 文件有很多种类型,其中用于管理服务的是 service 文件,systemd 会自动读取 service 文件实现服务管理。但是,如果我们通过源码方式安装软件,默认不会自动创建 Unit 文件,服务也不能被 systemd 管理。如果希望 systemd 管理进程或服务,管理员要在/usr/lib/systemd/system 或/etc/systemd/system/目录中创建对应的 Unit 文件,推荐将管理员自定义的 Unit 文件优先放置在/etc/systemd/system/目录中。

Unit 文件是 INI 格式的纯文本文件,文件中包含多个[]配置段,常见的配置段有[Unit]、[Service]和[Install],每个配置段后面可以设置多个配置选项和值(K=V 的格式)。[Unit]和[Install]配置段中包含一些通用的配置信息、服务依赖关系及系统启动方式,[Service]配置段中包含服务管理的具体配置参数。

常用的配置选项及功能描述信息详见表 2-9。

表 2-9

配置选项	功能描述
Description=	文件的描述信息（内容可以是任意的）
Requires=	空格分隔的依赖列表，当前 Unit 对其他 Unit 的依赖，启动本 Unit 必须先启动其他 Unit，如果其他 Unit 启动失败，会导致本 Unit 不启动
Wants=	弱化版的 Requires，也是空格分隔的依赖列表，该列表中的 Unit 会启动，启动失败也不会产生任何影响
Before=	空格分隔的 Unit 名称，设置 Unit 的启动顺序。如果 foo.service 文件中包含 Before=bar.service，那么 bar.service 会在 foo.service 启动之后再启动
After=	设置 Unit 的启动顺序，但是作用和 Before 相反。如果 foo.service 文件中包含 After=bar.service，那么 foo.service 会在 bar.service 启动之后再启动
Alias=	设置 Unit 的别名
WantedBy=	当执行 systemctl enable 时，会在 WantedBy 指定的每个 Unit 的.wants/或.requires/目录中创建本 Unit 文件的软链接。相当于给特定 Unit 添加了 Wants=。比如 bar.service 文件中包含 WantedBy=foo.service，执行 systemctl enable bar 时，系统会自动创建软链接 foo.service.wants/bar.service
Type=	指明要启动的服务类型，可以是 simple、exec、forking、oneshot、dbus、notify 或 idle。simple 是默认的服务类型，如果服务需要启动子进程则使用 forking 类型，其他类型的具体含义可以参考 man systemd.service
PIDFile=	服务 PID 文件的路径（PID 文件用来存放进程的 ID 号）
ExecStart=	执行 systemctl start 时需要执行的命令
RemainAfterExit=	当通过 service 文件中定义的 ExecStart 启动的进程退出时，是否依然认为该服务为激活状态（Active），默认值为 no
ExecStartPre=	指定执行通过 ExecStart 定义的命令前要执行的命令
ExecStartPost=	指定执行通过 ExecStart 定义的命令后要执行的命令
ExecReload=	当执行 systemctl reload 重新加载配置时要执行的命令
ExecStop=	当执行 systemctl stop 时要执行的命令
Environment=	定义环境变量
EnvironmentFile=	定义环境变量文件，在环境变量文件中可以编写 Unit 文件需要调用的变量

这里假设已经通过源码安装了 Nginx，Nginx 的主程序在/usr/local/nginx/sbin/nginx 路径下，下面来创建 Nginx 对应的 service 文件，以使用 systemd 管理 Nginx 服务。

```
[root@rocky9 ~]# vim /etc/systemd/system/nginx.service    #创建文件，内容如下
[Unit]
Description=The NGINX HTTP and reverse proxy server
```

```
#Nginx 服务的描述信息（内容可以是任意的）
After= network-online.target remote-fs.target
#开机时先启动 network-online.target 和 remote-fs.target，再启动 nginx.service
Wants=network-online.target
#设置依赖，启动 Nginx 服务依赖于 network-online.target 网络相关服务，
#即便网络相关服务启动失败，也不影响继续启动 Nginx
[Service]
Type=forking
#Nginx 主程序启动后，会启动若干子进程
PIDFile=/usr/local/nginx/logs/nginx.pid
#设置将 Nginx 的进程 ID 号写入/usr/local/nginx/logs/nginx.pid 文件
ExecStartPre=/usr/local/nginx/sbin/nginx -t
#启动 Nginx 主程序之前先执行/usr/local/nginx/sbin/nginx -t 测试配置文件是否正确
ExecStart=/usr/local/nginx/sbin/nginx
#启动 nginx 主程序
ExecReload=/usr/local/nginx/sbin/nginx -s reload
#定义 reload 需要执行的命令，重新加载 Nginx 配置文件
ExecStop=/usr/local/nginx/sbin/nginx -s stop
#定义关闭 nginx.service 需要执行的命令，将 Nginx 进程关闭

[Install]
WantedBy=multi-user.target
#设置 muti-user.target 的 wants，启动 multi-user.target 时会启动 nginx.service
#执行 systemctl enable nginx 时，
#系统会在/etc/system/system/multi.user.target.wants/目录中创建服务的软链接
```

```
[root@rocky9 ~]# systemctl daemon-reload          #重新加载所有 systemd 配置
[root@rocky9 ~]# systemctl start nginx.service    #启动 Nginx 服务
[root@rocky9 ~]# systemctl status nginx           #查看服务状态（扩展名可以忽略）
● nginx.service - The NGINX HTTP and reverse proxy server
     Loaded: loaded (/etc/systemd/system/nginx.service; disabled; vendor preset: disabled)
     Active: active (running) since Tue 2022-12-06 21:32:09 CST; 3min 16s ago
#active(running)代表 Nginx 服务当前是启动状态，disabled 代表服务不是开机自启动服务
[root@rocky9 ~]# systemctl enable nginx           #设置服务为开机自启动
Created symlink /etc/systemd/system/multi-user.target.wants/nginx.service → /etc/systemd/system/nginx.service.
[root@rocky9 ~]# systemctl is-enabled nginx       #查看 Nginx 服务是否开机自启动
enabled (enabled 代表开机自启动，disabled 代表非开机自启动)
[root@rocky9 ~]# systemctl restart nginx          #重启 Nginx 服务
[root@rocky9 ~]# systemctl stop nginx             #关闭 Nginx 服务
```

2.6 计划任务

作为一名运维人员，我们经常需要将某些命令或脚本放入计划任务中去执行。例如，服务器的访问量白天一般较大，在服务器承受着巨大访问压力的同时对其进行全量备份是不合适的，这时就可以考虑将备份工作放入系统计划任务，这样系统可以在夜间服务器访问量小时自动执行备份任务。又或者，我们需要定期执行服务器之间的数据同步操作，此时也要使用计划任务功能。Linux 系统为我们准备了多种计划任务，一种是 at 一次性计划任务，一种是 cron 周期性计划任务，还可以通过 systemd 定制计划任务。

2.6.1 at 一次性计划任务

使用 at 命令设置一次性计划任务前需要确保 atd 服务是开启的，否则计划任务不会被执行。即使用 systemctl start atd 开启服务，并使用 systemctl enable atd 确保该服务开机自启动。at 命令的作用和用法如下。

描述：在指定的时间执行特定命令。
用法：at 时间
选项：-m　　　　当计划任务执行结束后发送邮件给用户。
　　　-l　　　　查看计划任务。
　　　-d　　　　删除计划任务。
　　　-c　　　　查看计划任务的具体内容。

```
[root@rocky9 ~]# at 23:11                    #指定将在当天 23 点 11 分执行计划任务
at> tar -cjf log.tar.bz2 /var/log            #计划任务内容
at> shutdown -h now                          #计划任务内容
at> <EOT>                                    #可以输入多条命令，输入完毕按 Ctrl+D 快捷键结束
job 1 at 2023-01-24 23:11                    #系统提示有编号为 1 的计划任务
[root@rocky9 ~]# at -l                       #查看计划任务
[root@rocky9 ~]# at -c 1                     #查看编号为 1 的计划任务的具体内容
[root@rocky9 ~]# at -d 1                     #删除编号为 1 的计划任务
```

at 命令可以使用的时间格式有很多：at 小时:分钟（默认在当天的某个时间执行计划任务）、at 4pm＋3 days（指定某一天的某个时间执行计划任务，此处为 3 天后的下午 4 点）、at 时间年-月-日（指定在某个具体的年月日及时间执行计划任务），具体可以参考 at 帮助手册。

2.6.2 cron 周期性计划任务

使用 cron 确定计划任务前需要确保 crond 服务是开启的，否则计划任务不会被执行，即需要使用 systemctl start crond 开启服务，并使用 systemctl enable crond 确保该服务开机自启动。crontab 命令的作用和用法如下。

描述：为每个用户维护周期性的计划任务文件。
用法：crontab [-u 用户] [-l|-r|-e]
选项：-u   指定计划任务的用户，默认为当前用户。
      -l   查看计划任务。
      -r   删除计划任务。
      -e   编辑计划任务。
      -i   使用-r 删除计划任务时，要求用户确认。

用户的 cron 计划任务文件格式描述参考表 2-10。使用 24 小时制时，分范围为 00~59，时范围为 00～23，日范围为 1～31，月范围为 1～12，周范围为 0～7（其中 0 或 7 都可以表示周日）。如果需要指定时间段，可以使用横杠（-）表示一段连续的时间，使用逗号（,）表示若干不连续的时间，使用星号（*）表示所有时间，使用斜杠（/）表示间隔时间。

表 2-10

第一列	第二列	第三列	第四列	第五列	第六列
分	时	日	月	周	命令

```
[root@rocky9 ~]# crontab -e                    #为当前用户设置计划任务，内容如下
23 23 * * 5   tar -czf log.tar.bz2 /var/log
#每周五 23 时 23 分执行日志备份任务
00 */3 * * *  who >> /var/log/login.log
#每 3 小时整点检查用户登录情况，追加到/var/log/login.log 文件中（该文件会被自动创建）
00 10 * * 3,5  free | mail -s "Mem" root@localhost
#每周三、周五 10 时将系统内存信息发送到自己的邮箱
#计划任务编辑完成后，退出方式与 Vim 一样(:wq)
```

其实，Rocky Linux 系统自定义了一些计划任务脚本，分别存放在/etc/下的 cron.hourly、cron.daily、cron.weekly 等目录中，如果有需要每天执行的脚本，也可以直接将这些脚本存放在 cron.daily 目录中，系统会每天自动运行该脚本。

2.6.3 计划任务权限

为了使用户不要随意定义计划任务，管理员可以进行 ACL 访问控制。at 计划任务的控制文件分别为/etc/at.allow 和/etc/at.deny，默认 at.allow 不存在。cron 计划任务的控制文件分别为/etc/cron.allow 和/etc/cron.deny，默认 cron.allow 不存在。

在这些控制文件中，仅需要写入用户名，格式为一行一个用户名。当 allow 文件存在时，仅在 allow 文件中出现的用户可以使用对应的计划任务；如果 allow 文件与 deny 文件中同时存在一样的用户，则仅出现在 allow 中的用户可以使用计划任务；如果没有 allow 文件而仅有 deny 文件，则所有出现在 deny 中的用户无法使用计划任务，其他用户均可使用计划任务。

当非法用户使用 crontab -e 编辑计划任务时，系统将提示如下内容：
```
You (tom) are not allowed to use this program (crontab).
```

2.6.4 通过 systemd 定制计划任务

crond 周期性计划任务的最小时间单位为分，如果需要比分更细粒度的计划任务该怎么定义呢？systemd 提供了一个 timer 计时器功能，通过该功能可以设置更加丰富的计划任务，timer 计时器可以处理微秒级别的计划任务，其时间单位可以是 us（微秒）、ms（毫秒）、s（秒）、m（分）、h（时）、d（日）、w（周）、M（月）、y（年），如果没有指定时间单位，则默认单位是 s（秒）。

timer 文件中必须包含一个[timer]配置段，该配置段中包含多个计划任务相关选项，常用选项请参考表 2-11。

表 2-11

选项	功能描述
OnBootSec=	基于系统启动的时间定义计划任务，如 OnBootSec=5h 30m 定义系统启动 5 小时 30 分钟后执行计划任务
OnActiveSec=	基于 timer 计时器被激活的时间定义计划任务，如 OnActiveSec=30s 定义计时器被激活 30 秒后执行计划任务
OnUnitActiveSec=	基于计时器激活的 Unit 文件最后启动的时间定义计划任务，假设计时器计划任务激活的是 foo.service，则 OnUnitActiveSec=50s 表示在 foo.service 启动 50 秒后再次触发计时器，执行计划任务
OnUnitInactiveSec=	基于计时器激活的 Unit 文件最后被关闭的时间定义计划任务，假设计时器计划任务激活的是 foo.service，则 OnUnitInactiveSec=50s 表示在 foo.service 关闭 50 秒后再次触发计时器，执行计划任务

续表

选项	功能描述
OnCalendar=	基于日历的计时器任务，使用*匹配任务；使用,列出多个值；使用..表示一个范围内的值；使用/设置数值从几开始，间隔为多少，如 1/3 表示从 1 开始，间隔为 3 列出数值，即 1，4，7，10…… OnCalendar=Wed 2022-11-23 23:02:15 代表 2022 年 11 月 23 日（周三）23:02:15 执行计划任务 OnCalendar=2022-11-23 代表 2022-11-23 00:00:00 执行计划任务 OnCalendar=11:12:13 代表每天的 11:12:13 执行计划任务 OnCalendar=2024-03-25 03:59:56.654563 定义微秒级计划任务 OnCalendar=Thu,Fri 2022-*-1,5 11:12:13 代表 2022 年任意月的 1 日或 5 日，并且是周四或周五的 11:12:13 执行计划任务 OnCalendar=11:2/3 代表每天从 11:02 开始，每隔三分钟执行计划任务，不写秒时默认秒数为 00 OnCalendar=*:2/3 代表任意年-任意月-任意日期，任意小时的 02 分开始，每隔 3 分钟执行一次计划任务。不写秒默认秒数为 00
Unit=	计时器需要激活的 Unit 任务，如果没有设置，则找和 timer 同名的 service 文件

创建计时器的方法是在/usr/lib/systemd/system/目录或/etc/systemd/system/目录中创建一个名称后缀为.timer 的文件，每个计时器都需要配备一个按时间计划执行的任务，默认计时器会找到一个同名的.service 文件并激活其中的服务，比如 example.timer 会自动匹配对应的 example.service 文件。除此之外也可以在 timer 计时器文件中通过 Unit 来指定需要激活的服务。

下面编写一个使用 tar 命令将/root 目录打包备份到/opt 目录中的 backup.service 文件，然后编写一个同名的 backup.timer 文件（扩展名不同），通过 timer 计时器定时触发计划任务，使 backup.servce 被激活并执行。

```
[root@rocky9 ~]# vim /etc/systemd/system/backup.service     #编写备份服务
[Unit]
Description=backup root directory
[Service]
ExecStart=tar -czf /opt/root.bak.tar.gz /root
#通过 tar 命令将/root/目录打包并压缩，打包压缩后的文件放到/opt 目录中
[root@rocky9 ~]# vim /etc/systemd/system/backup.timer       #编写计时器
[Unit]
Description=backup timer
[Timer]
OnCalendar=11:2/3
#每天 11:02 开始，每隔 3 分钟将同名的 backup.service 激活，执行一次备份任务
#也可以通过 "Unit=" 形式定义任何其他需要激活并执行的任务
[Install]
```

```
    WantedBy=multi-user.target
[root@rocky9 ~]# systemctl daemon-reload          #重新加载所有 systemd 配置
[root@rocky9 ~]# systemctl start backup.timer     #立刻启动计时器
[root@rocky9 ~]# systemctl enable backup.timer    #设置计时器为开机自启动
[root@rocky9 ~]# systemctl status backup.timer    #查看计时器任务
● backup.timer - backup timer
    Loaded: loaded (/etc/systemd/system/backup.timer; enabled; vendor preset: disabled)
    Active: active (waiting) since Wed 2022-12-07 11:49:05 CST; 41s ago
     Until: Wed 2022-12-07 11:49:05 CST; 41s ago    #计时器被激活的时间
   Trigger: Wed 2022-12-07 11:50:00 CST; 12s left   #计时器下次被触发的时间
  Triggers: ● backup.service                       #需要触发的计划任务
12月 07 11:49:05 rocky9 systemd[1]: Started backup timer.
[root@rocky9 ~]# ls -l /opt/                      #触发后查看效果
-rw-r--r--. 1 root root 1079561 12月 7 11:50 root.bak.tar.gz
```

2.7 性能监控

2.7.1 监控 CPU 使用情况——uptime 命令

uptime 命令的描述为：打印当前时间、系统已经运行了多久、当前登录用户数，以及系统平均负载信息。

```
[root@rocky9 ~]# uptime
15:31:07 up 240 days, 32 min, 1 user, load average: 0.04, 0.03, 0.08
```

从上面的信息可以看出，当前系统时间为 15:31:07，系统已经运行了 240 天 32 分钟，当前有一名用户在登录，系统负载分别显示的是最近 1 分钟、5 分钟、15 分钟的情况。需要说明的是，这里的负载显示的是单位时间段内 CPU 等待队列中平均有多少进程正在等待执行，等待的进程数越多，说明 CPU 越忙。

2.7.2 监控内存及交换分区使用情况——free 命令

free 命令的描述为：显示系统内存及交换分区信息。

用法：free [-b|-k|-m]

选项：-b、-k、-m　　　　　　指定输出容量的单位，分别为 Byte、KB、MB。

```
[root@rocky9 ~]# free
```

```
                  total        used        free      shared  buff/cache   available
Mem:           1001336      476212      119772        8620      405352      336912
Swap:          2097148           0     2097148
```

在以上输出信息中，Mem 行的 total 代表内存总容量为 1001336 Byte，used 代表已经分配使用的内存容量为 476212 Byte，free 代表未分配使用的内存容量为 119772 Byte，Linux 系统中有些内存空间被分配了，但是没有任何程序实际使用了该内存空间。还有一种情况是，Linux 分配了一些内存存储临时数据，这些数据可以随时被清理，这些内存空间也可以随时被回收使用。因此，Linux 系统中关于内存信息最重要的指标应该是 available，代表当前剩余可用的内存容量为 336912Byte（所有可以被随时回收的内存都是可以使用的内存）。Swap 行显示了交换分区的使用情况，total 代表交换分区内存总容量为 2097148 Byte，used 代表已经分配使用的内存容量为 0，free 代表未分配使用的内存容量为 2097148 Byte。

2.7.3　监控硬盘使用情况——df 命令

df 命令的描述为：生成系统硬盘空间的使用量信息。

用法：df [选项]

选项：-h　　人性化显示容量信息（带有容量单位）。

　　　-i　　显示硬盘 inode 的使用量信息。

　　　-T　　显示文件系统类型。

```
[root@rocky9 ~]# df -hT
Filesystem     Type      Size  Used Avail Use% Mounted on
/dev/sda3      xfs        18G  5.0G   13G  28% /
devtmpfs       devtmpfs  475M     0  475M   0% /dev
tmpfs          tmpfs     489M  144K  489M   1% /dev/shm
tmpfs          tmpfs     489M  7.1M  482M   2% /run
tmpfs          tmpfs     489M     0  489M   0% /sys/fs/cgroup
/dev/sda1      xfs       297M  144M  154M  49% /boot
tmpfs          tmpfs      98M   16K   98M   1% /run/user/0
/dev/sr0       iso9660   8.4G  8.4G     0 100% /media
```

根据以上信息可知，根分区的类型为 xfs，总容量为 18GB，已经使用 5.0GB，剩余 13GB 可用，使用率为 28%，挂载点为/。

```
[root@rocky9 ~]# df -i
Filesystem       Inodes   IUsed    IFree IUse% Mounted on
/dev/sda3      18566144  143088 18423056    1% /
devtmpfs         121552     400   121152    1% /dev
tmpfs            125167       7   125160    1% /dev/shm
tmpfs            125167     564   124603    1% /run
```

```
tmpfs            125167      13    125154    1% /sys/fs/cgroup
/dev/sda1        307200     330    306870    1% /boot
tmpfs            125167      22    125145    1% /run/user/0
/dev/sr0              0       0         0    -  /media
```

在以上信息中，根分区 inode 总个数为 18566144 个，已经使用了 143088 个，剩余 18423056 个，使用率为 1%。这里的 inode 个数决定了该分区中可以创建的文件个数，有多少个 inode，就可以在该分区创建多少个文件。在上面的案例中，如果在根分区中创建 18423056 个空文件，那么即使系统显示硬盘剩余空间为 13GB，也无法再创建文件，因为 inode 已经耗尽。

2.7.4 监控网络使用情况——ip 和 ss 命令

1. ip 命令

在 Rocky Linux 中网卡默认不再统一命名为 ethx，我们会根据硬件网卡信息的不同使用不同的命令，一般使用 ip 命令查看网卡接口信息。

```
[root@rocky9 ~]# ip a s
1: lo: <LOOPBACK,UP,LOWER_UP> mtu 65536 qdisc noqueue state UNKNOWN
    link/loopback 00:00:00:00:00:00 brd 00:00:00:00:00:00
    inet 127.0.0.1/8 scope host lo
       valid_lft forever preferred_lft forever
    inet6 ::1/128 scope host
       valid_lft forever preferred_lft forever
2: ens160: <BROADCAST,MULTICAST,UP,LOWER_UP> mtu 1500 qdisc pfifo_fast state UP qlen 1000
    link/ether 00:0c:29:f6:75:56 brd ff:ff:ff:ff:ff:ff
    inet 172.16.0.160/16 brd 172.16.255.255 scope global ens16777736
       valid_lft forever preferred_lft forever
    inet6 fe80::20c:29ff:fef6:7556/64 scope link
       valid_lft forever preferred_lft forever
```

从以上信息中可以看出，ens160 网卡的 IP 地址为 172.16.0.160，广播地址为 172.16.255.255，子网掩码为 16 位。

```
[root@rocky9 ~]# ip -s link show ens160              #查看网卡流量统计信息
2: ens160: <BROADCAST,MULTICAST,UP,LOWER_UP> mtu 1500 qdisc pfifo_fast state UP mode DEFAULT qlen 1000
    link/ether 00:0c:29:f6:75:56 brd ff:ff:ff:ff:ff:ff
    RX: bytes     packets    errors    dropped   overrun   mcast
    171644954623  444183871  0         0         0         0
    TX: bytes     packets    errors    dropped   carrier   collsns
    36035191124   136185806  0         0         0         0
```

```
[root@rocky9 ~]# ip -s -h link show ens160        #显示流量统计信息
```
从以上信息中可以看出，系统开机后总共接收了 444183871 个数据包，总共发送了 136185806 个数据包；计算机总共接收了 171644954623Byte 数据，总共发送了 36035191124Byte 数据，错误的包、丢弃的数据包都是 0。

```
[root@rocky9 ~]# ip route show                    #查看本机路由表信息
default via 172.16.0.254 dev ens160 proto dhcp src 172.16.0.160 metric 101
172.16.0.0/16 dev ens160 proto kernel scope link src 172.16.0.160 metric 100
```
上面的输出结果说明本机的默认路由地址是 172.16.0.254。

2. ss 命令

描述：打印网络连接、路由表、网络接口统计等信息。

用法：ss [选项]

选项：　-s　　显示各种协议数据统计信息。

　　　　-n　　用数字形式的 IP 地址、端口号、用户 ID 替代主机、协议、用户名等信息。

　　　　-p　　显示进程名及对应进程的 ID 号。

　　　　-l　　仅显示正在监听的 sockets 接口信息。

　　　　-u　　查看 UDP 连接信息。

　　　　-t　　查看 TCP 连接信息。

```
[root@rocky9 ~]# ss -nutlp                      #查看正在监听的 UDP 和 TCP 的接口信息
Netid State   Recv-Q Send-Q Local Address:Port Peer Address:Port Process
udp   UNCONN 0      0            127.0.0.1:323      0.0.0.0:*
users:(("chronyd",pid=927,fd=5))
udp   UNCONN 0      0                [::1]:323         [::]:*
users:(("chronyd",pid=927,fd=6))
tcp   LISTEN 0      128            0.0.0.0:22       0.0.0.0:*
users:(("sshd",pid=1008,fd=3))
tcp   LISTEN 0      511            0.0.0.0:80       0.0.0.0:*
users:(("nginx",pid=1241,fd=6),("nginx",pid=1240,fd=6))
tcp   LISTEN 0      128               [::]:22          [::]:*
users:(("sshd",pid=1008,fd=4))
[root@rocky9 ~]# ss -s                          #查看统计信息
Total: 136
TCP:   5 (estab 2, closed 0, orphaned 0, timewait 0)

Transport Total     IP        IPv6
RAW       2         0         2
```

```
UDP         3       2       1
TCP         5       4       1
INET       10       6       4
FRAG        0       0       0
```

2.7.5 监控进程使用情况——ps 和 top 命令

1. ps 命令

描述：查看当前进程的信息。

用法：ps 命令版本众多，支持多种语法类型，如 UNIX、BSD 和 GNU Linux。

标准语法格式：

```
[root@rocky9 ~]# ps -e                      #查看所有进程信息
[root@rocky9 ~]# ps -ef                     #全格式显示进程信息
```

BSD 语法格式：

```
[root@rocky9 ~]# ps -ax                     #显示所有进程信息（不显示用户信息）
[root@rocky9 ~]# ps -axu                    #显示所有进程信息（显示用户信息）

USER       PID %CPU %MEM    VSZ   RSS TTY      STAT START   TIME COMMAND
root         1  0.0  0.0 245372 14124 ?        Ss   Jun16   0:43 /usr/lib/systemd/systemd
root         2  0.0  0.0      0     0 ?        S    Jun16   0:00 [kthreadd]
root         3  0.0  0.0      0     0 ?        I<   Jun16   0:00 [rcu_gp]
root         4  0.0  0.0      0     0 ?        I<   Jun16   0:00 [rcu_par_gp]
root         6  0.0  0.0      0     0 ?        I<   Jun16   0:00 [kworker/0:0H-kblockd]
root         8  0.0  0.0      0     0 ?        I<   Jun16   0:00 [mm_percpu_wq]
root         9  0.0  0.0      0     0 ?        S    Jun16   0:00 [ksoftirqd/0]
root        10  0.0  0.0      0     0 ?        I    Jun16   0:17 [rcu_sched]
root        11  0.0  0.0      0     0 ?        S    Jun16   0:00 [migration/0]
```

在以上命令的输出信息中，USER 代表进程的执行用户，PID 为进程的唯一编号，%CPU 代表进程的 CPU 占用率，%MEM 代表进程的内存占用率，VSZ 代表进程所使用的虚拟内存大小（单位为 KB），RSS 代表进程所使用的真实内存大小（单位为 KB），TTY 为终端，STAT 代表进程状态（D：不可中断的进程；R：正在运行的进程；S：正在睡眠的进程；T：停止或被追踪的进程；X：死掉的进程；Z：僵死进程；<：高优先级进程；N：低优先级进程；L：占用内存页被锁定的进程；s：会话的领导进程；l：多线程进程；+：后台进程组）[1]，START 代表进程启动时间，TIME 代表进程占用 CPU 的总时间，COMMAND 代表进程命令。

---

[1] 不同计算机系统启动的程序不同，进程状态也会有所不同，并不是所有进程状态都会出现在计算机系统中。

2. top 命令

描述：动态查看进程信息。

选项： -d   top 命令输出结果，刷新间隔，默认为 3 秒。

　　　 -p   查看指定 PID 的进程信息。

```
[root@rocky9 ~]# top
top - 23:27:24 up 16:56,  4 users,  load average: 0.77, 0.33, 0.26
Tasks: 136 total,   2 running, 134 sleeping,   0 stopped,   0 zombie
Cpu(s): 12.4%us, 14.2%sy,  0.0%ni, 56.0%id,  1.3%wa,  7.1%hi,  8.9%si,  0.0%st
Mem:    875288k total,   478784k used,   396504k free,    23464k buffers
Swap:  1015800k total,        0k used,  1015800k free,   197572k cached
  PID USER      PR  NI  VIRT  RES  SHR S %CPU %MEM    TIME+  COMMAND
 1938 root      20   0  283m  14m 9324 S 15.8  1.6   2:19.65 gnome-terminal
 1645 root      20   0  197m 1684 1072 S 10.8  0.2   5:52.82 VBoxClient
(…部分输出省略…)
```

通过 top 命令可以动态查看 10 个进程的信息，默认按 CPU 占用率排序，输入 M 可以按照内存占用率排序，输入 N 可以按照进程编号排序，输入 z 可以高亮显示。

```
[root@rocky9 ~]# top -d 1 -p 1,2
(…部分输出省略…)
  PID USER      PR  NI    VIRT    RES    SHR S %CPU %MEM    TIME+  COMMAND
    1 root      20   0  125816   6568   3920 S  0.0  0.7   0:02.67 systemd
    2 root      20   0       0      0      0 S  0.0  0.0   0:00.02 kthreadd
```

2.8　网络配置

Rocky Linux 的定位是提供服务的网络型操作系统，所以为其配置完整的网络参数至关重要。通常，Linux 可以通过两种方式为系统配置网络参数：一种是通过命令行配置，另一种是通过修改系统配置文件来配置。下面分别介绍这两种配置网络参数的方法。

2.8.1　命令行配置网络参数

1. 网络参数配置——ip 命令（临时配置）

描述：显示或配置网络接口/路由等信息。
用法：ip [选项] [子命令]
设置 ens160 网卡接口的 IP 地址为 172.16.0.16，命令如下。

```
[root@rocky9 ~]# ip addr add 172.16.0.16/16 dev ens160
```

可以为同一个网卡设置多个 IP 地址，使用相同的语法，我们可以再添加 172.16.0.17 这个 IP 地址，如下。

```
[root@rocky9 ~]# ip addr add 172.16.0.17/16 dev ens160
```

查看 ens160 网卡接口信息，不写网卡名称表示查看所有网卡的信息。

```
[root@rocky9 ~]# ip addr show ens160
2: ens160: <BROADCAST,MULTICAST,UP,LOWER_UP> mtu 1500 qdisc fq_codel state UP group default qlen 1000
    link/ether 00:0c:29:73:bf:74 brd ff:ff:ff:ff:ff:ff
    altname enp3s0
     inet 172.16.0.16/16 scope global ens160
       valid_lft forever preferred_lft forever
    inet 172.16.0.17/16 scope global secondary ens160
       valid_lft forever preferred_lft forever
    inet6 fe80::20c:29ff:fe73:bf74/64 scope link noprefixroute
       valid_lft forever preferred_lft forever
```

查看网卡的物理链路信息，不写网卡名称表示查看所有网卡的信息。

```
[root@rocky9 ~]# ip link show ens160
2: ens160: <BROADCAST,MULTICAST,UP,LOWER_UP> mtu 1500 qdisc fq_codel state UP mode DEFAULT group default qlen 1000
    link/ether 00:0c:29:73:bf:74 brd ff:ff:ff:ff:ff:ff
    altname enp3s0
```

删除网卡的 IP 地址配置。

```
[root@rocky9 ~]# ip addr del 172.16.0.17/16 dev ens160
```

关闭 ens160 网卡接口。

```
[root@rocky9 ~]# ip link set ens160 down        #关闭网卡接口
[root@rocky9 ~]# ip link show ens160            #查看效果，state 是 DOWN 状态
2: ens160: <BROADCAST,MULTICAST> mtu 1500 qdisc fq_codel state DOWN mode DEFAULT group default qlen 1000
    link/ether 00:0c:29:73:bf:7e brd ff:ff:ff:ff:ff:ff
    altname enp3s0
```

激活 ens160 网卡接口。

```
[root@rocky9 ~]# ip link set ens160 up          #激活网卡接口
[root@rocky9 ~]# ip link show ens160            #查看效果，state 是 UP 状态
2: ens160: <BROADCAST,MULTICAST,UP,LOWER_UP> mtu 1500 qdisc fq_codel state UP mode DEFAULT group default qlen 1000
    link/ether 00:0c:29:73:bf:7e brd ff:ff:ff:ff:ff:ff
    altname enp3s0
```

添加默认路由，将默认路由 IP 地址配置为 172.16.0.254。

```
[root@rocky9 ~]# ip route add default via 172.16.0.254
```

查看路由表信息。

```
[root@rocky9 ~]# ip route show
default via 172.16.0.2 dev ens160
172.16.0.0/16 dev ens160 proto kernel scope link src 172.16.0.160 metric 100
```

添加自定义路由表信息，添加到 172.16.5.0/24 网络的路由 IP 地址为 172.16.5.1。

```
[root@rocky9 ~]# ip route add 172.16.5.0/24 via 172.16.5.1
[root@rocky9 ~]# ip route show
default via 172.16.0.2 dev ens160
172.16.0.0/24 dev ens160 proto kernel scope link src 172.16.0.16
172.16.0.0/16 dev ens160 proto kernel scope link src 172.16.0.160 metric 100
172.16.5.0/24 via 172.16.5.1 dev ens160
```

删除路由表中的信息。

```
[root@rocky9 ~]# ip route del 172.16.5.0/24 via 172.16.5.1
```

> **注意** ip 命令的所有配置都是临时的，重启后所有配置都将无效。

2. 网络参数配置——nmcli 命令（永久配置）

描述：命令行工具，配置网络参数。

使用 nmcli 命令配置网络参数时，需要注意 device name 和 connection name 的区别，device name 是网卡的设备名称，connection name 是网络连接名称（也可以称为 connection profile 名称）。device name 和 connection name 可以一样也可以不一样。

另外，使用 nmcli 配置网络参数之前，一定要确保 NetworkManager 服务处于启动状态，否则执行 nmcli 命令会提示报错信息 "Error: NetworkManager is not running."。

用法：nmcli [选项] [子命令]

```
[root@rocky9 ~]# nmcli device show                    #查看网卡的物理设备信息
GENERAL.DEVICE:         ens160                        #网卡的设备名称(device name)
GENERAL.TYPE:           ethernet                      #网卡类型为以太网卡
GENERAL.HWADDR:         00:0C:29:73:BF:74             #网卡的 MAC 地址
…部分输出内容省略…
[root@rocky9 ~]# nmcli connection show                #查看网络连接信息
NAME      UUID                                  TYPE      DEVICE
ens160    98215a63-4f0e-467a-84b9-ad17ea7dafe1  ethernet  ens160
```

以上输出信息中 NAME 列对应的是网络连接名称，DEVICE 列对应的是设备名称。上面的示例说明有一个名为 ens160 网络连接，其对应的设备同样名为 ens160。

```
[root@rocky9 ~]# nmcli connection delete ens160    #删除网络连接（不会删除网卡）
[root@rocky9 ~]# nmcli connection show             #查看结果
```

下面基于 ens160 这个网卡设备（ifname 对应 device name）创建新的网络连接（con-name 对应 connection name），新创建的网络连接名称可以和设备名称一致，也可以任意配置，type 用于指定网络类型为以太网。

```
[root@rocky9 ~]# nmcli connection add \
ifname ens160 con-name ens160 \
type ethernet
#在 Linux 系统中执行的命令如果特别长，可以使用\实现跨行输入
```

创建完网络连接后，我们就可以配置网络连接的 IP 地址、子网掩码、网关、DNS 等信息了，这些网络参数可以通过 DHCP 自动获取，也可以手动配置。

```
[root@rocky9 ~]# nmcli connection modify ens160 \
ipv4.method auto \
autoconnect yes
#通过 DHCP 自动获取，给 ens160 配置网络参数
#modify 代表修改网络参数，ens160 是网络连接的名称
#ipv4.method 指定网络参数的配置方式，auto 代表自动获取
#autoconnect yes 代表开机要自动激活网络连接
[root@rocky9 ~]# nmcli connection modify ens160 \
ipv4.method manual \
ipv4.addresses 172.16.0.160/16 \
ipv4.gateway 172.16.0.254 \
ipv4.dns 8.8.8.8 \
autoconnect yes
#ipv4.method manual 代表手动配置网络参数，ipv4.addresses 代表配置 IP 地址
#ipv4.gateway 代表配置默认网关，ipv4.dns 代表配置 DNS 服务器
#autoconnect yes 代表系统开机后自动激活网络连接
```

除了配置默认网关，nmcli 命令也可以用于配置静态路由信息，多条路由信息使用逗号分隔。下面是配置静态路由信息的具体方法。配置到 172.16.8.0/24 网络的路由信息是 172.16.8.1，配置到 172.16.9.0/24 网络的路由信息是 172.16.9.1。

```
[root@rocky9 ~]# nmcli connection modify ens160 \
ipv4.routes "172.16.8.0/24 172.16.8.1, 172.16.9.0/24 172.16.9.1"
```

注意，不管是自动获取还是手动配置网络参数，最后都必须激活网络连接才可以让所有参数立刻生效，如果配置了 autoconnect yes，则计算机重启后这些网络参数依然有效。

```
[root@rocky9 ~]# nmcli connection down ens160      #关闭网络连接
[root@rocky9 ~]# nmcli connection up ens160        #激活网络连接
```

> **提示** 系统安装 bash-completion 软件后，nmcli 的子命令可以通过 Tab 键自动补齐。

3. 主机名参数配置——hostnamectl 命令

描述：显示或配置系统主机名。
用法：hostnamectl [选项]

```
[root@rocky9 ~]# hostnamectl status              #查看主机名及主机信息
[root@rocky9 ~]# hostnamectl set-hostname  rocky9.example.com
                                                 #配置主机名
```

2.8.2 修改系统配置文件配置网络参数

1. 网络参数配置文件

在 Linux Rocky 9 系统中，使用 nmcli 命令配置的网络参数都会被自动保存到/etc/NetworkManager/system-connections/目录中，所以也可以通过直接修改系统配置文件实现网络参数的配置，系统配置文件中常用的配置参数详见表 2-12。

表 2-12

配置段	配置参数	功能描述
[connection]配置段	id 或 con-name	网络连接的名称
	type	网络类型，如 ethernet、vpn、bridge 等
	uuid	网络连接的唯一随机 ID 号，可以使用 uuidgen 生成
	interface-name 或 ifname	网络设备的名称
	autoconnect	是否自动激活网络连接，值为 true 或 false
[IPv4]配置段	address[n]	逗号分隔的 IP 地址列表
	dns	分号分隔的 DNS 服务器列表
	method	指明网络参数配置方式，可为 auto 或 manual，auto 表示自动获取，manual 表示手动配置
	gateway	网关，也可以通过 address 定义
	router[n]	静态路由信息

实例 1：设置 ens160 网卡配置文件，动态获取并配置网络参数。

```
[root@rocky9 ~]# vim \
/etc/NetworkManager/system-connections/ens160.nmconnection
```

```
[connection]
id=ens160
#网络连接名称
type=ethernet
```

```
#网络类型
interface-name=ens160
#设备名称
autoconnect=true
#自动激活

[ipv4]
method=auto
#配置网络参数的方式为自动获取
```

[root@rocky9 ~]# **nmcli connection reload**   #重新加载系统配置文件
[root@rocky9 ~]# **nmcli connection up ens160**   #激活网络

实例2：配置ens160网卡参数，其中IP地址为172.16.0.160/16，子网掩码为255.255.0.0，网关为172.16.0.25，主DNS为8.8.8.8，辅助DNS为114.114.114.114；配置第二个IP地址为172.16.0.162，子网掩码为255.255.0.0。

[root@rocky9 ~]# **vim **
/etc/NetworkManager/system-connections/ens160.nmconnection

```
[connection]
id=ens160
#网络连接名称
uuid=79095459-4f4e-47ff-b961-5a979babfb90
#设备的UUID编号（编号唯一即可，内容可以随机）
type=ethernet
#网络类型
interface-name=ens160
#设备名称
autoconnect=true
#自动激活

[ipv4]
address1=172.16.0.160/16,172.16.0.25
#该网络连接配置的第一个IP地址为172.16.0.160/16，网关是172.16.0.25
address2=172.16.0.162/16
#该网络连接配置的第二个IP地址为172.16.0.162/16
dns=8.8.8.8;114.114.114.114;
#DNS服务器的IP地址为8.8.8.8和114.114.114.114
method=manual
#配置网络参数的方式为手动配置
route1=172.16.8.0/24,172.16.8.1
#配置静态路由，到172.16.8.0/24网络的路由是172.16.8.1
```

```
route2=172.16.9.0/24,172.16.9.1
#配置静态路由，到 172.16.9.0/24 网络的路由是 172.16.9.1
```

```
[root@rocky9 ~]# nmcli connection reload          #重新加载配置文件
[root@rocky9 ~]# nmcli connection up ens160       #激活网络
```

2. 主机名配置文件

主机名配置文件为/etc/hostname，通过修改该文件也可以实现主机名的配置。

```
[root@rocky9 ~]# cat /etc/hostname                #重启计算机
```

2.8.3 网络故障排错

随着公司 IT 技术的不断扩展与延伸，当网络规模越来越大时，故障就时有发生，此时我们需要有良好的排错思路与优秀的排错工具。

排错思路：首先，从最近一次操作定位问题所在，或根据公司服务器工作手册[1]查找最近一次对服务器所做的修改，定位关键问题；然后，检查这些操作与配置有无错误，同时获取与问题相关的信息（如硬件型号、软件版本、网络拓扑、日志等）；最后，根据所搜集的信息修复问题，可以是修改配置文件、替换相应的设备或进行版本升级等。问题不是一成不变的，但解决问题的思路却是万变不离其宗的。下面介绍几个帮助解决网络配置常见问题的排错工具。

1. ping

当网络不通时，可以使用简单的 ping 命令来定位问题节点，一般我们会按顺序执行 ping 命令，依次为本地回环、本地 IP 地址、网关 IP 地址、外网 IP 地址，ping 命令的对象一般都会给予回应，如果没有回应或者返回错误信息，则表示网络不通（在某些环境下，对端主机也可能不对 ping 命令进行回应），据此可判断网络断点的位置。

```
[root@rocky9 ~]# ping 127.0.0.1        #ping 本地回环，测试本地网络协议是否正常
[root@rocky9 ~]# ping 172.16.0.160     #ping 本地 IP 地址，测试本地网络接口是否正常
[root@rocky9 ~]# ping 172.16.0.254     #ping 网关，测试网关是否正常
[root@rocky9 ~]# ping 202.106.0.20     #ping 外部网络，测试服务商网络是否正常
```

2. traceroute

一个数据包从本地发出后一般会经过多个路由转发，假设有一个数据包进入互联网后因为

---

[1] 很多公司要求将关键服务器的所有操作记录成工作手册，或者是日志记录。

中间的某个路由转发有问题，而导致最终的数据发送失败。在这种情况下，我们并不知道问题路由的位置及 IP 地址，此时可以利用 traceroute 解决上述问题。traceroute 命令可以跟踪数据包的路由过程，以此判断问题所在。Linux 下的 traceroute 默认使用 UDP 封装跟踪包，如果希望使用 ICMP 封装，可以使用-I 选项。

```
[root@rocky9 ~]# dnf -y install traceroute          #安装软件
[root@rocky9 ~]# traceroute -I www.google.com       #跟踪路由信息
traceroute to www.google.com (74.125.128.147), 30 hops max, 60 byte packets
 1  172.16.0.1 (172.16.0.1)  0.528 ms  0.713 ms  4.457 ms
 3  218.249.205.41 (218.249.205.41)  4.524 ms  19.531 ms  20.307 ms
 4  10.0.18.1 (10.0.18.1)  23.974 ms  24.958 ms  27.032 ms
(…部分输出省略…)
```

3. nslookup

目前互联网高速发展，网络资源爆炸式增长。网络本身是使用 IP 地址来唯一对应网络资源的，但用户无法记忆那么多 IP 地址。所以，我们一般会通过域名来访问网络资源，此时 DNS 服务就显得至关重要了，使用 nslookup 命令可以帮助检查本地 DNS 服务器工作是否正常。输入下面的命令检查本地 DNS 服务器是否可以解析 www.google.com 域名。

```
[root@rocky9 ~]# nslookup www.google.com
Server:         219.141.140.10
Address:        219.141.140.10#53
Non-authoritative answer:
Name:   www.google.com
Address: 142.251.46.164
Name:   www.google.com
Address: 2607:f8b0:4005:806::2004
```

输出信息说明，本次解析是由 219.141.140.10 这台 DNS 服务器提供的，解析的结果是，www.google.com 域名对应了多个 IP 地址，有 IPv4 的地址也有 IPv6 的地址。

4. dig

nslookup 命令仅可以查询域名与 IP 地址之间的对应关系，如果要知道更多关于 DNS 记录的信息，可以使用 dig 命令，查看 MX（邮件记录）、NS（域名服务器记录）等信息。

```
[root@rocky9 ~]# dig www.google.com
;; ANSWER SECTION:
www.google.com.         5       IN      A       172.217.164.100
;; Query time: 169 msec
```

以上输出信息为删减后的主要内容，读者在实际查询时会获得更多的信息。

```
[root@rocky9 ~]# dig google.com MX        #查看google.com域的邮件记录
google.com.         234     IN      MX      10 smtp.google.com.
```

5. ss

如果我们怀疑有人非法闯入了我们的系统，又不知道此人是谁，可以通过 ss 命令强大的网络监控能力找出连接系统的所有人。当我们启动了一个网络服务但远程客户却无法访问该服务时，也可以使用 ss 命令查看服务对应的端口是否已经正常开启，以判断服务启动是否正常。

```
[root@rocky9 ~]# ss -an                    #查看网络连接状态
udp    UNCONN  0      0       127.0.0.1:323          0.0.0.0:*
udp    UNCONN  0      0       [::1]:323              [::]:*
tcp    LISTEN  0      128     0.0.0.0:22             0.0.0.0:*
tcp    ESTAB   0      68      172.16.0.160:22        172.16.0.1:62458
tcp    LISTEN  0      128     [::]:22                [::]:*
```

从以上输出信息中可以看出，有一个远程 IP 地址（172.16.0.1）使用 62458 端口，连接了本地的 22 端口。

```
[root@rocky9 ~]# ss -nutlp                 #查看当前系统监听的端口信息（TCP 和 UDP）
```

2.9 内核模块

Linux 内核采用的是模块化技术，这样的设计使得系统内核可以保持最小化，同时确保了内核的可扩展性与可维护性，模块化设计允许我们在需要时才将模块加载至内核，实现内核的动态调整。

2.9.1 内核模块存放位置

Linux 内核模块文件的命名方式通常为"模块名称.ko.xz"，CentOS 7 系统的内核模块被集中存放在/lib/modules/`uname -r`/[1]目录中。下面通过几个示例说明如何对内核模块进行基本操作。

---

1 `是反引符号，一般位于键盘的 Tab 键上方。

2.9.2 查看已加载内核模块

lsmod 命令用来显示当前 Linux 内核模块的状态，不使用任何参数会显示当前已经加载的所有内核模块。输出的三列信息分别为模块名称、占用内存大小、是否正在使用，如果第三列为 0，则该模块可以被随时卸载，非 0 则无法执行 modprobe 命令删除模块。

```
[root@rocky9 ~]# tree /lib/modules/`uname -r`/kernel
#查看内核模块文件列表
[root@rocky9 ~]# lsmod
Module                  Size    Used by
binfmt_misc             28672   1
xsk_diag                16384   0
vsock_diag              16384   0
nft_fib_inet            16384   1
nft_fib_ipv4            16384   1 nft_fib_inet
nft_fib_ipv6            16384   1 nft_fib_inet
…部分内容省略…
```

2.9.3 加载与卸载内核模块

modprobe 命令可以动态加载与卸载内核模块。

```
[root@rocky9 ~]# modprobe ip_vs           #动态加载 ip_vs 模块
[root@rocky9 ~]# lsmod |grep ip_vs        #查看模块是否加载成功
[root@rocky9 ~]# modprobe -r ip_vs        #动态卸载 ip_vs 模块
```

modinfo 命令可以查看内核模块信息。

```
[root@rocky9 ~]# modinfo ip_vs
filename:    /lib/modules/5.14.0-162.6.1.el9_1.x86_64/kernel/net/netfilter/ipvs/ip_vs.ko.xz
license:     GPL
rhelversion: 9.1
srcversion:  09DB169E535CE1E0DA2FAE0
depends:     nf_conntrack,nf_defrag_ipv6,libcrc32c
retpoline:   Y
intree:      Y
name:        ip_vs
```

通过 modprobe 命令加载的内核模块仅在当前有效，计算机重启后并不会被加载，如果希望系统开机自动加载内核模块，则需要将 modprobe 命令写入/etc/rc.d/rc.local 文件，rc.local 是开机执行的脚本，需要赋予其可执行的权限。

```
[root@rocky9 ~]# echo "modprobe ip_vs" >> /etc/rc.d/rc.local
```

```
[root@rocky9 ~]# chmod +x >> /etc/rc.d/rc.local
```
当不再需要内核模块时，可以通过 modprobe -r 命令来立刻删除内核模块，但需要重启计算机才能生效。
```
[root@rocky9 ~]# modprobe -r ip_vs
```
另外一种实现永久加载内核模块的方式是修改/etc/modprobe.d/目录中的相关配置文件，我们可以在该目录中创建任意文件，扩展名是 conf，以下示例的功能是将 Linux 内核的嵌套虚拟化功能打开。
```
[root@rocky9 ~]# vim /etc/modprobe.d/kvm-nested.conf    #新建文件
options kvm-intel nested=1
options kvm-intel enable_shadow_vmcs=1
options kvm-intel enable_apicv=1
options kvm-intel ept=1
options kvm ignore_msrs=1
options kvm_amd nested=1
```
配置文件中的 options 可以用来加载内核模块，上面加载了 kvm-intel、kvm 和 kvm_amd 模块，还可以在每个模块后面设置一些模块参数，参数是可选项，根据需要添加即可。

2.9.4 修改内核参数

1. 临时调整内核参数

随着系统的启动，Linux 内核参数会被写入内存，我们可以直接修改/proc 目录中的大量文件来调整内核参数，并且这种调整是立刻生效的，下面来看几个示例。

开启内核路由转发功能（通过 0 或 1 设置开关）。
```
[root@rocky9 ~]# echo "1" > /proc/sys/net/ipv4/ip_forward
```
禁止所有 icmp 回包功能（禁止其他主机对本机执行 ping 命令）。
```
[root@rocky9 ~]# echo "1" > /proc/sys/net/ipv4/icmp_echo_ignore_all
```
调整所有进程可以打开的文件总数量（当大量的用户访问网站资源时，可能会因该数字过小而导致错误）。
```
[root@rocky9 ~]# echo "108248" >/proc/sys/fs/file-max
```

2. 永久调整内核参数

通过 man proc 命令可以获得大量关于内核参数的描述信息。但直接修改/proc 相关文件的方式在系统重启后将不再有效,如果希望设置参数并使其永久生效,可以修改/etc/sysctl.conf 文件,或在/etc/sysctl.d/目录中新建.conf 文件,文件格式为"选项=值",通过 vim 命令修改这些配置文件,将前面三个示例的参数设置为永久生效。

```
[root@rocky9 ~]# vim /etc/sysctl.conf
net.ipv4.ip_forward = 1
net.ipv4.icmp_echo_ignore_all = 1
fs.file-max = 108248
[root@rocky9 ~]# sysctl -p
```

注意,通过 sysctl.conf 文件修改的内核参数不会立刻生效,修改完成后,使用 sysctl -p 命令可以使这些参数立刻生效。

第 3 章 自动化运维

3.1 Shell 简介

　　一个完整的计算机体系结构中包括硬件与软件，而软件又分为系统软件与应用软件，负责对硬件进行管理与操作的是系统软件的内核部分，用户是无法与硬件或内核打交道的，用户通过应用程序或部分系统软件发出指令（比如发送一封邮件），这些指令会被翻译并传给内核，内核在得知用户的需求后调度硬件资源来完成操作（比如使用网卡发送数据包）。

　　在 Linux 环境下，我们可以通过 Shell 解释器与内核进行交流，并最终实现我们想要使用计算机资源的目的。由于 Linux 的开放性特点，Linux 下 Shell 解释器的选择也有很多，Rocky Linux 系统中可以使用的 Shell 解释器有/bin/sh、/bin/bash、/bin/csh 等，/etc/shells 文件说明了当前系统中有哪些可用的 Shell 解释器。不同的 Shell 解释器有不同的特点及操作方式，这里以默认使用的 Shell，也就是 Bash 为例进行讲解。

3.2 Bash 功能介绍

3.2.1 历史命令

Bash 拥有自动记录历史命令的功能，用户所执行的命令会在注销时自动被记录到家目录中的.bash_history[1]隐藏文件中。查看这些历史命令的方法有很多，可以直接打开文件来查看，也可以通过键盘的上下键上翻或下翻查看，还可以通过 history 命令查看，所有历史命令都有编号。历史命令能够记录的信息数量由 HISTSIZE 变量所决定，Rocky Linux 默认通过/etc/profile 文件定义 HISTSIZE=1000，即最多可以记录最近使用过的 1000 条命令，当第 1001 条命令被执行时，第 1 条命令会被覆盖，执行 history -c 命令可以清空所有历史命令。

记录历史命令除了可以方便查看，还可以在需要时直接调用某条历史命令。

◎ 按上下键翻阅历史命令，找到合适的命令后直接按回车键即可执行。

◎ 输入!string 可调用历史命令（string 为关键字），如输入!vim 将调用最后一次执行的以 vim 开头的命令。输入!n（n 为数字）可准确定位历史命令，如输入!242 将直接调用第 242 条历史命令并执行。

◎ 通过 Ctrl+r 快捷键打开搜索功能，接着输入关键字，即可在历史命令中搜索相关命令，按回车键完成执行操作。如果没有搜索到匹配的命令，按 Esc 键可退出搜索。

3.2.2 命令别名

在 Rocky Linux 系统中，我们可以直接使用 ll 命令来显示文件的详细信息，其实系统中并没有 ll 命令，它只是被提前定义好的一个别名而已，使用别名的好处是可以把本来很长的指令简化，为常用且复杂的命令及选项创建别名可以大大提高日常工作效率。

```
[root@rocky9 ~]# alias                        #查看系统当前所有别名
alias cp='cp -i'
alias egrep='egrep --color=auto'
alias fgrep='fgrep --color=auto'
alias grep='grep --color=auto'
alias l.='ls -d .* --color=auto'
alias ll='ls -l --color=auto'
alias ls='ls --color=auto'
alias mv='mv -i'
```

---

[1] Linux 中以"."开头的文件或目录为隐藏文件或目录。

```
alias rm='rm -i'
[root@rocky9 ~]# alias h5='head -5'              #定义新的别名
[root@rocky9 ~]# h5 /etc/passwd                  #使用命令别名
[root@rocky9 ~]# unalias h5                      #取消别名定义
```

3.2.3 管道与重定向

Bash 的标准输入设备是键盘、鼠标、手写板等，标准输出设备为显示器，一般我们通过键盘输入命令并执行，系统将返回信息显示在屏幕上，默认无论信息正确还是错误，都将其输出至显示器。标准输入的文件描述符为 0，标准输出的文件描述符为 1，错误输出的文件描述符为 2。但有时我们需要改变这样的标准输入与输出方式，Linux 中可以使用重定向符号（<、>、<<、>>、|）重新定义输入与输出，比如从文件中读取输入信息或将输出结果导出到文件中。

有了管道，我们可以将多条命令连接在一起使用，它的作用是将一条命令的标准输出重定向到下一条命令，并作为该命令的标准输入。例如，使用 ip a s ens160 | grep inet 命令过滤包含 IP 地址的行，ip 命令本身会输出大量的网络接口信息，由于这里使用了管道符号（|），所以 ip 命令的所有输出都将作为 grep 命令的输入，最终实现过滤包含 IP 地址的行这一功能。

对于标准的输出信息，默认将其输出至显示器，但有时我们可能并不需要这些输出信息，又或者暂时不需要在屏幕上看到这些信息。另外，对于输入，一般是通过键盘实现的，但有时我们或许希望可以从文件中读取输入信息。输出重定向可以使用>或>>符号，使用>可以将输出导入至文件，如果文件不存在，则创建文件，如果文件已经存在，则覆盖该文件的内容；而使用>>可以将输出追加至文件；对错误信息的重定向需要使用 2>或 2>>符号实现。标准输入重定向可以使用<符号实现，它可以帮助我们从文件中提取输入信息。

下面通过几个简单的实例演示重定向的使用方法。

```
[root@rocky9 ~]# rpm -qa                         #查询计算机中安装的所有软件
[root@rocky9 ~]# rpm -qa | grep gcc              #在所有软件列表中过滤 gcc
[root@rocky9 ~]# echo "pass" | passwd --stdin tom   #设置 tom 的密码为 pass
[root@rocky9 ~]# ls                              #查看当前文件列表
anaconda-ks.cfg
[root@rocky9 ~]# ls > list.txt                   #将输出保存至 list.txt，屏幕无显示
[root@rocky9 ~]# hostname >> list.txt            #将主机名追加至 list.txt 末尾
[root@rocky9 ~]# mail -s test xx@163.com < list.txt
#给 xx@163.com 发邮件，-s 设置邮件标题为 test，邮件内容来自 list.txt 文件
[root@rocky9 ~]# ls -l abc anaconda-ks.cfg
#查看文件详细信息，其中 abc 不存在
ls: cannot access abc: No such file or directory
-rw-------. 1 root root    1076 Dec  5 17:01 anaconda-ks.cfg
```

```
[root@rocky9 ~]# ls -l abc anaconda-ks.cfg 2> error.txt
#仅将错误输出重定向，不影响正确输出
-rw-------. 1 root root    1076 Dec  5 17:01 anaconda-ks.cfg
[root@rocky9 ~]# ls -l abc anaconda-ks.cfg > all 2>&1
#将错误输出导入标准输出，然后将标准输出导入 all 文件，
#将标准输出和错误输出都导入 all 文件
[root@rocky9 ~]# ls -l abc anaconda-ks.cfg >> all 2>&1
#将标准输出与错误输出均追加至 all 文件
[root@rocky9 ~]# ls -l abc anaconda-ks.cfg &> all
#将标准输出与错误输出均导入 all 文件
```

3.2.4 快捷键

Bash 提供了大量的快捷键可为用户所使用，熟练掌握这些快捷键能提高工作效率。表 3-1 列出了常用的快捷键及其功能描述。

表 3-1

快捷键	功能描述	快捷键	功能描述
Ctrl+a	光标移动至行首	Ctrl+k	删除光标处至行尾的字符
Ctrl+e	光标移动至行尾	Ctrl+c	终止进程
Ctrl+f	光标右移一个字符	Ctrl+z	挂起进程（通过 jobs 命令可查看挂起的进程）
Ctrl+b	光标左移一个字符	Ctrl+w	删除光标前面的一个单词（以空格为分隔符）
Ctrl+l	清屏，等同于 clear 命令	Alt+d	删除光标后面的一个单词
Ctrl+u	删除行首至光标处的字符	Tab	自动补齐

3.3 Bash 使用技巧

3.3.1 重定向技巧

如果我们编写了一个脚本实现自动修改系统账号密码的功能，那么当密码修改成功后系统会默认给出 successfully 提示信息，如果需要修改 20 个账号密码，则会显示 20 条这样的信息。像这样的案例，大量的成功提示信息并不是我们关注的重点，管理员更多关心错误提示。所以这时可以考虑将标准输出屏蔽，Linux 提供了一个特殊设备/dev/null，它很像黑洞，任何信息写入其中都将永远消失。对于大量无意义的输出信息，可以通过重定向将其导入/dev/null 设备，命令如下。

```
[root@rocky9 ~]# echo "pass" | passwd --stdin root >/dev/null
```
很多时候自动运行的脚本编写完成后，需要在服务器负载最低时（比如深夜），以无人值守的方式运行，那么当管理员有时间去检查脚本运行情况时，如何查看哪些命令执行成功了，哪些命令出现了问题呢？此时需要将标准输出与错误输出分开重定向，并且为了方便管理，需要将正确输出与错误输出分别保存在两个不同的记录文件中。下面检查系统中是否存在 tom 用户，如果存在，则将 tom 相关信息记录至 user 文件，否则将错误信息记录至 error 文件。

```
[root@rocky9 ~]# id tom >> user 2>> error
```

3.3.2 命令序列使用技巧

在 Linux 中，我们可以使用控制字符（;、&&、||、&）来控制命令的执行方式。其中，使用&控制符可使命令开启一个子 Shell 并在后台执行；使用;控制字符可以将多个命令组合，但多个命令之间没有任何逻辑上的关系，仅按顺序执行；使用&&控制字符也可以将多个命令组合，但仅当前一个命令执行成功时才会执行&&控制符后面的命令；||控制字符的作用与&&刚好相反，仅当前一个命令执行失败时才会执行||控制符后面的命令。下面通过实例演示。

实例 1：火狐浏览器通过前端启动，使当前 Shell 暂时无法使用。
```
[root@rocky9 ~]# firefox
```
实例 2：后台运行浏览器，不影响当前 Shell 的使用。
```
[root@rocky9 ~]# firefox &
```
实例 3：所有命令按顺序执行（不管前面的命令是否成功，后面的命令一定正常执行）。
```
[root@rocky9 ~]# ls /tmp ; ls /root ; ls /home
```
实例 4：如果 test.txt 文件存在，则执行 cat 命令查看文件内容，否则不执行 cat 命令。
```
[root@rocky9 ~]# ls test.txt && cat test.txt
```
实例 5：如果有 gedit 编辑器，则打开该程序，否则打开 Vim 编辑器。
```
[root@rocky9 ~]# gedit || vim
```
实例 6：如果 id tom 执行成功,则说明用户存在,屏幕将显示 Hi,tom,否则显示 No such user。
```
[root@rocky9 ~]# id tom &>/dev/null && echo "Hi,tom" || echo "No such user"
```
实例 6 首先通过&>重定向符将 id 命令的所有输出屏蔽，然后使用&&与||来判断 id 命令是否执行成功，成功就显示问候语，否则显示不存在该用户。

3.3.3　作业控制技巧

在 Bash 环境中通过命令开启进程的时候使用&符号可以使该进程进入后台执行，在一个命令执行后使用 Ctrl+Z 快捷键可以将该进程放入后台并暂停执行，后续随时可以使用 jobs 命令查看这些后台进程，并且为每个这样的进程分配一个编号，通过"fg 编号"形式可以将这些后台进程再次调回前台执行。

```
[root@rocky9 ~]# firefox &
[root@rocky9 ~]# jobs
[1]+  Running                 firefox &
[root@rocky9 ~]# fg 1
```

3.3.4　花括号{}的使用技巧

通过括号可以生成命令行或脚本所需要的字符，括号中可以包含连续的序列或使用逗号分隔的多个项目，连续的序列应具有一个起点与一个终点，并使用".."分隔。接下来看看具体的语法格式实例。

```
[root@rocky9 ~]# echo {a,b,c}              #等同于 echo a b c
a b c
[root@rocky9 ~]# echo user{1,5,8}          #等同于 echo user1 user5 user8
user1 user5 user8
[root@rocky9 ~]# echo {0..10}              #等同于 echo 0 1 2 3 4 … 10
0 1 2 3 4 5 6 7 8 9 10
[root@rocky9 ~]# echo {0..10..2}           #等同于 echo 0 2 4 6 8 10
0 2 4 6 8 10
[root@rocky9 ~]# echo a{2..-1}
a2 a1 a0 a-1
[root@rocky9 ~]# mkdir /tmp/{dir1,dir2,dir3}
#等同于 mkdir /tmp/dir1 /tmp/dir2 /tmp/dir3
[root@rocky9 ~]# ls -ld /tmp/dir{1,2,3}
#等同于 ls -ld /tmp/dir1 /tmp/dir2 /tmp/dir3
[root@rocky9 ~]# chmod 777 /tmp/dir{1,2,3}
#等同于 chmod 777 /tmp/dir1 /tmp/dir2 /tmp/dir3
[root@rocky9 ~]# cp /etc/hosts{,.bak}
#等同于 cp /etc/hosts /etc/hosts.bak
[root@rocky9 ~]# cp /etc/dnf/dnf.conf{,.bak}
#等同于 cp /etc/dnf/dnf.conf /etc/dnf/dnf.conf.bak
```

3.4 变量

3.4.1 自定义变量

变量是用来存储非固定值的载体，它具有一个值，以及零个或多个属性。在 Shell 中定义变量的语法格式为 name=value。

如果 value 没有指定，变量将被赋值为空值，变量定义后，使用<$变量名称>可调用变量。变量名称为字母、数字及下画线的组合，但首字母不可以为数字，变量名称没有硬性要求大小写。对于系统环境变量，建议使用大写字母命名，或首字母大写，用户自定义的变量可以使用小写字母命名，或首字母大写。默认变量的值是可以被修改的，但我们可以通过 typeset 为变量添加只读属性来防止误操作，如果需要限定变量的值仅可以设置为整数，也可以使用该命令添加相应的属性。

```
[root@rocky9 ~]# NAME=tomcat              #变量名为 NAME，值为 tomcat
[root@rocky9 ~]# echo $NAME               #显示变量的值
tomcat
[root@rocky9 ~]# typeset -r NAME          #给变量添加只读属性
[root@rocky9 ~]# NAME=jerry               #添加只读属性后，无法修改变量的值
bash: NAME: readonly variable
```

如果希望预先定义一个变量，但不赋值给它，可以使用 declare 命令。

```
[root@rocky9 ~]# declare INT_NUMBER       #仅定义变量，不赋值
[root@rocky9 ~]# typeset -i INT_NUMBER    #使用-i 选项设置整数变量
[root@rocky9 ~]# INT_NUMBER=test          #为变量赋值字符串是无效的操作
[root@rocky9 ~]# echo $INT_NUMBER         #查看变量的值，结果为 0
0
[root@rocky9 ~]# INT_NUMBER=200           #为变量赋值数字
[root@rocky9 ~]# echo $INT_NUMBER
200
```

此外，还可以通过 read 命令来定义变量，read 从标准输入中读取变量的值，使用-p 选项可以添加相应的提示信息。

```
[root@rocky9 ~]# read p_number            #按回车后输入要赋值给 p_number 的值
22
[root@rocky9 ~]# echo $p_number
22
[root@rocky9 ~]# read -p "Please input a number:" p_number
Please input a number:100                 #在提示符后输入要赋值给变量的值
[root@rocky9 ~]# echo $p_number
```

```
100
[root@rocky9 ~]# set                    #查看当前系统中设置的所有变量及值
[root@rocky9 ~]# unset p_number         #删除变量
```

3.4.2 变量的使用范围

使用 name=value 形式定义的变量默认仅在当前 Shell 中有效，子进程不会继承这样的变量，此时可以使用 export 命令将变量放入环境，这样新的进程会从父进程那里继承环境，可以通过 export 命令直接定义环境变量并赋值，也可以先定义一个普通的用户变量，再通过 export 命令将其转换为环境变量。

```
[root@rocky9 ~]# test=pass              #定义一个普通变量
[root@rocky9 ~]# echo $test             #查看变量的值
[root@rocky9 ~]# bash                   #在当前 Shell 下开启子进程 bash
[root@rocky9 ~]# echo $test             #在子进程下查看变量值，为空
[root@rocky9 ~]# exit                   #返回父进程
[root@rocky9 ~]# export test            #将已有普通变量添加至环境变量
[root@rocky9 ~]# export name=tom        #直接定义一个环境变量
[root@rocky9 ~]# bash                   #在当前 Shell 下开启子进程 bash
[root@rocky9 ~]# echo $test             #在子进程下查看变量的值
[root@rocky9 ~]# echo $name             #在子进程下查看变量的值
[root@rocky9 ~]# exit                   #返回父进程
```

3.4.3 环境变量

Bash 预设了很多环境变量，在实际工作中，我们可以直接调用这些变量，表 3-2 列出了一些比较常用的变量及其含义。关于变量的详细定义，可以参考 Bash 手册。

表 3-2

变量	含义	变量	含义
BASHPID	当前 Bash 进程的进程号	UID	当前用户的 ID 号
GROUPS	当前用户所属组的 ID 号	HISTSIZE	历史命令的条数
HOSTNAME	当前主机的名称	HOME	当前用户的家目录
PWD	当前工作目录	PATH	命令搜索路径
OLDPWD	前一个工作目录	PS1	主命令提示符
RANDOM	0~32767 之间的随机数	PS2	次命令提示符

对于以上这些变量，有些是可以重新赋值的，有些则是只读变量，不可重新赋值。这里我

们重点看看 PATH 变量，在 Linux 系统中，我们输入一个 ls 命令就可以查看当前目录的文件列表，那么系统怎么知道 ls 命令存放在哪里呢？其实，Linux 系统是通过 PATH 变量来搜索命令的，PATH 变量的值就是一个目录集合，系统会按照顺序查找这些目录，如果找不到，则提示命令未找到[1]。

```
[root@rocky9 ~]# echo $PATH
/root/.local/bin:/root/bin:/usr/local/sbin:/usr/local/bin:/usr/sbin:/usr
/bin
[root@rocky9 ~]# ls
```

根据以上说明，我们知道用户在命令行中输入 ls 后，系统就开始在/root/.local/bin 目录中查找 ls 这个命令，若找到，就执行该命令，若没有找到，则继续在下一个目录（/root/bin）中查找，如果到最后都没有找到 ls 命令，则提示命令未找到。

对于 PATH 路径的修改需要注意，不可以直接对其赋新值，否则将覆盖 PATH 现有的值。下面的语句将 PATH 直接赋值为/root，后续再执行一个简单的 ls 命令都将提示命令未找到，因为系统只会在/root 目录中查找有没有 ls 命令（实际上 ls 命令在/usr/bin 目录中）。

```
[root@rocky9 ~]# PATH=/root
[root@rocky9 ~]# ls
bash: ls: command not found
```

上面的修改因为没有通过写入文件的方式把修改内容永久保存至环境变量，所以只要退出命令行重新登录终端，将 PATH 变量复原即可。修改 PATH 变量的正确方法是在原来的基础上修改，所以在赋值时需要引用旧值。

```
[root@rocky9 ~]# PATH=$PATH:/root        #在原有路径列表后追加目录
[root@rocky9 ~]# echo $PATH              #查看变量结果
```

3.4.4 位置变量

位置变量的使用一般体现在脚本中，读者可以结合后面关于脚本的内容来学习本节内容。使用位置变量可以命令可以调用脚本中不同位置的参数，参数一般使用空格分隔，$0 代表当前 Shell 脚本的文件名称，$1 代表 Shell 脚本的第一个参数，$2 为第二个参数，以此类推（范围为 $1~$9）。$#代表 Shell 脚本中所有参数的个数。$*与$@均代表所有参数的内容，区别是，$*将所有参数作为一个整体，而$@将所有参数作为个体看待。$$代表当前进程的 ID 号，$?表示程序退出的返回码（一般 0 代表命令执行成功，非 0 代表命令执行失败）。下面通过编写一个脚本并运行它来查看效果。

---

[1] 这里我们暂时不考虑别名与函数的问题。

```
[root@rocky9 ~]# vim /tmp/test.sh            #编辑脚本内容如下
#!/bin/bash
#This is test script for parameter!
echo "This is the file name: $0"
echo "This is first parameter: $1"
echo "This is second parameter: $2"
echo "This is the number of all parameter: $#"
echo "This is the all parameter: $*"
echo "This is the all parameter: $@"
echo "This is PID: $$"
[root@rocky9 ~]# bash /tmp/test.sh a b c     #允许该脚本使用 3 个参数
This is the file name: /tmp/test.sh          #返回脚本的文件名
This is first parameter: a                   #第一个参数为 a
This is second parameter: b                  #第二个参数为 b
This is the number of all parameter: 3       #所有参数的个数为 3
This is the all parameter: a b c             #所有参数的内容为'a b c'
This is the all parameter: a b c             #所有参数的内容为'a' 'b' 'c'
This is PID: 2666                            #当前进程的 PID 为 2666
```

3.4.5 变量的展开替换

Linux 中一般使用${变量名}的形式展开变量的值，如果有一个变量 name=Jacob，则 echo ${name}用于显示该变量的值。除此之外，系统还提供了更加丰富的变量展开功能，下面四组展开方式主要应用于需要确定变量是否被正确设置的场景。

```
${varname:-word}       varname 存在且非空，返回其值，否则返回 word。
${varname:=word}       varname 存在且非空，返回其值，否则设置为 word。
${varname:?message}    varname 存在且非空，返回其值，否则显示 varname:message。
${varname:+word}       varname 存在且非空，返回 word，否则返回 null。
[root@rocky9 ~]# name=Jacob
[root@rocky9 ~]# echo ${name:-no user}       #变量存在且非空，返回变量值
[root@rocky9 ~]# echo ${name}
[root@rocky9 ~]# echo ${non1:-no user}       #变量不存在，返回 no user
[root@rocky9 ~]# echo ${non1}                #依然不存在 non1 变量
[root@rocky9 ~]# echo ${name:=no user}
[root@rocky9 ~]# echo ${name}
[root@rocky9 ~]# echo ${non2:=no user}       #变量不存在，创建变量并赋值
[root@rocky9 ~]# echo ${non2}                #变量被自动创建且有值
[root@rocky9 ~]# echo ${name:?no defined}
[root@rocky9 ~]# echo ${name}
[root@rocky9 ~]# echo ${non3:?no defined}
[root@rocky9 ~]# echo ${non3}
[root@rocky9 ~]# echo ${name:+OK}
```

```
[root@rocky9 ~]# echo ${name}
[root@rocky9 ~]# echo ${non4:+ERROR}          #没有 non4 变量，返回 null
[root@rocky9 ~]# echo ${non4}
[root@rocky9 ~]# echo ${name:+ERROR}          #name 变量存在且有值，返回 ERROR
```

下面六组展开方式主要应用于需要对变量的值做修改再输出的场景。

```
${variable#key}           从头开始删除关键词，执行最短匹配。
${variable##key}          从头开始删除关键词，执行最长匹配。
${variable%key}           从尾开始删除关键词，执行最短匹配。
${variable%%key}          从尾开始删除关键词，执行最长匹配。
${variable/old/new}       将 old 替换为 new，仅替换第一个出现的 old。
${variable//old/new}      将 old 替换为 new，替换所有 old。
[root@rocky9 ~]# USR=$(head -1 /etc/passwd)
                                       #将$()中命令的执行结果赋值给 USR 变量
[root@rocky9 ~]# echo $USR             #查看变量的值
root:x:0:0:root:/root:/bin/bash
[root@rocky9 ~]# echo ${USR#*:}        # root:x:0:0:root:/root:/bin/bash
x:0:0:root:/root:/bin/bash
[root@rocky9 ~]# echo ${USR##*:}       # root:x:0:0:root:/root:/bin/bash
/bin/bash
[root@rocky9 ~]# echo ${USR%:*}        # root:x:0:0:root:/root:/bin/bash
root:x:0:0:root:/root
[root@rocky9 ~]# echo ${USR%%:*}       # root:x:0:0:root:/root:/bin/bash
root
[root@rocky9 ~]# echo ${USR/root/admin}
admin:x:0:0:root:/root:/bin/bash
[root@rocky9 ~]# echo ${USR//root/admin}
admin:x:0:0:admin:/admin:/bin/bash
```

3.4.6 数组

Bash 提供了一维数组变量，数组中的所有变量都会被编录成索引，索引是以 0 开始的整数。一般可以使用两种方式创建数组变量：第一种是使用 name[subscript]=value 格式自动创建索引数组，其中 subscript 必须是大于或等于 0 的整数或表达式；第二种是使用 name=(value1 value2 ... valuen)格式创建。使用 declare -a <name>可以预定义一个空数组变量。

数组定义完成后，我们使用${name[subscript]}索引格式来调用数组变量的值，如果 subscript 是@或*符号，则表示调用所有数组成员。使用${#name[subscript]}可以返回数组中变量的长度，如果 subscript 是*或@符号，则返回数组中元素的个数。

下面的实例可以很好地帮助我们理解这些内容。

```
[root@rocky9 ~]# A[1]=11
```

```
[root@rocky9 ~]# A[2]=22
[root@rocky9 ~]# A[3]=33
[root@rocky9 ~]# echo ${A[1]},${A[2]},${A[3]}
11,22,33
[root@rocky9 ~]# echo ${A[1]}:${A[2]}:${A[3]}
11:22:33
[root@rocky9 ~]# echo ${A[*]}
11 22 33
[root@rocky9 ~]# echo ${A[@]}
11 22 33
[root@rocky9 ~]# B=(aa bbb cccc)
[root@rocky9 ~]# echo ${B[0]}:${B[1]}:${B[2]}
aa:bbb:cccc
[root@rocky9 ~]# echo "length of B_0 is ${#B[0]}"
legth of B_0 is 2
[root@rocky9 ~]# echo "length of B_1 is ${#B[1]}"
legth of B_1 is 3
[root@rocky9 ~]# echo "length of B_2 is ${#B[2]}"
legth of B_2 is 4
[root@rocky9 ~]# echo ${#B[@]}
3
```

3.4.7 算术运算与测试

在 Shell 中进行算术运算时，使用$((expression))语法格式可以实现整数级的算术运算功能。其中，expression 为算术表达式，表 3-3 给出了常用的算术表达式及其对应的含义。

表 3-3

表 达 式	含 义
$((x+y))	加法运算，$((1+2))=3
$((x-y))	减法运算，$((10-8))=2
$((x/y))	除法运算，$((8/3))=2，结果仅保留整数位
$((x*y))	乘法运算，$((3*3))=9
$((x%y))	取余运算，$((8%3))=2，8/3 余数为 2
$((x++))	自加运算，x 自加 1
$((x--))	自减运算，x 自减 1
$((x**y))	幂运算，x 的 y 次幂

此外，命令工具 expr 也可以实现类似的算术运算，选项如下。

expr arg1 + arg2　　　　加法。
expr arg1 - arg2　　　　减法。

expr arg1 * arg2　　　　　乘法。
expr arg1 / rg2　　　　　　除法。
expr arg1 % arg2　　　　　取余。

Shell 除了能提供上述算术运算功能，还能提供一些逻辑判断功能，使用 Bash 内置的命令 test 即可进行测试，或使用[测试表达式]方式也可获得相同效果。注意，使用[测试表达式]方式时记得在表达式两边留出空格，[表达式]这种写法是错误的（因为没有空格）。Linux 可以对很多内容进行测试，表 3-4 列出了常用的测试选项及其含义。

表 3-4

测试选项	含　义	测试选项	含　义
-d FILE	FILE 是否存在且为目录	-e FILE	文件是否存在
-f FILE	文件是否存在且为普通文件	-r FILE	文件是否存在且可读
-w FILE	文件是否存在且可写	-x FILE	文件是否存在且可执行
-s FILE	文件是否存在且非空	-h FILE	文件是否为链接文件
-n STRING	字符串长度是否非 0	-z STRING	字符串长度是否为 0
STRING1 = STRING2	字符串是否相等	STRING1 != STRING2	字符串是否不相等
INTER1 -eq INTER2	整数 1 与整数 2 是否相等	INTER1 -ge INTER2	整数 1 是否大于或等于整数 2
INTER1 -gt INTER2	整数 1 是否大于整数 2	INTER1 -le INTER2	整数 1 是否小于或等于整数 2
INTER1 -lt INTER2	整数 1 是否小于整数 2	INTER1 -ne INTER2	整数 1 是否不等于整数 2

```
[root@rocky9 ~]# test -d /etc/ && echo "Y" || echo "N"
Y                       #/etc 存在且为目录则显示 Y, 否则显示 N
[root@rocky9 ~]# test -d /etc/passwd && echo "Y" || echo "N"
N                       #/etc/passwd 存在且为目录则显示 Y, 否则显示 N
[root@rocky9 ~]# [ -d /etc/ ] && echo "Y" || echo "N"
Y                       #/etc 存在且为目录则显示 Y, 否则显示 N
[root@rocky9 ~]# [ -e /etc/passwd ] && echo "Y" || echo "N"
Y                       #/etc/passwd 存在则显示 Y, 否则显示 N
[root@rocky9 ~]# [ -f /etc/password ] && echo "Y" || echo "N"
N                       #/etc/password 存在且为文件则显示 Y, 否则显示 N
[root@rocky9 ~]# [ -h /etc/grub2.cfg ] && echo "Y" || echo "N"
Y                       #/etc/grub2.cfg 存在且为链接文件则显示 Y, 否则显示 N
[root@rocky9 ~]# [ -n $PATH ] && echo "Y" || echo "N"
Y                       #PATH 变量有定义且非空则显示 Y, 否则显示 N
[root@rocky9 ~]# [ -z $tt ] && echo "Y" || echo "N"
Y                       #tt 变量没有定义或值为空则显示 Y, 否则显示 N
[root@rocky9 ~]# [ -z $PATH ] && echo "Y" || echo "N"
N                       #PATH 变量不存在或值为空则显示 Y, 否则显示 N
```

```
[root@rocky9 ~]# [ 22 -eq 22 ] && echo "Y" || echo "N"
Y                        #22 等于 22 则显示 Y，否则显示 N
[root@rocky9 ~]# [ 32 -ge 22 ] && echo "Y" || echo "N"
Y                        #32 大于等于 22 则显示 Y，否则显示 N
[root@rocky9 ~]# [ 10 -ge 22 ] && echo "Y" || echo "N"
N                        #10 大于等于 22 则显示 Y，否则显示 N
[root@rocky9 ~]# [ 10 -le 22 ] && echo "Y" || echo "N"
Y                        #10 小于等于 22 则显示 Y，否则显示 N
```

3.5　Shell 引号

在 Shell 中可以通过使用单引号、双引号、反引号（键盘中 Tab 键上方的按键）、反斜线来转换某些 Shell 元字符的含义。比如有时我们希望通过 echo 命令输出的字符中包含$符号，但一般情况下 Shell 会将$视为取变量值的选项，这时我们需要使用某种功能来屏蔽$符号本身的特殊含义，还原其字面意义。

3.5.1　反斜线

反斜线可以将紧随其后的单个字符视为字面意义上的字符，如*在 Shell 中代表任意字符，但在查找时经常会使用*来查找多个匹配的文件，有时我们需要找的可能是*字符本身，此时通过*可将*作为普通字符输出。

另外，如果在命令的末尾使用\回车后，可以将回车的命令提交功能屏蔽，从而将回车认为是换行继续输入的命令，实现命令的多行输入。

```
[root@rocky9 ~]# echo *                    #显示当前目录的所有文件列表
anaconda-ks.cfg
[root@rocky9 ~]# echo \*                   #显示*符号
*
[root@rocky9 ~]# echo \>                   #显示>符号
>
[root@rocky9 ~]# find / \                  #换行输入
-name "test.txt" \
-type f \
-size +5M
```

3.5.2 单引号

使用单引号可以将它包裹的所有字符还原为字面意义,实现屏蔽 Shell 元字符的功能。注意,不可以在两个单引号中间单独插入一个单引号,单引号必须成对出现。

```
[root@rocky9 ~]# echo '$HOME'              #使用单引号将屏蔽$的特殊功能
$HOME
[root@rocky9 ~]# echo 'test\'              #默认\为转义,这里也被屏蔽
test\
```

3.5.3 双引号

双引号类似于单引号,但其不会屏蔽 `、\和$这三个 Shell 元字符的含义,如果需要屏蔽这些字符的含义,必须前置一个\符号,其他字符的功能将被屏蔽,包括单引号,即两个双引号之间的单引号不必成对出现。

```
[root@rocky9 ~]# echo "This's book."
This's book.
[root@rocky9 ~]# echo "$HOME"
/root
[root@rocky9 ~]# echo "\$HOME"
$HOME
```

3.5.4 反引号

Shell 中使用反引号进行命令替换,命令替换使 Shell 可以将命令字符替换为命令执行结果的输出内容。同样的功能也可以使用$()来实现。

```
[root@rocky9 ~]# echo "Today is `date +%D`"
Today is 02/09/13
[root@rocky9 ~]# echo "Today is $(date +%D)"
Today is 02/09/13
```

3.6 正则表达式

在实际工作中,公司需要对外招聘人才,但大千世界人才众多,并不一定每个人都适合这个岗位,这时我们该如何找到公司需要的人?常用的方式有两种:第一,通过朋友介绍直接精准地

定位人才；第二，写招聘简章（对需要的人才进行描述，内容包括学历、经验、技能、语言等），写完后通过招聘会、网络招聘等方式广纳人才，通常，描述写得越细，越能快速精准地定位所需的人才。

  正则表达式就是一种计算机描述语言，我们可以直接告诉计算机我们需要的是字母 A 来精确匹配定位数据，也可以告诉计算机我们需要的是 26 个字母中的哪一个。现在很多程序、文本编辑工具、编程语言都支持正则表达式，但任何语言都需要遵循一定的语法规则，正则表达式也不例外。正则表达式的发展经历了基本正则表达式（Regular Expression）与扩展正则表达式（Extended Regular Expression）阶段，扩展正则表达式是在基本正则表达式的基础上添加一些更加丰富的匹配规则而成的。在 Linux 世界中有个古老的说法"Everything is a file（一切皆文件）"，而且很多配置文件是纯文本文件，工作中我们时常需要对大量的服务器进行配置修改，如果以手动方式在海量数据中进行查找匹配并最终完成修改，效率极低。此时，使用正则表达式是非常明智的选择。接下来，我们分别看看每种表达式的具体规则。不同的工具对正则表达式的支持有所不同，表 3-5 列出了系统常用编辑工具对基本正则表达式和扩展正则表达式的支持情况。

  注意，正则表达式中有些匹配字符与 Shell 中的通配符一样，但含义不同。

表 3-5

编辑工具	是否支持基本正则表达式	是否支持扩展正则表达式
grep	√	
egrep	√	√
vi	√	
sed	√	√
awk	√	√

3.6.1 基本正则表达式

1. 基本正则表达式及其含义

表 3-6 列出了基本正则表达式及其对应的含义。

表 3-6

基本正则表达式	含　义
c	匹配字母 c
.	匹配任意单个字符

续表

基本正则表达式	含　　义
*	匹配*前面的字符，出现 0 次或多次
.*	匹配任意多个字符
[]	匹配集合中的任意单个字符，括号中内容为一个集合
[x-y]	匹配连续的字符范围
^	匹配字符的开头
$	匹配字符的结尾
[^]	匹配否定，对括号中的集合取反
\	匹配转义后的字符
\{n,m\}	匹配前一个字符，重复 n 到 m 次
\{n,\}	匹配前一个字符，重复至少 n 次
\{n\}	匹配前一个字符，重复 n 次
\(\)	将\(与\)之间的内容存储在保留空间，最多存储 9 个
\n	通过\1 至\9 调用保留空间中的内容

2. 基本正则表达式案例

[root@rocky9 ~]# **cp /etc/passwd /tmp/**　　　　　#复制一份练习文件

> 提示：由于模板文件的内容在每个系统中略有差异，以下案例的输出结果可能有所不同。

查找包含 root 的行：

[root@rocky9 ~]# **grep root /tmp/passwd**
root:x:0:0:root:/root:/bin/bash
operator:x:11:0:operator:/root:/sbin/nologin

查找:与 0:之间包含任意两个字符的字符串，并显示该行（--color 代表以颜色加亮显示匹配的内容）：

[root@rocky9 ~]# **grep --color :..0: /tmp/passwd**
root:x:0:0:root:/root:/bin/bash
sync:x:5:0:sync:/sbin:/bin/sync
shutdown:x:6:0:shutdown:/sbin:/sbin/shutdown
halt:x:7:0:halt:/sbin:/sbin/halt
games:x:12:100:games::/usr/games:/sbin/nologin
avahi-autoipd:x:170:170:Avahi IPv4LL Stack:/var/lib/avahi-autoipd:/sbin/nologin

查找至少包含一个 0 的行（第一个 0 必须出现，第二个 0 可以出现 0 次或多次）：

```
[root@rocky9 ~]# grep --color 00* /tmp/passwd
root:x:0:0:root:/root:/bin/bash                                    #该行有两处匹配
sync:x:5:0:sync:/sbin:/bin/sync
shutdown:x:6:0:shutdown:/sbin:/sbin/shutdown
halt:x:7:0:halt:/sbin:/sbin/halt
uucp:x:10:14:uucp:/var/spool/uucp:/sbin/nologin
operator:x:11:0:operator:/root:/sbin/nologin
games:x:12:100:games:/usr/games:/sbin/nologin                      #匹配 0 出现两次
gopher:x:13:30:gopher:/var/gopher:/sbin/nologin
ftp:x:14:50:FTP User:/var/ftp:/sbin/nologin
avahi-autoipd:x:170:170:Avahi IPv4LL Stack:/var/lib/avahi-autoipd:/sbin/nologin
avahi:x:70:70:Avahi mDNS/DNS-SD Stack:/var/run/avahi-daemon:/sbin/nologin
```

查找包含 oot 或 ost 的行：

```
[root@rocky9 ~]# grep --color o[os]t /tmp/passwd
root:x:0:0:root:/root:/bin/bash
operator:x:11:0:operator:/root:/sbin/nologin
postfix:x:89:89::/var/spool/postfix:/sbin/nologin
```

查找包含数字 0~9 的行（因输出内容较多，这里仅列出部分输出）：

```
[root@rocky9 ~]# grep --color [0-9] /tmp/passwd
root:x:0:0:root:/root:/bin/bash
bin:x:1:1:bin:/bin:/sbin/nologin
daemon:x:2:2:daemon:/sbin:/sbin/nologin
adm:x:3:4:adm:/var/adm:/sbin/nologin
lp:x:4:7:lp:/var/spool/lpd:/sbin/nologin
sync:x:5:0:sync:/sbin:/bin/sync
```

查找包含字母 f~q 的行（因输出内容较多，这里仅列出部分输出）：

```
[root@rocky9 ~]# grep --color [f-q] /tmp/passwd
root:x:0:0:root:/root:/bin/bash
bin:x:1:1:bin:/bin:/sbin/nologin
daemon:x:2:2:daemon:/sbin:/sbin/nologin
adm:x:3:4:adm:/var/adm:/sbin/nologin
lp:x:4:7:lp:/var/spool/lpd:/sbin/nologin
```

查找以 root 开头的行：

```
[root@rocky9 ~]# grep --color ^root /tmp/passwd
root:x:0:0:root:/root:/bin/bash
```

查找以 bash 结尾的行：

```
[root@rocky9 ~]# grep --color bash$ /tmp/passwd
root:x:0:0:root:/root:/bin/bash
```

查找 sbin/ 后面不带有 n 的行：

```
[root@rocky9 ~]# grep --color sbin/[^n] /tmp/passwd
```
shutdown:x:6:0:shutdown:/sbin:/sbin/shutdown
halt:x:7:0:halt:/sbin:/sbin/halt

查找数字 0 出现一次、两次的行：

```
[root@rocky9 ~]# grep --color '0\{1,2\}' /tmp/passwd
```
root:x:0:0:root:/root:/bin/bash
sync:x:5:0:sync:/sbin:/bin/sync
shutdown:x:6:0:shutdown:/sbin:/sbin/shutdown
halt:x:7:0:halt:/sbin:/sbin/halt
uucp:x:10:14:uucp:/var/spool/uucp:/sbin/nologin
operator:x:11:0:operator:/root:/sbin/nologin
games:x:12:100:games:/usr/games:/sbin/nologin
gopher:x:13:30:gopher:/var/gopher:/sbin/nologin
ftp:x:14:50:FTP User:/var/ftp:/sbin/nologin
avahi-autoipd:x:170:170:Avahi IPv4LL Stack:/var/lib/avahi-autoipd:/sbin/nologin
avahi:x:70:70:Avahi mDNS/DNS-SD Stack:/var/run/avahi-daemon:/sbin/nologin

查找包含两个 root 的行（注意，grep 在使用\(\)过滤时，匹配条件必须写在引号里）：

```
[root@rocky9 test]# grep --color "\(root\).*\1" /tmp/passwd
```
root:x:0:0:root:/root:/bin/bash

查找以 root:开头并以:root 结尾的行：

```
[root@rocky9 test]# grep --color "\(root\)\(:\).*\2\1" /tmp/passwd
```
root:x:0:0:root:/root:/bin/bash

过滤文件中的空白行：

```
[root@rocky9 test]# grep ^$ /tmp/passwd
```

过滤文件中的非空白行：

```
[root@rocky9 test]# grep -v ^$ /tmp/passwd
```

3.6.2 扩展正则表达式

1. 扩展正则表达式及其含义

表 3-7 列出了扩展正则表达式及其对应的含义。

表 3-7

扩展正则表达式	含 义
{n,m}	等同于基本正则表达式的\{n,m\}
+	匹配+前面的字符，出现一次或多次

续表

扩展正则表达式	含 义
?	匹配?前面的字符,出现 0 次或一次
|	匹配逻辑或者,即匹配|前或后的字符
()	匹配正则集合

2. 扩展正则表达式案例

由于输出信息与基本正则表达式类似,这里仅写出命令,不再打印输出信息。

查找数字 0 出现 1 次和 2 次的行:

`[root@rocky9 ~]# egrep --color '0{1,2}' /tmp/passwd`

查找至少包含一个 0 的行:

`[root@rocky9 ~]# egrep --color '0+' /tmp/passwd`

查找包含 root 或者 admin 的行:

`[root@rocky9 ~]# egrep --color '(root|admin)' /tmp/passwd`

3.6.3 POSIX 规范

由于基本正则表达式会有语系的问题,所以这里我们需要了解 POSIX 规范正则表达式。例如,在基本正则表达式中可以使用 a~z 来匹配所有字母,但 a~z 仅针对英语语系中的所有字母,此时,如果我们需要匹配的对象是中文词或其他语言词语怎么办? POSIX 是由一系列规范组成的,有些类似于 ISO 国家标准,这里仅介绍 POSIX 规范正则表达式,POSIX 的正则规范帮助我们解决了语系问题,另外,POSIX 的表达方式也比较接近于自然语言。表 3-8 列出了 POSIX 字符集及其含义。

表 3-8

字 符 集	含 义	字 符 集	含 义
[:alpha:]	字母字符	[:graph:]	非空格字符
[:alnum:]	字母与数字字符	[:print:]	任何可以显示的字符
[:cntrl:]	控制字符	[:space:]	任何产生空白的字符
[:digit:]	数字字符	[:blank:]	空格与 Tab 键字符
[:xdigit:]	十六进制数字字符	[:lower:]	小写字符
[:punct:]	标点字符	[:upper:]	大写字符

Linux 允许通过方括号使用 POSIX 规范,如[[:alnu:]]将匹配任意单个字母和数字字符。下

面通过几个简单的例子来说明用法（由于过滤输出的内容较多，以下仅列出部分输出）。

```
[root@rocky9 ~]# grep --color [[:digit:]] /tmp/passwd
root:x:0:0:root:/root:/bin/bash
bin:x:1:1:bin:/bin:/sbin/nologin
daemon:x:2:2:daemon:/sbin:/sbin/nologin
[root@rocky9 ~]# grep --color [[:alpha:]] /tmp/passwd
root:x:0:0:root:/root:/bin/bash
bin:x:1:1:bin:/bin:/sbin/nologin
daemon:x:2:2:daemon:/sbin:/sbin/nologin
[root@rocky9 ~]# grep --color [[:punct:]] /tmp/passwd
root:x:0:0:root:/root:/bin/bash
bin:x:1:1:bin:/bin:/sbin/nologin
daemon:x:2:2:daemon:/sbin:/sbin/nologin
[root@rocky9 ~]# grep [[:space:]] /tmp/passwd
ftp:x:14:50:FTP_User:/var/ftp:/sbin/nologin
vcsa:x:69:69:virtual_console_memory_owner:/dev:/sbin/nologin
```

3.6.4　Perl 正则表达式

除了基本正则表达式和扩展正则表达式，Perl 兼容的正则表达式还支持一些额外的转义元字符，这些转义元字符包括：

\b，边界字符，匹配单词的开始或结尾，例如，then、hello the world。每个单词的前后都有一个\b，可以使用\bthe\b 来匹配单词，但不会匹配 then；

\B，与\b 为反义词，\Bthe\B 不会匹配单词 the，仅会匹配中间含有 the 的单词，如 atheist；

\d 可以匹配数字；

\D 匹配所有非数字；

\s 可以匹配所有空白符号（比如空格、Tab 缩进、制表符等）；

\S 匹配所有非空白符号；

\w 可以匹配字母、数字、下画线；

\W 可以匹配除字母、数字、下画线以外的符号。

下来看几个简单的例子，grep 命令的 -P 选项可以让 grep 支持 Perl 正则表达式。

```
[root@rocky9 ~]# grep -P --color "\bbin\b" /tmp/passwd        #匹配 bin 单词
root:x:0:0:root:/root:/bin/bash
bin:x:1:1:bin:/bin:/sbin/nologin
sync:x:5:0:sync:/sbin:/bin/sync
test:x:1000:1000:test:/home/test:/bin/bash
[root@rocky9 ~]# grep -P "\d" /tmp/passwd                     #匹配所有数字
```

```
[root@rocky9 ~]# grep -P "\D" /tmp/passwd          #匹配所有非数字
[root@rocky9 ~]# grep -P "\W" /tmp/passwd          #匹配非字母、数字、下画线
root:x:0:0:root:/root:/bin/bash
bin:x:1:1:bin:/bin:/sbin/nologin
daemon:x:2:2:daemon:/sbin:/sbin/nologin
```

3.7 Sed

3.7.1 Sed 简介

Sed 是一款流编辑工具，用来对文本进行过滤、编辑操作，特别是当我们想要对几十个配置文件做统一修改时，我们会感受到 Sed 的魅力！Sed 一次仅读取一行内容，对内容执行某些指令进行处理，然后输出，所以 Sed 更适合于处理大数据文件。首先，Sed 通过文件或管道读取文件内容，但默认并不直接修改源文件，而是将读入的内容复制到缓冲区，我们称之为模式空间（pattern space），所有指令操作都是在模式空间中进行的。然后，Sed 根据相应的指令对模式空间中的内容进行处理并输出结果，默认输出至标准输出（屏幕显示器）。Sed 的工作流程如图 3-1 所示。

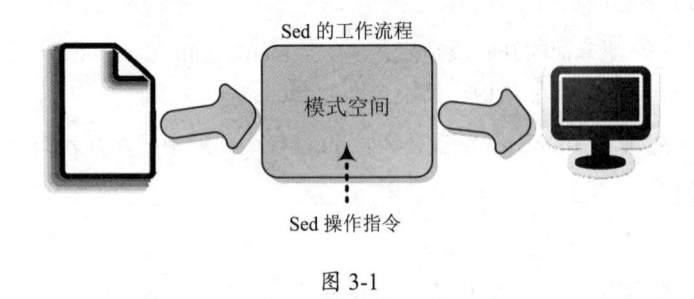

图 3-1

3.7.2 Sed 基本语法格式

Sed 从文件中读取数据，如果没有输入文件，则默认对标准输入进程数据进行处理，脚本指令是第一个非"-"开头的参数，具体语法格式如下。

用法：sed [选项]... {脚本指令} [输入文件]...

选项：--version　　　　　　　　显示 Sed 版本。
　　　--help　　　　　　　　　　显示帮助文档。
　　　-n,--quiet,--silent　　静默输出，默认情况下，Sed 程序在所有脚本指令执行完毕后

	将自动打印模式空间中的内容，该选项可以屏蔽自动打印。
-e script	允许多个脚本指令被执行。
-f script-file	从文件中读取脚本指令，对编写自动脚本程序很实用。
-i,--in-place	慎用，该选项将直接修改源文件。
-l N	指定l指令可以输出的行长度，l指令表示输出非打印字符。
--posix	禁用 GNU sed 扩展功能。
-r	在脚本指令中使用扩展正则表达式。
-s, --separate	默认情况下，Sed 将输入的多个文件的名称作为一个长的、连续的输入流。而 GNU sed 则允许把它们当作单独的文件。
-u, --unbuffered	最低限度将输入与输出内容缓存。

3.7.3　Sed 入门范例

1. 基本格式范例

Sed 通过特定的脚本指令对文件进行处理，这里简单介绍几个脚本指令作为 Sed 程序的范例。a,append 表示追加指令；i,insert 表示插入指令；d,delete 表示删除指令；s,substitution 表示替换指令。sed 脚本指令的基本格式是：[地址]指令（有些指令仅可以对一行进行操作，有些可以对多行进行操作）。指令可以用花括号进行组合，组合后这些指令序列可以作用于同一个地址。

```
address{
command1
command2
command3
}
```

> **警告**　第一个指令可以和左花括号在同一行，但右花括号必须单独处于一行。此外，在指令后添加空格会产生错误。

下面的 test.txt 为操作样本源文件（注意有若干空白行），我们基于此来熟悉 Sed 的用法。

```
[root@rocky9 ~]# cat test.txt                #提前准备一个素材文件
DEVICE=eno16777736
BOOTPROTO=static
IPADDR=192.168.0.1
NETMASK=255.255.255.0

GATEWAY=192.168.0.254
```

```
ONBOOT=yes
[root@rocky9 ~]# sed '2a TYPE=Ethernet' test.txt    #在第二行后追加 TYPE=Ethernet
[root@rocky9 ~]# sed '3i TYPE=Ethernet' test.txt    #在第三行前追加 TYPE=Ethernet
[root@rocky9 ~]# sed 's/yes/no/g' test.txt          #将样本文件中的所有 yes 替换为 no
[root@rocky9 ~]# sed '3,4d' test.txt                #删除第三、第四行的内容
```

以上大多数操作指令都依据行号定位操作对象（地址），如 2a 表示在第二行后追加内容。

在实际工作中，大多数情况下我们并不确定要操作对象（地址）的行号，这时更多会使用正则表达式确定操作对象（地址），示例如下。

匹配包含 ONBOOT 的行，并在其后面添加 TYPE=Ethernet：

```
[root@rocky9 ~]# sed '/ONBOOT/a TYPE=Ethernet' test.txt
```

匹配以 GATEWAY 开始的行，并删除该行：

```
[root@rocky9 ~]# sed '/^GATEWAY/d' test.txt
```

另外，上述操作指令可以写入脚本文件，并通过 sed 命令的-f 选项读取，脚本文件中的注释行是以#开始的，如果#后面的字符为 n，则屏蔽 Sed 程序的自动输出功能，等同于选项-n。

创建一个 Sed 脚本，内容如下：

```
[root@rocky9 ~]# cat sed.sh                         #脚本内容为，匹配到空白行并删除该行
#This is a test sed command
/^$/d
[root@rocky9 ~]# sed -f sed.sh test.txt   #对 test.txt 文件执行 sed.sh 脚本指令
```

而当我们需要执行多个指令时，可以使用以下三种方法：

```
[root@rocky9 ~]# sed 's/yes/no/;s/static/dhcp/' test.txt        #使用分号隔开多个指令
[root@rocky9 ~]# sed -e 's/yes/no/' -e 's/static/dhcp/' test.txt  #使用-e 选项
[root@rocky9 ~]# sed '                                          #利用分行编写 sed 指令
s/yes/no/
s/static/dhcp/' test.txt
```

然而在命令行上输入过长的指令是不方便的，这时建议使用-f 选项指定 Sed 脚本文件，脚本文件中可以包含多行指令，且便于修改。

```
[root@rocky9 ~]# vim sed.script                     #编写 Sed 脚本
#A sed script demo
s/yes/no/
s/static/dhcp/
[root@rocky9 ~]# sed -f sed.script test.txt         #调用脚本执行 sed 命令
```

以上案例的执行顺序是，逐行读取 test.txt 文件中的内容，每读取一行就对该行执行一次 sed.script 文件中的指令。如果希望对某特定行执行多个操作指令，可以使用{}组合多个指令。

下面仅针对文件的第三行,做多次数据替换操作。

```
[root@rocky9 ~]# sed '3{
s/0/10/
s/168/177/
s/192/111/
}' test.txt
```

2. 操作地址匹配范例

通过以上范例不难发现,我们编写的脚本指令需要指定一个地址来决定操作范围,如果不指定,则默认对文件的所有行进行操作。比如,sed 'd' test.txt 将删除 test.txt 的所有行,而'2d'则仅删除第二行。Sed 为我们提供了以下方式来确定操作地址的范围。

number	指定输入文件的唯一行号。
first~step	指定以 first 行开始,操作步长为 step,如 1~2 指定第 1 行、第 3 行、第 5 行等所有奇数行为操作地址。2~5 指定从第 2 行开始,每 5 行匹配一次操作地址。

```
[root@rocky9 ~]# sed -n '1~2p' test.txt         #打印文件的奇数行
```

$	匹配文件的最后一行。
/regexp/	//中间包含的是正则表达式,通过正则表达式匹配操作地址。如果//中正则表达式为空,则匹配最近一次正则表达式的地址。
\cregexpc	在\c 与 c 之间匹配正则表达式,c 字符可以使用任意字符替代。
addr1,addr2	匹配从操作地址 1 到操作地址 2 之间的所有行。

```
[root@rocky9 ~]# sed '2,8d' test.txt            #删除第二行至第八行之间的所有行
```

addr1,+N	匹配操作地址 1 及后面的 N 行内容。

3.7.4 Sed 指令与脚本

1. Sed 常用指令

表 3-9 给出了常用的 Sed 指令及其功能。

表 3-9

指令	功能	指令	功能
s	替换	d	删除
a	追加	i	插入
c	更改	l	L 的小写，打印（可以显示非打印字符）
y	按字符转换	=	打印当前行
p	打印	r	读入文件内容
w	保存至文件	q	立刻退出 Sed 脚本

2. 部分指令详解

（1）替换指令（s）

格式：[address]s/pattern/replacement/flags

address 为操作地址，s 为替换指令，/pattern/匹配需要替换的内容，/replacement/为替换的新内容，flags 为标记，可以如下。

n　　　　　1~512 之间的数字，表示对模式空间中第 n 个出现的指定模式进行替换。如一行中有 3 个 A，而只想替换第二个 A，则 n 的值就可以是 2。

g　　　　　对模式空间的所有匹配进行全局更改。没有 g 则只有第一次匹配被替换，如一行中有 3 个 A（AAA），则仅替换第一个 A，有 g 则默认匹配所有 A。

p　　　　　打印模式空间中的内容。

w file　　　将模式空间中的内容写到文件 file 中。

replacement 为字符串，用来替换与正则表达式匹配的内容。在 replacement 部分，只有下列字符有特殊含义。

&　　　　　用与正则表达式匹配的内容进行替换。

\n　　　　　匹配第 n 个字符串，该字符串之前在 pattern 中用\(\)指定。

\　　　　　转义（转义替换部分包含&、\等）。

（2）删除指令（d）

删除指令用于删除匹配的行，而且删除指令还会改变 Sed 脚本中指令的执行顺序。因为匹配的行一旦被删除，模式空间将变为"空"的，自然不会再执行 Sed 脚本后续的指令。执行删除指令将读取新的输入行（下一行），而 Sed 脚本中的指令则从头开始执行。需要注意的是，删除时是删除整行，而不是只删除匹配的内容（如要删除匹配的内容，可以使用替换指令）。

（3）转换指令（y）

按字符转换（Transform）的语法格式为[address]y/source-chars/dest-chars/，其中，[address]用来定位需要修改的行，source-chars 为需要被转换的字符，dest-chars 为替换字符。

3. Sed 脚本指令范例

（1）范例 1

范例 1 所使用的样本文件如下：

```
[root@rocky9 ~]# cat test.txt
<html>
<title>First Web</title>
<body>Hello the World! <body>
</html>
```

范例 1 的功能为，将样本文件中第三行的第二个<body>替换为</body>。

编写 Sed 脚本，先使用/body/正则表达式匹配文件的第三行，然后使用 s 指令进行替换，s 指令后面需要替换的内容没写，代表将前面正则表达式匹配的/body/进行替换，即将 body 替换为/body，但仅替换第二个。

```
[root@rocky9 ~]# cat sed.sh
/body/{
s//\/body/2
}
```

执行 Sed 脚本，结果如下：

```
[root@rocky9 ~]# sed -f sed.sh test.txt
<html>
<title>First Web</title>
<body>Hello the World!</body>
</html>
```

（2）范例 2

范例 2 所使用的样本文件如下：

```
[root@rocky9 ~]# cat test.txt
<html>
<title>First Web</title>
<body>
h1Helloh1
h2Helloh2
h3Helloh3
</body>
</html>
```

范例 2 的功能为，给所有行的第一个 h1、h2 等添加<>，给第二个 h1、h2 等添加</>。

编写 Sed 脚本，如下：

```
[root@rocky9 ~]# cat sed.sh
/h[0-9]/{
s//\<&\>/1
s//\<\/&\>/2
}
```

说明 先通过正则表达式匹配 h 后面紧跟一个数字的行，然后用 s 替换-/h[0-9]匹配的内容，即将 h[0-9]替换为<&>，其中&为前面要替换的内容。第一条 s 指令仅替换各行中第一个 h1、h2 等，第二条 s 指令替换各行中第二个 h1、h2 等。

执行 Sed 脚本，结果如下：

```
[root@rocky9 ~]# sed -f sed.sh test.txt
<h1>Hello</h1>
<h2>Hello</h2>
<h3>Hello</h3>
```

技巧 关于's///'指令的另一个妙处是：'/'分隔符有许多替换方案，如果正则表达式或替换字符串中有许多斜杠，则可以通过在 's' 之后指定一个不同的字符来替换分隔符。

示例：sed -e 's:/usr/local:/usr:g' mylist.txt

此时是替换分隔符，将/usr/local 替换为/usr。

（3）范例 3

范例 3 所使用的样本文件（注意有空白行）如下：

```
[root@rocky9 ~]# cat test.txt
DEVICE=eno16777736
ONBOOT=yes
BOOTPROTO=static

IPADDR=192.168.0.1
NETMASK=255.255.255.0

GATEWAY=192.168.0.254
```

范例 3 的功能为，删除文件中的空白行。直接执行 Sed 指令，结果如下：

```
[root@rocky9 ~]# sed '/^$/d' test.txt
DEVICE=eno16777736
ONBOOT=yes
BOOTPROTO=static
IPADDR=192.168.0.1
```

```
NETMASK=255.255.255.0
GATEWAY=192.168.0.254
```

（4）范例 4~范例 7

范例 4~范例 7 所使用的样本文件如下：

```
[root@rocky9 ~]# cat test.txt
DEVICE=eno16777736
ONBOOT=yes
BOOTPROTO=static
NETMASK=255.255.255.0
GATEWAY=192.168.0.254
```

范例 4 功能：在 static 行后追加一行，内容为 IPADDR=192.168.0.1。

`[root@rocky9 ~]# sed '/static/a IPADDR=192.168.0.1' test.txt`

范例 5 功能：在匹配 NETMASK 的行前面插入内容 IPADDR=192.168.0.1。

`[root@rocky9 ~]# sed '/NETMASK/i IPADDR=192.168.0.1' test.txt`

范例 6 功能：将包含 ONBOOT 行的内容更改为 ONBOOT=yes。

`[root@rocky9 ~]# sed '/ONBOOT/c ONBOOT=yes' test.txt`

范例 7 功能：通过 l 指令显示模式空间中的内容，显示非打印字符，一般与 -n 一起使用，否则会输出两次，下面对第一行和第二行执行 l 指令，显示前两行内容，包括回车符$。

`[root@rocky9 ~]# sed -n '1,2l' test.txt`　　#在 Sed 脚本文件中，通过 -n 屏蔽自动输出

范例 7 结果如下：

```
DEVICE=eno16777736$
ONBOOT=yes$
```

（5）范例 8 和范例 9

范例 8、范例 9 所使用的样本文件如下：

```
[root@rocky9 ~]# cat test.txt
DEVICE=eno16777736
ONBOOT=yes
BOOTPROTO=static
netmask=255.255.255.0
GATEWAY=192.168.0.254
```

范例 8 功能：将小写转换为大写。

编写 Sed 脚本：

```
[root@rocky9 ~]# cat sed.sh
/.*/{
/netmask/y/abcdefghijklmnopqrstuvwxyz/ABCDEFGHIJKLMNOPQRSTUVWXYZ/
```

}
```

执行 Sed 脚本，结果如下：

```
[root@rocky9 ~]# sed -f sed.sh test.txt
DEVICE=eno16777736
ONBOOT=yes
BOOTPROTO=static
NETMASK=255.255.255.0
GATEWAY=192.168.0.254
```

范例 9 功能：显示第一、第二行的内容。

打印（使用 p 指令），作用类似于 l，但不显示非打印字符，一般与 -n 配合使用。

```
[root@rocky9 ~]# sed -n '1,2p' test.txt
DEVICE=eno16777736
ONBOOT=yes
```

（6）范例 10 和范例 11

范例 10、范例 11 所使用的样本文件如下：

```
[root@rocky9 ~]# cat name.txt
Jacob
Tom
Jerry
[root@rocky9 ~]# cat mail.txt
jacob@gmail.com
tom@gmail.com
jerry@gmail.com
```

范例 10 功能：先读取 name.txt 文件内容，再读取 mail.txt 文件内容。

编写 Sed 脚本：

```
[root@rocky9 ~]# cat sed.sh
/.*/{
$r mail.txt
}
```

执行 Sed 脚本，结果如下：

```
[root@rocky9 ~]# sed -f sed.sh name.txt
Jacob
Tom
Jerry
jacob@gmail.com
tom@gmail.com
jerry@gmail.com
```

范例 11 功能：显示 name.txt 文件的前两行内容，然后退出指令。
```

```
[root@rocky9 ~]# sed '2q' test.txt
```

3.7.5　Sed 高级应用

正常的 Sed 数据处理流程是读取文件的某一行到模式空间，然后对该行执行相应的 Sed 指令，当指令执行完成后输出该行并清空模式空间，然后读取文件的下一行，直至读完。然而在真实环境中，数据可能不会那么有规律，有时我们会把数据分多行写入文件：

姓名：张三，
邮箱：zhangsan@gmail.com
姓名：李四，
邮箱：lisi@gmail.com

从上面的模板文件中可以看出，实际上每两行为一条完整的记录，而此时如果需要使用 Sed 对该文件进行处理，就需要对 Sed 工作流程进行人工干预。

1. 多行读取操作 Next

Next（N）指令通过读取新的输入行，并将其追加至模式空间的现有内容之后，来创建多行模式空间。模式空间的最初内容与新的输入行之间用换行符分隔。在模式空间中插入的换行符可以通过\n 匹配。

Next 范例 1 使用的样本文件如下：

```
[root@rocky9 ~]# cat test.txt
Name:Tom,
Mail:Tom@gmail.com
Name:Jerry,
Mail:Jerry@gmail.com
```

编写 Sed 脚本。读取样本文件内容至模式空间，当读取的内容与 Name 匹配时，立刻读取下一行内容，再通过 l 指令输出模式空间中的内容，-n 用来屏蔽自动输出。

```
[root@rocky9 ~]# sed -n '/Name/{N;l}' test.txt        #执行 Sed 脚本，结果如下
Name:Tom,\nMail:Tom@gmail.com$
Name:Jerry,\nMail:Jerry@gmail.com$
```

Next 范例 2 使用的样本文件如下：

```
[root@rocky9 ~]# cat test.txt
111
222
222
222
333
```

编写 Sed 脚本。读取样本文件内容至模式空间，当读取的内容与 222 匹配时，立刻读取下一行内容，再输出模式空间中的内容，通过 l 指令显示非打印字符。

```
[root@rocky9 ~]# cat sed.sh
#n
/222/{
N
l
}
[root@rocky9 ~]# sed -f sed.sh test.txt          #运行 Sed 脚本，结果如下
222\n222$
222\n333$
```

2. 多行打印操作 Print

Print（P）即多行打印指令，它与 p 指令稍有不同，前者仅输出多行模式空间中的第一部分，直到第一个 \n 换行符为止。

打印范例所使用的样本文件如下：

```
[root@rocky9 ~]# cat test.txt
aaa
bbb
ccc
ddd
eee
fff
```

下面对比不同打印命令的差别，输出结果见表 3-10，输出信息分析如下。

表 3-10

sed '/.*/N' test.txt	sed '/.*/N;P' test.txt	sed '/.*/N;p' test.txt
aaa	aaa	aaa
bbb	aaa	bbb
ccc	bbb	aaa
ddd	ccc	bbb
eee	ccc	ccc
fff	ddd	ddd
	eee	ccc
	eee	ddd
	fff	eee
		fff
		eee
		fff

第一个指令使用 N 读取下一行，将新读取的内容与原有内容直接用 \n 分隔。但读取下一行

后没有任何后续指令，所以指令将自动输出，即输出源文件的所有内容。

第二个指令使用 N 将下一行内容追加至本行行尾，现在模式空间中的内容为 aaa\nbbb，而 P 指令的作用是打印模式空间中的第一部分内容直到\n 处，即仅打印 aaa，这时 Sed 指令将自动输出 aaa，再换行输出 bbb（自动输出功能会将\n 输出为换行）。以此类推，读取第三行 ccc，N 将 ddd 追加至行尾，通过 P 打印\n 前的内容，同时自动输出。

第三个指令的原理类似于第二个，但 P 指令打印时会将\n 看作回车换行，所以打印出来的是分两行的 aaa 和 bbb。

3. 多行删除操作 Delete（D）

d 为删除指令，其作用是删除模式空间中的内容并读入新的输入行，而如果在 d 指令后还有多条指令，则余下的指令将不再执行，而是返回第一条指令对新读入的内容进行处理。多行删除指令 D 将删除模式空间中第一个插入的换行符（\n）前面的内容，不会读入新的输入行，并返回 Sed 脚本的顶端，使得剩余指令可以继续应用于模式空间中的其他内容。

4. Hold（h,H）、Get（g,G）

我们知道，模式空间是存放当前输入行的缓冲区。除此之外，Sed 中还有一个被称为保持空间（hold space）的缓冲区。模式空间中的内容可以复制到保持空间，保持空间中的内容同样可以复制到模式空间，Hold 和 Get 指令可用于在两者之间移动数据。

Hold(h|H)　　　　将模式空间中的内容复制或追加到保持空间。
Get(g|G)　　　　将保持空间中的内容复制或追加到模式空间。
Exchange(x)　　　交换保持空间与模式空间中的内容。

保持空间范例所使用的样本文件如下：

```
[root@rocky9 ~]# cat test.txt
aaa
bbb
ccc
ddd
[root@rocky9 ~]# cat  sed.sh
/aaa/{
h
d
}
/ccc/{
G
}
```

```
[root@rocky9 ~]# sed -f sed.sh test.txt
bbb
ccc
aaa
ddd
```

3.8 Awk

3.8.1 Awk 简介

Awk 是一种编程语言，用于在 Linux/UNIX 下对文本和数据进行扫描与处理，数据可以来自标准输入、文件、管道。Awk 分别代表其作者姓氏的第一个字母，因为它的作者是三个人，分别是 Alfred Aho、Peter Weinberger、Brian Kernighan。实际上，Awk 有很多种版本，如 awk、nawk、mawk、gawk、MKS awk、tawk 等，这其中有开源产品，也有商业产品。目前在 Linux 中常用的 Awk 版本有 mawk 和 gawk，其中以 RedHat 为代表的使用的是 gawk，以 Ubuntu 为代表的使用的是 mawk。gawk 是 GNU Project 的 Awk 开源代码实现。本书将以 Rocky Linux 9 系统自带的 gawk 作为工具进行讲解。

3.8.2 Awk 工作流程

Awk 的工作流程是：逐行扫描文件，从第一行到最后一行，寻找匹配特定模式的行，并在这些行上进行用户想要的操作。Awk 的基本结构由模式匹配和处理过程（即处理动作）组成。

```
pattern {action}
```

Awk 读取文件内容的每一行时，将对比该行是否与给定的模式相匹配，如果匹配，则执行处理过程，否则不对该行做任何处理。如果没有指定处理脚本，则把匹配的行显示到标准输出，即默认处理动作是通过 print 打印行；如果没有指定模式匹配，则默认匹配所有数据。

Awk 有两个特殊的模式：BEGIN 和 END，它们分别在没有读取任何数据之前及所有数据读取完成后执行。

图 3-2 展示了 Awk 的工作流程，从图中可以看出，在读取文件内容前，BEGIN 后面的指令将被执行，然后读取文件内容并判断是否与特定的模式匹配，如果匹配，则执行正常模式后面的动作指令，最后执行 END 模式，并输出处理后的结果。

图 3-2 Awk工作流程图

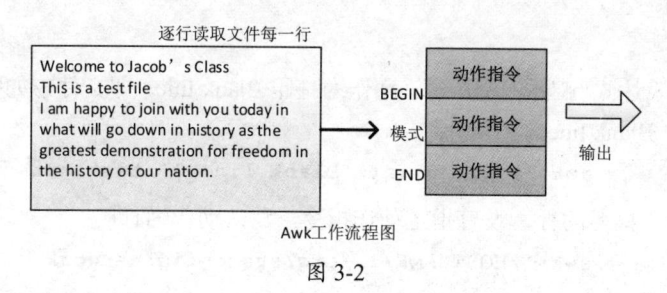

3.8.3 Awk 基本语法格式

Awk 的基本语法格式如下：

gawk [选项] -f program-file [--] file ...

选项如下：

◎ -F fs，--field-separator fs：指定以 fs 作为输入行的分隔符（默认分隔符为空格或制表符）。

◎ -v var=val，--assign var=val：在执行处理过程以前设置一个变量 var 的值为 val。

◎ -f program-file，--file program-file：从脚本文件中读取 Awk 指令，以取代在命令参数中输入处理脚本。

◎ -W compat，-W traditional，--compat，--traditional：使用兼容模式运行 Awk，GNU 扩展选项将被忽略。

◎ -W copyleft，-W copyright，--copyleft，--copyright：输出简短的 GNU 版权信息。

◎ -W dump-variables[=file]，--dump-variables[=file]：打印全局变量（变量名、类型、值）到文件中，如果没有提供文件名，则自动输出至名为 dump-variables 的文件中，示例如下。

```
[root@rocky9 ~]# awk -W dump-variables=out.txt 'x=1 {print x}' test.txt
-W exec file, --exec file
```

类似于-f 选项，但脚本文件需要以#!开头。另外，命令行的变量将不再生效。

◎ -W help，-W usage，--help，--usage：显示各个选项的简短描述。

Awk 程序的语法结构是：一个 Awk 程序包含一系列的模式 {动作指令} 或函数定义，模式可以是 BEGIN、END、表达式，用来限定操作对象的多个表达式使用逗号分隔；动作指令需要用{}包裹起来。

简单示例：

（1）通过正则表达式/^$/匹配空白行，动作为打印 Blank line，即文件中如果有 N 个空白行，将在屏幕打印 N 个 Blank line。

`[root@rocky9 ~]# awk '/^$/ {print "Blank line"}' test.txt`

（2）打印包含主机名的行，没有指定动作指令，默认动作为打印。

`[root@rocky9 ~]# awk '/HOSTNAME/' /etc/sysconfig/network`

（3）提前编辑一个 Awk 脚本 awk.sh，再通过-f 选项调用该脚本。

```
[root@rocky9 ~]# cat awk.sh
/^$/ {print "Blank line}
[root@rocky9 ~]# awk -f awk.sh test.txt
```

3.8.4 Awk 操作指令

1. 记录与字段

Awk 一次从文件中读取一条记录，并将记录存储在字段变量$0 中。记录被分割为字段并存储在$1,$2,…, $NF 中（默认使用空格或制表符作为分隔符）。内建变量 NF 为记录中字段的个数。

示例：

读取输入行并输出第一个字段、第二个字段、第三个字段。

`[root@rocky9 ~]# echo hello the world | awk '{print $1,$2,$3}'`

读取输入行并输出该行。

`[root@rocky9 ~]# echo hello the world | awk '{print $0}'`

读取输入行并输出该行中字段的个数。

`[root@rocky9 ~]# echo hello the world | awk '{print NF}'`

读取输入行并输出该行的最后一个字段。

`[root@rocky9 ~]# echo hello the world | awk '{print $NF}'`

2. 字段分隔符

默认情况下，Awk 读取数据以空格或制表符作为分隔符，但可以通过-F 或 FS（field separator）选项来改变分隔符。

```
[root@rocky9 ~]# awk -F: '{print $1}' /etc/passwd
[root@rocky9 ~]# awk 'BEGIN {FS = ":"} {print $1}' /etc/passwd
```

注意，以上两个示例均将字段的分隔符改为冒号（:），即以冒号为分隔符打印 passwd 文件的第一个字段（账号名称）。如果使用 FS 改变分隔符，需要在 BEGIN 处定义 FS，因为在读取第一行前就需要改变字段分隔符。

进阶示例：指定多个字段分隔符（文件内容为：hello the:word,!）。

```
[root@rocky9 ~]# echo 'hello the:word,!' | awk 'BEGIN {FS="[:, ]"} {print $1,$2,$3,$4}'
```

3. 内置变量

表 3-11 为 Awk 内置变量列表。

表 3-11

变量名称	描　　述
ARGC	命令行参数个数
FILENAME	当前输入文件的名称
FNR	当前输入文件的行记录编号，尤其是当有多个输入文件时有用
NR	输入流的当前行记录编号
NF	当前行记录中的字段个数
FS	字段分隔符
OFS	输出字段分隔符，默认为空格
ORS	输出记录分隔符，默认为换行符\n
RS	输入记录分隔符，默认为换行符\n

示例：

```
[root@rocky9 ~]# cat test1.txt
This is a test file.
Welcome to Jacob's Class.
[root@rocky9 ~]# cat test2.txt
Hello the wrold.
Wow! I'm overwhelmed.
Ask for more.
```

输出当前文件的行记录编号，第一个文件两行，第二个文件三行：

```
[root@rocky9 ~]# awk '{print FNR}' test1.txt test2.txt
1
2
1
2
3
```

将两个文件作为一个整体的输入流，通过 NR 输入当前行记录编号：

```
[root@rocky9 ~]# awk '{print NR}' test1.txt test2.txt
1
2
3
4
5
[root@rocky9 ~]# awk '{print NF}' test1.txt
#文件的第一行有 5 个字段，第二行有 4 个字段
5
4
[root@rocky9 ~]# awk 'BEGIN {FS = ":"} {print $1}' /etc/passwd
[root@rocky9 ~]# awk '{print $1,$2,$3}' test1.txt
```

> **说明**
>
> 使用 print 输出时，输出分隔符默认为空格，所以输出内容如下：
> This is a
> Welcome to Jacob's

下面通过 OFS 将输出分隔符设置为"-"，通过 print 输出第一、二、三个字段时，中间的分隔符为"-"，结果如下：

```
[root@rocky9 ~]# awk 'BEGIN {OFS="-"} {print $1,$2,$3}' test1.txt
This-is-a
Welcome-to-Jacob's
```

再来看以下文件：

```
[root@rocky9 ~]# cat test3.txt
mail from: tomcat@gmail.com
subject:hello
data:2012-07-12 17:00
content:Hello, The world.

mail from: jerry@gmail.com
subject:congregation
data:2012-07-12 08:31
content:Congregation to you.

mail from: jacob@gmail.com
subject:Test
data:2012-07-12 10:20
content:This is a test mail.
```

读取输入数据，以空行作为分隔符，即第一个空行前的内容为第一个记录，第一个记录中字段的分隔符为换行符：

```
[root@rocky9 ~]# awk 'BEGIN {FS="\n"; RS=""} {print $3}' test3.txt
```
以上 Awk 实现将打印所有邮件时间，即每条记录中的第三个字段。

4. 表达式与操作符

表达式由变量、常量、函数、正则表达式、操作符组成，Awk 中的变量有字符变量和数字变量。如果在 Awk 中定义的变量没有初始化，则初始值为空字符或 0。注意，对字符进行操作时一定要加引号。

变量定义示例：
```
a="welcome to beijing"
b=12
```
操作符（Awk 的操作符与 C 语言类似）如下。

+	加
-	减
*	乘
/	除
%	取余
^	幂运算
++	自加 1
--	自减 1
+=	相加后赋值给变量（x+=9 等同于 x=x+9）
-=	相减后赋值给变量（x-=9 等同于 x=x-9）
*=	相乘后赋值给变量（x*=9 等同于 x=x*9）
/=	相除后赋值给变量（x/=9 等同于 x=x/9）
>	大于
<	小于
>=	大于或等于
<=	小于或等于
==	等于
!=	不等于
~	匹配
!~	不匹配
&&	与

|| 或

操作符简单示例：

```
[root@rocky9 ~]# echo "test" | awk 'x=2 {print x+3}'
[root@rocky9 ~]# echo "test" | awk 'x=2,y=3 {print x*2, y*3}'
[root@rocky9 ~]# awk '/^$/ {print x+=1}' test.txt         #统计所有空行
[root@rocky9 ~]# awk '/^$/ {x+=1} END {print x}' test.txt  #打印空行总数
[root@rocky9 ~]# awk -F: '$1~/root/ {print $3}' /etc/passwd#打印 root 的 ID 号
[root@rocky9 ~]# awk -F: '$3>500 {print $1}' /etc/passwd
                                         #打印计算机中 ID 号大于 500 的用户名
```

3.8.5　Awk 高级应用

1. if 条件判断

if 语法格式 1：
```
if（表达式）
动作 1
else
动作 2
```

if 语法格式 2：
```
if（表达式）动作 1；else 动作 2
```

如果表达式的判断结果为真，则执行动作 1，否则执行动作 2。

示例：boot 分区可用容量小于 20MB 时报警，否则显示 OK。

```
[root@rocky9 ~]# df | grep "boot" | \
awk '{if($4<20000) print "Alart"; else print "OK"}'
```

2. while 循环

while 语法格式 1：
```
while（条件）
动作
```

示例：
```
[root@rocky9 ~]# awk 'i=1 {} BEGIN { while (i<=10) {++i; print i}}' test.txt
```

While 语法格式 2：
```
do
```

动作
while（条件）

示例：

```
[root@rocky9 ~]# awk 'BEGIN { do {++x;print x} while (x<=10)}' test.txt
```

3. for 循环

for 语法格式：

for（变量；条件；计数器）
　　动作

示例：

```
[root@rocky9 ~]# awk 'BEGIN {for(i=1;i<=10;i++) print i}' test.txt
[root@rocky9 ~]# awk 'BEGIN {for(i=10;i>=1;i--)  print i}' test.txt
```

因为以上循环语句使用的均为 BEGIN 模式，也就是说，在未读取文件内容前就会将 BEGIN 代码执行完毕，所以输入文件可以为任意文件。

4. Break 与 Continue

break 和 continue 的语法格式：

```
break 跳出循环
continue     终止当前循环
```

continue 示例（打印 1-4，6-10）：

```
    for  (i=1; i<=10;i++) {
       if (i=5)
            continue
       print i
    }
```

break 示例（仅打印 1-4）：

```
    for  (i=1; i<=10;i++) {
       if (i=5)
          break
       print i
    }
```

5. 函数

（1）rand ()函数

作用：产生 0~1 之间的浮点类型随机数，rand()产生随机数时需要通过 srand()设置一个参数，否则单独的 rand() 每次产生的随机数都是一样的。

示例：

```
[root@rocky9 ~]# awk 'BEGIN {print rand(); srand(); print srand()}' test.txt
```

（2）gsub(x,y,z) 函数

作用：在字符串 z 中使用字符串 y 替换与正则表达式 x 相匹配的所有字符串，z 默认为$0。

（3）sub(x,y,z) 函数

作用：在字符串 z 中使用字符串 y 替换与正则表达式 x 相匹配的第一个字符串，z 默认为$0。

示例：将文件 passwd 每行中所有 root 修改为 jacob 并显示至屏幕。

```
[root@rocky9 ~]# awk -F: 'gsub(/root/,"jacob",$0) {print $0}' /etc/passwd
```

示例：将文件 passwd 每行中的第一个 root 修改为 jacob 并显示至屏幕。

```
[root@rocky9 ~]# awk -F: 'sub(/root/,"jacob",$0) {print $0}' /etc/passwd
```

sub 相当于 Sed 中的 s///，gsub 相当于 Sed 中的 s///g。

（4）length(z) 函数

作用：计算并返回字符串 z 的长度。

示例：显示 test.txt 文件中每一行的字符串长度。

```
[root@rocky9 ~]# awk '{print length()}' test.txt
```

（5）getline 函数

作用：从输入中读取下一行内容。从下面 df -h 命令的输出结果可以看出，分区的剩余容量显示在第 4 列，但唯独/根分区的记录显示为两行。我们需要在当记录的字段个数为 1 时读取下一行，并将该行的第 3 列显示至屏幕。

```
[root@rocky9 ~]# df -h
Filesystem            Size  Used Avail Use% Mounted on
/dev/mapper/VolGroup00-LogVol00
                       19G  3.6G   15G  21% /
/dev/sda1              99M   14M   81M  15% /boot
tmpfs                 141M     0  141M   0% /dev/shm
none                  140M  104K  140M   1% /var/lib/xenstored
[root@rocky9 ~]# df -h |awk '{if(NF==1) {getline; print $3}; if(NF==6) print $4}'
[root@rocky9 ~]# df -h |awk 'BEGIN {print "Disk Free:"} \
> {if(NF==1) {getline; print $3}; if(NF==6) print $4}'
```

3.9 Shell 脚本

经常有人说脚本就是命令的堆积，这种观点是错误的。命令是 Shell 脚本的重要组成部分，但不是全部，脚本中还包含变量设置、控制与循环、逻辑运算等。与使用 C 语言等其他编程语言所编写的程序不同，脚本运行时，需要调用相应的解释器来翻译脚本中的内容，从而使脚本被成功执行。根据我们编写的脚本格式的不同，需要的解释器也不同，如果编写的是一段 Shell 脚本代码，就需要调用 Bash 程序来告诉系统如何执行这个 Shell 脚本，如果编写的是一段 Python 脚本代码，则执行该脚本时要调用 Python 程序来解释翻译所编写的代码，最终实现脚本的正常运行。目前脚本的种类众多，常见的脚本有 Shell 脚本、Java 脚本、PHP 脚本、Python 脚本、Perl 脚本等，其中最简单的是 Shell 脚本。

因为我们所编写的脚本如果想被执行，每次都需要调用相应的解释器翻译一遍脚本代码的含义，所以，脚本程序的执行效率会比 C++之类的编程语言慢很多。但脚本的编写效率往往比一些高级语言高很多，有些简单的操作使用 Shell 脚本仅需一分钟就可以编写完成，但想使用高级语言来完成同样的工作可能需要花费一天的时间来编写代码。另外，脚本的优势在于简单（易学易用），很多人都可以很快完成脚本的学习，并迅速上手编写属于自己的脚本，而且脚本一般都以文本文件格式存在，我们可以使用任何文本编辑对其进行修改，使得在工作中查看、编辑、审核脚本内容变得非常容易。

本节我们就来看看如何编写一些基本的 Shell 脚本程序，最终实现运维工作的自动化、智能化，从而提高工作效率和生产效率。

3.9.1 脚本格式

每个完善的脚本都要遵循一些既定的规则，Shell 脚本也一样，有自己独特的格式。下面来看一个完整的 Shell 脚本，分析其格式。示例为 Hello the world，创建脚本文件/root/print.sh，内容如下：

```
#!/bin/bash
# Copyright © 2012, Jacob Publish Press. All rights reserved.
#
# This program is print the "Hello the world" to screen.
# Date:2012-12-12
# Version:0.1

echo "Hello the world"
exit 0
```

在 Hello the world 示例中，我们给出了一个相对完善的脚本所应该具有的基本框架。第一行#!的作用是指定该脚本程序的命令解释器，本例中为/bin/bash。也就是说，脚本执行后，系统内核读取#!后面的路径查找解释器，最终使用该解释器翻译脚本代码并运行。脚本文件中#后面的部分为注释，在脚本程序执行时，该部分会被忽略，这些注释为代码的编写与阅读提供辅助信息。接下来就是脚本的代码部分，这些代码默认会按顺序依次被执行，但通过控制语句控制执行顺序时例外。

3.9.2 运行脚本的方式

脚本编写完成后，我们需要运行并实现脚本程序的功能，那么如何运行呢？其实，脚本的运行方式有很多种，而且各种方式的运行结果也不尽相同，下面分别介绍三种运行脚本的方式。

1. 赋予权限，直接运行脚本

```
[root@rocky9 ~]# chmod a+x print.sh
[root@rocky9 ~]# /root/print.sh          #通过绝对路径运行脚本
[root@rocky9 ~]# ./print.sh              #通过相对路径运行脚本
```

2. 没有权限，通过 bash 或 sh 运行脚本

```
[root@rocky9 ~]# bash print.sh           #调用 bash 命令解释脚本内容并运行
[root@rocky9 ~]# sh print.sh             #调用 sh 命令解释脚本内容并运行
```

3. 没有权限，通过.或 source 运行脚本

```
[root@rocky9 ~]# source print.sh         #通过 source 命令加载脚本文件并运行
[root@rocky9 ~]# . print.sh              #.与脚本之间有空格
```

不同运行方式的区别在于，赋予脚本权限后直接运行脚本将在用户当前 Shell 下开启一个新的子进程，并在子进程的环境中运行脚本程序；通过 bash 或 sh 命令加载脚本文件并运行时，系统将不再关心解释器，而是直接使用 bash 或 sh 作为解释器解释脚本内容；通过.或 source 方式运行脚本时，脚本将在用户当前 Shell 环境下运行。

3.9.3　Shell 脚本简单案例

案例 1：计算《红楼梦》中的词频

我国红学研究界一直以来都在为谁是《红楼梦》一书的作者争论不已，论点不一，各有各的论据。其中比较靠谱的说法有两种，一种说法是《红楼梦》全书为曹雪芹所著，另一种说法是《红楼梦》前八十回为曹雪芹著，后四十回为程伟元与高鹗所著。但追究根源，目前没有一种说法是毫无争论的。仅目前，红学界公认的观点是《红楼梦》的原作者是曹雪芹，高鹗只是续写者。《红楼梦》第一回正文中提到，此书经"曹雪芹于悼红轩中披阅十载，增删五次，纂成目录，分出章回"。而在这些证明《红楼梦》作者的方法中，有一种是比较新颖的，就是统计小说的用词频率。因为一般人写作都有自己的风格、习惯用语，所以有人通过对比《红楼梦》前八十回与后四十回的用词频率是否相同，来判断作者是否为同一人，词频好比文章的指纹。

无独有偶，1983 年到 1987 年，贝尔实验室的 Jon Bentley 发表了有趣的系列专栏 *Programming Pearls*，Jon 在专栏中提出了一个问题：写一个程序，找出 *n* 个出现最频繁的单词，并在输出结果中显示这些单词出现的次数，最后由高到低排序。很多人花费了大量的时间解决该问题，但程序效率尚需考虑，同时贝尔实验室的 Doug McIlroy 提供了一个六步解决方案，几分钟就可完成，效率相当高，该程序使用 Shell 脚本编写。但该脚本并不适合于处理中文文件，因为英文单词与单词之间总存在空格，脚本程序第一步便可以将整个文件处理为一行一个单词的形式，然后通过排序求词频，这是前提。但中文的汉字与汉字之间是不存在空格的，所以基于上面的案例，这里改写了一份脚本程序用以处理中文文件，内容如下：

```
#!/bin/bash
for i in {1..80}
do
  cut -c$i $1 >>one.txt
  cut -c$i $2 >>two.txt
done
grep "[[:alnum:]]" one.txt > onebak.tmp
grep "[[:alnum:]]" two.txt > twobak.tmp
sort onebak.tmp |uniq -c |sort -k1,1n -k2,2n |tail -30 > oneresult
sort twobak.tmp |uniq -c |sort -k1,1n -k2,2n |tail -30 > tworesult
rm -rf one.txt two.txt onebak.tmp twobak.tmp
vimdiff oneresult tworesult
```

脚本说明：这里假设屏幕每行可以输出 80 个汉字，sort 命令用于对文件中的汉字排序；uniq -c 去除重复的汉字且显示其出现的次数；如果文件中包含以空格分隔的 4 列内容，-k1 可以指定按第一列内容排序，-k2 可以指定按第二列内容排序，默认 sort 按 ASCII 码顺序排序，n 会告诉 sort 对文件内容按数字格式理解并排序。因此，sort -k1,1n -k2 表示按第一列排序（按词频排序），以数字格式排序，如果第一列内容相同，则按第二列内容排序。

下面的对比数据是使用该脚本计算《红楼梦》前八十回与后四十回文章词频的结果，脚本计算后将显示词频最高的 30 个汉字，下面仅给出前十五个汉字的对比数据，左列为前八十回数据，右列为后四十回数据。

8541	一	3942	来
7376	来	3758	道
7197	道	3741	是
6715	人	3649	人
6377	我	3474	一
6299	是	3392	说
6231	说	2741	我
5417	他	2382	这
5359	这	2378	着
5104	你	2245	他
4148	去	2203	里
4081	个	2138	贾
4024	也	2066	儿
4008	儿	2065	玉
3945	玉	2046	有

由于前后章节的基数不同，所以词频数据有一定的差异，但通过观察不难发现，前后章节所使用的频率最高的汉字中有大量的重叠。也就是说，前八十回与后四十回写作风格与用词习惯应该是相同的。

案例 2：显示程序菜单

下面编写一个脚本实现程序主菜单的显示，脚本使用 echo 命令实现，内容如下：

```
#!/bin/bash
#This is a menu script
clear
echo "*******************************"
echo -e "*\033[1;31m\t\tMenu\t\t\033[0m*"
echo "*******************************"
echo "1.Display system CPU info and system load"
echo "2.Display system Mem and swap info"
echo "3.Display filesystem mount info"
```

```
echo "4.Display system network interface info"
echo "5.Exit"
```

脚本说明：整个脚本仅实现菜单输出显示，首先通过 clear 将屏幕清空，然后使用 echo 命令输出菜单内容。另外，echo 的-e 选项开启转义功能，通过\033[1;31m 可以输出颜色，1 为样式与前景色，31 为字体颜色。再次使用\033[0m 来关闭颜色设置，即后续不再为输出内容设置颜色。

案例 3：统计系统基本信息

为了说明脚本的基本格式，这里使用最简单的命令堆积的方式统计计算机系统的基本信息，这里没有对输出信息做任何设计与排版处理，仅仅用于展示脚本的基本格式，如果需要在生产环境中使用类似功能的脚本，还需要稍作处理与优化，后续章节中会有更加完善的脚本。本例中脚本内容如下：

```
#!/bin/bash
#This script can be used to collect system basic information.
echo "--------------------------------"
echo "Display CPU info:"
echo $(cat /proc/cpuinfo)
echo "--------------------------------"
echo "Display system load:"
echo $(uptime)
echo "--------------------------------"
echo "Display Mem and swap info:"
echo $(free)
echo "--------------------------------"
echo "Display filesystem mount info:"
echo "df -h"
echo "--------------------------------"
echo "Display network interface info:"
echo $(ip addr show)
echo "--------------------------------"
```

Shell 脚本如果仅仅是命令的堆积，便失去了 Shell 编程的意义。Shell 脚本的强大之处在于它可以像其他高级编程语言一样进行判断、循环、控制及函数处理。接下来我们将重点关注这些内容，只有完全掌握了这些知识，再结合 Linux 命令才可以写出满足实际需要的优秀脚本。当然，初学者可以先从模仿入手，多看多练，日积月累后我们会发现编写脚本其实很简单。

3.9.4 判断语句的应用

判断语句的应用使得脚本具有了智能判断功能，通过判断，我们可以分析计算机操作环境、工作状态，实现脚本的智能化，让脚本根据不同的环境执行不同的操作。Shell 脚本的判断可以使用 if 语句或 case 语句实现，下面分别介绍这两种语句的语法格式并给出应用案例。

1. if 语句

表 3-12 为常用 if 语句的语法格式，其中命令序列代表命令集合，可以是一条命令，也可以是多条命令。也就是说，当判断条件满足时，可以仅执行一条命令，也可以执行一系列命令，对条件的判断可以使用 test 命令，也可以使用[]测试。

表 3-12

语法格式 1	语法格式 2	语法格式 3
if 条件 then 　命令序列 fi	if 条件 then 　命令序列 else 　命令序列 fi	if 条件 then 　命令序列 elif 条件 then 　命令序列 elif 条件 then 　命令序列 else 　命令序列 fi

if 语句示例如下。

示例 1：判断当前用户是否为 root 管理员，如果是，则执行 tar 对/etc/目录进行备份。

```
#!/bin/bash
#If current user is root then bakup the /etc.
if [ "$(id -u)" -eq "0" ]; then
tar -czf /root/etc.tar.gz /etc & >/dev/null
fi
```

示例 2：要求用户输入密码，判断密码是否正确。

```
#!/bin/bash
#Read password and test.
read -p "Enter a password:" password
if [ "$password" == "pass" ]; then
```

```
echo "OK"
fi
```

示例 3：要求用户输入密码，判断密码是否正确。若正确，显示 OK；若不正确，显示 ERROR。

```
#!/bin/bash
#Read password and test.
read -p "Enter a password:" password
if [ "$password" == "pass" ]
then
echo "OK"
else
echo "ERROR"
fi
```

示例 4：读取参数判断成绩，成绩小于 60 分显示 Fail；成绩大于或等于 60 分但小于 70 分，显示 pass；成绩大于或等于 70 分但小于 80 分，显示 fine；成绩大于或等于 80 分显示 excellence。

```
#!/bin/bash
#Test score, and print the level.
if [ $1 -ge 80 ];then
echo "excellence"
elif [ $1 -ge 70 ];then
echo "fine"
elif [ $1 -ge 60 ];then
echo "pass"
else
echo "Fail"
fi
```

2. case 语句

在 Shell 脚本中，除了使用 if 语句进行判断，还可以使用 case 语句。表 3-13 给出了 case 语句的语法格式，case 语句是多重 if 语句的替换解决方案，它易读易写。case 语句检查模式与变量值是否匹配，如果匹配，则执行相应模式下的命令序列，命令序列可以是单条命令，也可以是多条命令的集合，*)下的命令为 case 默认动作，当变量与所有模式都不匹配时，case 将执行 *)下的命令序列。模式可以使用通配符，模式下的命令序列最后必须要以 ";;" 结尾（默认命令序列除外），代表该模式下的命令到此结束。最后，case 语句块使用 esac 结束。

表 3-13

语法格式 1	语法格式 2
case $变量名称 in 模式 1)	case $变量名称 in 模式 1|模式 2)

续表

语法格式 1	语法格式 2
命令序列 　　;; 模式 2) 　　命令序列 　　;; 模式 N) 　　命令序列 　　;; *) esac	命令序列 　　;; 模式 3 | 模式 4) 　　命令序列 　　;; 模式 5 | 模式 6) 　　命令序列 　　;; *) esac

case 语句示例如下。

示例 1：根据时间备份/var/log 日志目录，仅备份周三、周五的数据。

```
#!/bin/bash
DATE=$(date +%a)
TIME=$(date +%Y%m%d)
case $DATE in
    Wed|Fri)
tar -czf /usr/src/${TIME}_log_tar.gz /var/log/&>/dev/null
;;
    *)
echo "Today neither Wed nor Fri."
esac
```

示例 2：根据用户输入参数的不同返回不同的提示，如果用户输入字母，则提示 You have type a character；如果用户输入数字，则提示 You have type a number，否则提示 ERROR。

```
#!/bin/bash
case $1 in
    [a-z]|[A-Z])                        #判断$1 是否是字母
echo "You have type a character."
;;
    [[:digit:]])                        #判断$1 是否是数字
echo "You have type a number."
;;
    *)
echo "Error."
esac
```

示例 3：编写 Firefox 火狐浏览器启动脚本，支持 start、stop、restart 功能。

```
#!/bin/bash
```

```
case $1 in
    start)
firefox &
;;
    stop)
pkill firefox
;;
    restart)
pkill firefox
firefox &
;;
    *)
echo "Usage:$0 (start|stop|restart)"
esac
```

3.9.5 循环语句的应用

1. for 语句

日常系统管理工作中有大量需要重复运行的命令，Shell 程序提供了 for、while、until、select 循环语句以实现反复执行特定命令的功能。在所有循环语句中，变量必须要有初始值，每次执行命令序列前都需要对条件进行过滤，满足条件才会执行命令，否则不执行相关操作。

表 3-14 为 for 语句的语法格式，for 语句根据变量被赋值的次数执行相同次数的命令，如定义一个变量 i 的值为 1、3、5，共赋值 3 次，则最终 for 循环将执行命令 3 次。在表 3-14 中，for 语句语法格式 1 对变量的赋值方式是在 in 后面直接赋值，多个值通过空格隔开；语法格式 2 则首先初始化变量的值，也就是定义一个变量的初始值，然后通过运算修改变量的值，当达到结束循环的条件时，for 循环结束。

表 3-14

语法格式 1	语法格式 2
for 变量 in 值1 值2 … 值N do 　　命令序列 done	for ((初始化变量的值;结束循环的条件;运算)) do 　　命令序列 done

for 语句示例如下。

示例 1：给多个用户群发邮件，邮件内容为 /var/log/messges 文件中的内容，标题为 Log。

```
#!/bin/bash
DOMAIN=gmail.com
```

```
for MAIL_U in tom jerry smith         #MAIL_U 分别被赋值为 tom、jerry、smith
do
mail -s "Log" $MAIL_U@$DOMAIN < /var/log/messges
done
```

示例 2：多次给 NUM 变量赋值并显示。

```
#!/bin/bash
#Print the variable values.
for NUM in {1..20}          #NUM 的值为 1 到 20 之间的整数
do
echo $NUM
done
```

示例 3：通过 for 语句打印九九乘法表。

```
#!/bin/bash

for i in {1..9}
do
        for ((j=1;j<=i;j++))
        do
                printf "%-8s" $j*$i=$((j*i))
        done
        echo
done
```

2. while 语句

表 3-15 为 while 语句的语法格式。while 语句在循环前对循环条件进行判断，条件满足时，循环将一直被执行，直到条件失败，循环结束。while 语句可以通过 read 命令每次读取一行文件内容，文件有多少行，while 循环就执行多少次，读取文件结束时，循环结束。

表 3-15

语法格式 1	语法格式 2
while [条件] do 命令序列 done	while read -r line do 命令序列 done < file

while 语句示例如下。

示例 1：批量添加 20 个用户，用户名为 user$N$，N 为 1 至 20 的数字。

```
#!/bin/bash
#Add twenty users through wile loop.
```

```
U_NUM=1
while [ $U_NUM -le 20 ]          #只要U_NUM的值小于或等于20,循环就一直执行
do
   useradd user${U_NUM}
   U_NUM=$((U_NUM+1))
done
```

示例2:打印网卡配置文件的每一行。

```
#!/bin/bash
#Read /etc/sysconfig/network-scripts/ifcfg-eno16777736 and print out.

FILE=/etc/sysconfig/network-scripts/ifcfg-eno16777736
while read -r line
do
    echo $line
done < $FILE
```

示例3:无限循环菜单,根据用户的选择实现菜单的不同功能,最后通过相应的菜单选项退出脚本。

```
#!/bin/bash
while true                       #无限循环while
do
clear
echo "--------------------------------"
echo "1. Display CPU info:"
echo "2. Display system load:"
echo "3. Display Mem and swap info:"
echo "4. Display filesystem mount info:"
echo "5. Exit Program:"
echo "--------------------------------"
read -p "Please select an iterm(1-5):" U_SELECT
case $U_SELECT in
1)
   echo $(cat /proc/cpuinfo)
   read -p "Press Enter to continue:"
   ;;
2)
   echo $(uptime)
   read -p "Press Enter to continue:"
   ;;
3)
   echo $(free)
   read -p "Press Enter to continue:"
   ;;
4)
```

```
       echo "$(df -h)"
       read -p "Press Enter to continue:"
       ;;
    5)
       exit
       ;;
    *)
       read -p "Please Select 1-5, Press Enter to continue:"
    esac
    done
```

3. until 语句

表 3-16 为 until 语句的语法格式，该语句依据条件是否满足来判断循环是否继续执行，直到条件满足时结束循环。

表 3-16

语法格式
until [条件] do 　　命令序列 done

until 语句示例如下。

批量删除用户，用户名称为 user*N*，*N* 是 1~20 之间的数字。

```
#!/bin/bash
#Delete user.
U_NUM=20
until [ $U_NUM -eq 0 ]
do
   userdel user${U_NUM}
   U_NUM=$((U_NUM-1))
done
```

4. select 语句

select 语句可以用来生成菜单项目，select 循环与 for 循环格式相同。下面通过 select 生成询问籍贯的提问菜单，并通过 echo 显示结果。

```
#!/bin/bash
echo "Where are you from? "
select var in "Beijing" "Shanghai" "New York" "Chongqing"
```

```
do
    break
done
echo "You are from $var"
```

3.9.6 控制语句的应用

Shell 支持的控制语句有 shift、continue、break、exit，Shell 脚本默认会按顺序依次执行脚本中的命令，通过控制语句可以人为控制脚本的执行顺序。

shift 的作用是将位置参数左移一位，也就是执行一次 shift 命令后将$2 将变为$1，以此类推，这样可以通过$1 调用所有命令参数。下面的示例可以很好地说明具体用法。

```
[root@rocky9 ~]# cat shift.sh
#!/bin/bash
for i in $@
do
   echo $1
   shift
done
[root@rocky9 ~]# chmod a+x shift.sh
[root@rocky9 ~]# ./shift.sh hello the world
hello
the
world
```

上面的例子运行脚本时指定了三个参数，分别是 hello、the 和 world，参数之间用空格隔开，此时$1=hello,$2=the,$3=world。运行 for 循环先输出$1，然后执行 shift 命令，位置参数左移一位，$1 的值变成了 the，$2 的值变成了 world，shift 命令执行结束后继续执行 for 循环，第二次输出的$1 为 the，输出 the 后继续执行 shift 命令，位置参数再次左移一位，此时$1 的值变成了 world。

continue 用来在 for、while、until 循环中使当前循环中断，从而进入下一次循环体，而 break 则可以用来结束整个 for、while、until 循环语句的执行，最后 exit 可以用来结束脚本程序的运行。下面的示例说明了这些控制语句的功能与区别。

```
#!/bin/bash
for IP_SUFFIX in {1..254}
do
case $IP_SUFFIX in
10)
```

```
        continue
        ;;
15)
        break
esac
    echo ${IP_SUFFIX}
done
sleep 5                                        #让脚本暂停 5 秒
exit
echo "The would't be printed content"
```

当 IP_SUFFIX 为 10 时，由于执行了 continue 命令，当前 for 循环后续的指令不再被执行，直接进入下一次循环，IP_SUFFIX 将被赋值为 11。当 IP_SUFFIX 为 15 时，整个 for 循环将结束，也就是说，第 15~254 次循环根本就不会执行，因为 IP_SUFFIX 为 15 时，程序执行了 break 命令，for 循环强制结束，但脚本不会结束运行，如果 for 循环外面还有其他命令，将按顺序继续执行。最后，exit 用来退出当前 Shell 脚本，所以示例脚本中的最后一条 echo 命令永远都不会被执行。

3.9.7 Shell 函数的应用

在编写脚本时，有些语句会被重复使用多次，把这些可能重复使用的语句写成函数，这样我们就可以通过调用函数名称更高效地重复利用它们。如果想让自己写的脚本代码可以被别人使用，同样需要使用函数功能。另外，当脚本比较复杂时，我们需要将其划分为多个模块以简化脚本，这也是函数的应用案例。表 3-17 为 Shell 函数的语法格式，函数需要先定义后使用，使用时直接通过函数名调用即可。

表 3-17

语法格式 1	语法格式 2

name() {
　命令序列
}
	function name {
	　命令序列
	}

函数应用示例：根据用户对菜单的选择调用不同的函数功能。

```
#!/bin/bash
#Simple function demo.
HINT(){                                        #打印提示符
    read -p "Press Enter tocontinue:"
}
CPU_INFO(){                                    #查看 CPU 信息
```

```bash
echo
echo -e "\033[4;31mPrint the CPU info:\033[0m"
cat /proc/cpuinfo |awk 'BEGIN {FS=":"} /model name/{print "CPU Model:" $2}'
cat /proc/cpuinfo |awk 'BEGIN {FS=":"} /cpu MHz/{print "CPU Speed:" $2"MHz"}'
grep -Eq 'svm|vmx' /proc/cpuinfo && echo "Virtualization: Support" || \
echo "Virtualization: No support"
echo
}
LOAD_INFO(){                                          #查看系统负载
echo
echo -e "\033[4;31mPrint the system load:\033[0m"
uptime |awk 'BEGIN{FS=":"}{print $5}'|awk 'BEGIN{FS=","}\        #\为转义换行
{print "Last 1 minutes system load:"$1"\n""Last 5 minutes system load:"$2"\n"\
"Last 15 minutes system load:"$3}'
echo
}
MEM_INFO(){                                           #查看内存与交换分区的信息
echo
echo -e "\033[4;31mPrint the Memory and Swap info:\033[0m"
free |grep buffers/cache|awk '{print "Mem free:"$4" Bytes"}'
free |grep Swap|awk '{print "Swap free:"$4" Bytes"}'
echo
}
DISK_INFO(){                                          #查看硬盘的挂载信息
echo
echo -e "\033[4;31mPrint system disk space usage:\033[0m"
df -h
echo
}
while true
do
clear
echo "--------------------------------"
echo "1. Display CPU info:"
echo "2. Display system load:"
echo "3. Display Mem and swap info:"
echo "4. Display filesystem mount info:"
echo "5. Exit Script:"
echo "--------------------------------"
read -p "Please select an iterm(1-4):" U_SELECT
case $U_SELECT in
1)
    CPU_INFO                                          #通过函数名调用函数
    HINT
    ;;
```

```
    2)
        LOAD_INFO
        HINT
        ;;
    3)
        MEM_INFO
        HINT
        ;;
    4)
        DISK_INFO
        HINT
        ;;
    5)
        exit
        ;;
    *)
        read -p "Please Select 1-4, Press Enter to continue:"
    esac
done
```

3.9.8 综合案例

案例1：快速自动化安装及配置DHCP服务。

```
#!/bin/bash
#Auto deploy DHCP Server for 192.168.0.0/24 network
#This script need you have yum repository.
#Author: Jacob
#变量定义，主要包括网络、子网、地址池等信息
NET=192.168.0.0
MASK=255.255.255.0
RANGE="192.168.0.10 192.168.0.50"
DNS=202.106.0.20
DOMAIN_NAME="example.com"
ROUTER=192.168.0.254
#函数定义，测试YUM软件源
test_yum(){
yum list dhcp >/dev/null 2&>1
if [ $? -ne 0 ] ; then
    echo
    echo "There was an error to connect to Yum repository."
    echo "Please verify your yum repository settings and try again."
    echo
    exit
```

```
fi
}
#保存原有的配置文件
test_conf(){
if [ -f /etc/dhcp/dhcpd.conf ];then
    mv /etc/dhcp/dhcpd.conf /etc/dhcp/dhcp.conf.save
fi
}
#创建新的配置文件
create_conf(){
cat > /etc/dhcp/dhcpd.conf <<EOF
# dhcpd.conf
# Sample configuration file for ISC dhcpd
#
# option definitions common to all supported networks...
default-lease-time 600;
max-lease-time 7200;
# This is a very basic subnet declaration.
# A slightly different configuration for an internal subnet.
subnet $NET netmask $MASK {
  range $RANGE;
  option domain-name-servers $DNS;
  option domain-name "$DOMAIN_NAME";
  option routers $ROUTER;
}
# Fixed IP addresses can also be specified for hosts.
host passacaglia {
  hardware ethernet 0:0:c0:5d:bd:95;
  fixed-address 192.168.0.1;
}
EOF
}
#通过函数名调用函数功能，实现安装与配置 DHCP 服务
rpm -q dhcp >/dev/null 2&>1
if [ $? -ne 0 ] ; then
   test_yum
   yum -y install dhcp >/dev/null 2&>1
fi
test_conf
create_conf
systemctl start dhcpd                          #启动服务
systemctl enable dhcpd                         #开机启动
```

案例 2：检查密码，如果用户连续三次输入错误密码，则退出脚本。

```bash
#!/bin/bash
#Check user password, set the number can be retrying.
NUM=3                           #密码最多尝试次数
PASSWD=Jacob                    #初始密码
SUM=0                           #计数器
while true
do
   read -p "Please input your password:" pass    #读取用户输入
   SUM=$((SUM+1))                                #计数器加1
if [ $pass == $PASSWD ] ; then                   #判断密码是否正确
   echo "Your Are Right, OK"
   exit
elif [ $SUM -lt 3 ] ; then                       #判断密码尝试次数
   continue
else
   exit
fi
done
```

案例 3：逻辑备份 MySQL 数据库。

```bash
#!/bin/bash
DATE=$(date +%Y-%d-%m)
DES=/usr/src/mysql_bak
MYSQL_U="root"                  #MySQL 用户名称
MYSQL_P="xxx"                   #MySQL 密码，根据需要修改密码
MYSQL_H="127.0.0.1"             #MySQL 服务器 IP 地址
if [ ! -d "$DES" ] ; then
        mkdir -p "$DES"
fi
#获取数据库名称列表
DB=$(mysql -u $MYSQL_U -h $MYSQL_H -p$MYSQL_P -Bse 'show databases')
#通过循环语句备份所有 MySQL 数据库
for database in $DB
do
        if [ ! $database == "information_schema" ] ;then
                mysqldump -u $MYSQL_U -h $MYSQL_H -p$MYSQL_P $database \
                |bzip2> "$DES/${DATE}_mysql.gz"
        fi
done
```

3.9.9 图形脚本

在现代计算机的发展进程中，图形越来越被人们接受与喜爱，因为图形直观。使用 Shell 编写脚本在多数情况下是为了使运维工作自动化、智能化，然而有时我们也需要编写一些交互式的、更易操作的图形程序，Linux 平台下有一款 dialog 软件可以帮助我们实现该需求。dialog 可以用来创建终端图形对话框，在脚本中嵌入这样的图形对话框可以让脚本更直观、更易操作，但缺点是必须要安装 dialog 软件。

dialog 命令的描述和用法如下。

描述：在 Shell 环境中显示对话框。

用法：dialog [通用选项] [对话框选项]

通用选项：--backtitle　　　　　背景标题。
　　　　　--begin y x　　　　　对话框位置，y 为水平方向坐标，x 为垂直方向坐标。
　　　　　--clear　　　　　　　清屏。
　　　　　--insecure　　　　　 使密码更人性化，但不安全。
　　　　　--shadow　　　　　　 对话框阴影。
　　　　　--height　　　　　　 对话框高度。
　　　　　--width　　　　　　 对话框宽度。
　　　　　--title　　　　　　 对话框标题。

dialog 支持很多种对话框类型，如打开文件对话框、确认对话框、输入对话框、消息对话框、密码对话框等。通用选项对所有对话框都是有效可用的属性，对话框属性则是针对某种具体对话框的特殊选项。下面通过 dialog 软件自带的几个实例来说明这些对话框的使用方法。

1. 日历对话框

语法格式：--calendar text height width day month year

calendar 指定对话框为日历对话框，title 设置对话框标题，text 为对话框中的提示符，可以为任意字符，day、month、year 为日历对话框默认显示的日期属性，如果命令中没有指定日期，则 dialog 将默认显示系统当前日期。

```
[root@rocky9 ~]# dialog --title "CALENDAR" --calendar "Please choose a date..." 0 0 7 7 2022
```

2. 选择对话框

语法格式：--checklist text height width list-height [tag item status] checklist 指定对话框为选择对话框，text 为提示符，list-height 设置列表高度，tag 为每个选项的标签，iterm 为具体选项内容，status 为默认状态（on 或 off）。

```
[root@rocky9 ~]# dialog --checklist "Select " 10 40 8 1 "Man" "on" 2 "Woman" "off"
```

3. 图形进度条

语法格式：--gauge text height width [percent]

percent 代表进度值，如 10 即代表 10%。注意，该图形模式默认不会自动退出，需要手动按 Ctrl+C 快捷键终止，进度条高度为 6，宽度为 60。

```
[root@rocky9 ~]# dialog --title "Guage" --guage "percent XXX" 6 60 20
```

4. 图形密码框

语法格式：--passwordbox text height width [init]

需要注意的是，对图形密码框不要轻易添加 init 参数，该参数表示使用默认密码且不可见（默认系统不会显示用户输入的密码）。下面的案例初始密码为 123，最终用户输入的密码将被导入至/tmp/pass 文件，密码框高度为 8，宽度为 40。

```
[root@rocky9 ~]# dialog --title "INPUT BOX" --clear \
--passwordbox "INPUT YOUR PASSWORD" 8 40 123 2> /tmp/pass
```

5. 消息框

语法格式：--msgbox text height width

```
[root@rocky9 ~]# dialog --title "Message" --clear --msgbox 'Hello The World!' 6 25
```

6. 确认框

语法格式：--yesno text height width

```
[root@rocky9 ~]# dialog --title "YES or NO" --clear \
--yesno "Are You Sure Your Choice?" 6 30
```

Rocky Linux 操作平台安装 dialog 后提供了足够多的案例，见/usr/share/doc/dialog/samples 目录。

3.10　Ansible

在 IT 部门工作，我们可能会一遍又一遍地做同样的任务。比如给 100 台不同的服务器重置密码、给一组 Web 服务器安装软件包、自动化将一组服务器的文件备份到其他主机等。Shell 脚本可以在一台主机上实现单机任务的自动化，而 Ansible 则可以实现多台服务器上重复任务的自动化。

Ansible 是用 Python 编写的开源 IT 自动化软件应用程序，是一款功能强大、无代理的 IT 自动化工具，也是一个可以应对任何自动化挑战的平台。Ansible 可以配置系统、部署软件、协调更高级的 IT 任务，其主要优势是简单易用，非常注重安全性和可靠性。Ansible 使用 OpenSSH 传输自动化指令。

Ansible 的工作原理如图 3-3 所示。我们需要在控制端主机安装 Ansible 软件包。被控制主机只要有 Python 和 SSH 即可，不需要额外安装代理工具。控制端主机安装 Ansible 相关软件包后，可以通过 ad-hoc 临时命令给所有被控制主机发送批量执行的指令，也可以将需要批量执行的任务写到一个 Playbook（剧本文件）中，然后调用剧本文件完成自动化任务，剧本的好处是可以重复使用，就像 Shell 脚本一样。

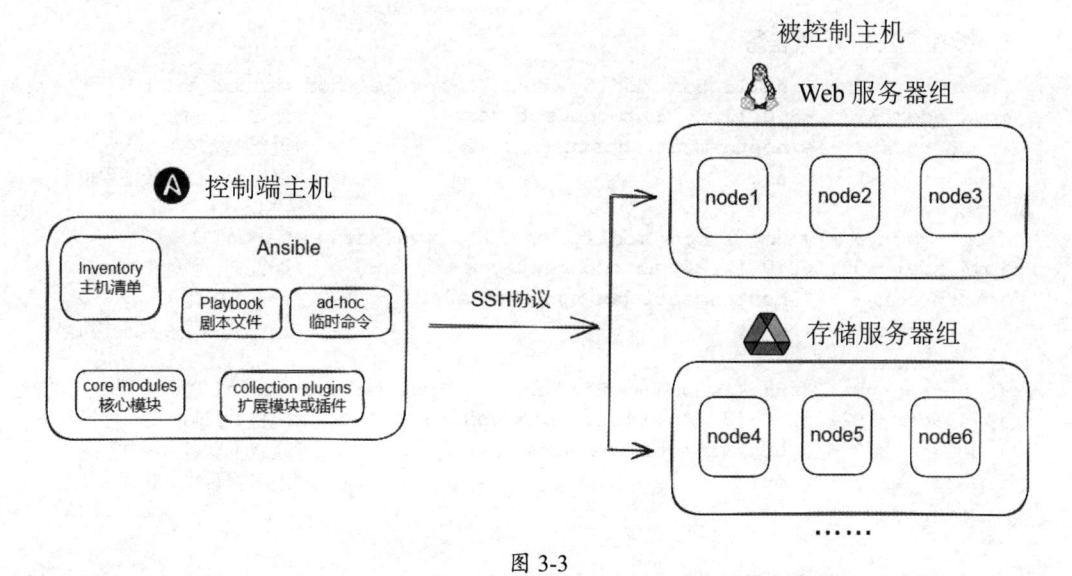

图 3-3

控制端主机安装 ansible-core 会自带几十个 Python 核心模块（core modules），调用这些核心模块就可以自动化完成很多基础功能。如果这些核心模块无法完成我们的自动化任务，还可以额外安装 collection 获取更多模块（collection plugins），完成更多、更复杂的任务。被控制主机有很多，那么到底远程执行哪些主机的自动化任务呢？在控制端主机，我们需要提前编写一个主机清单文件，将所有被控制主机的信息写到该文件中，这样就可以很方便地通过清单中定义的名称完成特定的被控制主机的远程任务。控制端主机远程控制被控制主机时，默认使用的是SSH协议，通过SSH，一台Linux主机可以远程控制其他主机。

本节演示Ansible自动化平台将采用表3-18的配置清单，一台控制端主机，三台被控制主机，下面的实验假设我们已经提前准备好了四台Linux主机。

表 3-18

主机名	IP 地址（网卡名称在不同环境下可能不同）	主机角色说明
control	ens192：192.168.0.253/24	控制端主机
node1	ens192：192.168.0.11/24	Web 服务器
node2	ens192：192.168.0.12/24	Web 服务器
node3	ens192：192.168.0.13/24	存储服务器

3.10.1　准备环境

1. 被控制主机环境准备

```
[root@rocky9 ~]# nmcli con modify ens192 ipv4.method manual \
ipv4.addr 192.168.0.11/24 autoconnect yes          #配置IP地址
[root@rocky9 ~]# hostnamectl hostname node1        #设置主机名
[root@rocky9 ~]# exit                              #退出重新登录验证主机名
[root@node1 ~]#
[root@rocky9 ~]# nmcli con modify ens192 ipv4.method manual \
ipv4.addr 192.168.0.12/24 autoconnect yes          #配置IP地址
[root@rocky9 ~]# hostnamectl hostname node2        #设置主机名
[root@rocky9 ~]# exit                              #退出重新登录验证主机名
[root@node2 ~]#
[root@rocky9 ~]# nmcli con modify ens192 ipv4.method manual \
ipv4.addr 192.168.0.13/24 autoconnect yes          #配置IP地址
[root@rocky9 ~]# hostnamectl hostname node2        #设置主机名
[root@rocky9 ~]# exit                              #退出重新登录验证主机名
[root@node3 ~]#
```

2. 控制端主机环境准备

```
[root@rocky9 ~]# nmcli con modify ens192 ipv4.method manual \
ipv4.addr 192.168.0.254/24 autoconnect yes         #配置IP地址
[root@rocky9 ~]# hostnamectl hostname control      #设置主机名
```

```
[root@rocky9 ~]# exit                                   #退出重新登录验证主机名
[root@control ~]# dnf -y install ansible-core           #安装 Ansible 软件包
```

Ansible 需要一个主配置文件 ansible.cfg，该主配置文件可以放在很多地方，Ansible 会按照如下顺序自动搜索配置文件：

（1）检查 ANSIBLE_CONFIG 变量定义的配置文件（默认没有这个变量，如果手动定义了该变量，则可以使用相应的配置文件）。

（2）检查当前目录中的 ansible.cfg 文件。

（3）检查当前用户家目录中的~/.ansible.cfg 文件（隐藏文件）。

（4）检查/etc/ansible/ansible.cfg 文件。

这里我们使用/etc/ansible/ansible.cfg 配置文件，默认该文件是一个空模板（里面有一些被注释掉的说明），需要我们手动在文件中添加配置参数。

```
[root@control ~]# vim /etc/ansible/ansible.cfg          #修改配置文件
```

```
[defaults]
inventory = /etc/ansible/hosts
#定义哪个文件是主机清单文件
forks = 5
#定义 SSH 远程并发数（默认值为 5，根据需要也可以修改为其他值）
host_key_checking = False
#当控制端主机远程操作被控制主机时，是否检查 SSH 密钥指纹
```

```
[root@control ~]# vim /etc/ansible/hosts                #修改主机清单文件
```

```
[web]              #定义主机组，组名为 web（可以是任意的），该组中包含 11 和 12 两台主机
192.168.0.11
192.168.0.12
[storage]          #定义主机组，组名为 storage（可以是任意的），该组中仅包含 13 这台主机
192.168.0.13
#当某一个组中包含主机比较多时，还可以使用模式匹配，下面为注释掉的案例，仅做格式参考
#[test]            #定义 test 组，该组中包含 192.168.0.100-192.168.0.105 这个范围的主机
#192.168.0.[100:105]
#[db]              #定义 db 组，该组中包含 servera、serverb、serverc、serverd 这些主机
#server[a:d]
#[cluster:children]       #children 是关键词，不能修改，定义名为 cluster 的嵌套组
#test                     #cluster 组中包含 test 组和 db 组
#db
#cluster 组中包含 192.168.0.100-192.168.0.105 和 servera-serverd 的所有主机
```

> **提示** Ansible 默认定义了一个名称为 all 的特殊嵌套组，主机清单中的所有主机均包含在该组中。

3. 配置 SSH 远程密钥

SSH 是 Secure Shell 的缩写，是一种用于两台计算机之间安全通信的网络协议。它允许远程访问计算机的命令行界面，并可安全传输文件。默认情况下，Rocky Linux 9 系统会安装 openssh-server 和 openssh-clients，并且会默认启动 sshd 服务。但是 SSH 的配置文件默认禁止 root 用户使用密码远程操作，如果我们需要使用密码远程操作服务器，则需要修改 sshd_config 配置文件。

```
[root@control ~]# vim /etc/ssh/sshd_config        #修改主机清单文件
```
```
#PermitRootLogin prohibit-password    #在配置文件中找到这行内容（默认是被注释的）
PermitRootLogin yes
#prohibit-password 代表禁止 root 使用密码远程操作
#修改为 yes 代表允许 root 使用密码远程操作，修改后需要重启 sshd 服务
```
```
[root@control ~]# systemctl restart sshd          #重启服务
[root@node1 ~]# vim /etc/ssh/sshd_config          #修改主机清单文件
```
```
#PermitRootLogin prohibit-password    #在配置文件中找到这行内容（默认是被注释的）
PermitRootLogin yes
#prohibit-password 代表禁止 root 使用密码远程操作
#修改为 yes 代表允许 root 使用密码远程操作，修改后需要重启 sshd 服务
```
```
[root@node1 ~]# systemctl restart sshd            #重启服务
[root@node2 ~]# vim /etc/ssh/sshd_config          #修改主机清单文件
```
```
#PermitRootLogin prohibit-password    #在配置文件中找到这行内容（默认是被注释的）
PermitRootLogin yes
#prohibit-password 代表禁止 root 使用密码远程操作
#修改为 yes 代表允许 root 使用密码远程操作，修改后需要重启 sshd 服务
```
```
[root@node2 ~]# systemctl restart sshd            #重启服务
[root@node3 ~]# vim /etc/ssh/sshd_config          #修改主机清单文件
```
```
#PermitRootLogin prohibit-password    #在配置文件中找到这行内容（默认是被注释的）
PermitRootLogin yes
#prohibit-password 代表禁止 root 使用密码远程操作
#修改为 yes 代表允许 root 使用密码远程操作，修改后需要重启 sshd 服务
```
```
[root@node3 ~]# systemctl restart sshd            #重启服务
```

为所有主机都配置完 SSH 后，这些主机就可以彼此间使用密码远程连接对方了。下面简单演示主机间如何远程连接。

```
[root@control ~]# ssh root@192.168.0.11           #control 主机远程连接 node1 主机
The authenticity of host '192.168.0.11 (192.168.0.11)' can't be established.
ED25519 key fingerprint is SHA256:/W9IwXjIOsDyjUNwJpxbAInlxVlM21nYewevaVC2150.
This key is not known by any other names
```

```
Are you sure you want to continue connecting (yes/no/[fingerprint])? yes
#第一次远程连接时会校验node1密钥指纹，为了通信安全，所有数据都会加密后再传输
#根据提示输入yes，确认密钥指纹
[root@node1~]# ls                                #在被远程连接主机node1上执行命令
[root@node1~]# hostname                          #在被远程连接主机node1上执行命令
[root@node1~]# exit                              #退出远程连接
[root@control ~]# ssh root@192.168.0.12          #control主机远程连接node2主机
The authenticity of host '192.168.0.12 (192.168.0.12)' can't be established.
ED25519 key fingerprint is SHA256:RRe2Ox6UKl3RNXgSGgI0cwMMP1WS/WHqpdnNOKvCJkY.
This key is not known by any other names
Are you sure you want to continue connecting (yes/no/[fingerprint])? yes
#第一次远程连接时会校验node2密钥指纹，为了通信安全，所有数据都会加密后再传输
#根据提示输入yes，确认密钥指纹
[root@node2~]# ls                                #在被远程连接主机node2上执行命令
[root@node2~]# exit                              #退出远程连接
[root@control ~]# ssh root@192.168.0.13          #control主机远程连接node3主机
The authenticity of host '192.168.0.13(192.168.0.13)' can't be established.
ED25519 key fingerprint is SHA256:/uPCklZ6H8NqWMkhkyLbV+6Eoa8RZ6Ca8kTSejw0tUo.
This key is not known by any other names
Are you sure you want to continue connecting (yes/no/[fingerprint])? yes
#第一次远程连接时会校验node3密钥指纹，为了通信安全，所有数据都会加密后再传输
#根据提示输入yes，确认密钥指纹
[root@node3~]# ls                                #在被远程连接主机node3上执行命令
[root@node3~]# exit                              #退出远程连接
```

每次使用SSH远程连接其他主机都需要手动输入密码，不仅麻烦，而且不利于Ansible基于SSH批量处理所有被控制主机执行自动化任务。如果Ansible基于SSH需要远程连接50台主机安装软件包，那就需要输入50次密码。SSH除了支持使用密码远程连接，还支持使用密钥免密远程登录其他服务器。如果control主机想要使用密钥免密登录node1、node2、node3，我们就需要提前在control主机中生产一个密钥对（私钥和公钥），然后把公钥拷贝给node1、node2、node3，这样control主机就可以使用密钥免密登录node1、node2、node3主机了。

```
[root@control ~]# ssh-keygen -f ~/.ssh/id_rsa -N ""      #生成密钥对
#-f指定密钥存储的位置和文件名，SSH默认会找~/.ssh/id_rsa文件，这个文件是固定的
#-N后面双引号中什么也没有，代表不要给私钥设置密码
[root@control ~]# ssh-copy-id root@192.168.0.11          #拷贝公钥给node1
```

```
root@192.168.0.11's password:<输入node1主机的root密码>
[root@control ~]# ssh-copy-id root@192.168.0.12          #拷贝公钥给node2
root@192.168.0.12's password:<输入node2主机的root密码>
[root@control ~]# ssh-copy-id root@192.168.0.13          #拷贝公钥给node3
root@192.168.0.13's password:<输入node3主机的root密码>
[root@control ~]# ssh root@192.168.0.11                  #测试免密登录效果
[root@node1 ~]# exit                                     #退出远程连接
```

3.10.2　Ansible ad-hoc 命令

Ansible 远程批量自动化完成任务的第一种方式是通过临时的 ad-hoc 命令，命令的基本格式为 ansible [选项]，常用选项-i 指定清单文件，-m 指定模块，-a 指定模块的参数，-a 指定使用密码远程连接被控制主机（默认使用 SSH 密钥），-f 指定远程连接的并发数量（默认值为5）。

```
[root@control ~]# ansible all -m ping
#使用Ansible批量远程连接all组中的所有主机（all组是Ansible内置定义的组）
#远程连接主机清单中的所有主机后，使用ping模块测试被控制主机的环境（网络、Python、SSH等）
#安装ansible-core默认会提供几十个核心模块，ping就是其中一个检测被控制主机环境的模块
192.168.0.11 | SUCCESS => {
    "ansible_facts": {
        "discovered_interpreter_python": "/usr/bin/python3"
    },
    "changed": false,
    "ping": "pong"
}
192.168.0.13 | SUCCESS => {
    "ansible_facts": {
        "discovered_interpreter_python": "/usr/bin/python3"
    },
    "changed": false,
    "ping": "pong"
}
192.168.0.12 | SUCCESS => {
    "ansible_facts": {
        "discovered_interpreter_python": "/usr/bin/python3"
    },
    "changed": false,
    "ping": "pong"
}
```

Ansible 是并发连接被控制主机的，所以执行 ansible 命令后返回主机信息是随机的，哪台主机的响应速度快，就会先显示哪台主机的信息。SUCCESS 代表 Ansible 成功完成了任务（但

模块的命令不一定被执行了），UNREACHABLE 代表 Ansible 无法使用 SSH 远程连接被控制主机，FAILED 代表 Ansible 执行失败，CHANGED 代表 Ansible 在被控制主机一端执行成功。

Ansible 中的绝大多数模块都具备幂等性，当多次重复执行相同的任务时，Ansible 可以智能判断，不会再重复执行。比如 node1 主机中默认没有 user8 用户，control 主机使用 Ansible 远程连接 node1 主机创建用户 user8，正确执行后会返回 CHANGED 信息，代表模块命令在 node1 主机被执行且执行成功，当我们重复使用 Ansible 远程连接 node1 再次调用模块创建 user8 时，系统返回的信息就会是 SUCCESS（其实 Ansible 什么也没有做，因为 user8 已经创建过了）。

3.10.3　Ansible 模块

1. 命令模块

Ansible 远程连接 Linux 服务器执行命令时常用 command 模块、shell 模块、script 模块。其中 command 模块是 Ansible 默认使用的模块，但是通过 command 模块执行命令不支持 Bash 高级特性，比如管道、重定向等功能。shell 模块支持 Bash 高级特性。command 模块因为不使用 Shell 执行命令，所以更安全，因为它不受用户环境的影响，很大程度上避免了潜在的 Shell 注入风险。如果我们需要执行的任务比较复杂，需要很多命令组合，则可以通过 script 模块调用脚本文件完成任务。

```
[root@control ~]# ansible web -m command -a "hostname"
#使用 Ansible 远程连接 web 组中的所有主机，调用 command 模块在被控制主机端执行 hostname 命令
192.168.0.11 | CHANGED | rc=0 >>
node1
192.168.0.12 | CHANGED | rc=0 >>
node2
[root@control ~]# ansible web -a "free -m"
#不写-m 调用什么模块，默认 Ansible 会调用 command 模块，-a 后面是给模块传递的参数
#command 模块接受的参数就是需要执行的命令
192.168.0.11 | CHANGED | rc=0 >>
              total        used        free      shared  buff/cache   available
Mem:           1935         407        1541           5         125        1528
Swap:          2047           0        2047
192.168.0.12 | CHANGED | rc=0 >>
              total        used        free      shared  buff/cache   available
Mem:           1935         407        1541           5         125        1528
Swap:          2047           0        2047
[root@control ~]# ansible web -m command -a "who | wc -l"
#因为 command 模块不支持|、>、<、&等功能，所以该命令执行后无法统计登录用户的数量
192.168.0.11 | CHANGED | rc=0 >>
```

```
192.168.0.12 | CHANGED | rc=0 >>

[root@control ~]# ansible web -m shell -a "who | wc -l"
#shell 模块支持管道、重定向等功能，所以调用 shell 模块可以正常统计当前系统登录用户的数量
192.168.0.11 | CHANGED | rc=0 >>
2
192.168.0.12 | CHANGED | rc=0 >>
1
[root@control ~]# ansible 192.168.0.11 -m shell \
-a "tar -czf /tmp/boot.tar.gz /boot; chmod 600 /tmp/boot.tar.gz"
#Ansibe 通过 SSH 远程访问 192.168.0.11，调用 shell 模块执行-a 后面以；分隔的多个命令
192.168.0.11 | CHANGED | rc=0 >>
tar: 从成员名中删除开头的"/"
```

像上面这样的例子，如果我们需要通过多条命令才可以完成任务，就可以提前把命令写入脚本文件，再通过 script 模块将脚本文件拷贝到被控制主机中执行。

```
[root@control ~]# vim ~/soft.sh                          #创建新脚本文件
#!/bin/bash
time=$(date +"%Y-%m-%d-%H:%M")
echo "$time start backup." >> /var/log/backup.log
tar -czf /tmp/etc-${time}.tar.gz  /etc
chmod 600 /tmp/etc-${time}.tar.gz
[root@control ~]# vim ~/soft.sh                          #创建新脚本文件
92.168.0.11 | CHANGED => {
    "changed": true,
    "rc": 0,
    …部分内容省略…
    "stdout_lines": [
        "tar: 从成员名中删除开头的"/""
    ]
}
192.168.0.12 | CHANGED => {
    "changed": true,
    "rc": 0,
    …部分内容省略…
    "stdout_lines": [
        "tar: 从成员名中删除开头的"/""
    ]
}
[root@control ~]# ansible web -m command -a "ls /tmp/"
#验证 web 组中的主机是否有备份文件
```

2. 文件与权限管理模块

ansible-core 默认提供和文件有关的模块，主要有 file、copy、fetch、lineinfile、replace、get_url 等。其中 file 模块可以创建、删除文件或目录（包括链接文件），可以修改文件或目录的权限；copy 和 fetch 模块可以跨主机拷贝文件；lineinfile 和 replace 模块可以修改文件内容；get_url 可以从 HTTP、HTTPS 或者 FTP 主机中下载文件。

Ansible 模块众多且每个模块支持的参数也很多，如果是第一次使用某个模块，又不清楚该模块支持哪些参数，可以使用 ansible-doc <模块名>查看模块的帮助文档。比如我们使用 file 模块创建文件，又不知道使用什么参数，就可以通过 ansible-doc file 查看该模块的帮助文档。基本上每个模块的帮助文档最后都会提供一些 EXAMPLE 应用案例。

```
[root@control ~]# ansible web -m file -a "path=/tmp/new.txt state=touch"
#远程连接web组中的所有主机，调用file模块，在被控制主机端创建/tmp/new.txt文件
#file模块不知道我们要创建文件还是目录，在什么位置、什么名称，所以需要提供模块参数
#path参数指定要创建的文件路径和文件名，state=touch代表创建文件
[root@control ~]# ansible web -m file -a "path=/tmp/newdir state=directory"
#远程连接web组中的所有主机，调用file模块，在被控制主机端创建/tmp/newdir目录
#path参数指定要创建的目录路径和目录名，state=directory代表创建目录
[root@control ~]# ansible web -m file \
-a "src=/etc/hosts dest=/tmp/hosts_link state=link"
#远程连接web组中的所有主机，调用file模块，在被控制主机端创建软链接文件/tmp/hosts_link
#src定义源文件，dest定义要创建的软链接在什么位置，名称是什么，state=link代表创建软链接
[root@control ~]# ansible web -m file \
-a "src=/etc/hosts dest=/etc/hosts.bak state=hard"
#远程连接web组中的所有主机，调用file模块，在被控制主机端创建硬链接文件/etc/hosts.bak
#src定义源文件，dest定义要创建的硬链接在什么位置，名称是什么，state=hard代表创建硬链接
[root@control ~]# ansible web -m file \
-a "path=/tmp/new.txt owner=sshd group=adm mode=777"
#远程连接web组中的所有主机，调用file模块，修改/tmp/new.txt文件的权限
#path定义需要修改的文件或目录名，owner定义所有者，group定义所属组，mode定义权限
[root@control ~]# ansible web -m file -a "path=/tmp/new.txt state=absent"
#远程连接web组中的所有主机，调用file模块，删除/tmp/new.txt文件
#path定义需要删除的文件或目录名，state=absent代表删除
[root@control ~]# ansible web -m file -a "path=/tmp/newdir state=absent"
#远程连接web组中的所有主机，调用file模块，删除/tmp/newdir目录
```

#path 定义需要删除的文件或目录名，state=absent 代表删除

Ansible 中的 copy 模块和 fetch 模块都是用于跨主机文件传输的模块。copy 模块用于将文件从控制端主机（Ansible 主机）拷贝到远程被控制主机。fetch 模块则允许从远程被控制主机将文件拷贝到控制端主机。copy 模块和 fetch 模块的作用是相反的。

```
[root@control ~]# echo "AAA" > ~/3A.txt                    #控制端主机新建演示文件
[root@control ~]# ansible web -m copy -a "src=~/3A.txt dest=/tmp/"
#调用 copy 模块将 control 主机的~/3A.txt 文件拷贝到 web 组中的所有主机，放到/tmp/3A.txt下
#src 定义源文件(source)，dest 定义拷贝的目标位置(destination)
[root@control ~]# ansible web -m copy \
-a "content='I love free.' dest=/tmp/free.txt"
#copy 模块不仅可以将提前准备好的文件拷贝到被控制主机，
#在没有文件的情况下，copy 模块还可以直接将特定的文件内容拷贝到被控制主机的目标文件中
#context 指定要拷贝的文件内容，dest 指定将文件内容拷贝到目标主机的什么位置
[root@control ~]# ansible web -m fetch -a "src=/etc/hostname dest=~/"
#调用 fetch 模块，node1 和 node2 主机的/etc/hostname 文件被拷贝到 control 主机的用户家目录
#src 定义源文件（被控制主机的文件），dest 定义目标位置（控制端主机的目录位置）
```

Ansible 中的 lineinfile 模块和 replace 模块都是用于编辑、修改文件内容的，但它们的使用场景和作用有所不同。lineinfile 模块用于在文件中查找指定文本行，并将其替换为指定的内容，如果该行不存在，则可以添加新的文本行到文件中，该模块是以行为操作单位的。replace 模块则用于替换整个文件中的指定关键词，它会搜索整个文件，并将匹配到的所有关键词替换为指定的内容。该模块是以关键词为操作单位的。

```
[root@control ~]# ansible storage -m lineinfile \
-a "path=/etc/issue regexp='Kernel' line='hello world'"
#远程连接 storage 组中的主机，调用 lineinfile 模块，修改/etc/issue 文件的内容
#path 定义需要修改的文件名，regexp 使用正则表达式匹配要修改的行（找到包含 Kernel 的整行）
#line 指定需要将文件内容修改为什么（将包含 Kernel 的行替换为 hello world）
[root@control ~]# ansible storage -m replace \
-a "path=/etc/issue.net regexp='Kernel' replace=hello"
#远程连接 storage 组中的主机，调用 replace 模块，修改/etc/issue.net 文件的内容
#path 定义需要修改的文件名，regexp 使用正则表达式匹配要修改的所有关键词
#replace 指定需要将关键词修改为什么（仅将 Kernel 关键词替换为 hello）
[root@control ~]# ansible web -m get_url \
-a "url=https://nginx.org/download/nginx-1.22.1.tar.gz dest=/tmp/ mode=640"
#远程连接 web 组中的主机，调用 get_url 模块，在被控制主机端下载特定的 URL 文件
```

#url 参数指定需要下载的链接地址，dest 指定下载文件存放的位置，mode 指定下载后的文件权限

3. 用户与组模块

ansible-core 默认自带 user 和 group 模块，user 模块可以管理用户及其属性，group 模块可以管理系统组用户。

group 模块比较简单，支持的模块参数也不多，name 可以指定组的名称，gid 可以指定组 ID，state=present 代表创建组用户，state=absent 代表删除组用户，state 默认值为 present。

```
[root@control ~]# ansible web -m group \
-a "name=test_group gid=2023 state=present"
#远程连接 web 组中的主机，调用 group 模块，在被控制主机上创建 test_group 组，组 ID 为 2023
[root@control ~]# ansible web -m group \
-a "name=test_group gid=2023 state=absent"
#远程连接 web 组中的主机，调用 group 模块，在被控制主机上删除 test_group 组
```

user 模块功能比较多，支持的模块参数也更多一些，name 可以指定用户名，uid 可以指定用户 ID，group 定义用户属于哪个基本组，groups 定义用户属于哪些附加组，shell 指定用户的登录解释器，expires 指定用户账号的过期时间（需要使用 date -d 过期日期 +%s 查询时间的秒数），home 指定用户家目录，password 指定用户的账号密码（Linux 系统的密码需要使用 sha512 算法加密），state=present 代表创建用户，state=absent 代表删除用户，state 默认值为 present。

```
[root@control ~]# ansible web -m user -a "name=john uid=1040 shell=/bin/bash"
#远程连接 web 组中的主机，调用 user 模块，在被控制主机上创建 john 用户
#用户名为 john，ID 为 1040，默认登录解释器为 /bin/bash
[root@control ~]# ansible web -m user -a "name=jame group=adm groups=bin,daemon"
#远程连接 web 组中的主机，调用 user 模块，在被控制主机上创建 jame 用户
#用户名为 jame，设置该用户的基本组为 adm，附加组为 bin 和 daemon
[root@control ~]# ansible web -m user \
-a "name=jame password={{'123'| password_hash('sha512')}}"
#远程连接 web 组中的主机，调用 user 模块，在被控制主机上为 jame 用户设置密码
#Linux 不支持明文密码，密码需要通过管道传递给 password_hash 加密函数，使用 sha512 算法加密
[root@control ~]# ansible web -m user -a "name=jame state=absent"
#远程连接 web 组中的主机，调用 user 模块，在被控制主机上删除 jame 用户，但是不删除用户家目录
[root@control ~]# ansible web -m user -a "name=john state=absent remove=yes"
#远程连接 web 组中的主机，调用 user 模块，在被控制主机上删除 john 用户，并且删除用户家目录
```

4. 软件管理模块

ansible-core 中默认包含的和软件管理有关的模块有 yum_repository、dnf、service。

yum_repository 模块的作用是在 Linux 系统上创建或删除 YUM 源文件。

```
[root@control ~]# ansible web -m yum_repository \
-a "file=myyum name=appstream2 \
baseurl=https://mirrors.aliyun.com/rockylinux/9.1/AppStream/x86_64/os \
description=app2 gpgcheck=no"
```
#远程连接 web 组中的主机，调用 yum_repository 模块，在被控制主机上创建 YUM 源文件
#file 参数指定要创建的源文件名 myyum.repo（默认在/etc/yum.repos.d/目录中创建该文件）
#name 参数设置 YUM 源文件中的 ID，baseurl 参数指定 YUM 源服务器的 URL 地址
#description 参数定义 YUM 源文件中的 name=app2，gpgcheck=no 设置不检查密钥

```
[root@control ~]# ansible web -m yum_repository \
-a "file=myyum name=appstream2 \
baseurl=https://mirrors.aliyun.com/rockylinux/9.1/AppStream/x86_64/os \
description=myapp2 gpgcheck=no"
```
#修改 YUM 源文件内容，将 app2 修改为 myapp2

```
[root@control ~]# ansible web -m yum_repository \
-a "file=myyum name=appstream2 state=absent"
```
#远程连接 web 组中的主机，调用 yum_repository 模块，在被控制主机上删除 YUM 源
#删除 myyum.repo 文件中的[appstream2]配置，state=absent 代表删除

dnf 模块的作用是在 Linux 系统上安装、更新和卸载软件。如果需要安装组包，则需要在组包的名称前面添加@符号。

```
[root@control ~]# ansible web -m dnf -a "name=httpd state=present"
```
#远程连接 web 组中的主机，调用 dnf 模块，在被控制主机上安装 httpd，state=present 代表安装

```
[root@control ~]# ansible web -m dnf -a "name='@Development tools'"
```
#远程连接 web 组中的主机，调用 dnf 模块，在被控制主机上安装 Development tools 组包
#state 默认值是 present，可以不写

```
[root@control ~]# ansible web -m dnf -a "name='*' state=latest"
```
#远程连接 web 组中的主机，调用 dnf 模块，在被控制主机上升级所有软件
#如果软件不需要升级，则不执行任何操作

```
[root@control ~]# ansible web -m dnf -a "name=httpd state=absent"
```
#远程连接 web 组中的主机，调用 dnf 模块，在被控制主机上卸载 httpd，state=absent 代表卸载

service 模块的作用是在 Linux 系统上管理软件服务，具备如启动、关闭、设置服务开机自启动等功能。state=started 代表启动服务，state=stopped 代表关闭服务，state=restarted 代表重启

服务，enabled=yes 代表将服务设置为开机自启动，enabled=no 代表关闭开机自启动。

```
[root@control ~]# ansible web -m service -a "name=crond state=restarted"
```
#远程连接 web 组中的主机，调用 service 模块，在被控制主机上重启 crond 服务
```
[root@control ~]# ansible web -m service -a "name=crond state=stopped"
```
#远程连接 web 组中的主机，调用 service 模块，在被控制主机上关闭 crond 服务
```
[root@control ~]# ansible web -m service -a "name=crond state=started"
```
#远程连接 web 组中的主机，调用 service 模块，在被控制主机上启动 crond 服务
```
[root@control ~]# ansible web -m service \
-a "name=crond state=started enabled=yes"
```
#远程连接 web 组中的主机，调用 service 模块，
#在被控制主机上启动 crond 服务并将其设置为开机自启动

5. Collections 模块

早期的 Ansible 中只有一个软件安装包，名称就是 ansible，这个软件包中包含了 Ansible 的主程序及配套的所有模块和依赖。到了 Ansible 2.8 时，其中的内置模块已经达到 2800 多个，这种情况下如果将 Ansible 程序和模块绑定，那么当个别模块需要更新升级时，就需要等主程序一起升级。有时 Ansible 主程序发现 bug 需要更新，而其他模块没有更新的需求，此时也只能因为主程序修复 bug 而重新发布主程序和所有模块。随着 Ansible 中模块越来越多，这种主程序和模块的强耦合便越来越不利于发展，所以现在 Ansible 将主程序和模块分离，设计了 ansible-core 和 Collections 的概念。ansible-core 中包含 Ansible 核心程序及内置的几十个核心模块，当我们需要其他模块时可以自己下载 Collecitons[1]，不同的 Collections 里面可以分别存放不同的模块和功能。两个比较重要且常用的 Collection 为 ansible.posix 和 community.general。

使用 Collections 前，要先修改 ansible 主配置文件，指定其存放的位置。下面指定 Collections 的默认存放路径为/etc/ansible/collections。修改配置文件后，我们就可以使用 ansible-galaxy 命令下载自己需要的 Collections，程序默认会下载相关资源。[2]

```
[root@control ~]# vim /etc/ansible/ansible.cfg
[defaults]
inventory = /etc/ansible/hosts
collections_paths=/etc/ansible/collections
forks = 5
host_key_checking = False
[root@control ~]# ansible-galaxy collection install ansible.posix
```

---
1 请参考链接 3-1。
2 请参考链接 3-2。

```
[root@control ~]# ansible-galaxy collection install community.general
[root@control ~]# ls /etc/ansible/collections/ansible_collections/
[root@control ~]# ansible-doc -l | wc -l                    #重新统计模块数量
```

因为模块是包含在 Collections 目录里的资源，所以当我们需要使用 Collections 里面的模块时就要指定位置，比如 community.general.parted、ansible.posix.mount 等。

6. 分区与文件系统模块

下载 Collections 可以获取一些和分区、文件系统相关的模块，通过 community.general.parted 可以实现硬盘分区，通过 community.general.filesystem 可以实现文件系统的格式化，通过 ansible.posix.mount 可以实现设备挂载。

在以下示例中，我们假设 node1 和 node2 主机中都有一块 20GB 容量的/dev/vdb 硬盘。

```
[root@control ~]# ansible web -m community.general.parted \
-a "device=/dev/sdb number=1 state=present label=gpt \
part_start=1MiB part_end=5GiB"
#远程连接 web 组中的主机，调用 parted 模块，在被控制主机上创建一个 5GB 容量的分区(sdb1)
#device 参数指定对哪个设备进行分区，number 参数指定分区编号，state=present 代表创建分区
#state=absent 代表删除分区，label 用于指定分区表格式，如 gpt、msdos 等
#part_start 指定分区开始的位置，part_end 指定分区结束的位置
[root@control ~]# ansible web -m community.general.parted \
-a "device=/dev/sdb number=2 state=present label=gpt \
part_start=5GiB part_end=10GiB"
#远程连接 web 组中的主机，调用 parted 模块，在被控制主机上创建第二个 5GB 容量的分区(sdb2)
[root@control ~]# ansible web -m community.general.parted \
-a "device=/dev/sdb number=3 state=present label=gpt part_start=10GiB"
#远程连接 web 组中的主机，调用 parted 模块，在被控制主机上创建第三个 10GB 容量的分区（sdb3）
[root@control ~]# ansible web -m community.general.parted \
-a "device=/dev/sdb number=3 state=absent"
#远程连接 web 组中的主机，调用 parted 模块，在被控制主机上删除编号为 3 的分区(sdb3)
[root@control ~]# ansible web -m community.general.filesystem \
-a "dev=/dev/sdb1 fstype=ext4"
#远程连接 web 组中的主机，调用 filesystem 模块，在被控制主机上格式化/dev/sdb1
#dev 参数指定需要格式化哪个分区，fstype 参数指定格式化的文件系统类型，如 ext4、xfs 等
[root@control ~]# ansible web -m community.general.filesystem \
-a "dev=/dev/sdb2 fstype=xfs"
```

```
#远程连接web组中的主机，调用filesystem模块，在被控制主机上格式化/dev/sdb2
[root@control ~]# ansible web -m file -a "path=/media/part1 state=directory"
[root@control ~]# ansible web -m file -a "path=/media/part2 state=directory"
#调用file模块给node1和node2主机创建两个分区挂载点目录
[root@control ~]# ansible web -m ansible.posix.mount \
-a "src=/dev/sdb1 path=/media/part1 fstype=ext4 opts=defaults state=mounted"
#远程连接web组中的主机，调用mount模块，在被控制主机上将分区设备永久挂载到特定目录
#参数src指定需要挂载哪个设备，path指定挂载点目录，fstype指定文件系统类型
#opts指定挂载的属性，如rw、ro、defaults、_netdev等
#state=mounted代表挂载，state=unmounted代表取消挂载，不删除fstab记录
#state=absent表示卸载设备并删除fstab记录
[root@control ~]# ansible web -m ansible.posix.mount \
-a "src=/dev/sdb2 path=/media/part2 fstype=xfs state=mounted"
#远程连接web组中的主机，调用mount模块，在被控制主机上将分区设备永久挂载到特定目录
#mount模块会立刻挂载设备，并且修改/etc/fstab文件实现永久挂载
```

3.10.4　Ansible Playbook

Ansible Playbook（剧本）是一个YAML格式的文件，Ansible的剧本文件由指令组成，可以用于自动化配置、部署、维护和管理远程主机，剧本可以被反复执行。Playbook更适合用于复杂的自动化业务场景。一个剧本中可以包含一个或多个play（剧目），每个play里面可以包含需要远程控制的主机列表和需要执行的任务列表。

1. YAML基本格式

YAML是一种很友好的数据序列化语言，它使用空格缩进来表达层次结构，最大的优势在于数据结构方面的表达清晰，常用于编写配置文件。YAML文件一般以.yml或.yaml为后缀。

YAML文件约定俗成以---开头（不是必须的，但一般都是）。YAML文件使用:表示键值对，比如name: tom（注意，冒号后面必须有空格）。-代表数字（-后面必须有空格）。当内容跨行时，可以使用>或者|，|会保留换行符，>不会保留换行符。#代表注释。

下面看一个YAML格式文件。

```
---
发票编号: 1234
开票日期: 2028-12-12
```

```
商品：
  - 描述：篮球
    编号：BL1198
    价格：100
  - 描述：足球
    编号：FL8121
    价格：200
总价：300
备注：>
  本次采购的均为球类商品，所有商品均作为学校的教学器材。
  商品为消耗类物品。
```

注意：冒号和短横杠后面都必须有空格。

Ansible Playbook 文件中的 hosts 定义要远程控制哪些主机，tasks 定义需要执行哪些任务（通过调用不同的模块执行不同的任务），每个任务可以通过 name 来定义名称和描述信息（name 不是必须有的）。

接下来浏览两个简单的 Ansible Playbook 案例。第一个案例中一个剧本仅包含一个 play。

[root@control ~]# **vim test.yml**   #新建剧本文件

```
---
- hosts: web                        #远程控制web组中的所有主机
  tasks:
    - name: ping web host.          #给任务定义任意描述信息
      ping:                         #调用ping模块，测试所有被控制主机的环境
```

[root@control ~]# **ansible-playbook test.yml**   #执行剧本文件
PLAY [web] **
TASK [Gathering Facts] **
ok: [192.168.0.11]
ok: [192.168.0.12]
TASK [ping web host.] ***
ok: [192.168.0.11]
ok: [192.168.0.12]
PLAY RECAP **
192.168.0.11 : ok=2 changed=0 unreachable=0 failed=0   skipped=0 rescued=0   ignored=0
192.168.0.12 : ok=2 changed=0 unreachable=0 failed=0   skipped=0 rescued=0   ignored=0

> **注意** YAML 格式要求相同层级必须对齐，:（冒号）、-（短横线）和后面的值之间必须有空格。

在第一个案例的基础上我们稍加修改，编写第二个案例，该案例中一个剧本包含两个 play。

[root@control ~]# **vim test.yml**   #修改剧本文件

```
---
- hosts: web                          #第1个play，远程控制web组中的所有主机
  tasks:
    - name: ping web host.            #给任务定义任意描述信息
      ping:                           #调用ping模块，测试所有被控制主机的环境
- hosts: storage                      #第2个play，远程控制storage组中的所有主机
  tasks:                              #第2个play要完成哪些任务
    - name: ping storage hosts.
      ping:
```
[root@control ~]# **ansible-playbook test.yml**   #执行剧本

> **警告** 执行 Ansible 剧本时一定要确保所有被远程控制的主机必须可以通过 SSH 协议免密登录，否则会报错。

2. 用户案例

一个 Ansible 剧本中可以包含一个或多个 play（剧目），每个 play 中又可以包含一个或多个任务，下面编写一个创建用户、创建目录和修改权限的综合案例。

[root@control ~]# **vim user.yml**   #新建剧本文件

```
---
- hosts: 192.168.19.143,192.168.19.144   #第1个play要远程的目标主机(多个主机使用逗号分隔)
  tasks:                                 #第1个play要执行的任务
    - name: Add the user 'tomcat'.       #第 1 个任务(调用user模块创建用户)
      user:                              #模块名
        name: tomcat                     #模块的参数(用户名)
        uid: 2023                        #模块的参数(UID)
        password: "{{'123456' | password_hash('sha512')}}"   #模块的参数(密码)
    - name: Add the user 'jerry'.        #第 2 个任务(调用user模块创建另一个用户)
      user:
        name: jerry
        groups: daemon
    - name: Touch a file tom.txt and set the permission.   #第 3 个任务(创建文件修改权限)
      file:
        path: /home/tomcat/tom.txt
        owner: tomcat
        state: touch
        mode: '660'
```
[root@control ~]# **ansible-playbook user.yml**   #新建剧本文件

3. 分区案例

通过前面的案例可以看出，剧本可以完成比 adhoc 命令更加复杂的任务。下面演示如何使用一个剧本一次性完成分区、格式化和挂载等所有任务。这里也假设所有被控制主机中都有一块未使用的容量为 20GB 的硬盘（假设为/dev/sdc）。

[root@control ~]# **vim part.yml**   #新建剧本文件

```yaml
---
- hosts: all
  tasks:
    - name: Create a new 10G primary partition.
      community.general.parted:
        device: /dev/sdc
        number: 1
        label: gpt
        part_start: 1MiB
        part_end: 10GiB
        state: present
    - name: Create a xfs filesystem on /dev/sdc1
      community.general.filesystem:
        dev: /dev/sdc1
        fstype: xfs
        force: yes
    - name: Create mount directory
      file:
        path: /media/part1
        state: directory
    - name:
      ansible.posix.mount:
        src: /dev/sdc1
        path: /media/part1
        fstype: xfs
        state: present
```

[root@control ~]# **ansible-playbook part.yml**   #执行剧本文件

4. 软件管理案例

最后我们展示一个给多台主机安装不同软件、管理服务及设置防火墙的案例。

[root@control ~]# **vim soft.yml**   #新建剧本文件

```yaml
- hosts: web
  tasks:
    - name: Install httpd soft on node1 and node2.
      dnf:
        name: httpd
    - name: start httpd.
      service:
        name: httpd
        state: started
        enabled: yes
    - name: permit traffic in default zone on port 80/tcp.
      ansible.posix.firewalld:
        port: 80/tcp
        permanent: true
        state: enabled
        immediate: true
- hosts: storage
  tasks:
    - name: Install nfs-utils soft on node3.
      dnf:
        name: nfs-utils
    - name: start nfs-server.
      service:
        name: nfs-server
```

```
      state: started
      enabled: yes
  - name: permit traffic in default zone for nfs service.
    ansible.posix.firewalld:
      service: nfs
      permanent: true
      immediate: true
      state: enabled
```

[root@control ~]# **ansible-playbook soft.yml**　　　　#执行剧本文件

第 2 篇
网络服务

第 4 章
搭建网络服务

4.1 NFS 文件共享

网络文件系统（Network File System，NFS）是由 Sun 公司（现属于 Oracle 公司）开发的一种通过网络方式共享文件系统的通用共享解决方案。目前 NFS 有三个版本，分别为 NFSv2、NFSv3、NFSv4。NFSv2 是一个古老的版本；NFSv3 拥有更多的优点，包括更快的速度、更大的单个文件容量、更多便于排错的信息、对 TCP（协议）的支持等；NFSv4 提供了有状态的连接，更容易追踪连接状态，增强了安全特性。Rocky Linux 9 系统默认使用 NFSv4 提供 NFS 共享服务，NFS 监听 TCP 2049 端口。

当两台计算机需要通过网络建立连接时，双方主机就一定要提供一些基本信息，例如，IP 地址、服务端口号等，当有 100 台客户端需要访问某台服务器时，服务器就需要记住这些客户端的 IP 地址及相应的端口号等信息，而这些信息是需要程序来管理的。在 Linux 中，这样的信息既可以由某个特定服务自己来管理，也可以委托给 RPC（Remote Procedure Call）来帮助自己管理。RPC 是远程过程调用协议，为远程通信程序管理通信双方所需的基本信息，这样 NFS 就可以专注于如何共享数据，至于通信的连接及连接的基本信息，则全权委托给 RPC 管理。Rocky Linux 9 系统由 rpcbind 服务提供对 RPC 的支持，目前 NFSv4 虽然不再需要与 rpcbind 服务直接交互，但 rpc.mountd 服务依然是 NFSv4 所必需的。如果想要在 Rocky Linux 9 系统中实现 NFS

共享，就需要同时启动 NFS 与 rpcbind 服务。

所需软件包括：nfs-utils、rpcbind。

4.1.1 NFS 服务器配置

NFS 服务器通过读取/etc/exports 配置文件设定哪些客户端可以访问哪些 NFS 共享文件，该文件的书写原则如下。

◎ 空白行将被忽略。

◎ 以"#"符号开头的内容为注释。

◎ 在配置文件中可以通过"\"符号转义换行。

◎ 每个共享的文件系统都需要独立一行条目。

◎ 客户端主机列表需要使用空格隔开。

◎ 在配置文件中支持通配符。

一个完整的共享条目语法结构如下。

共享路径　客户端主机（选项）

我们也可以为多个客户端主机设置不同的访问选项，语法结构如下。

共享路径　　客户端主机 1（选项）　客户端主机 2（选项）　……

其中，客户端主机可以是一个 IP 地址、一个网段（例 172.16.0.0/16 或 172.16.0.0/255.255.0.0）或者一台主机的域名，也可以使用"*"通配符代表所有主机。最简单的 NFS 配置可以仅给定一个共享路径与一个客户端主机，而不指定选项，因为当没有选项时，NFS 将使用默认设置，默认属性为 ro、sync、wdelay、no_root_squash。具体的 NFS 选项及其对应的功能描述见表 4-1，通过查看 exports 的帮助文档可以找到很多服务器配置模板。

表 4-1

NFS 选项	功能描述	NFS 选项	功能描述
ro	只读访问权限	rw	可读写访问权限
sync	同步写操作	async	异步写操作
wdelay	延迟写操作	root_squash	屏蔽远程 root 权限
no_root_squash	不屏蔽远程 root 权限	all_squash	屏蔽所有远程用户权限

在以上选项中，ro 与 rw 比较容易理解，它们用来定义客户端访问共享时可以获得的权限

是只读访问还是可读写访问。计算机在对数据进行修改时会将先修改的内容写入快速的内存，随后才会慢慢写入慢速的硬盘设备。async 选项允许 NFS 服务器在没有完全把数据写入硬盘前就返回成功消息给客户端，而此时数据实际还被存放在内存中，但客户端会显示数据已经写入成功。注意，该选项仅影响操作消息的返回时间，并不决定如何进行写操作，sync 选项将确保在数据真正被写入存储设备后才会返回成功信息。wdelay 为延迟写入选项，也就是说，它决定了先将数据写入内存，再写入硬盘，然后在将多个写入请求合并后写入硬盘，这样可以减少对硬盘 I/O 的次数，从而优化性能，该选项可以优化 NFS 性能，但有可能导致当非正常关闭 NFS 时数据丢失情况的发生。与此相反的选项是 no_wdelay，但当该选项与 async 选项一起使用时将不会生效，因为 async 是基于 wdelay 实现的对客户端的一种响应功能。在默认情况下，NFS 会自动屏蔽 root 用户的权限，root_squash 使得客户端在使用 root 账号访问 NFS 时，服务器系统默认自动将 root 映射为服务器本地的匿名账号，通过 anonuid 可以指定匿名账号 ID，默认 anonuid 为 65534，也就是 nobody 账号，使用 no_root_squash 可以防止这种映射而保留 root 权限，all_squash 选项则可以屏蔽所有账号权限，将所有用户对 NFS 的访问都自动映射为服务器本地的匿名账号。在默认情况下，普通账号的权限是保留的，也就是没有进行 squash 操作。

下面通过案例演示 NFS 服务器的搭建过程，服务框架见图 4-1，共享/var/web/ 与 /var/cloud 目录。在该案例中，172.16.0.0/16 网段内的所有主机均异步可读写访问/var/web/目录，且不屏蔽 root 用户对/var/web/目录的访问权限，任何主机都可以同步只读访问/var/cloud 目录。操作步骤主要包括：安装软件、添加共享账号、创建共享目录、修改权限、设置 NFS 共享配置文件，以及启动共享服务。

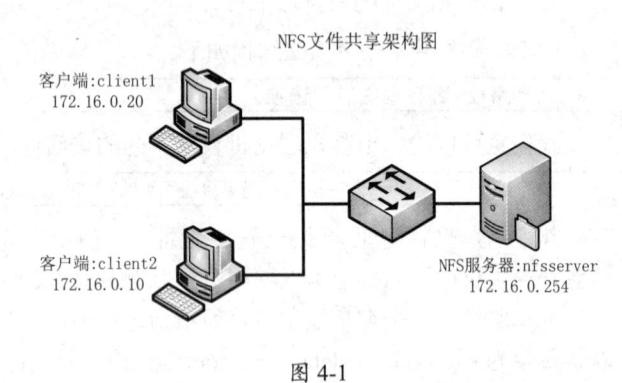

图 4-1

```
[root@nfsserver ~]# dnf -y install nfs-utils    #rpcbind 作为依赖会自动被安装
[root@nfsserver ~]# rpm -q nfs-utils
nfs-utils-2.5.4-15.el9.x86_64
[root@nfsserver ~]# rpm -q rpcbind
rpcbind-1.2.6-5.el9.x86_64
[root@nfsserver ~]# useradd -u 1003 jerry
[root@nfsserver ~]# mkdir /var/{web,cloud}
[root@nfsserver ~]# chmod a+w /var/web
[root@nfsserver ~]# cat /etc/exports
/var/web/  172.16.0.20(rw,async,no_root_squash)
```

#允许172.16.0.20主机以可读写的方式访问本机的/var/web目录，不屏蔽root
/var/cloud/ *(ro,sync)
#任何主机都可以只读访问本机的/var/cloud目录
[root@nfsserver ~]# **systemctl restart nfs**
[root@nfsserver ~]# **systemctl enable nfs**

4.1.2 客户端访问 NFS 共享

客户端访问 NFS 共享也需要安装软件包 nfs-utils，客户端可以通过 showmount 命令查看服务器共享信息，通过 mount 命令挂载 NFS 共享。mount 挂载属性有很多，这些属性为我们提供了丰富的挂载特性与功能。

下面，client1 挂载 nfsserver 共享目录/var/web 至本机/var/web 目录，该共享目录为可读写性质，且 root 账号不会被映射为匿名账号（root 的权限会被保留）。

```
[root@client1 /]# dnf -y install nfs-utils
[root@client1 ~]# showmount -e 172.16.0.254
Export list for 192.168.0.254:
/var/cloud  *
/home       *
/var/web    172.16.0.20
[root@client1 ~]# mkdir /var/web
[root@client1 ~]# useradd -u 1003 jerry
[root@client1 ~]# mount 172.16.0.254:/var/web /var/web    #手动挂载
[root@client1 ~]# echo \                                   #设置开机自动挂载
"172.16.0.254:/var/web /var/web nfs defaults 0 0" >> /etc/fstab
[root@client1 ~]# chmod a+w /var/web                      #给所有用户可写权限
[root@client1 web]# cd /var/web ; touch root.txt
[root@rocky9 /]# ll /var/web/
total 0
-rw-r--r--. 1 root    root    0 Mar 10 08:20 root.txt
[root@client1 web]# su - jerry                             #切换用户
[jerry@client1 ~]# cd /var/web/
[jerry@client1 web]# touch jerry.txt
[jerry@client1 web]# ls -l
total 0
-rw-r--r--. 1 root    root    0 Mar 10 08:20 root.txt
-rw-rw-r--. 1 jerry   jerry   0 Mar  9 23:21 jerry.txt    #jerry 为正常用户权限
[jerry@client1 web]# exit                                  #返回 root 用户
```

下面，client2 挂载 NFS 服务器的共享目录/var/cloud 至本机/var/cloud 目录，该目录为只读共享性质，默认 root 权限会被自动映射为 nobody 账号，普通账号权限将被保留。

```
[root@client2 /]# dnf -y install nfs-utils
[root@client2 ~]# mkdir /var/cloud
```

```
[root@client2 ~]# useradd -u 1003 jerry
[root@client2 ~]# mount 172.16.0.254:/var/cloud /var/cloud
[root@client2 ~]# echo \                           #设置开机自动挂载
"172.16.0.254:/var/cloud /var/cloud nfs defaults 0 0" >> /etc/fstab
[root@client2 ~]# cd /cloud/
[root@client2 cloud]# touch root.txt               #提示该文件只读
touch: cannot touch `root.txt': Read-only file system
```

这里详细剖析权限问题。由于共享数据实际是被存储在 NFS 服务器上的，所以所有操作实际是以服务器本机的账号进行的，只是服务器会根据不同的情况将远程客户端的访问账号转换为不同的服务器本机账号。

◎ 当客户端使用普通用户连接服务器时，在默认情况下，如果客户端使用的账号 UID 在服务器上也有相同的账号 UID，则服务器将使用服务器本机上的该 UID 账号进行读写操作。如果客户端访问服务器所使用的账号 UID 不在服务器上，则服务器自动将账号转换为 nobody 账号。此外，如果服务器端对共享属性配置了 all_squash 选项，则服务器会根据 anonuid 选项的值，将所有账号都自动转换为匿名账号。

◎ 当客户端使用 root 连接服务器时，默认会将 root 转换为服务器上的 nobody 账号，如果服务器端对共享属性配置了 no_root_squash 选项，则服务器会将远程 root 账号转换为本机 root 账号进行读写操作。

4.1.3　NFS 高级设置

1. NFS 所需服务

为了在 Rocky Linux 9 系统上提供 NFS 服务，Rocky Linux 9 系统提供了很多有用的服务进程，以下进程在实现 NFS 共享的过程中需要相互协同工作。

◎ nfsd：NFS 服务器主程序。

◎ rpcbind：提供地址与端口注册服务。

◎ rpc.mountd：该进程被 NFS 服务用来处理 NFSv3 的 mount 请求。

◎ rpc.nfsd：动态处理客户端请求。

◎ lockd：lockd 是内核线程，在服务器端与客户端运行，用来实现 NLM 网络协议，允许 NFSv2 与 NFSv3 客户端对文件加锁。

◎ rpc.statd：该进程实现网络状态监控（NSM）协议。

- ◎ rpc.rquotad：该进程提供用户配额信息。
- ◎ rpc.idmapd：提供 NFSv4 名称映射，必须配置/etc/idmapd.conf。

2. NFS 客户端配置

若要客户端主机可以访问并使用服务器所提供的共享目录，则可以通过 mount 命令挂载 NFS 共享，格式如下。

```
# mount -t nfs -o 选项 服务主机:/服务器共享目录  /本地挂载目录
```

具体挂载选项如下。

- ◎ intr：当服务器宕机时允许中断 NFS 请求，仅在与老版本兼容时使用。
- ◎ nfsvers=version：指定使用哪个版本的 NFS 协议，version 可以是 2、3 或 4。
- ◎ noacl：关闭 ACL，仅在与老版本操作系统兼容时使用。
- ◎ nolock：关闭文件锁机制，仅用来连接老版本 NFS 服务器。
- ◎ noexec：在挂载的文件系统中屏蔽可执行的二进制数据程序。
- ◎ port=num：指定 NFS 服务器端口号，默认 num 为 0，此时如果远程 NFS 进程没有在 rpcbind 处注册端口信息，则使用标准 NFS 端口号（TCP 2049 端口）。
- ◎ rsize=num：通过设置最大数据块的大小来调整 NFS 读取数据的速度，此处，num 单位为字节。
- ◎ wsize=num：通过设置最大数据块的大小来调整 NFS 写入数据的速度，此处，num 单位为字节。
- ◎ tcp：使用 TCP（协议）挂载。
- ◎ udp：使用 UDP（协议）挂载。

3. 使用 NFS 命令工具

NFS 软件还为我们提供了很多便利的命令工具，这些工具可以帮助我们在不重启服务的情况下应用新的共享设置，查看 NFS 连接状态，查询实时的端口注册信息。

（1）exportfs 命令。

描述：当 NFS 服务启动时，/usr/sbin/exportfs 命令会自动启动并读取/etc/exports 文件，通过控制 rpc.mountd 服务处理挂载请求，rpc.nfsd 服务使文件系统对远程主机可见；手动运行 exportfs 命令，允许 root 在不重启 NFS 服务的情况下选择共享或取消部分共享目录。

选项：-r　　重新读取/etc/exports 文件。
　　　-a　　全部共享或全部取消共享。
　　　-u　　取消共享，当与-a 一起使用时可以取消全部共享文件系统。
　　　-v　　显示详细信息。

（2）nfsstat 命令。

描述：查看 NFS 共享状态。
选项：-s,--server　　当不使用该参数时，默认显示服务器端与客户端状态。当使用该参数时，将仅显示服务器端状态。
　　　-c,--client　　仅显示客户端状态。
　　　-n,--nfs　　仅显示 NFS 状态，默认显示 NFS 与 RPC 信息。
　　　-n　　n 为数字 2、3 或 4，仅显示 NFS 版本为 n 的状态信息。
　　　-m　　显示挂载信息。
　　　-l　　以列表形式显示信息。

（3）rpcinfo 命令。

描述：生成 RPC 信息报表。
选项：-m　　显示指定主机的 rpcbind 服务操作信息表。
　　　-p　　显示指定主机 RPC 注册信息。
　　　-s　　显示指定主机所有注册 RPC 的信息程序，当不指定主机时，默认显示本机信息。

示例：#rpcinfo
　　　#rpcinfo -p 127.0.0.1
　　　#rpcinfo -m 127.0.0.1
　　　#rpcinfo -s

4. 在防火墙后端运行 NFS

NFS 需要向 rpcbind 动态注册端口信息，这将导致运行在防火墙后端的 NFS 服务器无法进行防火墙配置，因为端口信息是动态随机生成的，所以防火墙可以开放某些固定的端口允许客户端进行连接，但无法设置随机端口规则。想要允许客户端访问位于防火墙后面的 NFS 共享，就需要我们编辑/etc/sysconfig/nfs 配置文件，配置固定的端口号。注意，端口号不可以指定为已经被其他程序使用的端口号，固定的端口配置选项如下。

◎ MOUNTD_PORT=端口号：设置 mountd 程序的端口号。

- LOCKD_TCPPORT=端口号：设置 TCP 的 lockd 程序的端口号。
- LOCKD_UDPPORT=端口号：设置 UDP 的 lockd 程序的端口号。
- STATD_PORT=端口号：设置 rpc.statd 程序的端口号。

在配置完固定的端口号之后，还需要对防火墙进行设置，需要为防火墙编写策略，允许所有端口的数据通信。此外，需要为 NFS 开启 TCP 与 UDP 的 2049 端口，以及 TCP 与 UDP 的 111 端口，111 端口被 rpcbind 所使用。

另一种方式是通过防火墙直接开启对服务的访问权限。

```
[root@nfsserver ~]# firewall-cmd --permanent --add-service mountd
[root@nfsserver ~]# firewall-cmd --permanent --add-service rpc-bind
[root@nfsserver ~]# firewall-cmd --permanent --add-service nfs
```

4.1.4 常见问题分析

1. 权限问题

很多时候，若在/etc/exports 配置文件中设置共享目录为可读写，却忘记了修改相应系统层面的文件及目录权限，从而导致客户端实际在挂载使用时无写权限，则系统提示信息一般为"Permission denied"。在对配置文件设置写权限后，一定要记住修改相关目录、文件的权限。

另外，当默认客户端使用 root 访问 NFS 共享进行读写操作时，服务器会自动把 root 转换为服务器本机的 nobody 账号，这会导致 root 无法进行相应的操作。如果要保留 root 的权限，则需要在配置文件中添加 no_root_squash 选项。

2. rpcbind 问题

在没有启动 rpcbind 的情况下就启动 nfs 服务，系统会报错：NFS mountd、rpc.rquotad、rpc.nfsd 无法启动，因为这些服务都依赖于 rpcbind，这样就需要先确保 rpcbind 服务启动后再启动 nfs 服务以及相关服务进程。通过 rpcinfo -p 可以查看基于 RPC 协议的服务是否成功与 rpcbind 服务通信，并注册信息。

3. 兼容性问题

在工作环境中，当客户端需要挂载 NFSv3 版本，以满足兼容性要求时，则需要使用 nfsvers 选项设置特定的版本信息，并且在/etc/fstab 开机自动挂载文件中进行相应的修改。

```
[root@client1 ~]# mount -o nfsvers=3 172.16.0.254:/var/web /var/web
```

/etc/fstab 文件的书写格式如下。

172.16.0.254:/var/web /var/web nfs defaults,nfsvers=3 0 0

4. 挂载错误

系统提示"No such file or directory",说明在服务器上没有相应的挂载点目录,应检查和确认目录名称是否正确。

5. 防火墙错误

系统提示"mount: mount to NFS server ' 172.16.0.254 em Error: No route to host",这说明 nfs 服务的默认端口 2049 被防火墙屏蔽,需要修改防火墙规则,开放 2049 端口。

4.2 Samba 文件共享

Samba 是 Linux、UNIX 与 Windows 之间进行共享和交互操作的软件,是基于 GPL 协议的开源软件。自 1992 年以来,Samba 开始通过 SMB/CIFS 协议为 Windows、OS/2、Linux,以及众多其他支持该协议的操作系统提供安全、稳定、快速的文件与打印共享服务,在使用 winbind 将 Linux/UNIX 无缝整合到活动目录环境中时,Samba 也是一个重要组件。

所需软件包括:samba(服务器端软件包)、samba-client(客户端软件包)和 samba-common(samba 公共文件软件包)。其中,samba 由 smbd 和 nmbd 两个守护进程组成,两个守护进程的启动脚本是独立的。下面分别介绍每个守护进程的作用。

smbd 为客户端提供文件共享与打印机服务,还负责用户权限验证及锁功能。smbd 默认监听的是 TCP 139 端口与 TCP 445 端口,通过 smb 服务启动 smbd,使用 ss -nutlp 可以查看进程的端口信息。

nmbd 提供 NetBIOS 名称服务,以满足基于 Common Internet File System(CIFS)协议的共享访问环境。Samba 通过 nmb 服务启动 nmbd,该进程默认使用的是 UDP 137 端口。

由于防火墙与 SELinux 默认策略会阻止远程用户对 Samba 的访问,所以目前我们暂时先关闭这些服务,以确保共享服务的正常使用。关于如何合理设置防火墙与 SELinux 策略,将在第 6 章中详细介绍。

4.2.1 快速配置 Samba 服务器

1. 关闭防火墙与 SELinux

```
[root@rocky9 ~]# setenforce 0                              #临时关闭 SELinux
[root@rocky9 ~]# sed -i "/SELINUX=/c SELINUX=disabled" \
/etc/sysconfig/selinux                                     #永久关闭 SELinux
[root@rocky9 ~]# systemctl stop firewalld.service          #临时关闭防火墙
[root@rocky9 ~]# systemctl disable firewalld.service       #永久关闭防火墙
```

2. 安装 Samba 软件

```
[root@rocky9 ~]# dnf -y install samba
```

3. 创建共享目录

```
[root@rocky9 ~]# mkdir /common
[root@rocky9 ~]# chmod 777 /common
[root@rocky9 ~]# echo "hello the world" > /common/smb.txt    #创建测试文件
```

上面这些是准备工作，主要是关闭防火墙和 SELinux 安全组件、安装相应软件包，以及创建共享目录和用于测试的文件。

4. 修改配置文件

在做完以上准备工作后，如果希望 Samba 可以共享指定的目录给客户端，就需要在其配置文件中写入目录共享的配置段，Samba 默认的配置文件是/etc/samba/smb.conf。在默认情况下，Samba 已经配置为允许用户通过远程共享访问账号的家目录，为了将我们在准备阶段创建的/common 目录共享给客户端，需要在该配置文件末尾追加对 common 目录的共享设置，实现快速自定义共享。

```
[root@rocky9 ~]# vim /etc/samba/smb.conf
[common]                              #共享名称为 common
comment = Common share                #共享注释
path = /common                        #重要，指定共享路径
browseable = yes                      #所有人可见
guest ok = no                         #拒绝匿名访问
writable = yes                        #支持写入数据
```

5. 创建访问账号

客户端访问 Samba 共享时，所使用的账号名称就是服务器端操作系统中真实存在的系统账

号名称，但不同于微软的共享设置，访问 Samba 共享的密码必须使用独立的 Samba 密码，不可以使用系统密码，这样即使有人获得了 Samba 账号和密码，也不能使用这些信息登录服务器本机的操作系统。因此，成功访问 Samba 服务器还需要使用 smbpasswd 将系统账号添加到 Samba，并设置相应的密码，Rocky Linux 9 系统自带的 Samba 软件包在安装后，默认会将账号与密码文件存放在/var/lib/samba/private 目录中。

```
[root@rocky9 ~]# useradd -s /sbin/nologin smbuser
[root@rocky9 ~]# smbpasswd -a smbuser
New SMB password:                          #提示输入账号与密码
Retype new SMB password:                   #确认一次密码
Added user smbuser.                        #成功添加账号与密码
```

smbpasswd 命令的描述和用法如下。

描述：修改 Samba 账号的密码。
用法：smbpasswd [选项] 账号名称
选项：-a   添加账号并设置密码。
　　　-x   删除 SMB 账号。
　　　-d   禁用 SMB 账号。
　　　-e   启用 SMB 账号。

6. 启动服务

```
[root@rocky9 ~]# systemctl start smb
[root@rocky9 ~]# systemctl enable smb
```

4.2.2　访问 Samba 共享

1. Windows 客户端访问

在 Windows 环境中，通过"开始"→"运行"菜单或直接按 Win+R 快捷键开启运行对话框，在该对话框中输入"\\IP"（其中的 IP 为 Samba 服务器的 IP 地址），单击"确定"按钮访问 Samba 共享。如果是基于用户名和密码的访问，则系统会提示输入账号与密码，如图 4-2 所示。在登录成功后可以看到 Samba 共享了两个目录，一个是 common 目录，另一个是 smbuser 账号的家目录。

图 4-2

2. Linux 客户端访问

Linux 客户端通过 smbclient 命令可以访问服务器上的共享资源，如果安装了图形环境，则也可以通过 Linux 图形界面连接服务器，下面假设有一台 IP 地址为 192.168.0.101 的 Samba 服务器。

```
[root@rocky9 ~]# smbclient -L //192.168.0.101    #查看192.168.0.101 主机共享信息
Password for [SAMBA\root]:          #若仅查看，则不需要密码，直接按回车键
Anonymous login successful
Domain=[MYGROUP] OS=[Unix] Server=[Samba 4.2.3]    #服务器的基本信息

Sharename       Type      Comment
---------       ----      -------
common          Disk      Common share              #共享与注释
IPC$            IPC       IPC Service (Samba 4.16.4)
[root@rocky9 ~]# smbclient -U smbuser //192.168.0.101/common
                                                    #访问 Samba 共享目录
Password for [SAMBA\smbuser]:                       #输入账号与密码
Try "help" to get a list of possible commands.
smb: \> ls                                          #输入 ls 命令查看共享目录
  .                                D        0  Wed Dec 14 16:58:31 2022
  ..                               D        0  Wed Dec 14 16:54:07 2022
  smb.txt                          N       16  Wed Dec 14 16:58:31 2022

         17811456 blocks of size 1024. 15677612 blocks available
smb: \> get smb.txt                                 #输入 get 命令可以下载共享文件
getting file \smb.txt of size 16 as smb.txt (3.9 KiloBytes/sec) (average 3.9 KiloBytes/sec)
smb: \>help                                         #查看 smbclient 的可用命令
smb: \>quit                                         #退出
```

有时，挂载 Samba 共享目录实现如本地文件系统一样的使用体验是很有意义的，使用 root 管理员身份运行 mount 命令可以挂载这样的文件系统，将挂载信息写入 fstab 文件可以实现永久挂载的目的。

```
[root@rocky9 ~]# mkdir /com
[root@rocky9 ~]# mount -t cifs //192.168.0.101/common /com \
-o username=smbuser,password=<密码>
[root@rocky9 ~]# echo "//192.168.0.101/common /com /smb \  #实现永久挂载
cifs  defaults,username=smbuser,password=<密码> 0 0 /etc/fstab
```

4.2.3 配置文件详解

Samba 配置文件非常简洁明了，所有设置都在 /etc/samba/smb.conf 配置文件中进行。通过对该配置文件进行修改，可以将 Samba 配置为一台匿名文件服务器、基于账号的文件服务器或打印服务器。在默认情况下，Samba 会开启本地账号的家目录与打印机共享，在配置文件中以"#"或";"符号开头的行为注释行。配置文件分为若干段，除 global（全局配置段）外，其余所有段都用来描述共享资源，全局段中的配置代表全局有效，是全局的默认设置。如果全局段中的设置项与共享段中的设置项有冲突，则共享设置段中的设置为实际有效值。下面具体说明配置文件中各个配置项的含义。

```
[global]                                    #定义全局策略
workgroup = MYGROUP                         #定义工作组
server string = Samba Server Version %v
#服务器提示字符串，默认显示 Samba 版本，建议修改默认值以防止针对版本的网络攻击
;interfaces = lo 192.168.12.2/24 192.168.13.2/24
#如果我们的服务器有多个网络接口，则可以通过 interfaces 选项指定 Samba 监听哪些网络接口
;hosts allow = 127. 192.168.12. 192.168.13. EXCEPT 192.168.13.13
#hosts allow 指定仅允许哪些主机有权访问 Samba 服务器资源，该参数可以被放置在全局
#段，也可以被放置在共享段。与此相反的选项是 hosts deny，用来设置黑名单列表，这里可
#以指定允许访问的主机名、IP 地址或网段，当指定网段时可以使用 192.168.12. 或
#192.168.12.0/255.255.255.0 两种格式，使用 EXCEPT 可以指定例外的 IP 地址
log file = /var/log/samba/log.%m
#定义日志文件，因为使用了 Samba 变量%m，所以每个访问共享的主机都会产生独立的
#日志文件，%m 会被替换为客户端的主机名
max log size = 50
#定义日志单个文件的最大容量为 50KB
security = user
#设置 security 选项将影响客户端访问 Samba 的方式，是非常重要的设置选项之一。security
#可以被设置为 user、share、server 或 domain，user 代表通过用户名、密码验证访问者的身份，
#账号是服务器本机系统账号；share 代表匿名访问；server 代表基于验证身份的访问，但账号
#信息被保存在另一台 SMB 服务器上；domain 同样是基于验证身份的访问，账号信息被保存在活动
#目录中
passdb backend = tdbsam
#账号与密码的存储方式，smbpasswd 代表使用老的明文格式存储账号及密码；tdbsam 代
#表基于 TDB 的密文格式存储；ldapsam 代表使用 LDAP 存储账号及密码
deadtime = 10
#客户端在 10min 内没有打开任何 Samba 资源，服务器将自动关闭会话，在大量的并发访问环境中，
#这样的设置可以提高服务器性能
display charset = UTF8                      #设置显示使用的字符集为 UTF8
max connections = 0
#设置最大连接数，0 代表无限制，若设置该规则，则对于超过此限制的连接请求，服务器将拒绝连接
guest account = nobody                      #设置匿名账号为 nobody
```

```
load printers = yes                    #是否共享打印机
cups options = raw                     #打印属性
[homes]                                #共享名称
comment = Home Directories             #注释，共享的描述信息
browseable = no                        #共享目录是否可以被浏览
writable = yes                         #共享目录是否可以进行写操作
[printers]                             #打印机共享
comment = All Printers
path = /var/spool/samba                #打印机共享池
browseable = no
guest ok = no
writable = no
printable = yes
[common]                               #共享名称为 common
comment = Common share                 #注释，共享描述信息
path = /common                         #重要，指定共享路径
valid users =tom jerry                 #有效账号列表
create mask = 0750                     #客户端上传文件的默认权限，默认为 0744
directory mask = 0775                  #客户端创建目录的默认权限，默认为 0755
browseable = yes                       #共享目录是否对所有人可见（yes 或 no）
writable = no
write list = tom                       #写权限账号列表，这里设置 tom 可写
admin users =tom                       #该共享的管理员，具有完全权限
invalid users = root bin               #禁止 root 与 bin 访问 common 共享
guest ok = no   #是否允许匿名访问，仅当全局设置 security=share 时有效（yes 或 no）
```

4.2.4 Samba 应用案例

ABC 是一家网站设计公司，公司有商务部、页面设计部、开发部和运维部四个部门，商务部负责与客户沟通并调研客户需求，为客户制定网站建设方案。页面设计部根据商务部与客户的沟通记录与调研报告，确定主页设计风格与方案。网站设计具体方案经客户审核确认后提交开发部，由开发部完成网站代码的编写，向客户提交完成后的网站，待客户确认后上传公司服务器，由运维部负责网站的运行和维护工作。根据这些信息可以看出该公司部门之间的衔接是非常密切的，部门之间有大量的数据需要共享，为了加强部门之间互联互通，优化工作流程与效率，ABC 公司决定部署一台 Samba 服务器，满足部门间可快速共享数据的需求，从而实现流水线办公。

1. 创建目录结构

首先我们创建用于共享的目录。根据 ABC 公司的情况，可以为该例创建五个一级目录和四个部门共享目录，共享目录仅对部门内部员工共享数据，每个部门员工都可以在相应的部门共享目录中创建自己的个人目录与文件；公共共享目录用于所有部门之间相互访问彼此的数据，在公共共享目录中为每个部门都创建对应的共享子目录。/ABC/sales 目录为商务部共享目录，/ABC/design 目录为页面设计部共享目录，/ABC/develop 目录为开发部共享目录，/ABC/ops 目录为运维部共享目录。另外，/ABC/share 目录为整个公司的公共共享目录，用于部门间的数据共享，我们会在该目录中为每个部门都创建对应的子目录。

```
[root@rocky9 ~]# mkdir -p /ABC/{sales,design,develop,ops,share/{sales,design,develop,ops}}
[root@rocky9 ~]# tree /ABC/          #需要提前安装 tree，这里才可以使用
/ABC/
├── design
├── develop
├── ops
├── sales
└── share
    ├── design
    ├── develop
    ├── ops
    └── sales
```

2. 添加账号

为了提升安全性，公司要求所有员工在访问共享目录时都必须使用账号和密码。在初始状态下，我们为每个部门都创建两个账号，并创建所有共享目录的管理员，以便后期管理员可以根据公司的发展情况添加或删除账号信息。下面通过脚本创建部门初始账号，语法规则可以参考第 3 章的内容。

```
[root@rocky9 ~]# cat user.sh
#!/bin/bash
#Add users for share
DEPART=(sales design develop ops)
for g in ${DEPART[@]}
  do
      groupadd $g
      for u in $(seq 2)
        do
            useradd -M -s /sbin/nologin -g ${g} ${g}$u
        done
```

```
done
[root@rocky9 ~]# chmod a+x user.sh
[root@rocky9 ~]# ./user.sh
[root@rocky9 ~]# smbpasswd -a sales1
[root@rocky9 ~]# smbpasswd -a sales2
```

其他账号的 Smaba 密码按照此模板逐个添加即可。

3. 配置文件

在创建共享目录及系统账号后，我们还需要修改 Samba 主配置文件，在配置文件中加入我们需要共享的目录信息及相应权限的设置。下面是/etc/samba/smb.conf 文件修改后的具体配置清单。

```
#===================== Global Settings ==================================
[global]
workgroup = STAFF
server string = ABC.corp share
log file = /var/log/samba/log.%m
max log size = 50
security = user
passdb backend = tdbsam
load printers = yes
cups options = raw
#========================== Share Definitions ===========================
[homes]
comment = Home Directories
browseable = no
writable = yes
[sales]
comment = sales share
path = /ABC/sales
browseable = yes
guest ok = no
writable = no
write list = @sales
[design]
comment = design share
path = /ABC/design
browseable = yes
guest ok = no
writable = no
write list = @design
[develop]
comment = develop share
```

```
        path = /ABC/develop
        browseable = yes
        guest ok = no
        writable = no
        write list = @develop
        [ops]
        comment = ops share
        path = /ABC/ops
        browseable = yes
        guest ok = no
        writable = no
        write list = @ops
        [share]
        comment = common share
        path = /ABC/share
        browseable = yes
        guest ok = no
        writable = yes
```

4. 修改权限

为了使员工在访问服务器共享资料后，可以在属于自己的对应目录中创建文件与目录，除了要在 Samba 配置文件中设置权限，还要为系统目录修改正确的权限。

```
[root@rocky9 ~]# chmod 1770 /ABC/{design,develop,ops,sales}   #添加了sticky权限
[root@rocky9 ~]# chmod 1777 /ABC/share
[root@rocky9 ~]# chown :design /ABC/design
[root@rocky9 ~]# chown :develop /ABC/develop
[root@rocky9 ~]# chown :ops /ABC/ops
[root@rocky9 ~]# chown :sales /ABC/sales
```

5. 重启 Samba 服务

```
[root@rocky9 ~]# systemctl restart smb
```

4.2.5　常见问题分析

1. NT_STATUS_BAD_NETWORK_NAME

若提示该错误信息，则说明输入了错误的共享名称，一般为输入性错误，需要检查客户端请求的共享资源在服务器中是否存在。

2. NT_STATUS_LOGON_FAILURE

若提示该错误信息，则说明登录失败，一般是账号或密码不对，需要检查账号与密码后重试。

3. NT_STATUS_ACCESS_DENIED

若提示该错误信息，则说明访问被拒绝，权限不足。这里既可能是 Samba 服务设置的访问权限，也可能是服务器文件系统的访问权限不允许客户端访问。

4. Error NT_STATUS_HOST_UNREACHABLE

若提示该错误信息，则说明客户端无法连接 Samba 服务器，这一般是由于网络故障或防火墙问题引起的，需要检查客户端与服务器的网络连接是否正常，还要检查防火墙规则是否允许客户端发起请求，Samba 端口有 137、138、139、445。

5. Not enough '\' characters in service

若提示该错误信息，则说明客户端在访问时共享路径输入有误，特别是"//IP"与"//IP/"是不同的，当使用"//IP"访问服务器时会报错。

6. 防火墙拦截

如果 Samba 服务被防火墙拦截，则通过给防火墙添加放行规则即可允许该服务被访问。

```
[root@rocky9 ~]# firewall-cmd --permanent --add-service samba
[root@rocky9 ~]# firewall-cmd --permanent --add-service samba-client
[root@rocky9 ~]# firewall-cmd --permanent --add-service samba-dc
```

4.3　vsftpd 文件共享

vsftpd 是 Very Secure FTP 的简写形式，是一款非常安全的 FTP 软件。该软件是基于 GPL 开发的，被设计为 Linux 平台下稳定、快速、安全的 FTP 软件，它支持 IPv6 和 SSL 加密。vsftpd 的安全性主要体现在三方面：进程分离，处理不同任务的进程彼此是独立运行的；进程运行时均以最小权限运行；多数进程都使用 chroot 设置了新的根目录，以防止客户访问非法共享目录，这里的 chroot 是改变根的一种技术，如果我们通过 vsftpd 共享了 /var/ftp/ 目录，则该目录对客户端而言就是共享的根目录。

vsftpd 虽然是一款 FTP 软件，但 FTP 不同于其他互联网协议，它使用多端口通信。当客户端连接服务器请求资源时，服务器会使用 21 端口与客户端进行通信，该端口专门处理客户端发送给服务器的请求命令，也就是俗称的命令端口。当服务器与客户端进行数据传输时，还需要使用另一个数据端口，数据端口号取决于服务器运行的模式是主动模式还是被动模式。

4.3.1 FTP 的工作模式

1. 主动模式

主动模式（active mode）的工作步骤如下。

第一步，客户端随机开启大于 1024 的 X 端口，与服务器的 21 端口建立连接通道，在通道建立后，客户端随时可以通过该通道发送上传或下载的命令。

第二步，当客户端需要与服务器进行数据传输时，客户端会再开启一个大于 1024 的随机端口 Y，并将 Y 端口号通过之前的命令通道传送给服务器的 21 端口。

第三步，服务器在获取到客户端的第二个端口后会主动连接客户端的该端口，在三次握手后，完成服务器与客户端数据通道的建立，所有数据均通过该数据通道进行传输。

2. 被动模式

被动模式（passive mode）的工作步骤如下。

第一步，客户端随意开启大于 1024 的 X 端口，与服务器的 21 端口建立连接通道。

第二步，当客户端需要与服务器进行数据传输时，客户端从命令通道发送数据请求，要求上传或下载数据。

第三步，服务器在收到数据请求后会随机开启一个端口 Y，并通过命令通道将该端口信息传送给客户端。

第四步，客户端在收到服务器发送过来的数据端口 Y 的信息后，将在客户端本地开启一个随机端口 Z，此时客户端再主动通过本机的 Z 端口与服务器的 Y 端口进行连接，在三次握手后，即可进行数据传输。

综上所述，与其他大多数互联网协议不同，FTP（协议）需要使用多个网络端口才可以正常工作，其中一个端口专门用于命令的传输（命令端口），另一个端口专门用于数据的传输（数据端口）。主动模式在传输数据时，服务器会主动连接客户端；被动模式在传输数据时，由客户端主动连接服务器。FTP 最初使用主动模式工作，但现在客户端主机多数都位于防火墙后面，而且防火墙策略一般不允许入站数据。也就是说，客户端主机可以连接外网，但外网不可以直接接入客户端主机。这样采用主动 FTP 工作模式的 FTP 服务器最终将无法正常工作，所以就有了后来的被动模式。

4.3.2 安装与管理 vsftpd

要想使用 vsftpd 实现 FTP 数据共享，首先需要安装 vsftpd。在 Rocky Linux 9 的安装光盘文件中已经包含了该软件包，所以也可以在安装部署操作系统时选择安装。如果在部署操作系统时没有安装该软件，则也可以随时通过 DNF 方式安装该软件。

```
[root@rocky9 ~]# dnf -y install vsftpd
[root@rocky9 ~]# systemctl start vsftpd
[root@rocky9 ~]# systemctl enable vsftpd
```

在 RPM 格式的 vsftpd 软件安装完成后，该软件的主程序是/usr/sbin/vsftpd，下面是与 vsftpd 相关的核心文件与目录列表的说明。

/etc/logrotate.d/vsftpd（日志轮转备份配置文件）
/etc/pam.d/vsftpd（基于 PAM 的 vsftpd 验证配置文件）
/etc/vsftpd（vsftpd 软件主目录）
/etc/vsftpd/ftpusers（默认的 vsftpd 黑名单）
/etc/vsftpd/user_list（可以通过主配置文件设置该文件为黑名单或白名单）
/etc/vsftpd/vsftpd.conf（vsftpd 主配置文件）
/usr/sbin/vsftpd（vsftpd 主程序）
/usr/share/doc/vsftpd（vsftpd 文档路径）
/var/ftp（默认 vsftpd 共享目录）

4.3.3 配置文件解析

vsftpd 的配置文件默认位于/etc/vsftpd 目录中，vsftpd 会自动寻找以.conf 结尾的配置文件，并使用此配置文件启动 FTP 服务。配置文件的格式：选项=值（中间不可以有任何空格符），以#开头的行会被识别为注释行。表 4-2 给出了 vsftpd 的主要配置选项及其对应的功能描述。

表 4-2

账号类别	配置选项	功能描述
全局设置	listen=YES	是否监听端口，独立运行守护进程
	listen_port=21	监听入站 FTP 请求的端口号
	write_enable=YES	是否允许写操作命令

续表

账号类别	设置项	功能描述
	download_enable=YES	如果设置为 NO，则拒绝所有下载请求
	dirmessage_enable=YES	在用户进入目录时是否显示消息
	xferlog_enable=YES	是否开启 xferlog 日志的功能
	xferlog_std_format=YES	xferlog 日志文件格式
	connect_from_port_20=YES	使用主动模式连接，启用 20 端口
	pasv_enable=YES	是否启用被动模式连接，默认为被动模式
	pasv_max_port=24600	被动模式连接的最大端口号
	pasv_min_port=24500	被动模式连接的最小端口号
	userlist_enable=YES	是否启用 userlist 文件
	userlist_deny=YES	是否禁止 userlist 文件中的账号访问 FTP
	max_clients=2000	最大允许 2000 个客户端同时连接，0 代表无限制
	max_per_ip=0	每个客户端的最大连接限制，0 代表无限制
	tcp_wrappers=YES	是否启用 tcp_wrappers
	guest_enable=YES	如果为 YES，则所有非匿名登录都映射为 guest_username 指定的账号
	guest_username=ftp	设定 quest 账号
	user_config_dir=/etc/vsftpd/conf	指定目录，在该目录中可以为用户设置独立的配置文件与选项
	dual_log_enable=NO	是否启用双日志功能，生成两个日志文件
	anonymous_enable=YES	是否开启匿名访问功能，默认为开启
匿名账号	anon_root=/var/ftp	匿名访问 FTP 的根路径，默认为/var/ftp
	anon_upload_enable=YES	是否允许匿名账号上传，默认禁止
	anon_mkdir_write_enable=YES	是否允许匿名账号创建目录，默认禁止
	anon_other_write_enable=YES	是否允许匿名账号进行其他写操作
	anon_max_rate=0	匿名数据传输速率（B/s）
	anon_umask=077	匿名上传权限掩码
本地账号	local_enable=YES	是否启用本地账号的 FTP 功能
	local_max_rate=0	本地账号的数据传输速率（B/s）
	local_umask=077	本地账号权限掩码
	chroot_local_user=YES	是否禁锢本地账号根目录，默认为 NO
	local_root=/ftp/common	本地账号访问 FTP 根路径

4.3.4 账号权限

vsftpd 支持的常用登录方式有：匿名登录、本地账号登录、虚拟账号登录。

匿名登录一般用于下载服务器。相信很多读者都使用 FTP 下载过资料，这种下载服务器往往是对外开放的，无须输入用户名与密码即可使用，vsftpd 默认禁用匿名共享，开启匿名登录需要将配置文件中的"anonymous_enable=NO"修改为"anonymous_enable=YES"，默认共享路径为/var/ftp。

以本地账号登录则需要使用系统账号及系统密码才可以登录使用 FTP，在安装系统自带的 RPM 包 vsftpd 后，在默认的配置文件中，local_enable 被设置为 YES，此时 FTP 默认共享路径为账号的家目录。需要注意的是，在开启本地账号登录后，用户可以离开家目录，从而进入系统中的其他目录，这样是非常危险的。在配置文件中使用 chroot_local_user 参数可以将用户限制在自己的家目录中，防止用户进入系统中的其他目录。由于 SELinux 默认不允许 FTP 共享家目录，因此，在没有完全掌握 SELinux 设置方法的情况下，建议关闭 SELinux 以完成下面的案例。

当有大量的用户需要使用 FTP 时，vsftpd 支持以虚拟账号登录 FTP，从而避免创建大量的系统账号，通过 guest_enable 可以开启 vsftpd 的虚拟账号功能，guest_username 用来指定本地账号的虚拟映射名称。

vsftpd 有两个文件（黑名单文件和白名单文件）可以对用户进行 ACL 控制，/etc/vsftpd/ftpusers 默认是一个黑名单文件，存储在该文件中的所有用户都无法访问 FTP，格式为每行一个账号名称；用户文件/etc/vsftpd/user_list 会根据主配置文件中配置项设定黑名单文件或白名单文件，也可以禁用该文件。主配置文件中的 userlist_enable 决定了是否启用 user_list 文件。如果启用，则还需要根据 userlist_deny 来决定该文件是黑名单文件还是白名单文件。如果 userlist_deny=YES，则/etc/vsftpd/user_list 文件为黑名单文件。如果 userlist_deny=NO，则/etc/vsftpd/user_list 文件为白名单文件。需要注意的是，黑名单文件表示仅拒绝名单文件中的账号访问 FTP，也就是说，其他账号默认允许访问 FTP。而白名单文件表示仅允许白名单文件中的账号访问 FTP，不在白名单文件中的其他账号则默认被拒绝访问 FTP。

4.3.5 vsftpd 应用案例

案例 1：本地账号 FTP

为了满足企业员工移动办公的需要，ABC 公司决定搭建一台 FTP 服务器，为每个员工都创建账号。由于 FTP 是一种互联网文件传输协议，因此无论员工在什么地方，只要有计算机能够接入网络，就可以访问公司的 FTP 服务器，下载或上传数据。如图 4-3 所示，员工不管是通过公司网络访问 FTP，还是在家或出差通过互联网访问 FTP，最终都可以连接服务器进行数据操作。

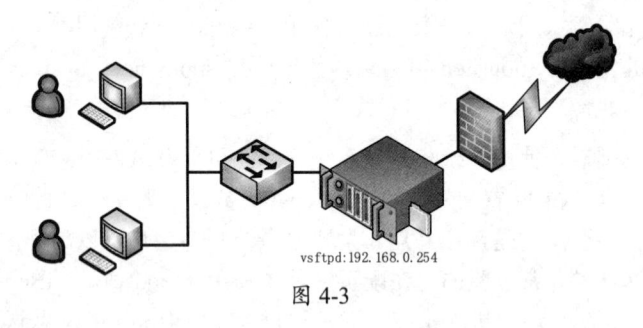

图 4-3

（1）修改配置文件。

```
anonymous_enable=NO
local_enable=YES
write_enable=YES
local_umask=022
dirmessage_enable=YES
xferlog_enable=YES
connect_from_port_20=YES
xferlog_std_format=YES
chroot_local_user=YES
listen=NO
listen_ipv6=YES
pam_service_name=vsftpd
userlist_enable=YES
```

（2）创建系统账号与测试文件。

```
[root@rocky9 ~]# useradd -s /sbin/nologin tom
[root@rocky9 ~]# useradd -s /sbin/nologin jerry
[root@rocky9 ~]# useradd -s /sbin/nologin smith
```

如果用户还需要创建其他的公司账号，则按照此模板创建即可。下面通过 touch 命令创建几个测试文件。

```
[root@rocky9 ~]# touch /home/{tom,jerry,smith}/test.txt
```

（3）服务管理。

在完成以上配置后，启动 vsftpd 服务进程即可实现基本的 FTP 共享服务，在不熟悉 Linux 安装组件 SELinux 及防火墙的情况下，我们可以选择暂时关闭这两个安全组件。

```
[root@rocky9 ~]# setenforce 0                              #临时关闭 SELinux
[root@rocky9 ~]# sed -i "/SELINUX=/c SELINUX=disabled" \
/etc/sysconfig/selinux                                     #永久关闭 SELinux
[root@rocky9 ~]# systemctl stop firewalld.service          #暂停防火墙
[root@rocky9 ~]# systemctl disable firewalld.service       #永久关闭防火墙
[root@rocky9 ~]# systemctl start vsftpd
[root@rocky9 ~]# systemctl enable vsftpd
```

（4）客户端访问。

客户端访问 FTP 非常简单，使用任何一款浏览器即可访问 FTP 服务器，如在火狐浏览器中输入 ftp://192.168.0.254，就可以打开 192.168.0.254 服务器的 FTP 共享，然而多数浏览器默认仅提供浏览与下载的功能，而无法实现上传数据。这时我们可以使用更加专业的客户端工具，包括开源的与商业的客户端软件。这里推荐一款开源的 FTP 客户端软件 FileZilla，读者可以去官网下载使用。客户端还可以通过命令行工具（如 lftp、ftp）访问 FTP 服务器。

案例 2：虚拟账号 FTP，满足大量账号的访问需求

如果需要访问 FTP 的用户不多，则可以直接创建系统账号以满足对 FTP 访问的需求，但当用户量变得越来越庞大时，继续创建更多的系统账号是不明智的，这时就需要创建 vsftpd 虚拟账号。但 vsftpd 虚拟账号的数据被需要保存在 Berkeley DB 格式的数据文件中，所以需要安装 db4-utils 工具来创建这样的数据文件，具体步骤如下。

（1）创建虚拟用户数据库。首先，创建明文密码文件，明文密码文件的奇数行为用户名，偶数行为密码。然后，使用 db_load 工具将其转换为数据库文件，db_load 工具需要通过安装 libdb-utils 软件获得。最后可以通过修改文件权限以增强数据资料的安全性。

```
[root@rocky9 ~]# dnf -y install libdb-utils
[root@rocky9 ~]# vim /etc/vsftpd/vlogin
tomcat
123456
jerry
654321
[root@rocky9 ~]# db_load -T -t hash -f /etc/vsftpd/vlogin /etc/vsftpd/vlogin.db
[root@rocky9 ~]# chmod 600 /etc/vsftpd/{vlogin,vlogin.db}
```

（2）创建 PAM 文件，设置基于虚拟账号的验证。Linux 一般先通过 PAM 文件设置账号的验证机制，然后通过创建新的 PAM 文件，使用新的数据文件进行登录验证。PAM 文件中的 db 选项用于指定并验证账号和密码的数据库文件，数据库文件无须有.db 的名称后缀。注意，因为本环境使用的是 Rocky Linux 64 位操作系统，所以验证模块调用的是 lib64 目录中的文件。

```
[root@rocky9 ~]# vim /etc/pam.d/vsftpd.pam
auth required /lib64/security/pam_userdb.so db=/etc/vsftpd/vlogin
```

```
account required /lib64/security/pam_userdb.so db=/etc/vsftpd/vlogin
```

（3）设置虚拟账号共享目录。因为所有虚拟账号最终都需要被映射到一个真实的系统账号，所以这里需要添加一个系统账号并设置家目录，为了进行测试，这里复制一份测试文件。

```
[root@rocky9 ~]# useradd -s /sbin/nologin -d /home/ftp virtual
[root@rocky9 ~]# cp /etc/redhat-release /home/ftp
```

（4）修改主配置文件。与配置本地账号 FTP 一样，我们需要修改 vsftpd 的主配置文件，使用 guest_enable 选项开启虚拟账号功能，所有虚拟账号都将被映射为 guest_username 指定的一个系统真实账号。如果需要对虚拟账号进行权限设置，则使用与匿名账号一样的设置项即可，如通过"anon_mkdir_write_enable=NO"就可以控制虚拟账号无法创建目录。下面是 vsftpd.conf 主配置文件的具体修改内容。

```
anonymous_enable=NO
local_enable=YES
write_enable=YES
anon_upload_enable=YES
anon_mkdir_write_enable=NO
anon_other_write_enable=NO
chroot_local_user=YES
guest_enable=YES
guest_username=virtual
listen=NO
listen_port=21
pasv_enable=YES
pasv_min_port=30000
pasv_max_port=30999
pam_service_name=vsftpd.pam
user_config_dir=/etc/vsftpd_user_conf
user_sub_token=$USER
```

（5）为每个账号都设置独立的共享路径。通过在主配置文件中使用 user_config_dir 选项，可以设置一个基于账号的配置目录，在该目录中可以创建若干与账号名称同名的文件，并在文件中为此账号设置独立的配置选项，包括权限与共享路径等，这样就可以为每个账号都做单独的权限设置等操作。这里仅以 Tomcat 为例，其他账号参考模板文件修改即可。当然，如果还需要对权限、限速、并发量等选项进行设置，则可以参考匿名账号的设置选项，将选项添加至账号独立的配置文件中。

```
[root@rocky9 ~]# mkdir /etc/vsftpd_user_conf
[root@rocky9 ~]# mkdir -p /home/ftp/tomcat
[root@rocky9 ~]# vim /etc/vsftpd_user_conf/tomcat
local_root=/home/ftp/$USER
```

(6) 重启服务。

```
[root@rocky9 ~]# systemctl restart vsftpd
```

4.3.6 常见问题分析

在排错时建议使用专业的 FTP 客户端软件，这样可以获得更多的报错信息，因为一般在使用浏览器访问 FTP 服务器时，浏览器会自动屏蔽很多错误信息。

1. 提示错误代码：530 Login incorrect

如果登录提示 530 错误，则说明在登录过程中账号验证失败。这可能是因为我们使用的是 64 位操作系统，而 pam 文件中库文件调用的是 /lib/security/pam_userdb.so，也可能是用户名或密码输入有错误，还可能是 vsftpd 主配置文件中 pam_service_name 设置的 pam 文件名称与在 /etc/pam.d 中创建的 pam 文件名称不一致，导致无法验证成功。

2. 提示错误代码：500 OOPS: cannot change directory:/home/ftp/$USER

该提示代表目录不存在或无权限导致的无法切换至目录，也可能是由 SELinux 导致的无法共享账号家目录，默认 SELinux 不允许共享账号家目录。

3. 使用 Windows 系统访问主动模式的 vsftpd 服务器时无法访问成功

默认 Windows 会使用被动模式连接 FTP 服务器，如果需要以主动模式连接 FTP 服务器，则需要修改 IE 浏览器的属性，方法是查找 Internet 选项的"高级"选项卡，找到使用被动 FTP，取消该功能即可。

4. 账号登录后无法上传数据

根据不同的登录类型，检查主配置文件的设置，匿名账号与虚拟账号检查以 anon_ 开头的权限设置，本地账号检查以 local_ 开头的权限设置，并且要确保全局 write_enable 被设置为 YES。此外，需要修改文件系统目录的权限，确保客户端账号有权限访问该目录。

5. 启动服务时报错：500 OOPS：bad bool value in config file

vsftpd 主配置文件设置错误，检查 vsftpd 主配置文件。vsftpd 主配置文件要求每个设置项都占用独立的一行，并且不可以有多余的空格。

4.4 ProFTPD 文件共享

ProFTPD 是一个安全、配置简单的 FTP 服务器软件，该软件采用与 Apache 相似的配置格式，比较容易配置与管理。在该项目开发以前，最流行的 FTP 软件是 wu-ftpd。wu-ftpd 具有很高的性能，但缺乏 Win32 FTP 服务器的一些特色功能，而且 wu-ftpd 的安全问题一直存在。ProFTPD 借鉴了 wu-ftpd 的优点，并且增加了很多 wu-ftpd 所不具备的功能。

4.4.1 安装 ProFTPD 软件

下载源码软件包。

```
[root@rocky9 ~]# wget \
ftp://ftp.proftpd.org/distrib/source/proftpd-1.3.8.tar.gz
```

在安装前建议先阅读 INSTALL 与 README 文档，在这些文档中有比较详细的安装和使用说明。接下来的操作是解压缩具体的软件包，configure 命令用于配置软件安装参数，make 命令用于编译软件，make install 命令用于安装软件。

```
[root@rocky9 ~]# tar -xf proftpd-1.3.8.tar.gz -C /usr/src/
[root@rocky9 ~]# cd /usr/src/proftpd-1.3.8/
[root@rocky9 proftpd-1.3.8]# dnf -y install gcc              #安装源码编译器gcc
[root@rocky9 proftpd-1.3.8]# ./configure --prefix=/usr/local/proftpd \
--sysconfdir=/etc/ --enable-nls --enable-openssl --enable-shadow
```

configure 部分的选项说明如下。

选项	说明
--prefix=PREFIX	指定安装路径（--prefix=/usr/local/）。
--sysconfdir=DIR	指定 FTP 服务配置文件路径（--sysconfdir=/etc）。
--localstatedir=DIR	指定运行状态的文件存放位置（默认/var/proftpd）。
--with-modules=mod_ldap	指定需要加载的功能模块。
--enable-memcache	支持缓存功能。
--enable-nls	支持多语言环境（如中文），安装后在主配置文件中需要指定字符编码（UseEncoding UTF-8 CP936）。
--enable-openssl	支持 TLS 加密 FTP 服务。
--enable-shadow	支持使用/etc/shadow 验证用户密码。

```
[root@rocky9 proftpd-1.3.8]# make && make install
```

在安装后，ProFTPD 主程序目录位于/usr/local/proftpd 目录中，服务器主配置文件为/etc/proftpd.conf。下面通过修改 PATH 变量增加 proftpd 命令的搜索路径，并为 ProFTPD 创建启动账号。

```
[root@rocky9 ~]# PATH=$PATH:/usr/local/proftpd/bin           #设置临时变量
```

4.4.2 配置文件解析

ProFTPD 主配置文件共分为三部分：全局设置、目录设置和匿名访问设置。全局设置为全局生效的参数，参数与值直接使用空格分隔。目录设置可以指定共享路径及相关权限，目录设置以<Directory "路径">为开头，以</Directory>为结尾，使用 Limit 设置路径权限。如果需要开启匿名账号访问，则使用<anonymouse "路径"></anonymouse>设置匿名访问权限及访问策略。

```
ServerName              "ProFTPD Default Installation"  #客户端连接后显示的提示字符
ServerType              standalone              #服务器启动模式，独立后台进程
DefaultServer           on                      #作为默认服务器
Port                    21                      #默认监听 21 端口
UseIPv6                 off                     #禁用 IPv6
Umask                   022                     #权限掩码
MaxInstances            30                      #最大并发连接数为 30
User                    nobody                  #启动服务器的账号
Group                   nogroup                 #启动服务器的组账号
AllowRetrieveRestart    on                      #允许断点继传（上传）
AllowStoreRestart       on                      #允许断点继传（下载）
UseEncoding             UTF-8 CP936             #支持的编码格式(中文)
RootLogin               off                     #禁止以 root 权限登录 FTP
SystemLog               /var/log/proftp.log     #产生独立的日志文件
TransferLog             /var/log/proftp.log     #记录用户下载的日志信息

#DefaultRoot ~                                  #默认共享路径的根路径

AllowOverwrite          on                      #是否允许使用文件覆盖权限
<Limit SITE_CHMOD>                              #权限设置
  DenyAll
</Limit>
<Anonymous ~ftp>                                #匿名访问设置，默认为匿名访问
  User                  ftp
  Group                 ftp
  UserAlias             anonymous ftp
  MaxClients            10
  DisplayLogin          welcome.msg
  DisplayChdir          .message
  <Limit WRITE>
    DenyAll
  </Limit>
</Anonymous>
```

4.4.3 ProFTPD 权限设置

ProFTPD 可以在目录属性中通过添加<Limit>的方式设置访问权限，并且可以根据自己的实际需求有选择地添加，表 4-3 列出了权限指令及对应的功能说明。

表 4-3

权限指令	全 称	功能说明
CWD	Change Working Directory	进入该目录
MKD	Make Directory	创建目录
RNFR	Rename from	更名
DELE	Delete	删除文件
RMD	Remove Directory	删除目录
READ	Read	可读
WRITE	Write	可写
STOR	Transfer a file from the Client to the Server	可上传
RETR	Transfer a file from the Server to the Client	可下载
DIRS	List directory	允许列出目录
LOGIN	Login to the Server	允许登录
ALL	All	全部
AllowUser		设置允许的账号，多个账号之间用逗号隔开
AllowGroup		设置允许的组账号，多个账号之间用逗号隔开
AllowAll		允许所有
DenyAll		拒绝所有
DenyUser		设置拒绝的账号，多个账号之间用逗号隔开
DenyGroup		设置拒绝的组账号，多个账号之间用逗号隔开

4.4.4 虚拟用户应用案例

ABC 公司有商务部、页面设计部、开发部和运维部四个部门，各部门用户访问 FTP 后可以看到所有目录，但只可以访问本部门的目录，且需要开启 FTP 日志功能，FTP 认证采用基于文件认证的方式，共享目录为/var/ftp。

1. 创建启动账号及共享目录

```
[root@rocky9 ~]# useradd -M -s /sbin/nologin proftp
[root@rocky9 ~]# mkdir -p /var/proftp/{develop,ops,sales,design}
[root@rocky9 ~]# chmod 777 /var/proftp/{develop,ops,sales,design}
```

2. 修改配置文件

部署服务最主要的步骤就是修改配置文件，下面输出的是 ProFTPD 主配置文件 /etc/proftpd.conf 被修改后的内容，部分参数在初始配置文件中不存在，需要手动输入。

```
ServerName              "ProFTPD Default Installation"
ServerType              standalone
DefaultServer           on
UseEncoding             UTF-8 CP936
Port                    21
AllowRetrieveRestart    on
AllowStoreRestart       on
UseIPv6                 off
Umask                   022
RootLogin               off
MaxInstances            30
SystemLog               /var/log/proftp.log
TransferLog             /var/log/proftp.log
User                    proftp
Group                   proftp
DefaultRoot             /var/ftp
AllowOverwrite          on
#下面的匿名共享部分全部使用"#"注释，关闭匿名访问功能
#<Anonymous ~ftp>
#   User                ftp
#   Group               ftp
#   UserAlias           anonymous ftp
#   MaxClients          10
#   DisplayLogin        welcome.msg
#   DisplayChdir        .message
#   <Limit WRITE>
#     DenyAll
#   </Limit>
#</Anonymous>
#用户登录是否需要 shell（对虚拟用户很重要）
RequireValidShell off
#通过文件认证用户登录，需要使用 ftpasswd 命令创建该文件
AuthUserFile /usr/local/proftpd/ftpd.passwd
<Directory "/var/ftp/*">
```

```
<Limit CWD READ>              #允许所有人查看根目录
AllowAll
</Limit>
</Directory>
<Directory "/var/ftp/ops">
<Limit CWD MKD RNFR READ WRITE STOR RETR>
#拒绝所有人在该目录中执行 Limit 后的操作命令
    DenyAll
</Limit>
<Limit DELE>
#禁止所有人在该目录中删除文件
    DenyAll
</Limit>
<Limit CWD MKD RNFR READ WRITE STOR RETR>
#仅允许 Tomcat 用户执行 Limit 后的所有命令
    AllowUser tomcat
</Limit>
</Directory>
<Directory "/var/ftp/develop">
<Limit CWD MKD RNFR READ WRITE STOR RETR>
DenyAll
</Limit>
<Limit DELE>
    DenyAll
</Limit>
<Limit CWD MKD RNFR READ WRITE STOR RETR>
    AllowUser jacob,jack
</Limit>
</Directory>
<Directory "/var/ftp/sales">
<Limit CWD MKD RNFR READ WRITE STOR RETR>
    DenyAll
</Limit>
<Limit DELE>
    DenyAll
</Limit>
<Limit CWD MKD RNFR READ WRITE STOR RETR>
    AllowUser sales1
</Limit>
</Directory>
<Directory "/var/ftp/design ">
<Limit CWD MKD RNFR READ WRITE STOR RETR>
    DenyAll
</Limit>
<Limit DELE>
```

```
    DenyAll
</Limit>
<Limit CWD MKD RNFR READ WRITE STOR RETR>
    AllowUser design1
</Limit>
</Directory>
```

3. 创建虚拟账号

在修改配置文件后，接下来创建访问 FTP 所需要的账号和密码。ProFTPD 提供了一个 ftppasswd 命令，使用该命令就可以创建我们需要的账号信息。

该命令的描述和用法如下。

描述：创建用户文件、组文件，默认创建的用户文件为 ftpd.passwd。

选项：--passwd   创建密码文件，即 AuthUserFile 指定的文件。
      --group   创建组文件。
      --name   指定创建的用户名。
      --uid   指定用户虚拟 UID。
      --gid   指定虚拟 GID。
      --home   指定用户家目录。
      --shell   指定用户 Shell。
      --file   指定创建的文件名，默认为 ftpd.passwd。

```
[root@rocky9 ~]# cd /usr/local/proftpd/
[root@rocky9 proftpd]# ftpasswd --passwd --name=tomcat --uid=1001 --gid=1001 \
>--home=/home/nohome --shell=/bin/false
[root@rocky9 proftpd]# ftpasswd --passwd --name=jacob --uid=1002 --gid=1002 \
>--home=/home/nohome --shell=/bin/false
[root@rocky9 proftpd]# ftpasswd --passwd --name=jack --uid=1003 --gid=1003 \
>--home=/home/nohome --shell=/bin/false
[root@rocky9 proftpd]# ftpasswd --passwd --name=sales1 --uid=1004 --gid=1004 \
>--home=/home/nohome --shell=/bin/false
[root@rocky9 proftpd]# ftpasswd --passwd --name=design1 --uid=1005 --gid=1005 \
>--home=/home/nohome --shell=/bin/false
```

4. 启动 proftpd 服务

```
[root@rocky9 ~]# /usr/local/proftpd/sbin/proftpd
```

4.4.5 常见问题分析

1. 如何对匿名账号隐藏一个目录

使用 HideGroup 或 HideUser 命令可以隐藏目录。下面对匿名服务器中的 test 目录进行隐藏操作,语法格式片段如下。

```
<Anonymous ~ftp>
…
<Directory test>
HideUser user1
</Directory>
```

2. 如何限制带宽

在 ProFTPD 1.2.8 版本后,软件加入了 TransferRate 命令,该命令支持对每个连接都限制带宽,该限制对上传和下载都有效。

3. 如何限制上传和下载文件的最大容量

在 ProFTPD 1.2.7rc1 版本后提供了 MaxRetrieveFileSize 和 MaxStoreFileSize,用来控制上传和下载文件的最大容量。

4. 如何隐藏 ProFTPD 软件的版本信息,防止针对版本漏洞的攻击

在主配置文件中添加 ServerIdent off 命令,即可对用户隐藏软件的版本信息。

5. 如何确保 ProFTPD 软件可以开机启动

通过源码安装的 ProFTPD 软件并不提供开机启动脚本,需要我们自己编写。在第 3 章的综合案例中,我们给出了该脚本,可以供读者借鉴使用。将 ProFTPD 启动脚本存放在/etc/init.d 目录中,使用 chkconfig --add proftpd 将服务加入开机启动项,并通过命令 chkconfig proftpd on 将该服务设置为 2345 级别的开机启动。

4.5 SVN 版本控制

4.5.1 SVN 简介

SVN(原名为 Subversion)是一款开源版本控制软件,可以管理文件、文件夹并记录它们

的修改状况。SVN 常用来帮助我们管理软件开发的源代码或公司文档。SVN 通过将文档导入版本库中进行管理。版本库类似于文件服务器，但比文件服务器更强大的是，它可以记录用户对文件或目录的每一次修改，并提供还原数据至老版本的功能。

版本控制对于软件开发而言是至关重要的，现在的软件开发一般作为项目进行，一个项目会有很多人参与，每个人手中都有自己的一份修改备份，最后谁的版本是最新的？有时一款软件开发出来之后会有很多版本，比如 1.0 版本、2.0 版本，而且在每个大版本下还有小版本，如 1.1.1、2.1.1 等版本，如何管理如此多的版本？SVN 可以很好地帮助我们管理这些版本。

这里设定一个模拟环境，如图 4-4 所示，版本库是我们存放资料的地方，在本节后面的案例中，我们都以 172.16.0.118 作为版本库服务器的 IP 地址。图中有两个用户需要经常对版本库中的资料进行读写操作。从（Ⅰ）开始，两个用户都从版本库中将数据复制到了本地，此时用户本地计算机上的数据是版本库的副本（也叫工作副本）。在（Ⅱ）中，两个用户在各自的电脑中将副本文件分别修改为版本 A1 与版本 A2，并且在（Ⅲ）中的一个用户先与版本库进行了数据同步，将本地的最新版本数据更新到服务器上，服务器版本被更新至版本 A1，随后在（Ⅳ）中的另一个用户也想将自己修改的版本 A2 与服务器数据版本同步，则服务器会提示该用户版本 A2 已过期，如果两个人的修改并不冲突（如修改的是版本库中的不同文件或修改的是同一个文件不同行的内容），则使用更新命令，SVN 可以自动将两个版本合并后再上传至服务器。如果两个人的修改有冲突，则需要人工判断谁的修改有效，最后上传至版本库。

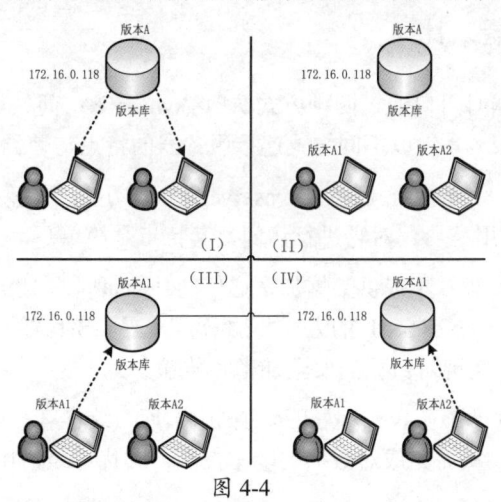

图 4-4

图 4-5 是 SVN 的架构图，从图中可以看出，服务器端会将所有资料都保存在 SVN 的版本库中，客户端通过命令行或图形工具连接到服务器，并建立本地"工作副本"，也就是从服务器端将版本库中的资料复制至客户端本地。当然，客户端主机也可以将自己本地的版本更新至服

务器版本库。而客户端可以通过三种方式连接服务器取得版本库中的数据，分别是本地连接（Local）、SVN 连接、Web 连接。4.5.2 节将介绍这些连接方式的区别。

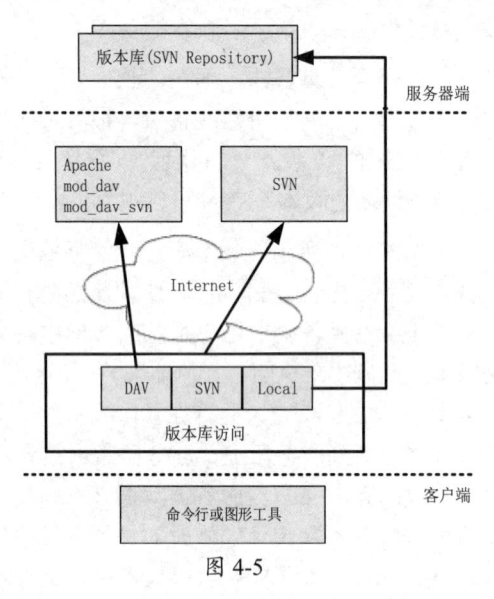

图 4-5

4.5.2　四种服务器对比

在客户端访问服务器时可以通过四种方式访问：svnserve 访问、svnserve+SSH 访问、Apache 间接访问和本地访问，表 4-4 为以不同方式连接服务器的特点与差异。

◎ 服务器启动一个 svnserve 服务，svnserve 是一个小巧、轻便的服务器程序，客户端通过使用 SVN 专用的协议对它进行访问，其特点是简单。

◎ 由于 svnserve 本身并不提供数据加密通信的功能，所以如果我们需要更加安全地连接，则可以使用 svnserve+SSH 的方式与服务器建立 SSH 隧道连接，再通过 SSH 调用 svnserve 程序，实现对数据的安全加密和传输。

◎ Apache 通过 mod_dav_svn 模块可以访问版本库，这样客户端可以通过访问 Apache 取得版本库资料，从而完成对数据的版本控制，其优点是，用户可以直接使用浏览器访问版本库。

◎ 使用本地方式连接服务器版本库，这种方式最大的好处是不需要联网，即可对服务器做直接的操作，但在实际工作中，客户端和服务器往往不在相同的主机上，所以应用相对较少。

表 4-4

功能	Apache+DAV	svnserve	svnserve+SSH
认证	HTTP 基本认证、LDAP、证书	支持 MD5 认证	SSH 认证
权限	既可对版本库整体设置权限，也可对指定目录设置权限	既可对版本库整体设置权限，也可对指定目录设置权限	仅对版本库整体设置权限
加密	支持 SSL 加密	无	支持 SSH 隧道加密
日志	完善的 Apache 日志	无	无
速度	慢	快	快
设置	相对复杂	简单	相对简单

4.5.3　安装 SVN 软件

SVN 软件在 Rocky Linux 9 的系统光盘中有 RPM 格式的版本，但 RPM 格式的软件无法进行自定义设置。如果想要更高的灵活性或高度的可定制性，则可以到 SVN 官方网站[1]下载源码包。本书案例采用的是系统光盘中自带的 RPM 包，下面通过 YUM 方式安装该软件包。

`[root@rocky9 ~]#` **`dnf -y install subversion`**

4.5.4　svnserve 服务器搭建

在安装 SVN 后，我们首先要做的是创建一个版本库。svnadmin 是 SVN 软件提供的版本库管理工具，该工具可以用来创建库、备份库、修订版本等。接着需要为版本库建立一套有效的认证机制以增强版本数据库的安全性。最后，当服务器端的所有设置均完成后，启动服务器端相应的服务进程即可。

1. 创建服务器版本库

利用 svnadmin 可以创建服务器版本库。它的描述和用法如下。

描述：SVN 版本库管理工具，通过 svnadmin help 可以查看命令帮助。

用法：svnadmin 命令/版本库路径 [选项]

命令：　　create　　　　　　创建一个新的版本库。

---

1 请参考链接 4-1。

hotcopy	版本库热备（相等于备份一份）。
lslocks	打印所有锁描述。

svnadmin 实例：

```
[root@rocky9 ~]# mkdir /var/svn
[root@rocky9 ~]# svnadmin create /var/svn/project1
[root@rocky9 ~]# svnadmin hotcopy /var/svn/project1 /var/svn/project1_copy
[root@rocky9 ~]# ls /var/svn/
```

ABC 公司近期刚刚接到一个网站项目，由于项目开发是多人进行的，所以公司希望使用版本控制系统高效地管理项目代码，项目代码被保存在/var/web_code 目录中。下面为该项目创建名为 web_project 的版本库。

```
[root@rocky9 ~]# mkdir -p /var/svn
[root@rocky9 ~]# svnadmin create /var/svn/web_project
```

通过 svnadmin 创建了一个名为 web_project 的空版本库，下面使用 svn 命令将项目代码导入版本库。import 代表执行导入操作，将本地 web_code 目录中的资料导入刚刚创建的空版本库 web_project 中，-m 后面跟的是说明性的字符串，可以为任意字符。

```
[root@rocky9 ~]# svn import /var/web_code/ file:///var/svn/web_project/ -m "Initial DaTA"
[root@rocky9 ~]# svn list file:///var/svn/web_project/   #列出版本库中的资料列表
```

> **注意** 这里在向服务器导入初始化数据时，使用的是本地连接服务器的方式 file://var/svn/web_project。svn import 和 list 这两条命令是在服务器上执行的。

2. 认证与授权

使用 SVN 内置的认证机制可以有效地增强客户端访问版本库的安全性，当客户端访问版本库服务器时，服务器会根据版本库目录中的 conf/svnserve.conf 文件中定义的认证与授权策略实现权限的控制。下面是该文件的核心配置说明。

```
[root@rocky9 ~]# cat /var/svn/web_project/conf/svnserve.conf
```

```
...
[general]
anon-access = none          #设置拒绝匿名账号访问，此处可以设置为 none、read、write
auth-access = write         #经过认证的账号权限为可写
password-db = passwd        #指定账号名称与密码的存放文件名，该文件在 conf 目录中
authz-db = authz            #指定基于路径的访问控制文件名（可以对文件或目录设置权限）
real = My First Repository
            #设置版本库的认证域，如果两个版本库的认证域相同，则它们将使用相同的密码
```

在 svnserve.conf 中已经配置好了账号密码文件，下面分别查看 passwd 与 authz 文件的内容，

默认该文件被存放在版本库的 conf 目录中。在 passwd 文件中需要设置账号信息，在 authz 文件中需要设置访问控制权限。

```
[root@rocky9 ~]# cat /var/svn/web_project/conf/passwd
...
[users]
harry = harryssecret          #用户名为 harry，密码为 harryssecret
sally = sallyssecret          #用户名为 sally，密码为 sallyssecret
```

[root@rocky9 ~]# **cat /var/svn/web_project/conf/authz**

```
...
[groups]
admins = harry,sally          #定义组，组成员有 harry 与 sally
[/]                           #对版本库根路径设置权限，可以设置为需要控制的路径
@admins = rw                  #admins 组中的用户有读写权限
* = r                         #可以将其他人的权限设置为只读('r')、读写('rw')、无权限('')
```

3. 启动 svnserve 服务

svnserve 命令的描述和用法如下。

描述：SVN 服务器程序。

用法：svnserve [选项]

选项：-d　　　　　　　　以守护进程的方式运行 svnserve。

　　　--listen-port=port　指定监听的端口，默认监听的端口号为 3690。

　　　-r root　　　　　　为版本库指定一个虚拟路径，默认客户端要指定绝对路径访问库。

[root@rocky9 ~]# **svnserve -d**

　　直接运行 svnserve 命令即可启动 SVN 服务进程，但如果需要该服务作为后台程序持续监听客户端访问，则可以使用-d 选项使该程序以守护进程的方式启动 svnserve 服务。SVN 服务默认监听 3690 端口，如果防火墙处于开启状态，则需要注意对防火墙进行正确设置。svnserve 在运行后，会将所有版本库都发布至网络（假设有多个版本库）。此时，客户端需要指定绝对路径访问版本库，如 svn://rocky.example.com/var/svn/web_project。同时，服务器端如果需要在 authz 文件中为目录设置权限，则路径应该为[web_projet:/]或[project2:/test]，这里的[web_project:/]表示 web_project 版本库的根，[project2:/test]表示 project2 下的 test 目录。

　　SVN 默认会将服务器计算机中所有版本库都共享给网络用户，但当我们仅希望发布其中一个版本库时，就需要限制仅发布 web_project 一个版本至网络，这样客户端也可以使用相对路径访问版本库，如 svn://rocky.example.com/web_project（客户端会访问服务器端/var/svn/目录中的 web_project 项目）。同时，服务器端如果需要在 authz 文件中为目录设置权限，则路径应该为[/]

或[/test]，即这里的根（/）仅表示 web_project 版本库，/test 表示 web_project 下的 test 目录。如果仅发布个别版本库至网络用户，则可以使用 svnserve 命令的-r 选项，该选项后面接版本库的路径。

```
[root@rocky9 ~]# svnserve -d -r /var/svn/
```

4. 客户端访问

版本库服务器在创建完成后，我们既可以通过多种方式访问 SVN 服务器的版本库，也可以使用命令行或图形工具，还可以通过本地磁盘或网络协议访问。不管使用哪种方式，都需要提供一个 URL 地址来定位版本库的位置，表 4-5 中具体说明了 URL 格式及含义。

表 4-5

URL 格式	含 义
file:///	直接访问本地磁盘上的版本库（客户端与服务器端在一台机器上）
http://	配置 Apache 的 WebDAV 协议，通过浏览器访问版本库
https://	与 "http://" 相似，但使用了 SSL 进行数据加密
svn://	通过 svnserve 定义的协议访问版本库
svn+ssh://	与 "svn://" 相似，但使用了 SSH 封装加密数据

在客户端访问服务器版本库的众多方法中，命令行是高效、功能完善、无须安装第三方软件的一种简单方式，SVN 软件为我们提供了一个名为 svn 的命令行程序。

（1）svn 命令。

描述：SVN 客户端命令行工具。

用法：svn 命令 [选项]

选项： --password　　　密码。
　　　 --username　　　用户名。
　　　 --revision(-r)　 指定要检查的特定版本。

命令：　add　　　　添加文件、目录或符号链接。
　　　　cat　　　　输出特定文件的内容。
　　　　checkout　URL[@REV] [PATH]。

checkout 可以从服务器版本库中复制一份副本至本地，URL 定位版本库，通过 REV 可以下载特定版本的数据，PATH 为本地工作副本路径。可以将 checkout 简写为 co。

　　　　commit　　将本地工作副本修改后的内容发布到版本中，简写为 ci。

   copy SRC DST 将工作副本中的一个文件或目录复制至版本库。
   delete PATH   从本地工作副本中删除一个项目。
   delete URL   从版本库中删除一个项目。
   diff   对比两个版本之间的差别。
   import   提交一个路径的副本至版本库。
   info   显示本地或远程版本信息。
   list   列出服务器版本库中的数据。

svn 命令实例（下面仅为命令语法展示，不是完整案例）。

```
[root@rocky9 ~]# svn checkout file:///var/svn/project1 mine
#通过本地访问的方式拉取服务器的版本库
[root@rocky9 ~]# svn co svn://172.16.0.118/project1 mine
#通过 SVN 访问的方式拉取服务器的版本库
[root@rocky9 ~]# svn co svn://172.16.0.118/web_project /mine
[root@rocky9 ~]# svn commit -m "modified foo.html"
[root@rocky9 ~]# svn commit -m "modified foo.html" /mine
#将本地修改提交到远程版本服务器
[root@rocky9 ~]# svn delete testfile                    #删除文件
[root@rocky9 ~]# svn diff
[root@rocky9 ~]# svn import -m "New project" /etc file:///var/svn/project
#将/etc 目录导入版本库
[root@rocky9 ~]# svn info
#查看本地版本信息
[root@rocky9 ~]# svn info svn://172.16.0.118/var/svn/web_project
[root@rocky9 ~]# svn list svn://172.16.0.118/var/svn/web_project
#查看远程版本服务器的版本信息
```

  除了核心的 svn 命令，SVN 软件包还提供了一个用于对版本库数据信息进行简单查询的 svnlook 命令，它可以帮助用户完成这些查询工作。

  （2）svnlook 命令。

描述：SVN 检查工具，通过 svnlook help 命令可以查看命令帮助。

用法：svnlook 命令 /版本库路径 [选项]

选项：--revision(-r) 指定要检查的特定版本。

命令： author   显示作者信息。
     cat   显示版本库中的文件内容。
     date   显示时间标记。
     log   显示日志消息。
     tree   显示版本库资料树。

svnlook 实例：

```
[root@rocky9 ~]# svnlook author /var/svn/project1
[root@rocky9 ~]# svnlook author -r 2 /var/svn/project1  #查看版本 2 的作者信息
[root@rocky9 ~]# svnlook author -r 2 /var/svn/project1 test
                                                    #查看版本库中 test 文件的内容
```

我们可以使用 svn 命令行或图形化工具连接服务器版本库，下载版本数据至本地。上面介绍了以命令的方式访问服务器版本库，下面来看客户端主机如何通过图形化工具访问服务器版本库，即通过图形方式在本地计算机生成本地副本。图形化工具选择的是 Windows 平台的 TortoiseSVN 软件，图 4-6 至图 4-8 显示了如何使用 TortoiseSVN 访问下载版本库资源。在 Windows 中安装完成该软件后，在桌面单击鼠标右键，在弹出的快捷菜单中即可找到该软件。TortoiseSVN 是免费的基于 GPL 开发的开源软件，它是 SVN 版本控制系统的一个非常优秀的客户端程序，可以帮助我们高效地管理文件与目录。我们可以在 TortoiseSVN 网站[1]上找到下载链接，该软件还提供了多语言软件包（包括中文）。

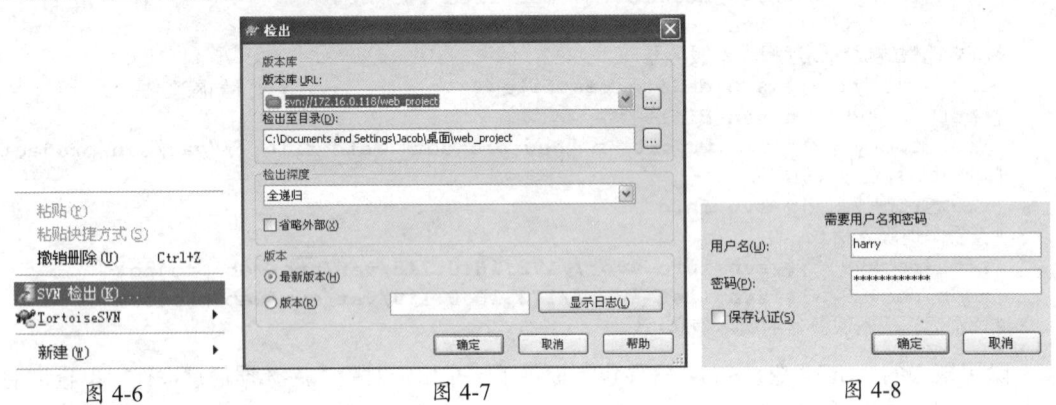

图 4-6　　　　　　　　图 4-7　　　　　　　　图 4-8

4.5.5　svnserve+SSH 服务器搭建

由于 svnserve 并不支持加密，所以对公司的数据安全危害比较大，基于 SSH 的 svnserve 使得客户端可以通过 SSH 服务调用 SVN 服务程序。客户端需要使用 SSH 程序连接远程服务器的 SSHD 服务，在通过 SSH 认证机制验证账号身份后，再自动启动 svnserve 服务，即服务器端不需要提前启动 SVN 服务。在这种模式下，svnserve.conf 配置文件依然可以进行权限控制，服务器部署流程是启动 SSH 服务，在服务器上创建版本库，向版本库导入数据，客户端使用命令行或图形方式访问服务器。具体操作步骤如下。

---

[1] 请参考链接 4-2。

1. 服务器端启动 SSHD 服务

```
[root@rocky9 ~]# systemctl restart sshd
[root@rocky9 ~]# systemctl enable sshd
```

2. 服务器端创建版本库

```
[root@rocky9 ~]# svnadmin create /var/svn/web_project2
[root@rocky9 ~]# svn import /var/code2 file:///var/svn/web_project2 -m "Web code"
```

3. 客户端访问

```
[root@rocky9 ~]# svn co svn+ssh://172.16.0.118/var/svn/web_project2 /web_code2
```

图 4-9 和图 4-10 是通过 SVN 下载版本数据库的过程演示，在图 4-9 中填写 svn+ssh 的 URL 路径，在图 4-10 中填写可以远程访问 SSH 的账号名称。

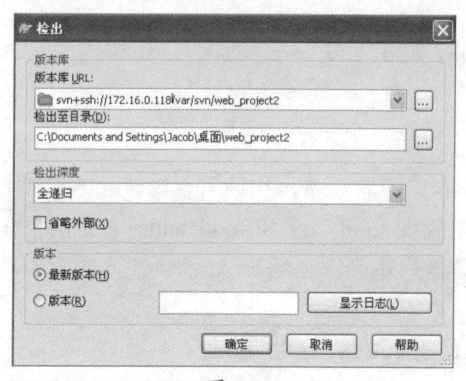

图 4-9

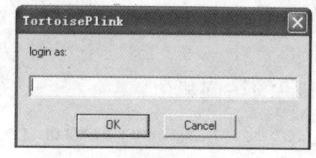

图 4-10

4.5.6 Apache+SVN 服务器搭建

虽然前面两种服务器类型已经可以满足大多数人的使用需求，但当客户端没有任何工具可以使用时，我们还可以创建基于 Apache 的 SVN 服务器，这样客户端只要有浏览器，就可以访问版本库服务器。Apache 是目前非常流行的 Web 服务器软件，它几乎可以在所有计算机平台上运行，目前绝大多数系统平台都可以部署 Apache Web Server，使用 Apache Web Server 访问版本库需要加载 mod_dav 与 mod_dav_svn 模块，Apache 需要通过这两个模块才可以管理 SVN 版本库。关于 Apache 软件的详细介绍，请参考 4.9 节的内容。下面列举使用 Apache 发布 SVN 版本库的若干理由。

◎ SVN 可以使用 Apache 的多种认证方式。

- ◎ 不需要创建系统账号。
- ◎ Apache 提供了完善的日志功能。
- ◎ 可以通过 TLS 进行数据加密。
- ◎ HTTP 和 HTTPS 可以穿越企业防火墙。
- ◎ 客户端可以简单地通过浏览器访问版本库。

1. 创建服务器版本库

```
[root@rocky9 ~]# svnadmin create /var/svn/web_project3
[root@rocky9 ~]# svn import /var/web_code3 \
file:///var/svn/web_project3 -m "Term 3"
```

2. 安装 Apache 及相关模块软件

```
[root@rocky9 ~]# dnf -y install httpd mod_dav_svn
```

3. 修改 Apache 配置

为了让 Apache Web Server 可以读取 SVN 版本库中的数据，我们需要修改 httpd 针对 SVN 的配置文件 subversion.conf，在该文件中至少需要确保 mod_dav 和 mod_authz_svn 两个模板会被加载。另外，为了满足用户对数据安全的需求，我们还可以利用 httpd 的认证模块实现基于账号和密码的访问机制。

```
[root@rocky9 ~]# vim /etc/httpd/conf.d/subversion.conf
```

```
LoadModule dav_svn_module      modules/mod_dav_svn.so    #加载 dav_svn 模块
LoadModule authz_svn_module    modules/mod_authz_svn.so  #加载权限设置模块
#除了这两个模块，还要确保/etc/httpd/conf/httpd.conf 文件中的 dav_module 模块也被加载
#    a) readable and writable by the 'apache' user, and
#默认 Apache 的启动用户为 apache，所以需要 apache 用户对版本库有读写权限
#    b) labelled with the 'httpd_sys_content_t' context if using SELinux
#如果开启了 SELinux，则版本库目录需要有 httpd_sys_content_t 安全上下文标签
# To create a new repository "http://localhost/repos/stuff" using
# this configuration, run as root:

#以下内容是配置文件提供的操作步骤模板
#    # cd /var/www/svn
#    # svnadmin create stuff
#    # chown -R apache.apache stuff
#    # chcon -R -t httpd_sys_content_t stuff
#
```

```
<Location /svn>
#当用户的URL是以/svn开始(http://hostname/svn/...)时，Apache会将控制权交给DAV #
处理
DAV svn
SVNParentPath /var/svn
#既可以通过SVNParentPath指定所有版本库的主目录(发布所有版本库)
#也可以通过SVNPath指定某个特定版本库的路径(发布特定的版本库)
    AuthType Basic                          #Apache 认证方式
    AuthName "Please input password"        #提示字符
    AuthUserFile /var/svn/.pass             #账号文件路径，为了安全，应隐藏该文件
    Require valid-user                      #设置仅为有效用户可以访问
</Location>
```

```
[root@rocky9 ~]# chown -R apache.apache /var/svn        #修改权限
[root@rocky9 ~]# chcon -R -t httpd_sys_content_t /var/svn
                                                        #仅当SELinux开启时使用
[root@rocky9 ~]# htpasswd -c /var/svn/.pass jerry
                                                        #创建账号文件，添加jerry用户
[root@rocky9 ~]# systemctl start httpd
[root@rocky9 ~]# systemctl enable httpd
```

4. 客户端访问

我们可以使用任意一款浏览器通过URL访问版本库，图4-11给出了客户端访问版本库的演示效果。

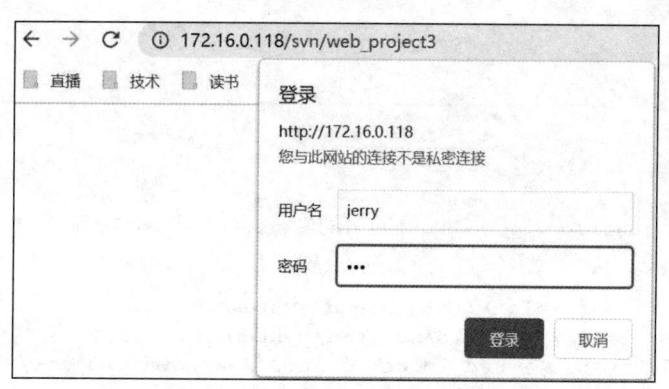

图 4-11

4.5.7 多人协同编辑案例

1. 创建项目

创建项目名称为 project，修改 SVN 配置文件，匿名无任何权限，经过认证的用户可以读写项目仓库。创建两个账号，分别是 tom 和 harry，密码都是 pass，这两个账号对项目的根路径具有读写权限。

```
[root@server ~]# dnf -y install subversion
[root@server ~]# mkdir /var/svn
[root@server ~]# svnadmin create /var/svn/project
[root@server ~]# cd /var/svn/project/conf
[root@server conf]# cat svnserve.conf
```

```
[general]
anon-access = none
auth-access = write
password-db = passwd
authz-db = authz
```

```
[root@server conf]# vim passwd
```

```
…省略部分内容…
[users]
harry = pass
tom = pass
```

```
[root@server conf]# vim authz
```

```
…省略部分内容…
[/]
harry = rw
tom = rw
```

2. 初始化数据

这里将 Rocky Linux 9 系统中 systemd 的启动配置文件（/lib/systemd/system）作为协同编辑的素材，将其导入版本库。

```
[root@server conf]# ls /lib/systemd/system
[root@server conf]# cd /lib/systemd/system
[root@server system]# svn import file:///var/svn/project/ -m "Init Data"
[root@server system]# systemctl start svnserve.service
[root@server system]# svn list file:///var/svn/project/
                                            #列出服务版本库的数据
```

3. 多个客户端用户分别下载数据（客户端也需要安装软件包）

```
[u1@c1 ~]# dnf -y install subversion
[u1@c1 ~]# cd /var/tmp
[u1@c1 ~]# svn --username harry --password pass co \
>svn://172.16.0.118/var/svn/project bak
                #第一个用户通过自己的计算机将服务器上的资料下载到本地的/bak目录
[u2@c2 ~]# dnf -y install subversion
[u2@c2 ~]# cd /var/tmp
[u2@c2 ~]# svn --username tom --password pass co \
>svn://172.16.0.118/var/svn/project bak
                #第二个用户通过自己的计算机将服务器上的资料下载到本地的/bak目录
```

> **注意** 客户端在登录服务器时使用的账号 tom 和 harry 是 SVN 服务器定义好的账号。与客户端计算机上操作系统的账号名称没有任何关联。

4. 多人编辑不同的文件

首先两个账号分别在各自计算机的本地副本中修改代码，然后各自上传自己的更新数据，因为两个人编辑的是不同的文件，所以不会有任何冲突，每个人都可以顺利提交代码。

```
[u1@c1 ~]# cd /var/tmp/bak
[u1@c1 bak]# sed -i '1a###test####' network.target
[u1@c1 bak]# svn ci -m "network was modified"
                #第一个用户修改后，提交自己的代码
[u2@c2 ~]# cd /var/tmp/bak
[u2@c2 bak]# sed -i '1a###test####' sshd.service
[u2@c2 bak]# svn ci -m "network was modified"
                #第二个用户修改后，提交自己的代码，因为没有冲突，所以提交直接成功
```

5. 多人编辑相同文件的不同行

因为多人编辑了相同的文件，所以第一个用户在提交的时候没有问题，但第二个用户在提交自己的代码时，服务器会提示该用户手里的数据已经过时了，需要更新。因为修改的是不同的行，此时第二个用户如果选择更新的话，SVN 可以将第一个用户提交的版本和第二个用户手里的版本进行自动合并，之后第二个用户即可正常提交代码到服务器（最后这个版本是两个人修改后的合并版本）。

```
[u1@c1 ~]# cd /var/tmp/bak
[u1@c1 bak]# sed -i '3a###test###' svnserve.service
[u1@c1 bak]# svn ci -m "svnserve add one line test from harry"
                #第一个用户修改文件，上传代码到服务器
```

```
[u2@c1 ~]# cd /var/tmp/tom
[u2@c1 bak]# sed -i '5a###test2###' svnserve.service
[u2@c1 bak]# svn ci -m "svnserve add one line test from tom"
Sending          svnserve
Transmitting file data .svn: Commit failed (details follow):
svn: File '/ svnserve.service' is out of date
```

这里当第二个用户修改文件并上传代码到服务器时,因为与第一个用户修改了相同的文件,所以在第一个用户提交版本到服务器后,第二个用户在提交时,系统会提示第二个用户手里的文件版本已经过期,提交代码失败。

此时,我们需要做的是使用 update 命令更新我们的本地代码文件,将服务器上所有新的文件都同步到本地/bak 目录,服务器上没有更新过的文件不会被同步。这里在更新 svnserve.service 时,因为两个用户都对该文件做了修改,但修改的是不同的行,所以 SVN 会自动将两个文件合并。

```
[u2@c2 bak]# svn update              #更新,并合并 svnserve.service 文件
[u2@c2 bak]# svn ci -m "svnserve add one line test for tom"
                             #将合并后的最新文件提交到服务器
```

6. 多人编辑相同文件的相同行

这里看看当多个人都在自己的本地副本编辑了相同文件的相同行时,先后提交代码会出现什么情况。

```
[u1@c1 ~]# cd /var/tmp/bak
[u1@c1 bak]# sed -i '1c#first modify' svnserve.service
[u1@c1 bak]# svn ci -m "harry changed the svnserve.service"
                #第一个用户在修改文件的第一行内容后提交代码到服务器
[u2@c2 ~]# cd /var/tmp/tom
[u1@c1 bak]# sed -i '1c#second modify' svnserve.service
 u2@c2 bak]# svn ci -m "tom changed the svnserve.service"
[u2@c2 bak]# svn update
Select: (p) postpone, (df) diff-full, (e) edit, (r) resolved,
        (mc) mine-conflict, (tc) theirs-conflict,
        (s) show all options:
```

这里当第二个用户也修改了文件的第一行内容并提交代码到服务器时,因为与第一个用户修改了相同的文件相同的行,所以系统会提示该用户手里的文档版本已经过期,提交代码失败。但与上一个案例不同的是,在本案例中两个用户修改的是相同的行,当我们执行 update 命令更新时,SVN 无法自动完成合并,因为它无法判断哪个文件中的内容是合法的内容。

所以,在执行 update 命令后提示了如下信息:

```
df                    对比不同
edit                  直接修改文件，修改后选择 r
mine-conflict         冲突，以本地为准
theirs-conflict       冲突，以服务器为准
postpone              标记冲突，稍后解决
```

当我们在(s) show all options:后面分别手动输入以上这些字符并按回车键后，SVN 将实现不同的处理方式。如果输入 df，则 SVN 将对比显示服务器版本库与用户本地版本的数据差异；如果输入 edit，则直接打开编辑器，实时编辑有冲突的文件，SVN 将以这个编辑后的文件作为最终版本；如果输入 mine-conflict，则 SVN 服务器将接收用户本地版本的数据作为最终版本；如果输入 postpone，则 SVN 程序暂时退出，在用户手动解决问题后，再次上传代码到服务器。下面以输入 postpone 为例，演示后续操作。在输入 postpone 后，在本地 bak 目录中将自动多出几个文件，它们是冲突文件的各个不同版本，查看文件名称如下。

```
[u2@c2 bak]# ls svnserve.service
svnserve.service              //最终需要提交的版本
svnserve.service.mine         //修改的版本
svnserve.service.r5           //第五个版本
svnserve.service.r6           //第六个版本
```

最后，用户解决冲突，确定哪个是自己想要的最终版本。如果 r5 是自己想要的版本，则使用 r5 版本覆盖 svnserve.service 文件即可；如果 mime 是自己想要的版本，则使用 mine 版本覆盖 svnserve.service 文件即可，这里保留自己修改的版本为最终版本，将其他文件全部删除。

```
[u2@c2 ~]# cd /var/tmp/tom
[u2@c2 bak]# rm -rf svnserve.service.r5; rm -rf svnserve.service.r6
[u2@c2 bak]# mv svnserve.service.mine svnserve.service
[u2@c2 bak]# svn ci -m "tom changed the svnserve.service"    #提交代码成功
```

4.5.8 常见问题

1. 访问版本库路径错误

如果在通过 svnserve 命令启动服务时指定了发布的具体版本库，则客户端在访问时就可以直接使用相对路径访问。如果服务器端使用 svnserve -d -r /var/svn/启动服务，而客户端依然使用 svn co svn://172.16.0.118/var/svn/web_project /mine，则系统将提示"svn: No repository found"，说明没有找到该版本库，正确的写法是 svn co svn://172.16.0.118/web_project /mine。

2. 每次访问版本库，进程都会挂起

首先确保版本库没有被损坏，数据也没有丢失。当进程直接访问版本库时，进程将通过 Berkeley DB 来实现。Berkeley DB 包含日志系统，也就是说，所有操作在执行前都被记录在日志中。当进程崩溃时，遗留下文件锁，并记录了所有未完成操作的信息，从而导致所有试图访问数据库的进程都将因为要访问文件锁而被挂起。若想解除文件锁，则可以回滚到前一个正常状态。

3. SVN 提示工作副本已过时

这可能是提交失败导致了我们的工作副本被破坏，可以使用 svn revert 回滚、svn update 更新来解决该问题。

4. 在 Windows XP 下，SVN 服务器有时会发布一些错误数据

如果是在 Windows 平台下搭建 SVN 服务器，则可以尝试通过安装 SP1 补丁包解决该问题。

5. Apache 拒绝访问

当通过浏览器访问版本库时，出现提示"You don't have permission to access /svn on this server"，说明没有权限读取相应的目录。如果用户在这里输入的网址末尾为/"svn"[1]，就会得到这样的提示，正确的网址末尾为"/svn/web_project3"[2]。

4.6 Git 版本控制

Git 是由 Linux 开发者 Linus 为了管理庞大的 Linux 系统代码而开发的分布式版本控制系统。对于 SVN 这样的集中式版本控制系统，所有开发者仅可以将版本提交至远程版本服务器，在离线后无法操作。如果远程版本服务器损坏，则在开发者的个人电脑上面也不具备所有历史版本。而 Git 设计的分布式版本控制系统允许开发者将版本提交至本地仓库，在每个开发者的个人计算机上面都有对远程仓库的完整克隆，支持离线操作，即使远程版本服务器损坏，在开发者的个人计算机上面也保留了完整的历史版本，数据不会丢失。

集中式版本控制系统的架构如图 4-12 所示，在远程版本服务器上面拥有所有版本的数据，

---

[1] 请参考链接 4-3。
[2] 请参考链接 4-4。

但是在开发者本地电脑上没有仓库,也没有所有历史版本数据,开发者首先从远程版本服务器下载某个版本数据到本地计算机,编辑文件内容,然后回传数据至远程版本服务器。这种模式在开发者断网离线后,将无法再保存版本信息,也无法提交数据至远程版本服务器。如果远程版本服务器数据损坏,开发者本地没有备份数据,就会导致数据丢失。

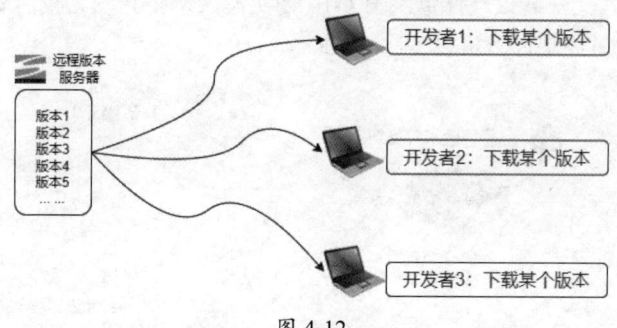

图 4-12

分布式版本控制系统的架构如图 4-13 所示,远程版本服务器拥有所有版本数据,开发者通过 git clone 命令可以将远程版本服务器的版本数据完整克隆到本地计算机,这样每个开发者都拥有完整的数据,包括所有历史版本数据。Git 还设计了一个工作区的概念,在工作区中存放着最新的版本数据,或者某一个特定版本的数据信息,开发者可以修改工作区中的数据,在修改完成后,将最终数据提交到本地仓库。因为在本地仓库即可完成所有操作,所以即使开发者离线也可以对数据进行版本操作。最后在有必要的情况下,开发者再通过 git push 命令将本地仓库中的数据同步一份到远程版本服务器,这样就可以和其他开发者共享开发成果了。

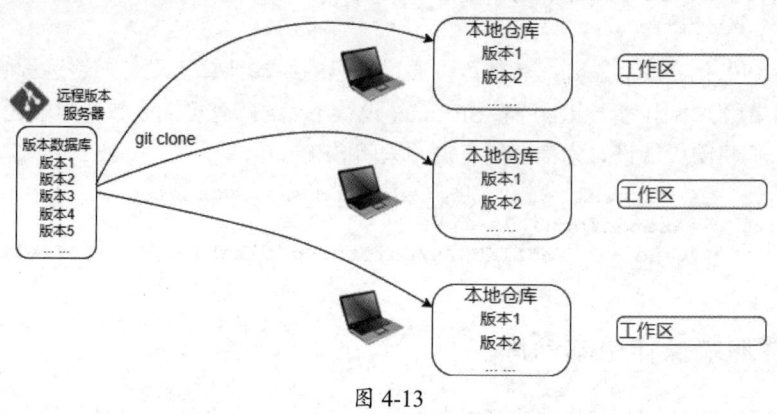

图 4-13

4.6.1 部署 Git 远程版本服务器

Git 版本控制软件在 Rocky Linux 9 系统光盘中有 RPM 格式的版本，我们可以直接使用 DNF 方式安装软件，或者到 Git 官方网站[1]下载源码包。本书案例采用的是系统光盘中自带的 RPM 包，下面通过 DNF 方式安装该软件包，图 4-14 为实验架构拓扑图。我们需要准备一台远程版本服务器和两台开发者终端计算机设备。

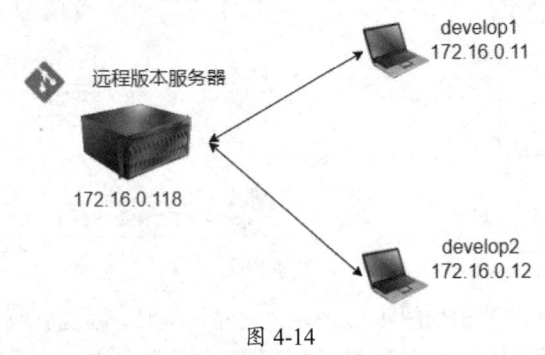

图 4-14

```
[root@git ~]# dnf -y install git
```

在软件包安装完成后，我们在远程版本服务器通过 init 命令初始化一个空仓库，开发者在克隆该空仓库后就可以上传资料到该仓库，多次编辑文件就会产生版本信息。

```
[root@git ~]# mkdir -p /var/lib/git                          #创建一个普通目录
[root@git ~]# git init /var/lib/git/project --bare           #创建空仓库
[root@git ~]# ls /var/lib/git/project                        #查看仓库中的内容
config  description  HEAD  hooks  info  objects  refs
```

在空仓库初始化完成后，开发者就可以通过自己的终端计算机设备部署远程版本服务器克隆仓库了。如果服务器因为防火墙或者 SELinux 设置不当，就有可能导致客户端无法克隆仓库，因此，这里我们将防火墙设置为信任所有，并关闭 SELinux。

```
[root@git ~]# firewall-cmd --set-default-zone=trusted
[root@git ~]# setenforce 0
[root@git ~]# sed -i '/SELINUX/s/enforcing/disabled/' /etc/selinux/config
```

4.6.2 客户端操作版本仓库

在服务器创建仓库后，客户端就可以直接使用 git clone 命令通过 SSH 协议克隆仓库了，因为使用的是 SSH 协议，因此在使用 git clone 命令时需要指定 SSH 远程的用户和密码。git clone

---

1 请参考链接 4-5。

命令将远程版本服务器中的某个仓库克隆到本地，默认是克隆到和原始仓库同名的当前目录，也可以指定克隆后的位置和名称。

```
[root@develop1 ~]# dnf -y install git
[root@develop1 ~]# git clone root@172.16.0.118:/var/lib/git/project
Are you sure you want to continue connecting (yes/no/[fingerprint])? Yes
root@172.16.0.118's password: <输入 172.16.0.118 主机 root 账号的密码>

warning: 您似乎克隆了一个空仓库。
[root@develop2 ~]# dnf -y install git
[root@develop2 ~]# git clone root@172.16.0.118:/var/lib/git/project
Are you sure you want to continue connecting (yes/no/[fingerprint])? Yes
root@172.16.0.118's password: <输入 172.16.0.118 主机 root 账号的密码>

warning: 您似乎克隆了一个空仓库。
```

通过上面的命令，我们在 develop1 和 develop2 主机上将 172.16.0.118 服务器的空仓库克隆到了本地 root 家目录中，因为没有指定克隆后的名称，因此默认名称就是 project。以后客户端针对该版本库的所有操作都需要在该目录中进行。

```
[root@develop1 ~]# cd project/                    #进入本地仓库
[root@develop1 project]# ls                       #空仓库，没有数据
[root@develop1 project]# ls -a                    #可以看到隐藏的数据库目录
.  ..  .git
```

Git 设计了工作区、暂存区和本地仓库的概念，这些概念的操作逻辑如图 4-15 所示。客户端首先通过 git clone 命令将 Git 远程仓库服务器中的仓库克隆到本地后，本地会有一个完整的仓库副本，客户端对文档资料的所有修改都在工作区中完成。在完成对文档的编辑工作后，可以将工作区的修改通过 git add 命令提交到暂存区，数据提交至暂存区不会产生新的版本，此时还可以通过 git rm 命令撤销暂存区的提交操作。如果暂存区的提交无误，那么客户端就可以将资料通过 git commit 命令提交到本地仓库生成新版本信息。如果需要将自己的工作成果分享给其他同事，则可以通过 git push 命令将本地仓库中的数据同步给 Git 远程仓库服务器，这样其他同事就可以通过 git clone 命令克隆新的仓库，再通过 git pull 命令更新本地数据了。

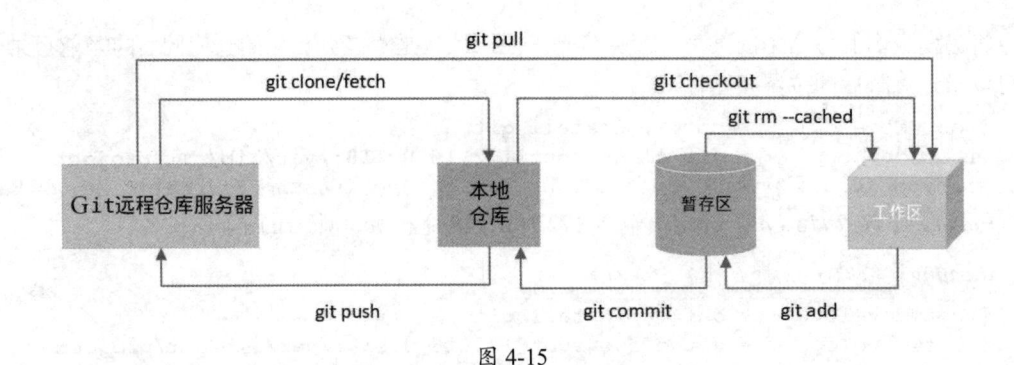

```
                              git pull
          git clone/fetch              git checkout
                                  git rm --cached
   ┌──────────────┐    ┌──────┐    ┌──────┐    ┌──────┐
   │ Git远程仓库服务器 │    │ 本地  │    │ 暂存区 │    │ 工作区 │
   │              │    │ 仓库  │    │       │    │       │
   └──────────────┘    └──────┘    └──────┘    └──────┘
           git push        git commit       git add
```

图 4-15

在客户端对仓库进行操作前，需要先设置自己的基本个人信息，这些信息会被记录到 Git 远程仓库服务器中。下面通过 git config --global 设置全局配置参数，分别设置用户邮箱和账号名称，每个人根据自己的实际情况填写即可。配置信息会被保存到 ~/.gitconfig 或 ~/.config/git/config 文件中。

```
[root@develop1 project]# git config --global user.email "you@example.com"
[root@develop1 project]# git config --global user.name "Your Name"
```

接下来，我们从 develop1 主机中复制文档到工作区，提交第一个版本数据。

```
[root@develop1 project]# cp -r /etc/* ./           #复制文档到工作区
[root@develop1 project]# git status
```

执行 git status 命令可以查看 Git 状态，此时会提示有很多工作区文件处于未跟踪状态，这些文件不能被 Git 所管理，此时我们既可以通过 git add 命令将文件或目录提交到暂存区，也可以通过 git add 命令将当前工作区目录中的所有资料都提交到暂存区。

```
[root@develop1 project]# git add .           #将工作区目录中的所有内容都提交到暂存区
```

数据在提交暂存区后，如果确认无误，即可使用 git commit 命令将数据提交到本地仓库。当提交数据到本地仓库时需要使用-m 选项指定这次修订版本的备注信息，使用备注信息可以快速了解版本库中的数据发生了哪些变化，在提交完成后会生成新的版本信息，Git 使用 Hash 值作为唯一的版本信息。

```
[root@develop1 project]# git commit -m "etc configure file."
[root@develop1 project]# git status
nothing to commit, working tree clean
(工作区的文件是干净的，所有文件都被Git跟踪、管理)
[root@develop1 project]# git log                         #查看版本日志
commit 5ac363b6f17153951daf22b609a2c83193af2887 (HEAD -> master)#版本号
Author: Your Name <you@example.com>                      #提交者的基本信息
Date:   Tue Dec 27 11:29:38 2022 +0800                   #版本提交的时间
    etc configure file.                                  #提交的备注信息
```

```
[root@develop1 project]# git log --oneline            #精简日志信息
5ac363b (HEAD -> master) etc configure file.          #精简版本号和备注信息
```

下面继续对本地工作区中的文件进行任意修改，在修改后依次提交至暂存区和本地仓库，即可再次生成新的版本信息。

```
[root@develop1 project]# vim ./hosts                  #任意修改工作区中的一个文件
127.0.0.1    localhost localhost.localdomain localhost4 localhost4.localdomain4
::1          localhost localhost.localdomain localhost6 localhost6.localdomain6
220.181.38.150 www.baidu.com
[root@develop1 project]# git add ./hosts              #将某个文件单独提交至暂存区
[root@develop1 project]# git commit -m "add new line" #提交至本地仓库
[root@develop1 project]# git log --oneline
6cc3049 (HEAD -> master) add new line
5ac363b etc configure file.
[root@develop1 project]# vim ./hosts                  #再次修改工作区中的一个文件
127.0.0.1    localhost localhost.localdomain localhost4 localhost4.localdomain4
::1          localhost localhost.localdomain localhost6 localhost6.localdomain6
220.181.38.150 www.baidu.com
103.74.50.105 www.youdao.com
[root@develop1 project]# git add ./hosts              #再次提交文件至暂存区
[root@develop1 project]# git commit -m "add youdao entry" #提交至本地仓库
[root@develop1 project]# git log --oneline
825846c (HEAD -> master) add youdao entry
6cc3049 add new line
5ac363b etc configure file.
```

开发者在本地进行一系列的修改后，如果需要和其他同事共享自己的开发成果，则可以将本地仓库中的数据同步给 Git 远程仓库服务器，这样其他同事就可以拉取最新的数据了。因为本地仓库中的数据库开始是通过 git clone 命令从 Git 远程仓库服务器克隆到本地的，因此本地仓库中保留了 Git 远程仓库服务器的基本信息，我们可以通过 git remote 命令查看这些基本信息。下面的输出结果说明有一台 Git 服务器名称为 origin。origin 这个名称没有特殊含义，它只是在初始化仓库时默认定义的一个名称。Git 远程仓库服务器的 IP 地址是 172.16.0.118，仓库的位置为/var/lib/git/project。

```
[root@develop1 project]# git remote -v                #查看服务器的基本信息
origin  root@172.16.0.118:/var/lib/git/project (fetch)
origin  root@172.16.0.118:/var/lib/git/project (push)
[root@develop1 project]# git push     #将本地仓库中的数据同步给 Git 远程仓库服务器
root@172.16.0.118's password: <输入 root 密码>
```

```
Enumerating objects: 1610, done.
Counting objects: 100% (1610/1610), done.
Compressing objects: 100% (1273/1273), done.
Writing objects: 100% (1610/1610), 4.91 MiB | 6.62 MiB/s, done.
Total 1610 (delta 330), reused 0 (delta 0), pack-reused 0
remote: delta 中: 100% (330/330), done.
To 172.16.0.118:/var/lib/git/project
 * [new branch]      master -> master
```

在克隆代码到本地后，如果我们的同事提交了新的数据到 Git 远程仓库服务器，并且我们想要查看同事最新提交的数据，则不需要重新执行 git clone 命令重复克隆代码，仅需要执行 git pull 命令即可。下面在 develop2 主机的仓库目录中执行 git pull 命令。

```
[root@develop2 project]# git pull         #拉取 Git 远程仓库服务器中的数据至本地
```

4.6.3 HEAD 指针

HEAD 指针是一个可以在任何分支和版本之间移动的指针，通过 HEAD 指针我们可以查看任何版本的数据。默认每做一次提交操作都会导致 Git 更新一个版本，HEAD 指针也会跟着自动移动至最新版本，我们可以通过 git reflog 命令查看 HEAD 指针的信息。

```
[root@develop1 project]# git reflog
825846c (HEAD -> master) HEAD@{0}: commit: add youdao entry
6cc3049 HEAD@{1}: commit: add new line
5ac363b HEAD@{2}: commit (initial): etc configure file.
```

在上面的输出结果中，HEAD@{0} 代表当前 HEAD 指针指向的位置，它现在指向了 825846c 这个版本（也就是最新版本），HEAD@{1} 是上一次 HEAD 指针的位置，HEAD@{2} 是上上次 HEAD 指针的位置，依此类推。前面我们对工作区中的 hosts 文件进行了两次修改，如果在修改完成后，还想要最初版本的文件内容，以上面的案例为例，则可以随时提取 5ac363b 版本的内容，只需将 HEAD 指针移动到 5ac363b 即可。

```
[root@develop1 project]# git reset --hard 5ac363b      #移动 HEAD 指针
[root@develop1 project]# cat ./hosts
#查看文件内容已经恢复到 5ac363b 版本的内容
127.0.0.1    localhost localhost.localdomain localhost4 localhost4.localdomain4
::1          localhost localhost.localdomain localhost6 localhost6.localdomain6
[root@develop1 project]# git reflog
5ac363b (HEAD -> master) HEAD@{0}: reset: moving to 5ac363b
825846c HEAD@{1}: commit: add youdao entry
6cc3049 HEAD@{2}: commit: add new line
```

```
5ac363b (HEAD -> master) HEAD@{3}: commit (initial): etc configure file.
```
通过上面的操作，我们在将 HEAD 指针移动到 5ac363b 版本后，即可在当前工作区查看该版本的 hosts 文件，文件内容对应的也是 5ac363b 版本的内容。通过移动 HEAD 指针我们可以在多个版本之间任意切换，最终我们再把版本切换至最新的版本。

```
[root@develop1 project]# git reset --hard 825846c      #移动 HEAD 指针
[root@develop1 project]# cat ./hosts
#查看文件内容已经恢复到 5ac363b 版本的内容
127.0.0.1       localhost localhost.localdomain localhost4 localhost4.localdomain4
::1             localhost localhost.localdomain localhost6 localhost6.localdomain6
220.181.38.150  www.baidu.com
103.74.50.105   www.youdao.com
```

4.6.4　Git 分支

Git 支持按功能功能、时间和版本等标准创建分支，分支可以让开发分多条主线同时进行，并且每条主线互不影响，分支效果如图 4-16 所示。Git 默认的分支为 master 分支，当我们需要开发一个新功能时，可以基于 master 分支创建一个 feature 分支，此时 master 分支和 feature 分支的内容完全相同，之后开发者就可以在 feature 分支中编写、修改、迭代新功能的代码。但是在 feature 分支中所做的所有修改都不会影响 master 分支，直到 feature 分支的功能逐步稳定后，再将 feature 分支合并回 master 分支。如果 master 分支的代码有 bug，我们想修复 bug，此时也可以基于 master 分支创建一个 hotfix 分支，我们在 hotfix 分支中修复 bug，直到问题彻底解决，再将修复好的代码合并回 master 分支。

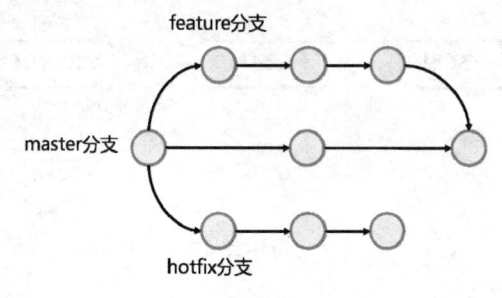

图 4-16

我们可以使用 git branch 命令管理分支，当创建一个新的分支时，其实 Git 是创建了一个新的指针。假设现在有 5ac363b、6cc3049 和 825846c 这三个版本，则 master 分支就是指向最新版本的一个指针，如果此时创建了一个 hotfix 分支，则 Git 会创建一个新的指针指向最新的版本，此时 master 分支和 hotfix 分支指向的版本内容一模一样，如图 4-17 所示。

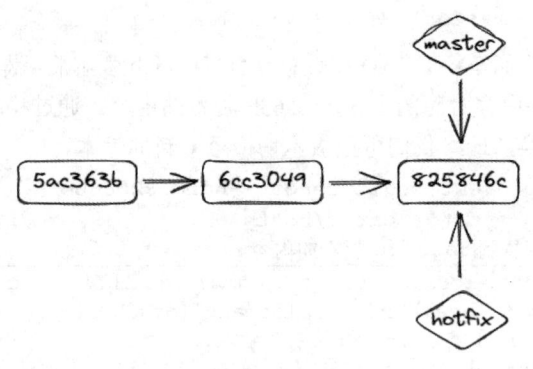

图 4-17

```
[root@develop1 project]# git branch hotfix            #创建 hotfix 分支
[root@develop1 project]# git branch -v                #查看分支
```

当有多个分支时我们如何知道自己当前在哪个分支呢？我们可以通过 HEAD 指针确定自己的分支。在默认情况下，HEAD 指针指向 master 分支，我们可以通过 git checkout 命令切换分支，切换分支会改变 HEAD 指针的位置，如图 4-18 和图 4-19 所示。

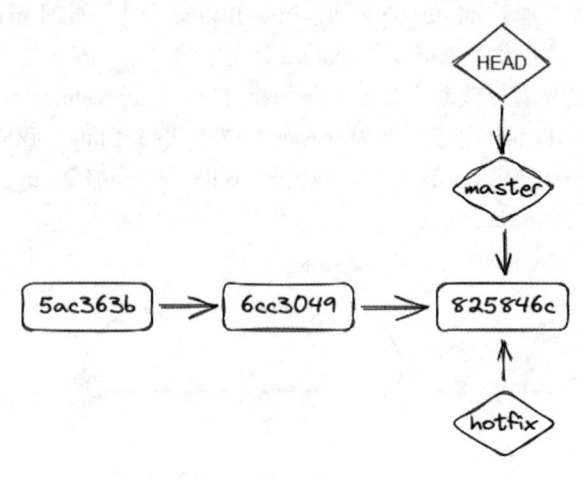

图 4-18

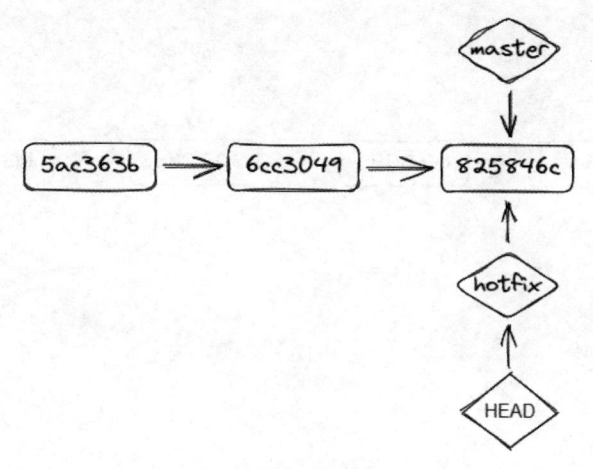

图 4-19

```
[root@develop1 project]# git checkout hotfix        #切换到 hotfix 分支
Switched to branch 'hotfix'
[root@develop1 project]# git branch -v              #查看分支（带*为当前工作分支）
* hotfix 825846c add youdao to hosts
  master 825846c add youdao to hosts
```

下面在 hotfix 分支中修改文件，当时机合适时，再将 hotfix 分支的内容合并回 master 分支。如果是一个新功能的分支，则一般会在新功能成熟后合并回 master 分支；如果是一个补丁分支，则一般会在补丁被修复后将代码合并回 master 分支。

```
[root@develop1 project]# vim ./hosts                #在 hotfix 分支中修改文件
127.0.0.1    localhost localhost.localdomain localhost4 localhost4.localdomain4
::1          localhost localhost.localdomain localhost6 localhost6.localdomain6
220.181.38.150 www.baidu.com
103.74.50.105 www.youdao.com
42.81.101.124 www.163.com                           #在 hotfix 分支中修改文件，新增一行内容
[root@develop1 project]# git add .                  #提交至暂存区
[root@develop1 project]# git commit -m "add new line"  #提交至本地版本库
[hotfix b150d54] add new line
 1 file changed, 1 insertion(+), 1 deletion(-)
```

在 hotfix 分支中修改文件并提交新版本后，hotfix 分支和 HEAD 指针将指向最新的版本，而 master 分支依然指向上一个版本，如图 4-20 所示。

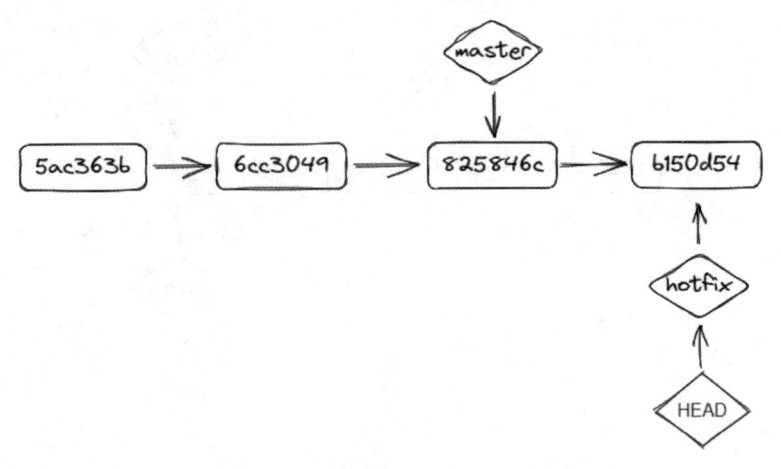

图 4-20

我们使用 git checkout 命令切换到 master 分支，查看工作区中 hosts 文件的内容，就会看到上一个版本的数据内容，如图 4-21 所示。

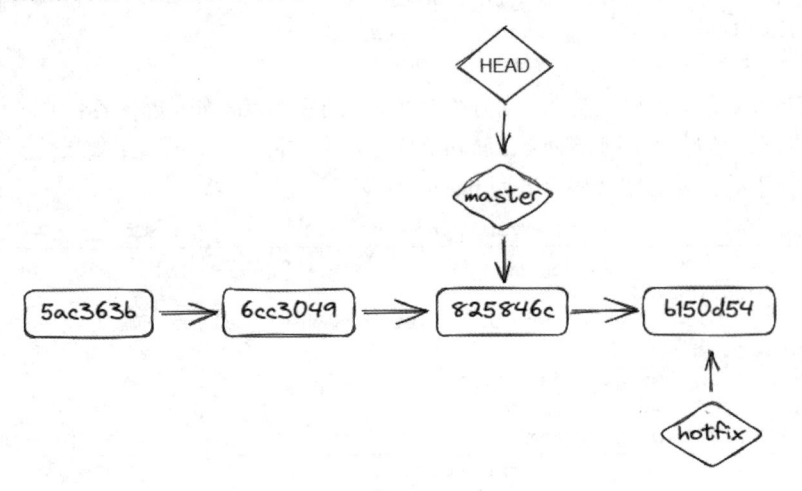

图 4-21

```
[root@develop1 project]# git checkout master          #切换到 master 分支
Switched to branch 'master'
Your branch is up to date with 'origin/master'.
[root@develop1 project]# cat hosts                    #查看 hosts 文件的内容
127.0.0.1   localhost localhost.localdomain localhost4 localhost4.localdomain4
::1         localhost localhost.localdomain localhost6 localhost6.localdomain6
220.181.38.150 www.baidu.com
103.74.50.105 www.youdao.com
```

如果我们继续在 master 分支编辑文件并提交新版本，则会产生版本分叉，如图 4-22 所示。

```
[root@develop1 project]# cat ./hostname           #查看工作区文件内容
develop1
[root@develop1 project]# vim ./hostname           #修改工作区文件内容
develop1.example.com
[root@develop1 project]# git commit -m "modify hostname on master"
[master f5efdf8] modify hostname on master
 1 file changed, 1 insertion(+), 1 deletion(-)le.com
```

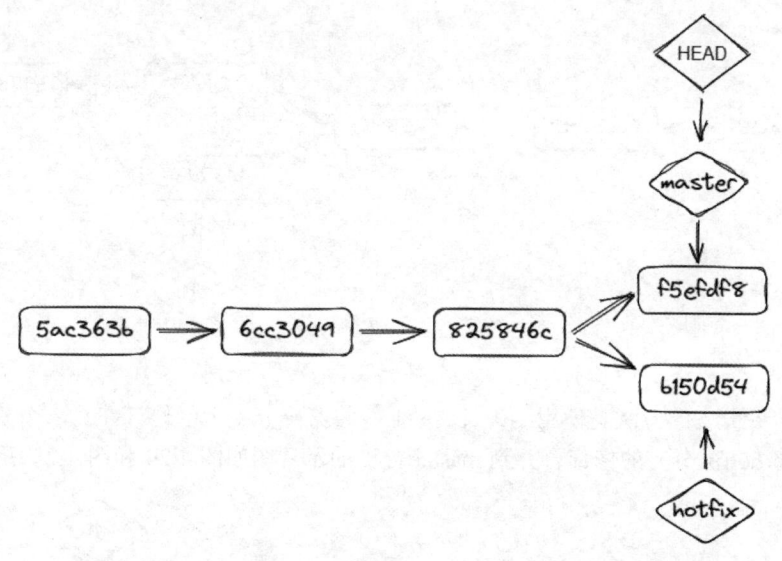

图 4-22

可以看到我们在 hotfix 分支中对 hosts 文件的修改并没有影响 master 分支，在 master 分支中该文件的内容依然是上一个版本的内容。如果 hotfix 分支的修改也需要合并回 master 分支，则可以使用 git merge 命令或者 git rebase 命令。图 4-23 是合并的效果图。需要注意的是，如果将 hotfix 分支合并回 master 分支，则需要先使用 git checkout 命令切换到 master 分支。

```
[root@develop1 project]# git merge hotfix -m "hotfix merge to master"
 hosts | 2 +-
 1 file changed, 1 insertion(+), 1 deletion(-)
[root@develop1 project]# cat hosts
#查看分支合并后文件的内容，hotfix 分支和 master 分支的内容会被自动合并
127.0.0.1   localhost localhost.localdomain localhost4 localhost4.localdomain4
::1         localhost localhost.localdomain localhost6 localhost6.localdomain6
220.181.38.150 www.baidu.com
103.74.50.105 www.youdao.com
42.81.101.124 www.163.com
```

```
[root@develop1 project]# cat hostname        #查看分支合并后文件的内容
develop1.example.com
```

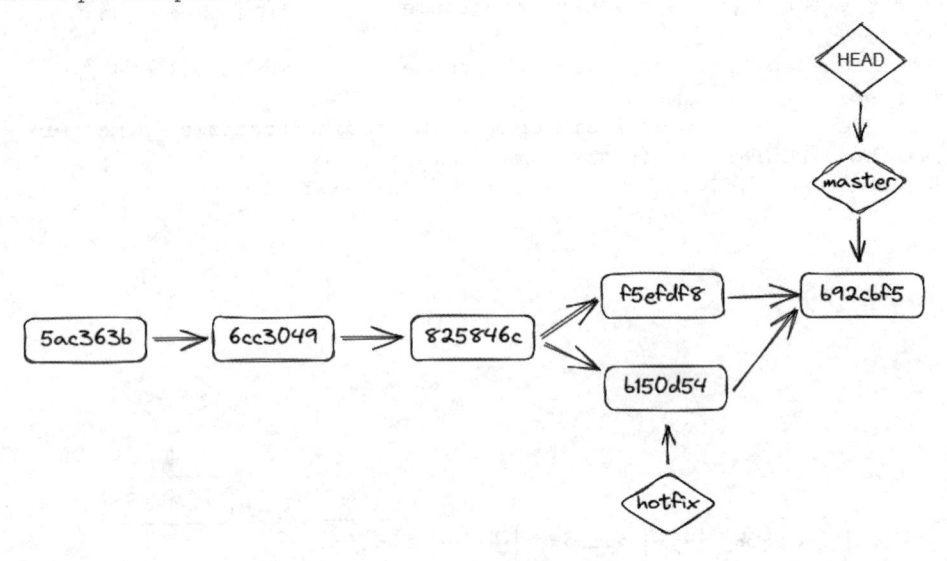

图 4-23

第二种合并分支的方法是使用 git rebase 命令将某个分支上的修订在另一个分支上面重新播放一遍，将 hotfix 分支的修订合并到 master 分支的示意图如图 4-24 和图 4-25 所示。

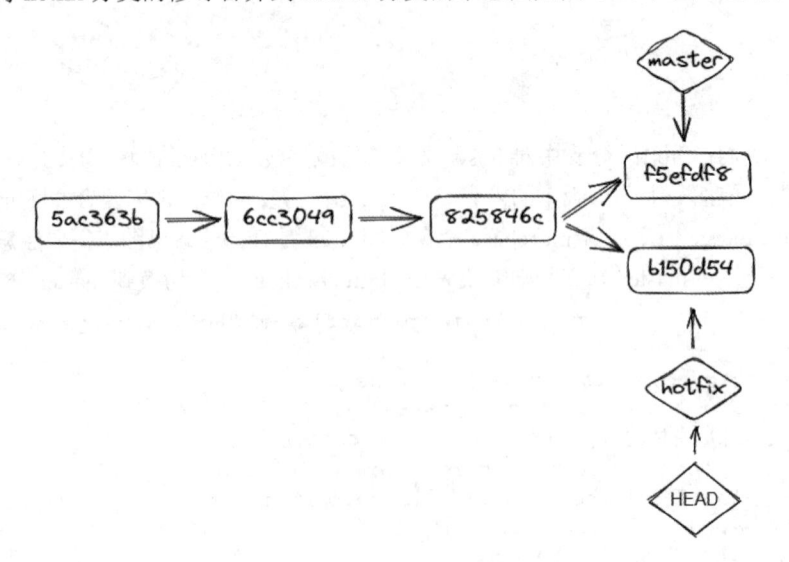

图 4-24

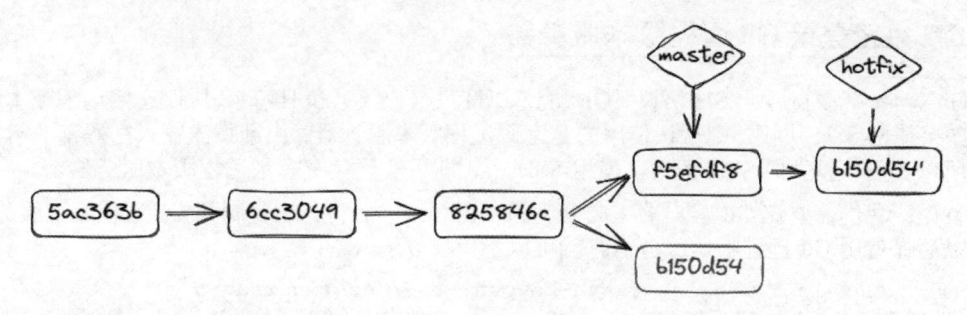

图 4-25

在使用 git push 命令将本地仓库同步到远程版本服务器时，默认仅同步 master 分支，如果想要同步其他分支到远程版本服务器，则需要指定分支的名称，或者使用--all 选项同步所有分支。

```
[root@develop1 project]# git push -u origin hotfix
#同步 hotfix 分支到 origin 服务器（可以使用 git remote -v 命令查看远程版本服务器名称）
#origin 是默认定义的远程版本服务器名称，没有特殊含义
#如果不喜欢默认的服务器名称 origin，则可以使用 git remote rename origin new-name
#命令修改
root@172.16.0.118's password: <输入密码>
Total 0 (delta 0), reused 0 (delta 0), pack-reused 0
To 192.168.184.168:/var/lib/git/project
 * [new branch]      hotfix -> hotfix
[root@develop1 project]# git push -u origin --all        #同步所有分支到服务器
root@172.16.0.118's password:
Everything up-to-date
```

如果想删除分支，则可以使用 git branch -d <name> 命令删除分支。

4.6.5　Git 标签

Git 默认使用 Hash 值记录版本号信息，由于随机的 Hash 值不便于记忆，所以对于比较重要的版本，我们可以制作标签，标签是可以任意定义的标记信息。

```
[root@develop1 project]# git tag -a v1.0 -m "release version 1.0"
#给当前版本制作标签，标记当前版本为 v1.0 版本
[root@develop1 project]# git tag                         #查看标签
v1.0
[root@develop1 project]# git show v1.0                   #查看特定标签的版本信息
tag v1.0
Tagger: Your Name <you@example.com>
Date:   Wed Dec 28 19:50:46 2022 +0800
…部分内容省略…
```

4.6.6 免密登录 Git 远程版本服务器

Git 客户端支持使用 SSH 协议、Git 协议、HTTP（协议）和 HTTPS 协议连接远程版本服务器。如果使用 SSH 协议，则默认使用的是密码远程版本服务器。由于每次输入密码都非常不方便，所以我们可以生成 SSH 密钥，使用 SSH 密钥即可实现免密登录远程版本服务器。

首先，我们需要在 Git 客户端生成公钥和私钥对，然后将公钥复制到 Git 远程版本服务器，这样以后在使用 Git 远程版本服务器时就可以不用反复输入密码了。

```
[root@develop1 project]# ssh-keygen -f ~/.ssh/id_rsa -N ''
#生成 SSH 密钥对，密钥存放在~/.ssh/id_rsa 文件中，不给该密钥设置密码，即密码为空
#-f 指定密钥存放的位置和文件名，-N 设置密钥的密码（密码可以为空）
Generating public/private rsa key pair.
Your identification has been saved in /root/.ssh/id_rsa
Your public key has been saved in /root/.ssh/id_rsa.pub
The key fingerprint is:
SHA256:5MnoKrYOLBYnA4/RJEFC0uYGmcAKNndFN3f2MVRzJdc root@develop1
The key's randomart image is:
+---[RSA 3072]----+
|@B.  oo o . oo=O |
|BBo. . o o .oE   |
|*++ .   .        |
|o+o   = .        |
|.=.. . S         |
|. . =            |
|oo .             |
|o.o .            |
| ooo.            |
+----[SHA256]-----+
[root@develop1 project]# ssh-copy-id root@172.16.0.118
#将前面生成的密钥复制到 172.16.0.118 主机的 root 账号中
root@172.16.0.118's password: <输入密码>
Number of key(s) added: 1
Now try logging into the machine, with:   "ssh 'root@172.16.0.118'"
and check to make sure that only the key(s) you wanted were added.
[root@develop1 project]# git push -u origin --all
#此时执行 git push 命令，不再提示输入密码
Branch 'hotfix' set up to track remote branch 'hotfix' from 'origin'.
Branch 'master' set up to track remote branch 'master' from 'origin'.
Everything up-to-date
```

4.6.7 常见问题分析

1. 版本冲突

在多人协同或者将多分支合并时，难免会产生版本冲突问题，如果版本冲突了，则 Git 会提示如下信息：

```
Auto-merging rc.d/rc.local
CONFLICT (content): Merge conflict in rc.d/rc.local
Automatic merge failed; fix conflicts and then commit the result.
```

上面这段信息提醒我们 rc.d/rc.local 这个文件有版本冲突。对于有冲突的文件，Git 会在产生冲突的特定行做特殊的标记，该标记会分别记录多个版本冲突的具体内容，管理员只要手动编辑该文件的内容，将文件修改为最终我们确认的版本内容即可，修改后再次提交即可解决版本冲突问题。

2. git push 同步失败

如果我们在初始化空仓库时没有使用--bare 选项，则客户端在通过 git push 命令提交代码时会提示如下错误信息：

```
! [remote rejected] master -> master (branch is currently checked out)
error: failed to push some refs to '172.16.0.118:/var/lib/git/myproject'
```

想要解决该问题，只需要我们在初始化空仓库时使用"git init 仓库名称 –bare"即可。

4.7 网络存储服务器

目前在计算机领域，存储解决方案主要有直连式存储（DAS）、存储区域网络（SAN）、网络附加存储（NAS）和分布式存储。其中，DAS（Direct-Attached Storage）指的是主机总线直接通过 SCSI 接口与存储设备相连，这种连接方式主要应用在家庭个人计算机环境中。SAN（Storage Area Network）指的是一整套存储网络解决方案，SAN 采用的是光纤通信技术，通过光纤交换机将服务器与存储设备连接在一起，为当今爆炸式的数据增长环境提供了快速高效的存储方案。NAS（Network-Attached Storage）可以使用普通的网络环境，通过以太网交换机等设备连接服务器与存储设备，NAS 的优势在于可以使用现有的网络环境，无须对网络环境进行改造，而且不同厂家的设备只要采用 TCP/IP（协议），就可以满足设备之间对兼容性的要求，NFS 和 CIFS（微软操作系统的一种文件共享）属于网络附加存储的解决方案，它们都提供了对文件系统的共享。不管是 NAS 还是 SAN，它们都可以满足在企业环境中服务器与存储设备相分离的要求。这样服务器就可以专注于服务器业务，而存储设备则专注于数据存储的速度与安全，并且由于服务器与存储设备是分离的，这样多台服务器就可以加载同一存储设备中的数据，实现数据的集中、统一管理。由于传统的 SAN 需要价格昂贵的光纤设备作为基础，所以现在又有了基于 IP 技术的 SAN，可以通过 IP 网络进行数据存储，服务器在不进行任何改造的情况下使用现有的以太网卡就可以访问 IP-SAN（iSCSI 就是这样的技术）。NAS 与 SAN 的主要区别在于，NAS 共享的是文件系统，而 SAN 共享的是块设备。本节重点关注 iSCSI 网络存储与数据同步 Rsync 系统。存储区域网络结构图如图 4-26 所示，图中给出了基于光纤通信的 SAN 结构和基于 IP 地址的 SAN 结构。

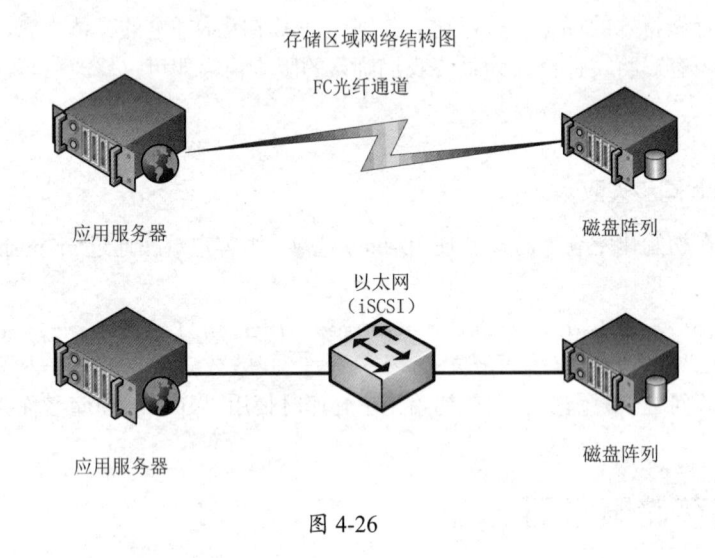

图 4-26

4.7.1　iSCSI 网络存储

iSCSI（Internet Small Computer System Interface）是典型的 IP-SAN 技术，是基于因特网的 SAN 存储技术，该技术使得我们可以在基于 IP（协议）的网络上传输 SCSI 命令。在 iSCSI 环境中，客户端（initiators）发送 SCSI 命令给远程的 SCSI 存储设备（targets），实现数据的存储与备份功能。iSCSI 使用 TCP 的 860 与 3260 端口进行通信。iSCSI 与 SCSI 最大的区别在于 iSCSI 摆脱了存储设备的距离限制，使得任何主机都可以通过局域网或广域网访问我们的存储设备，而对于数据中心而言，这是至关重要的。下面在 Rocky Linux 9 系统中部署一个 iSCSI 服务器和客户端访问的环境，服务器端的 IP 地址为 192.168.0.254，客户端的 IP 地址为 192.168.0.11。

1. 部署 iSCSI 服务

在 Rocky Linux 9 系统中部署 iSCSI 服务需要安装 targetcli 软件，在安装完成后，我们可以通过命令的方式部署 iSCSI 服务。如果使用命令配置服务，则可以参考 targetcli 命令的 man 手册，在 QUICKSTART 部分有比较详细的示例。在配置之前，还需要搞清楚两个概念：LUN 和 IQN。LUN（Logical Unit Number）是设备的逻辑单元号，一般为一个数字，我们可以使用 LUN 来标识存储设备。IQN（iSCSI Qualified Name）为 iSCSI 合格名称，一般格式为 iqn.yyyy-mm.<reversed domain name>:identifier，yyyy 表示年，mm 表示月，reversed domain name 是域名的反写，identifier 为标识名称。假设 iSCSI 服务器域名为 www.example.com，则 IQN 的全称可以写成：iqn.2022-10.com.example.www:disk1。这种 IQN 的书写格式不是创建 iSCSI 服务所必须遵守的，但推荐使用这样的标准格式。

为了给其他服务器提供存储，在 iSCSI 服务器上应该有足够的存储设备，可以使用 fdisk 命令查看计算机中的磁盘设备列表。

在下面的案例中，我们将使用/dev/sdb 创建一个 iSCSI 共享。

```
[root@rocky9 ~]# dnf -y install targetcli
[root@rocky9 ~]# fdisk -l |grep /dev/sd
Disk /dev/sda: 128.8 GB, 128849018880 bytes
/dev/sda1    *       2048     1026047      512000    83  Linux
/dev/sda2         1026048   251658239   125316096    8e  Linux LVM
Disk /dev/sdb: 107.4 GB, 107374182400 bytes
Disk /dev/sdc: 107.4 GB, 107374182400 bytes
/dev/sdc1            2048    41945087    20971520    83  Linux
/dev/sdc2        41945088    83888127    20971520    83  Linux
/dev/sdc3        83888128   125831167    20971520    83  Linux
Disk /dev/sdd: 107.4 GB, 107374182400 bytes
[root@rocky9 ~]# targetcli         #下面方框中的粗体字需要自己输入
```

```
Warning: Could not load preferences file /root/.targetcli/prefs.bin.
targetcli shell version 2.1.fb41
Copyright 2011-2013 by Datera, Inc and others.
For help on commands, type 'help'.
/> ls           #查看配置
o- /................................................................[...]
  o- backstores.....................................................[...]
  | o- block .........................................[Storage Objects: 0]
  | o- fileio ........................................[Storage Objects: 0]
  | o- pscsi .........................................[Storage Objects: 0]
  | o- ramdisk .......................................[Storage Objects: 0]
  o- iscsi ..................................................[Targets: 0]
  o- loopback ...............................................[Targets: 0]
```

```
    /> backstores/block create iscsi_store /dev/sdb
    #定义后端存储,这里我们准备用/dev/sdb做共享存储
    /> /iscsi create iqn.2023-06.com.example:server
    #定义共享名称为iqn.2023-06.com.example:server
    /> /iscsi/iqn.2023-06.com.example:server/tpg1/acls create
iqn.2023-06.com.example:desktop
    #设置访问控制权限,客户端配置文件需要配置iqn.2023-06.com.example:desktop,才可以
    #访问iqn.2023-06.com.example:server这个共享磁盘
    /> /iscsi/iqn.2023-06.com.example:server/tpg1/luns create
/backstores/block/iscsi_store
    #将共享名称和前面定义的后端存储绑定在一起,当客户端访问IQN时将获取该存储空间
    /> /iscsi/iqn.2023-06.com.example:server/tpg1/portals create 0.0.0.0
    #配置服务器监听的IP地址和端口,0.0.0.0为本机IP地址,默认端口为3260。
    /> exit                    #退出配置程序,该程序会自动保存所有操作
```

```
[root@rocky9 ~]# systemctl start target          #启动服务
[root@rocky9 ~]# systemctl enable target         #设置开机启动
[root@rocky9 ~]# firewall-cmd --permanent --add-port=3260/tcp
[root@rocky9 ~]# firewall-cmd --reload
#设置防火墙规则允许3260端口访问,并重新加载配置
```

2. 客户端访问

Linux 客户端想要访问 iSCSI 服务器则必须安装 iscsi-initiator-utils 软件包。

第一步,客户端 IQN 文件必须与服务器中配置的一致(前文配置的是 *iqn.2023-06.com.example: desktop* 这个字符串)。

第二步,通过 iscsiadm 命令可以发现服务器端 iSCSI 的 IQN 信息。

第三步,通过 login 选项加载服务器的 IQN 信息。在本案例中,客户端主机在完成以上操作后,通过 fdisk -l 命令可以发现计算机中多出了一块磁盘。

第四步,参考 2.5 节对磁盘进行分区格式化后即可使用该 iSCSI 磁盘存储设备了。这里我们不再做分区格式化操作,读者可以自己验证。

注意,有时在客户端使用 discoverydb 命令是无法发现服务器的 IQN 信息的,此时可以检查防火墙设置得是否正确,并检查有没有设置账号及 IP 地址的 ACL 限制,最后在 Rocky Linux 9 系统中重启服务器。下面假设服务器的 IP 地址为 192.168.0.254,客户端通过如下命令挂载该服务器的 iSCSI 共享磁盘。

```
[root@localhost ~]# dnf -y install iscsi-initiator-utils
[root@localhost ~]# vim /etc/iscsi/initiatorname.iscsi
    InitiatorName=iqn.2023-06.com.example:desktop
```

```
[root@localhost ~]# systemctl start iscsi
[root@localhost ~]# systemctl enable iscsi
[root@localhost ~]# iscsiadm -m discovery -t st -p 192.168.0.254
                        #查看192.168.0.254服务器的iSCSI的IQN信息
[root@localhost ~]# iscsiadm -m node - iqn.2023-06.com.example:server -l
                        #通过login选项加载服务器的IQN信息
[root@localhost ~]# fdisk -l
…部分内容省略…
Disk /dev/sdb: 107.4 GB, 107374182400 bytes    #查看硬盘多了一个sdb
[root@localhost ~]# parted /dev/sdb mklabel gpt        #创建分区表
[root@localhost ~]# parted /dev/sdb mkpart primary 0% 100%    #创建分区
[root@localhost ~]# mkfs.xfs /dev/sdb1                 #格式化分区
```

4.7.2 Rsync 文件同步

Rsync（remote sync）是 UNIX 及类 UNIX 平台下一款神奇的数据镜像备份工具，它不像 FTP 或其他文件传输服务那样需要进行全备份，Rsync 可以根据数据的变化进行差异备份，从而减少数据流量，提高工作效率。我们可以使用它对本地数据或远程数据进行复制，Rsync 可以使用 SSH 安全隧道进行加密数据传输。Rsync 服务器端定义源数据，Rsync 客户端仅在源数据发生改变后才会从服务器端复制数据至本地。如果源数据在服务器端被删除，则客户端数据也会被删除，以确保主机之间的数据是同步的。Rsync 使用 TCP 873 端口。

1. 搭建 Rsync 服务器

搭建 Rsync 服务器需要至少创建一个 Rsync 配置文件，默认在系统中并不存在 Rsync 配置文件，对于服务器而言，在创建配置文件后，使用守护进程模式启动 Rsync 程序即可。下面以图 4-27 为原型创建配置文件，将/common 目录发布给所有客户端主机。因为 Rsync 是 Andrew Tridgell（Samba 的作者）与 Paul Mackerras 合作开发的，所以 Rsync 配置文件与 Samba 配置文件比较相似。Rsync 配置文件主要有三个，分别是：rsyncd.conf（主配置文件）、rsyncd.secrets（密码文件）和 rsyncd.motd（服务器信息文件）。

Rsync结构图

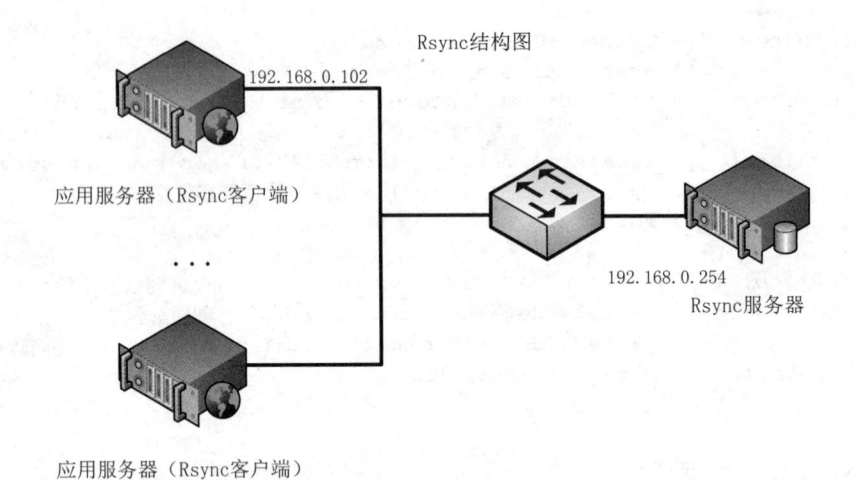

图 4-27

在 Rocky Linux 9 系统中安装部署 Rsync 非常方便，在安装光盘和 YUM 源中都提供了 Rsync 软件包，使用 DNF 方式安装即可。下面通过案例演示如何共享 /common 目录，为此，我们需要创建 /common 目录，并复制一些测试文件存放在该目录中。这里需要手动创建配置文件 /etc/rsync.conf，该文件具体的语法格式在后面会详细介绍。

```
[root@rocky9 ~]# yum -y install rsync
[root@rocky9 ~]# mkdir /common ; cp /etc/inittab /common/
[root@rocky9 ~]# vim /etc/rsyncd.conf
```

```
#/etc/rsyncd.conf
#设置服务器信息提示文件名称，在该文件中编写提示信息
motd file = /etc/rsyncd.motd
#开启 Rsync 数据传输日志功能
transfer logging = yes
#设置日志文件名称，可以通过 log format 参数设置日志格式
log file = /var/log/rsyncd.log
#设置 Rsync 进程号，保存文件名称
pid file = /var/run/rsyncd.pid
#设置锁文件名称
lock file = /var/run/rsync.lock
#设置服务器监听的端口号，默认为 873
port = 873
#设置服务器所监听网卡接口的 IP 地址，这里服务器的 IP 地址为 192.168.0.254
address = 192.168.0.254
#设置在进行数据传输时所使用的账号名称或 ID，默认使用 nobody
uid = nobody
```

```
#设置进行数据传输时所使用的组名称或GID，默认使用nobody
gid = nobody
#在设置user chroot为yes后，Rsync会首先进行chroot设置，将根映射到path参数路径下，对客
#户端而言，系统的根就是path参数所指定的路径。但这样做需要root权限，并且在同步
#连接资料时仅同步名称，不同步内容
use chroot = no
#是否允许客户端上传数据，这里设置为只读
read only = yes
#设置并发连接数，0代表无限制。在超出并发数后，如果依然有客户端连接请求，则会收
#到稍后重试的提示消息
max connections = 10
#默认Rsync会在压缩文件后再复制，如果遇到如下格式的文件，则不需要压缩，可以直接复制
dont compress   = *.gz *.tgz *.zip *.z *.Z *.rpm *.deb *.bz2
#Rsync通过模块定义同步的目录，模块以[name]的形式定义，这与Samba定义共
#享目录的效果相同。在Rsync中也可以定义多个模块
[common]
#comment定义注释说明字符串
comment = Web content
#通过path指定同步目录的真实路径
path = /common
#忽略一些I/O错误
ignore errors
#exclude可以指定例外的目录，即将common目录中的某个目录设置为不同步数据
#exclude = test/
#设置允许连接服务器的账号，该账号在系统中可以不存在
auth users = tom,jerry
#设置密码,以验证文件名称。注意该文件的权限要求为只读,建议权限为600,仅在设置auth users
#参数后有效
secrets file = /etc/rsyncd.secrets
#设置允许哪些主机同步数据，既可以是单个IP地址，也可以是网段。多个IP地址与网段之间
#使用空格分隔，这里的网络一定要根据自己的实际情况填写
#或者不写hosts allow和hosts deny，默认允许所有
hosts allow = 192.168.0.0/255.255.255.0
#设置拒绝所有（除hosts allow定义的主机外）
hosts deny = *
#当客户端请求显示模块列表时，本模块名称是否显示，默认为true
list = false
```

接下来，通过echo的方式创建密码文件/etc/rsyncd.secrets，在该文件中创建两个账号：tom账号的密码是pass，jerry账号的密码是111。需要注意的是，密码文件不可以对所有人开放可读权限，为了安全，建议设置权限为600。创建服务器提示信息文件并向该文件中导入欢迎词。由于Rsync默认不是开机启动的，为了实现开机启动，我们可以通过echo将rsync --daemon追加至开机启动文件/etc/rc.local中。最后添加防火墙规则，开启873端口。

```
[root@rocky9 ~]# echo "tom:pass" > /etc/rsyncd.secrets
[root@rocky9 ~]# echo "jerry:111" >> /etc/rsyncd.secrets
[root@rocky9 ~]# chmod 600 /etc/rsyncd.secrets
[root@rocky9 ~]# echo "welcome to access" > /etc/rsyncd.motd
[root@rocky9 ~]# rsync --daemon
[root@rocky9 ~]# echo "/usr/bin/rsync --daemon" >> /etc/rc.local
[root@rocky9 ~]# chmod +x /etc/rc.local
[root@rocky9 ~]# firewall-cmd --permanent --add-port=873/tcp
#添加防火墙规则，允许 873 端口的数据访问
[root@rocky9 ~]# firewall-cmd --reload          #重新加载防火墙规则
```

2. 客户端同步数据

现在我们开始同步数据，在客户端主机中同样是使用 rsync 命令进行初始化数据传输的，但客户端主机不需要 --daemon 选项。

```
[root@rocky9 ~]# dnf -y install rsync
[root@rocky9 ~]# rsync -vzrtopg --progress tom@192.168.0.254::common /test
```

如果觉得先搭建 Rsync 服务器，之后客户端使用 rsync 命令同步数据的方式太麻烦，则可以使用 rsync 命令直接在本地复制文件，或者基于 SSH 协议直接实现远程差异复制（不需要单独创建配置文件和启动 Rsync 服务）。

rsync 命令的描述和用法如下。

描述：一个快速、多功能的远程（或本地）数据复制工具。

用法：表 4-6 较为全面地介绍了 rsync 命令的语法格式，SRC 表示源路径，DEST 表示目标路径。

表 4-6

本地复制	
rsync [选项] SRC... [DEST]	
通过远程 shell 复制	
下载数据	rsync [选项] [USER@]HOST:SRC... [DEST]
上传数据	rsync [选项] SRC... [USER@]HOST:DEST
通过 rsync 进程复制	
下载数据	rsync [选项] [USER@]HOST::SRC... [DEST]
	rsync [选项] rsync://[USER@]HOST[:PORT]/SRC... [DEST]
上传数据	rsync [选项] SRC... [USER@]HOST::DEST
	rsync [选项] SRC... rsync://[USER@]HOST[:PORT]/DEST

选项	说明
-v,--verbose	显示详细信息。
-q,--quiet	静默模式，无错误信息。
-a,--archive	归档模式，主要保留文件属性，等同于-rlptgoD。
-r,--recursive	递归。
-b,--backup	如果目标路径已经存在同名文件，则将旧的文件重命名为~filename，可以使用--suffix 指定不同的备份前缀。
--back-dir	将备份文件保存至指定目录。
--suffix	指定备份文件前缀。
-u,--update	如果目标地址中的文件比将要下载的文件新，则不执行同步。也就是说，不会用旧的文件覆盖新的文件。
-l,--links	保留符号链接。
-p,--perms	保留文件权限属性。
-H,--hard-links	保留硬链接。
-A,--acls	保留 ACL 权限。
-X,--xattrs	保留文件附加属性。
-o,--owner	保留文件所有者属性。
-g,--group	保留文件所属组属性。
--devices	保留设备文件。
--specials	保留特殊文件。
-D	等同于--devices –specials。
-t	保留修改时间属性。
-W,--whole-file	不做增量检查，直接复制全部文件。
-e,--rsh=COMMAND	指定远程 shell。
--existing	仅同步目标路径中已经有的文件，不下载源路径中新的文件。
--delete	删除那些仅在目标路径中存在的文件（在源路径中不存在）。
-z,--compress	在传输过程中对数据进行压缩。
--include=PATTERN	匹配不排除的文件。
--exclude=PATTERN	匹配需要排除的文件。
--progress	显示数据传输的进度信息。
--partial	保留因故障未传输完成的文件，断点续传。
-P	等同于--progress –partial。
--password-file=FILE	指定密码文件，将密码写入文件，实现非交互式数据同步。
--list-only	仅列出服务器模块列表，需在 Rsync 服务器中设置 list = true。

(1) 本地数据同步的实例。

`[root@rocky9 ~]# rsync -t *.c foo:src/`

将本机当前目录中以.c 结尾的文件复制至 foo 主机的 src 目录中。

`[root@rocky9 ~]# rsync -avz foo:src/bar /data/tmp`

从 foo 主机上以递归方式将 src/bar 目录复制至本机/data/tmp 目录。

`[root@rocky9 ~]# rsync -avz foo:src/bar/ /data/tmp`

从 foo 主机上以递归方式将 src/bar 目录中的所有内容复制至本机的/data/tmp 目录,但在/data/tmp 目录中不会创建 bar 目录。

`[root@rocky9 ~]# rsync -avz /src/foo /dest`

将本机/src/foo 目录复制至/dest 目录。

(2) 基于 Rsync 服务实现数据同步的实例。

`[root@rocky9 ~]# rsync -avz tom@192.168.0.254::common /test3`

使用 tom 账号连接远程 192.168.0.254 服务器的 Rsync 进程,将 common 模块定义的 path 路径下载至本地 test3 目录。

`[root@rocky9 ~]# rsync -avz 192.168.0.254::common /dest`

匿名下载 192.168.0.254 服务器的 common 模块至本地/dest 目录。

`[root@rocky9 ~]# rsync --list-only tom@192.168.0.254::`

显示 192.168.0.254 服务器所有模块名称,需要在服务器端配置 list = true 才会显示。

```
[root@rocky9 ~]# echo "pass" > rsync.pass
[root@rocky9 ~]# rsync -avz --delete --password-file=rsync.pass tom@192.168.0.254::common /dest
```

客户端主机每次连接服务器时都需要输入密码显得非常麻烦,为此,我们可以创建密码文件 rsync.pass,在该文件中仅包含密码,最后使用 rsync 命令的--password-file 参数指定密码文件,这样就可以省去每次连接服务器都要输入密码的烦恼。

(3) 基于 SSH 实现数据同步的实例。

```
[root@rocky9 ~]# mkdir /etc_bak
#提前创建一个备份目录
[root@rocky9 ~]# rsync -avz --partial root@192.168.0.254:/etc/ /etc_bak/
#使用 root 身份通过 SSH 远程登录 192.168.0.254 服务器
#将该服务器的/etc/目录中的所有文件(不包括/etc 目录自己)同步到本机的/etc/_bak 目录
Are you sure you want to continue connecting (yes/no/[fingerprint])? Yes
root@192.168.0.254's password:<输入 root 密码>
[root@rocky9 ~]# ls /etc_bak/                    #查看数据同步的结果
```

```
[root@rocky9 ~]# mkdir /bak                                    #创建备份目录
[root@rocky9 ~]# rsync -avz --partial root@192.168.0.254:/etc /bak/
#使用 root 身份通过 SSH 远程登录 192.168.0.254 服务器
#将该服务器的/etc 目录本身同步到本机的/bak 目录
root@192.168.184.168's password: <输入 root 密码>
[root@rocky9 ~]# ls /bak/                                      #查看数据同步的结果

[root@rocky9 ~]# rsync -avz --partial /etc root@192.168.0.254:/opt/
#使用 root 身份通过 SSH 远程登录 192.168.0.254 服务器
#将本机的/etc 目录本身同步到服务器的/opt 目录
```

每次同步数据都手动输入命令是非常麻烦的一件事，作为一名运维人员，我们需要更智能化的处理机制，这时可以考虑使用 Shell 脚本来解决这个问题。下面的 rsync_bask.sh 脚本文件就是这样的一个 Shell 脚本：先利用 Shell 脚本创建密码文件，再使用密码文件进行非交互式的自动化数据同步。

如果客户端需要定期对 Rsync 服务器的数据进行备份，则可以编写 Shell 脚本，通过计划任务实现数据的定期备份工作。下面的脚本为精简版的数据备份脚本范例。

```
[root@rocky9 ~]# vim rsync_bak.sh
```

```
#!/bin/bash
#This script does backup through rsync.
#Date:2022-10-1
#Version:1.0 beta
#
export PATH=/bin:/usr/bin:/usr/local/bin
SRC=common
DEST=/data
Server=192.168.0.254
User=tom
#password file must not be other-accessible.
Passfile=/root/rsync.pass
#If the DEST directory not found, then create one.
[ ! -d $DEST ] && mkdir $DEST
[ ! -e $Passfile ] && exit 2
rsync -az --delete --password-file=$Passfile ${User}@${Server}::$SRC $DEST/$(date +%Y%m%d)
```

4.7.3　Rsync+Inotify 实现文件自动同步

如果仅使用 Rsync 进行数据同步，则只能满足企业对数据实时性要求不高的环境，即使使用计划任务也仅可以实现定期的数据同步。当使用 Rsync 进行数据同步时需要提前对所有文件进行对比，之后进行差异化数据同步。然而很多时候可能只是 1TB 数据中的 1KB 数据发生了改变，在不知道什么时候会发生数据改变的情况下，为了同步 1KB 的数据，我们需要不停地进行 Rsync 连接，对比客户端与服务器端之间的数据差异，这样的机制在当前大数据时代背景下是低效的。数据随时都有可能发生变化，如果要求在多台主机之间进行实时同步，就需要结合 Inotify（inode notify）工具。目前 Inotify 已经被集成到 Linux 内核[1]中，Inotify 为用户态应用程序提供了文件系统事件通告机制。例如，当文件发生访问、修改或删除等事件时，可以立刻通告给用户态应用程序。通过 Inotify 我们可以实时了解文件系统发生的所有变化。Inotify 可以监控的部分事件名称及描述如表 4-7 所示。

表 4-7

事件名称	描述
IN_ACCESS	文件访问事件
IN_MODIFY	文件修改事件
IN_ATTRIB	文件属性修改事件
IN_OPEN	文件打开事件
IN_CLOSE_WRITE	可写文件被关闭事件
IN_CLOSE_NOWRITE	不可写文件被关闭事件
IN_MOVED_FROM	文件移动或重命名事件
IN_MOVED_TO	
IN_DELETE	文件或目录删除事件
IN_CREATE	文件或目录创建事件
IN_DELETE_SELF	自删除事件

利用 Inotify 的事件通知机制，用户态应用程序可以实时监控文件系统的变化，然而 Inotify 仅是内核提供的一种系统功能，用户如果需要使用该功能，还需要安装用户态软件。在 Rocky Linux 9 系统中可以使用 inotify-tools 来实现文件系统的实时监控，该软件可以从 GitHub 网站的 rvoicilas/inotify-tools 目录中[2]下载。

1. 源码安装软件

我们可以从官网下载源码包安装该软件，在下载源码文件并解压缩后，可以查看对应的

---

[1] Linux 从 2.6.13 版本的内核以后全部集成了 Inotify 功能。
[2] 请参考链接 4-6。

INSTALL 安装说明文档，使用 autogen.sh 脚本读取 configure.ac 文件来创建 configure 安装脚本。此步骤需要依赖于 automake 和 libtool 软件包，如果采用的是 yum 方式安装这两个软件包，则系统会同时安装在编译 inotify-tool 时所需要的 gcc 软件。

```
[root@rocky9 ~]# dnf -y install automake libtool
[root@rocky9 ~]# wget -c \
https://github.XXX/inotify-tools/inotify-tools/archive/\
refs/tags/3.21.9.6.tar.gz
[root@rocky9 ~]# tar -zvxf 3.21.9.6.tar.gz -C /usr/local/src/
[root@rocky9 ~]# cd /usr/local/src/inotify-tools-3.21.9.6/
[root@rocky9 inotify-tools-3.21.9.6]# ./autogen.sh
[root@rocky9 inotify-tools-3.21.9.6]# ./configure
[root@rocky9 inotify-tools-3.21.9.6]# make && make install
```

2. 监控数据

inotify-tool 提供了两个应用命令，分别为 inotifywait 命令与 inotifywatch 命令。其中，inotifywait 命令的描述和用法如下。

描述：使用 inotify 机制等待文件系统事件，该命令非常适合实时监控文件系统的变化。

用法：inotifywait [-hcmrq] [-e <event>] [-t <seconds>] [--format <fmt>] [--timefmt <fmt>] <file>…

选项：	
-h,--help	显示帮助信息。
@<file>	指定监控路径中的例外文件，即不需要被监控的文件。
--fromfile <file>	从文件中读取需要监控的例外文件名称，每行一个文件名称，如果文件名称以@开头，则该文件为例外文件。
-m,--monitor	在接收到事件信息后不退出，默认程序在接收到一个事件信息后会退出。
-d,--daemon	与--monitor 类似，但程序会进入后台执行，需要通过--outfile 指定事件信息的输出文件。
-o,--outfile <file>	将事件信息输出至文件，默认输出至标准输出。
-s,--syslog	将错误信息输出至 syslog 系统日志，默认输出至标准错误输出。
-r,--recursive	递归监控。
-q,--quiet	静默模式，不输出信息。
--exclude <pattern>	使用正则表达式匹配例外文件，区分大小写。
--excludei <pattern>	使用正则表达式匹配例外文件，不区分大小写。
-t <seconds>,--timeout <seconds>	如果在指定的时间没有发生事件，则退出程序。

-e <event>,--event <event>	仅监控指定的事件。
-c,--csv	使用 CSV 格式输出。
--timefmt <fmt>	设置时间格式，即--format 指定的%T 格式。
--format <fmt>	指定输出信息格式，具体格式可参考 man 手册。

案例 1：首先创建测试目录/test 和测试文件/etc/foo，运行 inotifywait 命令监控/test 目录，然后开启一个终端窗口运行 cat /test/foo 命令，验证当发生查看文件事件时，是否会有事件通知。

```
[root@rocky9 ~]# mkdir -p /test; echo "hello">/test/foo
[root@rocky9 ~]# inotifywait /test/
Setting up watches.
Watches established.
/test/ OPEN foo
```

案例 2：编写一个脚本实时监控 NetworkManager 相关日志信息，内容如下。

```
[root@rocky9 ~]# cat monitor.sh
```

```
#!/bin/bash
while inotifywait -e modify /var/log/messages
do
if tail -n1 /var/log/messages | grep NetworkManager
then
    echo Love
fi
done
```

3. Rsync 与 Inotify 双剑合璧

单一的 Rsync 仅可以进行数据同步，单一的 Inotify 仅可以实时监控文件，而两者的结合即可满足企业对数据中心进行实时数据同步的需求。接下来我们用案例说明两者结合部署的流程，图 4-28 为案例拓扑图。在这个案例中，ABC 公司需要部署一套 Web 服务，然而随着用户访问量的增加，单台服务器已经满足不了大量的并发访问。因此，ABC 公司决定使用集群技术，整合多台服务器实现负载均衡，从而满足不断增加的并发访问需求。

由于 Web 服务器所提供的网站数据需要保持一致，但当服务器越来越多时，ABC 公司发现在主机之间同步随时可能发生改变的网站数据简直就是一场噩梦。我们的解决方案是在后端建立一个数据发布服务器，将该服务器作为 Rsync 客户端，通过 Inotify 实时监控网站数据，一旦网站数据发生变化就调用 rsync 命令上传数据至多个 Rsync 服务器，这里的 Rsync 服务器就是提供 Web 服务的 Web 服务器。

Rsync+Inotify结构图

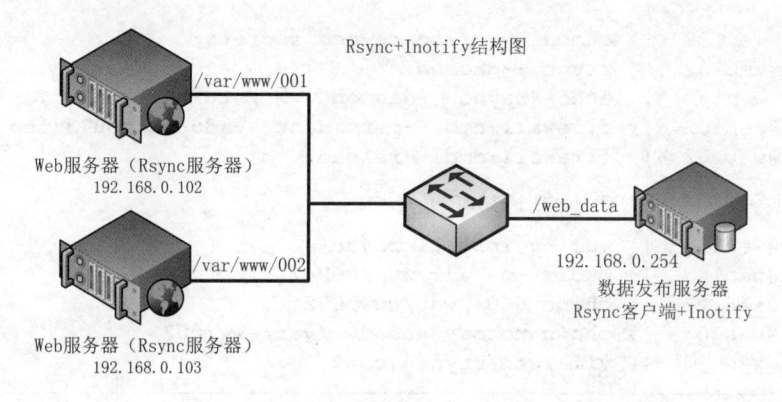

图 4-28

首先在多台 Web 服务器上部署 Rsync 服务器，这些 Rsync 服务器要能够提供客户端上传功能。最终我们只要在 192.168.0.254 上修改数据，就可以实时推送数据至两台 Web 服务器。Web 服务器（192.168.0.102）的配置如下（案例中所涉及的账号和密码信息可以根据自己的实际需求进行修改）。

```
[root@web102 ~]# yum -y install rsync
[root@web102 ~]# mkdir -p /var/www/001
[root@web102 ~]# chmod 660 /var/www/001
[root@web102 ~]# chown nobody.nobody /var/www/001
[root@web102 ~]# vim /etc/rsyncd.conf
```

```
#/etc/rsyncd.conf
transfer logging = yes
log file = /var/log/rsyncd.log
pid file = /var/run/rsyncd.pid
lock file = /var/run/rsync.lock
uid = nobody
gid = nobody
use chroot = no
ignore errors
read only = no
[web1]
comment = Web content
path = /var/www/001
auth users = tom
secrets file = /etc/rsyncd.secrets
hosts allow=192.168.0.254
hosts deny=*
list = false
```

```
[root@web102 ~]# echo "tom:pass" > /etc/rsyncd.secrets
```

```
[root@web102 ~]# chmod 600 /etc/rsyncd.secrets
[root@web102 ~]# rsync --daemon
[root@web102 ~]# echo "rsync --daemon" >> /etc/rc.local
[root@web102 ~]# firewall-cmd --permanent --add-port=873/tcp
[root@web102 ~]# firewall-cmd --reload
```

Web 服务器（主机 192.168.0.103）的配置如下。

```
[root@web103 ~]# yum -y install rsync
[root@web103 ~]# mkdir -p /var/www/002
[root@web103 ~]# chmod 660 /var/www/002
[root@web103 ~]# chown nobody.nobody /var/www/002
[root@web103 ~]# vim /etc/rsyncd.conf
```

```
#/etc/rsyncd.conf
transfer logging = yes
log file = /var/log/rsyncd.log
pid file = /var/run/rsyncd.pid
lock file = /var/run/rsync.lock
uid = nobody
gid = nobody
use chroot = no
ignore errors
read only = no
[web2]
comment = Web content
path = /var/www/002
auth users = tom
secrets file = /etc/rsyncd.secrets
hosts allow=192.168.0.254
hosts deny=*
list = false
```

```
[root@web103 ~]# echo "tom:pass" > /etc/rsyncd.secrets
[root@web103 ~]# chmod 600 /etc/rsyncd.secrets
[root@web103 ~]# rsync --daemon
[root@web103 ~]# echo "rsync --daemon" >> /etc/rc.local
[root@web103 ~]# firewall-cmd --permanent --add-port=873/tcp
[root@web103 ~]# firewall-cmd --reload
```

在数据发布服务器（192.168.0.254）上下载 inotify-tool 软件包，并编写监控脚本，这里的脚本名称为 notify_rsync.sh（该脚本具体的内容在下文方框中）。当监控到数据发生改变时，自动进行数据同步操作，将数据推送至 Web 服务器。

```
[root@rocky9 ~]# yum -y install rsync
[root@rocky9 ~]# yum -y install automake libtool
[root@rocky9 ~]# wget -c \
https://github.XXX/inotify-tools/inotify-tools/archive/\
```

```
refs/tags/3.21.9.6.tar.gz
[root@rocky9 ~]# tar -zvxf 3.21.9.6.tar.gz -C /usr/local/src/
[root@rocky9 ~]# cd /usr/local/src/inotify-tools-3.21.9.6/
[root@rocky9 inotify-tools-3.21.9.6]# ./autogen.sh
[root@rocky9 inotify-tools-3.21.9.6]# ./configure
[root@rocky9 inotify-tools-3.21.9.6]# make && make install
[root@rocky9 ~]# echo "pass" >/root/rsync.pass
[root@rocky9 ~]# chmod 600 /root/rsync.pass
[root@rocky9 ~]# vim notify_rsync.sh
```

```bash
#!/bin/bash
#This Rsync script based on inotify.
#Date:2022-10-1
#Version:1.0 beta
#
export PATH=/bin:/usr/bin:/usr/local/bin
SRC=/web_data/
DEST1=web1
DEST2=web2
Client1=192.168.0.102
Client2=192.168.0.103
User=tom
#password file must not be other-accessible.
Passfile=/root/rsync.pass
[ ! -e $Passfile ] && exit 2
#Wait for change
inotifywait -mrq --timefmt '%y-%m-%d %H:%M' --format '%T %w%f %e' \
--event modify,create,move,delete,attrib $SRC|while read line
do
echo "$line" > /var/log/inotify_web 2>&1
/usr/bin/rsync -avz --delete --progress --password-file=$Passfile $SRC \
${User}@$Client1::$DEST1 >>/var/log/sync_web1 2>&1
/usr/bin/rsync -avz --delete --progress --password-file=$Passfile $SRC \
${User}@$Client2::$DEST2 >>/var/log/sync_web2 2>&1
done &
```

```
[root@rocky9 ~]# chmod a+x notify_rsync.sh
[root@rocky9 ~]# /root/notify_rsync.sh
[root@rocky9 ~]# echo "/root/notify_rsync.sh" /etc/rc.local
```

4.8 DHCP 服务器

DHCP 是 Dynamic Host Configuration Protocol（动态主机配置协议）的简写形式，使用 DHCP

即可为客户端主机自动分配 TCP/IP 参数信息，例如，IP 地址、子网掩码、网关、DNS 等。服务器既可以选择固定分配特定的参数信息给指定的一台主机，也可以设置多台主机共享这些参数信息，所有客户端竞争[1]获得 TCP/IP 参数信息。客户端主机通过 UDP 广播的形式发送请求数据包至本地网络中的所有设备，DHCP 服务器在收到请求后根据自身的配置将 TCP/IP 信息租赁给客户端（租期是有限的），当租期到了以后客户端可以再次向服务器发出请求实现续约。在第 1 章大规模部署操作系统的实施过程中就需要使用 DHCP 服务器为大量主机自动动态分配网络参数信息。在企业办公环境中，使用 DHCP 服务器可以帮助员工实现移动办公，不管是台式计算机、笔记本计算机还是平板计算机，只要接入网络就可以自动获取网络参数。

4.8.1 安装软件

DHCP 软件提供了 DHCP（协议）的全部实现功能，主配置文件为/etc/dhcp/dhcpd.conf，默认该文件几乎为空。但 Rocky Linux 9 系统所提供的 RPM 软件包提供了一个配置文件模板，如果需要，可以使用/usr/share/doc/dhcp-server/dhcpd.conf.example 作为 DHCP 主配置文件的参考模板。/var/lib/dhcpd/dhcpd.leases 文件中记录了所有服务器已经分配出去的 IP 地址信息以及相关租期信息。

```
[root@rocky9 ~]# dnf -y install dhcp-server
```

4.8.2 配置文件解析

因为默认的配置文件没有参数模板，所以我们使用 dhcpd.conf.sample 文件作为模板修改服务器配置。DHCP 配置文件分为全局设置、子网定义和主机定义，其中子网定义与主机定义可以有多个。DHCP 服务器最主要的功能是为本地网络提供网络参数数据，下面分析一下 dhcpd.conf.sample 文件的参数含义（注意，所有设置项最后都有分号结束符）。

```
#dhcpd.conf
#定义全局参数：默认搜索域
option domain-name "example.org";
#定义全局参数：域名服务器，多个 DNS 服务器之间使用逗号隔开
option domain-name-server ns1.example.org, ns2.example.org;
#定义全局参数：默认租期，单位为 s
default-lease-time 600;
#定义全局参数：最大租期，单位为 s
max-lease-time 7200;
```

---

[1] 当多个客户端发送请求给服务器时，服务器将使用先到先得的机制进行资源分配。

```
#定义10.152.187.0/255.255.255.0子网,但没有为该子网设置任何参数,花括号内为空
subnet 10.152.187.0 netmask 255.255.255.0{
}
#定义10.254.239.0/255.255.255.224子网,IP地址池为10.254.239.10至19.254.239.20,
#默认网关为rtr-239-0-1.example.org, rtr-239-0-2.example.org
subnet 10.254.239.0 netmask 255.255.255.224 {
range 10.254.239.10 10.254.239.20;
option routers rtr-239-0-1.example.org, rtr-239-0-2.example.org;
}
#定义10.5.5.0/255.255.255.224子网, IP地址池为10.5.5.26至10.5.5.30,
#DNS服务器为ns1.internal.example.org,默认网关为10.5.5.1,广播地址为10.5.5.31,
#默认租期为600s,最大租期为7200s,当子网定义的参数与全局参数有冲突时以子网定义的参数
#为准
subnet 10.5.5.0 netmask 255.255.255.224 {
  range 10.5.5.26 10.5.5.30;
  option domain-name-servers ns1.internal.example.org;
  option domain-name "internal.example.org";
  option routers 10.5.5.1;
  option broadcast-address 10.5.5.31;
  default-lease-time 600;
  max-lease-time 7200;
}
#主机定义项:定义主机fantasia,通过该主机的MAC地址,绑定固定IP地址给该客户端
#以后当该主机每次向服务器请求IP地址时,获得的都将是fixed-address指定的固定IP地址。
#当定义多个主机时,host后的主机名称要求是唯一的
host fantasia {
  hardware 273ethernet 08:00:07:26:c0:a5;
  fixed-address fantasia.fugue.com;
}
```

4.8.3 DHCP应用案例

近期,ABC公司计划重新规划网络环境,由于之前的环境是手动配置网络参数的,而公司内部有些员工对计算机专业知识完全没有概念,经常出现的一些简单的网络故障,例如,IP地址冲突、网关设置不正确等,花费了网络维护人员大量的精力与时间。鉴于这些故障频频出现,公司决定在内部部署DHCP服务,让所有员工无须配置即可接入网络,但公司内部的若干台文件服务器和打印服务器仍需要使用固定的IP地址。ABC公司的DHCP拓扑结构如图4-29所示。

DHCP拓扑结构图

网关：172.16.0.1
IP地址池：172.16.0.100-172.16.0.200
DNS1：202.106.0.20
DNS2：202.106.46.151

文件服务器
MAC(00:0C:5D:71:C4:3F)

打印服务器
MAC(00:0c:5D:71:C4:3E)

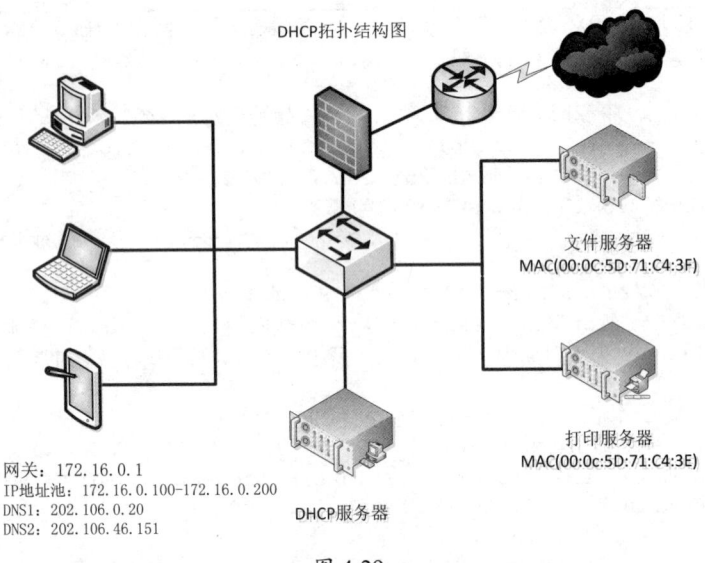

DHCP服务器

图 4-29

想要完成案例中的部署非常简单，首先，在 DHCP 服务器主机上安装 DHCP 软件包。其次，根据配置文件模板创建一份符合实际工作环境的配置文件，本案例中的配置文件内容如下。

```
[root@rocky9 ~]# dnf -y install dhcp-server
[root@rocky9 ~]# vim /etc/dhcp/dhcpd.conf
```

```
#dhcpd.conf
default-lease-time 600;
max-lease-time 7200;
subnet 172.16.0.0 netmask 255.255.0.0 {
        range 172.16.0.100 172.16.0.200;
        option domain-name-servers 202.106.0.20, 202.106.46.151;
        option domain-name "abc.com";
        option routers 172.16.0.1;
        option broadcast-address 172.16.255.255;
}
host fileserver {
        hardware ethernet 00:0C:5D:71:C4:3F;
        fixed-address 172.16.0.10;
}
host printserver {
        hardware ethernet 00:0C:5D:71:C4:3E;
        fixed-address 172.16.0.20;
}
```

```
[root@rocky9 ~]# systemctl start dhcpd
```

```
[root@rocky9 ~]# systemctl enable dhcpd
```

至此，DHCP 服务已经配置完成，公司的所有客户主机只要设置动态获取网络参数，就可以零配置接入网络。Linux 客户端主机如何设置通过 DHCP 自动获取 IP 地址，可以参考 2.9 节的内容。

4.8.4 常见问题分析

在默认状态下，DHCP 服务会将日志保存在/var/log/messages 文件中，如果遇到服务器故障，则可以检查该文件。网络参数租期文件为/var/lib/dhcpd/dhcpd.leases，可以通过检查该文件查看服务器已经分配的资源及相关租期信息。下面列出了服务器常见的问题，可以通过日志查看故障信息。

1. **报错**：/etc/dhcp/dhcpd.conf line 4: semicolon expected.

该提示信息说明主配置文件中第 4 行缺少分号，DHCP 主配置文件语法格式要求所有选项最后都以分号结束。

2. **报错**：Not configured to listen on any interfaces!

该提示信息说明没有检查到任何有效的网络接口配置，通常该错误是由于 DHCP 服务器本地的网络参数没有配置导致的。

3. **报错**：If this is not what you want, please write a subnet declaration in your dhcpd.conf file for the network segment to which interface eno16777736 is attached.

该提示信息说明主配置文件中的子网定义错误，通常该错误是由于在配置文件中的子网定义的 IP 地址与 DHCP 服务器的 IP 地址不同导致的。例如，服务器本地 IP 地址为 192.168.0.1，而在配置文件中仅定义了一个 IP 地址为 172.16.0.0/16 的网络，此时会出现该报错信息。在主配置文件中可以定义多个子网，但至少要有一个与服务器本地 IP 地址相同。

4. **报错**：DHCPDISCOVER from 00:0c:29:00:5f:17 via eno16777736: network 172.16.0.0/16:no free leases.

该提示信息说明 MAC 地址为 00:0c:29:00:5f:17 的主机向 DHCP 服务器申请网络参数资源，但服务器地址池中的资源已经全部被分配出去，没有剩余的资源可供分配。

5. 报错：/etc/dhcp/dhcpd.conf line 18: host fileserver: already exists.

该提示信息说明主配置文件中第 18 行定义的 host fileserver 已经存在。在 DHCP 配置文件中，host 定义的主机名称要求是唯一的、不能有重复的主机名称。

4.9 DNS 域名服务器

4.9.1 DNS 简介

DNS 是 Domain Name System（域名系统）的简称，DNS 可以为计算机、服务及接入互联网或局域网的任何资源提供分层的名称解析功能。DNS 提供了很多功能，其中最主要的功能就是进行域名与 IP 地址之间的解析。在互联网中是通过 IP 地址来标记计算机的，通过合法的 IP 地址，我们可以与全世界任何一台主机进行通信。然而在当今计算机如此普及的情况下，人们很难将大量的 IP 地址背诵下来，这时使用域名系统就可以将难以记忆的 IP 地址与容易记忆的域名建立映射关系。用户在输入域名后，计算机会寻找指定的 DNS 服务器，请求 DNS 服务器解析该域名对应的 IP 地址。在成功解析后，将获得该域名对应的真实 IP 地址，然后使用该 IP 地址与对方通信。

域名是分级的，一般分为主机名.三级域名.二级域名.顶级域名.。注意，最后一个点代表的是根，是所有域名的起点。图 4-30 为典型的域名树状结构图。例如，斯坦福大学的域名为 www.mit.edu.，代表的是根域下有 edu 子域，edu 子域下面有 mit 子域，mit 子域下有主机 www。注意，一般情况下，我们在浏览器中输入网址域名时，最后一个根域（.）是不需要输入的。一般顶级域代表国家或组织形式，例如，cn 代表中国，edu 代表教育机构，com 代表商业公司等。二级域名代表组织或公司名称，三级域名代表组织或公司内部的主机名称。最后通过完全合格的域名（FQDN）可以定位全球唯一的主机。这种分层管理机制的优势在于根域服务器不需要管理全世界所有域名信息，它只需管理顶级域信息即可，而顶级域服务器只需管理二级域信息即可，依此类推，实现分层管理。

域名查询分为递归查询与迭代查询。如图 4-31 所示，如果客户端准备访问斯坦福大学的网站，客户端首先会检查在本地缓存中是否有之前的查询记录，如果有，则直接读取结果即可。如果没有相关缓存记录，则向本地 DNS 服务器发送查询请求，也就是所谓的递归查询。本地 DNS 服务器如果有答案，就会将答案直接返回给客户端。如果本地 DNS 服务器没有答案，它就需要向根服务器查询，但不是询问[1]对应的 IP 地址是多少，根服务器仅管理顶级域名，而且

---

[1] 请参考链接 4-7。

所有顶级域名都属于根服务器的管理范畴。此时本地 DNS 服务器向根服务器查询得到的结果是：根服务器会将它管理的 com 域服务器所对应的 IP 地址提供给本地 DNS 服务器，本地 DNS 服务器在得到 com 域服务器的 IP 地址后，会向 com 域服务器查询。如果 com 域服务器也没有最终答案，则 com 域服务器会将它管理的 stanford 域服务器所对应的 IP 地址提供给本地 DNS 服务器，本地 DNS 服务器再向 stanford 域服务器查询，询问该域下主机名称为 www 的计算机对应的 IP 地址。由于 www 主机确实属于 stanford 域服务器的管理范畴，所以 stanford 域服务器会将最终的 IP 地址返回给本地 DNS 服务器，本地 DNS 服务器将得到的结果返回给客户端。同时本地 DNS 服务器会将结果缓存起来，当下次再有相同的查询请求时，本地 DNS 服务器就可以直接从缓存中找到结果返回给客户端。

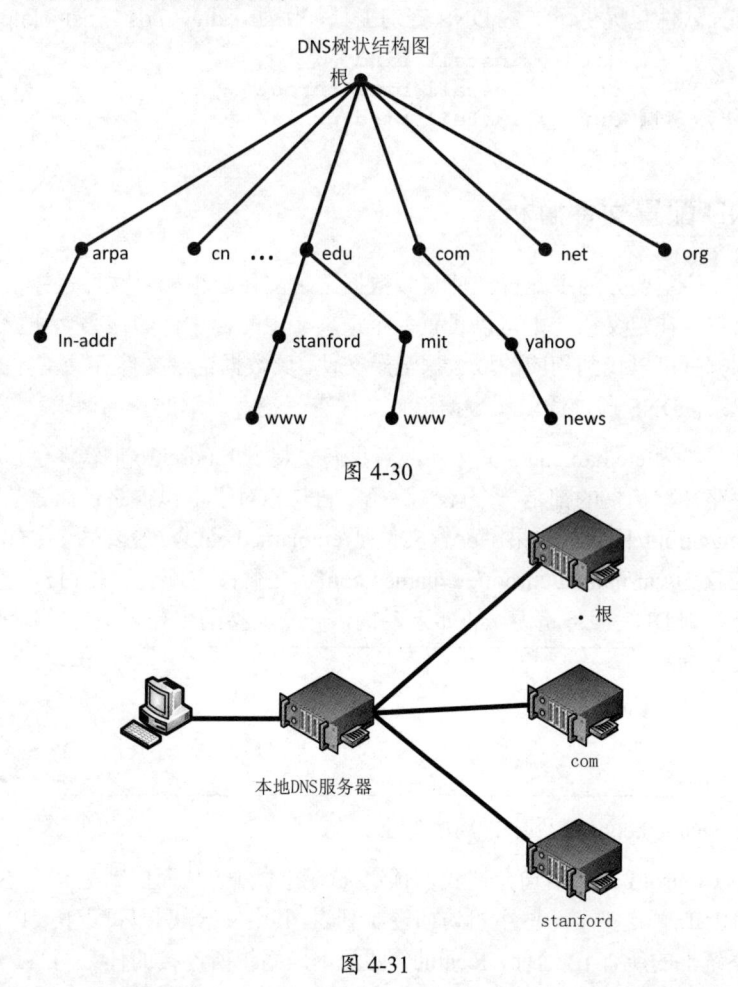

图 4-30

图 4-31

4.9.2 安装 DNS 软件

能提供 DNS 服务的软件有很多，目前应用最广泛的 DNS 服务系统是加州大学伯克利分校研发的 BIND（Berkeley Internet Name Domain）。该软件除 BIND 主程序外，在 Linux 平台下还提供了 bind-chroot 与 bind-utils 软件包。bind-chroot 软件包的主要功能是使 BIND 软件可以运行在 chroot 模式下，这样 BIND 软件就相当于运行在相对路径的根路径，而不是 Linux 系统真正的根路径，即使有人对 BIND 软件进行攻击与破坏，影响的也仅仅是操作系统中的一个子目录，不会影响整个操作系统平台，以此来提升安全性。通过 yum 安装 bind-chroot 软件包后，对 bind 软件包而言，/var/named/chroot/目录就是根路径，所有 BIND 软件的配置文件都在根路径的某某路径下。bind-utils 软件包提供了一些 DNS 查询工具，例如，dig、host、nslookup 等。

```
[root@rocky9 ~]# dnf -y install bind
[root@rocky9 ~]# dnf -y install bind-chroot
[root@rocky9 ~]# dnf -y install bind-utils
```

4.9.3 BIND 配置文件解析

BIND 配置文件主要分为主配置文件与域数据记录文件，主配置文件包括很多使用花括号引起来的定义语句，在定义语句中可以设置多个选项。主配置文件的核心功能就是定义域，以及告知计算机到哪里可以找到相应的域数据记录文件。域数据记录文件存储具体的域名与 IP 地址之间的解析记录，DNS 通过读取域数据记录文件来解答客户端的查询请求。

主配置文件一般为/etc/named.conf 文件，当我们安装了 bind-chroot 软件包后，在后面的内容中提到的一些路径默认指的都是一个虚拟路径，它是相对于虚拟根路径而言的，虚拟根路径默认为/var/named/chroot/目录。如果主配置文件是/etc/named.conf，那么最终主配置文件在本机中的绝对路径应该为/var/named/chroot/etc/named.conf。在修改主配置文件时一定要注意，如果语法格式有问题，则 DNS 服务是无法正常启动的，一个典型的主配置文件的语法格式如下。

```
statement_name {
option1;
option2;
… …;
};
```

下面介绍/etc/named.conf 文件中常用的定义语句。

acl（Access Control List）语句允许我们预定义一组主机，从而控制是允许还是拒绝他人访问域名服务器。BIND 预定义了一些主机访问控制列表，其中，any 可以匹配任意 IP 地址，localhost 可以匹配本地系统上的所有 IP 地址，localnets 匹配本地系统所连接的任意网络，none 不匹配任何 IP 地址。下面自定义两个访问控制列表，一个为黑名单，另一个为白名单。

```
acl black {
172.16.0.0/16;
192.168.0.12;
192.168.0.18;
};
acl white {
10.0.0.0/8;
192.168.0.0/24;
}
options {
allow-query { white; };
blackhole { black; };
};
```

options 语句用来定义全局配置选项，在全局配置中至少需要定义一个工作路径，默认的工作路径为/var/named/，options 语句常用的选项及描述如表 4-8 所示。

表 4-8

选 项	描 述
directory	设置域名服务的工作路径，默认为/var/named
dump-file	在运行 rndc dumpdb 备份缓存资料后保存的文件路径与名称
statistics-file	在运行 rndc stats 后统计信息的保存路径与名称
listen-on port	指定监听的 IPv4 网络接口
allow-query	指定哪些主机可以查询服务器的权威解析数据
allow-query-cache	指定哪些主机可以通过服务器查询非权威解析数据，如递归查询数据
blackhole	设置拒绝哪些主机的查询请求
recursion	是否允许递归查询
forwards	指定一个 IP 地址，所有对本服务器的查询将转发到该 IP 地址进行解析
max-cache-size	设置缓存文件的最大容量

zone 语句用来定义域及相关选项，定义域意味着我们希望维护自己公司的域名解析。该语句的重点选项是 type 与 file，zone 语句常用的选项及描述如表 4-9 所示。

表 4-9

选 项	描 述
type	设置域类型，类型如下。 hint：如果在本地找不到相关解析，则可以查询根域名服务器

续表

选项	描述
	master：定义权威域名服务器 slave：定义辅助域名服务器 forward：定义转发域名服务器
file	定义域数据文件，一般保存在 directory 所定义的目录中
notify	当域数据资料更新后是否主动通知其他域名服务器
masters	定义主域名服务器 IP 地址，仅当 type 设置为 slave 时此选项才有效
allow-update	允许哪些主机动态更新域数据信息
allow-transfer	哪些从服务器可以从主服务器下载数据文件

下面是一个简单的 zone 语句实例，example.com 是定义的域，type 定义为 hint 本机为 example.com 域的主域名服务器，该域的解析文件保存在 example.com.zone 文件中，该文件被保存在/var/named/目录中。当定义反向解析域时，需要将网络地址段反过来输入，并以固定的.in-addr.arpa 格式结尾。当客户端查询不属于自己维护的域名时，通过定义类型为 hint 的根域，客户端可以寻找根服务器进行迭代查询，最终返回正确的结果。全球的根域名服务器信息保存在 named.ca 文件中，该文件是在安装完 BIND 软件后自动生成的模板文件，我们可以在/usr/share/doc/bind/sample/目录中找到相应的模板文件。

```
Zone "." IN {
    type hint;
    file "named.ca";
};
zone "example.com" IN {
    type master;
    file "example.com.zone";
};
zone "0.168.192.in-addr.arpa" IN {
    type master;
    file "192.168.0.zone";
};
```

在 BIND 软件的主配置文件中，如果定义了 zone 语句，则需要额外创建域数据文件，默认域数据文件被保存在/var/named 目录中，文件名称由 zone 语句中的 file 选项设定。数据文件分为正向解析数据文件与反向解析数据文件，正向解析数据文件保存了域名到 IP 地址的映射记录，反向解析数据文件保存了 IP 地址到域名的映射记录，表 4-10 列出了常用的记录类型及描述。

表 4-10

记录类型	描述
SOA 记录	域权威记录，说明本机服务器为该域的管理服务器
NS 记录	域名服务器记录
A 记录	正向解析记录，保存了域名到 IP 地址的映射记录
PTR 记录	反向解析记录，保存了 IP 地址到域名的映射记录
CNAME 记录	别名记录，为主机添加别名
MX 记录	邮件记录，指定域内的邮件服务器，需要指定优先级

下面通过一个简短的正向解析数据文件，说明各种记录的语法格式。在配置文件中 TTL 的值为 DNS 记录的缓存时间，这个值是其他域名服务器将数据存放在缓存中的时间，1D 代表一天。SOA 记录后面的 root.example.com.代表域的权威服务器，jacob.google.com 是管理员的邮箱，由于@在数据文件中代表特殊含义，所以这里使用.来代表@符号，实际的邮箱应该是 jacob@google.com，SOA 记录可以跨行输入，在跨越多行时使用括号引用。NS 记录代表域名服务器记录，如果公司有多个域名服务器，则可以添加多个 NS 记录，但每个 NS 记录在下面都需要有对应的 A 记录。A 记录为正向解析记录，格式是在域名后面输入相应的 IP 地址。IN 代表 Internet，A 代表 A 记录。在使用 MX 记录指定邮件服务器时，我们给 mail.example.com.服务器设置的优先级为 10。CNAME 记录为别名记录，可以使用 web.example.com.来代表 www.example.com.。具体的配置文件如下。

```
$TTL 1D
@   IN  SOA     root.example.com. jacob.google.com. (
                    0
                    1D
                    1H
                    1W
                    3H)
                IN  NS  root.example.com.
                IN  MX  10  mail.example.com.
root.example.com.   IN  A   172.16.0.254
www.example.com.    IN  A   172.16.0.200
            IN  A   172.16.0.201
ftp.example.com.    IN  A   172.16.0.100
mail        IN  A   172.16.0.25
web         IN  CNAME   www
```

下面介绍配置文件的简写。在 BIND 主配置文件中，zone 语句后面定义的域对于数据文件的简写来说很重要。在数据文件中不以"."结尾的名称后面会被自动加上该域名称。例如，zone

语句定义 example.com，而数据文件中有一个 mail 没有以"."结尾，那么系统会自动追加 example.com 到该 mail 后。如果管理员将 A 记录错误地写成 www.example.com 这种形式，没有以"."结尾，则实际系统识别的是 www.example.com.example.com.。此外，在数据文件中使用 @ 符号同样代表 zone 所定义的域名。如果在数据文件中某条记录名称为空格或制表符，那么 BIND 软件会直接使用上一条记录的名称。当我们为同一个域名设置多个 A 记录后，在客户端请求该域名解析时，服务器会以轮询的方式将结果返回给客户端，从而在一定程度上实现负载均衡的功能。

4.9.4 部署主域名服务器

随着业务的扩张，公司内的计算机越来越多。如果让员工去记忆公司内部服务器所有 IP 地址简直就是一场噩梦，因此，ABC 公司决定采用 DNS 解决方案，这样员工仅需要记住域名就可以访问各种服务了。在本案例中使用的域为 abc.com 域，这是正向解析的域，私有网络地址为 172.16.0.0/16。下面仅对 ABC 公司中的部分服务器编写解析记录，如果读者需要更多的记录，则可以按照这些模板添加其他主机的记录信息。ABC 公司内部的服务器 IP 地址、服务器名称及功能描述如表 4-11 所示。

表 4-11

服务器 IP 地址	服务器名称	功能描述
172.16.0.254	dns1.abc.com	主域名服务器
172.16.0.253	dns2.abc.com	从域名服务器
172.16.0.100	fileserver.abc.com	文件服务器
172.16.0.101	printserver.abc.com	打印机服务器
172.16.0.200	www.abc.com	网站服务器
172.16.0.201	www.abc.com	网站服务器
172.16.0.25	mail.abc.com	邮件服务器
172.16.0.22	ntp.abc.com	时间服务器

1. 安装软件

在部署 DNS 服务器时需要安装 bind、bind-chroot 和 bind-utils 软件包。

```
[root@rocky9 ~]# dnf -y install bind
[root@rocky9 ~]# dnf -y install bind-chroot
[root@rocky9 ~]# dnf -y install bind-utils
```

2. 修改主配置文件

默认在/usr/share/doc/bind-9.3.2/sample/etc 目录中找到配置文件模板，可以复制该文件至/etc 目录，并根据自己的实际情况修改该配置文件。本书案例均以表 4-11 为模型进行配置。

```
[root@rocky9 etc]# cd /usr/share/doc/bind/sample/etc/
[root@rocky9 etc]# cp named.conf /etc/
[root@rocky9 etc]# chown root.named /etc/named.conf
[root@rocky9 etc]# vim /etc/named.conf
```

```
options
{
directory          "/var/named";            // "Working" directory
dump-file          "data/cache_dump.db";
statistics-file    "data/named_stats.txt";
memstatistics-file "data/named_mem_stats.txt";
listen-on port 53  { any; };
allow-query        { any; };
allow-query-cache  { any; };
recursion yes;
};
acl secondserver {
    172.16.0.253;
};
zone "." IN {
    type hint;
    file "named.ca";
};
zone "abc.com" IN {
    type master;
    allow-transfer { secondserver; };
    file "abc.com.zone";
};
zone "16.172.in-addr.arpa" IN {
    type master;
    allow-transfer { secondserver; };
        file "172.16.zone";
};
```

3. 创建区数据文件

主配置文件仅是对 zone 域的定义，关于域内主机的具体记录的解析，还需要依赖数据文件的内容。常见的域名解析有正向解析记录、反向解析记录、CNAME 记录和 MX 记录等。在完成主配置文件中关于 zone 域的配置后，就可以根据模板创建具体的域数据解析文件了。以软件包中提供的 named.localhost 文件作为模板，我们先创建一个用于正向解析的 abc.com.zone 域数据文件，再创建一个用于反向解析的 172.16.zone 域数据文件。

```
[root@rocky9 etc]# cd /usr/share/doc/bind/sample/var/named/
[root@rocky9 named]# cp named.ca /var/named/
[root@rocky9 named]# chown root.named /var/named/named.ca
[root@rocky9 named]# cp named.localhost /var/named/abc.com.zone
[root@rocky9 named]# chown root.named /var/named/abc.com.zone
[root@rocky9 named]# vim /var/named/abc.com.zone
```

```
$TTL 1D
@    IN SOA  dns1.abc.com. jacob.abc.com. (
              10      ; serial
              1D      ; refresh
              1H      ; retry
              1W      ; expire
              3H )    ; minimum
     NS   dns1.abc.com.
     NS   dns2.abc.com.
     MX 10   mail.abc.com.
dns1  A  172.16.0.254
dns2  A  172.16.0.253
ntp.abc.com.  A  172.16.0.22
mail.abc.com.   A  172.16.0.25
fileserver      A  172.16.0.100
printserver  A  172.16.0.101
www       A  172.16.0.200
          A  172.16.0.201
```

```
[root@rocky9 named]# vim /var/named/chroot/var/named/172.16.zone
```

```
$TTL 1D
@    IN SOA  dns1.abc.com. jacob.abc.com. (
              10      ; serial
              1D      ; refresh
              1H      ; retry
              1W      ; expire
              3H )    ; minimum
     NS   dns1.abc.com.
     NS   dns2.abc.com.
254.0    IN PTR   dns1.abc.com.
253.0    IN PTR   dns2.abc.com.
22.0     IN PTR   ntp.abc.com.
25.0         IN PTR   mail.abc.com.
100.0    IN PTR   fileserver.abc.com.
101.0    IN PTR   printserver.abc.com.
200.0    IN PTR   www.abc.com.
201.0    IN PTR   www.abc.com.
```

4. 服务管理

在主服务部署完成后，如果禁用防火墙或不为防火墙开启特定的端口，则客户端主机是无法进行查询工作的。下面就通过 Linux 自带的防火墙 firewalld 来演示如何开启 DNS 服务所需要使用的 53 端口，其中，TCP 的 53 端口用于主从复制，UDP 的 53 端口用于数据查询。

```
[root@rocky9 ~]# firewall-cmd --permanent --add-port=53/tcp
[root@rocky9 ~]# firewall-cmd --permanent --add-port=53/udp
[root@rocky9 ~]# firewall-cmd --reload
[root@rocky9 ~]# systemctl start named
[root@rocky9 ~]# systemctl enable named
```

5. 客户端验证

在客户端正确配置 DNS 服务器的信息后，客户端查询 DNS 具体信息的工具就比较多了，常用的有 nslookup、dig 和 host，下面分别演示这些工具的基本用法。下面的所有案例都是查询本机 127.0.0.1 的 DNS 服务器和不同的解析记录。

```
[root@rocky9 ~]# nslookup www.abc.com 127.0.0.1
[root@rocky9 ~]# nslookup 172.16.0.100 127.0.0.1
[root@rocky9 ~]# dig @127.0.0.1 www.abc.com
[root@rocky9 ~]# dig @127.0.0.1 abc.com MX
[root@rocky9 ~]# host www.abc.com 127.0.0.1
```

4.9.5 部署从域名服务器

部署从域名服务器的作用是防止出现单点故障或实现负载均衡。如果只有一台服务器，当该服务器宕机时，将导致所有客户端的地址解析都出现问题。另外，为了满足大规模的查询请求，我们可以创建多台 DNS 服务器实现负载均衡。如果所有 DNS 都作为主域名服务器，则需要大量的配置工作，另外当解析记录发生改变后，因为各个服务器之间的域数据文件的版本比较混乱，不方便统一，所以我们需要部署从域名服务器。从域名服务器会从主域名服务器上下载数据文件，只要主域名服务器修改了数据文件中的记录，从域名服务器就可以自动同步数据。

1. 安装软件

安装 bind、bind-chroot 和 bind-utils 软件包。

```
[root@rocky9 ~]# yum -y install bind
[root@rocky9 ~]# yum -y install bind-chroot
[root@rocky9 ~]# yum -y install bind-utils
```

2. 修改配置文件

与主域名服务器一样，我们需要复制模板配置文件，并修改 named.conf 配置文件与主域名服务器配置文件。有所不同的是，所有从域名服务器配置文件中除根域外的所有 zone 域类型均为 slave，依次声明自己是从域名服务器，并使用 masters 语句指定与哪台主域名服务器进行数据同步。

```
[root@rocky9 etc]# cd /usr/share/doc/bind/sample/etc/
[root@rocky9 etc]# cp named.conf  /etc/
[root@rocky9 etc]# chown root.named /etc/named.conf
[root@rocky9 etc]# vim /etc/named.conf
```

```
options
{
directory         "/var/named";       // "Working" directory
dump-file         "data/cache_dump.db";
        statistics-file  "data/named_stats.txt";
        memstatistics-file  "data/named_mem_stats.txt";
listen-on port 53  { any; };
allow-query       { any; };
allow-query-cache  { any; };
recursion yes;
};
zone "." IN {
    type hint;
    file "named.ca";
};
zone "abc.com" IN {
    type slave;
 masters { 172.16.0.254; };
    file "abc.com.zone";
};
zone "16.172.in-addr.arpa" IN {
    type slave;
 masters { 172.16.0.254; };
  file "172.16.zone";
};
```

3. 同步数据文件

在从域名服务器进行同步操作前，需要创建一个 BIND 软件读取操作的目录，以便将主域名服务器的数据文件保存至该目录。

在从域名服务器上，我们仅需简单设置 BIND 主配置文件即可。当从域名服务器的主配置文件修改完成后，通过启动服务，BIND 会自动根据配置文件中的 master 语句寻找主域名服务器，并将主域名服务器上的数据文件下载至从域名服务器。在完成第一次的数据同步后，从域名服务器会根据同步过来的数据文件中的 SOA 记录选项，决定下次同步数据的时间。在本案例中，主域名服务器的 SOA 记录括号中有五个选项。

第一个选项 10 是序列号，从域名服务器会根据这个序列号决定是否进行同步操作，只有当主域名服务器中数据文件的序列号大于从域名服务器中数据文件的序列号时，从域名服务器才会真正与主域名服务器进行数据同步。该序列号建议使用时间格式，如 20221212001，表示 2022 年 12 月 12 日的第一次修改（序列号只要是数字即可，BIND 不强制要求具体数字格式）。

第二个选项 1D，D 代表 Day，1D 为 1 天。表示从域名服务器与主域名服务器 1 天进行 1 次序列号的对比（仅在主域名服务器序列号大于从域名服务器的序列号时，才进行数据同步）。

第三个选项 1H，H 代表 Hour，1H 为 1 小时。当从域名服务器请求连接主域名服务器时，由于网络延迟、主域名服务器故障等原因，暂时无法连接到主域名服务器，那么从域名服务器会 1 小时连接 1 次。

第四个选项 1W，W 代表 Week，1W 为 1 周。如果从域名服务器尝试 1 周后还是未能连接到主域名服务器，则不再进行连接。

第五个选项 3H，表示缓存的时间为 3 小时。

> **注意** 在 Rocky Linux 9 系统中，从域名服务器在同步数据文件时需要修改 SELinux 布尔值设置或者禁用 SELinux，否则将无权限进行同步操作。

```
[root@rocky9 ~]# setsebool -P named_write_master_zones=1    #设置布尔值
[root@rocky9 ~]# mkdir -p /var/named/slaves/
[root@rocky9 ~]# chown root.named /var/named/slaves/
[root@rocky9 ~]# chmod 775 /var/named/slaves/
[root@rocky9 ~]# systemctl start named
[root@rocky9 ~]# systemctl enable named
```

4.9.6　DNS 视图应用案例

视图可以让不同的网络或主机在查询同一个 DNS 记录时得到不同的解析结果，也可以为不同的网络或主机创建不同的域数据文件。大型企业可以利用视图实现负载均衡。例如，当北京地区的网民访问新浪网时，域名服务器会将北京的新浪网服务器 IP 地址作为结果返回给用户；当上海地区的网民访问新浪网时，域名服务器会将上海的新浪网服务器 IP 地址作为结果返回给用户。也就是说，任何人在访问新浪网时，总是可以连接距离自己最近的服务器。

view 语句可以用来创建视图，在 BIND 中，如果没有在主配置文件中使用 view 语句，则

BIND 会自动将所有域定义为一个大的视图。通过在配置文件中使用 view 语句，并结合 match-clients 语句，即可实现不同的用户在查询相同记录时所得的结果不同。例如，北京地区的网民在访问新浪网时，DNS 解析的结果为北京本地的新浪服务器；上海地区的网民在访问新浪网时，DNS 解析的结果为上海本地的新浪服务器。

一般我们会为同一个域创建多个视图，不同的视图对应不同的数据文件，此时需要注意的是，有多少个视图就需要创建多少个对应的数据文件。当客户端发送查询请求后，服务器根据视图内的 match-clients 语句来匹配客户端主机，在匹配成功后，服务器会读取特定的视图内的 file 指定的数据文件，并将结果返回给客户端。如果没有匹配成功，则继续查询下一个视图。如果所有视图都未能匹配成功，则服务器将返回无相关数据记录的信息给客户端。下面通过修改主域名服务器的主配置文件演示视图的应用。当 172.16.0.88 请求 abc.com 域的相关解析记录时，服务器会读取 abc.com.zone.develop 这个数据文件；当 172.16.0.89 请求 abc.com 域的相关解析记录时，服务器会读取 abc.com.zone.tech 这个数据文件。注意，这里需要创建 4 个数据文件，相同域的正向域名数据文件有两个，反向域名数据文件有两个，只要在不同的数据数据文件中对相同的记录给予不同的解析结果，就可以实现对不同的用户返回结果也不同。

只要根据自己的实际需要创建相应的数据文件，并在各个数据文件中对同一个数据记录给出不同的解析数据，即可实现智能 DNS 的分离解析功能。这里我们不可能将全北京或全上海的所有 IP 地址都写入 match-clients，根据 DNS 查询原理我们知道，所有终端用户在访问网络时都会连接当地 ISP 服务商所提供的 DNS 服务器，这些 DNS 服务器会根据根服务器的提示迭代查询我们的权威服务器。也就是说，我们在 match-clients 后面仅需要填写全国主要的 ISP 服务商所提供的 DNS 服务器的 IP 地址即可。对于不同地区服务商的 DNS 解析请求，我们给予不同的解析结果，最终所有终端用户会间接获得正确的解析结果。这里我们不再给出具体的数据文件记录，读者可以根据实际情况自行填写。

以下为主配置文件 named.conf 实现视图应用的案例模板，读者根据自己的实际需要稍作修改即可。

[root@rocky9 etc]# **vim /etc/named.conf**

```
options
{
directory        "/var/named";       // "Working" directory
dump-file        "data/cache_dump.db";
        statistics-file "data/named_stats.txt";
        memstatistics-file  "data/named_mem_stats.txt";
listen-on port 53   { any; };
allow-query     { any; };
allow-query-cache   { any; };
```

```
    recursion yes;
};
acl secondserver {
    192.168.0.102;
};
view "developnet" {
match-clients          { 172.16.0.88; };
zone "abc.com" IN {
    type master;
    allow-transfer { 192.168.0.102; };
    file "abc.com.zone.develop";
};
zone "16.172.in-addr.arpa" IN {
    type master;
    allow-transfer { 192.168.0.102; };
  file "172.16.zone.develop";
};
};
view "technet" {
match-clients          { 172.16.0.89; };
zone "abc.com" IN {
    type master;
    allow-transfer { 192.168.0.102; };
    file "abc.com.zone.tech";
};
zone "16.172.in-addr.arpa" IN {
    type master;
    allow-transfer { 192.168.0.102; };
  file "172.16.zone.tech";
};
};
view "root" {
match-clients          { any; };
zone "." IN {
    type hint;
    file "named.ca";
};
};
```

4.9.7 常见问题分析

（1）在主配置文件中，默认 allow-query 被设置为仅 localhost 可以进行 DNS 查询。如果要开放 DNS 查询，则需要将 allow-query 修改为想要开放访问的特定主机或任意主机。

（2）在主配置文件中，默认 listen-on 被设置为仅监听本地回环地址，这样客户端是无法连接服务器进行查询的。

（3）客户端在连接服务器时发送的查询请求使用的是 UDP 的 53 端口，而从域名服务器与主域名服务器在同步数据时使用的是 TCP 的 53 端口，在开放 DNS 查询后，要注意修改防火墙设置。

（4）在 Rocky Linux 9 系统中，从域名服务器与主域名服务器在同步数据时，默认 SELinux 会拒绝将从远程下载的数据文件写入本地磁盘，此时需要修改 SELinux 的布尔值，方法如下。

```
[root@rocky9 ~]# setsebool -P named_write_master_zones=1
```

（5）配置文件问题。如果配置文件中的语法格式有错误，则 named 服务无法正常启动。例如，配置文件语句的后面少了分号，则在启动服务时会出现提示信息：/etc/named.conf:15: missing ';' before 'view'，即提示 named.conf 文件的第 15 行少了";"。

（6）文件与目录权限。由于 BIND 相关进程都是以 named 用户身份启动的，所以当配置文件或数据文件的权限无法被正确读取时，系统将无法启动 BIND 服务。通过查看 /var/log/messages 日志文件，可以看到 none:0: open: /etc/named.conf: permission denied 这样的提示，说明 BIND 软件在启动时无权读取 named.conf 文件。类似的问题还可能出现在从域名服务器同步数据时，从域名服务器一定要把主域名服务器的数据文件同步到本地有读写权限的目录中。

（7）缩写问题。由于 BIND 数据文件有缩写功能，这样就有可能产生低级错误，即在数据文件中输入的完整域名没有以"."结尾。例如，对于 www.abc.com IN A 172.16.0.200，是无法查询到 www.abc.com 的解析记录的，只能查询 www.abc.com.abc.com 的解析记录，但这应该不是我们所需要的。

4.10 Apache 网站服务器

4.10.1 Apache 简介

Apache HTTP Server 是在 Windows 或 UNIX 等系统平台上都可以运行的跨平台开源 HTTP 服务器软件，该软件的目标是提供安全、高效、可扩展的 HTTP 服务。Apache HTTP Server 自 1996 年发布以来，长期在 Web 服务器软件榜排名第一。Apache httpd 最新的稳定版本为 2.4.54。安装 Apache httpd 软件可以选择源码安装或二进制数据包安装。源码安装是可以定制的一种安装方式，这种安装方式的灵活性比较大，可以满足企业对各种环境的不同需求。二进制数据包格式种类繁多，在 Rocky Linux 9 系统中可以选择 RPM 包安装，这种安装方式的最大好处就是简单快捷。本书采用 RPM 包安装。

Apache HTTP Sever 非常重要的特性是它采用了模块化设计模型，Apache 模块分为静态模块与动态模块。静态模块是最基本的模块，无法随时添加或卸载，一般在编译软件时设定。动态模块可以随时添加或卸载，这样的设计使得企业在部署 Apache HTTP Server 时可以获得最高的灵活性，每个企业都可以根据自己的平台及实际需求，安装使用不同的模块。Apache 模块将被编译为动态共享对象（DSO），这些动态共享对象独立于 httpd 程序，Apache 模块既可以在编译 Apache 时添加，也可以在后期随时通过 Apache Extension Tool（apxs）工具编译添加。Apache HTTP Server 软件在安装完成后可以使用 httpd -M 命令查看模块加载清单。

4.10.2　安装 Apache 软件

1. 安装 RPM 包

```
[root@rocky9 ~]# dnf -y install httpd
```

2. 启动服务

```
[root@rocky9 ~]# systemctl start httpd              #启动服务
[root@rocky9 ~]# systemctl enable httpd             #设置服务为开机自启动
[root@rocky9 ~]# ss -ntulp |grep http
[root@rocky9 ~]# firewall-cmd --permanent --add-port=80/tcp
[root@rocky9 ~]# firewall-cmd --reload
```

在客户端使用浏览器访问该 Web 服务器，如果能看到图 4-32，则说明服务器可以被正常访问。

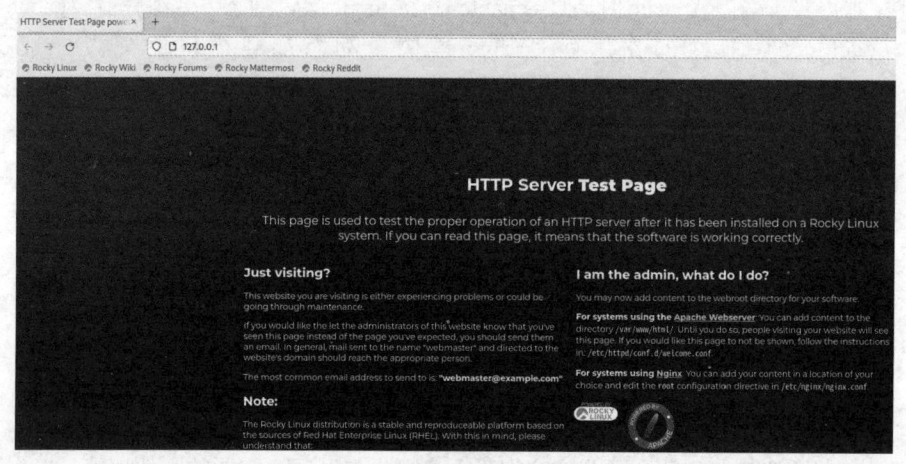

图 4-32

4.10.3 配置文件解析

Apache 配置文件默认位于/etc/httpd/conf 目录中，其中主配置文件是 httpd.conf 文件和/etc/httpd/conf.d/目录，在 httpd.conf 文件中通过 IncludeOptional 指令可以加载/etc/httpd/conf.d/目录下面的所有 *.conf 配置文件。我们对 httpd 软件的配置修改既可以写在/etc/httpd/conf/httpd.conf 文件中，也可以写在/etc/httpd/conf.d/目录下创建的任意一个以.conf 结尾的文件中。主配置文件主要由指令和容器组成，容器以<容器名称>开始，以</容器名称>结尾，容器中的指令一般仅在容器内有效。下面具体介绍主配置文件中的重点指令。

1. ServerRoot 指令

ServerRoot 指令可用来设置 Apache 软件的主目录。如果采用源码安装，则默认路径为/usr/local/apache2；如果采用 RPM 包安装，则该目录为/etc/httpd。

2. Listen 指令

Listen 指令可用来设置服务器监听的 IP 地址及端口号，默认监听服务器本机所有 IP 地址的 80 端口。语法格式：Listen [IP 地址:]端口 [协议]，其中，IP 地址与协议为可选项，默认监听所有 IP 地址，协议为 TCP。在一个配置文件中可以多次使用 Listen 指令来开启多个端口。

3. LoadModule 指令

Apache HTTP Server 的特色之一是其功能多数是以模块方式加载的，如果希望 Apache 动态加载模块，则需要在编译 Apache 时通过--enable-so 将 mod_so 以静态方式编译到 Apache 核心模块中，LoadModule 指令的作用就是加载模块。动态加载模块的配置一般会放在/etc/httpd/conf.modules.d/目录中，需要加载的模块一般位于/etc/httpd/modules/目录中。语法格式：LoadModule 模块 模块文件名称，模块不需要写路径，httpd 会自动到/etc/httpd/modules 目录中找模块。

4. LoadFile 指令

LoadFile 指令的功能类似于 LoadModule，区别在于 LoadFile 可以通过绝对路径加载 modules 目录中的模块文件。

5. ServerAdmin 指令

当网站出现故障时，一般需要为客户提供一个可以帮助解决问题的邮件地址，ServerAdmin

指令的作用就是提供这样的邮件地址。

6. ServerName 指令

ServerName 指令可用来设置服务器本机的主机名称及端口，对 URL 地址的重定向很重要。

7. DocumentRoot 指令

DocumentRoot 指令可用来设置 Web 服务对客户端开放可见的文档根目录，也就是客户端访问网站的根路径，默认为/var/www/html/，默认网页首页文件是 index.html（该文件默认不存在，需要自己创建）。

8. ErrorLog 指令

ErrorLog 指令可用来定位服务器错误日志的位置，默认使用相对路径，一般为 ServerRoot 目录中的 logs/error_log 文件，如果 Apache 软件出错，则可以通过查看错误日志排错。

9. ErrorLogFormat 指令

ErrorLogFormat 指令可用来设置错误日志的格式，Apache HTTP Server 预先定义了很多格式字符串[1]，可以直接引用。

10. CustomLog 指令

CustomLog 指令可用来设置客户端的访问日志文件名及日志格式，默认为 logs/access_log 文件，语法格式：CustomLog 文件名 格式。

11. LogFormat 指令

LogFormat 指令可用来描述用户日志文件格式，可以直接使用 Apache 预先设置的格式字符串，一般我们会为 LogFormat 指令设置的日志格式创建别名，之后通过 CustomLog 指令调用该日志格式别名。

12. Include 指令

Include 指令允许 Apache 在主配置文件中加载其他的配置文件，该指令语法比较简单，在

---

[1] 请参考链接 4-8。

Include 指令后面直接加上其他配置文件路径即可。

13. Options 指令

Options 指令可用来为特定目录设置选项，语法格式：Options [+|-]选项 [[+|-]选项]。选项可以设置为 None，代表不启用任何额外的功能，也可以使用如下常用选项。

- ◎ All：开启除 MultiViews 外的所有选项。
- ◎ ExecCGI：允许执行 Options 指定目录中的所有 CGI 脚本。
- ◎ FollowSymlinks：允许 Options 指定目录中的文件连接到目录外的文件或目录。
- ◎ Indexes：如果在与 URL 对应的 Options 目录中找不到 DirectoryIndex 指定的首页文档，则 Apache 会把当前目录的所有文件索引出来。

14. Order 指令

Order 指令可用来控制默认访问状态及 Allow 与 Deny 的次序。如果使用"Order deny, allow"，则先检查拒绝规则，再检查允许规则，当拒绝规则与允许规则有冲突时，允许规则优先，默认规则为允许规则。如果使用"Order allow, deny"，则先检查允许规则，再检查拒绝规则，当允许规则与拒绝规则有冲突时，拒绝规则优先，默认规则为拒绝规则。

具体案例如下。

```
Order deny,allow
Deny from all
```

先检查拒绝规则，再检查允许规则，默认规则为允许规则。Deny from all 代表拒绝所有主机访问 Apache 服务，因此最终结果为拒绝所有主机访问 Apache 服务。

```
Order Allow,Deny
allow from all
```

先检查允许规则，再检查拒绝规则，allow from all 代表允许所有主机访问 Apache 服务，因此最终结果为允许所有主机访问 Apache 服务。

```
Order Allow,Deny
allow from 192.168.0.1
```

在检查允许规则时允许 192.168.0.1 访问 Apache 服务，其余为默认值，默认为拒绝所有主机访问 Apache 服务，最终除 192.168.0.1 外拒绝所有。

```
Order Allow,Deny
allow from 192.168.0.1
Deny from All
```

在检查允许规则时允许 192.168.0.1 访问 Apache 服务，但检查拒绝规则时为拒绝所有主机访问 Apache 服务，而 192.168.0.1 也包含在 all 中。当 Allow 与 Deny 有冲突时，以 Order 最后的规则覆盖其他规则，本案例将使用 Deny 规则覆盖 Allow 规则，最终为拒绝所有主机访问 Apache 服务。

```
Order Deny,Allow
Deny from all
allow from 192.168.0.1
```

先检查拒绝规则，再检查允许规则，拒绝规则为拒绝所有主机访问 Apache 服务，允许规则为允许 192.168.0.1 访问 Apache 服务，当拒绝规则与允许规则有冲突时，本案例将采用 Allow 规则，最终仅允许 192.168.0.1 访问 Apache 服务，其他任何主机均无法访问 Apache 服务。

15. IfDefine 容器

IfDefine 容器封装的指令仅在启动 Apache 测试条件为真时才会被处理，测试条件需要在启动 Apache 时通过 httpd -D 定义。语法格式：<IfDefine>指令</IfDefine>。

具体案例如下。

```
<IfDefine MemCache>
LoadModule mem_cache_module modules/mod_mem_cache.so
</IfDefine>
<IfDefine UseCache>
LoadModule cache_module modules/mod_ cache.so
</IfDefine>
```

这样的配置可以让管理员采用多种配置方式启动 Apache，在启动 Apache 时，如果使用了 httpd -D useCache -D MemCache，则 Apache 将加载 mod_mem_cache 与 mod_cache 模块。如果没有使用-D 指定任何参数，则 Apache 将不加载这些模块。

16. IfModule 容器

使用 IfModule 容器可以封装仅在条件满足时才会处理的指令。语法格式：<IfModule [!] 模块>指令</IfModule>。

具体案例如下。

```
<IfModule unixd_module>
User daemon
Group daemon
</IfModule>
```

以上配置说明，仅在 Apache 加载了 unixd_module 模块后，User daemon 与 Group daemon

指令才会被 Apache 处理。

17. Directory 容器

该容器内的指令仅应用于特定的文件系统目录、子目录和目录中的内容。语法格式：<Directory directory-path>指令</Directory>。可以使用~符号匹配正则表达式。

具体案例如下。

```
<Directory "/var/www/html">
Options Indexs FollowSymLinks
</Directory>

<Directory ~ "^/www/[0-9]{3}">
AllowOverride None
</Directory>
```

在以上案例中，Options Index FollowSymLinks 仅对/var/www/html 目录有效，AllowOverride None 仅对/www 目录中包含三个数字的子目录有效。

18. <DirectoryMatch>

DirectoryMatch 类似于 Directory 容器，但可以直接匹配正则表达式，无须像 Directory 容器一样使用~符号才可以匹配正则表达式。

19. Files 容器

该容器类似于 Directory 容器，但 Files 容器内的指令仅应用于特定的文件。语法格式：<Files 文件名>指令</File>。与 Directory 类似，可以使用~符号匹配正则表达式。

20. FilesMatch 容器

仅使用正则表达式匹配需要的文件，容器内的指令仅应用于匹配成功的特定文件。FilesMatch 等同于使用了~符号的 Files 容器。

21. Location 容器

Location 容器内定义的指令仅对特定的 URL 有效。语法格式：<Location URL-path| URL>指令</Location>。如果需要使用 URL 匹配正则表达式，则可以使用~符号。

22. LocationMatch 容器和 VirtualHost 容器

LocationMatch 容器仅使用正则表达式匹配 URL，等同于使用了~符号匹配的 Location 容器。

4.10.4 虚拟主机应用案例

虚拟主机是在一台服务器上同时运行多个 Web 业务，Apache HTTP Server 支持基于域名、IP 地址和端口的虚拟主机类型。在 Apache 配置文件中，虚拟主机指令需要使用 VirtualHost 容器封装。基于 IP 地址的虚拟主机可以根据不同的 IP 地址定位不同的网站请求，基于端口的虚拟主机可以根据不同的端口号定位不同的 Web 业务，但是基于 IP 地址的虚拟主机需要独立的 IP 地址连接网站，而目前 IP 地址是互联网的稀缺资源，所以很多时候我们更喜欢基于域名的虚拟主机，服务器可以根据客户端访问 HTTP 的头部信息来实现网站的分离解析，客户端可以使用不同的域名访问位于同一 IP 地址的服务器资源。

当客户端请求到达后，服务器会根据<VirtualHost IP 地址:[端口号]>参数匹配 IP 地址与端口号，IP 地址可以使用*匹配服务器本地所有 IP 地址。下面通过一个案例说明基于域名虚拟主机的实现方式，首先需要确认 /etc/httpd/conf/httpd.conf 主配置文件中通过 IncludeOptional conf.d/*.conf 加载了 conf.d 目录中的所有以.conf 结尾的文件。这样当我们需要定义新的 httpd 配置的时候，就可以在/etc/httpd/conf.d 目录中创建扩展名为.conf 的任意文件即可。下面的示例我们将创建一个新文件/etc/httpd/conf.d/virt.conf。

[root@rocky9 ~]# **vim /etc/httpd/conf.d/virt.conf**

```
<VirtualHost *:80>
    ServerAdmin Jacob_test@gmail.com
    DocumentRoot "/var/www/example"
    ServerName www.example.com
    ServerAlias web.example.com
ErrorLog "logs/www.example.com-error_log"
CustomLog "logs/www.example.com-access_log" common
</VirtualHost>

<VirtualHost *:80>
    ServerAdmin Jacob_test@gmail.com
    DocumentRoot "/var/www/test"
    ServerName www.test.com
    ErrorLog "logs/test. com-error_log"
    CustomLog "logs/test.com-access_log" common
</VirtualHost>
```

因为搭建了两个虚拟主机服务，所以接下来需要为两个不同的虚拟主机创建各自的页面根目录 example 和 test，这两个目录对应两个不同的虚拟主机。默认 httpd 监听的是 TCP 的 80 端口，因此需要设置防火墙开放 TCP 的 80 端口。

```
[root@rocky9 ~]# mkdir -p /var/www/{example,test}
[root@rocky9 ~]# echo "example.com" > /var/www/example/index.html
[root@rocky9 ~]# echo "test.com" > /var/www/test/index.html
[root@rocky9 ~]# firewall-cmd --permanent --add-port=80/tcp
[root@rocky9 ~]# firewall-cmd --reload
[root@rocky9 ~]# systemctl restart httpd
```

在 Apache HTTP Sever 完成以上配置后，客户端即可通过不同的域名 www.example.com 与 www.test.com 访问不同的网站页面。在服务器配置完成后，客户端需要支持该域名解析才可以完成访问，我们既可以通过修改 DNS 服务器来解析这些域名，也可以通过修改 hosts 文件来解析这些域名。如果需要实现基于 IP 地址的虚拟主机，则只需将 VirtualHost 后面的*修改为固定的 IP 地址即可，多个虚拟主机需要使用多个 VirtualHost 容器来封装。

下面演示如何使用 Linux 系统做客户端，通过修改/etc/hosts 文件实现域名解析的效果，这里我们假设 httpd 服务器的 IP 地址是 192.168.0.102。

```
[root@client ~]# vim /etc/hosts
#不要修改或删除原文件的内容，在原文件后面添加如下新内容即可
 192.168.0.102    www.example.com   www.test.com
```

在客户端完成域名解析设置后，使用火狐浏览器访问两个不同的域名，即可看到不同的页面内容，如图 4-33 所示。

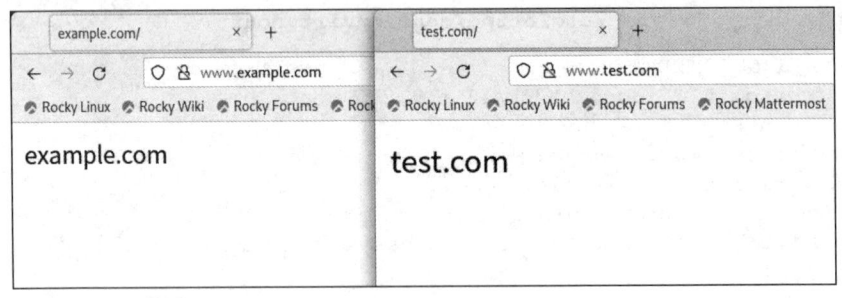

图 4-33

4.10.5　网站安全应用案例

一般情况下，网站使用的是明文传输模式。但在日常生活中我们经常需要在线进行交易行为，如果使用明文传输数据就极其不安全，而在实际场景中遇到网银交易时，银行网站通常都会被自动跳转到 SSL（Secure Sockets Layer）加密传输模式，SSL 的功能是提供加密数据。这样

TCP/IP（协议）就可以专心做好自己的事情。在网络传输过程中，数据加密全权委托给 SSL 来完成。TLS（Transport Layer Security）是对 SSL 的扩展与优化，它可以提供数据安全，同时确保数据的完整性。Apache HTTP Server 通过 mod_ssl 模块实现了对 SSL/TLS 的支持。

不管是 SSL 还是 TLS，都是基于非对称加密算法实现的网络数据安全。非对称加密算法使用公钥与私钥两把不同的钥匙，公钥与私钥是不可逆的。也就是说，使用公钥无法推算出私钥。非对称加密使得拥有公钥的用户在加密自己的数据后，通过网络将加密后的数据发送给拥有私钥的人，在这个过程中，即使有人拦截了加密后的数据，也不可能解密该数据，甚至加密者自己都无法将加密后的数据解开，因为没有私钥，而加密者本人也仅仅拥有公钥。非对称加密使用的是公钥加密和私钥解密的机制，但个人生成的公钥与私钥是不被信任的，只有经过 CA（Certificate Authority）认证后才被认为是可信任的密钥。目前大多数浏览器都内置了 CA 根证书中心，如果我们的密钥被 CA 认证签名过，那么就是合法的数字证书。而 CA 验证密钥需要经过一个非常复杂的流程，所以很多人都通过自签名生成数字证书，也就是所谓的自签名证书。在 Rocky Linux 9 系统中，如果想要生成密钥与证书，则可以使用 OpenSSL 工具，具体用法如下。

```
[root@rocky9 ~]# dnf -y install mod_ssl                     #安装加密模块
[root@rocky9 ~]# openssl genrsa -out server.key 2048        #生成私钥
[root@rocky9 ~]# openssl req -new -x509 -key server.key \
-out server.crt                                             #根据私钥生成根证书
Country Name (2 letter code) [XX]:CN                        #国家名称
State or Province Name (full name) []:Beijing               #省份
Locality Name (eg, city) [Default City]:Beijing             #城市
Organization Name (eg, company) [Default Company Ltd]:ABC   #组织名称
Organizational Unit Name (eg, section) []:tech              #部门名称
Common Name (eg, your name or your server's hostname) []:web1  #主机名称
Email Address []:abc@gmail.com                              #电子邮件
[root@rocky9 ~]# cp {server.key,server.cert} /etc/httpd/conf.d/
#复制证书
```

部署 TLS/SSL 网站除需要生成私钥与证书外，还需要修改 Apache 配置文件，主配置文件会加载 mod_ssl 模块，在安装 mod_ssl 模块后会自动在/etc/httpd/conf.d/目录中创建 ssl.conf 文件。

```
[root@rocky9 ~]# vim /etc/httpd/conf.d/ssl.conf             #修改加密配置文件
Listen 443 https                                            #监听端口
DocumentRoot "/var/www/html"                                #设置网站根目录
ServerName www.ssltest.com:443                              #设置域名与端口

SSLSessionCache        "shmcb:/usr/local/apache2/logs/ssl_scache(512000)"
#缓存
SSLSessionCacheTimeout 300                                  #超时时间
```

```
    SSLCryptoDevice builtin
    <VirtualHost _default_:443>                            #设置虚拟主机
    ErrorLog logs/ssl_error_log                            #错误日志文件
    TransferLog logs/ssl_access_log                        #访问日志文件
    LogLevel warn                                          #日志的级别
    SSLEngine on                                           #开启SSL
    SSLHonorCipherOrder on
    SSLCipherSuite PROFILE=SYSTEM
    SSLProxyCipherSuite PROFILE=SYSTEM
    SSLCertificateFile /etc/httpd/conf.d/server.crt        #设置证书文件
    SSLCertificateKeyFile /etc/httpd/conf.d/server.key     #设置私钥文件
    <FilesMatch "\.(cgi|shtml|phtml|php)$">
        SSLOptions +StdEnvVars
    </FilesMatch>
    <Directory "/usr/local/apache2/cgi-bin">
        SSLOptions +StdEnvVars
    </Directory>
    CustomLog "/usr/local/apache2/logs/ssl_request_log" \
              "%t %h %{SSL_PROTOCOL}x %{SSL_CIPHER}x \"%r\" %b"
    </VirtualHost>
```

```
[root@rocky9 ~]# echo "secret" > /var/www/html/index.html
[root@rocky9 ~]# systemctl restart httpd
[root@rocky9 ~]# firewall-cmd --permanent --add-port=443/tcp
[root@rocky9 ~]# firewall-cmd --reload
```

客户端依然需要在完成对应的域名设置后，才可以使用新的域名 ssltest 访问加密网站。既可以通过 DNS 解析域名，也可以通过/etc/hosts 文件解析域名。客户端主机在访问时需要使用 HTTPS 协议，因为我们做的是自签名证书，所以在第一次访问时浏览器会提示不信任，此时需要单击"高级"按钮，如图 4-34 所示，在弹出的对话框中单击"接受风险并继续"按钮，如图 4-35 所示，效果如图 4-36 所示。

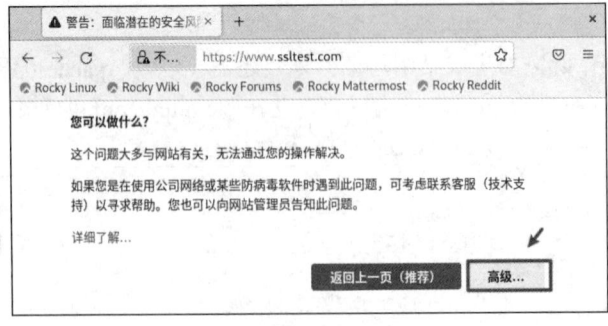

图 4-34

图 4-35

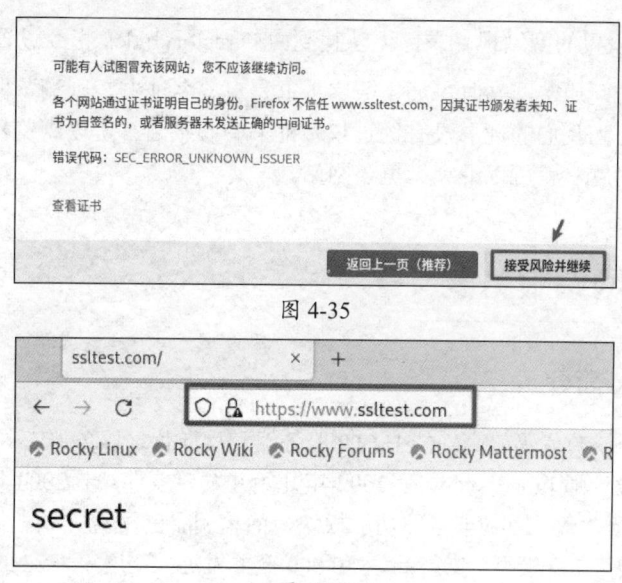

图 4-36

4.10.6 常见问题分析

（1）启动 Apache HTTP Server 时提示错误信息：Invalid command 'LanguagePriority', perhaps misspelled or defined by a module not included in the server configuration。该提示信息说明在配置文件中使用了 LanguagePriority 指令，但该指令需要加载 mod_negotiation 模块才可以实现相应的功能，解决方法是在主配置文件中通过 LoadModule 指令加载该模块。

（2）启动 Apache HTTP Server 时提示错误信息：Invalid command 'SSLCipherSuite', perhaps misspelled or defined by a module not included in the server configuration。该提示信息说明在配置文件中使用了 SSLCipherSuite 指令，而该指令需要加载 mod_ssl 模块才可以实现相应的功能。

（3）启动 Apache HTTP Server 时提示错误信息：SSLSessionCache: 'shmcb' session cache not supported。该提示信息说明 shmcb 模块不支持会话缓存，需要加载 mod_socache_shmcb 模块才可以。

（4）启动 Apache HTTP Server 时提示错误信息：Address already in use，could not bind to address。该提示信息说明在服务器上已经开启了另一个程序正在监听使用该端口，使用 ss 工具可以查看网络连接状况。

（5）客户端访问时显示的不是首页内容，而是首页目录中的所有文件列表，表明是通过

DocumentRoot 指令设置的网站根目录，无法找到由 DirectoryIndex 指令设置的首页文件。

（6）客户端在访问加密网站时，如果数字证书是自签名证书，则浏览器会提示：此网站的安全证书有问题。因为我们的证书没有经过权威证书中心签名，所以浏览器会提示不安全，如果确定该证书没有问题，就可以继续浏览该网站。

4.11 Nginx 网站服务器

4.11.1 Nginx 简介

Nginx 是一款开放源代码的高性能 HTTP 服务器和反向代理服务器，同时支持 IMAP/POP3 代理服务。俄罗斯设计师 Igor Ysyoev 在 2002 年开始开发该软件，于 2004 年发布第一个公开版本。Nginx 以高性能、高可用、丰富的功能模块、简单明了的配置文档和低资源占用而著称。Nginx 采用最新的网络 I/O 模型，支持高达 50 000 个并发连接。近年来，Nginx 在国内取得了突飞猛进的发展，很多门户网站开始提供 Nginx 解决方案。

4.11.2 安装 Nginx 软件

Rocky Linux 9 系统默认包含有 nginx-1.20 版本的 RPM 包，本书不使用系统自带的 RPM 包，我们直接通过官网下载源码，通过源码编译安装 Nginx 软件[1]。在源码编译安装 Nginx 之前，我们需要先使用 DNF 安装所需的软件依赖包，再解压缩 Nginx 源码包，执行源码目录里面的 configure 脚本。Nginx 是模块化设计的，在安装 Nginx 时可以根据自己的需要安装或禁用某些模块。configure 脚本通过--with 参数安装模块，通过--without-参数禁用模块，通过--prefix 参数指定软件的安装路径。在本书案例中将 Nginx 安装在/usr/local/nginx 目录中。

```
[root@rocky9 ~]# dnf -y install gcc pcre pcre-devel openssl openssl-devel zlib-devel gd gd-devel make
[root@rocky9 ~]# wget https://nginx.org/downXXXX/nginx-1.23.3.tar.gz
[root@rocky9 ~]# tar -xf nginx-1.23.3.tar.gz -C /usr/src/
[root@rocky9 ~]# cd /usr/src/nginx-1.23.3/
[root@rocky9 nginx-1.23.3]# ./configure \
--prefix=/usr/local/nginx \
--with-http_ssl_module \
--with-http_realip_module \
--with-http_addition_module \
```

---

[1] 请参考链接 4-9。

```
--with-http_dav_module \
--with-http_mp4_module \
--with-http_gzip_static_module \
--with-http_stub_status_module
[root@rocky9 nginx-1.23.3]# make && make install
```

Nginx 模块分为内置模块和第三方模块，其中，内置模块包括主模块与事件模块。表 4-12 中的模块为默认自动编译的模块，可以使用 --without 参数禁用。表 4-13 为内置模块中的附加模块，需要在编译时通过 --with 参数手动开启。在编译 Nginx 时还可以通过 --add-module=/path/module1 编译第三方模块。

表 4-12

模块名称	描述	禁用选项
Core	Nginx 核心功能	--without-http
Access	基于 IP 地址的访问控制	--without-http_access_module
Auth Basic	HTTP 用户认证模块	--without-http_auth_basic_module
Auto Index	自动目录索引	--without-http_autoindex_module
Browser	描述用户代理	--without-http_browser_module
Charset	重新编码网页	--without-http_charset_module
Empty GIF	在内存中存放一个图片	--without-http_empty_gif_module
FastCGI	FastCGI 支持	--without-http_fastcgi_module
Geo	支持 IP 地址变量设置	--without-http_geo_module
Gzip	Gzip 压缩	--without-http_gzip_module
Limit Requests	限制客户端连接频率	--without-http_limit_req_module
Limit Conn	会话的并发连接	--without-http_limit_conn_module
Map	设置变量	--without-http_map_module
Memcached	Memcache 支持	--without-http_memcached_module
Referer	基于 Referer 头部信息过滤	--without-http_referer_module
Rewrite	使用正则表达式重写请求	--without-http_rewrite_module
SCGI	支持 SCGI 协议	--without-http_scgi_module
Upstream	负载均衡	--without-http_upstream_ip_hash_module

表 4-13

模块名称	描述	开启选项
Embedded Perl	支持 Perl	--with-http_perl_module
FLV	支持 Flash 视频	--with-http_flv_module

续表

模块名称	描述	开启选项
GeoIP	通过 IP 变量实现负载均衡	--with-http_geoip_module
Google Perftools	支持谷歌的性能优化工具	--with-google_perftools_module
Gzip Precompression	压缩静态文件	--with-http_gzip_static_module
Image Filter	转换图形的过滤器	--with-http_image_filter_module
MP4	支持 MP4	--with-http_mp4_module
Real IP	使用 Nginx 作为后端服务器	--with-http_realip_module
Secure Link	使用密钥保护页面	--with-http_secure_link_module
SSL	支持 HTTPS/SSL	--with-http_ssl_module
Stub Status	查看服务器状态	--with-http_stub_status_module
WebDAV	支持 WebDAV	--with-http_dav_module
Core	邮件代理功能	--with-mail
SSL	支持 SSL/TLS 加密邮件协议	--with-mail_ssl_module

在 Nginx 软件安装完成后，程序主目录位于/usr/local/nginx/，该目录中的内容分别为 conf（主配置文件目录）、html（网站根目录）、logs（日志文件目录）和 sbin（主程序目录）。Nginx 默认没有提供启动脚本，需要手动输入指令来管理进程。如果想要更加方便地操作服务器进程，建议将常用的进程管理任务写成脚本。下面是 Nginx 常用的进程管理指令。

```
[root@rocky9 ~]# /usr/local/nginx/sbin/nginx                    #启动主程序
[root@rocky9 ~]# /usr/local/nginx/sbin/nginx -c \               #指定配置文件启动主程序
/usr/local/nginx/conf/nginx.conf
[root@rocky9 ~]# /usr/local/nginx/sbin/nginx -s stop            #关闭主程序
[root@rocky9 ~]# /usr/local/nginx/sbin/nginx -s reload          #重新加载设置
```

Nginx 会将进程号保存在/usr/local/nginx/logs/nginx.pid 文件中，我们可以使用 kill 指令发送信号给该进程号，Nginx 中常用的信号名称及描述参见表 4-14，具体案例如下。

```
[root@rocky9 ~]# kill -QUIT `cat /usr/local/nginx/logs/nginx.pid`
[root@rocky9 ~]# kill -HUP `cat /usr/local/nginx/logs/nginx.pid`
```

表 4-14

信号名称	描述	信号名称	描述
TERM,INT	快速关闭工作进程	QUIT	优雅地关闭工作进程，保持现有的客户端连接
HUP	重启应用新的配置文件	USR1	重新打开日志文件
USR2	升级程序	WINCH	优雅地关闭工作进程

4.11.3 配置文件解析

Nginx 默认的配置文件为/usr/local/nginx/conf/nginx.conf，配置文件主要包括全局、event、http 和 server。event 主要用来定义 Nginx 工作模式，http 主要用来设置 Web 功能，server 用来设置虚拟主机，server 必须位于 http 内部，在一个配置文件中可以有多个 server。

```
#设置用户与组
#user  nobody;
#启动子进程数，可以通过 ps aux |grep nginx 查看
worker_processes 1;
#错误日志文件和日志级别
error_log logs/error.log info;
#进程号保存文件
pid  logs/nginx.pid;
events {
#每个进程可以处理的连接数受系统文件句柄的限制
    worker_connections  1024;
}
http {
#mime.types 为文件类型定义文件
include       mime.types;
#默认文件类型
default_type  application/octet-stream;
#使用 log_format 可以自定义日志格式，名称为 main
    #log_format  main  '$remote_addr - $remote_user [$time_local] "$request" '
    #                  '$status $body_bytes_sent "$http_referer" '
    #                  '"$http_user_agent" "$http_x_forwarded_for"';
#创建访问日志，采用 main 定义的格式
    #access_log  logs/access.log  main;
#是否调用 sendfile() 进行数据复制，因为 sendfile() 复制数据是在内核完成的，所以会比
#一般的 read、write 更高效
sendfile on;
#在开启后，服务器的响应头部信息会产生独立的数据包，即一个响应头部信息一个数据包
tcp_nopush on;
#保持连接的超时时间
keepalive_timeout 65;
#是否采用压缩功能，将页面压缩后再传输更节省流量
gzip  on;
#使用 server 定义虚拟主机
server {
#服务器监听的端口
    listen       80;
    #访问域名
    server_name  www.jacob.com;
```

```
#编码格式，如果网页编码与此设置不同，则将被自动转码
    #charset koi8-r;
#设置虚拟主机的访问日志
    #access_log  logs/host.access.log  main;
#对 URL 进行匹配
    location / {
#设置网页根路径，使用的是相对路径，html 指的是处于 Nginx 安装路径下
        root   html;
#首页文件，先找 index.html，若没有，再找 index.htm
        index  index.html index.htm;
    }
#设置错误代码对应的错误页面
    #error_page  404              /404.html;
    # redirect server error pages to the static page /50x.html
    error_page   500 502 503 504  /50x.html;
    location = /50x.html {
        root   html;
    }
    # proxy the PHP scripts to Apache listening on 127.0.0.1:80
    #下面三行注释行表明，若用户访问 URL 以.php 结尾，则自动将该请求转交给
    #127.0.0.1 服务器，通过 proxy_pass 可以实现代理功能
    #location ~ \.php$ {
    #    proxy_pass   http://127.0.0.1;
    #}
    # pass the PHP scripts to FastCGI server listening on 127.0.0.1:9000
    #location ~ \.php$ {
    #    root           html;
    #    fastcgi_pass   127.0.0.1:9000;
    #    fastcgi_index  index.php;
    #    fastcgi_param  SCRIPT_FILENAME  /scripts$fastcgi_script_name;
    #    include        fastcgi_params;
    #}
    # deny access to .htaccess files, if Apache's document root
    # concurs with nginx's one
    #拒绝所有人访问.ht 页面
    #location ~ /\.ht {
    #    deny  all;
    #}
    }
# another virtual host using mix of IP-, name-, and port-based configuration
#定义虚拟主机
#server {
#    listen       8000;
#    listen       somename:8080;
#    server_name  somename  alias  another.alias;
```

```
    #    location / {
    #        root   html;
    #        index  index.html index.htm;
    #    }
    #}
    # HTTPS server
#server {
#监听 TLS 使用的 443 端口
    #    listen       443;
    #    server_name  localhost;
#开启 SSL 功能
    #    ssl                  on;
#指定证书文件，当使用相对路径时，证书需要存放在与 nginx.conf 相同的目录中
    #    ssl_certificate      cert.pem;
#指定私钥文件，当使用相对路径时，私钥需要存放在与 nginx.conf 相同的目录中
    #    ssl_certificate_key  cert.key;
    #    ssl_session_timeout  5m;
    #    ssl_protocols  SSLv2 SSLv3 TLSv1;
    #    ssl_ciphers  HIGH:!aNULL:!MD5;
    #    ssl_prefer_server_ciphers  on;
    #    location / {
    #        root   html;
    #        index  index.html index.htm;
    #    }
    #}
}
```

4.11.4 虚拟主机应用案例

在下面的例子中，我们创建 4 个基于域名的虚拟主机，第一个虚拟主机使用 www.domain.com（或所有以 domain.com 结尾的）访问网站，第二个虚拟主机使用 web.domain.com 访问网站，第三个虚拟主机使用 www.example.com 访问网站，最后定义一个默认虚拟主机。当客户端使用了除 www.domain.com、web.domain.com 和 www.example.com 外的其他域名访问服务器时，Nginx 服务器会使用默认虚拟主机响应客户端的请求。在虚拟主机中最重要的指令是 server_name 和 root，分别用来设置服务器域名和网页根路径。

首先，修改 Nginx 主配置文件/usr/local/nginx/conf/nginx.conf，在该文件中添加虚拟主机代码块。其次，为 4 个虚拟主机创建网页根路径，并为每个网站创建测试用的首页文件 index.html。

[root@rocky9 ~]# **vim /usr/local/nginx/conf/nginx.conf**

```
user  nobody;
worker_processes  1;
```

```
error_log  logs/error.log  info;
pid        logs/nginx.pid;
events {
    worker_connections  4;
}
http {
    include       mime.types;
    default_type  application/octet-stream;
    log_format  main  '$remote_addr - $remote_user [$time_local] "$request" '
                      '$status $body_bytes_sent "$http_referer" '
                      '"$http_user_agent" "$http_x_forwarded_for"';
    sendfile        on;
    keepalive_timeout  65;
    gzip  on;

    server {
        listen       80;
        server_name  www.domain.com *.domain.com;
        access_log  logs/www.domain.com.access.log  main;
        location / {
            root   html/domain;
            index  index.html index.htm;
        }
        error_page   500 502 503 504  /50x.html;
        location = /50x.html {
            root   html;
        }
        location ~ /\.ht {
            deny  all;
        }
    }
    server {
        listen       80;
        server_name  web.domain.com;
        location / {
            root   html/web;
            index  index.html index.htm;
        }
    }
    server {
        listen       80;
        server_name  www.example.com;
        location / {
            root   html/example;
            index  index.html index.htm;
        }
```

```
    }
    server {
        listen      80 default_server;
        location / {
            root    html/default;
            index   index.html index.htm;
        }
    }
}
```

```
[root@rocky9 ~]# mkdir /usr/local/nginx/html/{domain,web,example,default}
[root@rocky9 ~]# echo "domain.com" > /usr/local/nginx/html/domain/index.html
[root@rocky9 ~]# echo "web.domain.com" > /usr/local/nginx/html/web/index.html
[root@rocky9 ~]# echo "example.com" > /usr/local/nginx/html/example/index.html
[root@rocky9 ~]# echo "default" > /usr/local/nginx/html/default/index.html
[root@rocky9 ~]# /usr/local/nginx/sbin/nginx
```

在启动 Nginx 服务时如果提示"98: Address already in use",则代表有其他程序在监听 80 端口,可以使用 ss 命令查看哪个程序在监听 80 端口,关闭对应的程序,再启动 Nginx 服务。

为客户端提供 DNS 域名解析后,即可实现基于域名的虚拟主机功能,Nginx 会根据不同的域名请求响应不同的网站页面。如果没有 DNS 域名解析,则可以通过修改 hosts 文件的方式实现。客户端访问效果如图 4-37 所示。

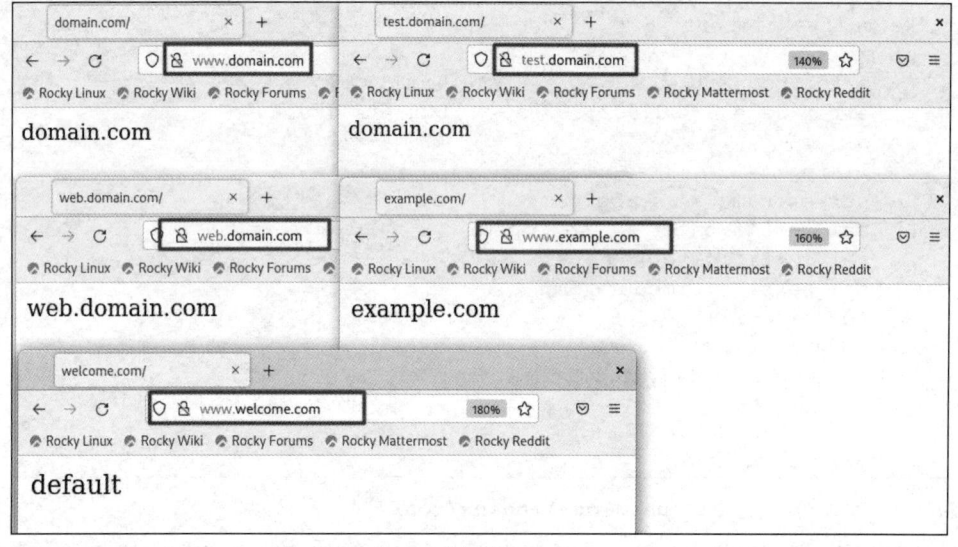

图 4-37

4.11.5　SSL 网站应用案例

在默认情况下，SSL 模块是不被编译的，如果需要部署 SSL 网站，则需要在编译 Nginx 时使用--with-http_ssl_module 参数，而编译该模块需要 OpenSSL 库文件，一般需要安装 OpenSSL 与 openssl-devel 软件。下面通过一个简单的案例说明 Nginx 部署 SSL 网站的流程，修改主配置文件 usr/local/nginx/conf/nginx.conf 的方法如下。

[root@rocky9 ~]# **vim /usr/local/nginx/conf/nginx.conf**

```
worker_processes 1;
error_log  logs/error.log  info;
pid        logs/nginx.pid;
events {
    worker_connections  1024;
}
http {
    include       mime.types;
    default_type  application/octet-stream;
    log_format  main  '$remote_addr - $remote_user [$time_local] "$request" '
                      '$status $body_bytes_sent "$http_referer" '
                      '"$http_user_agent" "$http_x_forwarded_for"';
    access_log  logs/access.log  main;
    sendfile        on;
    keepalive_timeout  65;
    gzip  on;
        error_page  404              /404.html;
        error_page  500 502 503 504  /50x.html;
    server {
        listen       443 ssl;
        server_name  www.abc.com;
        ssl_certificate      cert.pem;
        ssl_certificate_key  cert.key;
        ssl_session_timeout  5m;
        location / {
           root   html;
           index  index.html index.htm;
        }
    }
}
```

[root@rocky9 ~]# **cd /usr/local/nginx/conf/**

为了实现网站数据的加密传输，需要为网站创建证书，本案例使用 OpenSSL 创建自签名证书。使用 OpenSSL 生成自签名证书非常简单，第一步，使用 openssl genrsa 指令生成证书密钥文件 cert.key，密钥长度为 2048B。第二步，使用 openssl req 指令生成自签名证书文件 cert.pem，在生成证书的过程中提示输入证书基本信息,读者可以根据自己的需要填写这些内容。采用加密方式传输数据的 HTTPS 协议默认使用的端口号是 443,我们需要使用防火墙开启 TCP 的 443 端口。

```
[root@rocky9 conf]# openssl genrsa -out cert.key 2048
[root@rocky9 conf]# openssl req -new -x509 -key cert.key -out cert.pem
Country Name (2 letter code) [XX]:CN
State or Province Name (full name) []:Beijing
Locality Name (eg, city) [Default City]:Beijing
Organization Name (eg, company) [Default Company Ltd]:ABC
Organizational Unit Name (eg, section) []:tech
Common Name (eg, your name or your server's hostname) []:jacob
Email Address []:jacobxx@gmail.com
[root@rocky9 conf]# echo "SSL site." > /usr/local/nginx/html/index.html
[root@rocky9 conf]# /usr/local/nginx/sbin/nginx -s reload
[root@rocky9 ~]# firewall-cmd --permanent --add-port=443/tcp
[root@rocky9 ~]# firewall-cmd --reload
```

服务器端在启动服务后,可以通过 ss -nutlp|grep nginx 命令查看端口信息。客户端在配置好 DNS 解析后,即可通过浏览器访问加密网站。如果没有 DNS 解析,则可以通过修改 hosts 文件的方式实现域名解析。由于是自签名证书,所以在使用浏览器访问时会提示证书不被信任,需要手动信任一次证书后即可正常访问。

4.11.6 HTTP 响应状态码

在日常生活中,用户一般会通过浏览器访问站点页面,即发送页面请求给服务器,然后服务器会根据请求内容做出回应。如果没有问题,则服务器会给客户端返回成功状态码,并将相应的页面传给客户端浏览器。但当服务器出现故障时,服务器往往会给客户端发送错误状态码,并根据错误状态码返回错误页面给客户端浏览器。表 4-15 给出了常见的状态码及含义,但并不是全部状态码。其中,1XX 代表提示信息,2XX 代表成功信息,3XX 代表重定向信息,4XX 代表客户端错误信息,5XX 代表服务器错误信息。

表 4-15

状态码	含义
100	请求已接收,客户端可以继续发送请求
101	Switching Protocals 服务器根据客户端的请求切换协议
200	一切正常
201	服务器已经创建了文档

续表

状态码	含 义
202	服务器已经接收了请求,但处理尚未完成
203	文档正常返回,但一些头部信息可能不正确
300	客户端请求的资源可以在多个位置找到
301	客户端请求的资源可以在其他位置找到
305	使用代理服务
400	请求语法错误
401	访问被拒绝
401.1	登录失败
403	资源不可用
403.6	IP 地址被拒绝
403.9	用户数过多
404	无法找到指定资源
406	指定资源已找到,但 MIME 类型与客户端要求不兼容
407	要求进行代理身份验证
500	服务器内部错误
500.13	服务器太忙
501	服务器不支持客户端请求的功能
502	网关错误
503	服务不可用
504	网关超时,服务器处于维护或者负载过高无法响应
505	服务器不支持客户端请求的 HTTP 版本

4.12 数据库基础

4.12.1 MySQL 数据库简介

数据库是一个比较模糊的概念,简单的一个数据表格、一份歌曲列表等都可以称为数据库。如果仅仅是一两个类似的数据表,我们完全可以手动管理这些数据,但在如今这个大数据的时代，数据量都以 TB 甚至 PB 为单位，数据库一般是多个数据表的集合，具体的数据被存放在数据表中，而且在大多数情况下，表与表之间都有内在联系。例如，员工信息表与工资表之间就有内在联系，一般都有对应的员工姓名和员工编号，存在这种表与表相互引用的数据库被称为关系数据库。MySQL 是一个专门的关系数据库管理系统，它由瑞典 MySQL AB 公司开发，该公司现被 Oracle 公司收购。利用 MySQL 可以完成创建数据库和数据表、添加数据、修改数据、查询数据等工作，MySQL 数据库系统的特色是功能强大、速度快、性能优越、稳定性强、使用简单、管理方便。

4.12.2 安装 MySQL

在 Rocky Linux 9 系统中安装 MySQL 的方式有很多，我们既可以选择简单的二进制数据包安装，也可以选择源码包安装。在 Rocky Linux 9 系统中默认提供了 MySQL8 的 RPM 包，其中 mysql-server 是数据库的服务器软件包，mysql 是数据库的客户端软件包。本书直接使用 DNF 安装该数据库软件。

```
[root@rocky9 ~]# dnf -y install mysql-server mysql        #安装数据库软件
[root@rocky9 ~]# systemctl enable mysqld --now
#将mysqld服务设置为开机自启动，并立刻启动该服务，等同于enable和start
```

使用 systemd 第一次启动 mysqld 服务会自动初始化数据库，默认的初始化数据库目录为 /var/lib/mysql/，初始化程序还会在 MySQL 数据库中创建 user 数据表，该数据表为 MySQL 数据库系统的账号及权限表，默认数据库管理员为 root，密码为空。

通过如下命令可以查看 MySQL 默认创建的 user 账号及密码。

```
[root@rocky9 ~]# mysql -u root -e "SELECT User, Host FROM mysql.user"
```

MySQL 还特别提供了一个 mysql_secure_installation 程序，运行该程序后会通过一系列的提示，设置 root 密码、是否移除匿名账号、是否禁止 root 账号从远程访问、是否删除 test 数据库（新版本默认已经没有 test 数据库）、是否立刻重新加载新的数据。建议所有提问都选择 Y，特别是在企业生产环境中这一步骤是必需的。

```
[root@rocky9 ~]# mysql_secure_installation
Please set the password for root here.
New password: <输入密码>          #设置的密码一定要谨记，否则后面无法登录数据库
Re-enter new password: <再输入一次密码>
Remove anonymous users? (Press y|Y for Yes, any other key for No) : y
Success.
Disallow root login remotely? (Press y|Y for Yes, any other …) : y
Success.
Remove test database and access to it? (Press …) : y
```

```
- Dropping test database...
Success.
Reload privilege tables now? (Press y|Y for Yes, any other key for No) : **y**
Success.
All done!
```

4.12.3 MySQL 管理工具

MySQL 是基于客户端/服务器体系架构的数据库系统，MySQL 服务器端以守护进程的方式运行，mysqld 是服务器主进程。当我们需要对数据库进行任何操作时，都需要使用客户端软件来连接服务器进行操作。MySQL 客户端程序有很多，可以使用 MySQL 自带的 mysql[1]、mysqladmin、mysqldum 等命令对数据库进行数据操作，也可以自己设计动态网站通过 API 连接 MySQL 数据库进行相同的数据操作。在 MySQL 官方网站可以下载 MySQL WorkBench 工具，该工具是一个图形化 MySQL 数据库客户端管理程序。第三方图形化客户端工具有 Navicat、SQLyog 和 HeidiSQL 等。本节重点介绍 MySQL 软件包集成的客户端软件。

1. mysql

mysql 是一个简单的命令行 SQL 工具，该工具支持交互式和非交互式运行。只需在系统命令终端输入 mysql 命令，默认 mysql 命令就会使用 root 账号登录数据库。

```
[root@rocky9 ~]# **mysql**
```

如果使用 mysqladmin 或 mysql_secure_installation 程序为 root 账号设置了密码，则需要在启动 mysql 程序时指定账号名称与密码，在进入交互式界面后，即可通过输入 SQL 语句对数据库进行操作，在 SQL 语句之后要求以 ";""\g" 或者 "\G" 结尾。可以通过 exit 指令或者按 Ctrl+C 组分键退出程序。

```
[root@rocky9 ~]# **mysql --user=user_name --password=your_password 数据库名称**
```

或者

```
[root@rocky9 ~]# **mysql -u<账号名称> -p<密码> 数据库名称**
```

通过提前创建 SQL 语句脚本文件，我们也可以使用 mysql 命令自动执行脚本中的数据操作指令，方法如下。

```
[root@rocky9 ~]# **cat script.sql**
show tables;
select * from mysql.user\G
```

---

1 注意，这里说的 mysql 指的是数据库客户端软件，而不是 MySQL 数据库系统。

```
[root@rocky9 ~]# mysql -uroot -p<密码> < script.sql > out.tab
```

其中，script.sql 是 SQL 脚本文件，out.tab 为重定向输出文件（SQL 语句被执行后的输出结果会被重定向到该文件）。

mysql 命令支持大量的选项，表 4-16 给出了常用的选项及描述。

表 4-16

选　项	描　述
--help,-?	显示帮助消息
--auto-rehash	Tab 自动补齐，默认为开启状态
--auto-vertical-output	自动垂直显示，如果显示的结果太宽，将以列格式显示
--batch,-B	不使用历史文件
--bind-address=ip_address	使用特定的网络接口连接 MySQL 服务器
--compress	压缩客户端与服务端传输的所有数据
--database=dbname,-D dbname	指定使用的数据库名称
--default-character-set=charset_name	设置默认字符集
--delimiter=str	设置语句分隔符
--host=host_name,-h host_name	通过 host 连接指定服务器
--password,-p	使用密码连接服务器
--pager=[command]	使用分页程序分页显示，在 Linux 中可以使用 more 或 less
--port=port_num	使用指定端口号连接服务器
--quick	不缓存查询结果
--unfuffered	在每次查询后刷新缓存
--user=user_name,-u user_name	使用指定的账号连接服务器

演示案例如下。

使用 root 账号连接服务器，无密码登录，没有数据库名，默认不进入任何数据库：

```
[root@rocky9 ~]# mysql -u root
```

使用 root 账号连接服务器并进入 MySQL 数据库：

```
[root@rocky9 ~]# mysql -u root mysql
```

使用 root 账号连接服务器，使用密码 pass 登录：

```
[root@rocky9 ~]# mysql -u root -p'pass'
```

使用 root 账号连接 192.168.0.254 服务器，提示输入密码：

```
[root@rocky9 ~]# mysql -u root -p -h 192.168.0.254
```

2. mysqladmin

mysqladmin 是一个执行管理操作的工具，通过它可以检查服务器配置、当前运行状态，以及创建、删除数据库等。

用法：mysqladmin [选项] 命令 [命令参数] [命令 [命令参数]]命令（有些命令需要参数）：

create db_name	创建名为 db_name 的数据库。
debug	将 debug 信息写入错误日志。
drop db_name	删除名为 db_name 的数据库及数据库中所有数据表。
extended-status	显示服务器状态变量及变量值。
flush-hosts	刷新所有主机的缓存信息。
flush-logs	刷新所有日志。
flush-privileges	重新加载权限数据表。
flush-status	清空状态变量。
flush-tables	刷新所有数据表。
kill id,id,…	关闭服务器线程。
password new-pass	设置新的密码。
ping	检查服务器是否可用。
reload	重新加载权限数据表。
refresh	刷新所有数据表并重启日志文件。
shutdown	关闭服务器。
start-slave	在从服务器上启动复制。
stop-slave	在从服务器上停止复制。

表 4-17 列出了 mysqladmin 常用的选项及描述。

表 4-17

选 项	描 述
--bind-address=ip_address	使用指定网络接口连接服务器
--compress	压缩服务器与客户端直接传输的数据
--default-character-set=charaset_name	设置默认字符集
--host=host_name	连接 host 指定的服务器主机
--password=[password],-p	使用密码连接服务器
--port=port_num	使用特定端口号连接服务器
--silent	静默模式
--user=user_name	使用指定账号连接服务器

3. mysqldump

mysqldump 是一个数据库逻辑备份程序，通过它可以对一个或多个 MySQL 数据库进行备份或将数据库传输至其他 MySQL 服务器。在执行 mysqldump 时需要账号拥有 SELECT 权限才可以备份数据表，SHOW VIEW 权限用于备份视图，TRIGGER 权限用于备份触发器。某些命令选项可能需要更多的权限才能完成操作。mysqldump 不是大数据备份的解决方案，因为 mysqldump 是通过重建 SQL 语句来实现备份功能的，当对数据量比较大的数据库进行备份与还原时，速度比较慢。直接打开 mysqldump 所备份的文件就会发现，里面完全是数据库的 SQL 语言重现。

对大数据的备份与还原，一般使用物理备份会更加适合，直接复制数据文件，即可实现快速的数据还原工作。在企业版的 MySQL 中提供了一个 mysqlbackup 工具，它提供了多种 MySQL 数据库引擎高性能的备份与还原功能。此外，第三方备份工具 xtrabackup 是一个不错的大数据备份的解决方案。

使用 mysqldump 既可以备份数据库中的某些数据表，也可以备份整个数据库（不要在数据库后使用数据表名称），还可以备份 MySQL 系统中的所有数据库。使用 mysqldump 备份的备份文件，可以使用 mysql 命令工具还原其中的数据。

语法格式：

```
mysqldump [选项] db_name [table_name]
mysqldump [选项] --databases db_name …
mysqldump [选项] --all-databases
```

mysqldump 支持表 4-18 列出的所有选项，这些选项也可以通过 mysqldump 和 client 写入配置文件。

表 4-18

选项	描述
--add-drop-database	在备份文件中添加、删除相同数据库的 SQL 语句
--add-drop-table	在备份文件中添加、删除相同数据表的 SQL 语句
--add-drop-trigger	在备份文件中添加、删除相同触发器的 SQL 语句
--add-locks	在备份数据表前后添加表锁定与解锁 SQL 语句
--all-databases	备份所有数据库中的所有数据表
--apply-slave-statements	在 CHANGE MASTER 前添加 STOP SLAVE 语句
--bind-address=ip_address	使用指定的网络接口连接 MySQL 服务器
--comments	为备份文件添加注释

续表

选项	描述
--create-options	在 CREATE TABLE 语句中包含所有 MySQL 特性
--databases	备份若干指定的数据库
--debug	创建 debugging 日志
--default-character-set=charsename	设置默认字符集
--host,-h	设置需要连接的主机
--ignore-table	设置不需要备份的数据表，该选项可以使用多次
--lock-all-tables	设置全局锁，锁定所有数据表以保证备份数据的完整性
--no-create-db,-n	只导出数据而不创建数据库
--no-create-info	只导出数据而不创建数据表
--no-date	不备份数据内容，仅备份表结构
--password,-p	使用密码连接服务器
--port=port_num	使用指定端口号连接服务器
--replace	使用 REPLACE 语句替代 INSERT 语句

命令范例如下。

备份所有数据库，备份文件为 all_database.sql：

```
[root@rocky9 ~]# mysqldump -u root -p --all-databases > all_database.sql
```

备份 MySQL 数据库中的所有数据表，备份文件为 mysql_database.sql：

```
[root@rocky9 ~]# mysqldump -u root -p --database mysql > mysql_database.sql
```

备份 MySQL 数据库中的 user 数据表，备份文件为 user_table.sql：

```
[root@rocky9 ~]# mysqldump -u root -p mysql user > user_table.sql
```

使用 all_database.sql 数据库备份文件还原数据库：

```
[root@rocky9 ~]# mysql -u root -p < all_database.sql
```

使用 mysql_database.sql 数据库备份文件还原数据库：

```
[root@rocky9 ~]# mysql -u root -p mysql < mysql_database.sql
```

使用 user_table.sql 数据库备份文件还原数据表：

```
[root@rocky9 ~]# mysql -u root -p mysql < user_table.sql
```

4.12.4 数据库定义语言

MySQL 使用 SQL（结构化查询语言）作为自己的数据库操作语言，目前 SQL 是大多数关系数据库系统的工业标准。也就是说，不管我们使用哪种关系数据库系统，它们大多数都支持 SQL，这是一个通用的关系数据库语言。结构化查询语言主要分为六部分：数据查询语言、数据操作语言、数据定义语言、数据控制语言、事务处理语言、指针控制语言。下面我们分别对常用的 SQL 语句进行详细介绍，所有的 SQL 语句都需要通过客户端软件输入，最后连接服务器运行指令代码。本书所有 SQL 语句均通过 MySQL 客户端软件实现，SQL 语句不区分大小写。

1. CREATE DATABASE

命令描述：该语句用来创建数据库，使用该语句需要执行者拥有 CREATE 权限。

语法格式：CREATE {DATABASE|SCHEMA} [IF NOT EXISTS] db_name [create_specification] …

演示案例：创建名为 hr 的数据库，使用 SHOW DATABASES 显示 MySQL 所有数据库列表。

```
[root@rocky9 ~]# mysql -u root -p
mysql> CREATE DATABASE hr;
Query OK, 1 row affected (0.00 sec)
mysql> SHOW DATABASES;
+--------------------+
| Database           |
+--------------------+
| hr                 |
| information_schema |
| mysql              |
| performance_schema |
| sys                |
+--------------------+
5 rows in set (0.00 sec)
```

2. CREATE TABLE

命令描述：该语句用来在数据库中创建数据库表，需要先使用 use db_name 进入数据库，再在该数据库中创建数据表。如果不进入数据库，则可以使用<create table 数据库.数据表>指定在哪个数据库中创建数据表。

语法格式：
CREATE [TEMPORARY] TABLE [IF NOT EXISTS] tbl_name (create_definition,…) [table_options] [opartition_options]

或者

```
CREATE [TEMPORARY] TABLE [IF NOT EXISTS] tbl_name (create_definition,…)
[table_options] [opartition_options] select_statement
```

常用数据类型如下。

TINYINT(n)	8 位整数类型。
SMALLINT(n)	16 位整数类型。
MEDIUMINT(n)	24 位整数类型。
INT(n)	32 位整数类型。
BIGINT(n)	64 位整数类型。
FLOAT(n,d)	单精度浮点数
DOUBLE(n,d)	双精度浮点数
DATE	日期格式。
TIME	时间格式。
CHAR(n)	固定长度字符串。
VARCHAR(n)	非固定长度字符串。
BIT	二进制数据。
BLOB	非固定长度二进制数据。

常用属性如下。

NOT NULL	要求数据为非空值。
AUTO_INCREMENT	用户在插入新的数据后对应整数数据列自动加 1。
PRIMARY KEY	创建主索引列。
KEY	普通索引列。
DEFAULT CARSET	设置默认字符集。
ENGINE	设置默认数据库存储引擎。

演示案例：使用 USE 语句打开 hr 数据库，使用 CREATE TABLE 创建名为 employees 的数据表。

```
mysql> USE hr;
Database changed
mysql> CREATE TABLE employees (
    -> employee_id INT NOT NULL AUTO_INCREMENT,
    -> first_name char(20) NOT NULL,
    -> last_name char(20) NOT NULL,
    -> e_mail VARCHAR(50),
    -> telephone CHAR(11),
    -> department VARCHAR(20),
    -> hire_date DATE,
```

```
    -> PRIMARY KEY (employee_id),
    -> KEY (department))
    -> ENGINE=innodb DEFAULT CHARSET=UTF8;
mysql> CREATE TABLE test (c CHAR(20) CHARACTER SET utf8 COLLATE utf8_bin);
mysql> CREATE TABLE new_user SELECT * FROM mysql.user;
mysql> SHOW TABLES;
+------------------+
| Tables_in_hr     |
+------------------+
| employees        |
| new_user         |
| test             |
+------------------+
rows in set (0.00 sec)
```

DESCRIBE 语句用于查看数据表的数据结构，使用该语句可以快速了解一个数据表的基本结构。

```
mysql> DESCRIBE employees;
+-------------+-------------+------+-----+---------+----------------+
| Field       | Type        | Null | Key | Default | Extra          |
+-------------+-------------+------+-----+---------+----------------+
| employee_id | int(11)     | NO   | PRI | NULL    | auto_increment |
| first_name  | char(20)    | NO   |     | NULL    |                |
| last_name   | char(20)    | NO   |     | NULL    |                |
| e_mail      | varchar(50) | YES  |     | NULL    |                |
| telephone   | char(11)    | YES  |     | NULL    |                |
| department  | varchar(20) | YES  | MUL | NULL    |                |
| hire_date   | date        | YES  |     | NULL    |                |
+-------------+-------------+------+-----+---------+----------------+
7 rows in set (0.00 sec)
```

3. ALTER DATABASE

命令描述：该语句用来修改数据库属性，数据库属性被保存在数据库目录的 db.opt 文件中。
语法格式：ALTER {DATABASE |SCHEMA} [db_name] alter_specification ...
演示案例：使用 ALTER 语句修改数据库默认的字符集及排序规则。

```
mysql> ALTER DATABASE hr DEFAULT CHARACTER SET=UTF8;
mysql> ALTER DATABASE hr DEFAULT COLLATE=utf8_general_ci;
```

4. ALTER TABLE

命令描述：该语句用来修改数据表结构，如添加或删除列、创建或删除索引、修改数据类型等。

语法格式：ALTER [IGNORE] TABLE tbl_name [alter_specification [, alter_specification] …]

演示案例：在创建数据包 test1 后，通过 ALTER 语句修改数据表的相关信息。

```
mysql> CREATE TABLE test1 (id INT, name CHAR(20));
mysql> ALTER TABLE test1 RENAME test2;
mysql> ALTER TABLE test2 ADD date TIMESTAMP;
mysql> ALTER TABLE test2 ADD note CHAR(50);
mysql> ALTER TABLE test2 ADD INDEX (date);
mysql> ALTER TABLE test2 MODIFY id TINYINT NOT NULL, CHANGE name first_name CHAR(20);
mysql> ALTER TABLE test2 ADD PRIMARY KEY (id);
mysql> ALTER TABLE test2 DROP COLUMN note;
```

5. DROP TABLE

命令描述：该语句用来删除一个或多个数据表，所有表数据及表定义都将被删除。

语法格式：DROP [TEMPORARY] TABLE [IF EXISTS] tbl_name [, tbl_name] …

演示案例：删除名为 test2 的数据表。

```
mysql> DROP table test2;
```

6. DROP INDEX

命令描述：该语句用来删除特定数据表中的索引。

语法格式：DROP INDEX index_name ON tbl_name [algorithm_option | Lock_option]…

演示案例：分别从 user 及 tbl_name 表中删除索引。

```
mysql> DROP INDEX 'PRIMARY' ON user;
mysql> DROP INDEX 'index' ON tbl-name
```

7. RENAME TABLE

命令描述：该语句用来对一个或多个数据表进行重命名。

语法格式：RENAME TABLE tbl_name TO new_tbl_name [, tbl_name2 TO new_tbl_name2] …

演示案例：使用临时表名 temp，将数据表 test1 及数据表 test3 的名称互换。

```
mysql> RENAME TABLE test1 TO temp,
 -> test3 TO test1,
 ->temp TO test3;
```

8. DROP DATABASE

命令描述：该语句将删除数据库及数据库中的所有数据表，请慎用该语句。
重要提示：在使用 DROP DATABASE 删除数据库后，用户权限并不会被自动删除。
语法格式：DROP {DATABASE | SCHEMA } [IF EXISTS] db_name
演示案例：删除名为 hr 的数据库。

```
mysql> DROP DATABASE hr;
```

4.12.5 数据库操作语言

1. INSERT

命令描述：该语句的作用是向数据表中插入一条新的数据。

语法格式：
```
INSERT [LOW_PRIORITY | DELAYED | HIGH_PRIORITY] [IGNORE]
[INTO] tbl_name
[(col_name,…)]
{VALUES | VALUE} ({expre | DEFAULT},…),(…),…
[ON DUPLICATE KEY UPDATE
    col_name=expr
        [,col_name=expr] …]
```

演示案例：向 employees 数据表中插入数据，数据的具体值在 VALUES 后面的括号内，既可以使用 INSERT 语句一次插入一条数据，也可以同时插入多条数据。

```
mysql> INSERT INTO employees (employee_id,first_name,last_name,
-> e_mail,telephone,department,hire_date)
-> VALUES
-> (001, "eric", "william",
-> "test@gmail.com","01065103488", "tech",20110112);
mysql> INSERT INTO employees (employee_id,first_name,last_name)
-> VALUES
-> (002,"eric","william");
mysql> INSERT INTO employees (employee_id,first_name,last_name)
-> VALUES
-> (003,"eric","william"),(004, "jack","smith"),(005,"lucy","black");
mysql> INSERT INTO employees ()
-> VALUES
-> (006,"eric","william",
-> "test@gmail.com","01065103488","tech",20120112);
```

```
mysql> SELECT * FROM hr.employees;
```

2. UPDATE

命令描述：该语句用来更新数据表中现有的数据值（仅修改满足 where 条件的数据）。

语法格式：

```
UPDATE [LOW_PRIORITY] [IGNORE] table_reference
SET col_name={expre1|DEFAULT} [, col_name2={expr2|DEFAULT}] …
[WHERE where_condition]
```

演示案例：更新 employees 数据表，将 hire_date 的值增加 1；当 employee_id 的值为 2 时，修改 last_name 的值为 hope。

```
mysql> UPDATE employees SET hire_date=hire_date + 1;
mysql> UPDATE hr.employees SET last_name="hope" WHERE employee_id=2;
```

3. LOAD DATA INFILE

命令描述：该语句用来从文本文件中快速读取数据到数据表中。

语法格式：

```
LOAD DATA [LOW_PRIORITY | CONCURRENT] [LOCAL] INFILE 'file_name'
    [REPLACE | IGNORE]
    INTO TABLE tbl_name
    [CHARACTER SET charset_name]
    [{FIELDS | COLUMNS}
        [TERMINATED BY 'string']
        [[OPTIONALLY] ENCLOSED BY 'char']
        [ESCAPED BY 'char']
    ]
    [LINES
        [STARTING BY 'string']
        [TERMINATED BY 'string']
    ]
    [IGNORE number {LINES | ROWS}]
    [(col_name_or_user_var,...)]
    [SET col_name = expr,...]
```

分隔符：文件默认使用 Tab 键为列分隔符，换行符为行分隔符。可以使用 FIELDS TERMINATED BY 设置列分隔符，使用 LINES STARTING BY 设置行分隔符。

演示案例：提前创建数据文件/tmp/txt 与 txt2，通过 LOAD 语句加载数据至 employees 数据表。

```
[root@rocky9 ~]# cat /tmp/txt
003 ellis    jim example@gmail.com    01065103488 sale    20130102
```

```
mysql> LOAD DATA INFILE '/tmp/txt' INTO TABLE hr.employees;
[root@rocky9 ~]# cat /tmp/txt2
004,berry,john,example@gmail.com,01065103488,admin,20110302
mysql> LOAD DATA INFILE '/tmp/txt2' INTO TABLE hr.employees
 ->FIELDS TERMINATED BY ',';
```

4. DELETE

命令描述：该语句用来删除满足条件的数据并返回删除的数据数量。

语法格式：

```
DELETE [LOW_PRIORITY] [QUICK] [IGNORE] FROM tbl_name [WHERE where_condition]
```

演示案例：从 employess 表中删除 employee id 等于 5 及 first name 等于 eric 的员工信息；使用 JOIN 连接待删除的多个表的数据信息。

```
mysql> USE hr;
mysql> DELETE FROM employees WHERE employee_id=5;
mysql> DELETE FROM employees WHERE first_name= "eric ";
mysql> DELETE a1, a2 FROM t1 AS a1 INNER JOIN t2 AS a2
-> WHERE a1.id=a2.id;
```

4.12.6　数据库查询语言

数据库查询用 SELECT 语句实现。

描述：该语句用来查询数据表中的数据。

语法格式：

```
SELECT
    [ALL | DISTINCT | DISTINCTROW ]
    select_expr [, select_expr ...]
    [FROM table_references
    [WHERE where_condition]
    [ORDER BY {col_name | expr | position} [ASC | DESC]]
    [LIMIT]
```

演示案例如下（假设我们已经进入了 employees 表所在的数据库）。

查询 employees 数据表中的所有数据。

```
mysql> SELECT * FROM employees;
```

查询 employees 数据表中的 employee_id、first_name 和 department。

```
mysql> SELECT employee_id,first_name,department FROM employees;
```
查询 employees 数据表中的 first_name（设置别名为姓名）和 e_mail（设置别名为邮箱）。
```
mysql> SELECT last_name as 姓名, e_mail as 邮箱 FROM hr.employees;
```
查询 test 数据表中 score 列数据的平均值。
```
mysql> SELECT AVG(score) FROM test;
```
统计有多少条 employee_id 记录，显示最终统计个数。
```
mysql> SELECT COUNT(employee_id) FROM employees;
```
如果有多条相同的 e_mail 记录，则用 DISTINCT 删除重复的记录。
```
mysql> SELECT DISTINCT(e_mail) FROM employees;
```
查询 last_name 为 william 的所有记录，并显示相应的 first_name 记录。
```
mysql> SELECT first_name FROM employees WHERE last_name="william";
```
查询 last_name 不是 william 的所有记录，并显示相应的 first_name 记录。
```
mysql> SELECT first_name FROM employees WHERE last_name!="william";
```
查询数据表中的所有记录，并按照 hire_date 列排序，DESC 为降序，AES 为升序。
```
mysql> SELECT * FROM employees ORDER BY hire_date DESC;
```
仅显示数据记录中的前两行记录。
```
mysql> SELECT * FROM employees LIMIT 2;
```
查看 first_name 是 eric 或者 jacob，并且邮箱是 test@gmail.com 的数据信息。
```
mysql> SELECT first_name , employee_id FROM hr.employees WHERE
    -> (first_name = "eric" OR first_name = "jack") AND e_mail = "test@gmail.com";
```
根据 last_name 正则匹配所有以 w 开始，以 m 结尾，且中间是任意字符的数据（查看 first_name）。
```
mysql> SELECT first_name FROM hr.employees WHERE last_name REGEXP "^w.*m$";
```
判断 employee_id 的值在 1 和 3 之间的数据，查看 employee_id,last_name。
```
mysql> SELECT employee_id,last_name FROM hr.employees
    -> WHERE employee_id BETWEEN 1 and 3;
```
判断 employee_id 的值在集合（1,3,5,6）中的数据，查看 employee_id,last_name。
```
mysql> SELECT employee_id,last_name FROM hr.employees
    -> WHERE employee_id IN (1,3,5,6);
```
判断 employee_id 的值不在集合（1,3,5,6）中的数据，查看 employee_id,last_name。
```
mysql> SELECT employee_id,last_name FROM hr.employees
```

```
-> WHERE employee_id NOT IN (1,3,5,6);
```

判断 employee_id 的值小于 4 的数据,查看 employee_id,last_name。

```
mysql> SELECT employee_id,last_name  FROM hr.employees
-> WHERE employee_id<4;
```

查看 e_mail 列数据值为 NULL 的数据,查看 employee_id,last_name。

```
mysql> SELECT employee_id,last_name  FROM hr.employees WHERE e_mail IS NULL;
```

查看 e_mail 列数据值非 NULL 的数据,查看 employee_id,last_name。

```
mysql> SELECT employee_id,last_name  FROM hr.employees
-> WHERE e_mail IS NOT NULL;
```

4.12.7　MySQL 与安全

说到 MySQL 数据库的安全性,我们可能会联想到大量的相关话题,下面对几个关键问题进行概括性描述。

- ◎ 安全的一般性因素。包括使用强密码,禁止给用户分配不必要的权限,防止 SQL 注入攻击。
- ◎ 安装步骤的安全性。确保在安装 MySQL 时指定的数据文件、日志文件、程序文件均被存储在安全的地方,未经授权的人无法读取或写入数据。
- ◎ 访问控制安全。包括在数据库中定义账号及相关权限设置。
- ◎ MySQL 网络安全。仅允许有效的主机可以连接服务器,并且需要账号权限。
- ◎ 数据安全。确保已经对 MySQL 数据库文件、配置文件、日志文件进行了充分且可靠的备份。完善的备份机制是数据安全的前提条件。

MySQL 数据库系统基于访问控制列表(ACLs)进行连接、查询及其他操作,MySQL 中的权限及描述见表 4-19。所有账号和密码都被保存在 MySQL 数据库的 user 数据表中,我们可以通过 mysqladmin 或使用 SQL 语句添加、删除、修改账号和密码信息。需要注意的是,MySQL 账号访问信息需要包含主机信息。例如,默认 root 账号是不允许通过远程主机登录的。下面通过若干实例演示账号的创建与删除。

表 4-19

权　　限	描　　述
CREATE	创建数据库、数据表、索引的权限
DROP	删除数据库、数据表、视图的权限

续表

权　　限	描　　述
GRANT OPTION	允许为其他账号添加或删除权限
LOCK TABLES	允许用户使用 LOCK TABLES 语句锁定数据表
EVENT	执行 EVENT 的权限
ALTER	修改数据的权限
DELETE	删除数据记录的权限
INDEX	创建、删除索引的权限
INSERT	向数据表中插入数据的权限
SELECT	对数据库进行数据查询的权限
UPDATE	更新数据记录的权限
CREATE TEMPORARY TABLES	创建临时表的权限
TRIGGER	执行触发器的权限
CREATE VIEW	创建视图的权限
SHOW VIEW	执行 SHOW CREATE VIEW 的权限
ALTER ROUTINE	修改或删除存储过程的权限
CREATE ROUTINE	创建存储过程的权限
EXECUTE	执行存储过程或函数的权限
FILE	赋予读写服务器主机文件的权限
CREATE TABLESPACE	创建表空间的权限
CREATE USER	创建修改 MySQL 账号的权限
PROCESS	显示服务器运行进程信息的权限
RELOAD	允许用户使用 FLUSH 语句
REPLICATION CLIENT	允许使用 SHOW MASTER STATUS 和 SHOW SLAVE STATUS
REPLICATION SLAVE	允许从服务器连接当前服务器
SHOW DATABASES	允许使用 SHOW DATABASES 查看数据库信息
SHUTDOWN	允许用户关闭 MySQL 服务
SUPER	允许执行关闭服务器进程之类的管理操作
ALL	代表所有可用的权限

1. 创建数据库用户

通过 CREATE USER 命令可以在 MySQL 中创建新的账号，语法格式：

CREATE USER <用户> [IDENTIFIED BY [PASSWORD] 'password'] [,用户 [IDENTIFIED BY [PASSWORD] 'password']]

创建 tomcat 账号，该账号仅可以从本机登录数据库，密码为 pass。

```
mysql> CREATE USER 'tomcat'@'localhost' IDENTIFIED BY 'pass';
```

创建 tomcat 账号，该账号仅可以从 192.168.0.88 主机远程登录数据库，密码为 pass。

```
mysql> CREATE USER 'tomcat'@'192.168.0.88' IDENTIFIED BY 'pass';
```

创建 admin 账号，该账号不需要密码，即可从本机连接 MySQL 服务器。

```
mysql> CREATE USER 'admin'@'localhost';
```

查看数据库账号，所有账号信息都被保存在 MySQL 数据库的 user 表中。

```
mysql> SELECT Host,User from mysql.user;
```

2. 通过 GRANT 命令创建账号并赋予权限

为 tomcat@localhost 账号授权，该账号对 hr 数据库中的数据表拥有所有权限。

```
mysql> GRANT ALL ON hr.* to 'tomcat'@'localhost';
```

为 tomcat@192.168.0.88 账号授权，该账号对 hr 数据库中所有数据表仅拥有查询权限。

```
mysql> GRANT SELECT ON hr.* to 'tomcat'@'192.168.0.88' IDENTIFIED BY 'pass';
```

创建 admin 账号，赋予该账号对所有数据库的管理权限。该账号不需要密码即可从本机连接 MySQL 服务器。

```
mysql> GRANT RELOAD,PROCESS ON *.* to 'admin'@'localhost';
```

创建 jacob 账号，赋予 jacob 对 hr 数据库中的数据表拥有所有权限，密码为 pass，该账号可以从任何主机连接服务器。

```
mysql> GRANT ALL ON hr.* to 'admin'@'localhost';
```

通过 SHOW GRANTS 语句可以查看账号权限信息。

```
mysql> SHOW GRANTS FOR admin@localhost;
mysql> FLUSH PRIVILEGES;
```

3. 通过 ALTER USER 修改账号和密码

修改 admin@localhost 账号的密码为 pass，最后使用 FLUSH PRIVILEGES 更新数据表。

```
mysql> ALTER USER 'admin'@'localhost' IDENTIFIED BY 'pass';
mysql> FLUSH PRIVILEGES;
```

4. 通过 mysqladmin 设置账号和密码

修改 root 账号登录服务器的新密码为 rocky,-p 的作用是提示输入旧密码,若没有旧密码,则可以忽略。

```
[root@rocky9 ~]# mysqladmin -u root -p password 'rocky'
Enter password: <输入旧密码>
mysqladmin: [Warning] Using a password on the command line interface can be insecure.
Warning: Since password will be sent to server in plain text, use ssl connection to ensure password safety.
```

5. 通过 SET PASSWORD 命令设置密码

```
[root@rocky9 ~]# mysql -u root -p
```

设置 root 账号从本地连接服务器的密码。

```
mysql> SET PASSWORD FOR 'root'@'localhost' = '新密码';
mysql> SET PASSWORD FOR 'root'@'127.0.0.1' = '新密码';
```

设置 root 账号从 172.16.0.22 主机连接 MySQL 服务器的密码。

```
mysql> SET PASSWORD FOR 'root'@'172.16.0.22' = '新密码';
mysql> FLUSH PRIVILEGES;
```

6. 使用 REVOKE 语句撤销账号权限

撤销 tomcat 账号对 hr 数据库的所有权限。

```
mysql> REVOKE ALL ON hr.* FROM tomcat@'%localhost';
```

撤销 jacob 账号对所有数据库的查询权限。

```
mysql> REVOKE SELECT ON *.* FROM jacob@'%';
```

7. DROP 语句删除账号

```
mysql> DROP USER jerry@'172.16.0.253';
```

4.12.8 MySQL 数据库备份与还原

备份对于数据库而言是至关重要的。当出现数据文件发生损坏、MySQL 服务出现错误、系统内核崩溃、计算机硬件损坏或者数据被误删等事件时,使用一种有效的数据备份方案,可以快速解决以上所有问题。MySQL 提供了多种备份方案,包括逻辑备份、物理备份、全备份和增量备份，我们可以选择最适合自己备份方案。

物理备份指通过直接复制包含数据库内容的目录与文件，这种备份方式适用于重要的大数据的备份与还原，可快速还原的生产环境。典型的物理备份就是复制 MySQL 数据库的部分或全部目录。物理备份还可以备份相关的配置文件。采用物理备份需要 MySQL 处于关闭状态或者对数据库进行锁表操作，防止在备份的过程中改变数据。物理备份可以使用 mysqlbackup 对 InnoDB 数据进行备份，使用 mysqlhotcopy 对 MyISAM 数据进行备份。另外，也可以使用文件系统级别的 cp、scp、tar、rsync 等命令。如果生产环境不能停服务或者锁表，则可以使用第三方工具 Percona Xtrabackup 进行高效在线备份。

逻辑备份指通过保存代表数据库结构及数据内容的描述信息，例如，保存创建数据结构和添加数据内容的 SQL 语句，这种备份方式适用于少量数据的备份与还原。逻辑备份需要查询 MySQL 服务器以获得数据结构和数据内容，因为需要查询数据库信息并将这些信息转换为逻辑格式，所以相对于物理备份而言速度比较慢。逻辑备份不会备份日志、配置文件等不属于数据库的资料。逻辑备份的优势在于不管是服务层面、数据库层面还是数据表层面的备份都可以实现，由于是以逻辑格式存储的，所以这种备份与系统、硬件无关。

全备份将备份某一时刻所有数据，增量备份仅备份在某段时间内发生过改变的数据。通过物理或逻辑备份工具就可以完成全备份，而增量备份需要开启 MySQL 二进制日志，通过二进制日志记录数据的改变，从而实现增量备份。

由于物理备份是系统层面的操作，具体工具可以参考本书前面相关章节的数据复制及数据同步工具的使用，下面通过一些案例介绍如何使用 MySQL 提供的命令进行逻辑备份。

使用 mysqldump 可以备份所有数据库，默认该工具会将 SQL 语句信息导出至标准输出，可以通过重定向将输出保存至文件。

```
[root@rocky9 ~]# mysqldump --all-databases > bak.sql
```

备份指定的数据库为 db1、db2 和 db3。

```
[root@rocky9 ~]# mysqldump --databases db1 db2 db3 > bak.sql
```

备份 db4 数据库，当仅备份一个数据库时，--databases 可以省略。

```
[root@rocky9 ~]# mysqldump --databases db4 > bak.sql
[root@rocky9 ~]# mysqldump db4 > bak.sql
```

逻辑备份与物理备份的差别在于逻辑备份不使用--databases 选项，因此在备份输出信息中不包含 CREATE DATABASE 或 USE 语句。不使用--databases 选项备份的数据文件，在后期进行数据还原操作时，如果该数据库不存在，则必须先创建该数据库。

使用 mysql 命令读取备份文件，还原数据。

```
[root@rocky9 ~]# mysql < bak.sql
[root@rocky9 ~]# mysql db4 < bak.sql
```

4.13 动态网站架构案例

　　LAMP（Linux+Apache+MySQL+PHP/Python/Perl）架构是一套功能强大的网站解决方案，LAMP 是多个开源项目的首字母缩写，主要应用于动态网站的 Web 架构。这种 Web 框架具有通用、跨平台、高性能、高负载、稳定等特性，是目前企业部署网站的首选平台。同时，Nginx 在国内的应用越来越成熟，相对于 Apache 而言，Nginx 对静态文件的响应能力要远远高于 Apache 服务器，所以近几年也兴起了 LNMP 架构。本节将通过实际部署两个开源网站项目讲解 LAMP 和 LNMP 的应用，两个开源网站项目均采用 PHP 代码编写，分别是 Discuz!论坛系统以及 WordPress 博客系统。

4.13.1 论坛系统应用案例

　　Discuz!是目前国内应用最广泛的社区论坛建站平台，使用 Discuz!可以实现一站式建站服务，大量的应用案例证明了该系统的成熟度、稳定性及负载能力都是值得信赖的。另外，由于 Discuz!是采用 PHP 代码开发的，并且开放源代码，所以 Discuz!也是 PHP 编程人员学习 PHP 代码的模板。

　　部署 Discuz!论坛所需软件环境包括：http 服务器（如 Apache、Nginx 等）、PHP 软件包、MySQL 数据库。这里将采用 LAMP 架构实现论坛系统的部署，具体拓扑结构如图 4-38 所示。这里假设服务器 IP 地址为 192.168.0.100，域名为 bbs.example.com。

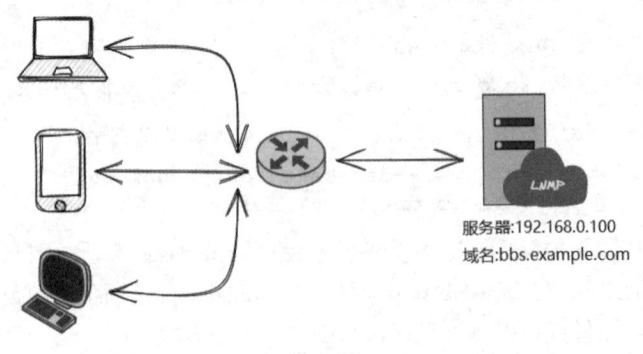

图 4-38

1. 部署 LAMP 软件环境

使用 DNF 安装 httpd、PHP 和 MySQL 相关软件包。

```
[root@bbs ~]# dnf -y install httpd
[root@bbs ~]# dnf -y install mysql mysql-server
[root@bbs ~]# dnf -y install php php-fpm php-gd php-mysqlnd
```

2. 配置 Apache 虚拟主机

首先，创建 Apache 配置文件/etc/httpd/conf.d/bbs.conf。其次，通过<VirtualHost>创建虚拟主机，DirectoryIndex index.php index.html 用来设置网站默认首页为 index.php，DocumentRoot 用来设置网站的网页根目录，ServerName 用来设置网站的域名。

```
[root@rocky9 ~]# vim /etc/httpd/conf.d/bbs.conf
<VirtualHost *:80>
    ServerAdmin Jacob_test@gmail.com
    DocumentRoot "/var/www/bbs"
    ServerName bbs.example.com
    DirectoryIndex index.php index.html
</VirtualHost>
[root@bbs ~]# mkdir /var/www/bbs
[root@bbs ~]# systemctl enabled httpd --now
```

3. 初始化数据库

Discuz!是基于 PHP 的动态网站，很多数据都需要被保存在数据库中。因此，我们需要在 MySQL 数据库中为论坛创建论坛数据库，并创建数据库管理账号及密码，账号名为 bbs_admin，该账号仅可以从本机登录数据库服务器，账号的密码为 admin123。

```
[root@bbs ~]# mysql -u root -p
mysql> CREATE DATABASE bbs;
mysql> CREATE USER bbs_admin@'localhost' IDENTIFIED BY 'admin123';
mysql> GRANT ALL ON bbs.* TO 'bbs_admin'@'localhost';
mysql> FLUSH PRIVILEGES;
mysql> EXIT
```

4. 上线论坛代码

接下来，需要下载 Discuz!软件包[1]，本书选择的版本为 Discuz! X3.5，下载并解压缩后将 upload 目录里面的所有文件及目录都上传至/var/www/bbs 目录中。

---

1 请参考链接 4-10。

```
[root@bbs ~]# mkdir /usr/src/discus
[root@bbs ~]# unzip Discuz_X3.5_SC_UTF8_20221231.zip -d /usr/src/discuz/
[root@bbs ~]# cp -r /usr/src/discuz/upload/* /var/www/bbs/
[root@bbs ~]# chown -R apache.apache /var/www/bbs/
[root@bbs ~]# firewall-cmd --permanent --add-port=80/tcp
[root@bbs ~]# firewall-cmd --reload
```

客户端在完成 DNS 解析后即可通过浏览器访问网站[1]，完成论坛网站的初始化操作，图 4-39 至图 4-43 展示了整个初始化的全部过程。其中，图 4-40 为安装环境检查，包括 PHP 版本、磁盘空间、文件及目录权限，没有问题的项目会被标记为"√"，有问题的项目会被标记为"×"，只有在修复问题后才可以继续完成后面的操作。图 4-41 是安装方式，这里我们勾选"全新安装 Discuz! X 与 UCenter Server"。在图 4-42 中需要填写数据库信息，包括数据库名、数据用户名等，因此，需要提前在 MySQL 数据库系统中创建相应的信息。图 4-43 设置整个论坛网站的管理员密码。

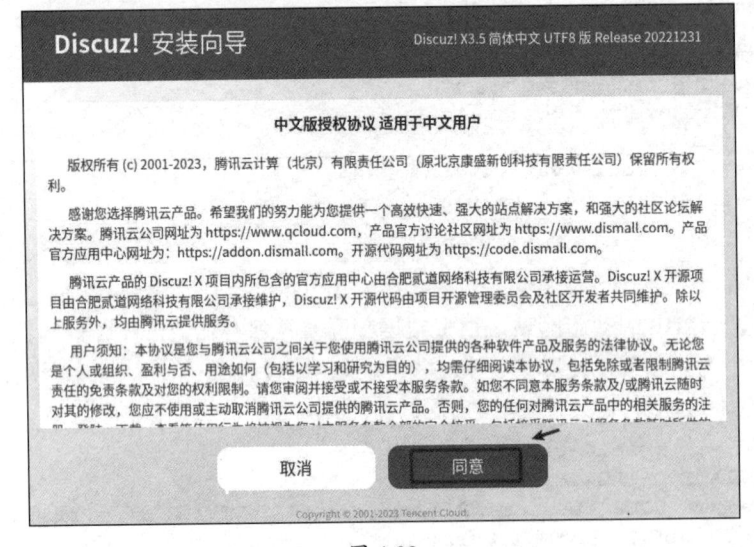

图 4-39

---

1 请参考链接 4-11。

图 4-40

图 4-41

图 4-42

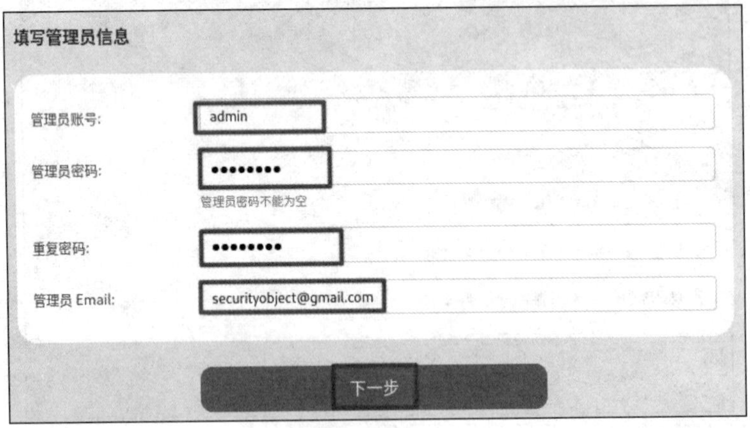

图 4-43

在完成以上初始化操作后，一定要将/var/www/bbs/install/index.php 删除，以防止进行多次初始化操作。此时客户端通过浏览器即可访问论坛[1]。

5. 论坛系统设置

在论坛初始化完成后，仅包含一个默认板块，并没有具体的内容，管理员可以登录后台对"全局""界面""内容""用户"等菜单进行设置。如图 4-44 所示，输入管理员用户名及密码，单击"登录"按钮，即可进入后台管理界面，在登录论坛首页后单击右上角的"管理中心"菜单，如图 4-45 所示，后台整体菜单如图 4-46 所示。

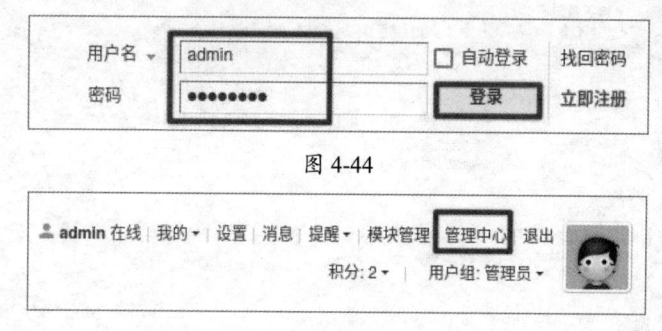

图 4-44

图 4-45

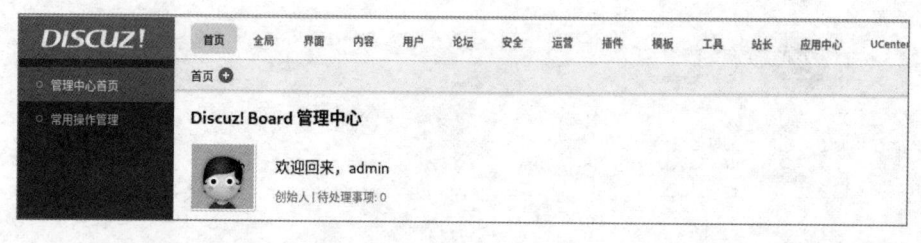

图 4-46

"全局"菜单包括站点信息、论坛注册与访问控制、站点功能、性能优化、SEO 设置、域名设置、用户权限、积分设置、上传及水印等。

"界面"菜单包括论坛首页、导航栏、主题列表、论坛表情管理、主题鉴定等。

"内容"菜单包括内容审核、词语过滤、论坛主题管理、批量删帖、附件管理、主题回收站、板块/群组置顶等。

"用户"菜单包括用户管理、资料统计、发送通知、禁止用户、禁止 IP 地址、审核用户、推荐关注、推荐好友等。

---

1 请参考链接 4-12。

"论坛"菜单包括板块管理、板块合并及分类信息设置,板块结构为分区加板块的设计,一个分区下可以创建多个板块内容。

通过后台管理界面的设置,我们可以将论坛设置为与图 4-47 类似的效果。

图 4-47

4.13.2 博客系统应用案例

下面是引用 WordPress 官网的一段简介,这段简介简要地描述了什么是 WordPress 及其主要特色。

  WordPress 是一个注重美学、易用性和网络标准的个人信息发布平台。WordPress 虽为免费的开源软件,但其价值无法用金钱来衡量。使用 WordPress 可以搭建功能强大的网络信息发布平台,但更多的是应用于个性化的博客。针对博客的应用,WordPress 能让您省略后台复杂的代码,集中精力做好网站的内容。

部署 WordPress 博客系统非常简单,下面我们通过 LNMP 架构部署一台新的 Web 服务器,初始化博客系统，拓扑结构如图 4-48 所示，博客的域名为 blog.example.com，服务器 IP 地址为 124.126.118.121，具体操作步骤如下。

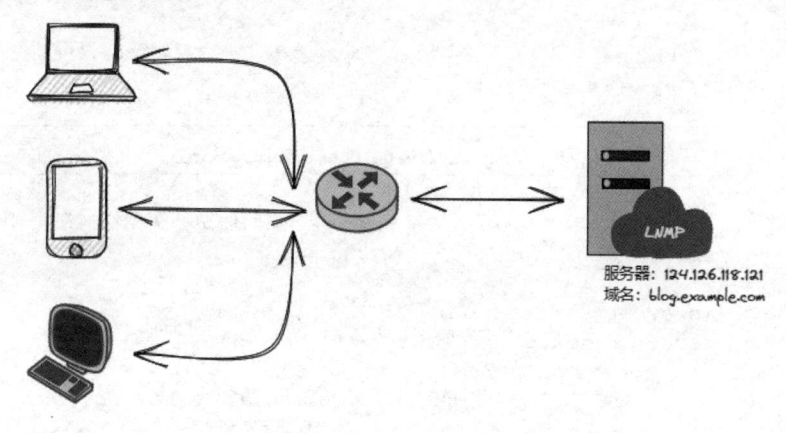

图 4-48

1. 安装软件

使用 DNF 安装 Nginx、PHP 和 MySQL 相关软件包。系统光盘中自带的 Nginx 版本为 1.20.1，默认安装位置为/usr/share/nginx，主配置文件是/etc/nginx/nginx.conf，主程序是/usr/sbin/nginx，日志文件存放在/var/log/nginx/目录中。

```
[root@rocky9 ~]# dnf -y install nginx
[root@rocky9 ~]# dnf -y install php php-fpm php-mysqlnd
[root@rocky9 ~]# dnf -y install mysql mysql-server
```

2. 修改 Nginx 主配置文件，配置虚拟主机

通过 RPM 包安装的 Nginx，默认主配置文件为/etc/nginx/nginx.conf，在主配置文件中通过 include 语句额外加载了/etc/nginx/default.d/*.conf，默认在/etc/nginx/default.d/目录中包含了 php.conf 配置文件，在该配置文件中主要是关于 PHP 动态网站的配置。

```
[root@rocky9 ~]# vim /etc/nginx/nginx.conf
```

```
<部分默认配置内容省略>
    server {
        listen       80;                          #监听 IPv4 端口
        listen       [::]:80;                     #监听 IPv6 端口
        server_name  blog.example.com;            #网站域名
        root   /usr/share/nginx/html;             #网站的页面根路径（网页代码存放的目录）
```

```
        # Load configuration files for the default server block.
        include /etc/nginx/default.d/*.conf;         #加载其他配置文件

        error_page 404 /404.html;                    #自定义错误页面
        location = /404.html {
        }
```

```
[root@rocky9 ~]# vim /etc/nginx/default.d/php.conf        #查看即可，不需要修改
index index.php index.html index.htm;                     #定义默认首页
location ~ \.(php|phar)(/.*)?$ {    #匹配 PHP 页面后做哪些操作，在{}中定义具体操作
    fastcgi_split_path_info ^(.+\.(?:php|phar))(/.*)$;

    fastcgi_intercept_errors on;
    fastcgi_index  index.php;
    include        fastcgi_params;
    fastcgi_param  SCRIPT_FILENAME $document_root$fastcgi_script_name;
    fastcgi_param  PATH_INFO $fastcgi_path_info;
    fastcgi_pass   php-fpm;             #Nginx 不处理动态页面，将请求转发给 php-fpm
}
```

```
[root@rocky9 ~]# systemctl enable nginx --now
```

3. 下载 WordPress 并上传至 Nginx 站点根目录

```
[root@rocky9 ~]# wget https://cn.wordpress.org/latest-zh_CN.tar.gz
[root@rocky9 ~]# tar -xf latest-zh_CN.tar.gz -C /usr/src/
[root@rocky9 ~]# cp -r /usr/src/wordpress/* /usr/share/nginx/html/
[root@rocky9 ~]# chown -R apache.apache /usr/share/nginx/html/
```

4. 创建博客系统数据库及账号密码

```
[root@rocky9 ~]# mysql -u root -p
mysql> CREATE DATABASE blog CHARACTER SET UTF8;
mysql> CREATE USER 'blog_admin'@'localhost' IDENTIFIED BY 'admin123';
mysql> GRANT ALL ON blog.* TO 'blog_admin'@'localhost';
mysql> FLUSH PRIVILEGES;
mysql> exit
```

5. 初始化博客系统

初始化过程比较简单[1]，图 4-49 提示初始化过程中的所有参数都会被保存在 wp-config.php

---

1 请参考链接 4-13。

文件中，如果在初始化后需要修改某些参数，则可以直接修改/usr/share/nginx/html/wp-config.php 文件，默认没有该配置文件。单击"现在就开始！"按钮，在填写后续的配置参数后，才会自动生成 wp-config.php 文件。图 4-50 提示填写数据库信息，完成数据库初始化设置，要求输入正确的数据库名、用户名和密码等信息，单击"提交"按钮，进入如图 4-51 所示的界面，单击"运行安装程序"按钮，进入如图 4-52 所示界面，填写相关信息即可。

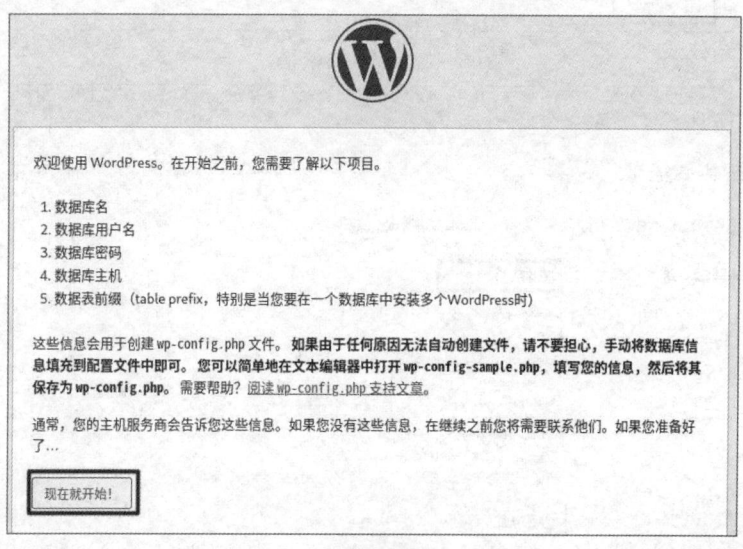

图 4-49

图 4-50

图 4-51

图 4-52

6. 后台管理

浏览博客首页，通过首页的登录链接即可进入后台管理界面，如图 4-53 所示。管理后台主要包括"文章""媒体页面""评论""外观""插件""用户"等菜单。WordPress 的优势在于其丰富的插件功能，通过使用插件可以实现博客流量监控、SEO 优化、反垃圾留言等功能。在后台对网站主题、页面进行简单调整后，整体博客平台就搭建好了，通过设置相应的 DNS 记录，客户端即可在互联网的任意位置访问该博客系统，客户端访问效果如图 4-54 所示。

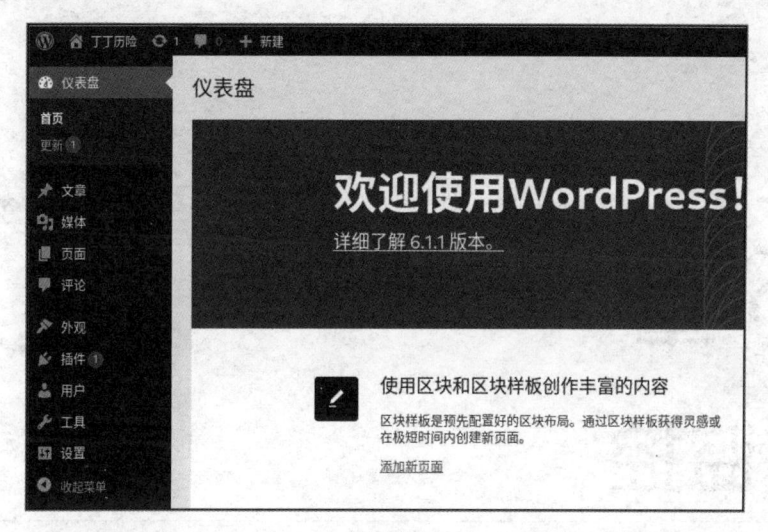

图 4-53

图 4-54

第 5 章
系统监控

5.1 Zabbix 监控系统

5.1.1 简介

当公司服务器越来越多时，运维人员的工作压力也越来越大，人为地逐个查看每台服务器的运行状态肯定是不可行的，此时我们需要一个可以自动收集服务器数据并对所有数据进行汇总查看的工具软件，最好还可以将收集到的数据绘制成图。Zabbix 就是这样一个企业级开源监控软件，它可以实时监控数万台服务器，以及虚拟机、网络设备、应用程序、云计算和数据库等资源，可以采集百万级监控指标，并且完全开源。

Zabbix 主要包含的组件有 Zabbix Server、Zabbix Agent、Zabbix Frontend 和 Zabbix Proxy。Zabbix Server 是整个 Zabbix 软件的核心程序，它是监控服务器，主要负责收集、保存监控数据。Zabbix Agent 是被监控端组件，被安装在所有被监控主机上。Zabbix Server 可以向 Zabbix Agent 索要监控数据，Zabbix Agent 也可以主动向 Zabbix Server 提交监控数据。Zabbix Frontend 是基于 LNMP 或 LAMP 的 Web 监控控制台界面，有了它，管理员可以通过网页的方式直观地观察监控数据。如果 Zabbix Server 需要监控的设备太多，则可以将监控的权限下放给 Zabbix Proxy，由 Zabbix Proxy 获取监控数据，再汇总给 Zabbix Server。Zabbix Proxy 是 Zabbix 监控的可选组件，它对于分散单个 Zabbix Server 的负载非常有用。

图 5-1 是监控案例示意图，整体结构是采用一台 Zabbix 监控主机动态监控两台服务器，即 Web 服务器和数据库服务器。在案例环境中，管理员从 Office_PC 这台计算机上通过浏览器访问 Zabbix 监控主机提供的 Web 页面，查看 Web 服务器和数据库服务器的监控数据图表。

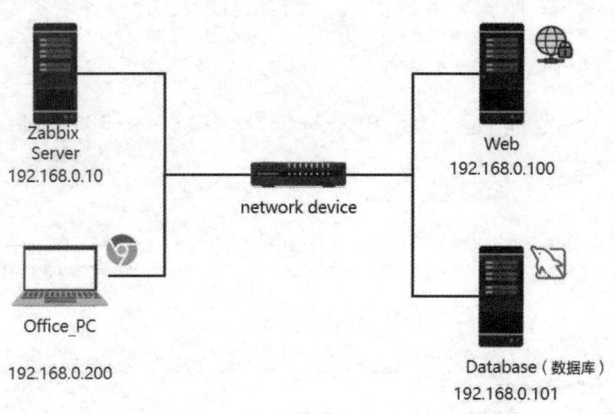

图 5-1

Zabbix 软件可以通过源码、DNF、容器等方式安装。不同的安装方式可以参考官方网站的说明手册[1]，本章将采用 DNF 方式安装部署 Zabbix 6.0 TLS。

5.1.2 Zabbix 基础监控案例

1. 被监控端配置（Web 主机）

这里的 Web 主机是 4.13.1 节已经部署好的 BBS 论坛服务器。在安装 Zabbix 时需要根据 Zabbix 官网的说明文档额外添加 YUM 配置。

```
[root@bbs ~]# dnf -y install \
 https://repo.zabbix.com/zabbix/6.0/rhel/9/x86_64/zabbix-release-6.0-4.el9.noarch.rpm
```

在安装 zabbix-release-6.0-4.el9.noarch.rpm 软件包时会自动在/etc/yum.repos.d 目录中生成新的 YUM 配置文件，如果无法下载并安装该软件包，则可以手动创建/etc/yum.repos.d/zabbix.repo 文件，内容如下。

```
[zabbix]
```

---

[1] 请参考链接 5-1。

```
name=Zabbix Official Repository - $basearch
baseurl=https://repo.zabbix.com/zabbix/6.0/rhel/9/$basearch/
enabled=1
gpgcheck=1
gpgkey=file:///etc/pki/rpm-gpg/RPM-GPG-KEY-ZABBIX-08EFA7DD

[zabbix-non-supported]
name=Zabbix Official Repository (non-supported) - $basearch
baseurl=https://repo.zabbix.com/non-supported/rhel/9/$basearch/
enabled=1
gpgkey=file:///etc/pki/rpm-gpg/RPM-GPG-KEY-ZABBIX-08EFA7DD
gpgcheck=1

[zabbix-unstable]
name=Zabbix Official Repository (unstable) - $basearch
baseurl=https://repo.zabbix.com/zabbix/5.5/rhel/9/$basearch/
enabled=0
gpgcheck=1
gpgkey=file:///etc/pki/rpm-gpg/RPM-GPG-KEY-ZABBIX-A14FE591
[root@bbs ~]# dnf clean all
[root@bbs ~]# dnf -y install zabbix-agent            #安装被监控端软件包
[root@bbs ~]# vim /etc/zabbix/zabbix_agentd.conf     #修改被监控端配置文件
```

```
#默认在配置文件中有很多#注释的配置参数，下面仅展示未注释的参数（其他内容省略）
PidFile=/run/zabbix/zabbix_agentd.pid                #保存进程 PID 号文件
LogFile=/var/log/zabbix/zabbix_agentd.log            #保存日志文件
Server=127.0.0.1,192.168.0.10
#Server 定义谁可以连接本机，获取本机的监控数据（这里需要填写监控服务器的 IP 地址）
Hostname=bbs.example.com                             #主机名
Include=/etc/zabbix/zabbix_agentd.d/*.conf           #加载其他配置文件
```

被监控主机（192.168.0.100）如果想要被 Zabbix 监控服务器（192.168.0.10）监控，那么在配置文件的 Server 参数中一定要填写监控服务器的 IP 地址。Zabbix Agent 在配置文件修改完成后即可启动 zabbix-agent 服务，该服务会监听本机的 10050 端口，之后监控服务器（192.168.0.10）就可以连接被监控主机（192.168.0.100）的 10050 端口，向 Zabbix Agent 索要监控数据。

```
[root@bbs ~]# systemctl enable zabbix-agent.service --now  #启动服务
[root@bbs ~]# ss -ntulp| grep zabbix                       #查看端口
[root@bbs ~]# firewall-cmd --permanent --add-service=zabbix-agent
success                                 #设置防火墙规则，允许访问 zabbix-agent
[root@bbs ~]# firewall-cmd --reload     #重新加载防火墙配置
success
```

2. 被监控端配置（Database 主机）

为了监控数据库业务，我们需要先准备一个数据库的基础环境，创建数据库，写入测试数据，创建账号并设置密码。

```
[root@database ~]# dnf -y install mysql-server      #安装数据库软件
[root@database ~]# systemctl enable mysqld --now    #启动服务
[root@database ~]# mysqladmin password              #设置数据库管理员密码
New password: <输入密码>
Confirm new password:<再次输入密码>
[root@database ~]# mysql --password                 #登录数据库
Enter password:<输入管理员密码>
mysql> CREATE DATABASE test;                        #创建数据库，名称为test
Query OK, 1 row affected (0.00 sec)
mysql> USE test;                                    #进入数据库
Database changed
mysql> CREATE TABLE departments (                   #创建数据表
    -> dept_id int(4) NOT NULL AUTO_INCREMENT,
    -> dept_name varchar(10) DEFAULT NULL,
    -> PRIMARY KEY (`dept_id`)
    -> );
Query OK, 0 rows affected, 1 warning (0.00 sec)
mysql> INSERT INTO departments VALUES               #插入数据
    -> (1,'人事部'),(2,'财务部'),(3,'运维部'),(4,'开发部'),
    -> (5,'测试部'),(6,'市场部'),(7,'销售部'),(8,'法务部');
Query OK, 8 rows affected (0.00 sec)
Records: 8  Duplicates: 0  Warnings: 0
mysql> CREATE TABLE employees (                     #创建数据表
    -> employee_id int(6) NOT NULL AUTO_INCREMENT,
    -> name varchar(10) DEFAULT NULL,
    -> hire_date date DEFAULT NULL,
    -> birth_date date DEFAULT NULL,
    -> email varchar(25) DEFAULT NULL,
    -> phone_number char(11) DEFAULT NULL,
    -> dept_id int(4) DEFAULT NULL,
    -> PRIMARY KEY (employee_id),
    -> KEY dept_id_fk (dept_id),
    -> CONSTRAINT dept_id_fk FOREIGN KEY (dept_id)
    -> REFERENCES departments (dept_id));
Query OK, 0 rows affected, 2 warnings (0.01 sec)
mysql> INSERT INTO employees VALUES                 #插入数据
    -> (1,'张三','2023-01-21','1991-08-19','zs@test.cn','13591491431',1),
    -> (2,'李四','2022-03-21','1994-05-13','ls@test.cn','13845285867',1),
    -> (3,'王五','2022-01-19','1994-01-25','ww@tedu.cn','15628557234',1);
```

```
Query OK, 3 rows affected (0.00 sec)
Records: 3  Duplicates: 0  Warnings: 0
mysql> CREATE USER 'test'@'localhost' IDENTIFIED BY 'test';     #创建用户
Query OK, 0 rows affected (0.00 sec)
mysql> GRANT ALL ON test.* to 'test'@'localhost';    #设置权限
Query OK, 0 rows affected (0.00 sec)
mysql> quit                                                     #退出数据库
```

在安装 Zabbix 时需要根据 Zabbix 官网的说明文档额外添加 YUM 配置文件。

```
[root@database ~]# dnf -y install \
https://repo.zabbix.com/zabbix/6.0/rhel/9/x86_64/zabbix-release-6.0-4.el9.noarch.rpm
```

安装 zabbix-release-6.0-4.el9.noarch.rpm 软件包会自动在/etc/yum.repos.d 目录中生成新的 YUM 配置文件，如果无法下载并安装该软件包，则可以手动创建/etc/yum.repos.d/zabbix.repo 文件，内容如下。

```
[zabbix]
name=Zabbix Official Repository - $basearch
baseurl=https://repo.zabbix.com/zabbix/6.0/rhel/9/$basearch/
enabled=1
gpgcheck=1
gpgkey=file:///etc/pki/rpm-gpg/RPM-GPG-KEY-ZABBIX-08EFA7DD

[zabbix-non-supported]
name=Zabbix Official Repository (non-supported) - $basearch
baseurl=https://repo.zabbix.com/non-supported/rhel/9/$basearch/
enabled=1
gpgkey=file:///etc/pki/rpm-gpg/RPM-GPG-KEY-ZABBIX-08EFA7DD
gpgcheck=1

[zabbix-unstable]
name=Zabbix Official Repository (unstable) - $basearch
baseurl=https://repo.zabbix.com/zabbix/5.5/rhel/9/$basearch/
enabled=0
gpgcheck=1
gpgkey=file:///etc/pki/rpm-gpg/RPM-GPG-KEY-ZABBIX-A14FE591
```

```
[root@database ~]# dnf clean all
[root@database ~]# dnf -y install zabbix-agent               #安装被监控端软件包
[root@database ~]# vim /etc/zabbix/zabbix_agentd.conf  #修改被监控端配置文件
```

```
#默认在配置文件中有很多#注释的配置参数，下面仅展示未注释的参数（其他内容省略）
PidFile=/run/zabbix/zabbix_agentd.pid            #保存进程 PID 号文件
LogFile=/var/log/zabbix/zabbix_agentd.log        #保存日志文件
```

```
Server=127.0.0.1,192.168.0.10
#Server 定义谁可以连接本机，获取本机的监控数据（这里需要填写监控服务器的 IP 地址）
Hostname=database.example.com              #主机名
Include=/etc/zabbix/zabbix_agentd.d/*.conf  #加载其他配置文件
```

被监控主机（192.168.0.101）如果想要被 Zabbix 监控服务器（192.168.0.10）监控，那么在配置文件的 Server 参数中一定要添加监控服务器的 IP 地址。Zabbix Agent 在配置文件修改完成后即可启动 zabbix-agent 服务，该服务会监听本机的 10050 端口，之后监控服务器（192.168.0.10）就可以连接被监控主机（192.168.0.101）的 10050 端口，向 Zabbix Agent 索要监控数据。

```
[root@database ~]# systemctl enable zabbix-agent --now       #启动服务
[root@database ~]# ss -ntulp  | grep zabbix                  #查看端口
[root@database ~]# firewall-cmd --permanent --add-service=zabbix-agent
success                     #设置防火墙规则，允许访问zabbix-agent
[root@database ~]# firewall-cmd --reload    #重新加载防火墙配置
success
```

3. 监控服务器配置

因为 Zabbix 监控的数据需要保存在数据库中，所以我们需要在 Zabbix 监控服务器上安装数据库软件，Zabbix 支持 MySQL 数据库和 PostgreSQL 数据库，本书使用的是 MySQL 数据库。Zabbix 通过 zabbix-server 连接 zabbix-agent 获取监控数据，之后将监控数据保存在数据库中。管理员如何查看监控数据呢？Zabbix 为我们提供了 zabbix-web 这个软件包[1]，该软件包提供的是基于 PHP 的动态网页，我们需要部署一个 LNMP 架构来驱动该 PHP 网页，这样管理员即可通过浏览器访问网页查看监控数据，并配置监控服务器。即便想要自己监控自己，监控服务器也需要安装 zabbix-agent 软件包。

```
[root@zabbix ~]# dnf -y install \
https://repo.zabbix.com/zabbix/6.0/rhel/9/x86_64/zabbix-release-6.0-4.el9.noarch.rpm
```

安装 zabbix-release-6.0-4.el9.noarch.rpm 软件包会自动在/etc/yum.repos.d 目录中生成新的 YUM 配置文件。如果无法下载并安装该软件包，则可以手动创建/etc/yum.repos.d/zabbix.repo 文件，内容如下。

```
[zabbix]
name=Zabbix Official Repository - $basearch
baseurl=https://repo.zabbix.com/zabbix/6.0/rhel/9/$basearch/
enabled=1
```

---

[1] 如果使用源码方式安装 Zabbix，则在源码包的 ui 子目录中可以找到 PHP 动态网页文件。

```
gpgcheck=1
gpgkey=file:///etc/pki/rpm-gpg/RPM-GPG-KEY-ZABBIX-08EFA7DD

[zabbix-non-supported]
name=Zabbix Official Repository (non-supported) - $basearch
baseurl=https://repo.zabbix.com/non-supported/rhel/9/$basearch/
enabled=1
gpgkey=file:///etc/pki/rpm-gpg/RPM-GPG-KEY-ZABBIX-08EFA7DD
gpgcheck=1

[zabbix-unstable]
name=Zabbix Official Repository (unstable) - $basearch
baseurl=https://repo.zabbix.com/zabbix/5.5/rhel/9/$basearch/
enabled=0
gpgcheck=1
gpgkey=file:///etc/pki/rpm-gpg/RPM-GPG-KEY-ZABBIX-A14FE591
```

```
[root@zabbix ~]# dnf clean all
[root@zabbix ~]# dnf -y install nginx php-fpm mysql-server  #部署 LNMP 架构
[root@zabbix ~]# systemctl enable mysqld --now              #启动数据库服务
[root@zabbix ~]# systemctl enable php-fpm --now             #启动 php-fpm 服务
[root@zabbix ~]# systemctl enable nginx --now               #启动 Nginx 服务
[root@zabbix ~]# dnf -y install zabbix-server-mysql         #安装监控服务器软件
[root@zabbix ~]# dnf -y install zabbix-get                  #安装监控的命令行工具
[root@zabbix ~]# dnf -y install zabbix-agent                #安装被监控软件包
[root@zabbix ~]# dnf -y install zabbix-web zabbix-web-mysql
#安装动态网页包，动态网页文件存放在/usr/share/zabbix 目录中
[root@zabbix ~]# dnf -y install zabbix-nginx-conf zabbix-sql-scripts
```

安装 zabbix-nginx-conf 软件包，会自动生成/etc/nginx/conf.d/zabbix.conf 文件。该配置文件定义了一个 Nginx 虚拟主机，设置网站根目录为/usr/share/zabbix，默认首页为 index.php，开启 fastcgi 功能，支持 PHP 动态网页。

```
[root@zabbix ~]# cat /etc/nginx/conf.d/zabbix.conf          #配置文件内容如下
```

```
server {
#       listen          8080;
#       server_name     example.com;
        root    /usr/share/zabbix;
        index   index.php;
        location = /favicon.ico {
                log_not_found   off;
        }
        location / {
                try_files       $uri $uri/ =404;
        }
        location /assets {
```

```
                access_log       off;
                expires          10d;
        }
        location ~ /\.ht {
                deny             all;
        }
        location ~ /(api\/|conf[^\.]|include|locale) {
                deny             all;
                return           404;
        }
        location /vendor {
                deny             all;
                return           404;
        }
        location ~ [^/]\.php(/|$) {
                fastcgi_pass     unix:/run/php-fpm/zabbix.sock;
                fastcgi_split_path_info ^(.+\.php)(/.+)$;
                fastcgi_index    index.php;

                fastcgi_param    DOCUMENT_ROOT    /usr/share/zabbix;
                fastcgi_param    SCRIPT_FILENAME   /usr/share/zabbix$fastcgi_script_name;
                fastcgi_param    PATH_TRANSLATED   /usr/share/zabbix$fastcgi_script_name;
                include fastcgi_params;
                fastcgi_param    QUERY_STRING     $query_string;
                fastcgi_param    REQUEST_METHOD   $request_method;
                fastcgi_param    CONTENT_TYPE     $content_type;
                fastcgi_param    CONTENT_LENGTH   $content_length;
                fastcgi_intercept_errors          on;
                fastcgi_ignore_client_abort       off;
                fastcgi_connect_timeout           60;
                fastcgi_send_timeout              180;
                fastcgi_read_timeout              180;
                fastcgi_buffer_size               128k;
                fastcgi_buffers                   4 256k;
                fastcgi_busy_buffers_size         256k;
                fastcgi_temp_file_write_size      256k;
        }
   }
```

Zabbix 监控服务器将获取的监控数据保存到数据库，如果需要将数据写入数据库，则需要在数据库软件中有对应的数据库和数据表，管理员需要自己创建数据库。安装 zabbix-sql-scripts 软件包，会自动生成 /usr/share/zabbix-sql-scripts/mysql/server.sql.gz 文件，这是 server.sql 的 gzip 的压缩文件，而 server.sql 文件是数据库的备份文件。我们将 server.sql 文件导入数据库即可在任意计算机上还原 Zabbix 需要的数据表，这样 Zabbix 在获取到监控数据后就可以将这些数据写入对应的数据表了。

```
[root@zabbix ~]# mysql                                    #登录数据库，默认管理员没有密码
mysql> CREATE DATABASE zabbix CHARACTER SET utf8mb4 COLLATE utf8mb4_bin;
Query OK, 1 row affected (0.01 sec)
#创建名称为 zabbix 的数据库，默认字符集使用 utf8mb4（可以支持中文）
mysql> CREATE USER zabbix@localhost IDENTIFIED BY 'password';
Query OK, 0 rows affected (0.01 sec)
#创建数据库账号，名称为 zabbix，密码为 password，该账号仅可以从本机登录数据库
mysql> GRANT ALL PRIVILEGES on zabbix.* TO zabbix@localhost;
Query OK, 0 rows affected (0.00 sec)
#给 zabbix 账号授权，授权该账号对 zabbix 数据库中的表具有所有权限
mysql> SET global log_bin_trust_function_creators = 1;
Query OK, 0 rows affected (0.00 sec)
#设置 MySQL 不对创建存储函数做限制
mysql> exit;
[root@zabbix ~]# cd /usr/share/zabbix-sql-scripts/mysql/
[root@zabbix mysql]# gunzip server.sql.gz         #解压缩文件
[root@zabbix mysql]# mysql --default-character-set=utf8mb4 \
-uzabbix zabbix -p < server.sql
Enter password: <输入 zabbix 账号的密码>
#使用 zabbix 账号读取 server.sql 文件中的备份数据，将数据导入名称为 zabbix 的数据
[root@zabbix mysql]# cd                           #返回家目录
[root@zabbix ~]# mysql                            #登录数据库，默认管理员没有密码
mysql> SET global log_bin_trust_function_creators = 0;
Query OK, 0 rows affected (0.00 sec)
#在导入数据后，将功能限制还原为默认的 0
mysql> exit;
[root@zabbix ~]# vim /etc/zabbix/zabbix_server.conf    #编辑服务端配置文件
LogFile=/var/log/zabbix/zabbix_server.log        #日志文件
LogFileSize=0                                    #日志级别，默认记录 info 级别日志
PidFile=/run/zabbix/zabbix_server.pid            #存放进程 PID 文件
DBName=zabbix           #非常重要：指定将监控的数据写入哪个数据中
DBUser=zabbix           #非常重要：指定使用哪个账号连接数据库服务
DBPassword=password     #非常重要：指定数据库账号的密码，默认该行被注释，需要删除注释
……
[root@zabbix ~]# systemctl enable zabbix-server --now    #启动监控服务
[root@zabbix ~]# systemctl enable zabbix-agent --now     #启动被监控端服务
[root@zabbix ~]# firewall-cmd --permanent --add-service=zabbix-server
success                                #设置防火墙规则，允许访问 zabbix-server
[root@zabbix ~]# firewall-cmd --permanent --add-service=http
```

```
success                                    #设置防火墙规则,允许访问 Web 服务
[root@zabbix ~]# firewall-cmd --reload
success                                    #重新加载防火墙规则
```

4.初始化监控服务器

管理员在 Office_PC 主机上通过浏览器访问监控服务器的 Web 页面,完成 Zabbix 监控的初始化操作。为了使用方便,可以在 Office_PC 主机为 Zabbix 添加一条本地域名解析记录,这样后面的操作都可以使用域名操作。

```
[root@zabbix ~]# vim /etc/hosts    #修改域名解析文件(不要修改或删除原来的内容)
…部分内容省略…
192.168.0.10 zabbix.example.com
```

在 Office_PC 主机上使用火狐浏览器访问示例网站[1],在"Default language"(默认语言)右侧的下拉菜单中选择"中文(zh_CN)",单击"下一步"按钮,如图 5-2 所示。

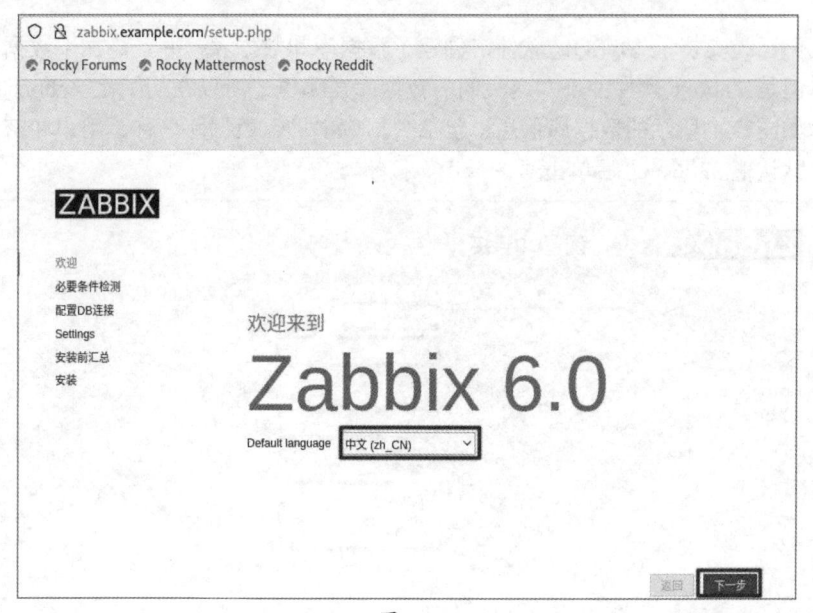

图 5-2

Zabbix 提供的 PHP 页面会自动检查服务器的环境是否满足要求,如果所有被检查项目都没问题,则直接单击"下一步"按钮,如图 5-3 所示。

---

[1] 请参考链接 5-2。

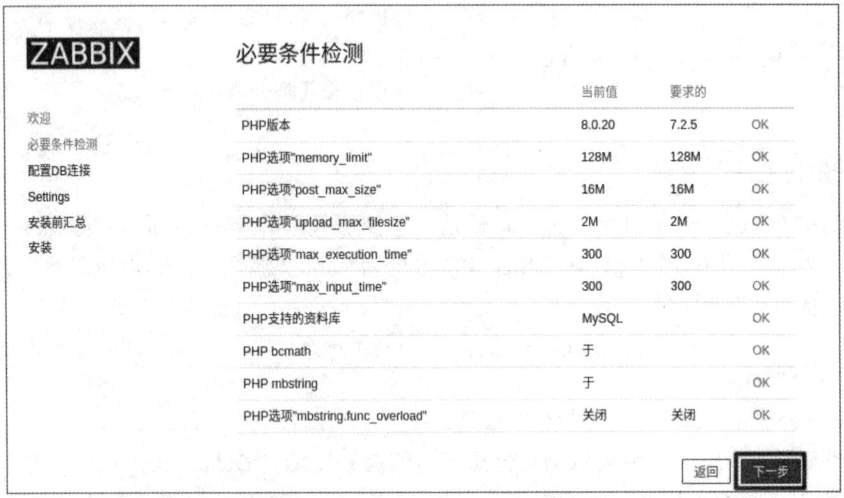

图 5-3

前面我们已经安装了 MySQL 软件，创建了数据库和数据表，并且添加了数据库对应的账号和密码，但是 Zabbix 软件并不知道我们的数据库在哪里，所以在初始化 Zabbix 时需要管理员手动填写如图 5-4 所示的数据库信息，包括数据库主机、数据库名称、用户和密码等，**数据库端口使用默认值 3306**，之后单击"下一步"按钮。

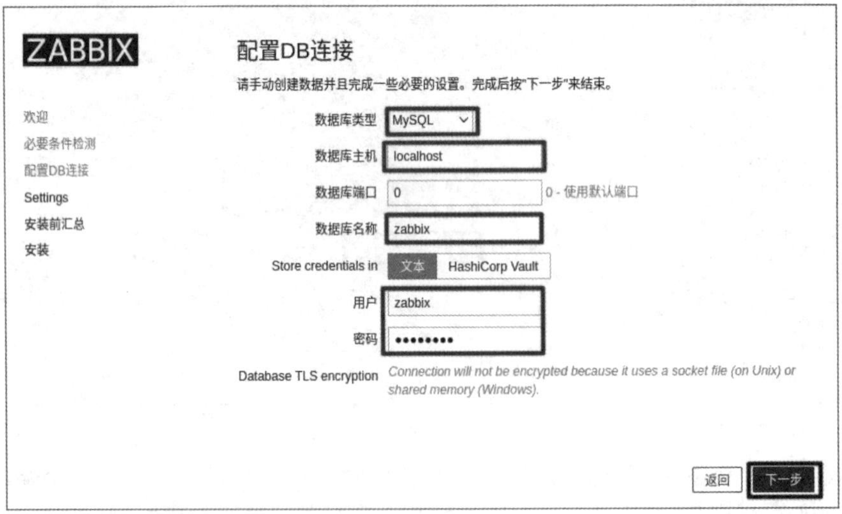

图 5-4

接下来设置监控服务器的主机名称，如图 5-5 所示，之后单击"下一步"按钮。

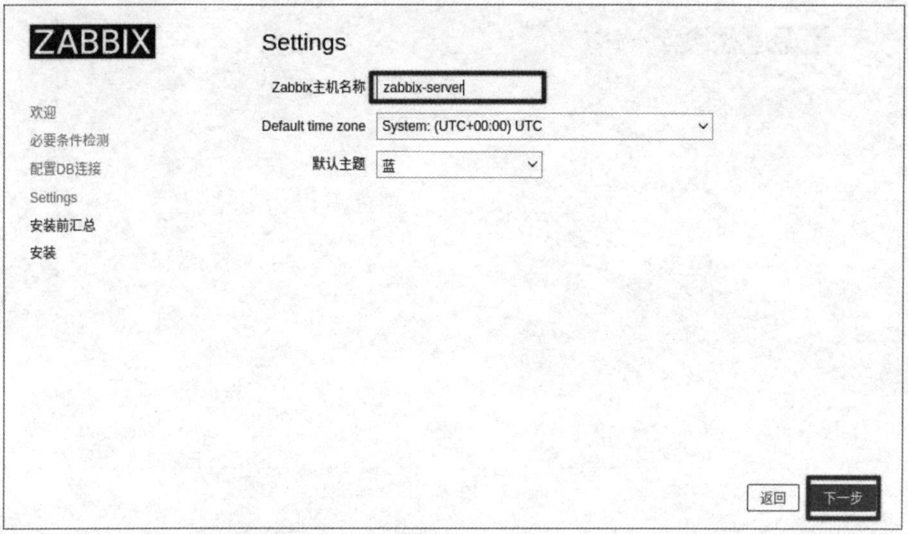

图 5-5

最后初始化页面会把前面的一些参数汇总显示出来,给我们再次确认的机会。如果没有问题则直接单击"下一步"按钮;如果有问题,则可以单击"返回"按钮,如图 5-6 所示。

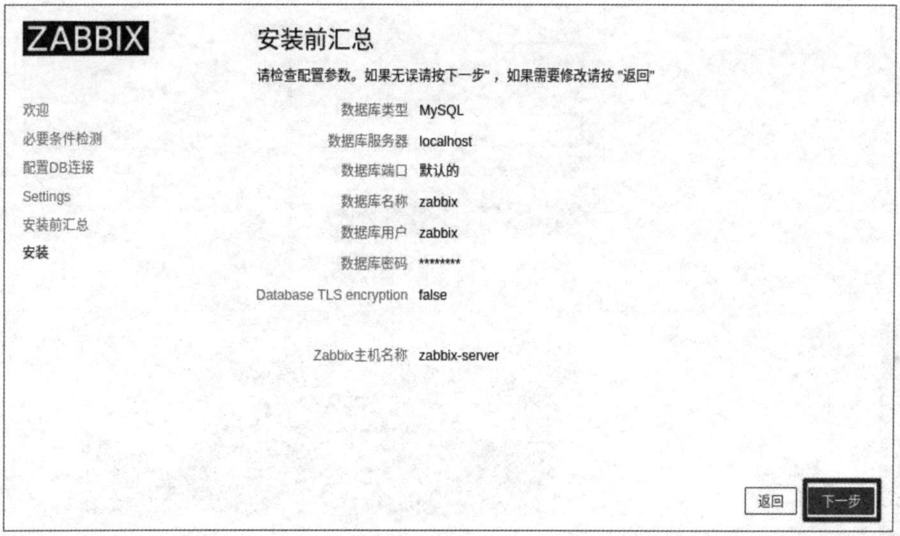

图 5-6

如果一切正常,则初始化页面会显示如图 5-7 所示的提示信息,单击"完成"按钮即可完成初始化操作。

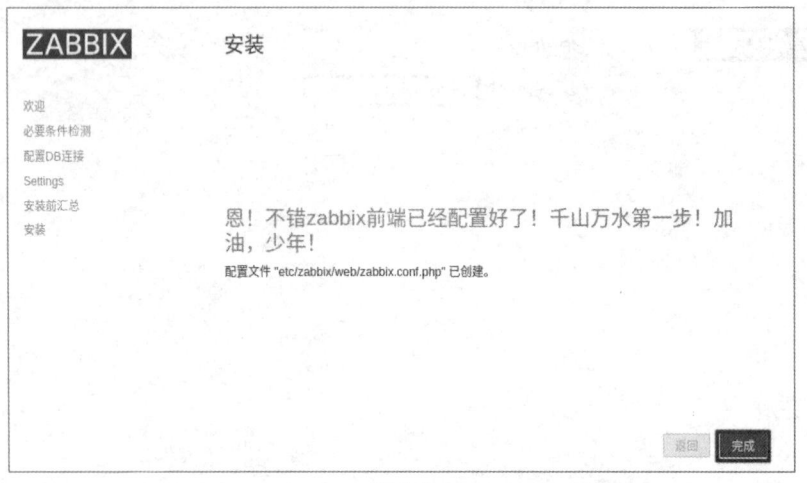

图 5-7

在初始化完成后，使用默认的管理员用户名称 Admin（区分大小写）和密码 Zabbix 登录监控页面，如图 5-8 所示，登录后的效果如图 5-9 所示。

图 5-8

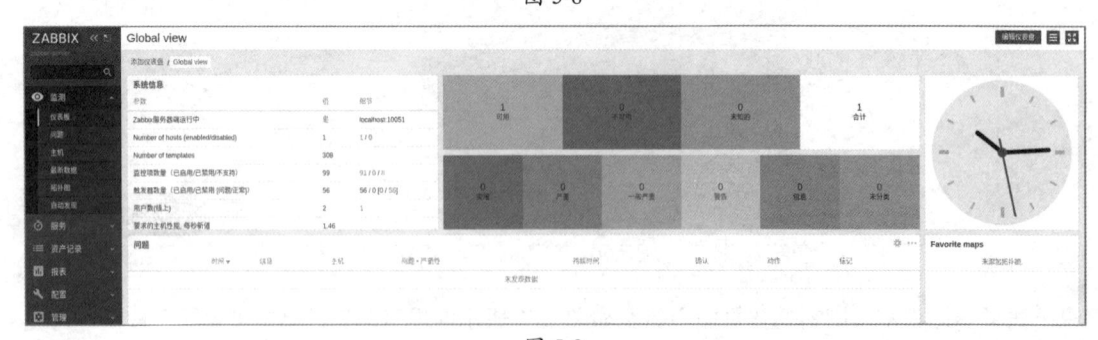

图 5-9

5. 手动添加监控主机

在初始化 Zabbix 监控页面后，默认 Zabbix 监控服务器就可以自己监控自己了。但是，如果想要让 Zabbix 监控服务器监控 Web 主机和 Database 主机，则需要管理员单独添加需要监控的主机。既可以手动添加监控主机，也可以通过自动发现添加监控主机。

我们先通过手动添加的方式添加 Web 主机，在登录 Zabbix 监控页面后，单击"配置"菜单下面的"主机"子菜单，在右边的页面中找到"创建主机"按钮，单击该按钮，如图 5-10 所示，弹出"New host"对话框。

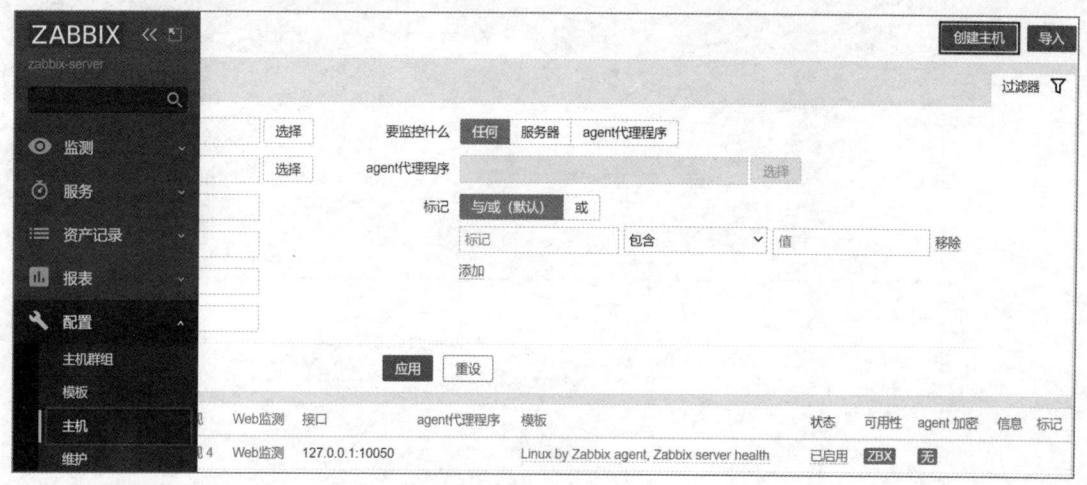

图 5-10

我们需要在主机名称后面添加需要监控的主机名称或 IP 地址。如果使用主机名称，则需要提前做域名解析。"可见的名称"是我们对被监控主机的标识（可以任意设置），这里我们直接使用 IP 地址，如图 5-11 所示。

图 5-11

在添加被监控主机后，监控服务器 zabbix-server 进程会连接被监控主机 zabbix-agent 的 10050 端口，获取监控数据。但是，一台主机可被监控的数据太多了，到底要监控哪些数据呢？Zabbix 通过监控模板定义了具体需要监控哪些数据，Zabbix 软件在安装时默认就提供了很多内嵌的模板，我们可以单击"模块"后面的"选择"按钮，根据分类找到适合自己的模板，如图 5-12 所示。因为这台 Web 主机是一台 Linux 主机，所以我们选择"Templates/Operating systems"这个模板分类，在右侧勾选"Linux by Zabbix agent"选项，单击"选择"按钮，如图 5-13 所示。

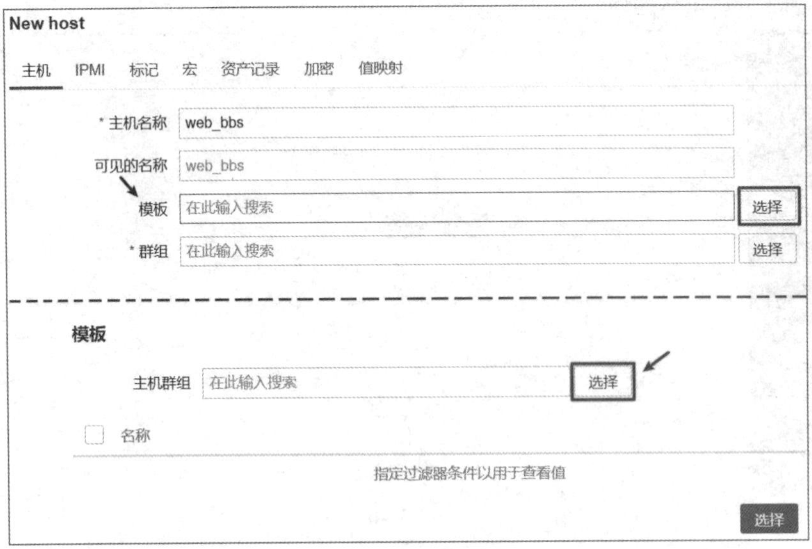

图 5-12

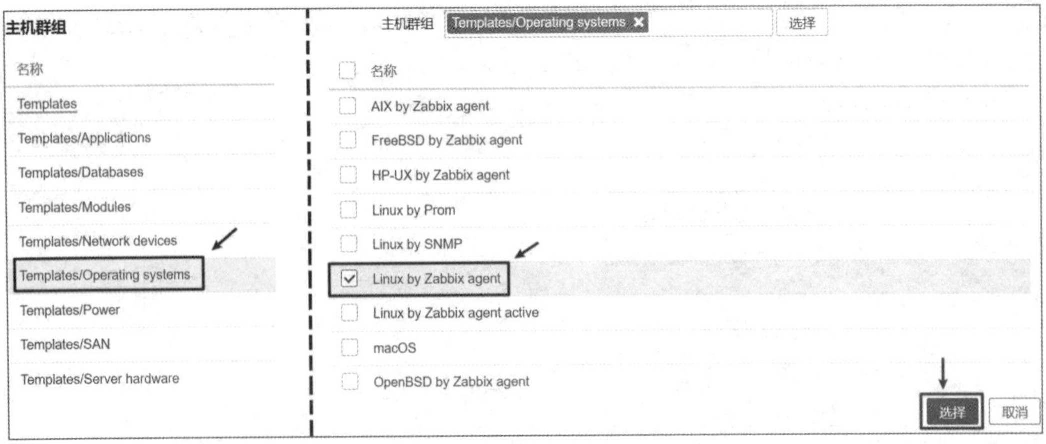

图 5-13

在生产环境中我们通常需要监控很多主机，如果每台被监控主机都是一个独立的个体，那么管理起来会很不方便，因此 Zabbix 提供了主机组的功能，我们可以把很多台被监控主机放到相同的监控组中，这样后期管理会更加方便。Zabbix 默认内嵌了很多组，如果管理员感觉不合适，也可以自己创建任意名称的主机组，这里我们将被监控主机加入内嵌的 Linux Servers 组，如图 5-14 所示。

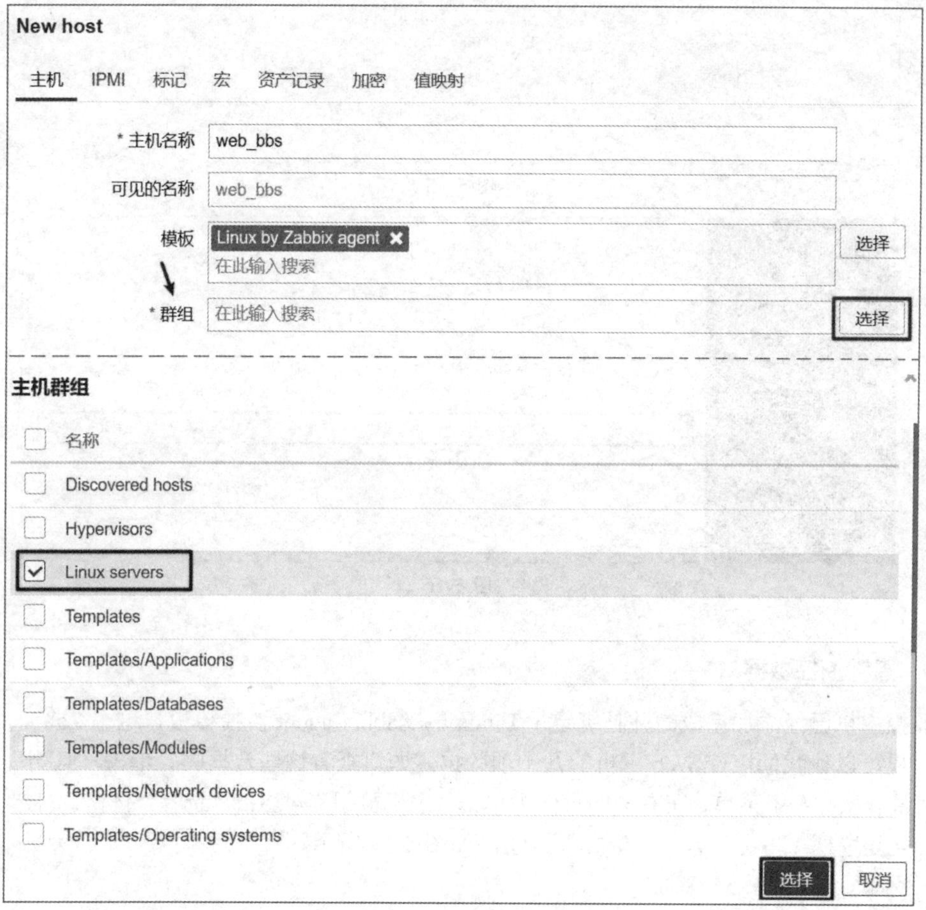

图 5-14

在所有监控参数都填写完成后，单击图 5-15 中的"添加"按钮，即可完成添加被监控主机的操作，如图 5-16 所示。

图 5-15

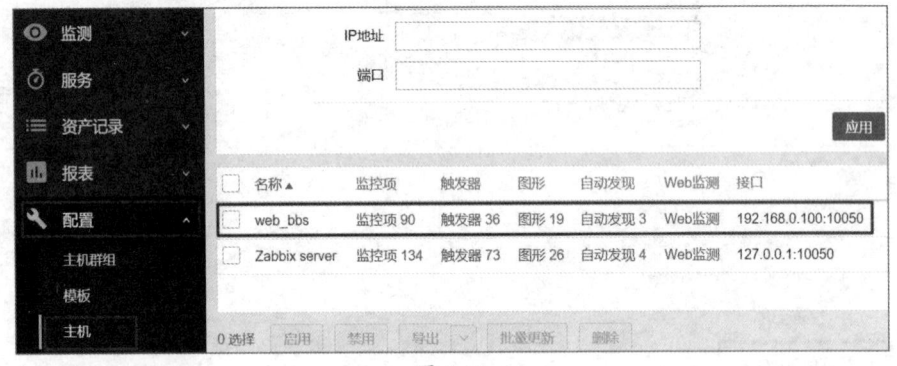

图 5-16

6. 查看监控数据

监控主机已经添加完成，并且绑定了 Linux by Zabbix agent 监控模板，这个 Zabbix 内嵌的监控模板可以让我们监控 Web 主机的几十项数据，如何查看这些数据呢？单击"监测"菜单下面的"最新数据"子菜单，在右边的页面中单击"主机群组"对应的"选择"按钮，勾选"Linux servers"复选框，单击下方的"选择"按钮，如图 5-17 所示。

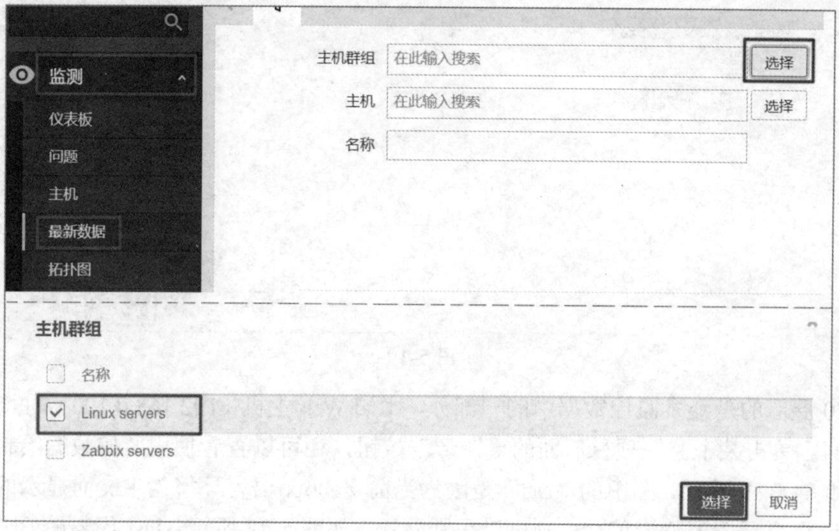

图 5-17

因为前面在添加主机时已经把 Web 主机添加到 Linux servers 组，所以在选择 Linux servers 组后，我们可以单击"主机"对应的"选择"按钮，目前在 Linux servers 组中只有一台被监控主机（web_bbs），勾选"web_bbs"复选框，单击"选择"按钮，如图 5-18 所示。在主机选择完毕后，单击"应用"按钮即可查看被监控主机的监控数据，如图 5-19 所示。

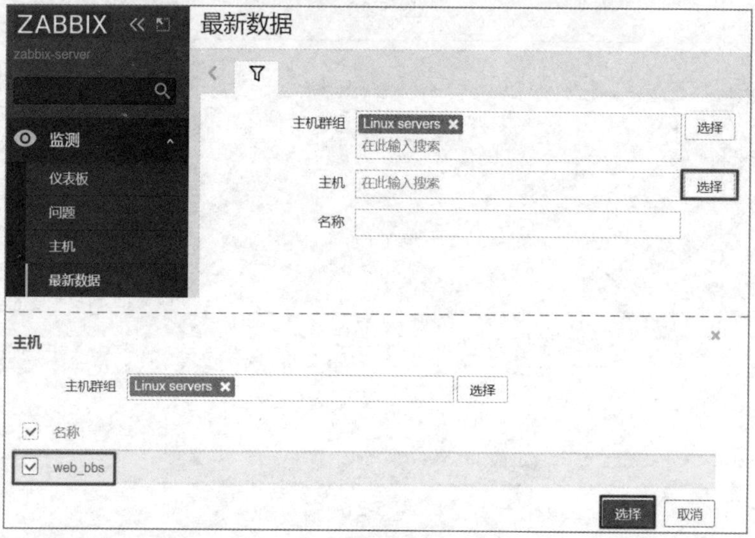

图 5-18

图 5-19

图 5-20 展示的是众多监控数据中的一部分，比如 Web 主机（192.168.0.100）的 CPU 1 分钟负载为 0.24，单击某个监控项目后面的"图形"按钮，还可以查看使用监控数据绘制的动态监控图形，如图 5-21 所示。图中的"□□"是因为当前 Zabbix 语言环境为中文而显示的乱码。如果把 Zabbix 语言环境调整为英文，则可以正常显示。如图 5-22 所示，last 代表最近一次获取的监控数据值，min、avg 和 max 分别代表当前所有数据的最小值、平均值和最大值。

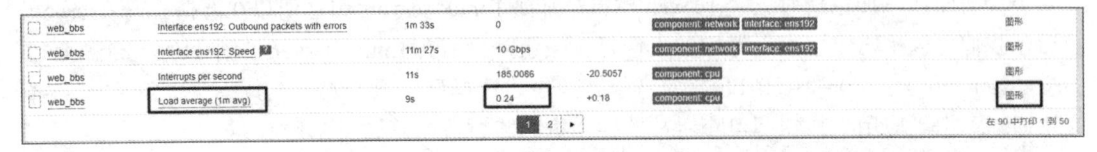

图 5-20

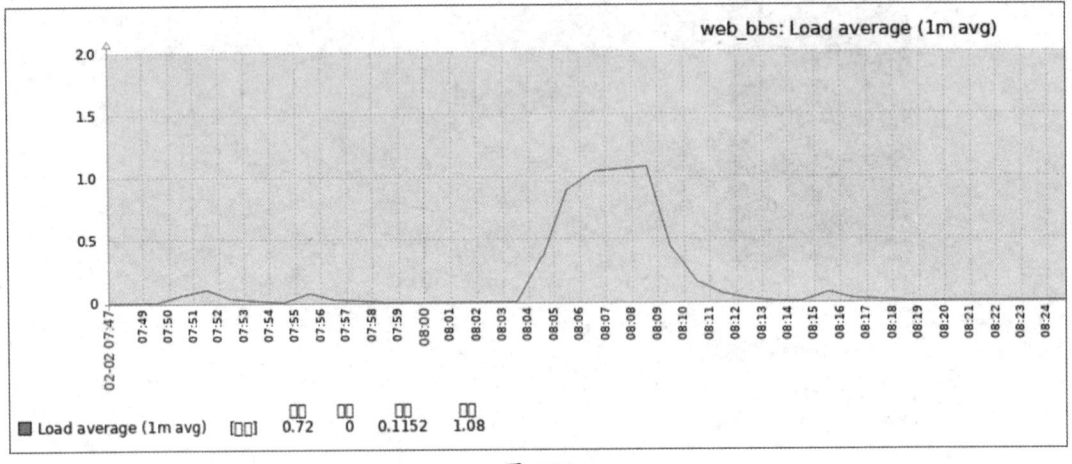

图 5-21

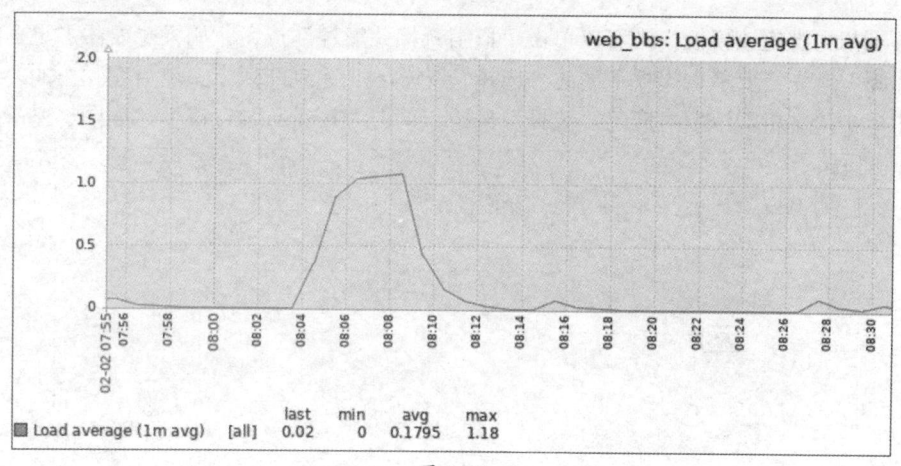

图 5-22

7. 绑定更多监控模板

前面我们通过 Zabbix 内嵌的 Linux by Zabbix agent 监控模板，就可以监控一台 Linux 主机，并获取该主机的几十项数据。Zabbix 官方团队在定义内嵌的 Linux by Zabbix agent 监控模板时，主要目的是监控一台 Linux 主机，主要监控的数据包括：Linux 系统的 CPU 负载、硬盘及分区数据、内存数据、网络流量等。但是这个模板并不能监控这台 Linux 主机上面的各种服务，比如 LAMP 服务。

在我们的实验环境中，Web 主机（192.168.0.100）就是一台 LAMP 主机，并且该 LAMP 主机上面还运行着一个论坛网址。如果我们想要监控 Apache httpd 服务，就需要给 Web 主机绑定相关的监控模板。单击"配置"菜单下面的"主机"子菜单，在右边的页面中找到需要绑定模板的主机（web_bbs），如图 5-23 所示，勾选"web_bbs"复选框即可。

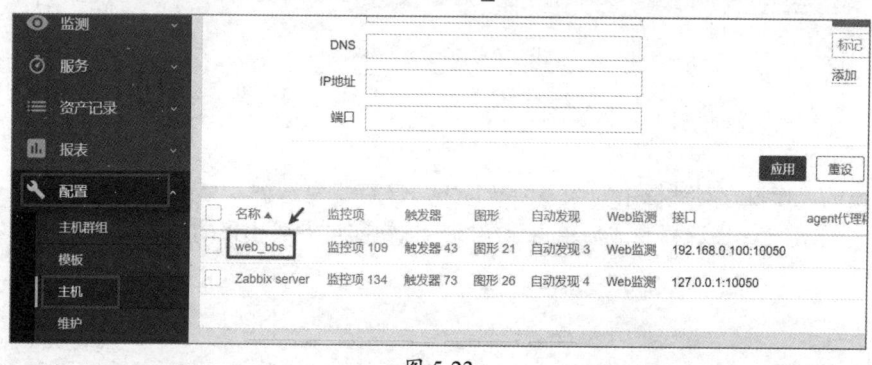

图 5-23

如果不想再绑定该模板，则可以单击"取消链接并清理"按钮。如果想要添加更多模板该如何操作呢？首先需要单击模板下面的"选择"按钮，如图 5-24 所示，然后在弹出的"模板"对话框中单击"主机群组"对应的"选择"按钮，单击"Templates"模板，如图 5-25 所示。

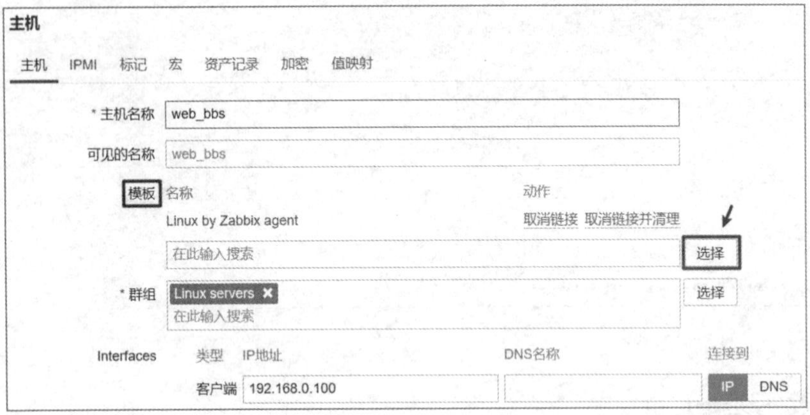

图 5-24

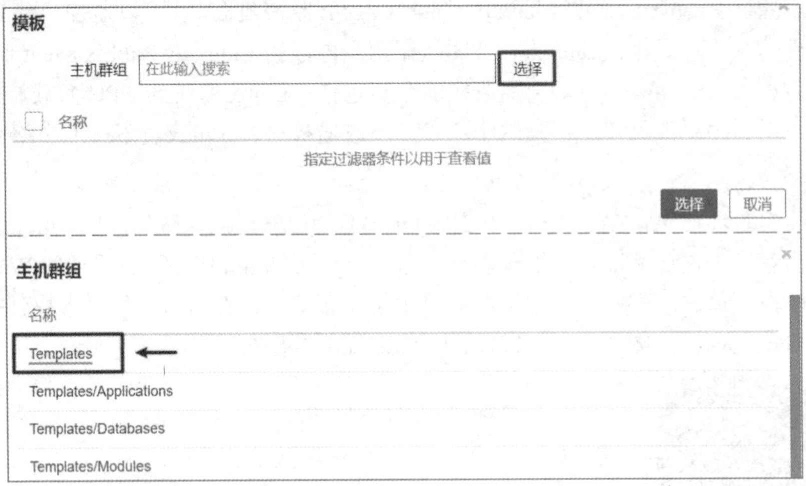

图 5-25

在弹出的"模板"对话框中勾选"Apache by HTTP"复选框，单击下方的"选择"按钮，如图 5-26 所示，在模板选择完成后单击"更新"按钮即可完成模板的绑定，如图 5-27 所示。

364

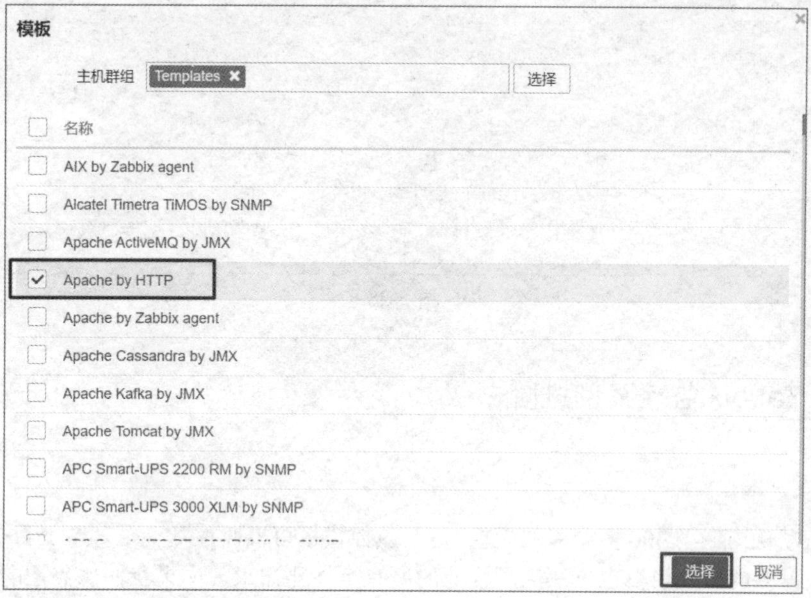

图 5-26

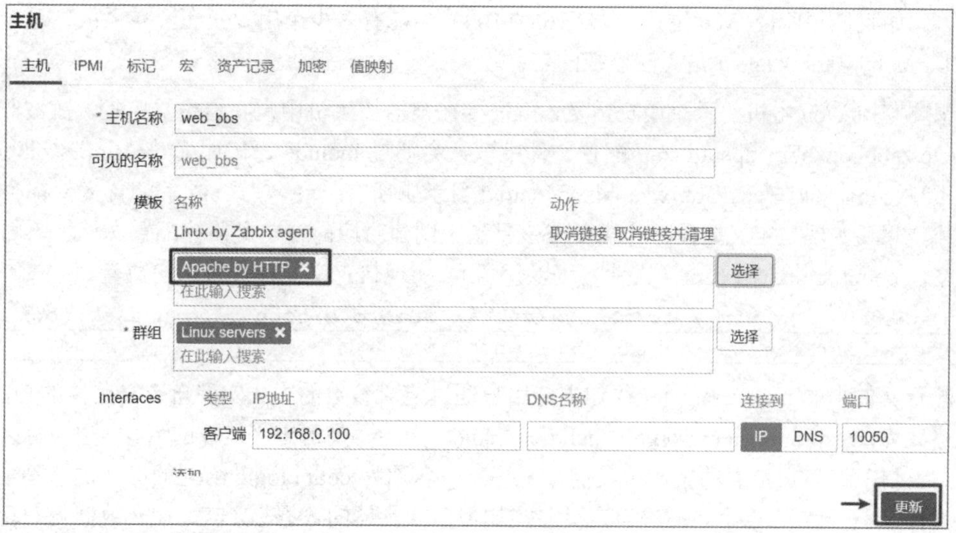

图 5-27

在绑定新的模板后，等待片刻，就可以到"监测"菜单下面的"最新数据"子菜单里面找到对应主机的最新监控数据了，如图 5-28 所示。

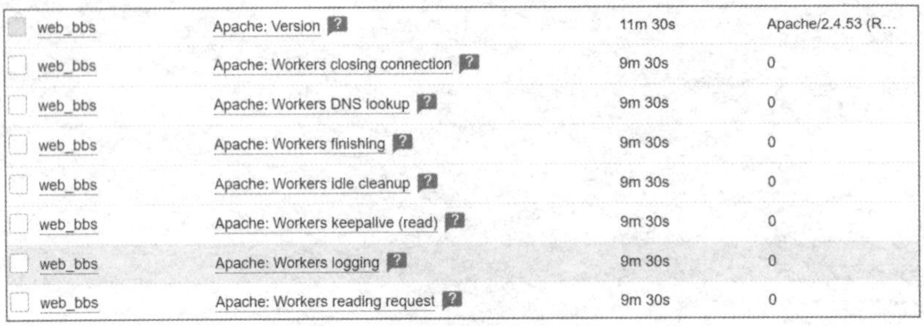

web_bbs	Apache: Version		11m 30s	Apache/2.4.53 (R...
web_bbs	Apache: Workers closing connection		9m 30s	0
web_bbs	Apache: Workers DNS lookup		9m 30s	0
web_bbs	Apache: Workers finishing		9m 30s	0
web_bbs	Apache: Workers idle cleanup		9m 30s	0
web_bbs	Apache: Workers keepalive (read)		9m 30s	0
web_bbs	Apache: Workers logging		9m 30s	0
web_bbs	Apache: Workers reading request		9m 30s	0

图 5-28

5.1.3 Zabbix 监控案例进阶

1. 自定义监控

Zabbix 默认内嵌了 300 多个监控模板，每个监控模板可以监控几十个甚至上百个监控数据。但是，内嵌再多的监控模板也无法满足企业的所有个性化需求。如果我们想监控的数据在默认内嵌的监控模板中没有，该如何监控呢？Zabbix 除了可以使用默认的监控模板，还可以自定义监控。比如我们想监控 Web 主机（192.168.0.100）当前有多少个用户正在登录系统，这个数据使用 Linux by Zabbix agent 是无法监控的。

想要监控 Web 主机的登录用户数量，就需要在被监控主机中定义自定义监控。在被监控主机的/etc/zabbix/zabbix_agentd.conf 配置文件中默认会通过 Include 语句加载/etc/zabbix/zabbix_agentd.d/*.conf，即在/etc/zabbix/zabbix_agentd.d 目录中所有扩展名为 conf 的配置文件都会被自动加载。想要实现自定义监控，就需要在该目录中创建对应的自定义监控配置文件。下面创建配置文件 count.login.user.conf（文件名可以任意），实现自定义监控登录用户数量。

```
[root@bbs ~]# vim /etc/zabbix/zabbix_agentd.d/count.login.user.conf
UserParameter=count.login.user,who | wc -l
```

配置文件中的 UserParameter 语句支持用户通过定义参数的方式实现自定义监控的功能，其语法格式为 UserParameter=<key>,<shell command>。<key>是自定义监控的名称，也被称之为键（键名可以任意）。在上面的案例中我们定义了一个名称为 count.login.user 的键（键名不一定和配置文件名称一致），这个名称的自定义监控如何监控具体的数据，又监控什么数据呢？逗号后面的<shell command>就是具体的监控命令，简单的命令可以直接写在配置文件中，对于复杂的、一条命令无法实现的监控，我们还可以提前编写一个脚本，在配置文件中的逗号后面加上脚本路径和名称即可。在上面的案例中，我们通过 who | wc -l 统计系统登录的用户数量，who 命令可以查看当前登录用户的具体信息，wc -l 可以统计有多少行，有多少行就代表有多少个登录记

录。在编写完自定义监控配置文件后，我们还需要重启 zabbix-agent，让新的配置文件生效。

```
[root@bbs ~]# systemctl restart zabbix-agent        #重启服务
```

在被监控主机定义好自定义监控之后，管理员需要使用浏览器登录 Zabbix 监控服务器，配置监控服务器获取监控数据。在监控服务器上面需要自定义一个新的监控模板，在监控模板中添加监控项目，这个监控项目会调用上面创建的自定义监控，执行对应的监控命令，获取监控数据。

使用浏览器访问示例网站[1]，单击"配置"菜单下面的"模板"子菜单，在右边的页面中单击"创建模板"按钮，如图 5-29 所示。

图 5-29

在弹出的"模板"对话框中，在"模板名称"的位置添加任意名称，这里填写的是"monitor login，"可以在"描述"后面填写这个监控模板相关的描述信息（非必需操作），如图 5-30 所示。单击"群组"后面的"选择"按钮，在弹出的"主机群组"对话框中将我们定义的监控模板加入一个群组，默认勾选的是"Templates"复选框，单击"选择"按钮，我们将自定义的监控模板加入该群组，如图 5-31 所示。在选择群组后，单击"添加"按钮即可完成自定义监控模板的创建，如图 5-32 所示。

图 5-30

---

[1] 请参考链接 5-3。

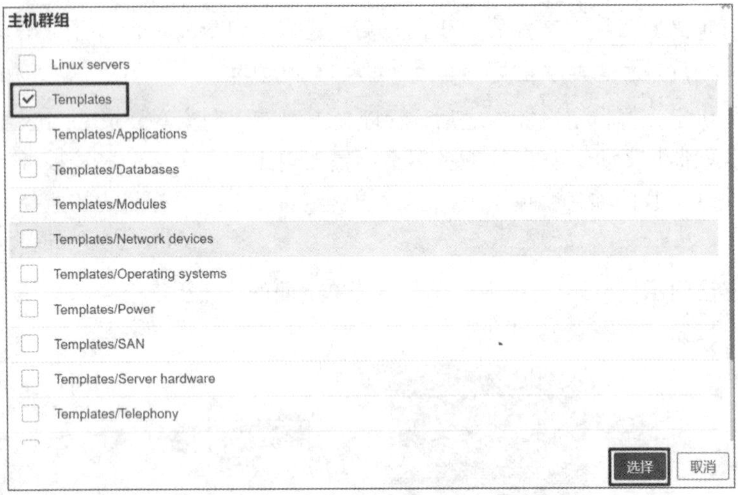

图 5-31

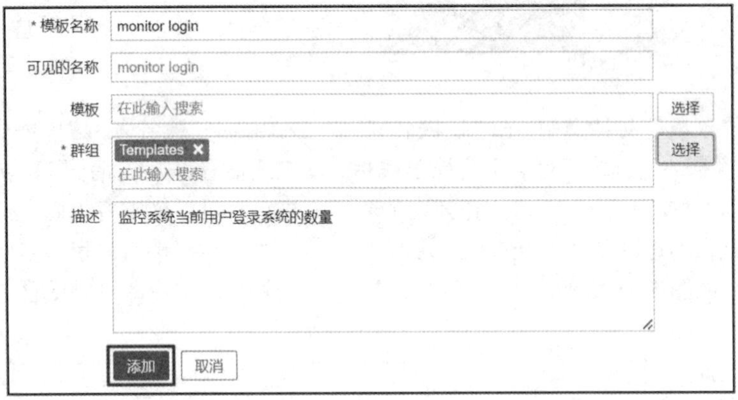

图 5-32

在创建自定义监控模板后，我们即可在"配置"菜单下面的"模板"子菜单中找到刚刚创建的模板并进行设置。在 Zabbix 中，所有模板默认是按字母顺序排序的，我们既可以慢慢找刚刚创建的模板，也可以通过名称搜索，如图 5-33 所示。在找到 monitor login 模板后可以看到该模板后面的"监控项"是空的，因此我们还需要给这个模板创建监控项。

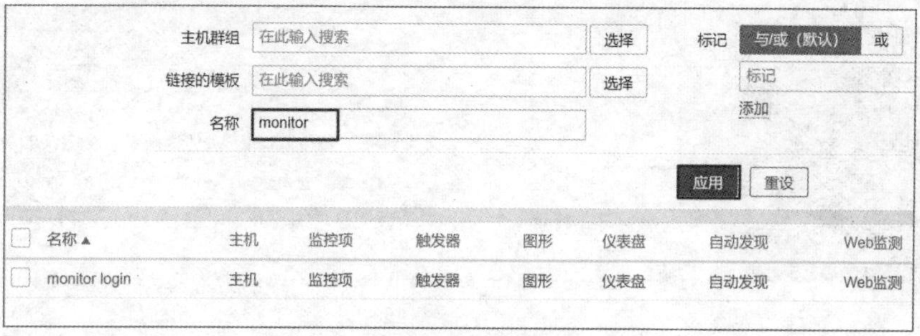

图 5-33

单击"monitor login"模板后面的"监控项"菜单，在右上角单击"创建监控项"按钮，弹出如图 5-34 所示的"监控项"对话框。参考图 5-34 填写监控项的基本信息，名称可以任意填写，监控的类型选择"Zabbix 客户端"，监控服务器会连接被监控主机的 zabbix agent 进程获取监控数据，键值是前面自定义的监控 key，这里必须和前面在被监控主机上面定义的监控 key 保持一致，其他使用默认值即可。在填写完成后，单击"添加"按钮即可在监控模板中添加监控项。

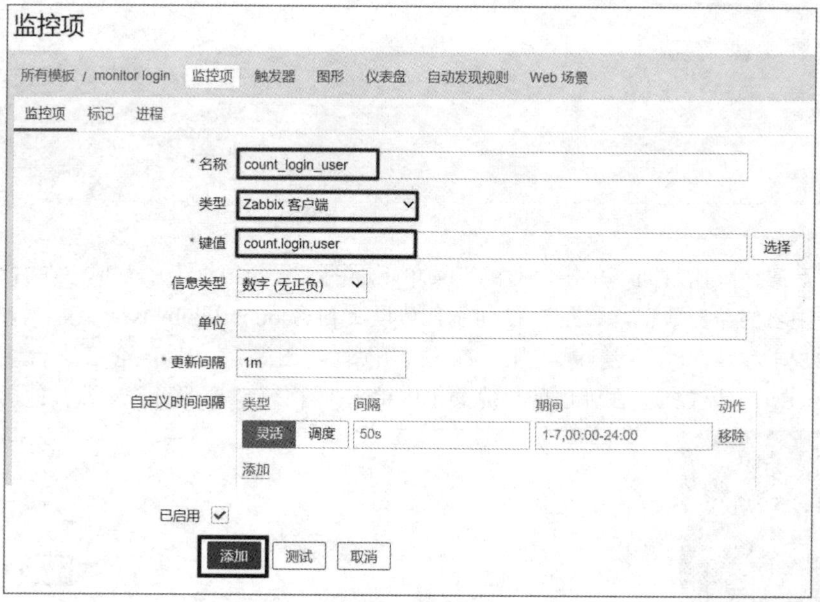

图 5-34

接下来我们需要把自己创建的监控模板和被监控主机绑定，之后就可以查看监控数据了。首先单击"配置"菜单下面的"主机"子菜单，在右边的页面中找到被监控主机，然后勾选被监控主机，如图 5-35 所示。

图 5-35

参考前面给主机绑定监控模板的步骤，选择刚刚创建的监控模板"monitor login"，单击"更新"按钮即可完成绑定，如图 5-36 所示。

图 5-36

在绑定后等待一段时间，单击"监测"菜单下面的"最新数据"子菜单，在右边的页面中搜索被监控主机的监控数据，如图 5-37 所示，可以看到"count_login_user"这个监控项当前获取的监控数据为 1，也就是说，当前有一个用户正在登录 BBS 论坛这台主机。单击"count_login_user"监控项，在弹出的快捷菜单中单击"图形"选项即可查看监控的历史数据图。

图 5-37

2. 监控报警

如图 5-38 所示，Zabbix 自带的监控模板一般都包含报警功能，在数据异常时可以给管理员发送邮件或短信。在前面的案例中我们已经学会如何根据自己的需要创建自定义监控功能，但是我们自定义的监控默认是没有触发器的，即无法实现自动报警。

问题					
时间 ▼	信息	主机	问题・严重性	持续时间	确认 动
2023-02-02 13:56:08		web_b bs	Apache: Failed to fetch status page (or no data for 30m)	11d 15m	不
2023-02-02 13:26:45		web_b bs	Apache: Process is not running	11d 44m	不
2023-02-02 13:23:46		web_b bs	Apache: Version has changed (new verslon: Apache/2.4.53 (Rocky Linux) OpenSSL/3.0.1)	11d 47m	不
2023-02-02 13:02:55		web_b bs	PHP-FPM: Service is down	11d 1h 8m	不

图 5-38

想要实现自动报警功能，需要完成三个步骤：创建触发器、设置报警的发件人和收件人、创建动作（在满足条件后需要执行的动作）。

触发器是设置报警的条件，只要满足条件就可以触发报警。我们可以根据各种条件判断是否报警，例如，硬盘或内存剩余空间不足、网卡流量异常、CPU 负载过高、服务访问异常等。前面我们已经创建了一个自定义监控项，判断当前系统登录用户数量。下面设置一个触发器，如果当前系统登录用户数量超过 5 就触发报警。首先，在"配置"菜单下面的"模板"子菜单中找到我们前面创建的监控模板。如果不好找，则可以通过名称关键词搜索，找到"monitor login"，单击后面的"触发器"选项，如图 5-39 所示。

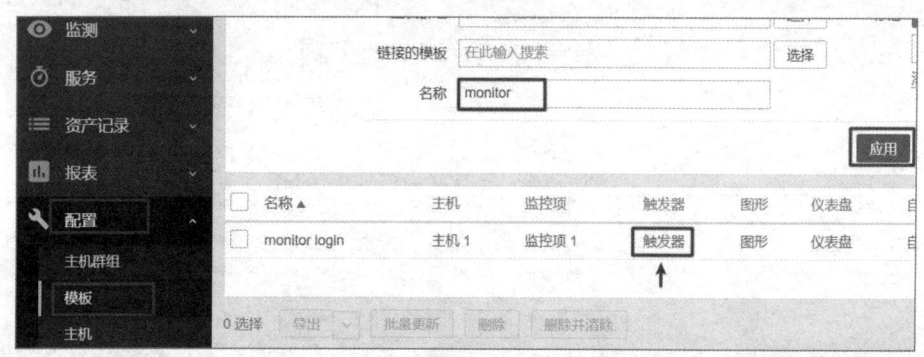

图 5-39

单击右上角的"创建触发器"按钮，填写触发器的名称（名称可以任意填写，建议让人一看到名称就明白触发器的作用），设置触发器的报警级别，这里我们设置为"警告"级别。单击"添加"按钮，添加触发器的表达式，如图 5-40 所示。

图 5-40

单击监控项后面的"选择"按钮，选中"count_login_user"监控项，我们需要根据这个监控项判断是否报警，判断是否报警的条件是获取最新的监控数据，大于 5 即报警。单击"功能"后面的下拉列表框，选中"last()-最后最近的 T 值"，将"结果"设置为">""5"，如图 5-41 所示。类似的，我们也可以根据监控的平均值、最大值、最小值等判断是否报警，条件结果可以是等于、大于或者小于。

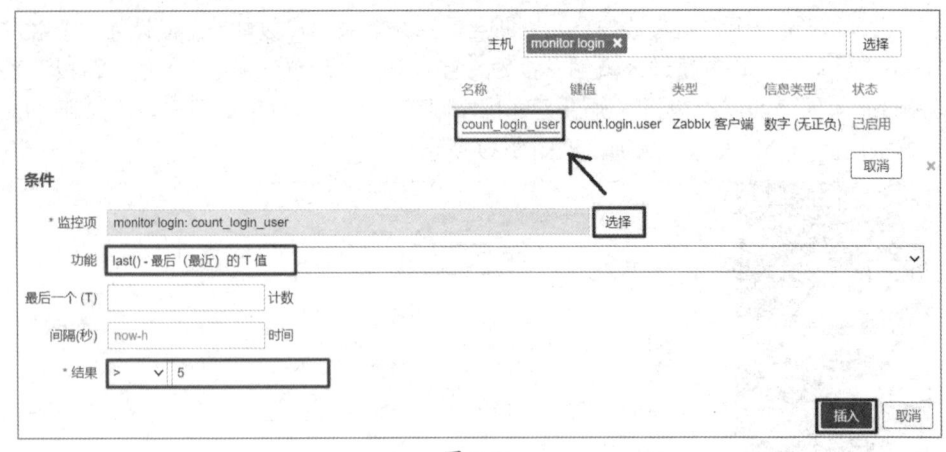

图 5-41

单击"插入"按钮，即可插入监控条件，返回创建触发器界面。在"表达式"文本框中系统会自动填写触发器表达式，单击"添加"按钮即可，如图 5-42 所示。

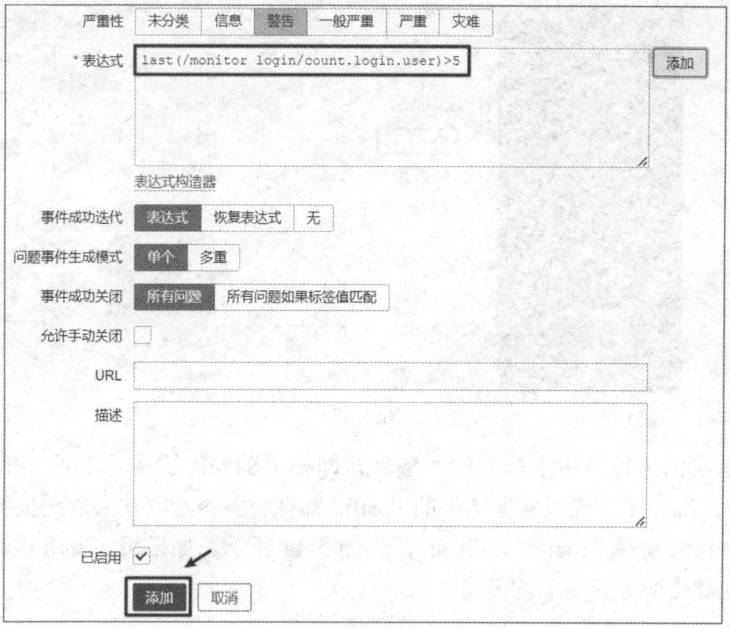

图 5-42

我们既可以使用系统自动生成的触发器表达式，也可以手动填写触发器表达式，触发器表达式的语法如下。

{<server>:<key>.<function>(<parameter>)}<operator><constant>

{<主机>:<监控 key>.<函数>(参数)}<运算符>常数

下面，我们看几个表达式的案例。

{web1:system.cpu.load[all,avg1].last(0)}>5

如果 web1 主机 CPU 的 1min 平均负载最新值大于 5，则触发状态为 Problem。

{vfs.fs.size[/,free].max(5m)}<10G

如果根分区最近 5min 的最大容量小于 10GB，则触发状态为 Problem。

{vfs.file.cksum[/etc/passwd].diff(0)}>0

如果最新一次校验/etc/passwd 与上一次校验结果相比有变化，则触发状态为 Problem。

在触发器创建完成后，我们需要设置报警的发件人和收件人（通过邮件报警），单击"管理"菜单下面的"报警媒介类型"子菜单，在右边的页面中可以看到很多报警方式，这里我们勾选"Email"复选框，设置邮件报警的发件人信息，如图 5-43 所示。

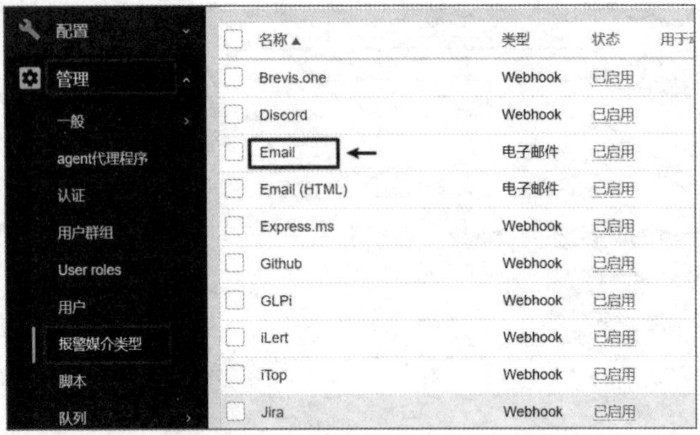

图 5-43

邮件服务器我们选择使用本机邮件服务器，即在"STMP 服务器"后面的文本框中填写"localhost"，使用 Zabbix 监控服务器本机的 Postfix 邮件服务器给收件人发送报警邮件，"SMTP 电邮"后面的发件人填写"root@localhost"，如图 5-44 所示。如果想要使用其他邮件服务器，则可以填写其他邮件服务器的基本信息。

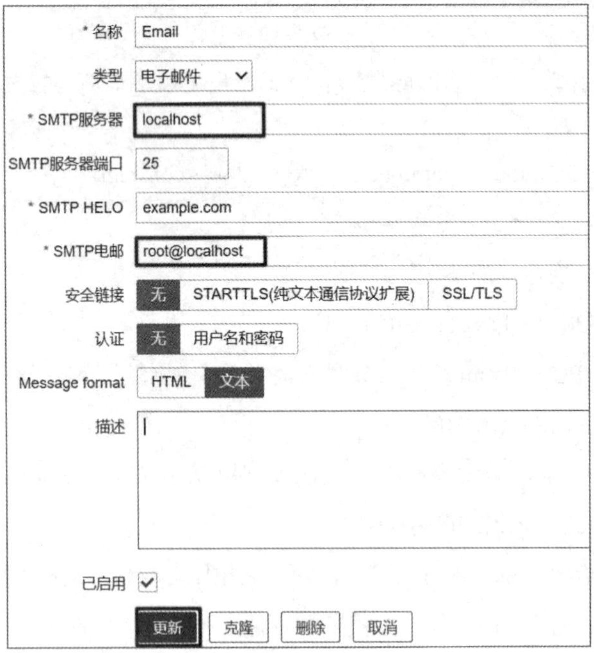

图 5-44

为了能够发送报警邮件，我们需要在 Zabbix 监控服务器（192.168.0.10）这台主机上安装

postfix 软件包，并将该服务设置为开机自启动，这样就可以向外发送电子邮件了。

```
[root@zabbix ~]# dnf -y install postfix                #安装 postfix 软件包
[root@zabbix ~]# systemctl enable postfix.service –now
```

如果不想自己搭建邮件服务器，则可以选择使用公共的邮件服务器发送报警邮件。例如，使用网易、QQ 或 Sina 这样的邮件服务器，图 5-45 展示的是网易邮件服务器的案例。

图 5-45

在发件人和邮件服务器都设置好后，填写收件人信息。单击"管理"菜单下面的"用户"子菜单，在右边的页面中勾选 Zabbix 默认自带的"Admin"复选框，如图 5-46 所示。

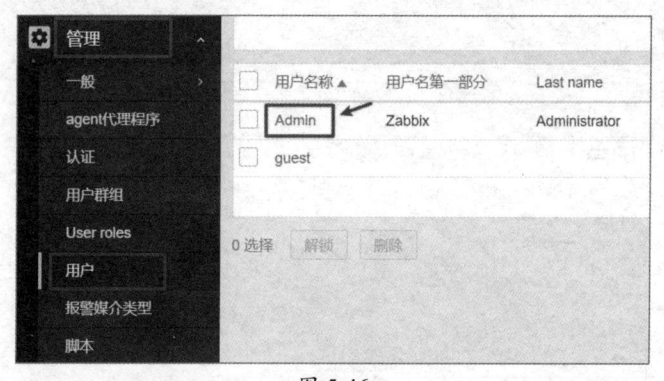

图 5-46

在弹出的"用户"对话框中，再单击"报警媒介"选项卡，单击下面的"添加"按钮，如图 5-47 所示。在弹出的"报警媒介"对话框中，报警类型选择前面修改好的 E-mail，收件人的邮箱信息根据个人实际情况填写即可（需要注意的是，有些邮箱设置有防垃圾邮件，有可能会过滤掉报警邮件，此时可以更换发件服务器或者在收件人服务器上面添加邮件白名单），报警的时间点既可以设置为周一至周日 24 小时随时接收报警邮件，也可以设置为仅周一至周五的 09:00 到 18:00 接收报警邮件。什么级别的报警需要给我们发送邮件呢？我们可以勾选所有报警级别，如图 5-48 所示，让所有级别的报警都直接发送邮件给我们。在填写完成后单击"更新"按钮即可，如图 5-49 所示。

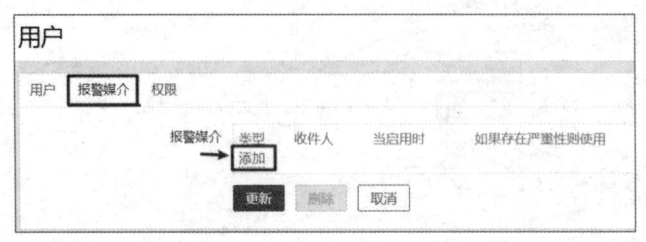

图 5-47

图 5-48

图 5-49

在触发器、收件人和发件人都配置好之后，我们还需要创建触发器对应的动作，定义一旦触发器被触发，Zabbix 需要做什么动作，是发送邮件报警，还是发送短信报警，抑或是执行一个命令。单击"配置"菜单下面的"动作"子菜单，单击"Trigger actions"选项，如图 5-50 所示。默认没有触发器动作，需要单击右上角的"创建动作"按钮，弹出"动作"对话框。

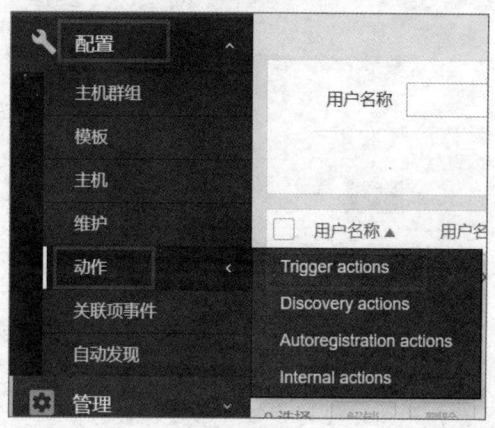

图 5-50

在"动作"选项卡中填写动作名称（名称可以任意），单击条件下面的"添加"按钮，如图 5-51 所示，设置满足什么条件会触发动作。因为是根据触发器触发动作的，所以在弹出的"新的触发条件"对话框中，类型选择"触发器"，操作者选择"等于"，单击"选择"按钮，在弹出的"触发器"对话框中勾选"login_user_gt_5"复选框，单击"选择"按钮，回到"新的触发条件"对话框，单击"添加"按钮即可，如图 5-52 所示。

图 5-51

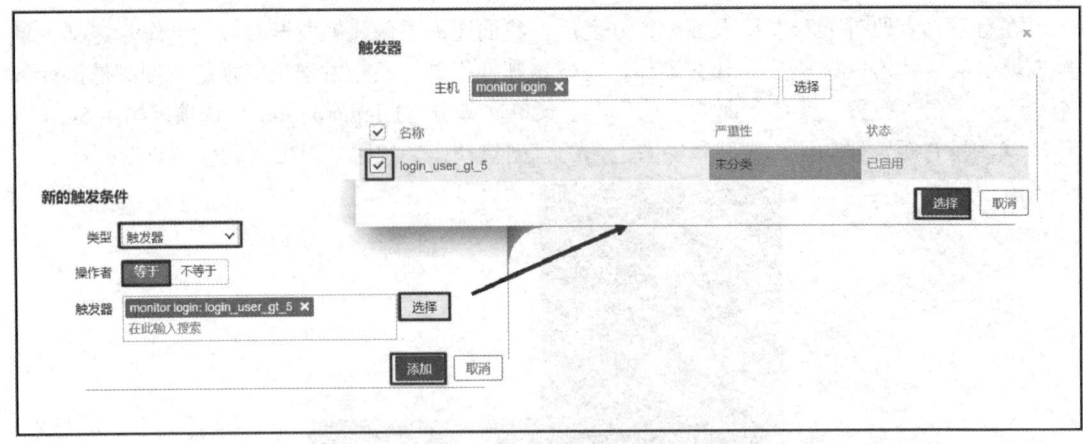

图 5-52

在设置好触发条件后，单击"操作"选项卡下面的"添加"按钮，如图 5-53 所示。在弹出的"操作细节"对话框中设置具体的操作动作。"步骤"设置为"1"到"0"，代表报警的次数，0 代表一直报警直到问题解决，也可以设置报警 3 次或报警 5 次。"步骤持续时间"是间隔多久报警一次（这里为了快速看到报警结果，我们设置为 60s，在生产环境中可以设置为 5min 或者 15min 报警一次）。"Send to users"用来设置将报警发送给哪个用户，单击"添加"按钮，在弹出的"用户"对话框中勾选前面设置好的"Admin"用户，单击"选择"按钮，回到"操作细节"对话框，如图 5-54 所示。单击"Add"按钮，即可回到"操作"选项卡，如图 5-55 所示。

图 5-53

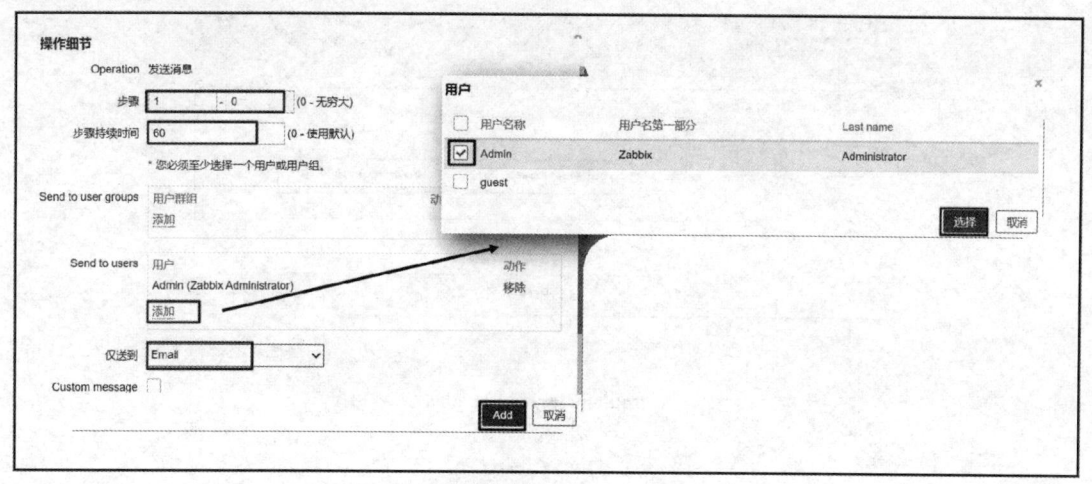

图 5-54

图 5-55

在触发器、收件人信息、发件人信息、触发器动作都设置完成并确定正常后，我们可以使用 SSH 远程连接被监控主机（192.168.0.100），需要多登录几次，让登录用户次数超过 5，稍后即可在对应的收件人邮箱中找到对应的报警信息，如图 5-56 和图 5-57 所示。

图 5-56

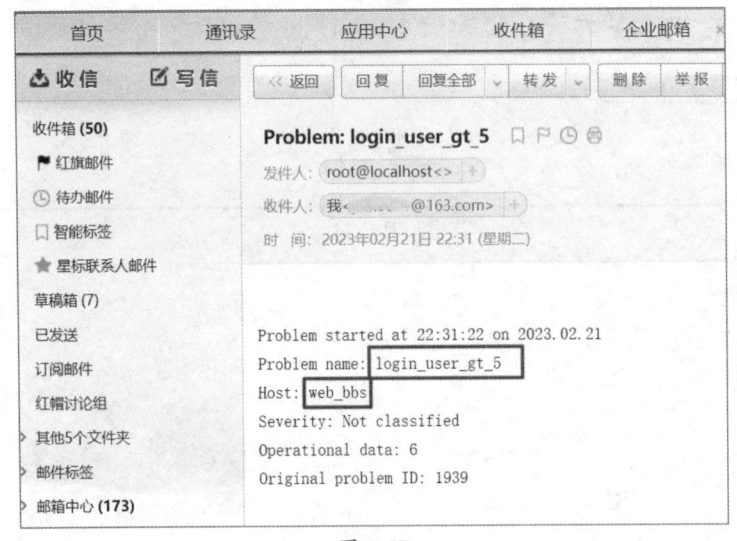

图 5-57

3. 自动发现监控主机

当 Zabbix 需要监控的设备越来越多时，手动添加监控设备越来越有挑战，此时，可以考虑使用自动发现功能，自动添加被监控主机，即实现自动批量添加一组监控主机的功能。

自动发现功能包括：自动发现并添加主机、自动添加主机到组、自动绑定模板到主机，以及自动创建监控项目与图形等。

完成自动发现功能需要两个步骤，第一步是创建自动发现的规则，监控服务器根据什么条件做自动发现的扫描。例如，根据被监控主机能否 ping 通；根据被监控主机是否安装了 zabbix_agent、是否监听了 10050 端口；扫描其他服务器的端口，只要扫描到满足条件的主机即可使用自动发现功能。第二步是创建自动发现对应的动作。

前面我们准备的实验环境除了 Zabbix 监控服务器（192.168.0.10）和被监控 Web 服务器（192.168.0.100），还有一台数据库服务器（192.168.0.101），在数据库服务器这台主机上我们安装部署了 MySQL 服务并监听了 3306 端口，下面我们就通过自动发现功能自动添加被监控主机并绑定 Linux by Zabbix agent 监控模板。

单击"配置"菜单下面的"自动发现"子菜单，单击右上角的"创建发现规则"按钮，如图 5-58 所示。

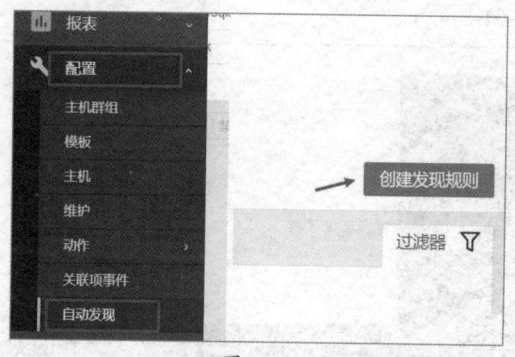

图 5-58

在弹出的"自动发现规则"对话框中填写自动发现规则的名称（名称可以任意）和 IP 地址范围。这里填写的 IP 地址范围为 192.168.0.100-254（需要根据自己的实际网络环境填写 IP 地址范围）。本案例设计的数据库主机是 192.168.0.101，Zabbix 会扫描的 IP 地址范围是 192.168.0.100-254 之间的所有主机，在生产环境中扫描的更新间隔默认为 1h，这里我们为了更快地看到实验效果，将更新间隔设置为 60s。单击"添加"按钮，在弹出的"自动发现检查"对话框中设置扫描的检查条件，检查类型为 TCP，因为要监控数据库，所以端口范围为 3306，单击"添加"按钮，如图 5-59 所示。

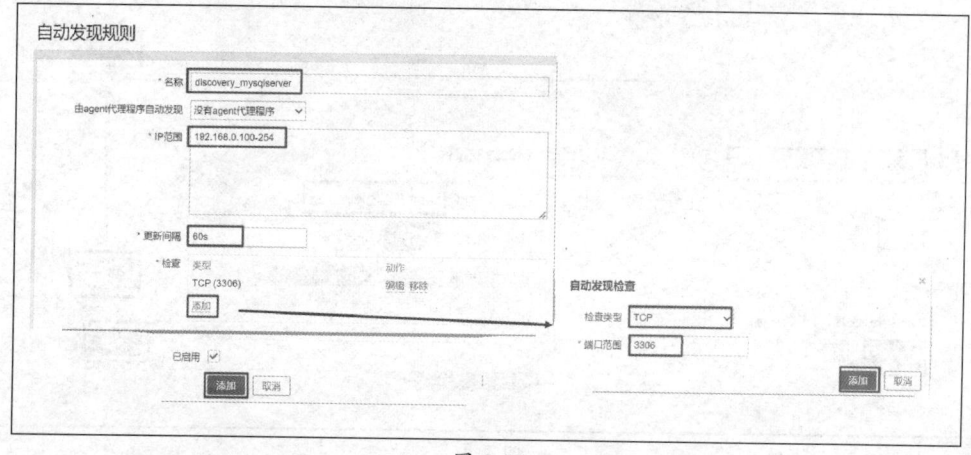

图 5-59

在创建自动发现规则后，还需要创建自动发现的动作。单击"配置"菜单下面的"动作"菜单，单击上角的"创建动作"按钮，如图 5-60 所示。在弹出的对话框中填写动作名称（名称可以任意），单击"条件"下面的"添加"按钮，在弹出的"新的触发条件"对话框中设置"类型"为"自动发现规则"，"操作者"为"等于"，自动发现规则为"discovery_mysqlserver"，单击"添加"按钮，如图 5-61 所示。

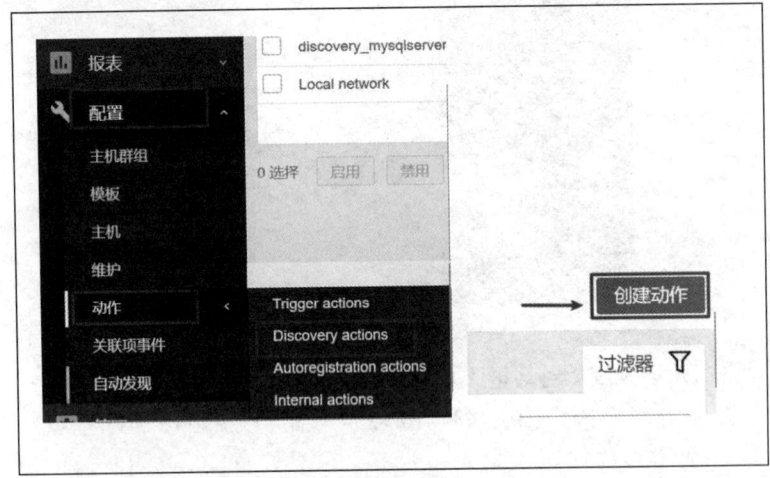

图 5-60

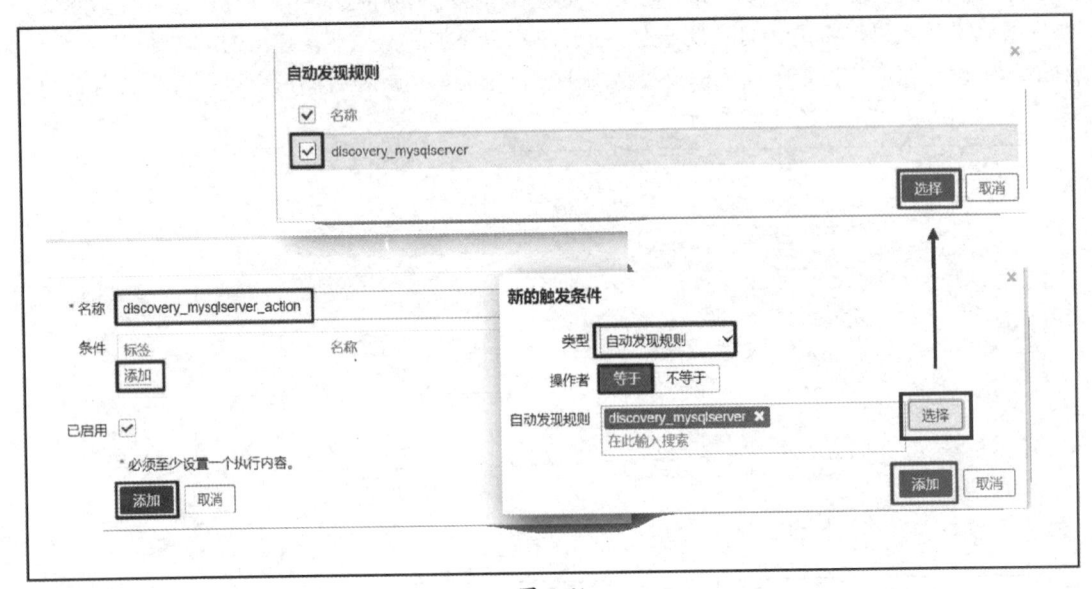

图 5-61

单击"操作"选项卡下面的"添加"按钮，在弹出的"操作细节"对话框中设置具体的操作动作，将"Operation"设置为"添加到主机群组"，将"主机群组"设置为"Linux servers"，单击"Add"按钮，如图 5-62 所示。

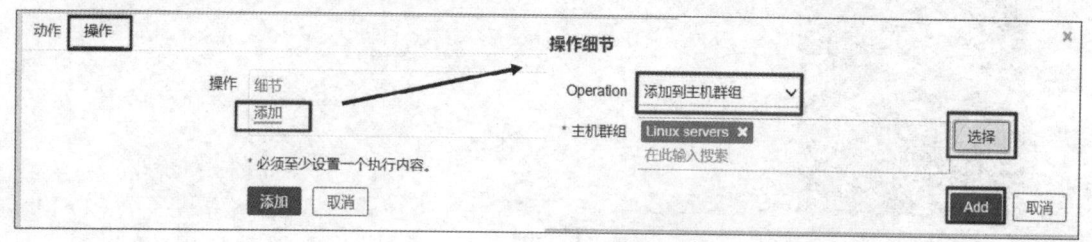

图 5-62

再次单击"添加"按钮，将"Operation"设置为"与模板关联"，将模板设置为"Linux by Zabbix agent"，如图 5-63 所示。

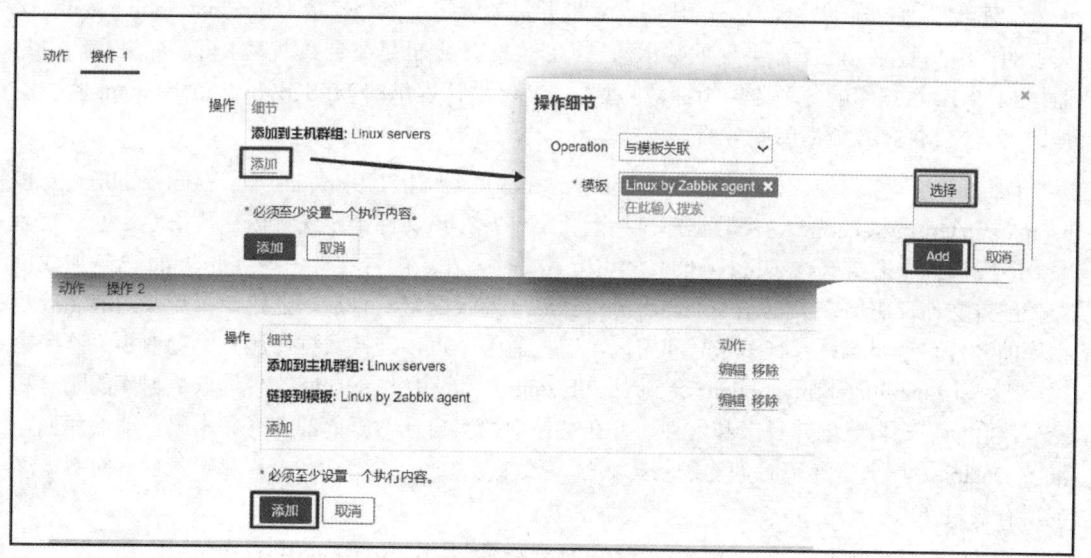

图 5-63

至此每隔 60s Zabbix 就会自动扫描一遍 192.168.0.100-254 之间的所有主机，检查这些主机是否开启了 3306 端口，如果开启了，则自动将主机添加到服务器组，并自动给该主机绑定监控模板。一段时间后，单击"配置"菜单下面的"主机"子菜单，在右边的页面中即可找到自动添加的主机。如果我们给计算机提前做了域名解析，则自动发现的主机会直接匹配域名。如果没有域名，则添加的是主机的 IP 地址，如图 5-64 所示。

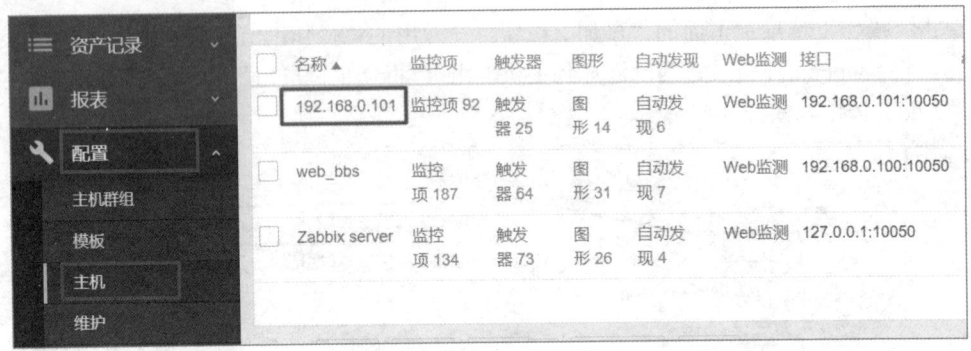

图 5-64

4. 监控 MySQL 数据库

前面我们通过自动发现添加了数据库主机并自动绑定了监控模板 Linux by Zabbix agent，该模板的作用是监控 Linux 服务器的数据信息。Database 主机是一台数据库主机，如果我们需要监控 MySQL 数据库的各项监控指标，则通过 Zabbix 默认提供的 MySQL by Zabbix agent 监控模板即可监控 MySQL 数据库服务器。

Database 被监控主机安装了 zabbix-agent 后会自动生成 /usr/share/doc/zabbix-agent/userparameter_mysql.conf 这个数据库监控配置文件，在该文件中定义了监控数据库数据的具体命令。我们首先需要修改 zabbix-agent 的主配置文件，在主配置文件中通过 Include 语句加载该监控配置文件。在加载了 userparameter_mysql.conf 监控配置文件后，监控命令需要知道连接数据库的账号和密码，只有有了账号和密码，监控命令才可以连接数据库服务，查询相关监控数据。默认 userparameter_mysql.conf 会到 /var/lib/zabbix 目录中的 .my.cnf 文件读取数据库的账号和密码，我们需要自己创建目录和文件，并在文件中填写自己数据库的账号和密码。前面我们在准备 Database 服务器环境时创建了 test 账号，该账号的密码为 test，授权该账号拥有对数据库的所有权限。

```
[root@database ~]# vim /etc/zabbix/zabbix_agentd.conf   #修改主配置文件
#可以在配置文件末尾添加如下内容：
#也可以在 323 行左右和其他 Include 语句写在一起
Include=/usr/share/doc/zabbix-agent/userparameter_mysql.conf
[root@database ~]# vim /etc/zabbix/zabbix_agentd.conf   #修改主配置文件
[root@database ~]# mkdir /var/lib/zabbix/              #创建目录
[root@database ~]# vim /var/lib/zabbix/.my.cnf         #新建文件，内容如下
[client]
user=test
```

```
password=test
[root@database ~]# systemctl restart zabbix-agent.service   #重启服务
```

在被监控主机（192.168.0.101）完成以上操作后，我们还需要回到 Zabbix 监控 Web 页面，给被监控主机（192.168.0.101）绑定新的 MySQL by Zabbix agent 监控模板。

单击"配置"菜单下面的"主机"子菜单，在右边的页面中找到 Database 主机（192.168.0.101），并勾选该主机，如图 5-65 所示。在弹出的"主机"对话框中单击模板后面的"选择"按钮，如图 5-66 所示。在弹出的"模板"对话框中勾选"MySQL by Zabbix agent"复选框，如图 5-67 所示，单击"选择"按钮，返回如图 5-66 所示页面后单击"更新"按钮，如图 5-68 所示。

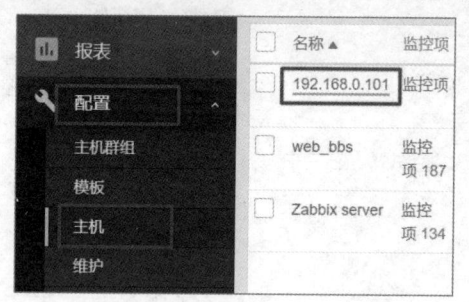

图 5-65

图 5-66

图 5-67

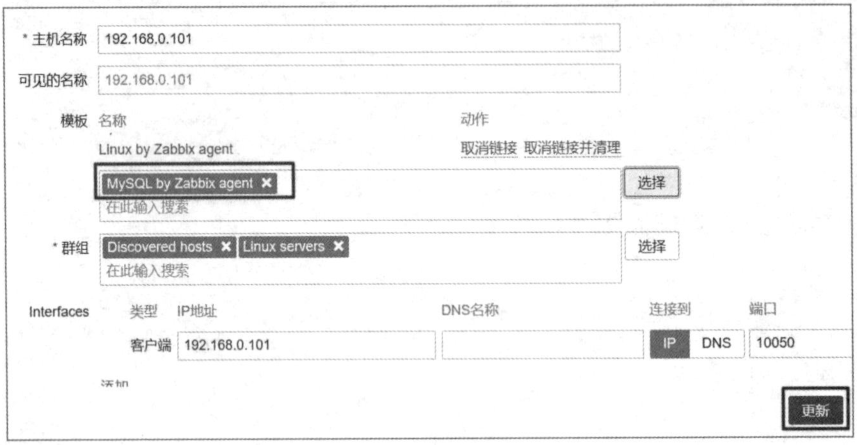

图 5-68

在正确绑定模板后，等待一段时间，就可以在"监测"菜单下面的"最新数据"子菜单中查看相关监控数据了，如图 5-69 和图 5-70 所示。单击具体监控数据后面的"图形"选项，即可看到如图 5-71 所示的监控折线图。

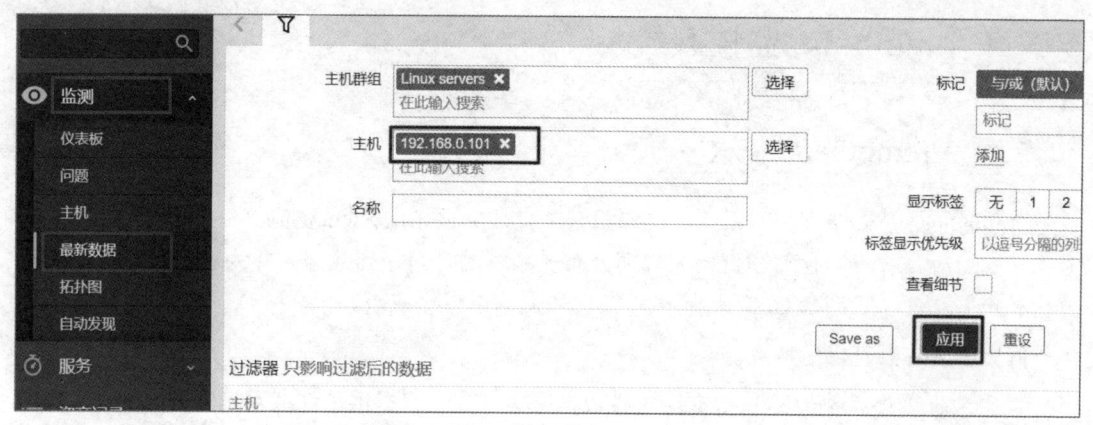

图 5-69

图 5-70

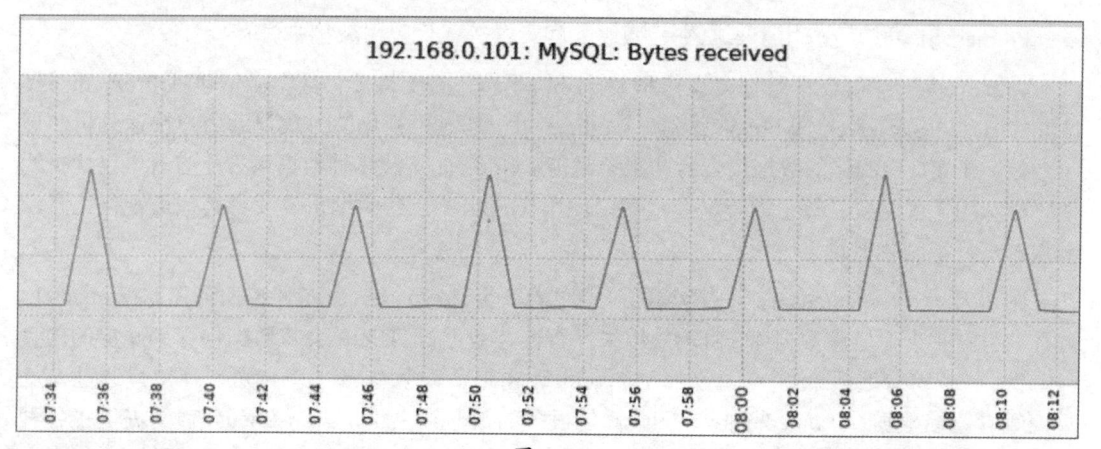

图 5-71

5.2 Prometheus 监控系统

5.2.1 Prometheus 简介

Prometheus 是一个开源的系统监控和报警工具，它最初由 SoundCloud 开发并于 2012 年开源。它的目标是收集、存储和查询大规模分布式系统的时间序列数据，并为这些数据提供实时分析和报警功能，它结合 Grafana 还可以实现数据的可视化效果。

Prometheus 具有以下特点。

◎ 数据采集：Prometheus 支持多种数据采集方式。它提供了许多常见的 exporter（导出器），可以方便地从其他系统中收集数据。

◎ 查询语言：Prometheus 提供了一种名为 PromQL 的查询语言，可以对存储在 Prometheus 中的时间序列数据进行实时查询和聚合操作。PromQL 支持各种运算符、函数和表达式，使得查询和分析数据变得非常方便。

◎ 实时报警：Prometheus 可以对时间序列数据进行实时监控，并在特定条件下触发报警功能。报警规则可以使用 PromQL 表达式定义，支持多种报警通知方式，例如，电子邮件、短信、钉钉报警等。

◎ 可扩展性：Prometheus 可以轻松地扩展到大规模的分布式系统，支持水平扩展和集群部署，同时具有良好的性能和稳定性。

Prometheus 可广泛应用于云原生、微服务和容器等现代应用架构中。

Grafana 是一个开源的数据可视化和监控分析平台，它支持多种数据源，包括 Prometheus、InfluxDB、Elasticsearch 和 Graphite 等。Grafana 可以通过可视化的方式帮助用户快速分析和展示数据，并支持定制化的数据仪表盘和报警功能。Grafana 支持多种数据可视化方式，包括折线图、柱状图、仪表盘、热力图等。用户可以使用 Grafana 自带的编辑器或者其他可视化工具，对数据进行定制化展示。

图 5-72 是 Prometheus 的监控架构图，中间的 Prometheus server 是监控服务器。Prometheus 监控软件自带一个时序数据库 TSDB（用来保存监控数据），TSDB 会将数据保存到底层的磁盘（HDD）或者固态硬盘（SSD）中。Prometheus 还自带了一个 Web 服务，可以让用户通过 Web 页面查看监控数据。Prometheus targets 就是很多的被监控主机，Prometheus 官网提供了各种 exporter，例如，node_exporter（导出 Linux 主机的数据信息）、mysqld_exporter（导出 MySQL 数据库的信息）等。被监控主机在安装这些导出器并启动服务后，Prometheus server 监控服务

器就可以连接被监控端的 export 启动的端口拉取监控数据，将数据保存到数据库。如果被监控主机比较多，让监控服务器一个一个连接被监控主机拉取数据，效率就会变低，因此，还可以专门安装一个 Pushgateway（推送网关），这样所有被监控主机就可以直接将自己的监控内容统一发送给推送网关，监控服务器只需连接推送网关拉取数据即可。当被监控主机较多时，Prometheus 也支持自动发现功能。Prometheus 虽然自带了一个 Web 服务，可以让用户通过网页查看监控数据，但是自带的 Web 服务不支持数据可视化，我们不仅需要监控，还需要将监控的数据绘制成我们需要的图形。Grafana 就是这样的软件，它可以读取 Prometheus 监控数据库中的监控数据，并将这些数据绘制成图形。如果我们需要报警功能，则还可以通过 Alertmanager 组件实现报警功能。注意，Pushgateway、Grafana 和 Alertmanager 都不是必需的组件，管理员可以根据自己的需要安装对应的组件。

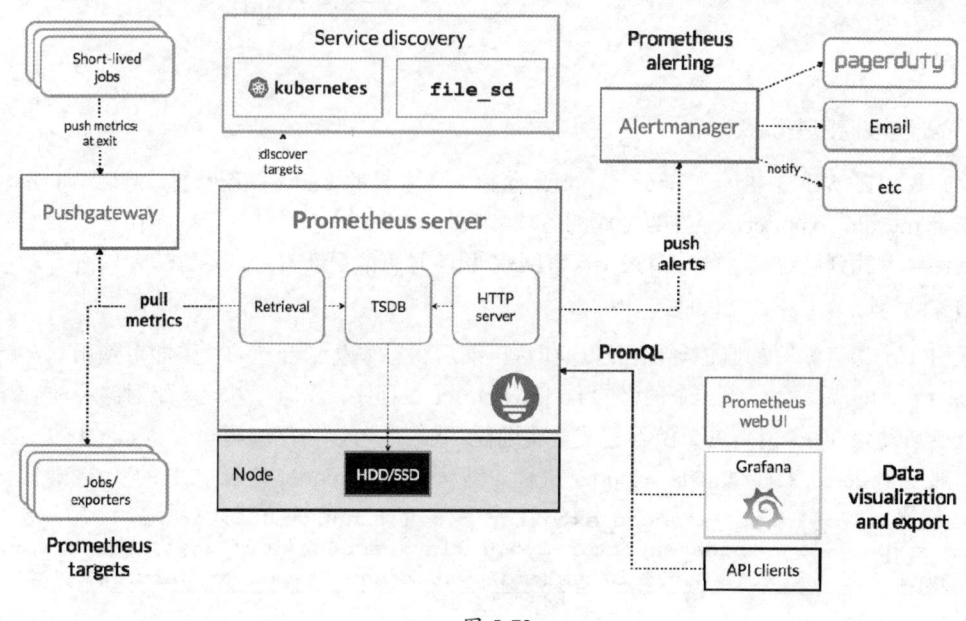

图 5-72

5.2.2 Prometheus 监控应用案例

延续前面 Zabbix 监控案例使用的服务器架构，图 5-73 是监控案例示意图，整体结构是采用一台 Prometheus 和 Grafana 监控主机动态监控两台服务器，即 Web 服务器和数据库服务器。在案例环境中，管理员从 Office_PC 这台计算机上通过浏览器访问 Prometheus 和 Grafana 监控主机提供的 Web 页面，查看 Web 服务器和数据库服务器的监控数据图表。

图 5-73

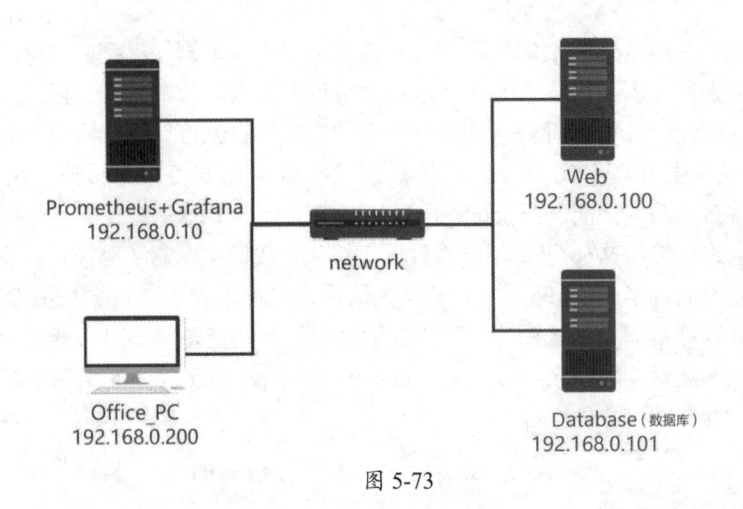

1. 安装被监控主机软件

首先我们在 Web 主机安装 node_exporter 监控这台主机的 Linux 系统数据，然后给 Database 主机安装 mysqld_exporter，监控数据库的各项参数。所有软件包均可以在官网找到，请提前将相关软件包下载到系统账号的家目录中。官网软件[1]随时可能更新升级，各位读者朋友可以根据自己的实际情况，下载合适的版本即可。

采用 Go 语言编写的监控导出器程序在解压缩后将它移动到合适的位置即可使用。在解压缩 node_exporter 后，会包含一个同名的 node_exporter 主程序，我们可以使用绝对路径或者相对路径直接启动该程序，但是这么做不方便管理进程。我们还可以自己编写一个 systemd 的 service 文件，通过 systemd 来管理 node_exporter 进程，默认 node_exporter 监听 TCP 的 9100 端口。

```
[root@bbs ~]# tar -xf node_exporter-1.5.0.linux-amd64.tar.gz
[root@bbs ~]# mv node_exporter-1.5.0.linux-amd64 /usr/local/node_exporter
[root@bbs ~]# vim /usr/lib/systemd/system/node_exporter.service
[Unit]
Description=node_exporter
After=network.target
[Service]
Type=simple
ExecStart=/usr/local/node_exporter/node_exporter
[Install]
WantedBy=multi-user.target
[root@bbs ~]# systemctl enable node_exporter --now
```

---

[1] 请参考链接 5-4。

```
[root@bbs ~]# ss -ntulp |grep export
tcp    LISTEN  0       4096                    *:9100           *:*
users:(("node_exporter",pid=3870,fd=3))
[root@bbs ~]# firewall-cmd --permanent --add-port=9100/tcp
success
[root@bbs ~]# firewall-cmd --reload
success
```

这里假设我们已经拥有了一台名称为 Database 的数据库主机，并且该主机上面已经正常运行了 MySQL 数据库服务。接下来我们为 Database 被监控主机安装、配置 mysqld_exporter。与 node_exporter 相比，需要为 mysqld_exporter 额外创建一个保存数据库信息的配置文件，否则该导出器无法使用正确的账号连接正确的数据库服务并获取监控数据。下面的案例假设 MySQL 数据库已经创建了一个数据库账号 test，该账号的密码为 test。为了保护数据安全，我们会创建一个隐藏文件来存储数据库的基本信息。mysqld_exporter 在启动后会监听 TCP 的 9104 端口。

```
[root@database ~]# tar -xf mysqld_exporter-0.14.0.linux-amd64.tar.gz
[root@database ~]# mv mysqld_exporter-0.14.0.linux-amd64 \
/usr/local/mysqld_exporter
[root@database ~]# vim /usr/local/mysqld_exporter/.my.cnf
```

```
[client]
host=127.0.0.1
port=3306
user=test
password=test
```

```
[root@database ~]# vim /usr/lib/systemd/system/mysqld_exporter.service
```

```
[Unit]
Description=node_exporter
After=network.target
[Service]
ExecStart=/usr/local/mysqld_exporter/mysqld_exporter \
--config.my-cnf=/usr/local/mysqld_exporter/.my.cnf
[Install]
WantedBy=multi-user.target
```

```
[root@database ~]# systemctl enable mysqld_exporter --now
[root@database ~]# ss -ntulp |grep export
tcp    LISTEN  0       4096                    *:9104           *:*
users:(("mysqld_exporter",pid=4056,fd=3))
[root@bbs ~]# firewall-cmd --permanent --add-port=9104/tcp
success
[root@bbs ~]# firewall-cmd --reload
success
```

2. 部署监控服务器软件

本节我们将监控服务器软件安装到 192.168.0.10 服务器，监控服务器软件包可到官方网站下载。下面假设我们已经将 Prometheus 对应 Linux 版本的 tar 包文件下载到家目录中，将下载的 tar 包解压缩并移动到合适的位置即可使用。

```
[root@prometheus ~]# tar -xf prometheus-2.42.0.linux-amd64.tar.gz
[root@prometheus ~]# mv prometheus-2.42.0.linux-amd64 \
/usr/local/prometheus
[root@prometheus ~]# ls /usr/local/prometheus/
console_libraries  consoles  LICENSE  NOTICE
prometheus  prometheus.yml  promtool
```

在 Prometheus 监控软件目录中包含一个主配置文件 prometheus.yml，我们需要修改该文件。在主配置文件中首先我们通过 scrape_configs 定义监控任务，每个监控任务都有一个 job_name（监控任务的名称，名称可以任意），接着通过 static_configs 下面的 target 定义具体的监控对象和端口。下面是修改后的主配置文件内容（默认在主配置文件中还包含很多注释行，在下面的案例中所有注释行均被忽略。Prometheus 的配置文件为 YAML 格式，YAML 格式的要求是强制对齐，一定不要修改错误。

```
[root@prometheus ~]#
[root@prometheus ~]# vim /usr/local/prometheus/prometheus.yml
global:
  scrape_interval: 15s
  evaluation_interval: 15s
alerting:
  alertmanagers:
    - static_configs:
        - targets:
rule_files:
  # - "first_rules.yml"

scrape_configs:
  - job_name: "prometheus"
    static_configs:
      - targets: ["localhost:9090"]
  - job_name: "web_192.168.0.100"          #定义新的监控任务
    static_configs:
      - targets: ["192.168.0.100:9100"]    #定义具体的被监控主机和端口
  - job_name: "database_192.168.0.101"     #定义监控任务
    static_configs:
      - targets: ["192.168.0.101:9104"]    #定义具体的被监控主机和端口
[root@prometheus ~]# vim /usr/lib/systemd/system/node_exporter.service
[Unit]
```

```
Description=Prometheus Monitoring System
After=network.target
[Service]
ExecStart=/usr/local/prometheus/prometheus \
  --config.file=/usr/local/prometheus/prometheus.yml \
  --storage.tsdb.path=/usr/local/prometheus/data/
#定义需要启动的监控主程序和需要读取的配置文件名,
[Install]
#以及获取的监控数据存储在哪个目录中
WantedBy=multi-user.target
```
```
[root@prometheus ~]# systemctl enable prometheus.service --now
[root@prometheus ~]# ss -ntulp |grep Prometheus
tcp   LISTEN 0    4096           *:9090         *:*    users:(("prometheus",pid=3113,fd=7))
[root@prometheus ~]# firewall-cmd --permanent --add-port=9090/tcp
success
[root@prometheus ~]# firewall-cmd --reload
success
```

在 Office_PC 这台计算机中使用浏览器访问 http://192.168.0.10:9090,即可查看 Prometheus 自带的监控 Web 页面,单击"Status"菜单下面的"Targets"子菜单,即可查看所有被监控主机及其状态信息,如图 5-74 所示。

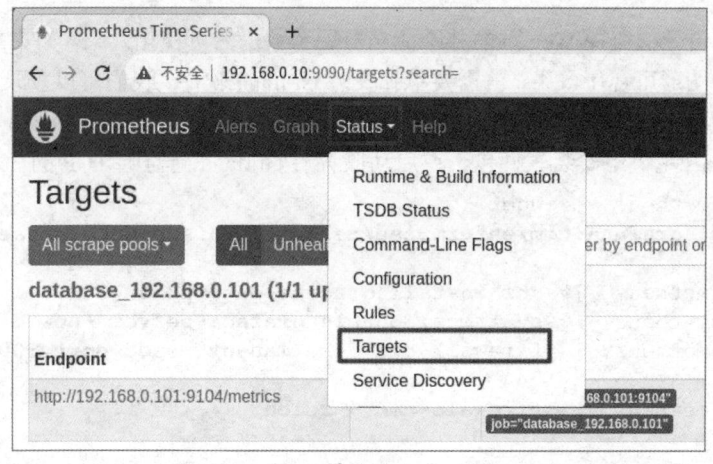

图 5-74

单击"Graph"菜单,在搜索框中可以搜索监控数据。例如,想要搜索通过 node_exporter 导出的 Linux 系统信息,我们可以搜索"node_memory_MemAvailable_bytes"(剩余可用内容,单位为字节),在输入完成后单击"Execute"按钮即可查看该监控数据。单击下面的"Graph"选项卡即可查看由监控数据绘制成的监控图形,如图 5-75 所示。

图 5-75

3. Grafana 数据可视化

Prometheus 自带的监控 Web 页面并不能充分展示数据的可视化效果，如果想要更好地展示监控数据的各种图形可视化效果，就需要单独安装 Grafana 软件。我们可以登录 Grafana 官方网站[1]找到相关下载链接，官方网站随时可能会更新软件版本，下面以 Grafana 9.3.6 为例，在监控服务器 Prometheus 主机中安装软件包，在启动服务后 Grafana 会监听 TCP 的 3000 端口。

```
[root@prometheus ~]# wget \
https://dl.grafana.com/enterprise/release/grafana-enterprise-9.3.6-1.x86_64.rpm
[root@prometheus ~]# dnf install grafana-enterprise-9.3.6-1.x86_64.rpm
[root@prometheus ~]# systemctl enable grafana-server --now
[root@prometheus ~]# firewall-cmd --permanent --add-port=3000/tcp
success
[root@prometheus ~]# firewall-cmd --reload
success
```

如果想要让 Grafana 把从 Prometheus 中读取出来的数据绘制成图形，则需要在官方网站搜索并下载自己需要的控制台模板（Dashboard templates），模板文件是 JSON 格式的，它决定了如何在 Grafana 中展示可视化效果。官方网站提供了很多模板，因为本案例监控的是 node_exporter

---

1 请参考链接 5-5。

和 mysqld_exporter 导出的系统和数据库数据信息，所以这里提前下载了三个可视化控制台模板文件：

- mysql-overview_rev5.json。
- node-exporter-for-prometheus-dashboard-based-on-11074_rev6.json。
- node-exporter-full_rev30.json。

使用浏览器访问 http://192.168.0.10:3000 就可以访问 Grafana 的 Web 页面，默认用户名和密码都是 admin，第一次登录会提示修改密码，如图 5-76 所示。

图 5-76

作为数据可视化工具，Grafana 支持多种数据源。例如，Graphite、Prometheus、Elasticsearch、MySQL、PostgreSQL 和 Splunk 等 Grafana 从这些数据源获取数据后可以将数据转换为各种样式的图形，因此在登录 Grafana 后需要做的第一件事就是给它导入数据，告诉 Grafana 到哪里获取数据。单击 "Configuration" 菜单下面的 "Data sources" 子菜单，单击 "Add data source" 按钮即可添加数据源，如图 5-77 所示。

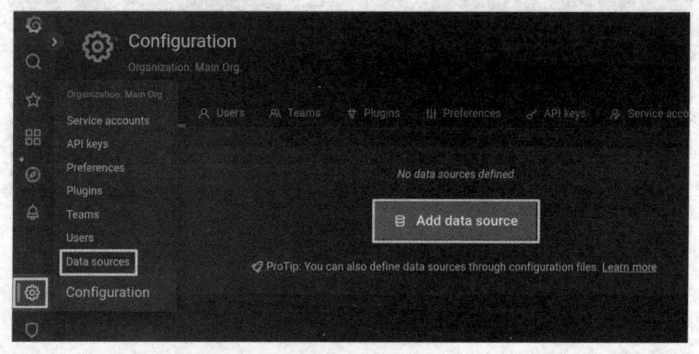

图 5-77

在所有支持的数据源中选择"Prometheus",如图 5-78 所示。单击"Settings"选项卡下面找的"URL"选项,填写 Prometheus 服务器的具体 IP 地址和端口信息(本案例为http://192.168.0.10:9000),在填写完成后单击下面的"Save &test"按钮保存设置,如图 5-79 所示。

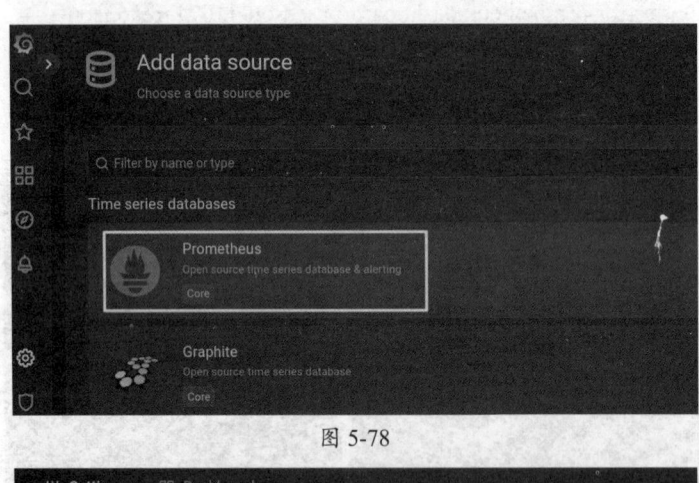

图 5-78

图 5-79

接下来单击"Dashboards"选项卡,单击"Prometheus 2.0 Stats"模板后面的"Import"按钮,如图 5-80 所示,即可导入数据。Grafana 通过 Dashboard 模板定义最终的可视化效果,不同的模板可以展示不同的可视化效果。

图 5-80

Prometheus 2.0 Stats 是 Grafana 软件内嵌的模板，如果我们想要展示更多的监控数据，就需要额外从官方网站下载更多的模板并导入 Grafana 。假设我们已经下载了 node-exporter-full_rev30.json 模板，下面通过"Dashboards"菜单下面的"Import"子菜单导入即可。单击"Upload JSON file"按钮，如图 5-81 所示，找到提前下载好的文件双击即可完成导入操作，如图 5-82 所示。

图 5-81

图 5-82

导入的模板定义了可视化效果的样式，但是可视化是以数据为基础的，我们必须告诉 Grafana 使用哪个数据源中的数据。前面我们已经配置好了一个名称为"Prometheus"的数据源，这里直接选择这个数据源，之后单击"Import"按钮导入模板，如图 5-83 所示。

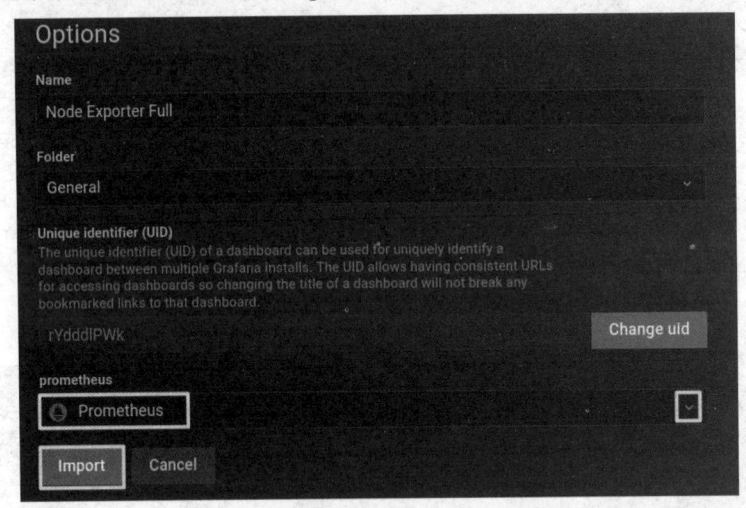

图 5-83

在成功导入模板并选择正确的数据源后就可以看到具体的可视化效果了，如图 5-84 所示。按照相同的方法继续导入"Mysql-Overview_rev5.json"模板即可查看数据库中被监控数据的可视化效果，如图 5-85 所示。

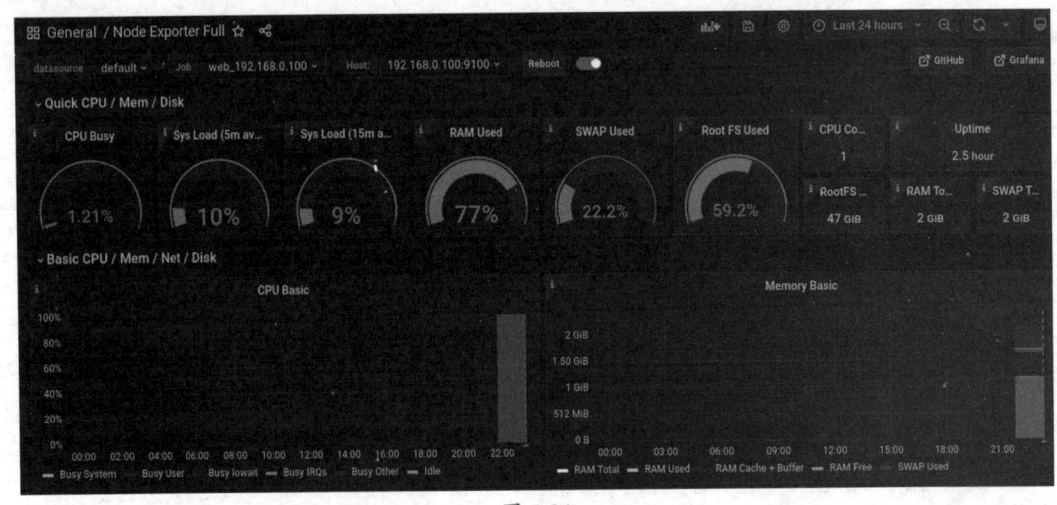

图 5-84

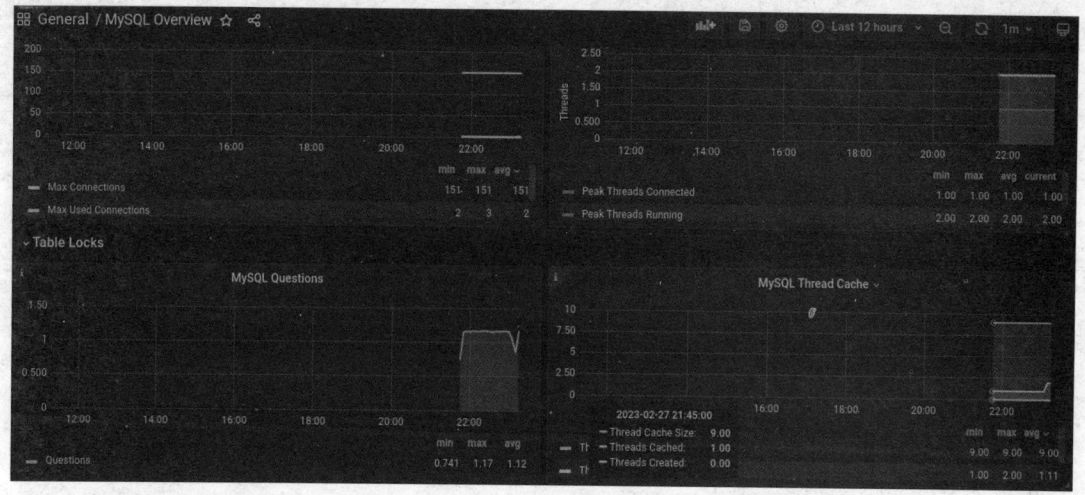

图 5-85

第 6 章 网络安全

6.1 防火墙

现代的计算机的网络环境是非常开放的，在这个开放的网络环境中，用户既可以获取大量的资讯信息，也可以更加轻松地进行社交、学习等。但这个开放的网络环境也给我们带来了一些安全隐患，在开放的同时，网络中还伴有大量的攻击、发送垃圾邮件、盗号、欺诈等行为。对于 IT 运维人员而言，如何防止自己的服务器遭受网络攻击？这需要管理员掌握扎实的安全理论基础知识和专业工具的使用技巧。想要防止遭受网络攻击，掌握网络访问控制工具的使用是至关重要的，而 netfilter、iptables 和 nftables 就是这样的工具，它们是集成在 Linux 5.14.X 版本内核中的包过滤防火墙系统。

netfilter、iptables 和 nftables 组合可以实现数据包过滤、网络地址转换和数据包管理功能。Linux 系统中的防火墙系统包括两部分：netfilter 和 iptables（nftables）。netfilter 位于内核空间中，目前是 Linux 内核的组成部分。netfilter 可以对本机所有的流入、流出、转发数据包进行查看、修改、丢弃、拒绝等操作。由于 netfilter 在内核空间中，用户通常无法接触、修改内核，此时就需要一个命令行工具。这种命令行工具有很多，比如 iptables、nftables、firewalld 等。使用 iptables 可以添加、删除具体的过滤规则，iptables 默认维护着 4 个表和 5 个链，所有防火墙规则都将被写入这些表与链中。Rocky Linux 9 系统中的防火墙模块存放在 /lib/modules/$(uname

-r)/kernel/net/netfilter 目录中，当需要某个模块功能时，可以通过 modprobe 加载该模块功能。

iptables、nftables 和 firewalld 都是用于在 Linux 系统中进行网络包过滤和防火墙配置的工具。相比较而言，iptables 和 nftables 设置防火墙规则的命令更复杂一些，而 firewalld 是一个基于 iptables 或 nftables 的前端管理工具，它提供了一组易于使用的命令和 GUI 界面来管理 Linux 防火墙规则。在 firewalld 服务的配置文件 /etc/firewalld/firewalld.conf 中，如果设置了 FirewallBackend=iptables，则说明使用的是 iptables 后端；如果设置了 FirewallBackend=nftables，则说明使用的是 nftables 后端，默认使用 nftables 后端。当用户使用 firewalld 编写防火墙规则时，firewalld 其实是调用底层的 iptables 或 nftables 类实现具体的防火墙功能的，只是这个调用过程对用户是可见的。

6.1.1　firewalld 简介

firewalld 将所有网络流量都分类汇集到 zones 中，firewalld 通过 zones 管理防火墙规则。每一个进入系统的数据包，都会首先检查它的源 IP 地址和接口（进出的网卡接口），如果源 IP 地址与某个 zone 匹配，则该 zone 中的规则将生效。每个 zone 都有开启或关闭服务和端口的列表，以实现允许或拒绝连接服务和端口。如果数据包的源 IP 地址和网卡接口都不能和任何 zone 匹配，则该数据包将匹配默认 zone，一般情况下是一个名称为 public 的默认 zone。firewalld 会提供 block、dmz、drop、external、home、internal、nm-shared、public、trusted、work 这 10 个 zone。例如，有一个数据包从 ens160 网卡进入本机，根据规则该数据包被导向到了 work 这个 zone，而在 work 这个 zone 中有允许访问 http 服务的规则，则最后该数据包将可以进入本机并访问 http 服务。

大部分 zone 都定义了自己允许或拒绝的规则，规则通过端口/协议（631/udp）或者预定义的服务（ssh）这种形式设置。如果数据包没有匹配这些允许的规则，则该数据包一般会被防火墙拒绝。但有一个名称为 trusted 的 zone，默认会运行所有数据流量，如果有一个数据包进入了该 zone，则该数据包被允许访问所有资源。

firewalld 预定义的 zone 名称及描述见表 6-1。

表 6-1

zone 名称	描　　述
trusted	允许所有入站流量
home	允许其他主机入站访问本机的 ssh、mdns、ipp-client、samba-client 或 dhcpv6-client 这些预定义服务。 在本机访问其他主机后，对方返回的入站数据不受防火墙影响，都将被允许，同时拒绝其他入站数据包

续表

zone 名称	描述
internal	允许其他主机入站访问本机的 ssh、mdns、ipp-client、samba-client 或 dhcpv6-client 这些预定义服务。 在本机访问其他主机后，对方返回的入站数据不受防火墙影响，都将被允许，同时拒绝其他入站数据包（与 home 相同）
work	允许其他主机入站访问本机的 ssh 或 dhcpv6-client 这些预定义服务。 在本机访问其他主机后，对方返回的入站数据不受防火墙影响，都将被允许，同时拒绝其他入站数据包
external	允许其他主机入站访问本机的 ssh 预定义服务。 在本机访问其他主机后，对方返回的入站数据不受防火墙影响，都将被允许，同时拒绝其他入站数据包。 所有通过本 zone 转发的 IPv4 数据包，都将进行 NAT 后再转发出去（不管数据包的源 IP 地址是多少，该数据包的源 IP 地址都会被修改为防火墙本机出站网卡的 IP 地址）
dmz	允许其他主机入站访问本机的 ssh 预定义服务。 在本机访问其他主机后，对方返回的入站数据不受防火墙影响，都将被允许，同时拒绝其他入站数据包
block	在本机访问其他主机后，对方返回的入站数据不受防火墙影响，都将被允许，同时拒绝其他入站数据包
drop	在本机访问其他主机后，对方返回的入站数据不受防火墙影响，都将被允许，同时丢弃其他入站数据包
public	允许其他主机入站访问本机的 ssh 或 dhcpv6-client 这些预定义服务。 在本机访问其他主机后，对方返回的入站数据不受防火墙影响，都将被允许，同时拒绝其他入站数据包

系统预定义的 zone 都存储在 /usr/lib/firewalld/zones/ 目录中，并可立即应用到任何可用的网络接口。当这些 zone 规则被修改后，这些文件会被复制到 /etc/firewalld/zones/ 目录中并修改 zone 配置文件的内容。

6.1.2 firewall-cmd 命令

对于系统管理员来说，我们可以使用 firewall-cmd 命令管理我们的防火墙规则。只要安装 firewalld 软件包，系统就会提供该命令工具，其语法格式如下。

命令描述：firewalld 防火墙规则管理工具。

用法：firewall-cmd [OPTIONS...]

选项：
  --get-default-zone   获取默认 zone。
  --set-default-zone=<zone> 设置默认 zone。
  --get-active-zones   显示当前正在使用的 zone。
  --get-zones   显示系统预定义的 zone。
  --get-services   显示系统预定义的服务名称。

--get-zone-of-interface=<interface>	
	查询某个接口与哪个 zone 匹配。
--get-zone-of-source=<source>[/<mask>]	
	查询某个源地址与哪个 zone 匹配。
--list-all-zones	显示所有 zone 规则。
--add-service=<service>	向 zone 中添加允许访问的服务。
--add-port=<portid>[-<portid>]/<protocol>	
	向 zone 中添加允许访问的端口。
--add-interface=<interface>	将接口与 zone 绑定。
--add-source=<source>[/<mask>]	
	将源 IP 地址与 zone 绑定。
--list-all	列出某个 zone 的所有规则信息。
--remove-service=<service>	从 zone 中移除允许某个服务的规则。
--remove-port=<portid>[-<portid>]/<protocol>	
	从 zone 中移除允许某个端口的规则。
--remove-source=<source>[/<mask>]	
	将源 IP 地址与 zone 解除绑定。
--remove-interface=<interface>	将网卡接口与 zone 解除绑定。
--permanent	设置永久有效规则，默认规则都是临时的。
--reload	重新加载防火墙规则。

get-default-zone 获取默认 zone，结果为 public。

```
[root@rocky9 ~]# firewall-cmd --get-default-zone
public
```

set-default-zone 设置默认 zone 为 trusted。

```
[root@rocky9 ~]# firewall-cmd --set-default-zone=trusted
success
```

get-active-zones 显示当前正在使用的 zone。

```
[root@rocky9 ~]# firewall-cmd --get-active-zones
trusted
  interfaces: ens160 ens192
```

get-zones 显示系统预定义的 zone，默认为 10 个 zone。

```
[root@rocky9 ~]# firewall-cmd --get-zones
block dmz drop external home internal nm-shared public trusted work
```

get-services 显示系统预定义的服务名称（后面可以根据 service 名称设置防火墙规则）。

```
[root@rocky9 ~]# firewall-cmd --get-services
RH-Satellite-6 amanda-client bacula bacula-client dhcp dhcpv6 dhcpv6-client
dns freeipa-ldap freeipa-ldaps freeipa-replication ftp high-availability http
https imaps ipp ipp-client ipsec iscsi-target kerberos kpasswd ldap ldaps libvirt
libvirt-tls mdns mountd ms-wbt mysql nfs ntp openvpn pmcd pmproxy pmwebapi
pmwebapis pop3s postgresql proxy-dhcp radius rpc-bind rsyncd samba samba-client
smtp ssh telnet tftp tftp-client transmission-client vdsm vnc-server wbem-https
```

所有系统预设定义的服务配置文件均被保存在 /usr/lib/firewalld/services/ 目录中。

查询 ens160 接口与哪个 zone 匹配，如果网卡与 trusted 匹配，则该网卡的流量执行 ens160 中定义的规则，默认允许访问所有服务。

```
[root@rocky9 ~]# firewall-cmd --get-zone-of-interface=ens160
trusted
```

list-all-zones 显示所有 zone 及其对应的规则信息。

```
[root@rocky9 ~]# firewall-cmd --list-all-zones
block
  interfaces:
  sources:
  services:
  ports:
  masquerade: no
  forward-ports:
  icmp-blocks:
  rich rules:

dmz
  interfaces:
  sources:
  services: ssh
  ports:
  masquerade: no
...部分内容省略...
```

在 public 这个 zone 中添加允许访问 FTP 服务的规则。

```
[root@rocky9 ~]# firewall-cmd --add-service=ftp --zone=public
success
```

从 public 这个 zone 中删除允许访问 FTP 服务的规则。

```
[root@rocky9 ~]# firewall-cmd --remove-service=ftp --zone=public
success
```

在 public 这个 zone 中添加允许使用 TCP（协议）访问 3306 端口的规则。

```
[root@rocky9 ~]# firewall-cmd --add-port=3306/tcp --zone=public
success
```

从 public 这个 zone 中删除允许使用 TCP 访问 3306 端口的规则。

```
[root@rocky9 ~]# firewall-cmd --remove-port=3306/tcp --zone=public
success
```

将 ens160 网卡与 public 绑定，表示从该接口进入的流量匹配 public 中的规则。

```
[root@rocky9 ~]# firewall-cmd --add-interface=ens160 --zone=public
success
```

将 ens160 网卡与 public 解除绑定。

```
[root@rocky9 ~]# firewall-cmd --remove-interface=ens160 --zone trusted
```

将源 IP 地址 1.1.1.1 与 public 绑定，表示当该主机访问本机时匹配 public 中的规则。

```
[root@rocky9 ~]# firewall-cmd --add-source=1.1.1.1 --zone=public
success
```

查看默认 zone 的规则列表。

```
[root@rocky9 ~]# firewall-cmd --list-all
```

查看 public 这个 zone 的规则列表。

```
[root@rocky9 ~]# firewall-cmd --list-all --zone=public
```

前面使用 firewall-cmd 命令添加的防火墙规则都可以立刻生效，但是均为临时规则，在重启计算机或者重启 firewalld 服务后，所有防火墙规则均会丢失。如果需要设置永久规则，则需要使用 --permanent 选项才可以。

在 public 这个 zone 中添加一条永久规则（允许使用 TCP 访问 3306 端口），该规则在重启防火墙后依然有效。

```
[root@rocky9 ~]# firewall-cmd --permanent \
--add-port=3306/tcp --zone=public
```

永久规则无法立刻生效，需要在 reload 选项重新加载防火墙规则后方可生效。

```
[root@rocky9 ~]# firewall-cmd --reload
```

如果我们已经设置了很多临时防火墙规则，则可以通过 runtime-to-permanent 选项将所有临时规则转换为永久规则。

```
[root@rocky9 ~]# firewall-cmd --runtime-to-permanent
```

6.2 SELinux 简介

SELinux（Security-Enhanced Linux）是基于 Linux 内核实现的强制访问控制技术。它是由美国国家安全局开发的项目，旨在增强传统 Linux 操作系统的安全性。SELinux 项目在 2000 年以 GPL 协议形式开源，目前 Linux 内核 2.6 及以上版本都集成了 SELinux 功能。在使用 SELinux 后，系统中的文件、目录、设备甚至端口都可作为资源对象，而用户运行的进程则被当作主题，一个主题能不能访问对象，首先系统会检查传统的基于账号的访问权限是否允许（DAC 控制权限）。如果传统的基于账号的访问权限允许，则再检查 SELinux 的强制访问控制（MAC 访问控制），SELinux 依靠策略决定是否允许主题访问目标对象。SELinux 策略规则的检查是在 DAC 规则后进行的。如果 DAC 规则已拒绝了访问，则不会使用 SELinux 策略规则。

在使用 SELinux 后，所有进程与文件都被标记为一种类型，类型定义了进程的操作域，同时定义了文件的类型。每个进程都被限制运行在自己独立的域中，由 SELinux 策略规则定义进程与文件[1]资源，以及进程与进程之间的访问权限。所有对资源的访问，仅当有明确的策略规则时才被允许。当有黑客入侵我们的某个服务时，也仅仅会影响到相应进程的域，对整个操作系统甚至其他进程域都不会产生影响。传统的 DAC 访问控制是依靠用户及组的 ID 进行权限判断的，SELinux 则是基于多个有效的安全标记判断权限的，例如，SELinux 用户、角色、类型和级别。

6.2.1 SELinux 配置文件

在 Rocky Linux 9 系统中部署 SELinux 非常简单，由于 SELinux 已经作为模块集成到内核中，默认 SELinux 已经处于激活状态。对管理员来说，更多的是配置与管理 SELinux。Rocky Linux 9 系统中的 SELinux 全局配置文件为/etc/sysconfig/selinux，内容如下：

```
[root@rocky9 ~]# vim /etc/sysconfig/selinux
```

```
# This file controls the state of SELinux on the system.
# SELINUX= can take one of these three values:
#     enforcing - SELinux security policy is enforced.
#     permissive - SELinux prints warnings instead of enforcing.
#     disabled - No SELinux policy is loaded.
SELINUX=enforcing
# SELINUXTYPE= can take one of these two values:
#     targeted - Targeted processes are protected,
#     mls - Multi Level Security protection.
```

---

[1] 在 Linux 操作系统中一切皆文件（Everything is file）。

```
SELINUXTYPE=targeted


# This file controls the state of SELinux on the system.
# SELINUX= can take one of these three values:
#     enforcing - SELinux security policy is enforced.
#     permissive - SELinux prints warnings instead of enforcing.
#     disabled - No SELinux policy is loaded.
# NOTE: In earlier Fedora kernel builds, SELINUX=disabled would also
# fully disable SELinux during boot. If you need a system with SELinux
# fully disabled instead of SELinux running with no policy loaded, you
# need to pass selinux=0 to the kernel command line. You can use grubby
# to persistently set the bootloader to boot with selinux=0:
#
#    grubby --update-kernel ALL --args selinux=0
#
# To revert back to SELinux enabled:
#
#    grubby --update-kernel ALL --remove-args selinux
#
SELINUX=disabled
# SELINUXTYPE= can take one of these three values:
#     targeted - Targeted processes are protected,
#     minimum - Modification of targeted policy.
#     Only selected processes are protected.
#     mls - Multi Level Security protection.
SELINUXTYPE=targeted
```

在全局配置文件中除去以#符号开头的注释行，有效配置参数仅两行。SELinux=enforcing 为 SELinux 总开关，有效值可以是 enforcing、permissive 或 disabled。其中，老版本 disabled 代表禁用 SELinux 功能，但是 Rocky Linux 9 系统不支持通过配置文件完全禁用 SELinux，即使设置了 disabled 也仅等效于 permissive。如果需要完全禁用 SELinux，则需要修改 Linux 内核参数，我们可以使用配置文件中提示的 grubby --update-kernel ALL --args selinux=0 命令更新内核参数，添加 selinux=0。由于 SELinux 是内核模块功能，如果禁用它，就需要重启计算机。permissive 代表仅警告模式，在此状态下，当主题程序试图访问无权限的资源时，SELinux 会记录日志但不会拦截该访问，也就是说，最终访问是成功的，只是在 SELinux 日志中记录而已。enforcing 模式代表强制开启，SELinux 会拦截非法的资源访问并记录相关日志。SELNUXTYPE=targeted 设置项用来设置 SELinux 类型，可以设置为 targeted 类型或 mls 类型。targeted 类型主要对系统中的服务进程进行访问控制，mls 类型会对系统中的所有进程进行访问控制。在启用 mls 类型后，即便用户执行简单的命令（如 ls）也会报错。因为计算机的入侵多数来自网络，所以企业中大多采用 targeted 类型。使用 getenforce 可以查看系统当前 SELinux 的运行模式。

使用 setenforce 可以临时在 enforcing 模式与 permissive 模式之间切换，切换会被立刻应用于当前系统，计算机重启后无效，永久修改模式需要修改配置文件。

```
[root@rocky9 ~]# setenforce 0          #设置 SELinux 为 permissive 模式
[root@rocky9 ~]# setenforce 1          #设置 SELinux 为 enforcing 模式
```

6.2.2　SELinux 软件包

Rocky Linux 9 系统除提供基本的 SELinux 功能外，还提供了一些管理工具。下面是对 SELinux 相关软件包的介绍。

- policycoreutils：该软件包提供了用于管理 SELinux 的 restorecon、secon、setfiles、semodule、load_policy 和 setsebool 命令。
- selinux-policy：该软件包负责提供 SELinux 参考策略。
- selinux-policy-targeted：该软件包提供 targeted 类型的策略。
- libselinux-utils：该软件包提供 avcstat、getenforce、getsebool、setenforce、matchpathcon、selinuxconlist、selinuxdefcon 和 selinuxenabled 命令管理工具。
- libselinux：该软件包包含 SELinux 应用程序的 API。
- selinux-policy-mls：该软件包提供了 MLS 安全策略，在启用 MLS 模式时需要安装该软件包。
- setroubleshoot：该软件包提供了 SELinux 故障排查工具。
- setroubleshoot-server：该软件包可以将 AVC 拒绝日志消息转换为细节描述，使用 sealert 命令可以查看 SELinux 日志的详细信息。
- policycoreutils-python-utils：该软件包提供了 SELinux 管理工具，包括 semanage、audit2allow、audit2why 和 chcat。

6.2.3　SELinux 安全上下文

SELinux 会为进程与文件添加安全信息标签，例如，SELinux 用户、角色、类型和可选的级别。在运行 SELinux 后所有这些信息都是访问控制的依据。下面通过一个实例文件查看 SELinux 安全上下文，使用 ls -Z 命令可以查看文件或目录的安全上下文，而使用 ps aux –Z 命令可以查看进程的安全上下文。

```
[root@rocky9 ~]# ls -Z anaconda-ks.cfg
system_u:object_r:admin_home_t:s0 anaconda-ks.cfg
[root@rocky9 ~]# ps aux -Z
```

SELinux 的安全上下文包括用户、角色、类型和级别。

具体描述如下。

（1）SELinux 用户。

用户身份是通过 SELinux 策略授权特定角色集合的账号身份，每个系统账号都通过策略映射到一个 SELinux 用户。使用 root 身份运行 semanage login -l 命令可以查看系统账号与 SELinux 账号之间的映射关系。

```
[root@rocky9 ~]# semanage login -l
Login Name           SELinux User            MLS/MCS Range
__default__          unconfined_u            s0-s0:c0.c1023
Root                 unconfined_u            s0-s0:c0.c1023
system_u             system_u                s0-s0:c0.c1023
```

（2）SELinux 角色。

SELinux 采用基于角色的访问控制（RBAC）模型，角色是 RBAC 的重要属性。SELinux 账号被授予特定的角色，而角色被授予操控特定的域，角色是 SELinux 账户与域的媒介。

（3）SELinux 类型。

SELinux 类型是 Type Enforcement 的重要属性，它定义了进程的域和文件的类型。SELinux 策略规则定义了何种类型的主题可以访问其他何种类型的对象资源，仅当 SELinux 策略明确存在允许规则时，访问才可以被接受。

（4）SELinux 级别。

SELinux 级别可以是 MLS 或 MCS，MLS 级别是一对级别，书写格式为低级别-高级别，如果两个级别是一致的，也可以仅显示低级别，如 s0-s0 与 s0 是一样的。

当我们使用 passwd 命令修改密码时，系统会运行/usr/bin/passwd 程序，该程序运行在 passwd_exec_t 域中，想要修改密码就需要修改/etc/shadow 文件，而该文件的类型为 shadow_t。在 SELinux 默认的策略规则中，允许运行在 passwd_t 域中的进程读写被标记为 shadow_t 类型的文件。

6.2.4 SELinux 排错

不管 SELinux 策略是允许还是拒绝资源的访问请求行为，都会记录日志，也就是 AVC

(Access Vector Cache)。所有 SELinux 拒绝的消息都会被记录到日志，根据系统中安装运行的服务进程不同，拒绝日志消息会被记录到不同的文件中，表 6-2 列出了日志文件与进程的关系。

表 6-2

日志文件	进程
/var/log/audit/audit.log	auditd 服务开启
/var/log/messages	auditd 服务关闭，rsyslogd 服务开启
/var/log/audit/audit.log，/var/log/messages	安装 setroubleshoot 相关软件包，autitd 服务与 rsyslogd 服务同时开启

对于大多数生产环境中的服务器而言，更多的是没有部署安装图形界面的 Linux 系统，我们需要手动查看日志文件。在此建议管理员安装 setroubleshoot 相关的软件包，这样可以将原本难懂的 AVC 拒绝日志转换为可读性较高的 setroubleshoot 日志。查看日志可以使用如下两种方法。

```
[root@rocky9 ~]# grep setroubleshoot /var/log/messages
[root@rocky9 ~]# grep denied /var/log/audit/audit.log
```

查看 messages 日志会精简 SELinux 提示，下面根据黑体字部分的提示内容，运行 sealert 命令，就能看到人性化的详细报错信息了。

```
setroubleshoot: SELinux is preventing /usr/sbin/httpd from read access on
the file index.html. For complete SELinux messages. run sealert -l
7082b8b4-70f4-42fb-92ea-08a51299d080
```

```
[root@rocky9 ~]# sealert -l 7082b8b4-70f4-42fb-92ea-08a51299d080
```

```
    SELinux is preventing /usr/sbin/httpd from getattr access on the file
/var/www/html/index.html.

    *****  Plugin restorecon (99.5 confidence) suggests   *********************

    If you want to fix the label.
    /var/www/html/index.html default label should be httpd_sys_content_t.
    Then you can run restorecon.
    Do
    # /sbin/restorecon -v /var/www/html/index.html

    *****  Plugin catchall (1.49 confidence) suggests   **********************

    If you believe that httpd should be allowed getattr access on the index.html
file by default.
    Then you should report this as a bug.
    You can generate a local policy module to allow this access.
```

```
Do
allow this access for now by executing:
# grep httpd /var/log/audit/audit.log | audit2allow -M mypol
# semodule -i mypol.pp
```

以上报错信息说明：SELinux 策略拒绝了 /usr/sbin/httpd 程序访问 /var/www/html/index.html 文件，如果我们希望修复该问题，那么可以重新修改 index.html 文件的安全上下文。默认该文件的安全上下文为 httpd_sys_content_t，我们可以使用 /sbin/restorecon -v /var/www/html/index.html 恢复该文件的安全上下文。

6.2.5 修改安全上下文

有多种命令可以修改与管理 SELinux 安全上下文，例如，chcon、semanage、fcontext 和 restorecon 命令。

1. chcon 命令

描述：修改 SELinux 安全上下文。
用法：chcon [选项] [-u SELinux 用户] [-r 角色] [-l 范围] [-t 类型] 文件
　　　chcon [选项] --reference=参考文件 文件

选项：-u　修改用户属性。
　　　-r　修改角色属性。
　　　-l　修改范围属性。
　　　-t　修改类型属性。

示例如下。

（1）修改文件 SELinux 安全上下文。

```
[root@rocky9 ~]# cp --preserve=all /etc/passwd /root/    #复制文件 SELinux（保留安
                                                          #全上下文）
[root@rocky9 ~]# ls -Z /root/passwd                      #查看 SELinux 安全上下文
[root@rocky9 ~]# chcon -t admin_home_t /root/passwd      #修改 SELinux 安全上下文中
                                                          #的类型
[root@rocky9 ~]# ls -Z /root/passwd
```

（2）修改目录安全上下文。

```
[root@rocky9 ~]# chcon -R -t admin_home_t /root/         #递归修改目录安全上下文
```

（3）根据参考文件修改目标文件安全上下文。

```
[root@rocky9 ~]# chcon --reference=/etc/passwd /root/passwd
```

通过 chcon 命令修改的安全上下文并不是 SELinux 的预设安全上下文，在文件系统中重置 SELinux 安全标签或使用 restorecon 命令重置指定目录的安全标签后，所有文件与目录的安全标签会被还原为系统预设值。如果需要修改 SELinux 的预设安全上下文，则需要使用 semanage 命令添加或修改。

2. semanage 命令

描述：SELinux 策略管理工具。

用法：semanage fcontext [-S store] -{a|d|m|l|n|D} [-frst] file_spec

选项：-a,--add   添加预设安全上下文。
　　　-d,--delete   删除指定的预设安全上下文。
　　　-D,--deleteall   删除所有预设安全上下文。
　　　-m,--modify   修改指定的预设安全上下文。
　　　-l,--list   显示预设安全上下文。
　　　-n,--noheading   不显示头部信息。

示例。

（1）查看 SELinux 策略默认的预设安全上下文，系统将列出策略中定义的所有目录与安全上下文。

```
[root@rocky9 ~]# semanage fcontext -l
```

（2）修改策略，添加一条新的预设安全上下文。

```
[root@rocky9 ~]# semanage fcontext -a -t samba_share_t /test/test.txt
[root@rocky9 ~]# mkdir /test; touch /test/test.txt
[root@rocky9 ~]# ls -Z /test/test.txt
```

（3）使用 restorecon 命令还原 test.txt 文件的安全上下文为预设值。

```
[root@rocky9 ~]# restorecon /test/test.txt
[root@rocky9 ~]# ls -Z /test/test.txt
```

（4）递归设置目录的预设安全上下文。

```
[root@rocky9 ~]# semanage fcontext -a -t httpd_sys_content_t "/site/www(/.*)?"
[root@rocky9 ~]# mkdir -p /site/www/{web1,web2}
[root@rocky9 ~]# touch /site/www/{web1,web2}/index.html
[root@rocky9 ~]# ls -RZ /site/www
[root@rocky9 ~]# restorecon -R /site/
```

(5) 删除预设安全上下文。

`[root@rocky9 ~]# `**`semanage fcontext -d /test/ test.txt`**

(6) 检查预设 SELinux 安全上下文。

`[root@rocky9 ~]# `**`matchpathcon /site/www/`**

6.2.6 查看与修改布尔值

SELinux 布尔值可以实时被修改。例如，我们可以在不重新加载或编译 SELinux 策略的情况下允许服务访问 NFS 文件系统。getsebool 是用来查看 SELinux 布尔值的命令，用法比较简单，-a 选项表示查看所有布尔值。一般建议管理员通过管道过滤自己需要的布尔值参数，如果用 getsebool -a |grep ftp 过滤与 FTP 相关的布尔值信息，则在显示效果中左侧为关键词，右侧为开关，on 代表开，off 代表关，具体命令如下。

```
[root@rocky9 ~]# getsebool -a
abrt_anon_write → off
abrt_handle_event → off
allow_console_login → on
allow_cvs_read_shadow → off
allow_daemons_dump_core → on
allow_daemons_use_tcp_wrapper → off
allow_daemons_use_tty → on
allow_domain_fd_use → on
…部分内容省略…
```

除 getsebool 命令外，还可以使用 semanage boolean -l 命令，该命令的输出结果如下（与 getsebool 命令相比，输出信息多了默认状态与当前状态，以及相关描述信息）。

```
Seboolean            State  Default              Description
 ftp_home_dir          (off ,  off)      Allow ftp to read and write files in
the user home directories
 smartmon_3ware        (off ,  off)      Enable additional permissions needed
to support devices on 3ware controllers.
 Xdm_sysadm_login      (off ,  off)      Allow xdm logins as sysadm
 xen_use_nfs           (off ,  off)      Allow xen to manage nfs files
 Mozilla_read_content (off ,  off)       Control Mozilla content access
 …部分内容省略…
```

修改 SELinux 布尔值非常简单，使用 setsebool name X 即可实现。其中，name 是布尔值名称，X 代表 on 或 off。默认使用 setsebool 命令修改的布尔值参数会立即生效，但在计算机重启后会被还原，如果希望永久修改，就需要使用-p 参数。

```
[root@rocky9 ~]# setsebool ftp_home_dir on
[root@rocky9 ~]# setsebool -p ftp_home_dir on
```

6.2.7 SELinux 应用案例

在实际应用中，建议管理员先将 SELinux 模式调整为 permissive 模式，在进行大量的测试后，再部署到生产环境。在部署 SELinux 环境的过程中，如果遇到问题，则可以参考各种日志文件。

6.2.8 httpd 相关的 SELinux 安全策略

1. 布尔值

SELinux 策略是可定制的，SELinux 针对 httpd 的策略非常灵活，它有大量的布尔值可以帮助管理员快速维护与管理相关策略，实现安全快捷的访问策略。

允许 httpd 脚本或模块通过网络连接数据库。

```
[root@rocky9 ~]# setsebool -P httpd_can_network_connect_db 1
```

允许 httpd 支持 CGI 程序。

```
[root@rocky9 ~]# setsebool -P httpd_enable_cgi 1
```

允许 httpd 访问 CIFS 文件系统资源。

```
[root@rocky9 ~]# setsebool -P httpd_use_cifs 1
```

允许 httpd 访问 NFS 文件系统资源。

```
[root@rocky9 ~]# setsebool -P httpd_use_nfs 1
```

允许 httpd 守护进程发送电子邮件。

```
[root@rocky9 ~]# setsebool -P httpd_can_sendmail 1
```

允许 httpd 连接网络 memcache 服务器。

```
[root@rocky9 ~]# setsebool -P httpd_can_network_memcache 1
```

2. 安全上下文

如果希望多个进程域（例如，Apache、FTP、Rsync 等）共享相同的文件，则可以设置文件安全上下文为 public_content_t 或者 public_content_rw_t，这些安全上下文允许上面提到的所有进程域读取文件内容。如果想要修改为可读写文件内容，则需要添加 public_content_rw_t 类型标签。

通过添加 public_content_t 类型标签，httpd 服务可读取/var/httpd 目录。

```
[root@rocky9 ~]# semanage fcontext -a -t public_content_t "/var/httpd(/.*)?"
[root@rocky9 ~]# restorecon -F -R -v /var/httpd
```

通过添加 public_content_rw_t 类型标签，httpd 可读写/var/web 目录及子目录。注意，该设置需要开启布尔值 allow_httpd_anon_write。

```
[root@rocky9 ~]# semanage fcontext -a -t public_content_rw_t "/var/web(/.*)?"
[root@rocky9 ~]# restorecon -F -R -v /var/httpd/incoming
```

具体的文件与目录描述及资源的安全上下文类型标签见表 6-3。

表 6-3

文件与目录描述	资源的安全上下文类型标签
/var/cache 缓存目录资源	httpd_cache_t
Apache 配置文件资源	httpd_config_t
作为 CVS 内容的文件资源	httpd_cvs_content_t
Apache 日志文件资源	httpd_log_t
httpd 代理内容资源	httpd_squid_content_t
httpd 系统资源	httpd_sys_content_t
可读写 httpd 系统资源	httpd_sys_rw_content_t

6.2.9 FTP 相关的 SELinux 安全策略

1. 布尔值

允许 FTP 读写用户的家目录中的数据。

```
[root@rocky9 ~]# setsebool -P ftp_home_dir 1
```

允许本地账号登录 FTP，读写文件系统中的所有文件。

```
[root@rocky9 ~]# setsebool -P ftpd_full_access 1
```

允许 FTP 连接数据库。

```
[root@rocky9 ~]# setsebool -P ftpd_connect_db 1
```

允许 FTP 共享 CIFS 文件系统。

```
[root@rocky9 ~]# setsebool -P ftpd_use_cifs 1
```

允许 FTP 共享 NFS 文件系统。

```
[root@rocky9 ~]# setsebool -P ftpd_use_nfs 1
```

2. 安全上下文

添加 SELinux 预设安全上下文的类型属性，允许 FTP 读取 /var/ftp 目录。

```
[root@rocky9 ~]# semanage fcontext -a -t public_content_t "/var/ftp(/.*)?"
[root@rocky9 ~]# restorecon -F -R -v /var/ftp
```

添加 SELinux 预设安全上下文的类型属性，允许 FTP 读写 /var/ftp 目录。

```
[root@rocky9 ~]# semanage fcontext -a -t public_content_rw_t "/var/ftp(/.*)?"
[root@rocky9 ~]# restorecon -F -R -v /var/ftp
```

具体的文件与目录描述及资源的安全上下文类型标签见表 6-4。

表 6-4

文件与目录描述	资源的安全上下文类型标签
/etc/ 目录中的 ftp 文档	ftpd_etc_t
控制 ftp 程序仅在 ftpd_t 域中运行	ftpd_exec_t
控制 ftp 程序仅在 ftpd_initrc_t 域中运行	ftpd_initrc_exec_t
ftp 锁数据文件	ftpd_lock_t
ftp 在 /tmp 目录中生成的临时文件	ftpd_tmp_t

6.2.10 MySQL 相关的 SELinux 安全策略

1. 布尔值

允许 mysql 服务连接所有端口号。

```
[root@rocky9 ~]# setsebool -P mysql_connect_any 1
```

2. 安全上下文

具体的文件与目录描述及资源的安全上下文类型标签见表 6-5。

表 6-5

文件与目录描述	资源的安全上下文类型标签
mysqld 数据库文件	mysqld_db_t
存储在 /etc/ 目录中的 mysqld 文件	mysqld_etc_t

续表

文件与目录描述	资源的安全上下文类型标签
控制 mysql 程序仅在 mysqld_exec_t 域中运行	mysqld_exec_t
控制 mysql 程序仅在 mysqld_initrc_exec_t 域中运行	mysqld_initrc_exec_t
ftp 服务器在/tmp 目录中生成的临时文件	ftpd_tmp_t
控制 mysql 程序仅在 mysqld_safe_exec_t 域中运行	mysqld_safe_exec_t
mysql 存储在/tmp 目录中的临时文件	mysqld_tmp_t
mysql 存储在/var/run 目录中的文件	mysqld_var_run_t

6.2.11 NFS 相关的 SELinux 安全策略

1. 布尔值

允许 ftp 服务器使用 NFS 文件系统共享。

```
[root@rocky9 ~]# setsebool -P ftpd_use_nfs 1
```

允许 Git 进程访问 NFS 文件系统。

```
[root@rocky9 ~]# setsebool -P git_system_use_nfs 1
```

允许 virt 使用 NFS 文件系统。

```
[root@rocky9 ~]# setsebool -P virt_use_nfs 1
```

允许 Cobbler 访问 NFS 文件系统。

```
[root@rocky9 ~]# setsebool -P cobbler_use_nfs 1
```

2. 安全上下文

具体的文件与目录描述及资源的安全上下文类型标签见表 6-6。

表 6-6

文件与目录描述	资源的安全上下文类型标签
NFS 数据文件	nfs_t
控制 NFS 程序仅在 nfsd_exec_t 域中运行	nfsd_exec_t
控制 NFS 程序仅在 nfsd_initrc_exec_t 域中运行	nfsd_initrc_exec_t
设置文件为只读 NFS 文件	nfsd_ro_t
设置文件为可读写 NFS 文件	nfsd_rw_t

6.2.12 Samba 相关的 SELinux 安全策略

1. 布尔值

允许 Samba 作为域添加账号和修改密码。

```
[root@rocky9 ~]# setsebool -P samba_domain_controller 1
```

允许 Samba 以只读方式共享任意文件或目录。

```
[root@rocky9 ~]# setsebool -P samba_export_all_ro 1
```

允许 Samba 以可读写方式共享任意文件或目录。

```
[root@rocky9 ~]# setsebool -P samba_export_all_rw 1
```

允许用户访问 Samba 共享的家目录。

```
[root@rocky9 ~]# setsebool -P use_samba_home_dirs 1
```

允许 Samba 共享账号的家目录。

```
[root@rocky9 ~]# setsebool -P samba_enable_home_dirs 1
```

2. 安全上下文

具体的文件与目录描述及资源的安全上下文类型标签见表 6-7。

表 6-7

文件与目录描述	资源的安全上下文类型标签
Samba 存储在 /etc/ 目录中的文件	samba_etc_t
Samba 存储在 /tmp/ 目录中的文件	samba_net_tmp_t
Samba 存储在 /var/ 目录中的文件	samba_var_t
Samba 密码文件	samba_secrets_t
Samba 共享文件	samba_share_t
Samba 日志文件	samba_log_t
控制 Samba 程序仅在 samba_initrc_exec_t 域中运行	samba_initrc_exec_t
控制 Samba 程序仅在 samba_net_exec_t 域中运行	samba_net_exec_t

6.3 OpenVPN

6.3.1 OpenVPN 简介

虚拟专用网络（Virtual Private Network，VPN）是一种利用公共网络设施创建私有专线连接的技术。对于一个大型企业而言，往往存在多个地区，有多个分支结构，这些分支结构与总部之间的连接共享数据需要使用专线，但租用电信相关部门的专线业务需要大量的资金。而 VPN 的作用正是利用现有的公共网络设施，创建属于自己的专有连接。另外，当 IT 管理员需要在家连接公司网络时，使用 VPN 专线连接也是绝佳的选择，VPN 使用的是加密连接，可以确保数据的安全性。

OpenVPN 是基于 GPL 协议开源的 VPN 实现，可以使用密钥、证书或账号进行身份验证。OpenVPN 使用 OpenSSL 库进行加密与证书的管理。OpenVPN 可以使用 TCP 或 UDP 建立数据连接，可以创建二层（TAP）或三层（TUN）的 VPN 连接，该软件可以运行在 mac OS、Windows 或 Linux 等多个操作系统平台上，对企业环境中复杂的系统平台而言是一个完美的解决方案。图 6-1 展示了 VPN 的拓扑结构，本例将围绕该拓扑图部署 VPN 环境。客户端[1]可以在任意位置通过互联网接入公司的 VPN 服务器，VPN 服务器给接入的客户端分配 10.8.0.0/24 网段的 IP 地址，在开启 VPN 服务器的路由转发功能后，即可实现外部客户端计算机与公司内部服务器（192.168.0.0/24 网络）之间的互联互通。

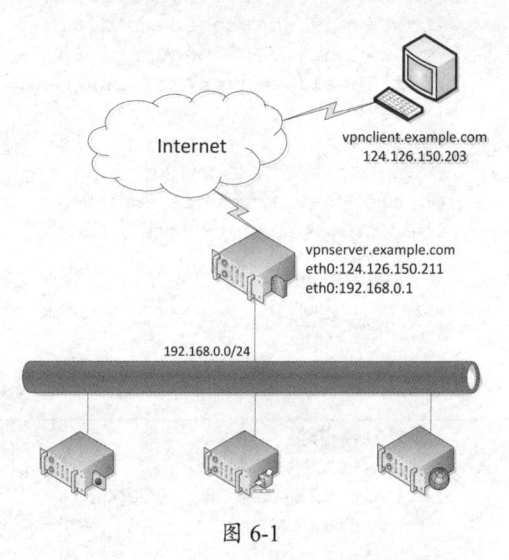

图 6-1

6.3.2 安装 OpenVPN 服务

OpenVPN 软件需要调用其他库文件，在安装该软件之前需要安装相关的依赖包，在 Rocky Linux9 官方提供的 YUM 源中包含了这些软件，我们可以直接使用 DNF 方式安装。对于 OpenVPN 主软件包，我们可以使用从官方网站下载的源码包进行安装。需要注意的是，在国内

---

[1] 请参考链接 6-1。

网络环境下，对官方网站[1]的访问是有限制的，我们需要通过其他途径下载相关的软件包，比如代理软件等。本例使用的是用证书验证身份，easy-rsa 软件包[2]的作用是提供一系列的脚本，用于自动生成相关密钥与证书文件，我们需要提前将该软件下载到家目录中，在解压缩软件包后需要将相关脚本与目录复制到 OpenVPN 软件根路径。

```
[root@vpnserver ~]# dnf -y install lzo lzo-devel openssl openssl-devel \
gcc pam-devel libcap-ng-devel lz4-devel make
[root@vpnserver ~]# tar -xf openvpn-2.6.0.tar.gz -C /usr/src/
[root@vpnserver ~]# tar -xf EasyRSA-3.1.2.tgz -C /usr/src/
[root@vpnserver ~]# cd /usr/src/openvpn-2.6.0/
[root@vpnserver openvpn-2.6.0]# ./configure --prefix=/usr/local/openvpn
[root@vpnserver openvpn-2.6.0]# make && make install
[root@vpnserver openvpn-2.6.0]# cp -r /usr/src/EasyRSA-3.1.2/ \
/usr/local/openvpn/easyrsa
[root@vpnserver openvpn-2.6.0]# cd /usr/local/openvpn/easyrsa/
[root@vpnserver easyrsa]# ls
ChangeLog             doc           gpl-2.0.txt
openssl-easyrsa.cnf   README.quickstart.md   x509-types
COPYING.md   easyrsa   mktemp.txt    README.md    vars.example
```

复制 vars.example 模板文件，修改新复制的 vars 文件，在该文件中保存的是生成证书所需要的默认信息参数，如公司名称、电子邮件等。

```
[root@vpnserver easyrsa]# cp vars.example vars
[root@vpnserver easyrsa]# vim vars
```

```
…部分内容省略…
set_var EASYRSA_DN          "org"
set_var EASYRSA_REQ_COUNTRY    "CN"            #国家名称
set_var EASYRSA_REQ_PROVINCE   "BeiJing"       #省份名称
set_var EASYRSA_REQ_CITY       "BeiJing"       #城市名称
set_var EASYRSA_REQ_ORG  "TinTin co."          #组织或公司名称
set_var EASYRSA_REQ_EMAIL      "test@gmail.com"    #电子邮箱
set_var EASYRSA_REQ_OU         "Tech unit"     #电子邮箱
```

```
[root@vpnserver easyrsa]# ./easyrsa init-pki         #初始化 PKI
[root@vpnserver easyrsa]# ./easyrsa build-ca nopass  #创建新的 CA 根证书
Country Name (2 letter code) [CN]:<回车>
State or Province Name (full name) [BeiJing]: <回车>
Locality Name (eg, city) [BeiJing]: <回车>
Organization Name (eg, company) [TinTin co.]: <回车>
Organizational Unit Name (eg, section) [Tech unit]: <回车>
```

---

[1] 请参考链接 6-2。

[2] 请参考链接 6-3。

```
Common Name (eg: your user, host, or server name) [Easy-RSA CA]: <回车>
Email Address [test@gmail.com]: <回车>
Serial-number (eg, device serial-number) []:<回车>
```

在创建 CA 根证书时，对于证书的国家、城市等信息，该脚本会读取 vars 文件中保存的默认值，如果不需要修改，则直接按回车键确认即可。

build-server-full 指令用来创建 VPN 服务器私钥和证书，在该过程中，脚本会提示是否使用 CA 对该密钥进行签名生成相应的证书。脚本会生成 vpnserver.key（私钥文件）、vpnserver.csr（证书请求文件）和 vpnserver.crt（证书文件），这些文件名取决于 build-server-full 指令后面的名称（名称可以任意）。除创建服务器所需密钥外，还需要使用 build-client-full 指令为客户端计算机生成密钥与证书，稍后还需要将相关密钥与证书复制到客户端计算机 OpenVPN 软件的相关位置，具体位置与客户端软件安装与部署的实际情况相关。

```
[root@ vpnserver easyrsa]#  ./easyrsa build-server-full vpnserver nopass
#屏幕输出的信息中包含了密钥和证书的位置
key: /usr/local/openvpn/easyrsa/pki/private/vpnserver.key
…部分输出省略…
subject=
    countryName           = CN
    stateOrProvinceName   = BeiJing
    localityName          = BeiJing
    organizationName      = TinTin co.
    organizationalUnitName = Tech unit
    commonName            = vpnserver
    emailAddress          = test@gmail.com

Type the word 'yes' to continue, or any other input to abort.
  Confirm request details: <输入 yes>
…部分输出省略…
Certificate created at:
* /usr/local/openvpn/easyrsa/pki/issued/vpnserver.crt
[root@vpnserver easyrsa]#  ./easyrsa build-client-full vpnclient nopass
#屏幕输出的信息中包含了密钥和证书的位置
req: /usr/local/openvpn/easyrsa/pki/reqs/vpnclient.req
key: /usr/local/openvpn/easyrsa/pki/private/vpnclient.key
Type the word 'yes' to continue, or any other input to abort.
  Confirm request details: <输入 yes>
Certificate created at:
* /usr/local/openvpn/easyrsa/pki/issued/vpnclient.crt
[root@vpnserver easyrsa]#  ./easyrsa gen-dh          #创建 Diffie Hellman 参数
…部分输出省略…
DH parameters of size 2048 created
```

at: /usr/local/openvpn/easyrsa/pki/dh.pem

前面使用 easy-rsa 提供的脚本已经创建了加密数据所需要的密钥与证书，下一步是将这些密钥与证书复制到 OpenVPN 软件根路径下，并将 OpenVPN 软件包中提供的主配置文件模板复制至/usr/local/openvpn/keys 目录，修改文件名称为 server.conf。

```
[root@vpnserver easyrsa]# mkdir /usr/local/openvpn/keys
[root@vpnserver easyrsa]# cp pki/{ca.crt,dh.pem} /usr/local/openvpn/
[root@vpnserver easyrsa]# cp pki/private/{vpnserver.key,vpnclient.key} \
/usr/local/openvpn/keys/
[root@vpnserver easyrsa]# cp pki/issued/{vpnserver.crt,vpnclient.crt} \
/usr/local/openvpn/keys/
[root@vpnserver easyrsa]# ls /usr/local/openvpn/keys     #查看密钥是否被复制
[root@vpnserver easyrsa]# cd /usr/src/openvpn-2.6.0/sample/
[root@vpnserver sample]# cp sample-config-files/server.conf \
/usr/local/openvpn/
[root@vpnserver sample]# cd /usr/local/openvpn/
[root@vpnserver openvpn]# /usr/local/openvpn/sbin/openvpn \
--genkey secret /usr/local/openvpn/keys/ta.key
#使用 OpenVPN 命令创建防 DoS 攻击的随机密钥（服务器和客户端都需要，且内容一致）
[root@vpnserver openvpn]# vim /usr/local/openvpn/server.conf
```

```
port 1194                                           #设置端口号，默认为1194
proto udp                                           #设置连接协议
dev tun                                             #创建模拟三层 VPN
ca /usr/local/openvpn/keys/ca.crt                   #调用 CA 证书文件
cert /usr/local/openvpn/keys/vpnserver.crt          #调用服务器证书文件
key /usr/local/openvpn/keys/vpnserver.key           #调用服务器私钥文件
dh /usr/local/openvpn/keys/dh.pem                   #调用 Diffie Hellman 文件
topology subnet                                     #定义网络拓扑为子网拓扑
server 10.8.0.0 255.255.255.0                       #设置客户端获取的地址池范围
ifconfig-pool-persist ipp.txt                       #客户端虚拟 IP 地址记录文件
push "route 10.8.0.1 255.255.255.0."                #设置客户端获取的网关信息
push "dhcp-option DNS 114.114.114.114"              #设置客户端获取的 DNS 信息
tls-auth /usr/local/openvpn/keys/ta.key 0           #调用防 DoS 攻击的随机密钥
cipher AES-256-GCM                                  #设置网络通信加密算法
…部分内容省略…
```

在修改 OpenVPN 配置文件后，使用 OpenVPN 启动服务器进程，--config 选项表示使用指定的配置文件启动服务，--daemon 选项表示作为守护进程启动服务。我们还需要创建 systemd 的 service 配置文件，以便管理服务。

```
[root@vpnserver openvpn]# vim /usr/lib/systemd/system/openvpn.service
```

```
[Unit]
Description=OpenVPN Server
After=network.target
[Service]
ExecStart=/usr/local/openvpn/sbin/openvpn \
--config /usr/local/openvpn/server.conf --daemon
[Install]
WantedBy=multi-user.target
```

[root@vpnserver openvpn]# **systemctl enable openvpn --now**   #启动服务
[root@vpnserver openvpn]# **ss -tnulp | grep openvpn**   #查看服务端口
 udp   UNCONN 0   0   0.0.0.0:1194   0.0.0.0:*
users:(("openvpn",pid=5512,fd=7))
[root@vpnserver openvpn]# **firewall-cmd --permanent --add-port=1194/udp**
[root@vpnserver openvpn]# **firewall-cmd --reload**   #添加防火墙规则

网络连接都是双向的，当客户端连接位于 VPN 服务器后端的计算机时，位于 VPN 后端的计算机发送的数据包如果需要通过 VPN 服务器转发数据，则需要 VPN 服务器主机开启路由转发功能，并通过 firewalld 实现 masquerade 地址伪装功能，将所有内网主机的 IP 地址伪装为 VPN 服务器的外网 IP 地址。

[root@vpnserver ~]# **vim vim /etc/sysctl.d/10-net.conf**   #新建文件

```
net.ipv4.ip_forward = 1           #开启路由转发功能
```

[root@vpnserver openvpn]# **sysctl -p /etc/sysctl.d/10-net.conf**
[root@vpnserver openvpn]# **firewall-cmd --permanent \
--add-rich-rule='rule family=ipv4 \
source address=192.168.0.0/24 masquerade'**
[root@vpnserver openvpn]# **firewall-cmd --reload**   #添加防火墙规则

6.3.3　OpenVPN 客户端

OpenVPN 软件既可以作为服务器端程序，也可以实现客户端功能。由于企业环境的客户端系统大多使用的是 Windows 平台，因此本案例介绍的客户端也是基于 Windows 平台的。

登录官方网址即可下载客户端软件包[1]openvpn-connect-3.3.7.2979_signed.msi。图 6-2 至图 6-7 是在 Windows 平台安装该软件的操作步骤。

---

1 请参考链接 6-4。

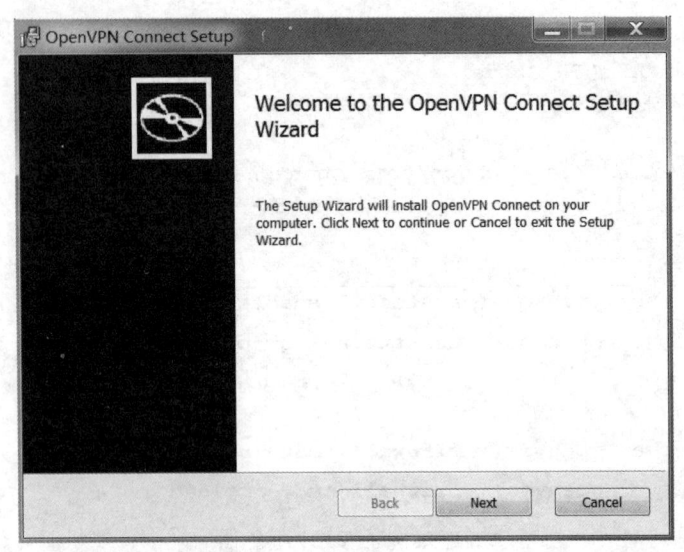

图 6-2

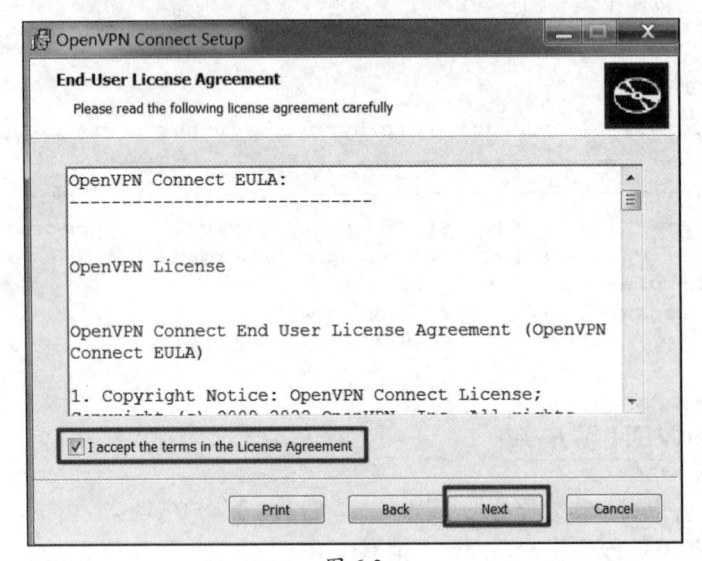

图 6-3

第 6 章　网络安全

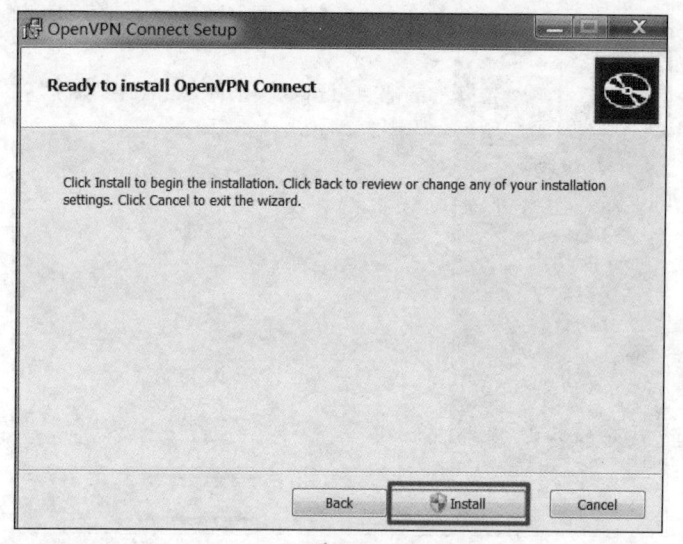

图 6-4

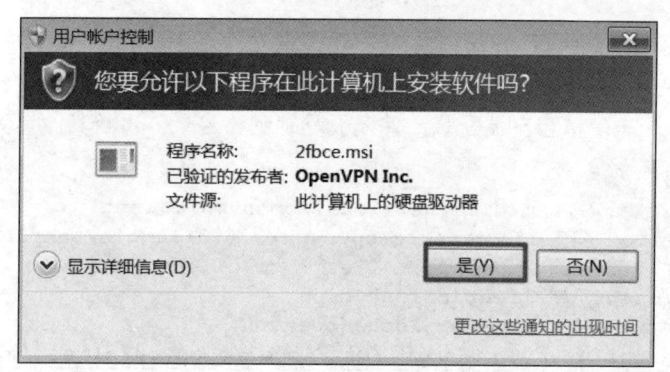

图 6-5

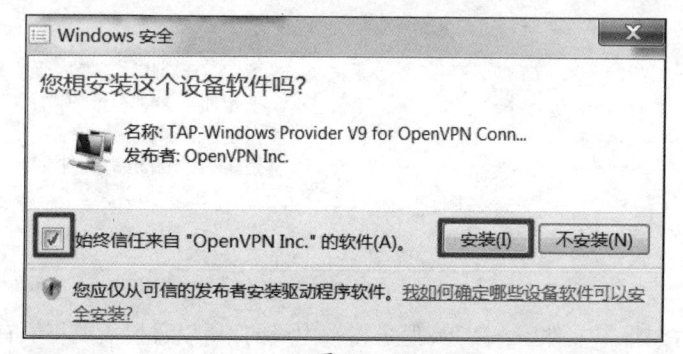

图 6-6

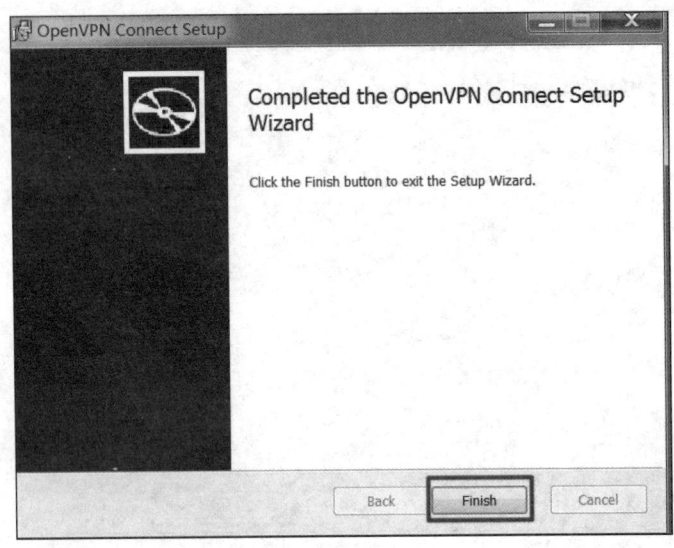

图 6-7

首先在客户端创建并修改 OpenVPN 客户端配置文件。因为在 OpenVPN 服务器端源码包 sample-config 目录中有客户端配置文件模板 client.conf，所以我们创建一个临时目录 /usr/local/openvpn/client，将客户端配置文件模板复制到该目录，再将其改名为 client.ovpn，然后修改模板文件内容。

```
[root@vpnserver ~]# mkdir /usr/local/openvpn/client
[root@vpnserver ~]# cd /usr/src/openvpn-2.6.0/sample/sample-config-files/
[root@vpnserver sample-config-files]# cp client.conf \
/usr/local/openvpn/client/client.ovpn
[root@vpnserver ~]# cd /usr/local/openvpn
[root@vpnserver openvpn]# vim /usr/local/openvpn/client/client.conf
```

```
client                              #将 OpenVPN 作为客户端软件使用
dev tun
proto udp
remote 124.126.150.211 1194         #指定 VPN 服务器 IP 地址与端口号
ca ca.crt                           #指定服务器 CA 证书文件
cert vpnclient.crt                  #指定客户端证书文件
key vpnclient.key                   #指定客户端私钥文件
remote-cert-tls server
tls-auth ta.key 1
cipher AES-256-GCM
```

```
[root@vpnserver openvpn]# cp ./keys/* ./client/       #复制密钥文件
```

因为密钥文件与证书文件是在 VPN 服务器端生成的，所以我们需要将所有密钥文件都复制到 /usr/local/openvpn/client 目录，统一打包发送给 Windows 客户端主机。

有了客户端配置文件和密钥文件之后，打开 OpenVPN Connect 客户端软件，安装流程如图 6-8 至图 6-14 所示。

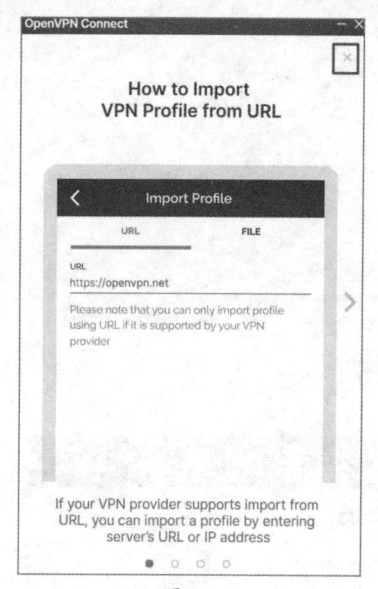

图 6-8

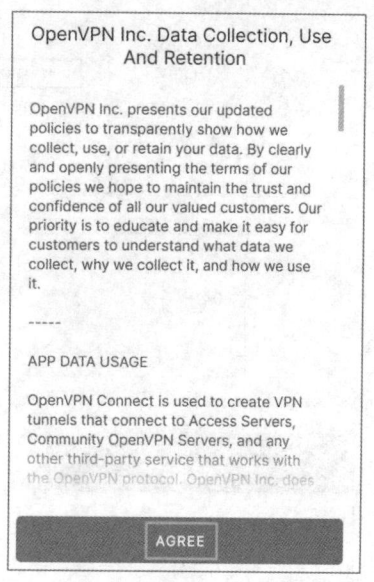

图 6-9

图 6-10

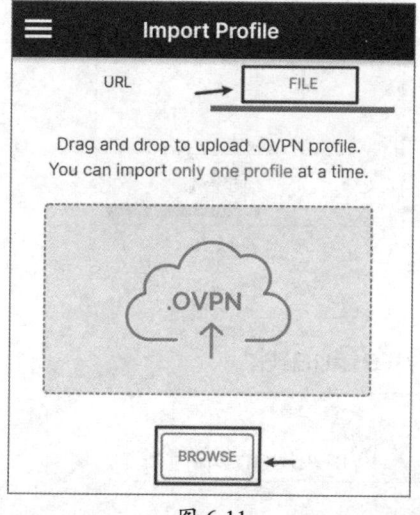

图 6-11

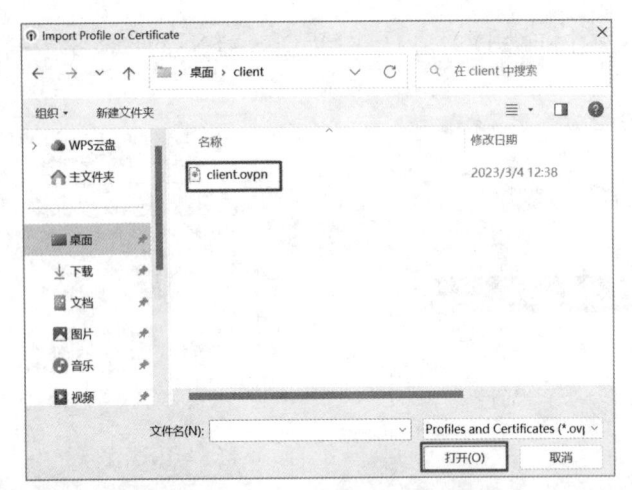

图 6-12

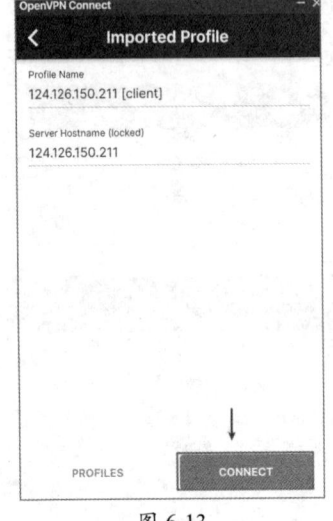

图 6-13

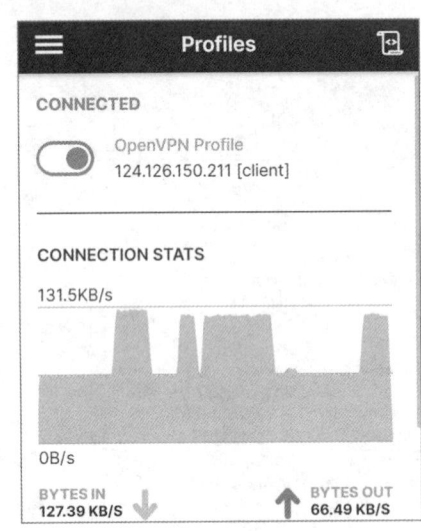

图 6-14

6.4 WireGuard

6.4.1 WireGuard 简介

WireGuard 是一个高性能、轻量级、安全的虚拟私人网络协议，它于 2016 年由 Jason A.

Donenfeld 等人开发，经过多次审查和改进后于 2020 年被合并到 Linux 内核主线。WireGuard 的设计目标是简单、高效、安全。在 OpenVPN 的 10 万行代码量级相比，WireGuard 只有 4000 多行代码，复杂性更低，这使得它更容易被理解、审查和维护，同时提高了性能和安全性，被 Linux 之父 Linus Torvalds 称为"艺术品"。

WireGuard 支持 IPv4 和 IPv6，并可以在 UDP 上运行。它使用加密技术来保护网络流量，并使用类似 SSH 的公钥/私钥机制来进行身份验证和密钥交换。它还支持快速连接和断开连接，以及在动态 IP 地址和网络地址转换（NAT）环境下工作。WireGuard 被广泛应用于虚拟私人网络、云计算、IoT 和移动设备等领域，被视为下一代 VPN 协议。

WireGuard 从 Linux kernel 5.6 开始被植入内核，由于 WireGuard 运行在内核空间，因此其执行效率更高。在 Rocky Linux 9 系统中我们只需安装 wireguard-tools 工具就可以像使用 SSH 一样配置 VPN 服务了。

本节的 WireGuard 案例采用的是如图 6-15 所示的拓扑结构，WireGuard 本身是不区分客户端和服务器的，对于 WireGuard 创建的 VPN 隧道两端的主机而言，彼此都是同等的。这里的拓扑结构是我们设计的一个实验环境主机角色，分为 VPN 服务器和 VPN 客户端。

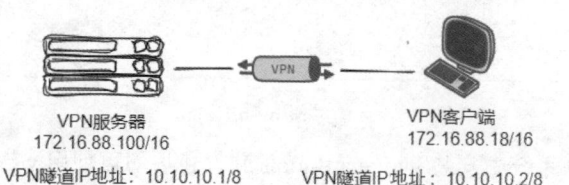

图 6-15

6.4.2 安装 WireGuard

因为 Rocky Linux 8 系统的内核没有合并 WireGuard，所以需要在更新内核后才可以安装 wireguard-tools。本节重点讲解 Rocky Linux 9 系统的 WireGuard 使用，简要介绍在 Rocky Linux 8 系统中部署 WireGuard 的方法。下面的步骤针对 Rocky Linux 8 或者 RHEL8。

```
[root@server ~]# dnf install \
https://dl.fedoraproject.org/pub/epel/epel-release-latest-8.noarch.rpm
[root@server ~]# dnf install \
https://www.elrepo.org/elrepo-release-8.el8.elrepo.noarch.rpm
[root@server ~]# dnf install kmod-wireguard wireguard-tools
[root@server ~]# reboot
```

因为 Rocky Linux 9 系统本身内嵌了 WireGuard，即 WireGuard 的核心代码运行在内核，所以我们需要使用 wireguard-tools 这样的用户工具配置和使用 VPN。我们可以直接通过 YUM 源安装 wireguard-tools 软件包。

```
[root@server ~]# dnf install wireguard-tools
```

WireGuard 使用类似于 SSH 的公钥和私钥。配置 WireGuard 的服务器和客户端均需要一对公钥和私钥，客户端把自己的公钥交给服务器一份，服务器也把自己的公钥交给客户端一份，而彼此的私钥则仅自己保留，如图 6-16 所示。

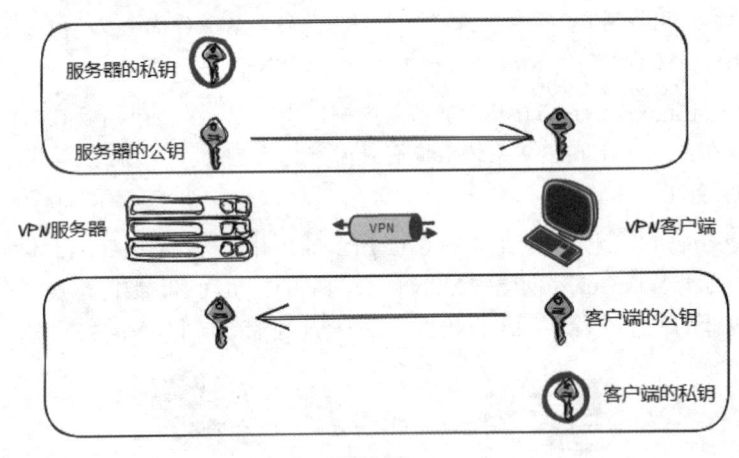

图 6-16

在 Rocky Linux 9 系统中安装 wireguard-tools 软件包后即可使用 wg genkey 命令生成私钥，使用 wg pubkey 命令可生成私钥对应的公钥。

```
[root@server ~]# wg genkey                    #生成私钥，也可以通过>将私钥保存到文件
6LqaOUjJK/fOcguYw4YYb+c/fgJBOA41B6/7L3w/nEc=
[root@prometheus ~]# echo '6LqaOUjJK/fOcguYw4YYb+c/fgJBOA41B6/7L3w/nEc=' \
| wg pubkey                                   #使用 wg pubkey 命令生成对应的公钥
RMpV6Oo9kTBRxrzQFMz9ddZuTW/O/ju+EE81dlO7BxU=
```

如果我们的客户端也使用 Linux 系统，则可以使用相同的命令再生成一对随机的私钥和公钥给客户端。如果使用 Windows 做客户端软件生成密钥，则需要到官网[1]下载 wireguard-amd64-0.5.3.msi 软件包。注意，官网随时可能升级新版本。在下载后安装并启动该软件，单击"新建隧道"菜单下面的"新建空隧道"子菜单即可生成随机密钥对，效果如图 6-17 和图 6-18 所示。

---

[1] 请参考链接 6-5。

图 6-17　　　　　　　　　　　　　　　　图 6-18

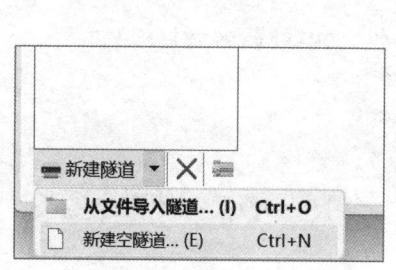

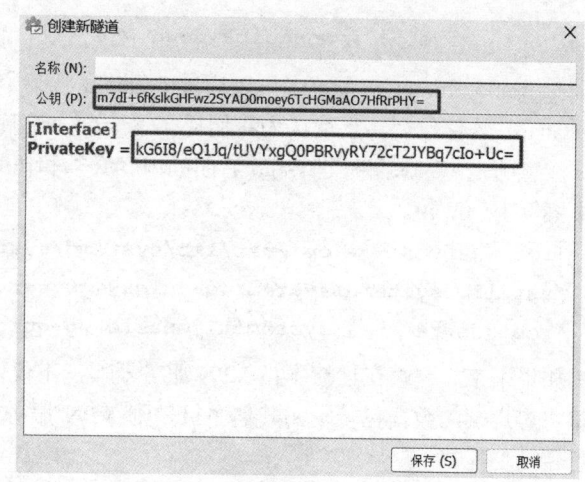

6.4.3　配置 WireGuard

在软件安装完成并生成客户端和服务器的密钥后，我们就可以配置 VPN 隧道了。我们既可以通过命令行配置临时的隧道，也可以将 VPN 隧道信息写入配置文件实现永久保存。

首先，我们在 Linux 系统的 VPN 服务器（172.16.88.100）上面创建新的配置文件，配置文件中[Interface]段是自身主机的信息，[Peer]段是对端主机的信息。

```
[root@server ~]# vim /etc/wireguard/wg0.conf      #新建文件，文件名任意
[Interface]
PrivateKey = sFpAycFerx/60hHHOGTCAgOJC8WoLCRQXDRjbmE9yEc=
#服务器生成的私钥
Address = 10.10.10.1/8
#VPN 隧道里面本机的 IP 地址和子网掩码
ListenPort = 54321
#wireguard 服务监听的端口
[Peer]
#对端（客户端）信息
PublicKey = 4be1o9c0mtpwovxmbPOk2o6XYTgiotPNHx9xsNov+TY=
#客户端生成的公钥
AllowedIPs = 10.10.10.2/32
#当本地主机上的任何数据包目的地为 10.10.10.2/32 时均不会直接通过我们的常规 Internet
#网络连接发送，而是先发送到虚拟 WireGuard 隧道
[root@server ~]# wg-quick up wg0                  #临时激活 VPN
#wg-quick 脚本会自动到/etc/wireguard 目录中找 wg0.conf 配置文件
```

```
[root@server ~]# wg-quick down wg0                          #临时关闭VPN
```

在 Rocky Linux 9 系统中可以通过 systemd 将某个服务或程序设置为开机自启动，在安装 WireGuard 软件包后，它默认为我们提供了一个管理服务的配置文件，我们可以复制该文件。需要注意的是，复制的新文件名@后面的内容必须和在/etc/wireguard/目录中的配置文件名一致，在本案例中为 wg0。

```
[root@server ~]# cp /usr/lib/systemd/system/wg-quick@.service \
/usr/lib/systemd/system/wg-quick@wg0.service
[root@server ~]# systemctl enable wg-quick@wg0 --now
```

如果未来客户端在连接本机 VPN 服务器后，不仅仅是为了连接 VPN 服务器本机，还希望本机将客户端的数据包转发到其他主机，则 VPN 服务器还需要开启路由转发和数据包的 NAT 地址转换功能。

```
[root@server ~]# echo 1 > /proc/sys/net/ipv4/ip_forward    #临时开启路由转发
[root@server ~]# vim /etc/sysctl.d/10-net.conf             #设置永久内核参数
net.ipv4.ip_forward = 1

[root@server ~]# sysctl -p /etc/sysctl.d/10-net.conf       #刷新配置文件
net.ipv4.ip_forward = 1
[root@server ~]# firewall-cmd --set-default-zone=trusted
#设置防火墙信任所有，允许所有主机使用任意协议连接本机的任意端口
[root@server ~]# firewall-cmd --permanent \
--add-rich-rule='rule family=ipv4 source address=10.10.0.0/8 masquerade'
#添加防火墙规则，开启 NAT 功能，将所有从隧道中 10.10.0.0/8 发来的数据，都通过 SNAT 的方
#式进行地址转换
[root@server ~]# firewall-cmd --reload                     #重新加载防火墙规则
```

WireGuard 支持 Linux、Windows、macOS 和 Android 等平台，不管使用什么平台都是需要一份 VPN 配置文件的。配置文件的格式和内容是一样的，在配置文件中，[Interface]段是自身主机的信息，[Peer]段是对端主机的信息。

下面是在 Windows 主机（172.16.88.18）中创建的一个配置文件，我们可以使用记事本创建配置文件，配置文件的名称可以任意，扩展名必须为.conf，内容如下。

```
[Interface]
PrivateKey = wB9SFWV/s96sXxYn3JO05Tm8PXb0fOZRRHtUXDdxh3U=
#客户端生成的私钥
Address = 10.10.10.2/8
```

```
#VPN 隧道里面本机的 IP 地址和子网掩码
DNS = 8.8.8.8
#本机配置的 DNS 服务器信息


[Peer]
#对端信息
PublicKey = Yb8fnF0/YxQ/MDrdybHY0amAsZ36Un/6JuKQtjVw5kI=
#服务器生成的公钥
Endpoint = 172.16.88.100:54321
#想要连接的对端 VPN 服务器的 IP 地址和端口
AllowedIPs = 0.0.0.0/0
#当本地主机上的任何数据包目的地为 0.0.0.0/0（任意目的）时均不会直接通过我们的常规
#Internet 网络连接发送，而是先发送到虚拟 WireGuard 隧道
#如果仅希望在访问 Google 官网的时候走 VPN 隧道，
#其他流量走本地正常 Internet 网络，则这里也可以在 AllowIPs 后面写 Google 官网的
#IP 地址，Google 官网的 IP 地址不止一个，多个 IP 地址之间使用逗号分隔即可
```

在写好配置文件后，使用 Windows 版本的 WireGuard 软件导入该配置文件，单击"从文件导入隧道"选项，选择提前准备好的配置文件打开即可，效果如图 6-19 所示。在成功导入配置后单击"连接"按钮即可连接 VPN 服务器，效果如图 6-20 所示。

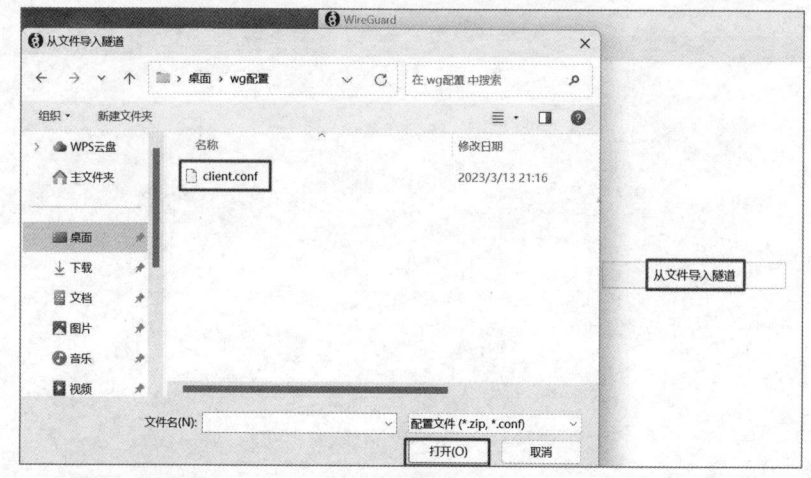

图 6-19

图 6-20

# 第3篇
高级应用

第 7 章 虚拟化与容器技术

7.1 虚拟化产品对比

　　计算机虚拟化技术是多种技术的综合实现，它包括硬件平台、操作系统、存储以及网络等。简单地说，虚拟化技术就是在单台主机上可以虚拟多个虚拟主机（简称虚拟机），并可以在这些虚拟主机上运行不同的操作系统平台。虚拟化技术的出现可以节约大量的硬件资源与能源消耗，降低资金成本，虚拟化现在已经是每个企业必做的。目前所提供的比较成熟的虚拟化解决方案主要有 VMware、Xen、KVM 以及 Kyper-V，下面针对其中的三个解决方案做简单的功能对比分析。虚拟化技术通过 Hypervisor 动态模拟与分配计算机硬件资源给虚拟机操作系统（Guest OS），由于 Hypervisor 可以模拟多个硬件资源给多个 Guest OS，因而对 Guest OS 而言，就像运行在独立、真实的硬件资源上一样，架构如图 7-1 所示。

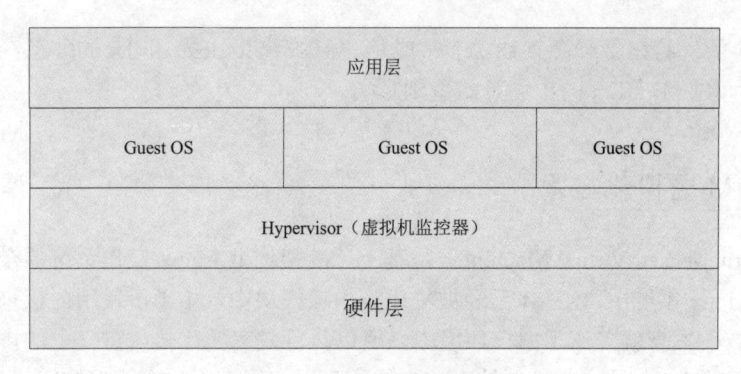

应用层		
Guest OS	Guest OS	Guest OS
Hypervisor（虚拟机监控器）		
硬件层		

图 7-1

7.1.1　VMware 虚拟化技术

VMware 是全球数据中心解决方案的领导品牌，它为我们提供了高性能、高可用、管理方便的虚拟机管理程序，是目前大多数企业虚拟化环境部署的首选方案。VMware 虚拟化的工作原理是直接在计算机硬件或主机操作系统上插入一个精简的软件层。该软件层包含一个以动态和透明方式分配硬件资源的虚拟化管理程序。多个操作系统可以同时运行在单台物理机上，彼此之间共享硬件资源。由于是将整台计算机（包括 CPU、内存、操作系统和网络设备）封装起来，因此，虚拟机可与所有标准的 x86 操作系统、应用程序和设备驱动程序完全兼容。可以同时在单台计算机上安全运行多个操作系统和应用程序，每个操作系统和应用程序都可以在需要时访问其所需的资源。

VMware 虚拟化产品最大的优势在于其完善的虚拟化管理平台以及可靠的基础架构，为企业计算环境提供完善、稳定、可靠的虚拟技术。到目前为止，VMware 依然是虚拟化技术行业的领头羊。VMware 虚拟化产品的不足主要包括：

首先，VMware 虚拟化技术主要针对的是 x86 架构，对于复杂的企业运算环境，VMware 无法满足所有计算机主机的需要。

其次，VMware 在云计算方面的发展略显迟缓，在性能与容灾方面表现不足。

最后，VMware 是商业产品，用户需要为此支付大量的许可费用。

7.1.2　Xen 虚拟化技术

Xen 是由剑桥大学开发的开源虚拟机监控器，它的目标是在单台主机上运行上百台全功能的虚拟机。Xen 的优势在于开源且技术非常成熟，但随着 RedHat 和 Ubuntu 已经将系统默认的虚拟组件更新为 KVM，Xen 的市场开始受到影响。

7.1.3 KVM 虚拟化技术

KVM（Kernel-based Virtual Machine）是基于 x86 架构上 Linux 操作系统的全虚拟化解决方案。在 Rocky Linux 系统中，KVM 已经被集成到内核模块中，相当于使用内核来做虚拟机管理程序。由于 KVM 本身就工作于内核环境中，所以执行效率要比传统意义上的虚拟化技术高很多。KVM 需要 Intel VT 或 AMD-V 技术的支持，可以使用下面的命令确定本机 CPU 是否支持以上两种技术：

```
[root@rocky9 ~]# egrep '(vmx|svm)' /proc/cpuinfo
```

相对于 Xen 而言，基于内核的 KVM 具有更高的效率。KVM 的核心代码非常短小精湛，KVM 已经成为主流的企业级虚拟化解决方案。

7.2 KVM 虚拟化应用案例

7.2.1 安装 KVM 组件

安装 KVM 组件需要先确保系统已经满足了最低安装要求，部署 KVM 需要通过 BIOS 开启 CPU 的虚拟化功能，确保至少 6GB 的磁盘剩余空间以及 2GB 的内存空间。KVM 支持的存储方式有：本地磁盘文件、物理磁盘分区、LVM 分区、iSCSI 磁盘、RBD 文、光纤 LUNs 设备等。

1. 在部署操作系统时安装 KVM 组件

KVM 组件可以在安装操作系统的过程中先勾选"带 GUI 的服务器"选项，再选择软件组包 Virtualization Client、Virtualization Hypervisor 和 Virtualization Tools 来部署虚拟化软件环境。

通过 Kickstart 方式安装系统时需要在 Kickstart 配置文件中加入如下内容：

```
@virtualization-hypervisor
@virtualization-client
@virtualization-platform
@virtualization-tools
```

2. 在现有的操作系统平台上安装虚拟化组件

对于已经安装好的操作系统来说，在配置 YUM 源后，可以在 CentOS 官方的源中找到虚拟化组件，直接通过组包来安装虚拟化组件，表 7-1 详细介绍了组包名称、描述及所包含的软件包。

表 7-1

组包名称	描 述	所包含的软件包
Virtualization Hypervisor	提供主机虚拟化环境	Libvirt、qemu-kvm
Virtualization Client	安装与管理虚拟机实例的客户端软件	virt-install、virt-manager、virt-viewer、virt-top
Virtualization Platform	提供访问与控制虚拟机和容器的接口	Libvirt、libvirt-client、virt-who
Virtualization Tools	脱机虚拟机镜像管理工具	Libguestfs、virtio-win、guestfs-tools libguestfs-inspect-icons、virt-win-reg

使用命令 dnf groupinstall "组包名称" 安装这些组包即可，例如，需要安装 Virtualization Tools 组包，运行 dnf groupinstall "Virtualization Tools" 即可。

7.2.2 创建虚拟机、安装操作系统

在系统中的虚拟化组件安装完成后，就可以创建虚拟机了，如果安装了图形环境，那么可以使用 virt-manager 命令开启 KVM 管理器界面，单击 "New" 按钮创建虚拟机，也可以通过命令行工具 virt-install 命令直接安装虚拟机。

1. 使用 virt-install 命令创建虚拟机

virt-install 命令既可以交互式运行，也可以以自动方式创建与部署虚拟机系统，配合 Kickstart 技术可以实现无人值守给虚拟机安装操作系统。该命令提供了很多选项，使用 virt-install --help 可以查看选项帮助。

下面是 virt-install 命令的描述和用法。
描述：安装部署虚拟机。
格式：virt-install [选项]…
选项：-h   查看帮助
　　　--connect=CONNECT   连接非默认的 Hypervisor，默认为 qemu:///system
　　　-n name   新的虚拟机实例名称
　　　-r MEMORY   虚拟机内存设置

参数	说明
--arch=ARCH	CPU 架构
--machine=MACHINE	虚拟机模拟器类型，Xen 或 KVM 等
--vcpus=VCPUS	虚拟机 CPU 个数
-c CDROM	设置光盘镜像或光盘设备路径
-l LOCATION	指定安装源路径
--pxe	使用 PXE 协议启动
--import	导入现有的虚拟机
-x EXTRA	附加内核参数，如-x "ks=http://server/server.ks"
--os-type=Type	操作系统类型，如 Linux、Windows 等
--disk=DISKOPTS	设置虚拟机磁盘，如--disk /dev/storage/path
-w NETWORK	设置虚拟机网络，如-w bridge=br0
--nonetworks	虚拟机不设置任何网络接口
-m MAC	设置虚拟机 MAC 地址
--vnc	设置通过 VNC 查看虚拟机
--hvm	使用全虚拟化技术
--paravirt	使用半虚拟化技术
--soundhw MODEL	设置声卡设备，MODEL 可以为 ich6、ac97 等
--autostart	设置虚拟机开机自启动

官方帮助文档案例如下。

安装 Fedora 29，使用 virtio 驱动的磁盘与网卡设备，创建 8GB 的存储文件，使用 CDROM 安装操作系统，使用 VNC 查看虚拟机界面。

```
#virt-install \
--connect qemu:///system \
--virt-type kvm \
--name demo \
--ram 500 \
--disk path=/var/lib/libvirt/images/demo.img,size=8 \
--graphics vnc \
--cdrom /dev/cdrom \
--os-variant fedora29
```

安装 Fedora 29，使用 LVM 分区，虚拟网络设置为从 PXE 启动，使用 VNC 连接虚拟机界面。

```
# virt-install \
--connect qemu:///system \
--name demo \
```

```
--ram 500 \
--disk path=/dev/HostVG/DemoVM \
--network network=default \
--virt-type qemu \
--graphics vnc \
--os-variant fedora29
```

在真实的磁盘中安装虚拟机,使用默认的 QEMU Hypervisor,使用 SDL 连接虚拟机界面,通过远程初始化及安装。

```
# virt-install \
--connect qemu:///system \
--name demo \
--ram 500 \
--disk path=/dev/hdc \
--network bridge=ens160 \
--arch ppc64 \
--graphics sdl \
--location http://mirror.centos.org/centos-7/7/os/x86_64/
```

2. 使用图形管理工具创建虚拟机

virt-manager 是 Rocky Linux 系统中所提供的虚拟机管理程序,用来通过图形创建以及管理虚拟机。下面介绍 virt-manager 创建虚拟机的具体方法。

第一步,在命令终端输入 virt-manager 开启图形管理程序,效果如图 7-2 所示。

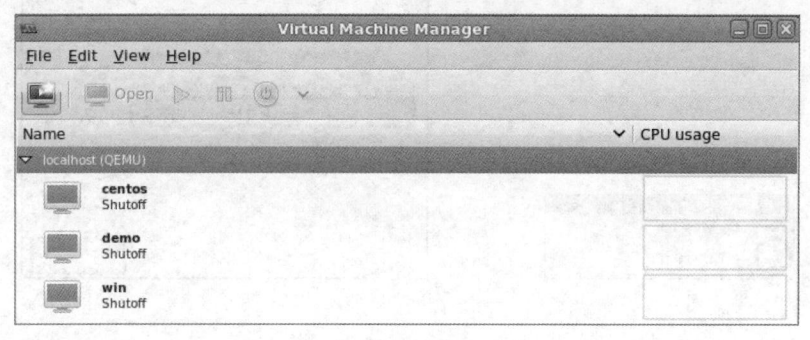

图 7-2

第二步,依次单击"File"→"Add Connection"菜单,即可连接 Hypervisor,默认为"QEMU/KVM",如图 7-3 所示,默认连接的是本机 Hypervisor,勾选"Connect to remote host"选项,在"Hostname"文本框中输入计算机主机名或 IP 地址后,也可以连接其他主机的 Hypervisor,如图 7-4 所示。

图 7-3　　　　　　　　　　　　　图 7-4

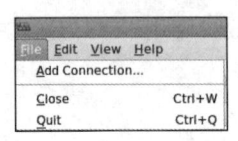

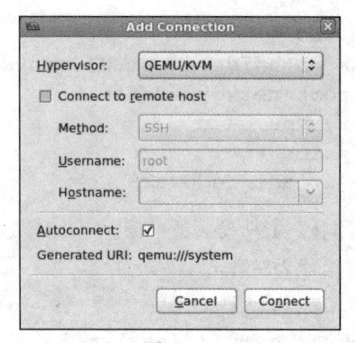

第三步，单击"Create a new virtual machine"选项，如图 7-5 所示，开启新建虚拟机向导，新建虚拟机向导中将提示进行以下内容的设置。

◎ 虚拟机名称及安装方式，安装方式可以选择 ISO image or CDROM 等方式，如图 7-6 所示。

◎ 安装介质路径，选择具体的光驱或 ISO 文件路径，以及操作系统类型，如图 7-7、图 7-8 和图 7-9 所示。

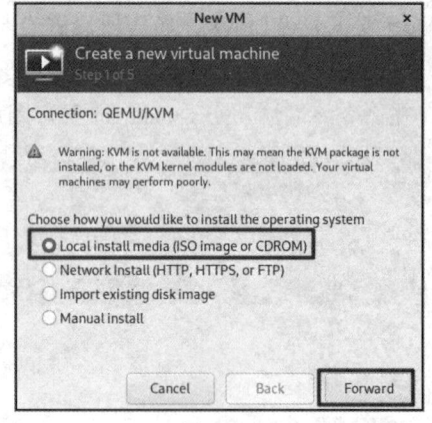

图 7-5　　　　　　　　　　　　　图 7-6

◎ 配置内存与 CPU 参数，如图 7-10 所示。
◎ 配置存储参数，既可以选择创建新的虚拟存储文件，也可以选择使用已存在的存储设备，如图 7-11 所示，虚拟机镜像文件路径默认为/var/lib/libvirt/images。
◎ 配置网络、架构以及其他硬件参数，如图 7-12 所示。网络选择 Bridge（桥接）可以实现虚拟机直接访问外部网络，也可以使用默认值。

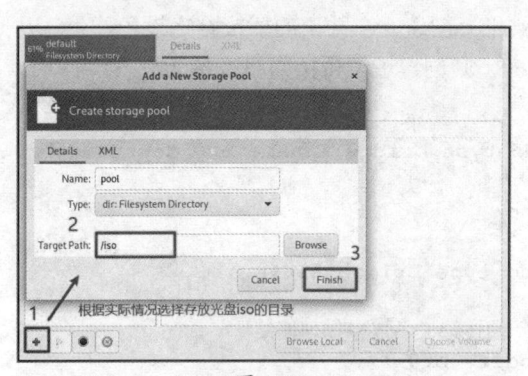

第 7 章 虚拟化与容器技术

图 7-7

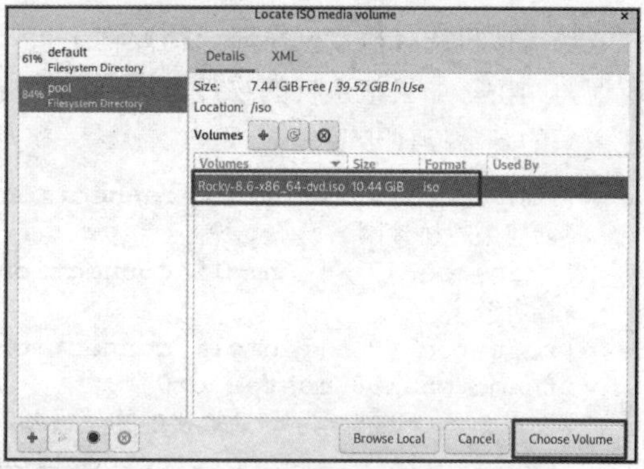

图 7-8

图 7-9

图 7-10

图 7-11

图 7-12

• 443 •

当虚拟机选择桥接网络时，需要宿主机（真实机）创建一个共享的桥接网络设备，也就是所谓的网桥。如果宿主机的物理网卡名称为 ens160，则创建虚拟桥接网络设备 br0（名称可以任意）的具体操作步骤如下。

```
[root@rocky9 ~]# nmcli connection add type bridge ifname br0 con-name br0
#创建虚拟桥接网络设备 br0
[root@rocky9 ~]# nmcli connection show
#查看效果
[root@rocky9 ~]# nmcli connection add type bridge-slave \
ifname ens160 master br0
#设置 ens160 网卡为 br0 连接的物理设备，br0 通过该设备连接物理网络
[root@rocky9 ~]# nmcli connection modify br0 \
ipv4.method auto autoconnect yes
#设置网桥通过 DHCP 获取网络参数
[root@rocky9 ~]# nmcli connection up br0
#激活网桥
```

第四步，安装部署虚拟机操作系统，具体操作步骤可以参考第 1 章系统安装部分的内容。

在虚拟机部署完成后，可以通过硬件信息按钮查看该虚拟机硬件信息，如图 7-13 所示。我们随时可以通过单击"Add Hardware"按钮在硬件信息列表中添加硬件设备。

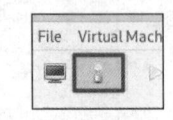

图 7-13

7.2.3 监控虚拟机操作系统

1. 修改监控属性

使用 virt-manager 的属性窗口可以修改虚拟机的性能监控属性，开启 virt-manager 程序后依次单击"Edit"→"Preferences"菜单，如图 7-14 所示，即可开启虚拟机选项对话框，如图 7-15 所示。默认在 virt-manager 监控模板中不会显示磁盘与网络接口 I/O 性能图表，我们可以通过勾选"Poll Disk I/O"与"Poll Network I/O"选项启用磁盘与网络接口 I/O 性能查询功能。另外，可通过修改"Stats Options"设置状态选项。

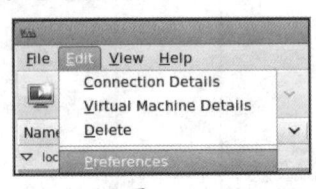

图 7-14

第 7 章　虚拟化与容器技术

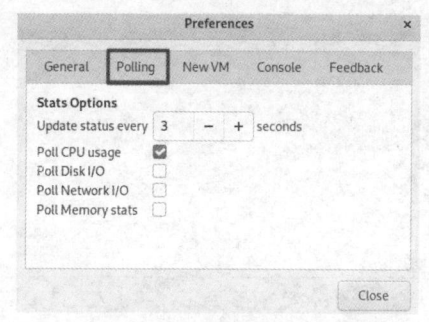

图 7-15

2. 监控图形

打开 virt-manager 程序，依次单击"View"→"Graph"菜单，根据需要决定是否勾选"Guest CPU Usage""Host CPU Usage""Disk I/O""Network I/O"，分别可以显示 CPU 使用率、磁盘 I/O 及网络 I/O 性能图表，全部选择后的效果如图 7-16 所示。

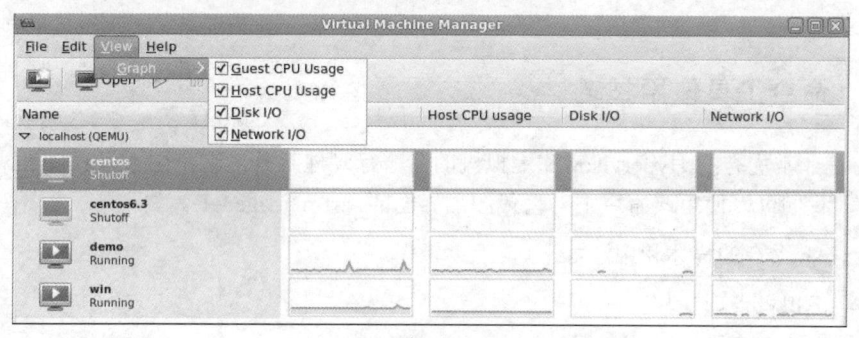

图 7-16

3. 查看虚拟机详细信息

virt-manager 还可以查看虚拟机连接的详细信息，依次单击"Edit"→"Condition Details"菜单（如图 7-17 所示），我们可以进一步查看 Hypervisor、真实主机 CPU，以及内存使用情况、虚拟网络设置、存储池设置、网络接口信息，如图 7-18 所示。

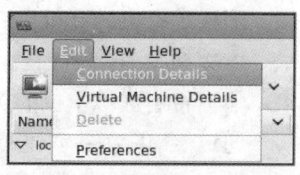

图 7-17

445

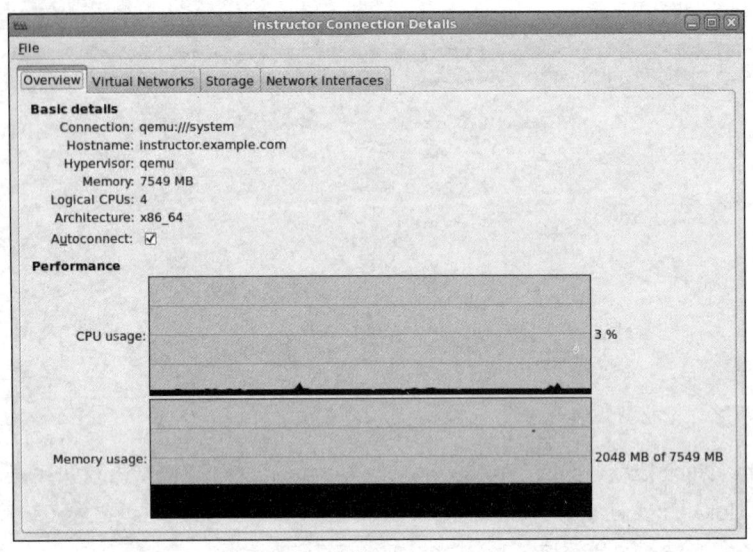

图 7-18

7.2.4 命令工具使用技巧

virsh 是非常优秀的 Hypervisor 和虚拟机的命令行管理工具，它是由 libvirt-client 软件包提供的命令，我们可以使用该命令工具替代图形界面的 virt-manager 工具。

有关 virsh 命令的描述和用法如下。

描述：虚拟机管理工具。
用法：virsh [选项] 命令 [参数]
选项：-h   显示帮助信息。
　　　-c,--connect URL   指定连接 URL。
　　　-l,--log 文件名   输入日志至指定文件。

命令：help   显示 virsh 支持的所有命令。
　　　list   查看正在运行的虚拟机列表，--all 显示所有列表。
　　　autostart DOMAIN_ID   配置虚拟机为开机自启动，--disable 表示禁用自启动。
　　　connect URI   连接指定 Hypervisor。
　　　dumpxml　DOMIAN_ID   输出特定虚拟主机的 XML 格式配置文件。
　　　create FILE   通过 XML 文件创建一个新的虚拟机。
　　　define FILE   使用 XML 文件定义一个新的虚拟机。

第 7 章 虚拟化与容器技术

命令	说明
destroy DOMAIN_ID	通过 ID 中止特定的虚拟主机。
dominfo DOMAIN_ID	返回特定虚拟机的基本信息。
domid DOMAIN_NAME	返回特定虚拟机 ID。
domstate DOMAIN_ID	返回特定虚拟机的状态信息。
edit DOMAIN_ID	编辑虚拟机的 XML 配置文件。
reboot DOMAIN_ID	重启特定的虚拟机。
shutdown DOMAIN_ID	关闭特定的虚拟机。
destroy DOMAIN_ID	强制关闭虚拟机。
start DOMAIN_ID	通过 ID 强制中止特定的虚拟机。
save DOMAIN_ID FILE	将运行中的虚拟机内存信息保存到文件。
restore FILE	使用 save 命令保存的文件还原虚拟主机状态。
screenshot DOMAIN_ID	对特定的虚拟主机抓屏，并保存图片。
suspend DOMAIN_ID	暂停特定的虚拟机。
resume DOMAIN_ID	恢复特定的虚拟机。
setmem DOMAIN_ID	设置特定的虚拟机内存，默认单位为 Kbyte。
setmaxmem DOMAIN_ID	设置特定的虚拟机最大内存。
setvcpus DOMAIN_ID	设置特定的虚拟机虚拟 CPU 的个数。
vcpuinfo DOMAIN_ID	显示基本的 CPU 信息。
attach-device DOMAIN_ID FILE	根据 XML 配置文件为虚拟机添加设备。
net-create FILE	根据 XML 文件创建虚拟网络。
net-dumpxml network	输出 XML 格式的虚拟网络信息。
net-list	返回激活的网络接口信息。
net-start network	激活特定的网络。
iface-define FILE	使用 XML 文件定义主机网络接口。
iface-list	显示激活的主机网络接口信息。
snapshot-create	创建快照。
snapshot-delete	删除快照。
snapshot-dumxml	备份快照。
snapshot-list	显示快照列表。

案例如下。

案例 1：查看当前正在运行的虚拟机列表，查看所有虚拟机列表（输出结果根据自己系统中已经安装的实际虚拟机情况而有所不同）。

```
[root@rocky9 ~]# virsh list
 Id Name              State
----------------------------------
  1 demo              running
  2 win               running
[root@rocky9 ~]# virsh list --all
 Id Name              State
----------------------------------
  1 demo              running
  2 win               running
  - centos            shut off
  - rocky9.3          shut off
```

案例2：设置 demo 虚拟机为开机自启动。

```
[root@rocky9 ~]# virsh autostart demo
Domain demo marked as autostarted
```

案例3：备份 demo 虚拟机的配置文件，将配置文件保存为 demo.xml。

```
[root@rocky9 ~]# virsh dumpxml demo > demo.xml
```

案例4：使用 demo.xml 生成新的虚拟机，由于 demo.xml 中有一些 demo 主机的特定配置信息，所以在使用 demo.xml 创建新的虚拟机之前，需要将其中的信息稍加修改，<name></name>定义的是虚拟机名称，<uuid></uuid>定义的是虚拟机唯一的序列编号，<mac address/>定义的是虚拟机的 MAC 地址。以上这些信息都是必须要修改的内容，其中可以使用 uuidgen 随机生成 UUID。

```
[root@rocky9 ~]# uuidgen
b2a187e3-e17d-4551-9c19-bc7c38a8926d
[root@rocky9 ~]# vim demo.xml
```

```
<domain type='kvm' id='1'>
  <name>demo-dump</name>
  <uuid>b2a187e3-e17d-4551-9c19-bc7c38a8926d</uuid>
  <memory>2000049</memory>
  <currentMemory>2000896</currentMemory>
  <vcpu>1</vcpu>
  <os>
    <type arch='x86_64' machine='rhel8.4.0'>hvm</type>
    <boot dev='hd'/>
  </os>
  <features>
    <acpi/>
    <apic/>
    <pae/>
  </features>
```

```xml
    <clock offset='utc'/>
    <on_poweroff>destroy</on_poweroff>
    <on_reboot>restart</on_reboot>
    <on_crash>restart</on_crash>
    <devices>
      <emulator>/usr/libexec/qemu-kvm</emulator>
      <disk type='block' device='disk'>
        <driver name='qemu' type='raw' cache='none' io='native'/>
        <source dev='/dev/GLSguest/demo'/>
        <target dev='vda' bus='virtio'/>
        <alias name='virtio-disk0'/>
        <address type='pci' domain='0x0000' bus='0x00' slot='0x04' function='0x0'/>
      </disk>
      <interface type='bridge'>
        <mac address='52:54:00:00:00:fb'/>
        <source bridge='br0'/>
        <target dev='vnet0'/>
        <model type='virtio'/>
        <alias name='net0'/>
        <address type='pci' domain='0x0000' bus='0x00' slot='0x03' function='0x0'/>
      </interface>
      <serial type='pty'>
        <source path='/dev/pts/1'/>
        <target port='0'/>
        <alias name='serial0'/>
      </serial>
      <console type='pty' tty='/dev/pts/1'>
        <source path='/dev/pts/1'/>
        <target type='serial' port='0'/>
        <alias name='serial0'/>
      </console>
      <input type='tablet' bus='usb'>
        <alias name='input0'/>
      </input>
      <input type='mouse' bus='ps2'/>
      <graphics type='vnc' port='5900' autoport='yes'/>
      <video>
        <model type='cirrus' vram='9216' heads='1'/>
        <alias name='video0'/>
        <address type='pci' domain='0x0000' bus='0x00' slot='0x02' function='0x0'/>
      </video>
      <memballoon model='virtio'>
        <alias name='balloon0'/>
```

```
        <address type='pci' domain='0x0000' bus='0x00' slot='0x05' function=
'0x0'/>
      </memballoon>
    </devices>
    <seclabel type='dynamic' model='selinux' relabel='yes'>
      <label>system_u:system_r:svirt_t:s0:c368,c589</label>
      <imagelabel>system_u:object_r:svirt_image_t:s0:c368,c589</imagelabel>
    </seclabel>
</domain>
```

[root@rocky9 ~]# **virsh create demo.xml**
Domain demo-dump created from demo.xml

案例 5：查看虚拟机 demo 的基本信息。

```
[root@rocky9 ~]# virsh dominfo 1
Id:              1
Name:            demo
UUID:            135fa6ec-8f6e-0b6e-7cd1-e26b7ba29ab4
OS Type:         hvm
State:           running
CPU(s):          1
CPU time:        122.8s
Max memory:      2000049 kB
Used memory:     2000896 kB
Persistent:      yes
Autostart:       enable
Managed save:    no
Security model:  selinux
Security DOI:    0
Security label:  system_u:system_r:svirt_t:s0:c368,c589 (permissive)
```

案例 6：开启 centos 这台虚机主机。

[root@rocky9 ~]# **virsh start centos**
Domain centos started

案例 7：设置配置指定（win）虚拟机的内存大小值、最大内存值及 CPU 个数，使虚拟机下次重启后生效。

[root@rocky9 ~]# **virsh setmaxmem win 2097152 --config**
[root@rocky9 ~]# **virsh setmem win 2097152 --config**
[root@rocky9 ~]# **virsh setvcpus win 2 --config**

案例 8：查看并备份 default 网络配置文件，将配置文件保存为 default_net.xml。

[root@rocky9 ~]# **virsh net-list**
[root@rocky9 ~]# **virsh net-dumpxml default > default_net.xml**

案例 9：通过 console 管理虚拟机，在虚拟机没有配置 IP 地址的情况下，我们也可以在宿主机管理虚拟机。注意，需要提前设置虚拟机的内核参数，开启 console 终端，才可以在宿主机使用 console 连接虚拟机。

```
[root@localhost ~]# vim /etc/default/grub        #在虚拟机中修改内核参数
… …部分内容省略
GRUB_CMDLINE_LINUX="biosdevname=0 net.ifnames=0 console=tty0 rhgb quiet"
#手动在 GRUB_CMDLINE_LINUX=后面添加 console 参数，参数与参数之间使用空格分隔
[root@localhost ~]# grub2-mkconfig -o /boot/grub2/grub.cfg
#刷新内核启动参数，之后重启虚拟机
[root@localhost ~]# reboot                        #重启虚拟机
[root@rocky9 ~]# virsh console demo
#宿主机通过 console 管理虚拟机，这里假设虚拟机名称为 demo，使用 Ctrl+]组合键可以退出
```

7.2.5 虚拟存储与虚拟网络

1. 存储池

KVM 存储池是被 libvirt 所管理的文件、目录或存储设备，存储池既可以位于本地，也可以通过网络共享，存储池最终可以被虚拟机所使用。默认 libvirt 使用基于目录的存储池设计，/var/lib/libvirt/images 目录就是默认的存储池。本地存储池可以是本地的一个目录、磁盘设备、物理分区或 LVM 卷，但本地存储池不适合用于大规模产品部署，也不支持虚拟机迁移功能。网络共享存储池使用标准的网络协议进行存储设备的共享，它支持 SAN、IP-SAN、NFS、GFS2 等协议。在 KVM 虚拟化技术中，存储池可以包含多个存储卷，对虚拟机而言，这些存储卷将被识别为物理硬件存储设备。

下面将以目录存储以及共享 NFS 存储为例，演示 KVM 存储池及存储卷的创建流程。

（1）创建基于目录的虚拟存储池与存储卷。

创建目录：

```
[root@rocky9 ~]# mkdir /var/lib/libvirt/test
```

修改文件安全相关属性：

```
[root@rocky9 ~]# chown root.root /var/lib/libvirt/test
[root@rocky9 ~]# chmod 700 /var/lib/libvirt/test
[root@rocky9 ~]# semanage fcontext -a -t virt_image_t /var/lib/libvirt/test
[root@rocky9 ~]# restorecon -v /var/lib/libvirt/test
```

创建存储池：

```
[root@rocky9 ~]# virt-manager          #开启虚拟机管理器
```

依次单击"Edit"→"Connection Details"菜单，如图 7-19 所示，开启虚拟机连接具体设置窗口。在"Storage"选项卡中，单击左下角位置的添加图标，创建存储池。在本例中存储池名称为"test"，类型为基于目录的存储池，输入存储池目录的具体路径，如图 7-20 和图 7-21 所示。至此，基于目录的存储池已创建完成，效果如图 7-22 所示。

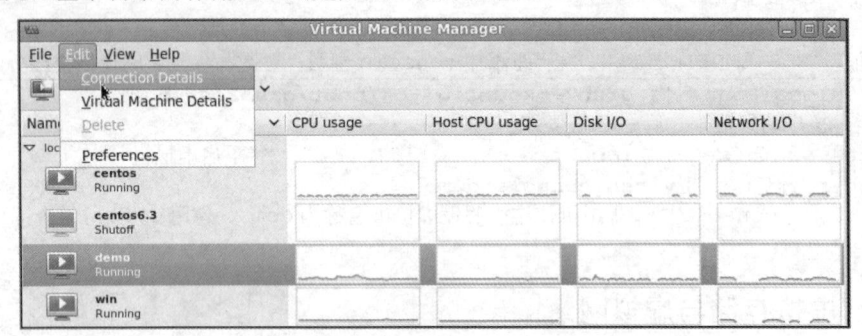

图 7-19

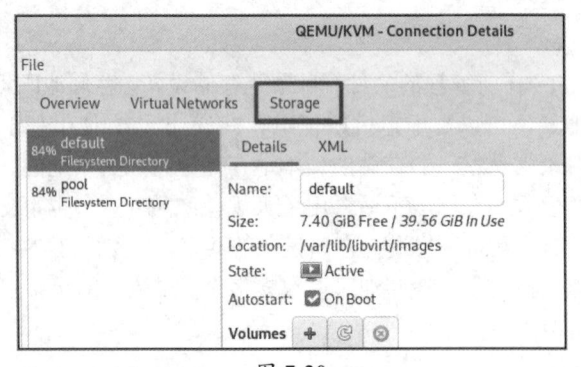

图 7-20

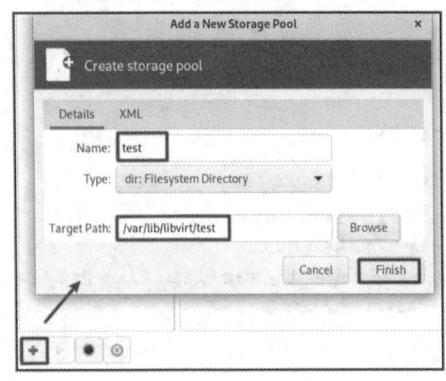

图 7-21

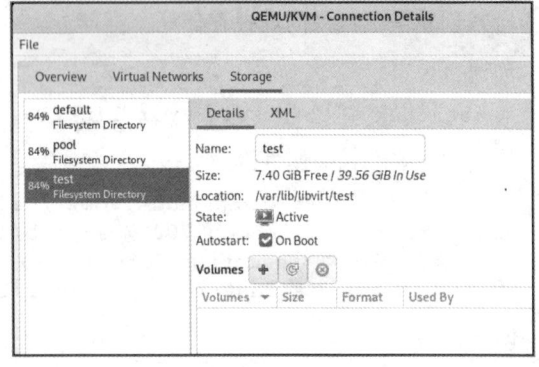

图 7-22

创建存储卷。在完成存储池的创建后，我们就可以在存储池中创建存储卷了，如图 7-23 所示，选择需要创建存储卷的存储池，本例为"test"存储池，单击新建存储卷的按钮，根据提示输入存储卷名称、格式类型、容量空间。单击"Finish"按钮完成存储卷的创建。

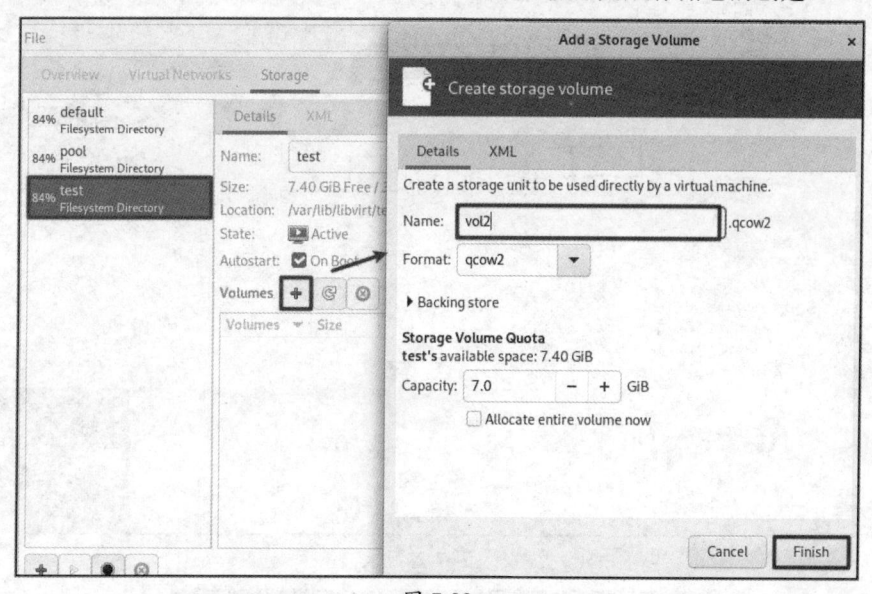

图 7-23

（2）为虚拟机添加使用存储设备。

在存储卷创建完成后，我们的虚拟机就可以使用这些存储卷了。通过"virt-manager"选择一个虚拟机，双击虚拟机打开控制窗口。单击"设备"按钮，显示设备列表，如图 7-24 所示，单击"Add Hardware"按钮添加新的设备，在添加虚拟硬件对话框中选择"Storage"，因为我们已经为虚拟机创建好了存储卷设备，因此，我们选择已经存在的存储空间，在"test"存储池中选择"vol2.qcow2"存储卷。进入虚拟机操作系统，可以通过 lsblk 命令查看磁盘信息，新设备一般标记为"/dev/vdb"，如图 7-25 所示。

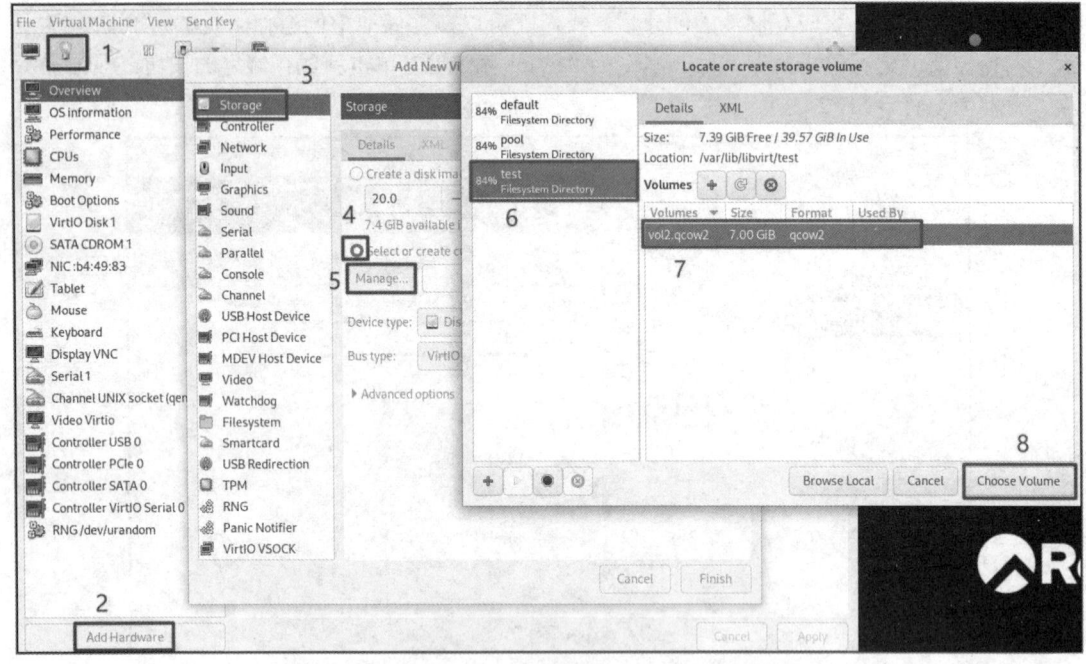

图 7-24

图 7-25

2. 虚拟网络设置

KVM 使用一种称为虚拟交换的技术实现虚拟机的网络互联,虚拟交换是运行在宿主机上的一个软件结构,虚拟机通过与这个虚拟交换进行直连实现与外界通信。当我们部署完虚拟化环境后,libvirt 进程会在宿主机上自动创建一个默认的虚拟交换设备 virbr0,我们可以通过 ip 命令查看该虚拟交换设备的详细信息。

```
[root@rocky9 ~]# ip a s virbr0
5: virbr0: <BROADCAST,MULTICAST,UP,LOWER_UP> mtu 1500 qdisc noqueue state UP group default qlen 1000
    link/ether 52:54:00:3a:b5:6b brd ff:ff:ff:ff:ff:ff
```

```
inet 192.168.122.1/24 brd 192.168.122.255 scope global virbr0
   valid_lft forever preferred_lft forever
```

虚拟交换设备可以以 NAT 模式、路由模式以及独立模式运行，表 7-2 描述了这些模式的特性与功能，虚拟交换结构如图 7-26 所示。默认情况下，libvirtd 进程使用的是 NAT 模式作为虚拟交换设备的工作模式。

表 7-2

模 式	功 能
NAT 模式	NAT 模式使用的是 IP 欺骗技术（masquerade），该技术可以使虚拟机使用宿主机的 IP 地址与外部主机通信，此时虚拟机之间不管是在相同网段还是在不同网段，都可以相互通信。默认位于宿主机外部的计算机设备不可以同虚拟交换设备连接的虚拟机通信。也就是说，虚拟机不可以连接真实机外面的其他主机
Routed 模式	Routed 模式的虚拟交换设备将与真实设备的物理网络相连接，实现数据包的出站与入站。宿主机将承担路由的角色
Isolated 模式	Isolated 模式使每个虚拟交换设备都是一个独立的网络，并且与宿主机也是相互独立的。连接在相同虚拟交换设备的虚拟机是可以进行通信的

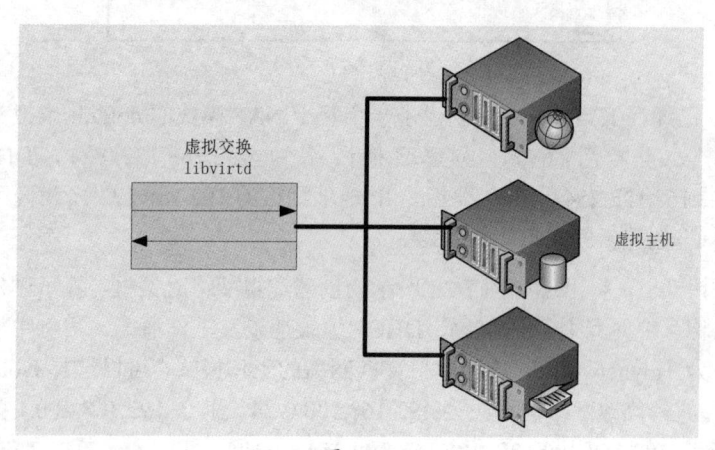

图 7-26

设置虚拟交换网络最简单的方式是通过 virt-manager 工具，使用 virt-manager 命令开启虚拟机管理器，依次单击"Edit"→"Connection Details"→"Connection Details"菜单，选择"Virtual Networks"选项卡，如图 7-27 所示。

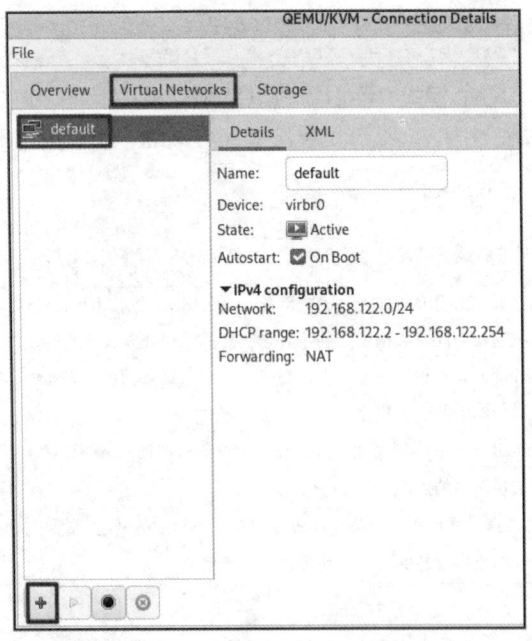

图 7-27

默认 libvirtd 已经在 KVM 环境中创建了一个基于 NAT 模式的 default 虚拟交换设备，设备名称为 virbr0，处于激活状态，虚拟交换网络为 192.168.122.0/24，DHCP 地址池为 192.168.122.2-192.168.122.254，virbr0 设备的 IP 地址默认为 192.168.122.1。我们可以使用图 7-27 中的添加按钮 "+" 创建新的虚拟交换网络。

单击添加按钮 "+"，将出现如图 7-28 所示的创建虚拟网络对话框，提示创建一个虚拟交换网络需要填写名称、IP 地址与子网掩码、DHCP 地址池以及工作模式。案例中根据提示输入虚拟交换网络名称为 "mynetwork"，选择虚拟交换网络的工作模式，可以选择 Isolated 模式、NAT 模式或 Routed 模式，修改网络地址段为 192.168.200.0/24，默认 192.168.200.1 为网关设备，设置 DHCP 地址池为 192.168.200.128~192.168.200.254，如果一切顺利，单击 "Finish" 按钮，即可创建一个全新的虚拟交换网络。

在创建完虚拟交换网络后，所有虚拟机都可以添加虚拟网卡接口连接该虚拟交换设备。在打开虚拟机后，通过如图 7-29 所示的硬件管理图标显示硬件列表，在硬件列表下方使用 "Add Hardware" 按钮添加虚拟网络接口，选择 "Network"，在右侧填写该虚拟网络接口需要连接的宿主机的虚拟交换设备，这里我们选择的是刚刚创建的名为 "mynetwork" 的虚拟交换网络。除此之外，还需要填写该虚拟机的 MAC 地址和设备驱动方式，在设置完成后单击 "Finish" 按钮即可完成给虚拟机添加虚拟网卡的操作。

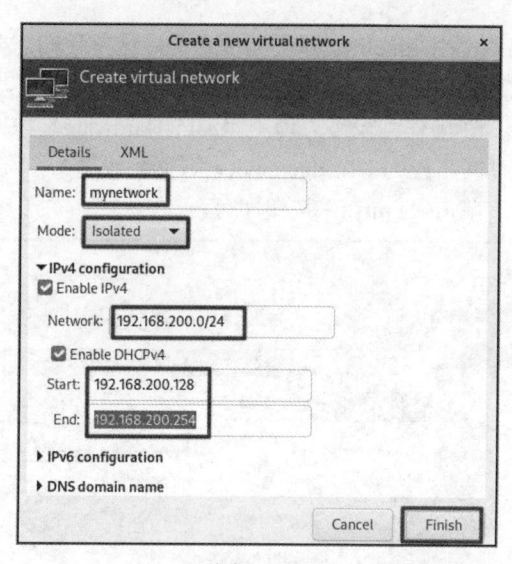

图 7-28

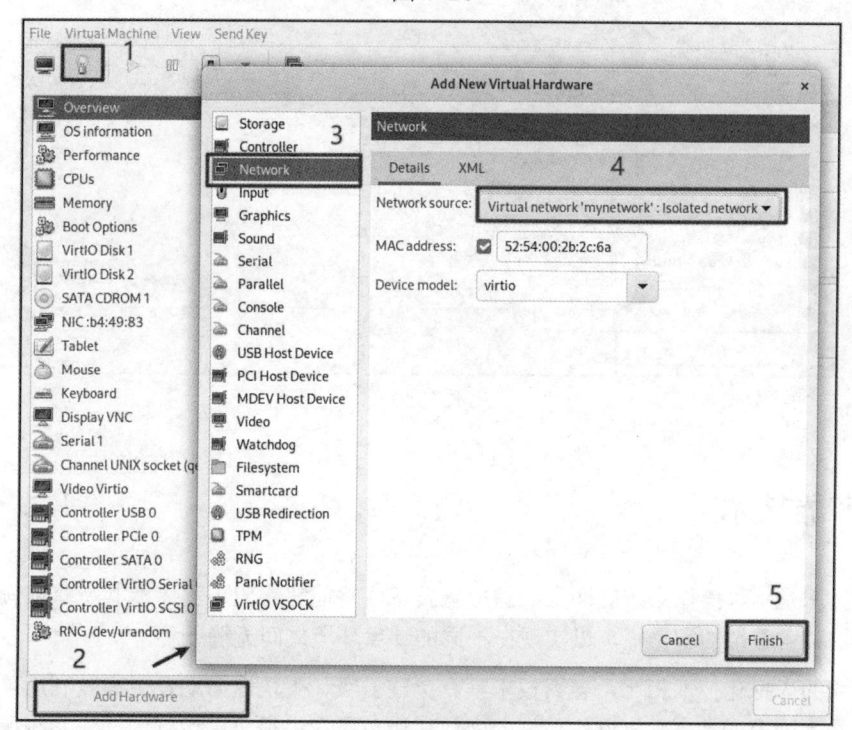

图 7-29

前面我们还在宿主机上使用 nmcli 创建了网桥设备，这里我们需要把虚拟机直接绑定在宿主主机的网桥设备，让虚拟机和宿主主机共享网络。在打开虚拟机后，通过如图 7-30 所示的硬件管理图标显示硬件列表，在硬件列表下方使用"Add Hardware"按钮添加虚拟网络接口，选择"Network"，在右侧选择网络源为"Bridge device"（网桥设备），手动填写之前已经创建的网桥名称"br0"，填写完成后单击"Finish"按钮即可。

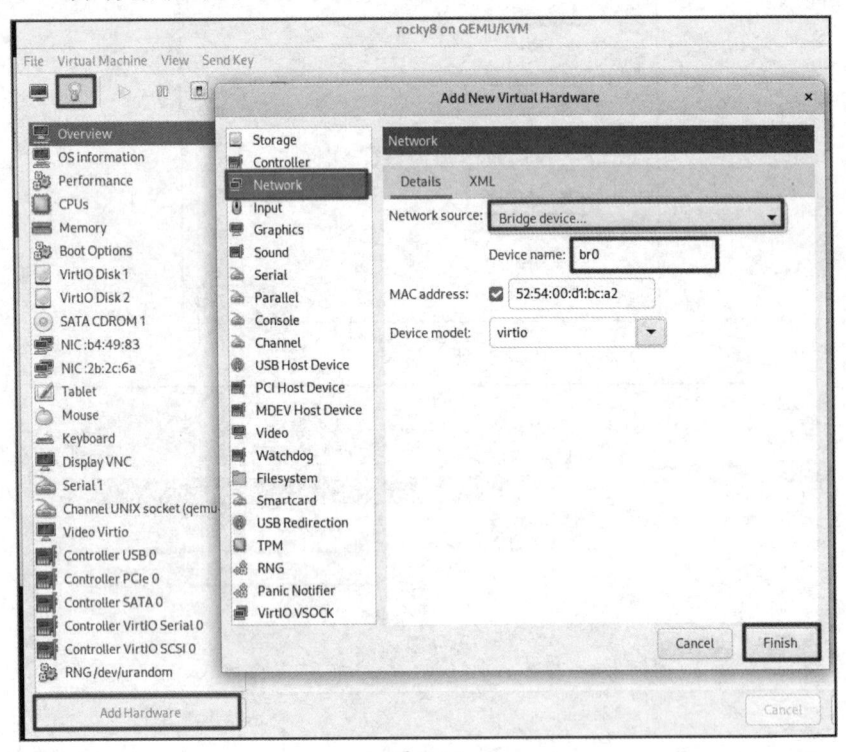

图 7-30

7.3 容器技术

容器技术是一种操作系统层面上的虚拟化技术，它能够将应用程序及其所有依赖项打包进一个独立的、可移植的容器中，以实现在不同的计算环境之间无缝迁移。

与传统的虚拟化技术相比，容器技术具有更轻量级、更快速启动、更高效利用硬件资源等优势。这是因为容器共享主机操作系统的内核，避免了在虚拟机中运行的操作系统所带来的性能开销和资源浪费。同时，容器还可以具有良好的隔离性和安全性，确保应用程序之间不会相互干扰。

容器技术的代表性产品是 Docker 和 Podman，它们提供了一系列工具和服务，帮助用户快速创建、部署和管理容器。除 Docker 外，还有其他的容器引擎和管理工具，例如 Kubernetes、Mesos 等，它们可以自动化管理大规模容器集群，提高应用程序的可靠性和可扩展性。容器技术在云计算、DevOps、微服务等领域得到了广泛应用，是现代应用程序开发和部署的重要组成部分。

容器化的和传统虚拟化的对比如图 7-31 所示，如果我们想在虚拟化平台上运行一个业务应用，就需要一台物理硬件设备，并在物理硬件上面安装宿主机操作系统，在宿主机安装虚拟系统管理程序（Hypervisor），然后创建若干台虚拟机，在虚拟机中需要再次安装 Guest 操作系统，最后才能在该系统中运行我们需要的业务应用程序。而容器技术共用底层的宿主机操作系统，将底层的宿主机操作系统隔离为若干命名空间，将业务应用程序运行在这些命名空间中，好像是在宿主机操作系统直接运行进程一样，同时实现了进程之间的隔离和安全。

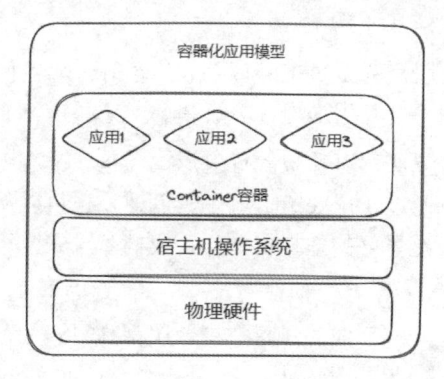

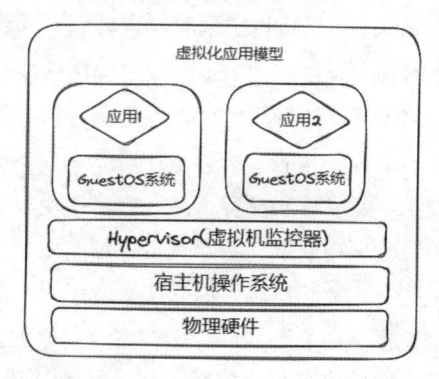

图 7-31

容器技术使用操作系统内核的命名空间（Namespace）和控制组（Cgroup）功能，实现应用程序和依赖项的隔离和资源管理。

命名空间是一种机制，用于隔离进程之间的资源，例如文件系统、网络、用户等。容器使用不同的命名空间，使得每个容器看起来像是运行在独立的主机上，它们可以访问自己的文件系统、网络接口和用户信息，而不会干扰其他容器。Linux 命名空间（Namespace）是 Linux 操作系统提供的一种隔离机制，可以让不同的进程拥有独立的视图，从而实现进程之间的隔离。以下是 Linux 命名空间的一些常见类型。

◎ Mount Namespace：隔离文件系统挂载点，使得进程只能看到当前命名空间内的文件系统层级结构。

- ◎ UTS Namespace：隔离主机名和域名，使得进程只能看到当前命名空间内的主机名和域名。
- ◎ IPC Namespace：隔离进程间通信资源，例如 System V IPC 和 POSIX message queues。
- ◎ PID Namespace：隔离进程 ID，使得每个命名空间内的进程 ID 互不干扰。
- ◎ Network Namespace：隔离网络资源，例如网络接口、IP 地址、路由表、防火墙等。
- ◎ User Namespace：隔离用户和用户组 ID，使得每个命名空间内的用户和用户组 ID 互不干扰。
- ◎ Cgroup Namespace：隔离进程资源限制，使得每个命名空间内的进程只能看到自己所属的 Cgroup。

通过组合使用这些命名空间，可以实现不同层次的进程隔离。例如，可以使用 Mount Namespace 和 Network Namespace 实现容器之间的文件系统和网络隔离。而使用 User Namespace 和 PID Namespace 则可以实现容器内外用户和进程 ID 的隔离。

控制组是一种机制，用于限制进程的资源使用，例如 CPU、内存、磁盘等。容器使用控制组来限制应用程序的资源使用，以确保容器之间不会互相影响。

容器的另一个核心是容器镜像，它是一个轻量级、可移植的打包形式，包含了应用程序及其依赖项的所有文件和配置信息。容器镜像可以通过 Dockerfile 等工具创建，也可以从公共或私有的镜像仓库中获取。容器镜像就像一个已经配置好的虚拟机一样，我们拿过来就可以直接运行启动了，不需要自己安装和配置虚拟机。

容器镜像是由多个只读的文件系统层叠加在一起而成的。每个镜像层都是只读的，并且包含了文件系统的内容和元数据信息。容器镜像的基础层（Base Layer）是一个空白的文件系统层，它包含了操作系统的核心组件，例如系统库和命令行工具等。在基础层之上，可以添加多个文件系统层来构建一个完整的镜像。每个文件系统层可以包含任意的文件和目录，例如应用程序、依赖库和配置文件等。

容器镜像中的每个文件系统层都是只读的，并且在运行容器时会被挂载到容器的文件系统中。这样可以使容器共享基础层，并减少存储空间和网络传输的成本。

当容器镜像被启动时，容器引擎会创建一个新的命名空间和控制组，然后在其中运行应用程序。容器内部的进程只能看到自己的命名空间和控制组，而无法感知主机或其他容器的存在。容器引擎还提供了一系列工具和服务，帮助用户管理容器，例如镜像管理、容器网络、容器存储等。

总之，容器技术通过操作系统层面上的虚拟化技术，实现了应用程序及其依赖项的隔离和轻量级打包，提高了应用程序的可移植性、可靠性和可扩展性。

Rocky Linux 9 系统中自带的容器管理平台为 Podman，下面演示如何通过 Podman 管理容器。

7.3.1 安装容器管理软件

Rocky Linux 9 通过 Podman 管理整个容器生态系统。通过 Podman 我们可以查找、运行、构建容器镜像，发布容器业务应用。Podman 是一个用于管理和运行 OCI 容器的命令行工具。与其他容器管理工具相比，Podman 具有以下优点。

◎ 无须守护进程：与 Docker 不同，Podman 不需要一个守护进程来管理容器。这意味着我们可以在没有特权的情况下运行 Podman 命令，而不必担心安全问题。

◎ 更加安全：由于 Podman 不需要一个守护进程，所以容器进程直接在用户空间中运行，这使得 Podman 更加安全。

◎ 更加灵活：Podman 使用系统工具来管理容器，这使得它在运行时更加灵活，并且允许我们在需要时轻松地自定义容器运行时环境。

```
[root@rocky9 ~]# dnf -y install podman                #安装软件
```

7.3.2 镜像与容器管理

Podman 命令语法格式：podman [选项] [子命令]

Podman 命令支持很多子命令，子命令及其描述见表 7-3。

表 7-3

子命令	描述
attach	进入容器，直接在当前容器正在执行的终端进行操作
build	读取容器定义文件，构建新的容器镜像
commit	基于当前容器的变化，构建新的容器镜像
cp	在容器和本地文件系统之间复制文件
exec	进入容器，开启一个新的终端
export	将当前容器导出为 tar 包格式的镜像，其他主机可以通过 load 导入 tar 包格式的镜像
images	列出当前主机的所有容器镜像
info	查看 Podman 软件的基本信息
inspect	查看容器、镜像等资源的详细信息

续表

子命令	描述
load	通过 tar 包文件导入容器镜像
login	登录容器仓库服务器（有些容器仓库需要登录后才能下载容器镜像）
logout	注销容器仓库
logs	查看容器日志信息
ps	列出当前容器列表
pull	从容器仓库服务器拉取容器镜像
push	将本地容器镜像上传至容器仓库服务器
restart	重启容器
rm	删除容器
rmi	删除容器镜像
run	使用容器镜像运行一个新的容器
save	将容器镜像保存为 tar 包格式的镜像文件
search	连接容器仓库并搜索容器镜像（默认会到 registry.access.redhat.com、registry.redhat.io、docker.io 搜索）
start	启动容器
stop	关闭容器
tag	修改容器标签

```
[root@rocky9 ~]# podman search nginx          #搜索名称为 nginx 的容器镜像
[root@rocky9 ~]# podman pull docker.io/library/nginx    #下载容器镜像
[root@rocky9 ~]# podman images                 #查看本机容器镜像
REPOSITORY                  TAG         IMAGE ID       CREATED       SIZE
docker.io/library/nginx     latest      904b8cb13b93   2 weeks ago   146 MB
[root@rocky9 ~]# podman search mysql          #搜索名称为 mysql 的容器镜像
[root@rocky9 ~]# podman pull docker.io/library/mysql    #下载容器镜像
[root@rocky9 ~]# podman images                 #查看容器镜像列表
REPOSITORY                  TAG         IMAGE ID       CREATED       SIZE
docker.io/library/mysql     latest      4073e6a6f542   7 days ago    545 MB
docker.io/library/nginx     latest      904b8cb13b93   2 weeks ago   146 MB
```

每个容器镜像都可以通过名称或者 ID 调用。容器的名称分为名称和版本，如 docker.io/library/nginx，版本为 latest，调用容器镜像时如果没有指定版本，则默认版本为 latest。另外还可以使用容器镜像 ID 调用镜像，在使用容器镜像 ID 时可以仅指定 ID 号的前几位（能通过唯一 ID 定位容器镜像即可）。

```
[root@rocky9 ~]# podman inspect 407              #查看 ID 为 407 的容器镜像信息
[root@rocky9 ~]# podman inspect docker.io/library/mysql       #查看镜像信息
[root@rocky9 ~]# podman inspect docker.io/library/mysql:latest
[root@rocky9 ~]# podman run -d 904b              #运行 ID 为 904b 的容器镜像
[root@rocky9 ~]# podman ps                       #查看当前容器（容器有容器 ID）
CONTAINER ID  IMAGE                        COMMAND              CREATED
STATUS         PORTS      NAMES
6472c408b810  docker.io/library/nginx:latest  nginx -g daemon o...  3
seconds ago  Up 3 seconds ago              gallant_mahavira
[root@rocky9 ~]# podman stop 6472                #通过 ID 关闭正在运行的容器
[root@rocky9 ~]# podman ps                       #查看当前正在运行的容器，结果为空
CONTAINER ID  IMAGE   COMMAND   CREATED   STATUS    PORTS     NAMES
[root@rocky9 ~]# podman ps -a                    #查看所有容器，包括被关闭的容器
CONTAINER ID  IMAGE                        COMMAND              CREATED
STATUS              PORTS      NAMES
6472c408b810  docker.io/library/nginx:latest  nginx -g daemon o...  2
minutes ago  Exited (0) 36 seconds ago         gallant_mahavira
[root@rocky9 ~]# podman rm 6472                  #通过容器 ID 删除容器
[root@rocky9 ~]# podman ps -a                    #查看所有容器，包括被关闭的容器
```

通过 podman run -d 我们可以把容器镜像运行起来，启动一个容器，这个容器将自动被放入后台运行（--daemon）。如果我们在启动容器时想进入容器中看看容器中是什么样子的，也可以使用 -i（interactive）和 -t（tty）选项交互式启动容器并打开一个伪命令终端。

```
[root@rocky9 ~]# podman run -it docker.io/library/nginx:latest bash
root@c527aa49794a:/# ls                          #在容器中执行命令
root@c527aa49794a:/# cat /etc/nginx/conf.d/default.conf
root@c527aa49794a:/# ls /usr/share/nginx/html
root@c527aa49794a:/# cat /usr/share/nginx/html/index.html
root@c527aa49794a:/# exit
[root@rocky9 ~]# podman ps
[root@rocky9 ~]# podman ps -a
[root@rocky9 ~]# podman ps -aq                   #查看所有容器的 ID
f1dc184b15ad
c527aa49794a
[root@rocky9 ~]# podman rm $(podman ps -aq)      #删除所有容器
f1dc184b15ad1440b239a456fbf24b813481d6ec81fcf18059cdb727e72df92e
c527aa49794a63c915d25f1ef360363bbf3a7cc6980b81e3b4dd2d06dacd2392
```

```
#如果容器还在运行则无法被删除，可以通过--force或-f选项强制删除正在运行的容器
[root@rocky9 ~]# podman run -d --name myweb 904b        #调用904b镜像启动容器
#使用容器镜像启动一个新容器，默认会随机分配一个ID和容器名称
#通过--name可以自定义容器名称
[root@rocky9 ~]# podman ps
CONTAINER ID  IMAGE                            COMMAND            CREATED
STATUS        PORTS     NAMES
29ded266ab6f  docker.io/library/nginx:latest   nginx -g daemon o...  4
seconds ago   Up 4 seconds ago                 myweb
[root@rocky9 ~]# podman exec -it myweb bash             #通过容器名称进入容器
root@29ded266ab6f:/# ls                                 #在容器中执行命令

root@29ded266ab6f:/# exit                               #退出命令终端

[root@rocky9 ~]# podman ps
CONTAINER ID  IMAGE                            COMMAND            CREATED
STATUS        PORTS     NAMES
29ded266ab6f  docker.io/library/nginx:latest   nginx -g daemon o...  5
minutes ago   Up 5 minutes ago                 myweb
[root@rocky9 ~]# podman tag 4073 myweb.com/test/mysqld:8.0    #修改标签
[root@rocky9 ~]# podman images
REPOSITORY                       TAG       IMAGE ID      CREATED      SIZE
docker.io/library/mysql          latest    4073e6a6f542  7 days ago   545 MB
myweb.com/test/mysqld            8.0       4073e6a6f542  7 days ago   545 MB
docker.io/library/nginx          latest    904b8cb13b93  2 weeks ago  146 MB
[root@rocky9 ~]# podman rmi myweb.com/test/mysqld:8.0         #删除容器镜像
Untagged: myweb.com/test/mysqld:8.0
[root@rocky9 ~]# podman images
REPOSITORY                       TAG       IMAGE ID      CREATED      SIZE
docker.io/library/mysql          latest    4073e6a6f542  7 days ago   545 MB
docker.io/library/nginx          latest    904b8cb13b93  2 weeks ago  146 MB
[root@rocky9 ~]# podman save -o ~/mysql.tar  docker.io/library/mysql
#使用容器镜像名称导出tar包格式的镜像文件，也可以通过ID导出tar包格式的镜像文件
[root@rocky9 ~]# ls ~/mysql.tar                         #查看导出的文件
/root/mysql.tar
[root@rocky9 ~]# podman rmi docker.io/library/mysql:latest
#删除容器镜像
Untagged: docker.io/library/mysql:latest
Deleted: 4073e6a6f54214da05256022b9a86e2f3f480703d1fc...
[root@rocky9 ~]# podman images
REPOSITORY                       TAG       IMAGE ID      CREATED      SIZE
docker.io/library/nginx          latest    904b8cb13b93  2 weeks ago  146 MB
[root@rocky9 ~]# podman load -i ~/mysql.tar             #通过tar包文件导入容器镜像
[root@rocky9 ~]# podman images
REPOSITORY                       TAG       IMAGE ID      CREATED      SIZE
docker.io/library/mysql          latest    4073e6a6f542  7 days ago   545 MB
```

docker.io/library/nginx   latest   904b8cb13b93   2 weeks ago   146 MB

7.3.3 自定义镜像

从 docker.io 下载的镜像不一定能满足我们的所有业务需求，比如基础镜像中缺少我们需要的软件或者必要的文件，这时可以修改下载的标准镜像，在此基础上自定义容器镜像。自定义容器镜像可以让我们定制化应用程序所需的环境，包括操作系统、软件依赖项、配置等。自定义容器镜像可以帮助我们更好地管理应用程序依赖项和环境，提高应用程序的可移植性和可重复性，从而提高应用程序的部署速度。

自定义镜像可以使用两种方式。一种是使用容器镜像启动一个容器，我们在进入容器后根据自己的需要修改容器，在修改完成后执行 commit 命令将当前修改后的容器保存为新镜像。另一种是编写 Containerfile 文件，根据 Containerfile 文件配置自定义的新镜像。

1. commit 方式自定义镜像

```
[root@rocky9 ~]# podman run -d --name myweb 904b        #使用容器镜像运行一个容器
[root@rocky9 ~]# podman ps --format "{{.ID}}   {{.Image}}   {{.Names}}"
0ce57919c2b6    docker.io/library/nginx:latest    myweb
#按特定格式输出当前正在运行的容器信息，显示容器 ID、容器镜像、容器状态
#通过变量定义输出哪些信息，变量可以通过 man podman-ps 查询到
[root@rocky9 ~]# podman exec -it myweb bash
#进入已经运行的容器，myweb 是前面 podman run 启动容器时定义的容器名称
root@0ce57919c2b6:/# ls /usr/share/nginx/html/        #在容器中执行命令
root@0ce57919c2b6:/# echo "<html>
 <body>
 <h1>hello world</h1>
 </body>
 </html>" > /usr/share/nginx/html/hello.html
#新建网页文件 hello.html，通过 echo 命令将一段 HTML 测试代码导入 Nginx 的网站根目录中
#这样这个容器已经被我们修改了，如果我们想把修改的结果保存为新的容器镜像，就可以执行
#commit 子命令
root@0ce57919c2b6:/# exit                             #退出容器
[root@rocky9 ~]# podman commit myweb web.com/myweb:1.0
#使用修改过的容器 myweb 定义一个新的容器镜像，名称为 web.com/myweb:1.0
[root@rocky9 ~]# podman run -it web.com/myweb:1.0 bash
#使用刚刚创建的容器镜像运行一个新容器
root@c97fd1c62f27:/# cat /usr/share/nginx/html/hello.html
<html>
<body>
<h1>hello world</h1>
</body>
```

```
</html>
#在新容器启动后，前面创建的网页文件依然还在
root@c97fd1c62f27:/# exit                                    #退出容器
```

2. Containerfile 方式自定义镜像

自定义镜像的另一种方式是编写 Containerfile 文件，Containerfile 文件是一个用于构建容器镜像的文本文件，其中包含了构建镜像所需要的指令和参数，这些指令和参数会被逐行解析，最终生成一个镜像，具体的 Containerfile 文件指令和描述可以参考表 7-4。

表 7-4

Containerfile 文件指令	描述
FROM	指定基础镜像，基于哪个基础镜像自定义新镜像
ENV key=value	定义环境变量
WORKDIR	定义默认的工作目录
COPY	将宿主机数据文件复制到容器镜像中
ADD	复制宿主机或远程 URL 文件到容器镜像，支持 tar 包自动解压
RUN	在镜像中执行命令或脚本
CMD	CMD 定义在 podman run 时要运行的默认命令，如果有多个，仅最后一个有效。如果执行 podman run 时人为指定了要运行的命令，则 CMD 命令会被覆盖
ENTRYPOINT	在 podman run 启动容器时执行的命令，仅可以有一条（不可被覆盖）

想要通过 Containerfile 文件自定义镜像，我们需要先创建一个空目录，再在该目录中创建一个名称为 Containerfile 的文件。

```
[root@rocky9 ~]# mkdir image; cd image/              #创建并进入该目录
[root@rocky9 image]# vim Containerfile               #新建文件
```
```
FROM docker.io/library/mysql:latest
#基于 docker.io/library/mysql:latest 镜像的修改自定义新的镜像
ENV myname=jacob  HOSTNAME=test
#自定义变量，变量名为 myname，变量值为 jacob；变量名为 HOSTNAME，变量值为 test
ENV URL=http://mirror.centos.org/centos/8-stream/BaseOS/x86_64
#自定义变量，后面可以使用$变量名或者${变量名}调用该变量
WORKDIR /home
ADD ${URL}/os/Packages/words-3.0-28.el8.noarch.rpm /home/
RUN echo "hello world" > /home/hello.txt
RUN rpm -ivh ${URL}/os/Packages/unzip-6.0-44.el8.x86_64.rpm
CMD ["/bin/bash", "-c", "sleep infinity"]
```

Containerfile 文件在编辑完成后就可以执行 podman build 命令逐行读取文件内容并制作镜像了。podman build 默认会读取当前目录中的 Containerfile 或 Dockerfile 文件，我们也可以在执

行 podman build 命令时使用-f 选项来指定需要读取的任意文件名称，使用-t 选项可以指定新制作的容器镜像名称。

```
[root@rocky9 image]# podman build -t localhost/mysql:v1.0 .
#读取当前目录中的 Containerfile 文件，自定义新的容器镜像
[root@rocky9 image]# podman build -t localhost/mysql:v2.0 -f Containerfile
#使用-f 选项指定文件名，自定义新的容器镜像
[root@rocky9 image]# podman images                          #查询容器镜像
REPOSITORY                  TAG       IMAGE ID       CREATED         SIZE
localhost/mysql             v1.0      15040dc0f65f   2 minutes ago   558 MB
localhost/mysql             v2.0      15040dc0f65f   2 minutes ago   558 MB
docker.io/library/mysql     latest    4073e6a6f542   11 days ago     545 MB
docker.io/library/nginx     latest    904b8cb13b93   2 weeks ago     146 MB
[root@rocky9 image]# podman run -it localhost/mysql:v1.0 bash
#使用 localhost/mysql:v1.0 容器镜像启动一个新的容器并开启 bash 解释器
bash-4.4# pwd                                               #查看当前工作目录
/home
bash-4.4# pwd                                               #查看当前工作目录
bash-4.4# echo $URL                                         #查看容器中的环境变量
http://mirror.centos.org/centos/8-stream/BaseOS/x86_64
bash-4.4# echo $myname                                      #查看容器中的环境变量
jacob
bash-4.4# cat /home/hello.txt                               #查看容器中的文件内容
hello world
bash-4.4# ls /home/                                         #查看容器中的文件名
hello.txt  words-3.0-28.el8.noarch.rpm
bash-4.4# exit                                              #退出容器
```

7.3.4 发布服务

安装 Podman 后该软件默认会自动在宿主机上创建一个名称为 podman 的网桥，所有启动的容器默认也都会绑定到该网桥中，通过这个网桥连接外部网络。我们可以使用 podman network 命令查看相关网络信息。

```
[root@rocky9 ~]# podman network ls                          #查看网络
[root@rocky9 ~]# podman inspect podman                      #查看网桥的详细信息
…部分内容省略…
"subnets": [
            {
                "subnet": "10.88.0.0/16",
                "gateway": "10.88.0.1"
            }
        ],
```

从上面的输出信息中可以看出默认的网桥使用的是 10.88.0.0/16 网络，默认网关是 10.88.0.1，所有容器在启动后，都会默认绑定该网桥，并通过宿主机的网关发送数据到外部网络。但是如果外部网络想访问容器中的服务该怎么办呢？容器使用的是 10.88.0.0/16 的内部网络，宿主机之外的其他主机默认是无法访问容器中的服务的。如果希望将容器的应用程序发布到外部网络，就需要使用端口映射，通过端口映射我们可以把容器中的服务端口和宿主机的端口绑定在一起，这样其他主机直接访问运行容器的宿主机网络即可访问容器中的服务，运行容器时我们可以使用-p 选项设置端口映射。需要注意的是，如果我们要将容器中的端口映射到宿主机，则一定要提前确保这个端口没有被其他服务所使用，否则会有"address already in use"这样的端口冲突提示。

```
[root@rocky9 ~]# podman run -d -p 80:80 -p 8080:8080 \
--name myweb docker.io/library/nginx
#使用 docker.io/library/nginx 容器镜像启动一个新容器，容器名称为 myweb
#-d 选项设置容器启动后直接放入后台
#-p 选项指定端口映射，冒号前是宿主机端口，冒号后是容器端口
#这里的-p 8080:8080 仅演示多个端口映射的格式，在这个案例中 8080 端口不提供任何服务
[root@rocky9 ~]# curl http://127.0.0.1/
#宿主机既可以自己访问自己，也可以使用其他主机访问运行着容器的宿主机 IP 地址
#访问的结果就是容器中的网页内容
```

7.3.5 存储卷

容器是一种轻量级的虚拟化技术，它将应用程序及其依赖项打包到一个可移植的容器中。尽管容器可以很方便地部署和管理应用程序，但容器本身并不提供持久性存储。

容器中的文件系统通常是在容器启动时创建的，当容器停止时会被销毁。这意味着容器中存储的数据仅存在于容器的生命周期内，如果容器被删除或重新创建，则其中的数据也会被删除。为了解决这个问题，可以将宿主机目录和容器绑定。这样，即使容器被删除或重新创建，其中的数据仍将存在宿主机目录中，并可以在容器重新创建时再次绑定目录，以便使用数据。

在执行 podman run 启动容器时使用-v 选项可以将宿主机目录绑定到容器中，可以使用多个 -v 选项绑定多个目录。

```
[root@rocky9 ~]# mkdir /tmp/data                         #宿主机创建目录
[root@rocky9 ~]# echo mysql > /tmp/data/mysql.txt   #生成一个测试文件
[root@rocky9 ~]# podman run -it \
-v /tmp/data/:/var/lib/mysql:Z  docker.io/library/mysql  bash
#使用 docker.io/library/mysql 容器镜像启动一个容器并打开 bash 解释器
#通过-v 选项将宿主机的/tmp/data 目录绑定到容器中的/var/lib/mysql 目录
#如果容器中有目录则执行绑定，如果没有，容器会自动创建目录后再绑定
```

```
#Z 选项用于将目录绑定到启用 SELinux 的容器中
#如果没有 Z 选项, 则容器可能无法访问目录或可能遇到权限问题
bash-4.4# ls /var/lib/mysql                              #在容器中查看绑定结果
mysql.txt
bash-4.4# cat /var/lib/mysql/mysql.txt
mysql
bash-4.4# exit
```

第 8 章
集群及高可用

8.1 集群

随着互联网的发展,大量的客户端请求蜂拥而至,同时服务器的负载也越来越大,然而单台服务器的负载又是有限的,这样就会导致服务器响应客户端请求的时间过长,甚至产生拒绝服务的情况。另外,目前的网站多数是 7×24 小时提供不间断网络服务的,如果仅采用单点服务器对外提供网络服务,那么在出现单点故障时,将导致整个网络服务中断。这时我们需要部署集群架构,最终将成百上千台主机有机地结合在一起,以满足当前大数据时代的海量访问需求。在部署集群环境时可以选择的产品有很多,有些是基于硬件实现的,有些是基于软件实现的。其中负载均衡的硬件设备有 F5 的 BIG-IP、Radware 的 AppDirector 以及梭子鱼的负载均衡设备等,负载均衡的软件有基于 Linux 的 LVS、Nginx 和 HAProxy 等。它们在集群环境中的核心功能是负载均衡和高可用,本章将重点围绕这两点核心功能进行软件实现。

8.1.1 LVS 负载均衡简介

LVS(Linux Virtual Server)即 Linux 虚拟服务器,是由章文嵩博士主导开发的开源负载均衡项目,目前 LVS 已经被集成在 Linux 内核中。该项目在 Linux 内核中实现了基于 IP 地址的请求数据负载均衡调度方案,其结构如图 8-1 所示,终端互联网用户从外部访问公司的外部负载均衡服务器,终端用户的 Web 请求会发送给 LVS,LVS 根据自己预设的算法将该请求发送给后端的某台 Web 服务器,比如,轮询算法可以将外部的请求平均分发给后端的所有服务器。终端用户访问 LVS 虽然会被转发到后端的真实服务器,但如果真实服务器连接的是相同的存储,提供的也都是相同的服务,则最终用户不管访问哪台真实服务器,得到的服务内容都是一样的,整个集群对用户而言是透明的。根据 LVS 工作模式的不同,真实服务器会选择用不同的方式将数据发送给终端用户,LVS 工作模式分为 NAT 工作模式、TUN 工作模式和 DR 工作模式。

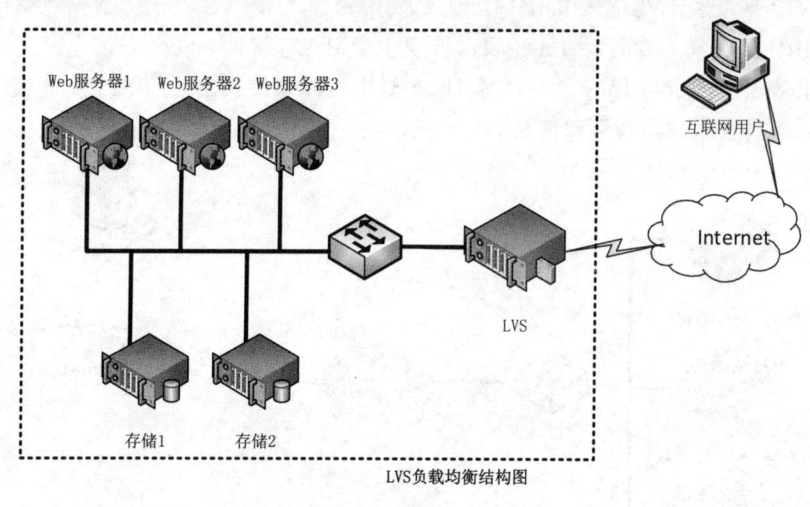

LVS 负载均衡结构图

图 8-1

8.1.2 基于 NAT 的 LVS 负载均衡

NAT(Network Address Translation)即网络地址转换,其作用是通过数据报头的修改,使位于企业内部的私有 IP 地址主机可以访问外网,以及外部用户可以访问位于公司内部的私有 IP 地址主机。NAT 工作模式拓扑结构如图 8-2 所示,LVS 使用两块网卡配置不同的 IP 地址,eno167 被设置为私钥 IP 地址与内部网络通过交换设备相互连接,eno335 被设置为外网 IP 地址与外部网络连通。

第一步,用户通过互联网 DNS 服务器解析到公司负载均衡设备上面的外网 IP 地址,相对于真实服务器,LVS 的外网 IP 地址又称为 VIP(Virtual IP)地址,用户通过访问 VIP 地址,即可连接后端的真实服务器(Real Server),而这一切对用户而言都是无感知的,用户以为自己访问的就是真实的服务器,但他并不知道自己访问的 VIP 地址仅仅是一个 LVS,也不清楚后端的真实服务器到底在哪里、有多少台真实服务器。

第二步，用户将请求数据包发送至 124.126.147.168，此时 LVS 将根据预设的算法选择后端的一台真实服务器（192.168.0.1~192.168.0.3），将请求数据包转发给真实服务器，并且在转发之前 LVS 会修改请求数据包中的目标地址与目标端口，目标地址与目标端口将被修改为选出的真实服务器的 IP 地址及相应的端口。

第三步，真实服务器将响应数据包返回给 LVS，LVS 在得到响应数据包后会将源地址与源端口修改为 VIP 地址及 LVS 相应的端口，在修改完成后，由 LVS 将响应数据包发送给终端用户。另外，由于 LVS 有一个连接 Hash 表，该表中会记录连接请求及转发信息，当同一个连接的下一个请求数据包发送给 LVS 时，从该 Hash 表中可以直接找到之前的连接记录，并根据该记录选出相同的真实服务器及端口信息。

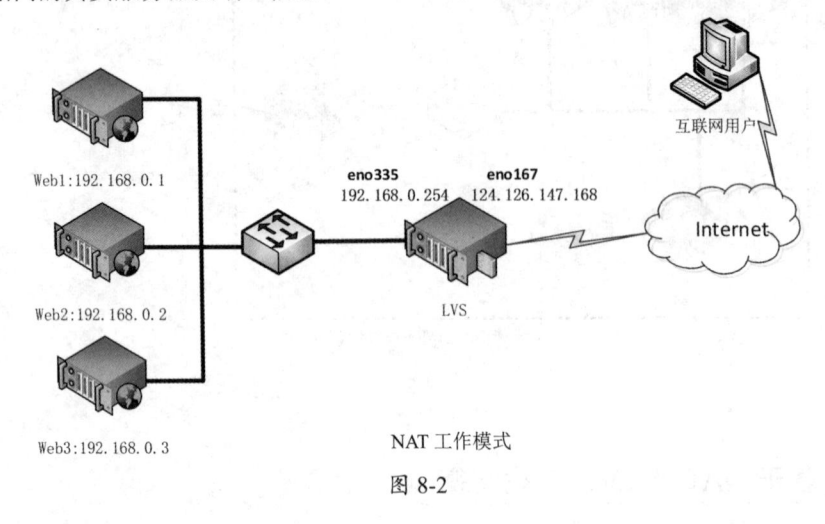

NAT 工作模式

图 8-2

8.1.3　基于 TUN 的 LVS 负载均衡

在 NAT 工作模式的集群环境中，由于所有请求数据包及响应数据包都需要经过 LVS 转发，如果后端服务器的数量大于 10 台，则 LVS 就会成为整个集群环境的瓶颈。我们知道，请求数据包往往远远小于响应数据包的大小。因为响应数据包中包含客户需要的具体数据，所以 TUN 工作模式的思路就是将请求数据包与响应数据包分离，让 LVS 仅处理请求数据包，而让真实服务器将响应数据包直接返回给客户端。TUN 工作模式的拓扑结构如图 8-3 所示。其中，IP 隧道（IP tunning）是一种数据包封装技术，它可以将原始数据包封装并添加新的包头（内容包括新的源地址及端口、目标地址及端口），从而实现将一个目标为 LVS VIP 地址的数据包封装，通过隧道转发给后端的真实服务器，通过将客户端发往 LVS 的原始数据包封装，并在其基础上添加新的数据包头（修改目标地址为 LVS 选择出来的真实服务器的 IP 地址及对应端口），TUN 工作模式要求真实服务器可以直接与外部网络连接，真实服务器在收到请求数据包后直接给客户端主机响应数据包。

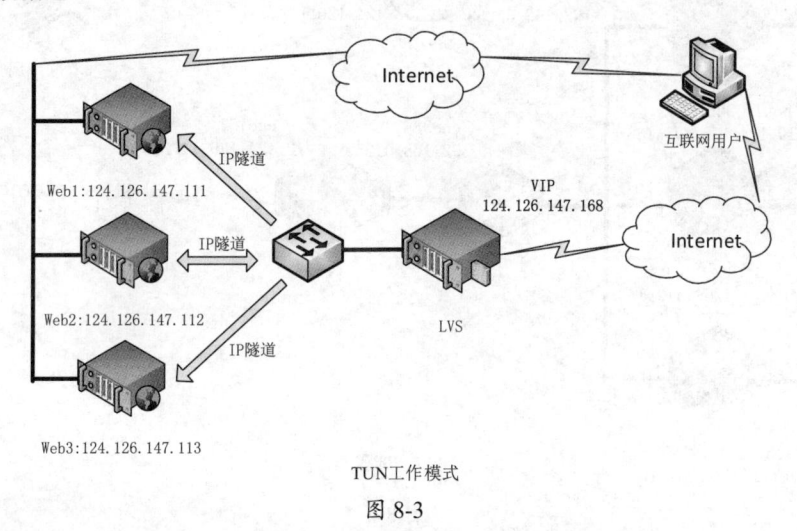

图 8-3 TUN 工作模式

8.1.4　基于 DR 的 LVS 负载均衡

在 TUN 工作模式下，由于需要在 LVS 与真实服务器之间创建隧道连接，这同样会增加服务器的负担。与 TUN 工作模式类似，DR 工作模式也叫直接路由模式，其体系结构如图 8-4 所示。在该模式中 LVS 依然仅承担数据的入站请求以及根据算法选出合理的真实服务器，最终由后端真实服务器负责将响应数据包返回给客户端。与 TUN 工作模式不同的是，DR 工作模式要求 LVS 与后端服务器必须在一个局域网内，VIP 地址需要在 LVS 与后端所有服务器间共享，因为最终的真实服务器给客户端返回数据包时需要设置源 IP 地址为 VIP 地址，目标 IP 地址为客户端 IP 地址，这样客户端访问的是 LVS 的 VIP 地址，返回的源地址也依然是该 VIP 地址（真实服务器上的 VIP 地址），客户端是感觉不到后端服务器存在的。由于多台计算机都设置了同一个 VIP 地址，所以在 DR 工作模式中要求 LVS 的 VIP 地址是对外界可见的，客户端需要将请求数据包发送到 LVS 主机，而所有真实服务器的 VIP 地址必须配置在 Non-ARP 的网络设备上，也就是该网络设备并不会向外广播自己的 MAC 地址及对应的 IP 地址，真实服务器的 VIP 地址对外界是不可见的，但真实服务器却可以接收目标地址为 VIP 地址的网络请求，并在响应数据包时将源地址设置为该 VIP 地址。LVS 根据算法在选出真实服务器后，在不修改数据报文的情况下，将数据帧的 MAC 地址修改为选出的服务器的 MAC 地址，通过交换机将该数据帧转发给真实服务器。在整个过程中，真实服务器的 VIP 地址不需要对外界可见。

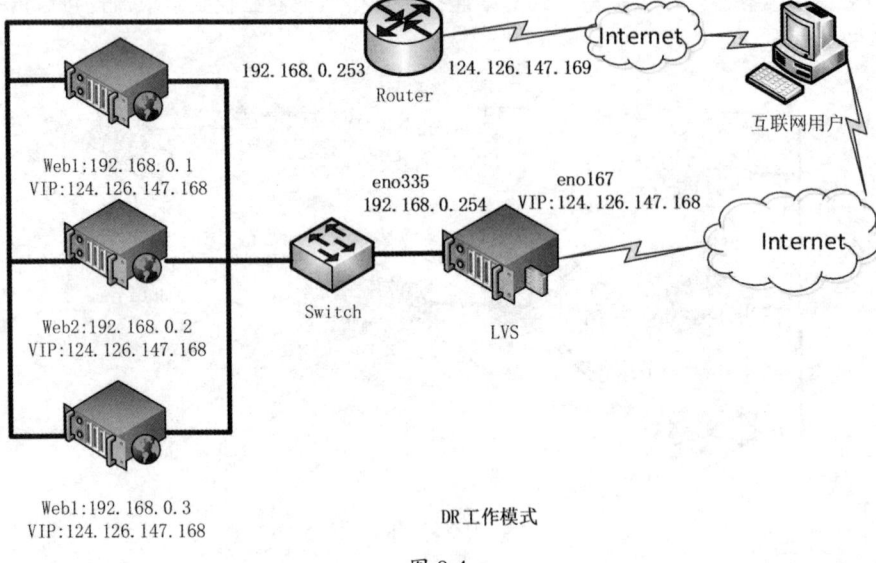

DR 工作模式

图 8-4

8.1.5 LVS 负载均衡调度算法

根据前面的介绍，我们了解了 LVS 的三种工作模式，但在实际环境中不管采用的是哪种工作模式，LVS 进行调度的策略与算法都是 LVS 的核心技术，LVS 在内核中主要实现了以下八种调度算法。

◎ 轮询算法。

◎ 加权轮询算法。

◎ 最少连接算法。

◎ 加权最少连接算法。

◎ 基于局部性的最少连接算法。

◎ 带复制的基于局部性的最少连接算法。

◎ 目标地址散列算法。

◎ 源地址散列算法。

轮询（Round-Robin，RR）算法就是依次将请求调度到不同的服务器上，该算法最大的特点就是实现简单。轮询算法假设所有服务器处理请求的能力都是一样的，LVS 会将所有请求平均分配给每个真实服务器。

加权轮询（Weighted Round Robin，WRR）算法主要是对轮询算法的一种优化与补充，LVS 会考虑每台服务器的性能，并给每台服务器添加一个权值，如果服务器 A 的权值为 1，服务器 B 的权值为 2，则 LVS 调度到服务器 B 的请求会是服务器 A 的两倍。权值越高的服务器，处理的请求越多。

最少连接（Least Connections，LC）算法将把请求调度到连接数量最少的服务器上，而加权最少连接（Weighted Least-Connection，WLC）算法则是给每个服务器一个权值，LVS 会尽可能保持服务器连接数量与权值之间的平衡。

基于局部性的最少连接（Locality-Based Least Connections，LBLC）算法是请求数据包的目标 IP 地址的一种调度算法，该算法先根据请求的目标 IP 地址寻找最近该目标 IP 地址所使用的服务器，如果这台服务器依然可用，并且有能力处理该请求，则 LVS 会尽量选择相同的服务器，否则会继续选择其他可行的服务器。带复制的基于局部性的最少连接（LBLCR）算法记录的不是一个目标 IP 地址与一台服务器之间连接记录，它会维护一个目标 IP 地址到一组服务器之间的映射关系，防止单点服务器负载过高。

目标地址散列（Destination Hashing，DH）算法根据目标 IP 地址通过 Hash 函数将目标 IP 地址与服务器建立映射关系，在服务器不可用或负载过高的情况下，发往该目标 IP 地址的请求会固定发给该服务器。

源地址散列（Source Hashing，SH）算法与目标地址散列算法类似，但它根据源地址散列算法静态分配固定的服务器资源。

8.1.6　部署 LVS

LVS 现在已经集成在 Linux 内核中，但整个 LVS 环境又分为内核层与用户层，内核层负责核心算法的实现，用户层需要安装 ipvsadm 工具，通过命令将管理员需要的工作模式与实现算法传递给内核来实现。LVS 的内核模块名称为 ip_vs，命令行工具在 Rocky Linux 9 光盘文件中已经自带，我们既可以使用 DNF 方式安装 ipvsadm，也可以自行去官方网站下载源码进行安装。

使用 DNF 方式安装 ipvsadm 在安装之前需要确保本机可以连接 YUM 源，可以从 YUM 源中下载 RPM 格式软件包。

```
[root@lvs ~]# dnf -y install ipvsadm
```

在安装完成后都会生成一个同名的命令工具，我们需要使用该命令工具来管理配置 LVS 虚拟服务器组和相应的调度算法。

ipvsadm 命令的描述和用法如下。

描述：Linux 虚拟服务器管理工具。

用法：ipvsadm 选项　　服务器地址 -s 算法
　　　ipvsadm 选项　　服务器地址 -r 真实服务器地址 [工作模式] [权值] …

选项：-A　添加一个虚拟服务，使用 IP 地址、端口号、协议来唯一定义一个虚拟服务。
　　　-E　编辑一个虚拟服务。
　　　-D　删除一个虚拟服务。
　　　-C　清空虚拟服务表。
　　　-R　从标准输入中还原虚拟服务规则。
　　　-S　保存虚拟服务规则至标准输出，输出的规则可以使用-R 导入并还原。
　　　-a　在虚拟服务中添加一台真实服务器。
　　　-e　在虚拟服务中编辑一台真实服务器。
　　　-d　在虚拟服务中减少一台真实服务器。
　　　-L　显示虚拟服务列表。
　　　-t　使用 TCP 服务，该参数后需要带主机与端口信息。
　　　-u　使用 UDP 服务，该参数后需要带主机与端口信息。
　　　-s　指定 LVS 所采用的调度算法。
　　　-r　设置真实服务器 IP 地址与端口信息。
　　　-g　设置 LVS 工作模式为 DR 工作模式。
　　　-i　设置 LVS 工作模式为 TUN 工作模式。
　　　-m　设置 LVS 工作模式为 NAT 工作模式。
　　　-w　设置指定服务器的权值。
　　　-c　连接状态，需要配合-L 使用。
　　　-n　数字格式输出。

该命令示例如下。

添加一个虚拟服务，设置调度算法为轮询算法，所有使用 TCP 访问 124.126.147.168 的 80 端口的请求，最终都被 LVS 通过 NAT 工作模式转发给了 192.168.0.1、192.168.0.2、192.168.0.3 这三台主机的 80 端口。

```
[root@lvs ~]# ipvsadm -A -t 124.126.147.168:80 -s rr
[root@lvs ~]# ipvsadm -a -t 124.126.147.168:80 -r 192.168.0.1:80 -m
```

```
[root@lvs ~]# ipvsadm -a -t 124.126.147.168:80 -r 192.168.0.2:80 -m
[root@lvs ~]# ipvsadm -a -t 124.126.147.168:80 -r 192.168.0.3:80 -m
```

查看 Linux 中的虚拟服务规则表。

```
[root@lvs Desktop]# ipvsadm -Ln
IP Virtual Server version 1.2.1 (size=4096)
Prot LocalAddress:Port Scheduler Flags
  -> RemoteAddress:Port           Forward Weight ActiveConn InActConn
TCP 124.126.126.147:80 rr
  -> 192.168.0.1:80               Masq    1      0          0
  -> 192.168.0.2:80               Masq    1      0          0
  -> 192.168.0.3:80               Masq    1      0          0
```

查看当前 IPVS 调度状态。

```
[root@lvs Desktop]# ipvsadm -Lnc
IPVS connection entries
pro expire state    source             virtual           destination
TCP 00:57  SYN_RECV 172.16.0.253:52830 192.168.0.111:80  10.0.0.3:80
TCP 00:58  SYN_RECV 172.16.0.253:52827 192.168.0.111:80  10.0.0.2:80
TCP 00:57  SYN_RECV 172.16.0.253:52829 192.168.0.111:80  10.0.0.2:80
TCP 00:57  SYN_RECV 172.16.0.253:52826 192.168.0.111:80  10.0.0.3:80
TCP 00:58  SYN_RECV 172.16.0.253:52828 192.168.0.111:80  10.0.0.3:80
```

删除为虚拟服务提供 Web 功能的真实服务器 192.168.0.3。

```
[root@lvs Desktop]# ipvsadm -d -t 124.126.126.147:80 -r 192.168.0.3
```

虚拟服务规则表的备份与还原。

```
[root@lvs Desktop]# ipvsadm -Sn >/tmp/ip_vs.bak          #备份至文件
[root@lvs Desktop]# ipvsadm -C                            #清空规则表
[root@lvs Desktop]# ipvsadm -R </tmp/ip_vs.bak            #从文件还原
```

修改虚拟服务的调度算法为加权轮询算法。

```
[root@lvs Desktop]# ipvsadm -E -t 124.126.126.147:80 -s wrr
```

创建一个使用 WRR 算法的虚拟服务，工作模式为 DR 工作模式，在该虚拟服务上添加两台真实服务器，并为每台真实服务器设置权值。

```
[root@lvs ~]# ipvsadm -A -t 124.126.147.169:80 -s wrr
[root@lvs ~]# ipvsadm -a -t 124.126.147.169:80 -r 192.168.0.1:80 -g -w 1
[root@lvs ~]# ipvsadm -a -t 124.126.147.169:80 -r 192.168.0.2:80 -g -w 2
```

8.1.7 LVS 负载均衡应用案例

案例 1：基于 NAT 工作模式的负载均衡

NAT 工作模式拓扑结构如图 8-2 所示，服务器 IP 地址设置见表 8-1。所有访问 lvs.example.com 这台主机的 VIP 地址的 80 端口的请求数据包都将被均衡地调度到三台真实的服务器上。

表 8-1

服务器名称	网络接口（网卡名随环境不同可能有变化）	IP 地址
lvs.example.com	eno167（外网接口）	124.126.147.168
	eno335（内网接口）	192.168.0.254
web1.example.com	eno167	192.168.0.1
web2.example.com	eno167	192.168.0.2
web3.example.com	eno167	192.168.0.3

LVS 负载均衡 LVS 设置，首先需要为整个拓扑环境设置网络参数，案例中使用静态 IP 地址的方式配置网络，由于 LVS 使用了两块网卡，这里需要修改 eno335 以及 eno167 两个网卡的配置。

```
[root@lvs ~]# nmcli connection modify eno335 \
ipv4.method manual ipv4.addresses 192.168.0.254/24 \
ipv4.dns 114.114.114.114 autoconnect yes
[root@lvs ~]# nmcli connection up eno335

[root@lvs ~]# nmcli connection modify eno167 \
ipv4.method manual ipv4.addresses 124.126.147.168/8 \
ipv4.dns 114.114.114.114 ipv4.gateway 124.126.147.169 autoconnect yes
[root@lvs ~]# nmcli connection up eno167
[root@lvs ~]# dnf -y install ipvsadm
[root@lvs ~]# ipvsadm -C
```

使用 ipvsadm 命令工具添加一个虚拟服务，并为该虚拟服务设置一组具体的后端服务器主机和虚拟服务的调度算法。

```
[root@lvs ~]# ipvsadm -A -t 124.126.147.168:80 -s rr
[root@lvs ~]# ipvsadm -a -t 124.126.147.168:80 -r 192.168.0.1:80 -m
[root@lvs ~]# ipvsadm -a -t 124.126.147.168:80 -r 192.168.0.2:80 -m
[root@lvs ~]# ipvsadm -a -t 124.126.147.168:80 -r 192.168.0.3:80 -m
[root@lvs ~]# ipvsadm -Sn > /etc/sysconfig/ipvsadm          #保存调度规则
[root@lvs ~]# echo net.ipv4.ip_forward=1 > /etc/sysctl.d/10-net.conf
[root@lvs ~]# sysctl -p /etc/sysctl.d/10-net.conf           #开启路由转发
```

```
net.ipv4.ip_forward = 1
[root@lvs ~]# firewall-cmd --permanent --add-port=80/tcp
[root@lvs ~]# firewall-cmd --reload
[root@lvs ~]# systemctl enable ipvsadm --now
```

后端真实 Web 服务器设置（这里为了可以验证 LVS 每次选取的是不同的服务器，我们将每个真实 Web 服务器的页面内容设置为不同的内容，而真实生产环境中所有 Web 服务器都应该提供相同的页面内容）。与 LVS 主机一样，首先需要根据实际的网络环境为真实服务器设置网络参数，通过修改 ifcfg-eno167 即可实现。

```
[root@web1 ~]# nmcli connection modify eno167 \
ipv4.method manual ipv4.addresses 192.168.0.1/24 \
ipv4.dns 114.114.114.114 ipv4.gateway 192.168.0.254 autoconnect yes
[root@web1 ~]# nmcli connection up eno167
```

由于 LVS 会将请求转发给后端真实服务器，所以所有后端服务器都需要配置 Web 服务。为了使内容结构简单、重点突出，本例仅生成一个测试用网页文件 index.html。

```
[root@web1 ~]# dnf -y install httpd
[root@web1 ~]# systemctl enable httpd --now
[root@web1 ~]# echo "192.168.0.1" > /var/www/html/index.html
[root@web1 ~]# firewall-cmd --permanent --add-port=80/tcp
[root@web1 ~]# firewall-cmd --reload
```

下面是 Web2 和 Web3 服务器主机的具体操作步骤。因为都承担着后端真实 Web 服务器的角色，所以操作步骤与 Web1 主机基本一致，IP 地址等细致问题需要读者根据自己的实际需要稍做修改。

```
[root@web2 ~]# nmcli connection modify eno167 \
ipv4.method manual ipv4.addresses 192.168.0.2/24 \
ipv4.dns 114.114.114.114 ipv4.gateway 192.168.0.254 autoconnect yes
[root@web2 ~]# nmcli connection up eno167
[root@web2 ~]# dnf -y install httpd
[root@web2 ~]# systemctl enable httpd --now
[root@web2 ~]# echo "192.168.0.2" > /var/www/html/index.html
[root@web2 ~]# firewall-cmd --permanent --add-port=80/tcp
[root@web2 ~]# firewall-cmd --reload

[root@web3 ~]# nmcli connection modify eno167 \
ipv4.method manual ipv4.addresses 192.168.0.3/24 \
ipv4.dns 114.114.114.114 ipv4.gateway 192.168.0.254 autoconnect yes
[root@web3 ~]# nmcli connection up eno167
[root@web3 ~]# dnf -y install httpd
[root@web3 ~]# systemctl enable httpd --now
[root@web3 ~]# echo "192.168.0.3" > /var/www/html/index.html
[root@web3 ~]# firewall-cmd --permanent --add-port=80/tcp
```

```
[root@web3 ~]# firewall-cmd --reload
```

客户端验证如下。

客户端使用浏览器访问网站[1]最终可以访问到真实服务器所提供的页面内容，由于 LVS 采用轮询算法，所以不同的连接请求将被平均分配到不同的后端服务器上。本例中由于所有页面内容都不相同，所以不同的客户端访问网站[2]后将得到不同的页面内容。

案例 2：基于 DR 工作模式的负载均衡

基于如图 8-4 所示 DR 工作模式的结构，服务器 IP 地址设置见表 8-2。所有访问 lvs.example.com 这台主机的 VIP 地址（124.126.147.168）的 80 端口都将被均衡地调度到三台真实服务器上。真实服务器在收到 LVS 转发过来的请求数据包后直接通过 Router（路由器）发送响应数据包给客户端，这里要求所有真实服务器的网关地址指向 Router 的内网 IP 地址，由于 LVS 与真实服务器都设置了 VIP 地址，所以要求真实服务器在 Non-ARP 上配置 VIP 地址。本例使用的所有服务器均为 Linux 操作系统，我们使用 Linux 来承担软路由的功能。

表 8-2

服务器名称	网络接口（网卡名随环境不同可能有变化）	IP 地址
router	外网接口（eno167）	124.126.147.169
	内网接口（eno335）	192.168.0.253
lvs.example.com	eno167（VIP 地址）	124.126.147.168
	eno335	192.168.0.254
web1.example.com	eno167	192.168.0.1
	lo（VIP 地址）	124.126.147.168
web2.example.com	eno167	192.168.0.2
	lo（VIP 地址）	124.126.147.168
web3.example.com	eno167	192.168.0.3
	lo（VIP 地址）	124.126.147.168

LVS 负载均衡 LVS 设置，首先部署网络拓扑环境，修改网卡配置。

```
[root@lvs ~]# nmcli connection modify eno167 \
ipv4.method manual ipv4.addresses 124.126.147.168/8 \
ipv4.dns 114.114.114.114 autoconnect yes
```

---

[1] 请参考链接 8-1。

[2] 请参考链接 8-2。

```
[root@lvs ~]# nmcli connection up eno167

[root@lvs ~]# nmcli connection modify eno335 \
ipv4.method manual ipv4.addresses 192.168.0.254/24 \
ipv4.dns 114.114.114.114 autoconnect yes
[root@lvs ~]# nmcli connection up eno335
```

接下来安装 ipvsadm 命令工具，创建虚拟服务，添加真实服务器组，并为虚拟服务设置适当的算法。

```
[root@lvs ~]# yum -y install ipvsadm
[root@lvs ~]# ipvsadm -A -t 124.126.147.168:80 -s wrr
[root@lvs ~]# ipvsadm -a -t 124.126.147.168:80 -r 192.168.0.1:80 -g -w 1
[root@lvs ~]# ipvsadm -a -t 124.126.147.168:80 -r 192.168.0.2:80 -g -w 2
[root@lvs ~]# ipvsadm -a -t 124.126.147.168:80 -r 192.168.0.3:80 -g -w 3
[root@lvs ~]# ipvsadm -Sn > /etc/sysconfig/ipvsadm            #保存调度规则
[root@lvs ~]# systemctl enable ipvsadm --now
[root@lvs ~]# firewall-cmd --permanent --add-port=80/tcp
[root@lvs ~]# firewall-cmd --reload
```

真实 Web 服务器设置如下（这里为了可以验证 LVS 每次选取的是不同的服务器，我们将每个真实 Web 服务器都设置为不同的页面内容，而在真实生产环境中所有 Web 服务器都应该提供相同的页面内容）。注意，因为 LVS 与真实服务器都设置了 VIP 地址，所以这里要求所有真实服务器要禁止对 VIP 地址的 ARP 响应，具体是通过 arp_ignore 与 arp_announce 来实现的：

```
[root@web1 ~]# nmcli connection modify eno167 \
ipv4.method manual ipv4.addresses 192.168.0.1/24 \
ipv4.gateway 192.168.0.254 autoconnect yes
[root@web1 ~]# nmcli connection up eno167
[root@web1 ~]# vim /etc/systemd/system/lo.service
#新建文件，通过 systemd 服务给 lo 配置额外的伪装 VIP 地址
```

```
[Unit]
Description=Lo Loopback Device

[Service]
Type=oneshot
RemainAfterExit=yes
ExecStart=/usr/sbin/ip addr add 124.126.147.168/32 dev lo

[Install]
WantedBy=multi-user.target
```

```
[root@web1 ~]# systemctl enable lo --now
[root@web1 ~]# vim /etc/sysctl.d/10-net.conf
#新建内核参数配置文件，防止 ARP 冲突
```

```
net.ipv4.conf.eno167.arp_ignore = 1
net.ipv4.conf.eno167.arp_announce = 2
net.ipv4.conf.all.arp_ignore = 1
net.ipv4.conf.all.arp_announce = 2
```

```
[root@web1 ~]# sysctl -p /etc/sysctl.d/10-net.conf
[root@web1 ~]# yum -y install httpd
[root@web1 ~]# systemctl restart httpd
[root@web1 ~]# echo "192.168.0.1" > /var/www/html/index.html
[root@web1 ~]# firewall-cmd --permanent --add-port=80/tcp
[root@web1 ~]# firewall-cmd --reload

[root@web2 ~]# nmcli connection modify eno167 \
ipv4.method manual ipv4.addresses 192.168.0.2/24 \
ipv4.gateway 192.168.0.254 autoconnect yes
[root@web2 ~]# nmcli connection up eno167
[root@web2 ~]# vim /etc/systemd/system/lo.service
```
#新建文件，通过 systemd 服务给 lo 配置额外的伪装 VIP 地址

```
[Unit]
Description=Lo Loopback Device

[Service]
Type=oneshot
RemainAfterExit=yes
ExecStart=/usr/sbin/ip addr add 124.126.147.168/32 dev lo

[Install]
WantedBy=multi-user.target
```
```
[root@web2 ~]# systemctl enable lo --now
[root@web2 ~]# vim /etc/sysctl.d/10-net.conf
```
#新建内核参数配置文件，防止 ARP 冲突

```
net.ipv4.conf.eno167.arp_ignore = 1
net.ipv4.conf.eno167.arp_announce = 2
net.ipv4.conf.all.arp_ignore = 1
net.ipv4.conf.all.arp_announce = 2
```

```
[root@web2 ~]# sysctl -p /etc/sysctl.d/10-net.conf
[root@web2 ~]# yum -y install httpd
[root@web2 ~]# systemctl restart httpd
[root@web2 ~]# echo "192.168.0.2" > /var/www/html/index.html
[root@web2 ~]# firewall-cmd --permanent --add-port=80/tcp
[root@web2 ~]# firewall-cmd --reload

[root@web3 ~]# nmcli connection modify eno167 \
ipv4.method manual ipv4.addresses 192.168.0.3/24 \
ipv4.gateway 192.168.0.254 autoconnect yes
[root@web3 ~]# nmcli connection up eno167
```

```
[root@web3 ~]# vim /etc/systemd/system/lo.service
```
#新建文件，通过 systemd 服务给 lo 配置额外的伪装 VIP 地址

```
[Unit]
Description=Lo Loopback Device

[Service]
Type=oneshot
RemainAfterExit=yes
ExecStart=/usr/sbin/ip addr add 124.126.147.168/32 dev lo

[Install]
WantedBy=multi-user.target
```

```
[root@web3 ~]# systemctl enable lo --now
[root@web3 ~]# vim /etc/sysctl.d/10-net.conf
```
#新建内核参数配置文件，防止 ARP 冲突

```
net.ipv4.conf.eno167.arp_ignore = 1
net.ipv4.conf.eno167.arp_announce = 2
net.ipv4.conf.all.arp_ignore = 1
net.ipv4.conf.all.arp_announce = 2
```

```
[root@web3 ~]# sysctl -p /etc/sysctl.d/10-net.conf
[root@web3 ~]# yum -y install httpd
[root@web3 ~]# systemctl restart httpd
[root@web3 ~]# echo "192.168.0.3" > /var/www/html/index.html
[root@web3 ~]# firewall-cmd --permanent --add-port=80/tcp
[root@web3 ~]# firewall-cmd --reload
```

路由器（Router）采用 Linux 作为软件路由来实现本例，具体操作如下。

```
[root@router ~]# nmcli connection modify eno335 \
ipv4.method manual ipv4.addresses 192.168.0.253/24 \
autoconnect yes
[root@router ~]# nmcli connection up eno335

[root@router ~]# nmcli connection modify eno167 \
ipv4.method manual ipv4.addresses 124.126.147.168/8 \
autoconnect yes
[root@router ~]# nmcli connection up eno167
[root@router ~]# vim /etc/sysctl.d
[root@router ~]# vim /etc/sysctl.d/10-net.conf
```

```
net.ipv4.ip_forward = 1
```

```
[root@router ~]# sysctl -p /etc/sysctl.d/10-net.conf
```
客户端验证如下。

客户端使用浏览器访问 **124.126.147.168**，最终可以访问到真实服务器所提供的页面内容，由

于 LVS 采用 WRR 算法，不同的连接请求将被分配到不同的后端服务器上，但服务器之间的优先级不同，本例中由于所有页面内容都不相同，所以客户端多次访问后将得到不同的页面内容。

8.1.8　常见问题分析

（1）路由转发功能。

在 NAT 工作模式中，LVS 必须能够提供数据转发功能，而 Rocky Linux 9 系统的默认规则是不开启路由转发功能，需要手动修改/etc/sysctl.conf 文件开启该功能。

（2）在 NAT 工作模式中，LVS 除担当调度的角色外，还需要担当路由的角色，但 Rocky Linux 9 系统的防火墙转发规则默认为禁止转发，因此需要设置允许规则，具体操作如下。

```
[root@lvs ~]# firewall-cmd --set-default-zone=trusted
```

（3）在 DR 工作模式下，由于所有真实服务器都配置了 VIP 地址，因此需要设置服务器不进行针对 VIP 地址的 ARP 广播，在 Linux 中可以直接通过 arp_ignore 与 arp_announce 来实现。

arp_ignore 用来定义网卡在响应外部 ARP 请求时的响应级别。

- ◎ 0：默认值，任何网络接口在收到 ARP 请求后，如果本机的任意接口有该 IP 地址，则予以响应。
- ◎ 1：某个网络接口在收到 ARP 请求后，判断请求的 IP 地址是否是本接口，是则回应，否则不回应。LVS 会将客户请求转发给真实服务器的 eno167 接口，而真实服务器的 VIP 地址配置在本地回环设备上（lo 设备）。

arp_announce 用来定义网卡广播 ARP 包的级别。

- ◎ 0：默认值，任何网络接口在接收到 ARP 请求后，如果本机的任意接口有该 IP 地址，则予以响应。
- ◎ 1：尽量避免响应 MAC 地址非本网络接口 IP 地址的 ARP 请求。
- ◎ 2：不响应 MAC 地址非本网络接口 IP 地址的 ARP 请求。

8.2　Keepalived 双机热备

8.2.1　Keepalived 简介

Keepalived 是使用 C 语言编写的路由热备软件，该软件的主要目标是为 Linux 系统提供简单高效的负载均衡及高可用解决方案。负载均衡架构依赖于知名的 IPVS（Linux Virtual Server，即基于 IP 的虚拟服务器）内核模块，Keepalived 由一组检查器根据服务器的健康状况动态地维护和管理服务器池。另外，Keepalived 通过 VRRP（Virtual Router Redundancy Protocol）实现高可用架构，VRRP 是路由灾备的实现基础。在 8.1 节中我们看到了 LVS 调用一组服务器提供虚拟服务的强大负载均衡能力。但 LVS 的核心是 LVS 调度器，所有请求数据都需要经过 LVS 调度器进行调度转发。因此，万一 LVS 发生故障，则整个集群系统将全部崩溃，所以我们需要用 Keepalived 来实现集群系统的高可用。部署两台或多台 LVS，仅有一台 LVS 作为主服务器，其他 LVS 作为备用服务器，当主 LVS 发生故障时，Keepalived 可以自动将备用 LVS 升级为主 LVS，最终实现整个集群系统的高负载、高可用。

8.2.2 VRRP 简介

VRRP（Virtual Router Redundancy Protocol）是为了在静态路由环境下防止单点故障而设计的主从灾备协议，VRRP 实现在主设备发生故障时将业务自动切换至从设备，而这一切用户是无感知的而言是透明的。VRRP 将两台或多台路由设备虚拟成一个设备，对外仅提供一个虚拟的路由 IP 地址，而多台路由设备同一时刻仅有一台设备拥有该虚拟 IP 地址，该设备就是主设备，其他设备为从设备（备用设备）。主设备会不断地发送自己的状态信息给备用设备，当备用设备接收不到主设备的状态信息时，备用设备将根据自身的优先级立刻选举出新的主设备，并提供所有业务功能。VRRP 需要为每个路由设备定义虚拟路由 ID（VRID）及设备优先级别，所有主备路由设备的 VRID 必须相同，所有 VRID 相同的路由设备组成一个虚拟路由设备组，组内优先级最高的路由设备将被选举为主设备。虚拟路由设备 ID 与优先级均为 0 至 255 之间的整数，如果优先级相等，则继续对比路由设备的实际 IP 地址，IP 地址越大，优先级越高。

有一种特殊情况是，如果将虚拟路由 IP 地址设置为多台路由设备中某台设备的真实 IP 地址，则该路由设备将永远处于主设备状态。

8.2.3 安装 Keepalived 服务

在安装源码软件包前需要通过 DNF 方式安装相关的依赖软件包。Keepalived 源码软件可以通过官方网站下载，下载后使用 configure、make、make install 等标准方式安装该软件。本书案例使用 DNF 方式安装软件包。

[root@lvs_1 ~]# **dnf -y install keepalived ipvsadm**

8.2.4 配置文件解析

Keepalived 主配置文件的名称为/etc/keepalived/keepalived.conf，配置文件主要分为全局配置块、VRRP 配置块、LVS 配置块，每个配置块都以{}包裹，以#或!开头的行在配置文件中代表注释行。具体的 Keepalived 核心配置项及功能描述表 8-3。

```
global_defs {
  …
}
vrrp_instance VI_1 {
  …
}
virtual_server 192.168.200.100 443 {
  …
}
```

表 8-3

配 置 项	功能描述
notification_email	定义邮件列表，当主服务器出现故障进行主从切换时会发送邮件给邮件列表中的所有人
notification_email_from	定义邮件发送者
smtp_server	设置邮件服务器 IP 地址
router_id	设备标识，一般可以设置为主机名
enable_traps	启用 SNMP 跟踪
static_ipaddress	设置系统真实的静态 IP 地址，也可以通过系统层面设置
static_	设置系统真实的静态路由地址，也可以通过系统层面设置
vrrp_instance	定义 VRRP 实例，描述主从初始状态、虚拟路由 ID、优先级等
state	设置初始设备状态，MASTER 为主设备，BACKUP 为从设备
interface	可以绑定 VRRP 的网络接口，如 eno16777736、eno33554984 等
use_vmac	使用 VRRP 虚拟 MAC 地址
dont_track_primary	忽略接口故障，默认为设置
track_interface	设置要跟踪监控的网络接口
mcast_src_ip	发送状态通告信息的源 IP 地址
virtual_router_id	设置虚拟路由 ID，相同的 VRID 为一个组，要求主从 VRID 要一致，该值为 0~255
priority	设置虚拟路由组中设备的优先级，优先级高者将被选举为主设备
advert_int	检查间隔，默认为 1 s
authentication	定义主从验证设置，在相同的 VRRP 实例中主从验证方式与密码要一致

续表

配置参数	功能描述
auth_type	设置验证方式（PASS 或 AH），官方文档建议使用密码
auth_pass	验证密码
virtual_ipaddress	定义虚拟 IP 地址，在 VRRP 实例中仅主设备实时拥有该 IP 地址 格式： `<IP>/<MASK> dev <STRING> scop <SCOPE> label <LABLE>` 如 192.168.100.100/24 dev eno33554984 label eno33554984:1
virtual_routes	定义虚拟路由，如 192.168.200.0/24 via 192.168.100.254
virtual_server_group	定义 LVS 虚拟服务设置块，定义虚拟 IP 地址及端口号
delay_loop	服务器轮询间隔时间
lb_algo	LVS 负载均衡算法，可以设置为：rr|wrr|lc|wlc|lblc|sh|dh
lb_kind	LVS 负载均衡工作模式，可以设置为：NAT|DR|TUN
persistence_timeout	会话保持时间，当用户多次请求时，LVS 可以转发给相同的真实服务器
protocol	数据转发协议
real_server	定义后端真实服务器，添加所有真实服务器的 IP 地址与端口信息
Weight	设置服务器权值
HTTP_GET	对后端真实服务器进行 HTTP 健康检查
TCP_CHECK	对后端真实服务器进行 TCP 健康检查
connect_port	健康检查的端口号
bindto	健康检查的 IP 地址
connect_timeout	连接超时时间，单位为秒
nb_get_retry	连接重试次数（number of get retry）
delay_before_retry	连接重试的间隔时间

8.2.5　Keepalived+LVS 应用案例

下面演示如何使用 Keepalived 实现基于 DR 工作模式的集群方案，结构如图 8-5 所示，终端用户通过路由访问当前拥有 VIP 地址的 LVS（需要在路由设备上设置 NAT 规则），我们使用 Keepalived 实现 VIP 地址在两台 LVS 之间切换，默认的 LVS_1 为主调度设备，在 LVS_1 出现故障后，VIP 地址可以自动切换至 LVS_2。当前工作的 LVS 负责把客户端请求转发给选出来的后端真实服务器，由于使用的是 DR 工作模式，所有真实服务器需要在自己的 Non-ARP 设备上设置 VIP 地址，最终由真实服务器将响应数据包通过路由回传给终端客户。图中的路由设备同样使用 Linux 服务器来承担软路由的功能，注意添加 NAT 路由转发规则，具体的配置见表 8-4。

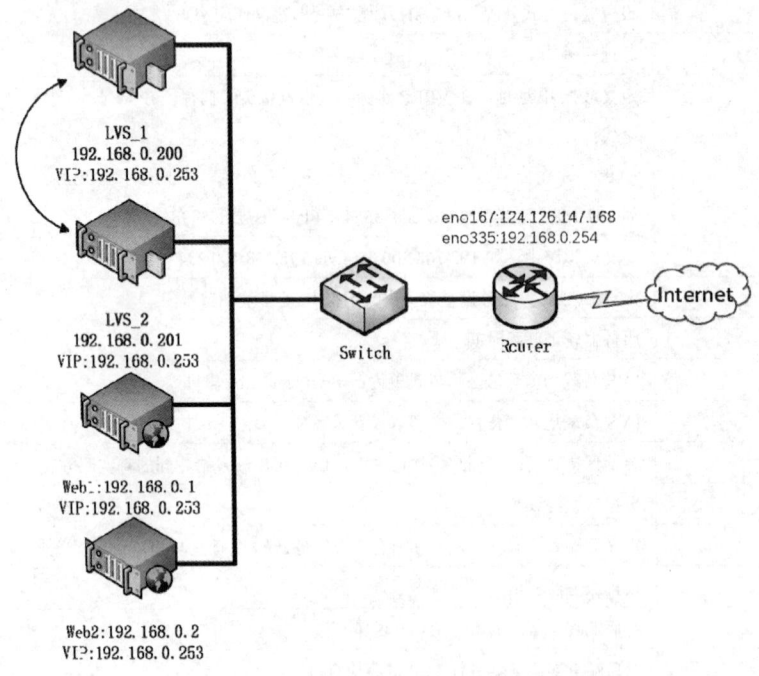

图 8-5

表 8-4

服务器名称	网络接口（环境不同，网卡名称可能不同）	IP 地址
Router	外网接口（eno167）	124.126.147.168
	内网接口（eno335）	192.168.0.254
LVS_1（lvs_1.example.com）	eno167	192.168.0.200
	eno335（VIP 地址）	192.168.0.253
LVS_1（lvs_2.example.com）	eno167	192.168.0.201
	eno335（VIP 地址）	192.168.0.253
Web1（web1.example.com）	eno167	192.168.0.1
	lo（VIP 地址）	192.168.0.253
Web2（web2.example.com）	eno167	192.168.0.2
	lo（VIP 地址）	192.168.0.253

Web1 操作步骤如下。

通过网卡配置文件为服务器主机设置网络参数。需要注意的是,这里需要为回环设备 lo 设置 VIP 地址参数。

```
[root@web1 ~]# nmcli connection modify eno167 \
ipv4.method manual ipv4.addresses 192.168.0.1/24 \
ipv4.gateway 192.168.0.254 autoconnect yes
[root@web1 ~]# nmcli connection up eno167
[root@web1 ~]# vim /etc/systemd/system/lo.service
#新建文件,通过 systemd 服务给 lo 配置额外的伪装 VIP 地址
[Unit]
Description=Lo Loopback Device

[Service]
Type=oneshot
RemainAfterExit=yes
ExecStart=/usr/sbin/ip addr add 192.168.0.253/32 dev lo

[Install]
WantedBy=multi-user.target
[root@web1 ~]# systemctl enable lo --now
```

由于网络中多个设备均被设置了 VIP 地址,为了防止出现地址冲突问题,需要通过 sysctl.conf 文件修改内核 ARP 相关参数,我们需要在该文件中加入四行内容。

```
[root@web1 ~]# vim /etc/sysctl.d/10-net.conf
#新建内核参数配置文件,防止 ARP 冲突
net.ipv4.conf.eno167.arp_ignore = 1
net.ipv4.conf.eno167.arp_announce = 2
net.ipv4.conf.all.arp_ignore = 1
net.ipv4.conf.all.arp_announce = 2
```

在修改 sysctl.conf 文件后,该文件中的配置并不会立刻生效,默认需要重启计算机内核才会识别到这些参数。而如果让一个在线服务器设备重启计算机,用户肯定是无法接受的,这时可以使用 sysctl -p 命令,其作用是使配置文件中的设置立刻生效。

```
[root@web1 ~]# sysctl -p /etc/sysctl.d/10-net.conf
```

由于是 Web 服务器,所以该主机需要安装部署 HTTP 服务,并设置防火墙规则以允许其他主机访问本机 HTTP 服务。

```
[root@web1 ~]# firewall-cmd --permanent --add-port=80/tcp
[root@web1 ~]# firewall-cmd --reload
[root@web1 ~]# yum -y install httpd
[root@web1 ~]# echo "192.168.0.1" > /var/www/html/index.html
```

```
[root@web1 ~]# systemctl enable httpd --now
```
Web2 操作步骤如下。

因为都是后端真实 Web 服务器，所以 Web2 的具体操作与 Web1 的基本相同，这里不再赘述，具体说明可以参考 Web1 相关的操作说明。

```
[root@web2 ~]# nmcli connection modify eno167 \
ipv4.method manual ipv4.addresses 192.168.0.2/24 \
ipv4.gateway 192.168.0.254 autoconnect yes
[root@web2 ~]# nmcli connection up eno167
[root@web2 ~]# vim /etc/systemd/system/lo.service
#新建文件，通过 systemd 服务给 lo 配置额外的伪装 VIP 地址
```

```
[Unit]
Description=Lo Loopback Device

[Service]
Type=oneshot
RemainAfterExit=yes
ExecStart=/usr/sbin/ip addr add 192.168.0.253/32 dev lo

[Install]
WantedBy=multi-user.target
```

```
[root@web2 ~]# systemctl enable lo --now
[root@web2 ~]# vim /etc/sysctl.d/10-net.conf
#新建内核参数配置文件，防止 ARP 冲突
```

```
net.ipv4.conf.eno167.arp_ignore = 1
net.ipv4.conf.eno167.arp_announce = 2
net.ipv4.conf.all.arp_ignore = 1
net.ipv4.conf.all.arp_announce = 2
```

```
[root@web2 ~]# sysctl -p /etc/sysctl.d/10-net.conf
[root@web2 ~]# firewall-cmd --permanent --add-port=80/tcp
[root@web2 ~]# firewall-cmd --reload
[root@web2 ~]# yum -y install httpd
[root@web2 ~]# echo "192.168.0.2" > /var/www/html/index.html
[root@web2 ~]# systemctl enable httpd --now
```

LVS_1 操作步骤如下（通过网卡配置文件设置网络参数）：

```
[root@lvs_1 ~]# nmcli connection modify eno167 \
ipv4.method manual ipv4.addresses 192.168.0.200/24 \
ipv4.gateway 192.168.0.254 autoconnect yes
[root@lvs_1 ~]# nmcli connection up eno167
```

在 LVS 主机上还需要安装部署 Keepalived，具体的安装说明可以参考 8.2.3 节的内容。

```
[root@lvs_1 ~]# yum -y install keepalived ipvsadm
```

为了通过 Keepalived 实现服务的高可用，我们需要修改 Keepalived 主配置文件，本例将 LVS_1 初始化设置为主设备，LVS_2 设置为从设备，并确保 LVS_1 与 LVS_2 这两台主机可以"相互检查心跳"，保证当其中一台 LVS 设备出现故障时，另一台设备可以及时、自动激活替换损坏的故障设备。此外，需要在该配置文件中添加虚拟服务，并为该虚拟服务添加后端真实 Web 服务器组和相应的调度算法。该文件的具体配置参数及功能描述见表 8-3。

[root@lvs_1 ~]# **vim /etc/keepalived/keepalived.conf**

```
! Configuration File for keepalived

global_defs {
  notification_email {
test@gmail.com
  }
  notification_email_from root@localhost
  smtp_server 127.0.0.1
  smtp_connect_timeout 30
  router_id lvs_1
}

vrrp_instance LVS_HA {
    state MASTER                    #LVS_2 为备用设备
    interface eno335                #给哪个网卡接口配置 VIP 地址
    virtual_router_id 60            #LVS_2 的 VRID 必须与 LVS_1 相同
    priority 100                    #在相同的 VRID 组中优先级高者为主设备
    advert_int 1
    authentication {
       auth_type PASS
       auth_pass 1111
    }
    virtual_ipaddress {
       192.168.0.253/24
    }
}

virtual_server 192.168.0.253 80 {
    delay_loop 6
    lb_algo rr
    lb_kind DR
    nat_mask 255.255.255.0
    protocol TCP

    real_server 192.168.0.1 80 {
       weight 1
```

```
            TCP_CHECK {
               connect_timeout 20
               connect_port 80
               nb_get_retry 3
               }
        }
        real_server 192.168.0.2 80 {
            weight 1
            TCP_CHECK {
                  connect_timeout 20
                  connect_port 80
                  nb_get_retry 3
             }
        }
}
```

```
[root@lvs_1 ~]# systemctl enable keepalived --now
[root@lvs_1 ~]# ip addr show                  #查看虚拟 IP 地址
[root@lvs_1 ~]# ipvsadm -Ln                   #查看 LVS 规则
[root@lvs_1 ~]# firewall-cmd --set-default-zone=trusted
```

部署 LVS_2。因为都是 LVS 设备，所以整体操作流程与 LVS_1 一致，不同于 LVS_1 的是，初始状态的 LVS_2 为备用设备，具体操作如下。

```
[root@lvs_2 ~]# nmcli connection modify eno167 \
ipv4.method manual ipv4.addresses 192.168.0.201/24 \
ipv4.gateway 192.168.0.254 autoconnect yes
[root@lvs_2 ~]# nmcli connection up eno167
[root@lvs_2 ~]# yum -y install keepalived ipvsadm
[root@lvs_2 ~]# vim /etc/keepalived/keepalived.conf
```

```
! Configuration File for keepalived

global_defs {
   notification_email {
test@gmail.com
   }
   notification_email_from root@localhost
   smtp_server 127.0.0.1
   smtp_connect_timeout 30
   router_id lvs_2
}

vrrp_instance LVS_HA {
    state BACKUP
    interface eno335
    virtual_router_id 60
```

```
        priority 50
        advert_int 1
        authentication {
            auth_type PASS
            auth_pass 1111
        }
        virtual_ipaddress {
    192.168.0.253/24
        }
    }

    virtual_server 192.168.0.253 80 {
        delay_loop 6
        lb_algo rr
        lb_kind DR
        nat_mask 255.255.255.0
        protocol TCP

        real_server 192.168.0.1 80 {
            weight 1
          TCP_CHECK {
                connect_timeout 20
                connect_port 80
                nb_get_retry 3
             }
        }
        real_server 192.168.0.2 80 {
            weight 1
            TCP_CHECK {
                  connect_timeout 20
                  connect_port 80
                  nb_get_retry 3
            }
        }
    }
```

```
[root@lvs_2 ~]# systemctl enable keepalived --now
[root@lvs_2 ~]# ip addr show                          #查看虚拟 IP 地址
[root@lvs_2 ~]# ipvsadm -Ln                           #查看 LVS 规则
[root@lvs_2 ~]# firewall-cmd --set-default-zone=trusted
```

如图 8-5 所示,我们的案例环境中负载内外网通信的中间设备是一台路由设备,本书案例采用的是 Linux 软路由作为演示主机,在真实生产环境中是真实的硬件路由设备,具体操作如下。

```
[root@router ~]# nmcli connection modify eno335 \
```

```
ipv4.method manual ipv4.addresses 192.168.0.254/24 \
ipv4.dns 114.114.114.114 autoconnect yes
[root@router ~]# nmcli connection up eno335

[root@router ~]# nmcli connection modify eno167 \
ipv4.method manual ipv4.addresses 124.126.147.168/8 \
ipv4.dns 114.114.114.114 autoconnect yes
[root@router ~]# nmcli connection up eno167
[root@router ~]# firewall-cmd --set-default-zone=trusted
```

因为使用的是 Linux 软路由，所以下面需要使用 firewalld 实现网络地址转发功能，即实现案例拓扑结构中内部与外部网络的数据通信。

```
[root@router ~]# firewall-cmd --permanent \
--add-rich-rule='rule family=ipv4 \
source address=192.168.0.0/24 masquerade'
#内部网络来自 192.168.0.0/24 网络的数据包
#通过软路由地址转换为公网 124.126.147.168 后发送到外部网络
[root@router ~]# firewall-cmd --permanent \
--add-forward-port=proto=80:proto=tcp:toaddr=192.168.0.253:toport=80
#外部网络访问软路由的公网 124.126.147.168 主机的 80 端口
#软路由会转发给 192.168.0.253 主机的 80 端口
[root@router ~]# firewall-cmd --reload

[root@router ~]# vim /etc/sysctl.d/10-net.conf
#新建内核参数配置文件，开启路由转发功能
```

```
net.ipv4.ip_forward = 1
```
```
[root@router ~]# sysctl -p /etc/sysctl.d/10-net.conf
```

客户端验证如下。

不同的客户端访问公网 124.126.147.168，将得到来自不同真实服务器的响应数据包。

8.2.6 常见问题分析

（1）如何激活并检查 IPVS 内核模块。

```
[root@lvs ~]# modprobe ip_vs            #加载 ip_vs 模块
[root@lvs ~]# lsmod | grep ip_vs        #显示当前加载的模块并过滤 ip_vs
[root@lvs ~]# cat /proc/net/ip_vs       #查看 IPVS 版本
```

（2）如何查看 LVS 统计信息。

```
[root@lvs ~]# ipvsadm -Lnc
```

（3）Keepalived 支持哪些监控检查。

Keepalived 支持对真实服务器的健康检查功能，其中包括 HTTP_GET、SSL_GET、TCP_CHECK、SMTP_CHECK、MISC_CHECK。

（4）当使用 HTTP_GET 或 SSL_GET 进行健康检查时，如何设置 digest 值。

```
[root@lvs ~]# genhash -s 192.168.0.1 -p 80 -u index.html
```

（5）如何设置当客户端访问服务器 VIP 地址的任意端口时都可以被调度至后端的真实服务器。

```
[root@lvs ~]# ipvsadm -A -t 192.168.0.254:0 -s rr
```

（6）对客户端进行大量压力测试的软件如下。

Apache ab、httperf、jmeter 等软件都可以进行压力测试。

8.3 Squid 代理服务器

8.3.1 Squid 简介

Squid 是一个支持 HTTP、HTTPS、FTP 等服务的 Web 缓存代理软件，它可以通过缓存页面降低带宽占用并缩短页面响应时间，Squid 还具有强大的访问控制功能。Squid 可以运行在各种系统平台上，包括 Windows。Squid 会将页面缓存在内存及硬盘中，所以 Squid 对内存及硬盘要求比较高，更大的内存及硬盘意味着更多的缓存及更高的缓存命中率。Squid 确保返回给用户的数据不是过时的数据，所以我们需要根据实际情况不定期地清空缓存数据。

Squid 代码请求流程为：客户端访问 Squid 代理服务器，由代理服务器代表客户访问后端的真实服务器，真实服务器将响应数据返回给代理服务器，代理服务器将响应数据返回给客户端，同时将页面缓存在本地内存及硬盘中，当客户端再有相同的请求时，代理服务器将直接从本地缓存中提取数据并返回给客户端。

8.3.2 安装 Squid 服务

Squid 在大多数操作系统平台下都有特定的二进制软件包，采用二进制软件包安装是部署及运行 Squid 最快速的方式，每种操作系统都有自己特定的软件包管理器，我们可以使用系统自带的软件包管理器来维护二进制软件包。Squid 还提供了源码包，允许我们以自定义的方式安装 Squid。Squid 的官方网站[1]提供了所有二进制软件包及源码包的下载链接。在 Rocky Linux 9 系

---

1 请参考链 8-3。

统的安装光盘中也自带了 Squid 的 RPM 格式软件包，这里使用 DNF 方式安装该软件。

```
[root@squid ~]# dnf -y install squid
[root@squid ~]# systemctl enable squid --now
```

8.3.3　常见的代理服务器类型

代理服务器有很多种类型，一般可分为正向代理服务器、透明代理服务器和反向代理服务器。

正向代理服务器主要用于内部网络在访问外部网络时缓存页面数据，正向代理结构如图 8-6 所示，由于 IP 地址稀缺，企业内部成百上千台计算机不可能同时直接连接到 Internet 上，所以目前的解决方案是通过一个统一的网络接口连接 Internet。而 Squid 恰好可以提供这样一个连接 Internet 的网络接口。客户端先将代理服务器连接至 Squid，再通过 Squid 代理上网。在这种模式下，Squid 主要负责提供缓存加速及访问控制功能。正向代理是对用户的一种代理操作。

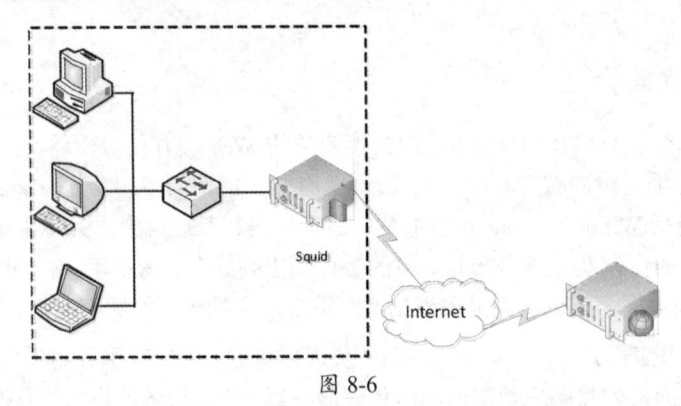

图 8-6

透明代理与正向代理类似，区别在于正向代理需要每个客户端都进行代理服务器的设置，而透明代理不需要终端用户进行特殊设置。透明代理需要结合网关进行部署，所有操作均由管理员在网关服务器及代理服务器上进行设置，这些对用户是无感知的。

反向代理结构如图 8-7 所示，反向代理结合智能 DNS 即可实现基本的 CDN（内容分发网络）框架。通过 DNS 的视图功能，我们可以为来自不同地区的 DNS 请求解析不同的结果并返回给客户端。例如，当北京地区的用户请求 DNS 解析时，DNS 服务器将解析的结果指向北京地区的 Squid 代理服务器；当上海地区的用户请求 DNS 解析时，DNS 服务器将解析的结果指向上海地区的 Squid 代理服务器。此时的代理服务器代表的是后端的真实服务器，用户感觉不到自己是在访问代理服务器，而且由于使用了缓存技术，当并发访问量较大时，Squid 也可以快速地为用户返回数据。

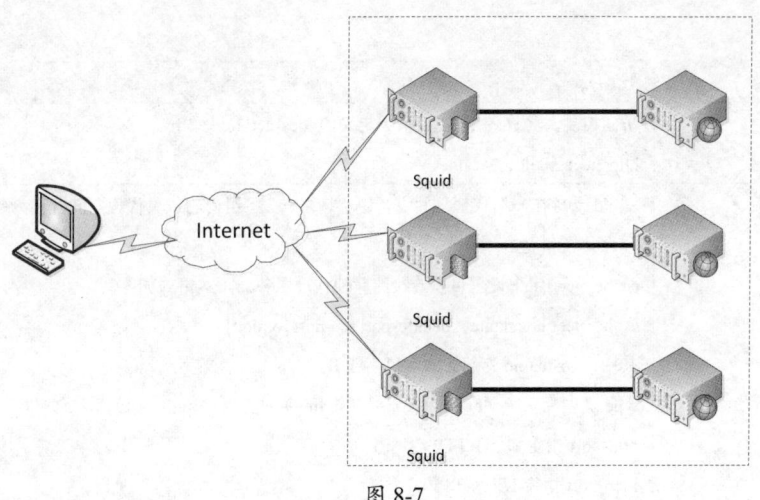

图 8-7

8.3.4 配置文件解析

当使用 DNF 方式安装 Squid 时，默认的配置文件为/etc/squid/squid.conf。该配置文件由配置指令及配置项构成，配置文件使用#符号作为注释。Squid 支持的功能丰富，配置语句也非常多，表 8-5 给出了 Squid 主要的配置项及描述。

表 8-5

配 置 项	描 述
http_port	设置 Squid 监听的网络端口，默认为 3128 端口。当端口号小于 1024 时，需要使用 root 启动 Squid，ISP 一般使用 8080 端口。 vhost 参数可以实现反向代理功能
cache_dir	设置缓存存储位置及大小，在配置文件中可以使用多个 cache_dir 设置多个存储位置。 如 cache_dir ufs /usr/local/squid/var/cache 100 16 256 其缓存路径为/usr/local/squid/var/cache，100 代表存储容量，单位为 MB，16 及 256 代表子目录个数，用于分类或分层管理缓存数据
access_log	设置日志路径及日志格式，如 access_log /var/log/squid/access.log combined
acl	定义访问控制列表（ACL）对象，可以控制源地址、端口、时间等， 如 acl localnet src 192.168.0.0/255.255.255.0 就是设置名称为 localnet 的 ACL 列表，控制对象为源地址网段 192.168.0.0/24

续表

配 置 项	描 述
http_access	访问控制，允许使用 ACL 指令定义的 localnet 效果如下。 http_access allow localnet
cache_peer	Squid 支持在一组代理之间进行缓存请求转发，组内的成员代理之间互称为邻居，邻居关系分为父子和兄弟。 cache_peer 用来设置可以连接的其他代理服务器，其格式如下。 cache_peer hostname type http-port icp-port [option] 其中，hostname 为邻居的主机名或 IP。 type 类型为父亲（parent）、兄弟（sibling）或广播（multicast）。 http-port 指定邻居 HTTP 端口号。 Bicp-port 指定 ICP 端口号。 option（选项）有以下可选值。 • proxy-only：实现不缓存来自邻居的任何响应。 • weight=n：设置服务器权值。 • ttl=n：选项仅对广播邻居有效，设置广播 TTL 值。 • round-robin：仅在设置两个以上父 Cache 时才有效，可以实现轮询的负载均衡。 • max-conn=n：设置连接邻居 Cache 的并发量。 • originserver：设置邻居为源真实服务器，做反向代理使用
visible_hostname	设置主机名，默认 Squid 将自动检测系统主机名

8.3.5 Squid 应用案例

用 Squid 实现反向代理的结构如图 8-8 所示。当终端用户请求 Web 服务时，DNS 将请求的域名解析为反向代理服务器的 IP 地址，代理服务器首先检查本地是否有缓存，如果有则直接将响应数据包返回给客户端，否则代理服务器转发客户请求给后端真实服务器。服务器名称及网络配置见表 8-6。在本例中，我们利用 Squid 的强大代理缓存技术来提高并发访问的响应速度，通过缓存可以更快地为客户端提供服务。如果将图 8-8 所示的结构部署在全国范围内，再结合 DNS 服务器的视图功能（智能 DNS），就可以为企业提供强大而稳定的 CDN 系统了。

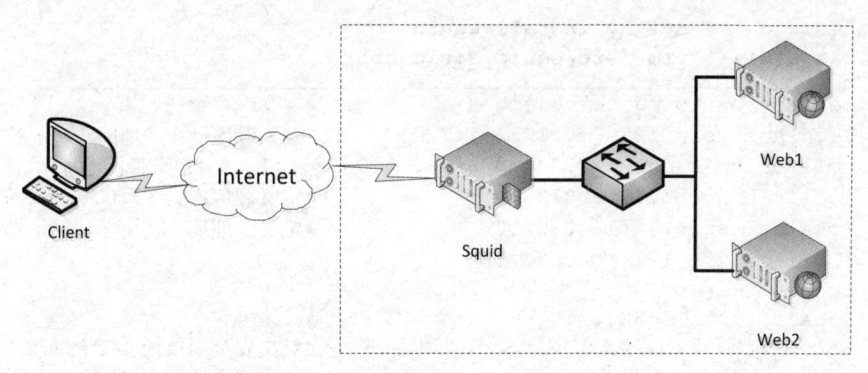

图 8-8

Squid 一般仅缓存静态页面，比如 HTML 网页、图片、歌曲等，默认不缓存 CGI 脚本程序或者 PHP、JSP 程序。Squid 可以根据 HTTP 头信息来决定如何缓存数据，以及缓存周期，如 Expires（缓存有效期）、Cache-Control（是否进行缓冲）。

表 8-6

服务器名称	网络配置
Squid（squid.example.com）	eno167:10.10.10.10
	eno335:192.168.0.254
Web1（web1.example.com）	eno167:192.168.0.1
Web2（web2.example.com）	eno167:192.168.0.2
Client（client.example.com）	eno167:10.10.10.100

1. 代理服务器的设置

首先，配置网络参数环境。

```
[root@squid ~]# nmcli connection modify eno167 \
ipv4.method manual ipv4.addresses 10.10.10.10/8 autoconnect yes
[root@squid ~]# nmcli connection up eno167
[root@squid ~]# nmcli connection modify eno335 \
ipv4.method manual ipv4.addresses 192.168.0.254/8 autoconnect yes
[root@squid ~]# nmcli connection up eno335
```

其次，安装部署 Squid 代理服务。我们既可以使用自带的 RPM 格式软件包安装 Squid，也可以使用源码软件包安装 Squid。下面使用 RPM 格式软件包安装 Squid，在安装完成后修改 Squid 的配置文件，具体的配置选项含义如下。

```
[root@squid ~]# dnf -y install squid
[root@squid ~]# vim /etc/squid/squid.conf
```

```
acl manager proto cache_object                      #定义缓存管理 ACL
acl localhost src 127.0.0.1/32 ::1                  #定义源地址为本地回环地址的 ACL
acl to_localhost dst 127.0.0.0/8 0.0.0.0/32 ::1     #定义目标地址的 ACL
acl localnet src 10.0.0.0/8                         #定义源地址为 10.0.0.0/8 的 ACL
acl localnet src 172.16.0.0/12                      #定义源地址 ACL
acl localnet src 192.168.0.0/16
acl localnet src fc00::/7
acl localnet src fe80::/10
acl SSL_ports port 443                              #定义安全端口为 443 的 ACL
acl Safe_ports port 80                              #定义安全端口为 80 的 ACL
acl Safe_ports port 21                              #定义安全端口为 21 的 ACL
acl Safe_ports port 443
acl Safe_ports port 70
acl Safe_ports port 210
acl Safe_ports port 1025-65535
acl Safe_ports port 280
acl Safe_ports port 488
acl Safe_ports port 591
acl Safe_ports port 777
acl CONNECT method CONNECT                          #定义连接方式为 CONNECT 的 ACL
http_access allow manager localhost                 #仅允许本机主机进行缓存管理
http_access deny manager                            #拒绝其他主机的所有缓存管理
#拒绝所有非 Safe_ports 的连接，Safe_ports 为配置文件中所定义的若干端口
http_access deny !Safe_ports
http_access deny CONNECT !SSL_ports
http_access allow localnet
http_access allow localhost
http_access allow all                               #允许所有主机访问代理
visible_hostname squid.example.com                  #设置主机名称
cache_mem 2048 MB                                   #内存缓存总容量
#内存可以缓存的单个文件的最大容量为 4MB
maximum_object_size_in_memory 4096 KB
#磁盘可以缓存的单个文件的最大容量为 4MB
maximum_object_size 4096 KB
#cache_dir 定义硬盘缓冲目录为/var/spool/squid，缓存最大容量为 800MB，Squid 将在缓存
#目录中创建 16 个一级子目录和 256 个二级子目录，这些目录用来分类管理缓存数据
cache_dir ufs /var/spool/squid 800 16 256
error_directory /usr/share/squid/errors/zh-cn       #定义报错文件的存放目录
cache_log /var/log/squid/cache.log                  #缓存日志文件
cache_mgr admin@test.com                            #管理员邮箱
#代理服务器监听的端口，accel 表示设置 Squid 为加速模式，vhost 用来实现反向代理
http_port 80    accel vhost
```

```
#监听代理的 3128 端口，以便使用 squidclient 工具对缓存进行管理
http_port 3128
#配置后台源服务器，originserver 模拟本机服务器为源服务器；80 为 HTTP 端口；
#设置 ICP 端口为 0（源服务器不支持 ICP 查询）；no-query 表示禁止使用 ICP 对源服务器进行
#查询；round-robin 可以让代理轮询多台源服务器，可以使用 weigh=N 为源服务器指定权值；
#name 用来设置源服务器的唯一名称，当代理转发数据至相同主机的不同端口时，该设置非常有用
cache_peer 192.168.0.1 parent 80 0 no-query originserver round-robin name=server1
cache_peer 192.168.0.2 parent 80 0 no-query originserver round-robin name=server1
hierarchy_stoplist cgi-bin ?                              #禁止缓存 CGI 脚本
#refresh_pattern 可以应用在没有过期时间的数据，squid 可以顺序检查 refresh_pattern
#并确定数据是否过期，格式如下：
#refresh_pattern [-i] regexp min percent max [option]
#refresh_pattern 使用正则表达式匹配数据对象（-i 选项表示不区分大小写）
#min 为过期的最短时间（单位为分钟），即对象在缓存中至少要存放的时间
#max 为最长时间
#percent 为百分比，如果 Squid 最后修改数据比例低于该百分比，则数据不过期
refresh_pattern ^ftp:        1440    20% 10080
refresh_pattern ^gopher:     1440    0%  1440
refresh_pattern -i (/cgi-bin/|\?) 0  0%  0
refresh_pattern .            0       20% 4320
```

```
[root@squid ~]# firewall-cmd --set-default-zone=trusted
[root@squid ~]# systemctl enable squid --now
```

2. 两台源服务器的设置

设置正确的网络参数，安装并启动 httpd 服务。

```
[root@web1 ~]# nmcli connection modify eno167 \
ipv4.method manual ipv4.addresses 192.168.0.1/24 autoconnect yes
[root@web1 ~]# nmcli connection up eno167
[root@web1 ~]# firewall-cmd --set-default-zone=trusted
[root@web1 ~]# dnf -y install httpd
[root@web1 ~]# echo "192.168.0.1" > /var/www/html/index.html
[root@web1 ~]# systemctl enable httpd --now

[root@web2 ~]# nmcli connection modify eno167 \
ipv4.method manual ipv4.addresses 192.168.0.2/24 autoconnect yes
[root@web2 ~]# nmcli connection up eno167
[root@web2 ~]# firewall-cmd --set-default-zone=trusted
[root@web2 ~]# dnf -y install httpd
[root@web2 ~]# echo "192.168.0.2" > /var/www/html/index.html
[root@web2 ~]# systemctl enable httpd --now
```

3. 客户端的验证

在客户端配置正确的网络参数后，即可通过浏览器访问代理服务器[1]。由于我们在代理服务器中设置了两台源服务器，并且使用的是轮询查询，所以客户端刷新后可以轮询看到两个不同的页面。

8.4 HAProxy 负载均衡

8.4.1 HAProxy 简介

HAProxy 是免费、高效、可靠的高可用及负载均衡解决方案。该软件非常适合处理高负载站点的七层请求数据。HAProxy 的工作模式使其可以非常容易且安全地集成到我们现有的站点架构中。此外，使用类似的代理软件可以对外屏蔽内部服务器，防止内部服务器遭受外部攻击。HAProxy 的拓扑结构如图 8-9 所示，终端用户通过访问 HAProxy 代理服务器获得站点页面，而代理服务器在收到客户端请求后会根据自身规则将请求数据转发给后端的真实服务器。为了让同一客户端在访问服务器时可以保持会话（同一客户端在第二次访问网站时可以被转发至相同的真实服务器），HAProxy 有三种解决方案：客户端 IP 地址、cookie 以及 session。在第一种方案中，HAProxy 将客户端 IP 地址进行 Hash 计算并保存，以此确保当相同的 IP 地址访问代理服务器时可以转发到固定的真实服务器上。在第二种方案中，HAProxy 依靠真实服务器发送给客户端的 cookie 进行会话保持。在第三种方案中，HAProxy 将保存真实服务器的 session 及服务器标识，从而保持会话。

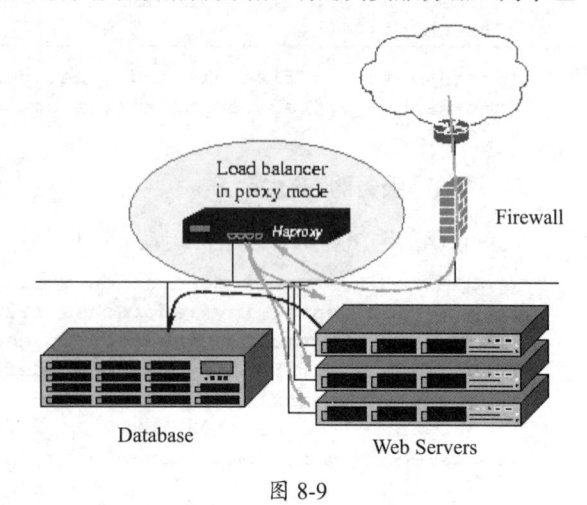

图 8-9

HAProxy 软件包可以从其官方网站上下载，在 Rocky Linux 9 默认的 YUM 源中也提供了该软件。下面通过 DNF 方式安装该软件。

```
[root@haproxy ~]# dnf -y install haproxy
```

---

[1] 请参考链接 8-4。

8.4.2 配置文件解析

HAProxy 在安装后没有默认的配置文件，需要手动创建。本例创建/etc/haproxy/haproxy.cfg 配置文件，当启动 HAProxy 服务时需要使用-f 选项指定配置文件路径。HAProxy 配置文件主要包含全局设置段与代理段，global 代表全局段，defaults、frontend、backend、listen 为代理段。补 defaults frontend 用来匹配客户端请求的域名或 URI 等，backend 用来定义后端服务器集群，listen 是 frontend 与 backend 的集合，有时仅使用 listen 即可替代 frontend 与 backend。下面给出了一个监听 80 端是端口的 HTTP 代理案例，代理服务器将转发请求数据到单一后台服务器 127.0.0.1:8000。

```
global
        daemon
        maxconn 256
defaults
        mode http
        timeout connect 5000ms
        timeout client 50000ms
        timeout server 50000ms
frontend http-in
        bind *:80
        default_backend servers
backend servers
        server server1 127.0.0.1:8000 maxconn 32
```

表 8-7 列出了 HAProxy 主配置文件的配置项及描述。

表 8-7

	配置项	描　　述
global	chroot <jail dir>	将工作目录切换至<jail dir>并执行 chroot。该配置可增强 HAProxy 的安全性，但需要使用超级账号启动 HAProxy 程序
	daemon	配置 HAProxy 以后台进程模式工作
	uid <number>	配置进程的账号 ID，建议设置为 HAProxy 专用账号
	gid <unmber>	配置进程的组 ID，建议设置为 HAProxy 专用组
	log <address> <facility>	配置全局 syslog 服务器，可以设置两台日志服务器
	nbproc <number>	指定后台进程的数量
	pidfile <pidfile>	将进程 ID 写入<pidfile>文件
	ulimit-n <number>	设置每个进程的最大文件描述符数量
	maxconn <number>	设置每个进程支持的最大并发数
	tune.bufsize <number>	设置 buffer 大小，默认值为 16384，单位为字节（B）

续表

配 置 项		描 述
代理设置	mode	HAProxy 的工作模式，可选项为 tcp、http、health
	timeout check <timeout>	设置检查超时时间
	contimeout <timeout>	设置连接超时时间
	balance roundrobin	默认负载均衡工作模式为轮询
	bind <address>:<port>	定义一个或多个监听地址或端口
	stats auth admin:admin	设置监控界面的账户名称与密码
	stats refresh <number>	统计页面刷新间隔时间
	option httplog	使用 http 日志
	cookie <name>	启用基于 cookie 的保持连接功能
	option forwardfor	允许插入 X-Forwarded-For 数据包头给后端的真实服务器，可以让真实服务器获得客户端的真实 IP 地址
	option abortonclose	当服务器负载高时，自动关闭队列里处理时间比较长的连接请求
	option allbackups	当真实服务器全部宕机时，是否激活所有的备用服务器，默认仅启动第一个备用服务器
	option dontlognull	不记录空连接日志，主要不记录健康检查日志
	option redispatch	在 HTTP 模式，即便使用 cookie 的服务器宕机，客户端还会坚持连接它，该选项会在真实服务器宕机时强制将请求转发给其他健康主机
	monitor-uri <uri>	检查<uri>文件是否存在，依次判断主机健康状态
	monitor-fail if site_dead	当服务器宕机时，返回 503 错误代码，需要定义 ACL
	option httpchk <uri>	使用 HTTP（协议）检查服务器健康状态
	retries <value>	服务器连接失败后的重试次数
	timeout client <n>	设置客户端最大超时时间为 n，默认单位为毫秒（ms）
	timeout server <n>	设置服务器端最大超时时间为 n，默认单位为毫秒（ms）
	timeout connect <n>	设置连接最大超时时间为 n，默认单位为毫秒（ms）
	default_backend	当配置文件中没有 use_backend 规则时，设置默认后端服务器组，服务器组由 backend 定义
	use_backend	当条件满足时，指定后端服务器组，需要设置 ACL
	acl <name> <criterion>	定义访问控制列表，在配置文件中通过 name 调用该 ACL，常用限制包括：dst（目标地址）、dst_port（目标端口）、src（源地址）、hdr（连接头部信息）、path_reg（访问路径正则匹配）、url（统一资源定位符）

ACL 访问控制列表案例如下：

```
global
      daemon
      maxconn 256
defaults
      mode http
      timeout connect 5000ms
      timeout client 50000ms
      timeout server 50000ms
frontend http-in
      bind *:80
#定义 ACL 控制源地址为 192.168.0.0/24 网段
acl badboys src 192.168.0.0/24
#定义 ACL 控制请求包头信息通过正则匹配，-i 代表不区分大小写
acl example_acl hdr_reg(host) -i ^(www.example.com|web.example.com)$
#当用户访问请求触发名为 badboys 的 ACL 规则时，禁止该用户的请求数据
block if badboys
#当用户访问请求触发名为 example_acl 的 ACL 规则时，代理会将请求转发为
#servers_2 后端服务器组
use_backend servers_2 if example_acl
#定义当没有 ACL 时默认使用的服务器组
      default_backend servers_1
backend servers_1                        #定义后端服务器组 servers_1
      server server1 127.0.0.1:8000 maxconn 32    #定义服务器组中的具体服务器
backend servers_2                        #定义后端服务器组 servers_2
      server server1 127.0.0.1:8080 maxconn 3
```

8.4.3　HAProxy 应用案例

本节以真实生产环境为原型，在简化网络拓扑后使用 HAProxy 实现图 8-10 所示的高性能代理服务架构，服务端名称及网络配置见表 8-8。本例将使用 listen 定义一个监控端口；使用 frontend 定义一个前端 80 端口；通过 backend 分别定义名为 inside_servers 和 external_servers 的服务器组；使用 default_backend 定义名为 external_servers 的默认服务器组。在定义 ACL 规则时，如果内网（192.168.0.0/24）访问 Web 服务，则由 inside_servers 服务器组提供 Web 页面。

external_servers 服务器组中包含 Web1（web1.example.com）和 Web（web2.example.com）两台服务器，inside_servers 服务器组中仅包含 Web3（web3.example.com）一台服务器。

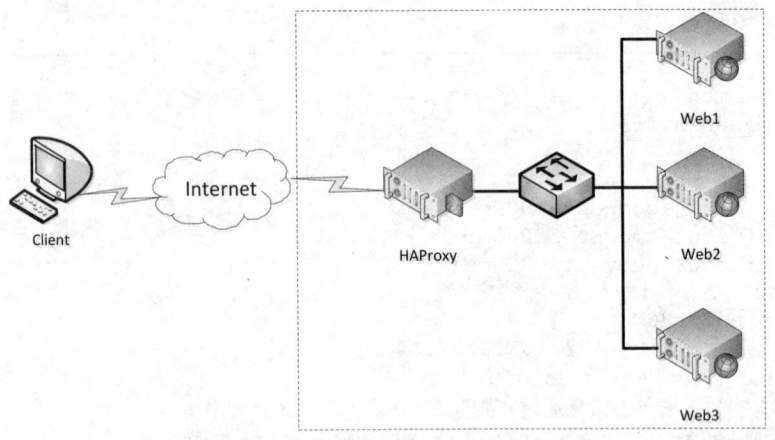

图 8-10

表 8-8

服务器名称	网络配置
HAProxy（haproxy.example.com）	eno167:10.10.10.10
	eno335:192.168.0.254
Web1（web1.example.com）	eno167:192.168.0.1
Web2（web2.example.com）	eno167:192.168.0.2
Web3（web3.example.com）	eno167:192.168.0.3
Client（client.example.com）	eno167:10.10.10.100

三台 Web 服务器基本采用相同的设置，下面仅以 Web1 为例（为了演示 HAProxy 可以轮询访问后端服务器，这里将三台服务器的页面设置为不同的内容以示区别）。

```
[root@web1 ~]# nmcli connection modify eno167 \
ipv4.method manual ipv4.addresses 192.168.0.1/24 \
ipv4.gateway 192.168.0.254 autoconnect yes
[root@web1 ~]# nmcli connection up eno167
[root@web1 ~]# dnf -y install httpd
[root@web1 ~]# echo "192.168.0.1" > /var/www/html/index.html
[root@web1 ~]# systemctl enable httpd --now
[root@web1 ~]# firewall-cmd --set-default-zone=trusted
```

HAProxy 代理服务器设置如下。

```
[root@haproxy ~]# nmcli connection modify eno167 \
ipv4.method manual ipv4.addresses 10.10.10.10/8 autoconnect yes
[root@haproxy ~]# nmcli connection up eno167
[root@haproxy ~]# nmcli connection modify eno335 \
```

```
ipv4.method manual ipv4.addresses 192.168.0.254/24 autoconnect yes
[root@haproxy ~]# nmcli connection up eno335
[root@haproxy ~]# firewall-cmd --set-default-zone=trusted
[root@haproxy ~]# vim /etc/security/limits.conf
```
#内核调优，在文件中插入如下两行

*	soft	nofile	65535
*	hard	nofile	65535

```
[root@haproxy ~]# dnf -y install haproxy
[root@haproxy ~]# vim /etc/haproxy/haproxy.cfg          #修改配置文件
```

```
global
maxconn 4096
log 127.0.0.1 local3 info
chroot /var/haproxy
uid 99
gid 99
daemon
nbproc 1
pidfile /var/run/haproxy.pid
ulimit-n 65535
stats socket /var/tmp/stats
defaults
log global
mode http
maxconn 20480
option httplog
option httpclose
option dontlognull
option forwardfor
option redispatch
option abortonclose
stats refresh 30
retries 3
balance roundrobin
cookie SRV
timeout check 2000ms
timeout connect 5000ms
timeout server 50000ms
timeout client 50000ms
listen admin_status                      #定义HAProxy的监控页面
bind 0.0.0.0:6553
mode http
log 127.0.0.1 local3 info
stats enable
stats refresh 5s                         #监控页面自动刷新时间为5s
```

```
        stats realm    Haproxy\ Statistics    #登录监控页面提示符
        stats uri /admin?stats                 #监控页面 URL 路径
        stats auth admin1:AdMiN123             #查看 HAProxy 监控页面的账号与密码
        stats hide-version                     #隐藏 HAProxy 版本信息

        frontend web_serivce                   #定义终端用户访问的前端服务器
        bind 0.0.0.0:80
        mode http
        log global
        option httplog
        option httpclose
        option forwardfor
        acl inside_src src 192.168.0.0/24    #定义 ACL
        #use_backend 调用 ACL 定义，如果源地址为 192.168.0.0/24，则代理服务器会把请求
        #转发给 inside_servers 服务器组
        use_backend inside_servers if inside_src
        default_backend external_servers
        backend external_servers
        mode http
        balance roundrobin                     #轮询真实服务器
        #检查真实服务器的 index.html 文件，以此判断服务器的健康状态
        option httpchk GET /index.html
        #定义后端真实服务器，向 cookie 信息中插入 Web1 信息，check 代表允许对服务器进行
        #健康检查，健康检查的时间间隔为 2000ms，如果连续两次健康检查成功则认为服务器是
        #有效开启的；如果连续三次健康检查失败，则认为服务器已经宕机，服务器权值为 1
        server web1 192.168.0.1:80 cookie web1 check inter 2000 rise 2 fall 3 weight 1
        server web2 192.168.0.2:80 cookie web2 check inter 2000 rise 2 fall 3 weight 1
        backend inside_servers
        mode http
        balance roundrobin
        option httpchk GET /index.html
        server web1 192.168.0.3:80 cookie web3 check inter 1500 rise 3 fall 3 weight 1
```

[root@haproxy ~]# **systemctl enable haproxy --now**　　　　　#设置服务开机自启

客户端验证如下：

首先为客户端主机配置正确的网络环境，确保客户端与 HAProxy 代理服务器可以直接连通。使用浏览器访问网站[1]查看代理服务器状态统计信息，如图 8-11 所示。

---

1 请参考链接 8-5。

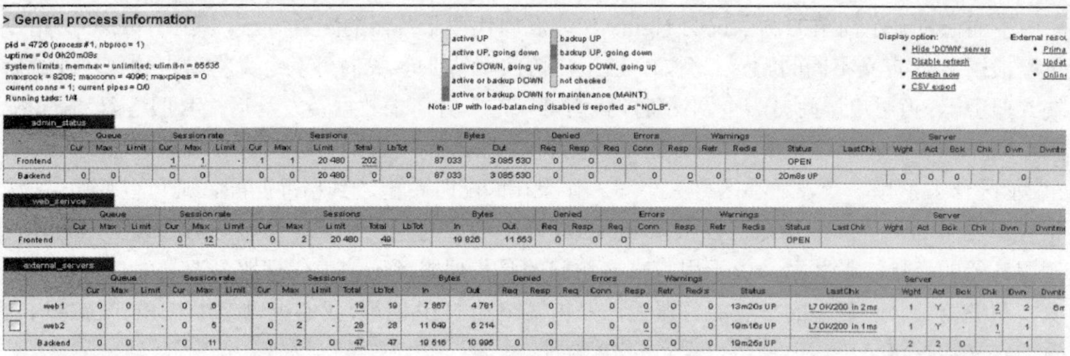

图 8-11

配置客户端主机 IP 地址为 10.10.10.100，通过浏览器访问网站[1]，刷新将分别得到 web1.example.com 和 web2.example.com 两台主机返回的页面信息。如果将客户端主机 IP 地址配置为 192.168.0.0/24 网络内的 IP 地址，则访问 IP 地址 192.168.0.254，服务器将永远返回 web3.example.com 主机的页面信息。

8.5 Nginx 高级应用

Nginx 除可以作为后端 HTTP 服务器外，它还是一个高性能的反向代理服务器。在负载均衡架构中，Nginx 可以为我们提供非常稳定且高效的基于七层的负载均衡解决方案。此外，Nginx 可以根据规则以轮询、IP 哈希、URL 哈希等方式调度后端的真实服务器，如同 HAProxy 一样，Nginx 也支持对后端服务器的健康检查功能。目前国内的新浪、网易等公司均已部署了 Nginx 来实现基于七层的负载均衡功能。

8.5.1 Nginx 负载均衡简介

为了实现 Nginx 的反向代理和负载均衡功能，我们需要用到 HttpProxyModule 和 HttpUpstreamModule 模块。HttpProxyModule 模块的作用是将用户的请求数据转发至其他服务器，HttpUpstreamModule 模块的作用是提供简单的负载均衡技术（轮询、最少连接）。这两个模块是 Nginx 默认的自动编译模块，如果不需要编译这些模块，则可以用 --without-http_proxy_module 和 --without-http_upstream_ip_hash_module 编译参数禁用这些功能。

---

[1] 请参考链接 8-6。

下面通过一个简单的例子说明 Nginx 作为反向代理服务器的配置方法。其中，location 指令可以根据 URI 定义不同的配置。例如，当用户访问网站[1]时，我们可以定义将请求数据转发给后端 A 服务器；当用户访问另一个网站[2]时，我们可以定义将请求数据转发给后端 B 服务器。location 指令既可以直接匹配字符串，也可以匹配正则表达式，当使用正则表达式时必须指定前缀~或~*，~表示区分大小写，~*表示不区分大小写。如果在匹配时希望达到精准匹配，则可以使用=前缀符号。使用 proxy_pass 指令可以根据 location 匹配的情况建立被代理的服务器（或 URI）与代理服务器的直接映射关系。由于用户直接访问的是代理服务器，由代理服务器转发请求数据给真实服务器。因此，后端的真实服务器无法获得客户端的 IP 地址，我们可以使用 X-Forwarded-For 重新定义数据包包头，记录用户真实的 IP 地址。

```
location ~* \.(mp3|mp4)$ {          #匹配 URL 以 mp3 或 mp4 结尾的请求
  proxy_pass http://localhost:8080
#当 location 条件满足时将请求转发给本机 8080 端口
  }
location / {                        #匹配任意 URL
proxy_pass  http://localhost:8000;
#当 location 条件满足时将请求转发给本机 8000 端口
    proxy_set_header  X-Forwarded-For  $remote_addr;   #记录用户真实的 IP 地址
}
```

在负载均衡模块的指令中，upstream 负责定义后端的真实服务器集合，这样就可以通过 proxy_pass 和 fastcgi_pass 将请求转发给一组服务器，在 upstream 中嵌套使用 server 指令可以设置具体的服务器及相关参数。ip_hast 指令可以根据用户 IP 地址的 Hash 值分配固定的后端服务器。weight 代表服务器的权值，down 指令可以设置某台服务器暂时处于宕机不可用状态。例如，定义一个名为 backend 的服务器组，使用 server 定义组内所有真实服务器成员，并将网站[3]设置为宕机状态，当用户使用域名访问[4]代理服务器时，Nginx 代理服务器会将请求转发给 backend 服务器组。

```
http {
  upstream backend {
    ip_hash;
    server www1.XXX.com weight=2;
    server www2.XXX.com own;
    server www3.XXX.com ;
  }
```

---

[1] 请参考链接 8-7。
[2] 请参考链接 8-8。
[3] 请参考链接 8-9。
[4] 请参考链接 8-10。

```
    server {
        listen 80;
        server_name www.example.com;
        location / {
          proxy_pass http://backend;
        }
    }
}
```

8.5.2　Nginx 负载均衡案例

Nginx 反向代理负载均衡拓扑结构如图 8-12 所示，服务器名称及网络配置见表 8-9。案例中的 Nginx 使用 upstream 定义一组服务器，使用 proxy_pass 进行代理转发。

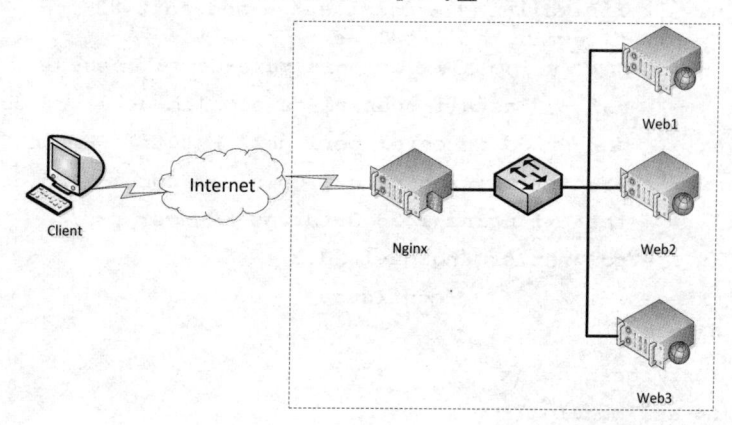

图 8-12

表 8-9

服务器名称	网络配置
Nginx（nginx.example.com）	eno167:10.10.10.10
	eno335:192.168.0.254
Web1（Web1.example.com）	eno167:192.168.0.1
Web2（web2.example.com）	eno167:192.168.0.2
Web3（web3.example.com）	eno167:192.168.0.3
Client（client.example.com）	eno167:10.10.10.100

三台 Web 服务器基本采用相同的设置，注意，IP 地址需要改变，下面仅以 Web1 为例（为了演示效果，这里 Web 服务器的页面设置为不同的内容以示区别）。

```
[root@web1 ~]# nmcli connection modify eno167 \
ipv4.method manual ipv4.addresses 192.168.0.1/24 \
ipv4.gateway 192.168.0.254 autoconnect yes
[root@web1 ~]# nmcli connection up eno167
[root@web1 ~]# yum -y install httpd
[root@web1 ~]# echo "192.168.0.1" > /var/www/html/index.html
[root@web1 ~]# firewall-cmd --permanent --add-port=80/tcp
[root@web1 ~]# firewall-cmd --reload
```

Nginx 代理服务器设置：

```
[root@nginx ~]# nmcli connection modify eno167 \
ipv4.method manual ipv4.addresses 10.10.10.10/8 autoconnect yes
[root@nginx ~]# nmcli connection up eno167
[root@nginx ~]# nmcli connection modify eno335 \
ipv4.method manual ipv4.addresses 192.168.0.254/24 autoconnect yes
[root@nginx ~]# nmcli connection up eno335
[root@nginx ~]# firewall-cmd --permanent --add-port=80/tcp
[root@nginx ~]# firewall-cmd --reload
[root@nginx ~]# dnf -y install gcc pcre pcre-devel openssl
[root@nginx ~]# dnf -y install openssl-devel zlib-devel gd gd-devel make
[root@nginx ~]# dnf -y gd gd-devel perl perl-ExtUtils-Embed
[root@nginx ~]# wget https://nginx.org/download/nginx-1.23.3.tar.gz
[root@nginx ~]# tar -xf nginx-1.23.3.tar.gz -C /usr/src/
[root@nginx ~]# cd /usr/src/nginx-1.23.3/
[root@nginx nginx-1.23.3]# ./configure \
--with-ipv6 \
--prefix=/usr/local/nginx \
--with-http_ssl_module \
--with-http_realip_module \
--with-http_addition_module \
--with-http_dav_module \
--with-http_mp4_module \
--with-http_gzip_static_module \
--with-http_stub_status_module
[root@nginx nginx-1.23.3]# make && make install
[root@nginx nginx-1.23.3]# cd
[root@nginx ~]# vim /usr/local/nginx/conf/nginx.conf
```

```
user  nobody;
worker_processes 1;
error_log  logs/error.log  notice;
```

```
    pid         logs/nginx.pid;

    events {
    worker_connections  5024;
    }

    http {
    include       mime.types;
    default_type  application/octet-stream;
    log_format  main  '$remote_addr - $remote_user [$time_local] "$request" '
                      '$status $body_bytes_sent "$http_referer" '
                      '"$http_user_agent" "$http_x_forwarded_for" ';
    sendfile          on;
    tcp_nopush        on;
    server_tokens off;
    keepalive_timeout  65;
    keepalive_requests 100;
    #启动网页压缩功能
    gzip on;
    #当容量小于1000B时不压缩内容
    gzip_min_length 1000;
    #压缩缓存的个数与容量
    gzip_buffers 16 32k;
    #指定压缩文件类型
    gzip_types text/plain application/xml;
    #压缩级别,可以是1~9之间的数字,数字越大,压缩效果越好,速度也越慢
    gzip_comp_level 2;
    #设置客户端请求的缓存大小
    client_body_buffer_size 128K;
    #设置客户端请求所允许的最大文件容量
    client_max_body_size 100m;
    #客户端请求的Header缓存大小
    large_client_header_buffers 4 8K;
    #启用代理缓存功能
    proxy_buffering on;
    #从被代理服务器(真实服务器)所获取的第一部分响应数据的缓存大小
    proxy_buffer_size 8k;
    #从被代理服务器读取响应数据的缓存个数与容量
    proxy_buffers 8 128K;
    #设置缓存目录及其他缓存参数,缓存路径为/usr/local/nginx/cache,levels用来设置子
    #目录个数,keys_zone用来定义缓冲名称及容量(名称为one,容量为100MB),inactive定
    #义缓存的存活时间为1天,max_size设置硬盘缓存容量为2GB。这里定义的缓存为one,当
    #在下面使用proxy_cache指令时调用该缓存
    proxy_cache_path /usr/local/nginx/cache levels=1:2 keys_zone=one:100m inactive=
1d max_size=2G;
```

```
#与后端服务器建立 TCP 握手的超时时间
proxy_connect_timeout 60s;
#设置后端服务器组, 名称为 servers
upstream servers {
#ip_hash 使用 IP 地址的 Hash 值确保相同 IP 地址的客户端使用相同的后端服务器。如果不使用
#该参数, 则调度器将采用轮询的方式进行数据转发
#ip_hash;
#max_fails 用来设置如果连接后端服务器三次均失败, 则认为后端服务器处于无效状态,
#fail_timeout 用来设置连接后端服务器超时时间为 30s, weight 设置权值为 2
server 192.168.0.1:80 max_fails=3 fail_timeout=30s weight=2;
server 192.168.0.2:80 max_fails=3 fail_timeout=30s weight=2;
}
server {
        listen       80;
        server_name  www.example.com;
        access_log   logs/host.access.log  main;
        location / {
            proxy_pass http://servers;
            proxy_cache one;
            proxy_set_header X-Forwarded-For $remote_addr;
        }
}
}
```

[root@nginx ~]# **vim /usr/lib/systemd/system/nginx.service**

```
[Unit]
Description=The Nginx HTTP Server
#描述信息
After=network.target remote-fs.target
#指定在启动 Nginx 之前需要的其他服务, 如 network.target 等
[Service]
Type=forking
#Type 为服务的类型,仅启动一个主进程的服务为 simple,需要启动若干子进程的服务为 forking
ExecStart=/usr/local/nginx/sbin/nginx
# ExecStart 用来设置在执行 systemctl start nginx 后需要启动的具体命令
ExecReload=/usr/local/nginx/sbin/nginx -s reload
# ExecReload 用来设置在执行 systemctl reload nginx 后需要执行的具体命令
ExecStop=/bin/kill -s QUIT ${MAINPID}
# ExecStop 用来设置在执行 systemctl stop nginx 后需要执行的具体命令
[Install]
WantedBy=multi-user.target
```

[root@nginx ~]# **systemctl enable nginx --now**

配置客户端主机 IP 地址为 10.10.10.100, 通过浏览器访问网站[1], 刷新将分别得到

---

1 请参考链接 8-11。

web1.example.com 和 web2.example.com 两台主机返回的页面信息。

8.5.3 Nginx rewrite 规则

由于互联网资源分布在世界各地，因此，如果用户想要查看某个资源，就需要使用 URL 来唯一定位该资源[1]。而 URL 重写可以在 Web 服务器上面定制真实生产环境规则，将用户访问资源的 URL 进行改写后再交给 Web 服务器进程来处理。在真实生产环境中经常使用该功能将用户拼写错误的 URL 或不存在的 URL 重定向到特定的固定页面，如网站首页或 404 资源找不到的报错页面；还可以利用地址重写优化用户的输入及使用体验[2]。这样用户仅需要输入简单的 URL 就可以定位到服务器后台包含复杂路径及参数的资源。Nginx 的 HttpRewriteModule 模块支持基于 PCRE（Perl Compatible Regular Expressions）的地址重写功能。

Nginx 的 rewrite 语法格式与 Apache 非常类似：rewrite regex replacement [flag]，其中，flag 可以被设置为 last、break、redirect 或 permanent。Last 表示结束当前 rewrite 指令并重新搜索 location 匹配；break 表示结束当前 rewrite 指令，并且不再处理 location 块的其他匹配；redirect 返回临时重定向代码 302；permanent 表示返回永久重定向代码 301。

在进行地址重定向时，一般会结合 location 或 if 语句进行，if 语句的语法格式如下。

```
if（条件）{ …}
```

if 语句可以被放置在配置文件中的 server 块或 location 块，可以使用表 8-10 中的操作符。

表 8-10

操 作 符	描 述
~	区分大小写匹配
~*	不区分大小写匹配
=	精确匹配
-f	测试文件是否存在，存在则结果为真
-d	测试目录是否存在，存在则结果为真
-e	测试文件或目录是否存在，存在则结果为真
-x	测试文件是否可执行
!	区分，可以与以上操作符结合使用

rewrite 地址重写及 return 应用的语法说明如下。

---

1 请参考链接 8-12。
2 请参考链接 8-13。

```
#测试客户端浏览器使用的是不是 iPhone 或者 iPod
#如果用户使用的是 iPhone 或 iPod 访问服务器，则将请求重定向至其他服务器
#这里使用了一个 URI 概念，我们知道，URL 是统一资源定位符，而 URI 是通用资源标识符，
#如果 URL 为 http://www.example.com/test/index.html，则 URI 为 /test/index.html
if ($http_user_agent ~* '(iPhone|iPod)' {
rewrite ^.+ http://mobile.site.com$uri;
}
#当用户使用 POST 方式请求数据时，返回 405 错误
if ($request_method = POST) {
return 405;
}
rewrite ^(/download/.*)/media/(.*)\..*$ $1/mp3/$2.mp3 last;
rewrite ^(/download/.*)/audio/(.*)\..*$ $1/mp3/$2.ra last;
```

下面是一个完整的地址重写应用案例，它可以根据用户使用的浏览器进行地址重定向。此外，设置当用户访问 wp_administrator 目录中的资源时需要重定向 admin 目录。

```
[root@nginx ~]# nmcli connection modify eno167 \
ipv4.method manual ipv4.addresses 192.168.0.254/24 autoconnect yes
[root@nginx ~]# nmcli connection up eno167
[root@nginx ~]# firewall-cmd --permanent --add-port=80/tcp
[root@nginx ~]# firewall-cmd --reload
[root@nginx ~]# vim /usr/local/nginx/conf/nginx.conf
```

```
user    nobody;
worker_processes  1;
error_log  logs/error.log  notice;
pid        logs/nginx.pid;

events {
    worker_connections  5024;
}

http {
    include       mime.types;
    default_type  application/octet-stream;
    log_format  main '$remote_addr - $remote_user [$time_local] "$request" '
                    '$status $body_bytes_sent "$http_referer" '
                    '"$http_user_agent" "$http_x_forwarded_for"';
    sendfile         on;
    tcp_nopush       on;
    server_tokens off;
    keepalive_timeout  65;
    keepalive_requests 100;
    gzip  on;
```

```
        gzip_min_length 1000;
        gzip_buffers 16 32k;
        gzip_types text/plain application/xml;
        gzip_comp_level 2;
        error_page   404              /404.html;
        error_page   500 502 503 504  /50x.html;

        client_body_buffer_size 128K;
        client_max_body_size 100m;
        large_client_header_buffers 4 8K;

        server {
            listen 80;
            root html;
            index index.html;
            server_name www.example.com;
            access_log  logs/host.access.log  main;
            if ($http_user_agent ~ MSIE) {
              rewrite ^(.*)$ /msie/$1 break;
            }
            if ($http_user_agent ~ Firefox) {
              rewrite ^(.*)$ /firefox/$1 break;
            }
         location /php_admin {
         rewrite ^/php_admin/.*$ /admin permanent;
         }
        }
}
```

```
[root@nginx ~]# mkdir /usr/local/nginx/html/{msie,firefox,admin}
[root@nginx ~]# echo "firefox browser" > /usr/local/nginx/html/firefox/index.html
[root@nginx ~]# echo "IE browser" > /usr/local/nginx/html/msie/index.html
[root@nginx ~]# echo "Admin Page" > /usr/local/nginx/html/admin/index.html
[root@nginx ~]# /usr/local/nginx/sbin/nginx            #启动服务器
```

当客户端使用火狐浏览器访问网站主页[1]时将获得页面内容 firefox browser，当客户端使用 IE 浏览器访问网站[2]主页时将获得页面内容 IE browser，当客户端访问网站[3]的 php-admin 页时将获得页面内容 Admin Page。

---

[1] 请参考链接 8-14。
[2] 请参考链接 8-15。
[3] 请参考链接 8-16。

8.6 MySQL 高可用

8.6.1 MySQL 复制简介

使用 MySQL 复制功能可以将主服务器上的数据复制到多台从服务器上。在默认情况下，MySQL 复制采用的是异步传输方式，从服务器不需要总是连接主服务器去更新数据。也就是说，数据更新可以在远距离连接的情况下进行，甚至在使用拨号网络的临时连接环境下也可以进行。根据自定义设置，我们可以对所有数据库或部分数据库甚至是部分数据表进行复制。有了主从复制在企业级应用环境中就不必再担心数据库的单点故障了，当一台服务器宕机时，其他服务器可以提供非常稳定、可靠的数据服务。

MySQL 复制的优势如下。

◎ 高性能：通过将请求分配给多台从服务器来提高性能。在这种环境中，所有对数据库的写操作必须提供给主服务器，但读操作可以被平均分配给多台从服务器。

◎ 数据安全：数据是从主服务器复制到从服务器的，而且从服务器可以随时暂停复制，这样我们就可实现数据备份与还原。

◎ 远程数据分享：如果企业拥有多处位于其他地理位置的分公司，而这些分公司希望共享主服务器的数据库资源，就可以使用 MySQL 复制实现数据的共享，而且分公司不必时时连接主服务器，可以仅在需要时进行连接。

MySQL 复制有两种核心模式，一种是基于 SQL 语句的语句复制模式（Statement Based Replication，SBR），另一种是基于行的行复制模式（Row Based Replication，RBR），有时也可以使用混合模式复制。我们可以修改 /etc/my.cnf.d/mysql-server.cnf 配置文件中的 binlog-format 参数来定义复制模式，当 binlog-format=ROW 时是行复制模式，当 binlog-format=STATEMENT 时是语句复制模式。

MySQL 复制是基于二进制日志的。在主服务器上，当 MySQL 实例进行写操作时会同时生成一条操作事件日志并写入二进制日志中，而从服务器则负责读取主服务器上的二进制日志，并在从服务器本机上重新执行该事件，从而实现复制数据至本地服务器。当主服务器开启二进制日志功能后，所有 SQL 语句都将被记录至二进制日志。从服务器复制这些二进制日志条目，并根据自己的需要决定哪些语句重新在从服务器上执行，我们无法控制主服务器仅记录特定语句到二进制日志中。如果进行其他设置，所有主服务器中的事件日志都将在从服务器上重新执行，当然，我们可以配置从服务器仅执行主服务器中的部分事件日志。因为从服务器会记录二进制日志的进度与位置（比如执行到了第几条语句），所以从服务器可以断开与主服务器之间的连接，并在重新建立连接后继续进行复制工作。

在具体的操作过程中，主服务器与从服务器都需要设置唯一的服务器 ID。另外，所有从服务器必须设置主服务器的主机名、日志文件名、文件位置等参数。

8.6.2 一步一步实现 MySQL 复制

本节演示如何一步一步实现 MySQL 服务器之间的数据复制（当演示步骤中的命令提示符为 master 时，代表指令在 MySQL 主服务器上运行；当命令提示符为 slave1 时，代表指令在 MySQL 从服务器上运行）。整个过程一般分为以下几个步骤进行。

◎ 在主服务器上设置唯一的服务器 ID，开启二进制日志功能，这些设置需要重启 MySQL 服务。
◎ 在所有从服务器上设置唯一的服务器 ID，这些设置需要重启 MySQL 服务。
◎ 在主服务器上为不用的从服务器创建可以读取主服务器日志文件的账号，或使用同一账号。
◎ 在进行数据复制之前，需要记录主服务器上二进制日志的位置。

1. 在数据复制环境中主设置服务器

在真实生产环境中，在我们还没有部署数据复制前，数据库中可能就已经存在大量的数据了。所以，这里事先创建一个测试用的数据库及数据表，用来演示如何对已经存在的数据进行数据同步备份。

```
[root@master ~]# mysql -u root -p
mysql> create database hr;
mysql> use hr;
mysql> create table employees(
-> employee_id INT NOT NULL AUTO_INCREMENT,
-> name char(20) NOT NULL,
-> e_mail varchar(50),
-> PRIMARY KEY(employee_id));
mysql> INSERT INTO employees values
-> (1,'TOM','tom@example.com'),
-> (2,'Jerry','jerry@example.com');
mysql> exit
```

我们需要在主服务器上开启二进制日志并设置服务器编号，服务器的唯一编号必须是 1 至 $2^{32}-1$ 之间的整数，根据自己的实际情况进行设置。在设置之前需要关闭 MySQL 数据库并编辑

my.cnf 或 my.ini 文件，之后在 mysqld 段添加相应的配置项。关于 MySQL 软件的安装，这里不再赘述，请参考 4.11.2 节的内容。

```
[root@master ~]# vim /etc/my.cnf.d/mysql-server.cnf
```

```
[mysqld]
datadir=/var/lib/mysql
socket=/var/lib/mysql/mysql.sock
log-error=/var/log/mysql/mysqld.log
pid-file=/run/mysqld/mysqld.pid
log-bin=Jacob-bin              #启用二进制日志，并设置二进制日志文件前缀
server-id=254                  #设置服务器 ID
```

```
[root@master ~]# systemctl enable mysqld --now
[root@master ~]# firewall-cmd --set-default-zone=trusted
```

> **提示** 在配置文件中不可以使用 skip-networking 配置项，否则从服务器将无法与主服务器进行连接并复制数据。

2. 在数据复制环境中设置从服务器

如果从服务器 ID 没有设置，或服务器 ID 与主服务器有冲突，则必须关闭 MySQL 服务，并重新编辑配置文件，设置唯一的服务器 ID，再重启 MySQL 服务。如果有多台从服务器，则所有服务器 ID 都必须是唯一的。可以考虑将服务器 ID 与服务器 IP 地址关联，这样服务器 ID 可以唯一标识服务器设备。例如，采用 IP 地址的最后一位作为 MySQL 服务器 ID。

```
[root@slave1 ~]# vim /etc/my.cnf.d/mysql-server.cnf
```

```
[mysqld]
server-id=2
```

```
[root@slave1 ~]# systemctl enable mysqld --now
[root@slave1 ~]# firewall-cmd --set-default-zone=trusted
```

对于复制而言，MySQL 从服务器上的二进制日志功能是不需要开启的，但是我们可以通过启用从服务器的二进制日志功能实现数据备份与恢复。在一些更复杂的拓扑环境中，MySQL 从服务器也可以扮演其他从服务器的主服务器。

3. 创建复制账号

在执行数据复制时，所有从服务器都需要使用账号与密码连接 MySQL 主服务器，所以在主服务器上必须存在至少一个用户账号及相应的密码供从服务器连接。这个账号必须拥有 REPLICATION SLAVE 权限，我们可以为不同的从服务器创建不同的账号与密码，也可以使用

统一的账号与密码。MySQL 可以使用 CREATE USER 语句创建账号，使用 GRANT 语句为账号赋权。如果该账号仅为数据库复制所使用，则该账号仅需要 REPLICATION SLAVE 权限即可。下面在 MySQL 主服务器上创建一个拥有复制权限的 slave_cp 账号，该账号可以从 example.com 域内的任何主机连接主服务器，密码为 SlaveAdmin。

```
[root@master ~]# mysql -u root -p
mysql> CREATE USER 'slave_cp'@'%.example.com' IDENTIFIED BY 'SlaveAdmin';
mysql> GRANT REPLICATION SLAVE ON *.* TO 'slave_cp'@'%.example.com';
mysql> exit
```

4. 获取主服务器的二进制日志信息

在进行主从数据复制之前，我们来了解一些主服务器的二进制日志文件的基本信息，这些信息在对从服务器的设置中需要用到，包括主服务器二进制文件名称及当前日志记录位置，这样从服务器就可以知道从哪里开始进行复制操作了。我们可以使用如下操作查看主服务器的二进制日志信息。

```
[root@master ~]# mysql -u root -p
mysql> FLUSH TABLES WITH READ LOCK;
mysql> SHOW MASTER STATUS;
+------------------+----------+--------------+------------------+-------------------+
| File             | Position | Binlog_Do_DB | Binlog_Ignore_DB | Executed_Gtid_Set |
+------------------+----------+--------------+------------------+-------------------+
| jacob-log.000001 |1276      |              |                  |                   |
+------------------+----------+--------------+------------------+-------------------+
mysql> UNLOCK TABLES;
```

其中，File 列显示的是二进制日志文件名称，Position 为当前日志记录位置。

FLUSH TABLES WITH READ LOCK 命令的作用是对所有数据库的表执行只读锁定，在只读锁定后所有数据库的写操作将被拒绝，但读操作可以继续。执行只读锁定可以防止在查看二进制日志信息的同时有人对数据进行修改操作，最后使用 UNLOCK TABLES 命令解除所有的锁。

5. 对现有的数据库进行快照备份

如果在使用二进制日志进行数据复制之前，MySQL 数据库系统中已经存在大量的数据资源，则对这些资源进行数据备份的一种方法是使用 mysqldump 工具。在主服务器上使用 mysqldump 工具对数据备份后，即可在从服务器上进行数据还原操作。当数据达到主从一致后，就可以使用数据复制功能进行自动同步操作。具体操作如下（在笔者的环境中主服务器 IP 地址为 172.16.0.254，从服务器 IP 地址为 172.16.0.1。在真实生成环境中应根据自己的需要有选择地对数据库进行备份与还原）。

```
[root@master ~]# mysqldump --all-databases --lock-all-tables > /tmp/dbdump.sql
[root@master ~]# scp /tmp/dbdump.sql 172.16.0.1:/tmp/
[root@slave1 ~]# mysql  -u root -p < dbdump.sql
```

6. 配置从服务器连接主服务器进行数据复制

数据复制的关键操作是配置从服务器去连接主服务器进行数据复制，我们需要告知从服务器建立网络连接所必需的信息。使用 CHANGE MASTER TO 语句即可完成该项工作，MASTER_HOST 用来指定主服务器主机名或 IP 地址，MASTER_USER 为在主服务器上创建的拥有复制权限的账号名称，MASTER_PASSWORD 为该账号的密码，MASTER_LOG_FILE 用来指定主服务器二进制日志文件名称，MASTER_LOG_POS 为主服务器当前日志记录位置。START SLAVE 用来开启从服务器功能进行主从连接，SHOW SLAVE STATUS 用来查看从服务器状态。

```
[root@slave1 ~]# mysql -u root -p
mysql> CHANGE MASTER TO
    -> MASTER_HOST='172.16.0.155',
    -> MASTER_USER='data_cp',
    -> MASTER_PASSWORD='SlaveAdmin',
    -> MASTER_LOG_FILE='jacob-log.000001',
    -> MASTER_LOG_POS=1351;
mysql> START SLAVE;
mysql> SHOW SLAVE STATUS\G;
```

7. 数据同步验证

在所有主从服务器均设置完毕后，我们可以在主服务器上创建新的数据资料，之后在从服务器上查看，所有数据将自动同步。

```
[root@master ~]# mysql -u root -p
mysql> create database test2;
mysql> use test2;
mysql> create table t_table(
->name char(20),
-> age int,
-> note varchar(50));
mysql> INSERT INTO t_table values
-> ('linda',23, 'Beijing'),
-> ('jerry',33, 'shanghai'),;
mysql> exit
[root@slave1 ~]# mysql -u root -p
mysql> select * from test2.t_table;
mysql> exit
```

反侵权盗版声明

电子工业出版社依法对本作品享有专有出版权。任何未经权利人书面许可，复制、销售或通过信息网络传播本作品的行为；歪曲、篡改、剽窃本作品的行为，均违反《中华人民共和国著作权法》，其行为人应承担相应的民事责任和行政责任，构成犯罪的，将被依法追究刑事责任。

为了维护市场秩序，保护权利人的合法权益，我社将依法查处和打击侵权盗版的单位和个人。欢迎社会各界人士积极举报侵权盗版行为，本社将奖励举报有功人员，并保证举报人的信息不被泄露。

举报电话：（010）88254396；（010）88258888

传　　真：（010）88254397

E－mail：dbqq@phei.com.cn

通信地址：北京市万寿路173信箱　电子工业出版社总编办公室

邮　　编：100036